HANDBUCH DER KÄLTETECHNIK

UNTER MITARBEIT
ZAHLREICHER FACHLEUTE

HERAUSGEGEBEN VON
RUDOLF PLANK
KARLSRUHE

ZWEITER BAND

THERMODYNAMISCHE
GRUNDLAGEN

SPRINGER-VERLAG BERLIN HEIDELBERG GMBH 1953

THERMODYNAMISCHE GRUNDLAGEN

BEARBEITET VON

Dr.-Ing. Dr. phil. nat. h. c. RUDOLF PLANK

o. PROFESSOR AN DER TECHNISCHEN HOCHSCHULE KARLSRUHE

MIT 169 ABBILDUNGEN

SPRINGER-VERLAG BERLIN HEIDELBERG GMBH 1953

ISBN 978-3-642-88487-0   ISBN 978-3-642-88486-3 (eBook)
DOI 10.1007/978-3-642-88486-3

Vorwort.

Ein Handbuch der Kältetechnik, das alle Phasen der Kälteerzeugung und der Kälteanwendung umfassen soll, ist ohne ausführliche Behandlung der Thermodynamik von Ein- und Mehrstoffsystemen nicht denkbar. Es entspricht dem Geiste dieses Handbuches, daß die einzelnen Gebiete nicht vom engen Standpunkt der ausschließlichen und unmittelbaren Verwertbarkeit in der Kältetechnik, sondern in dem breiteren Rahmen ihrer allgemeinen Bedeutung behandelt werden. Selbstverständlich wird überall da, wo sich Berührungspunkte mit der Kältetechnik zeigen, auf diese Zusammenhänge ausdrücklich hingewiesen; insbesondere werden die Beispiele vorzugsweise aus den verschiedenen Bereichen der Kältetechnik gewählt. Die allgemeine Darstellung der Grundlagen entspricht aber derjenigen, die für ein Lehrbuch der technischen Thermodynamik zweckmäßig ist, so daß sich dieser Band auch als eine Einführung in dieses Lehrgebiet eignen dürfte. Ein Abschnitt über Verbrennungsvorgänge wurde allerdings nicht aufgenommen, da er zu weit abseits von dem Gegenstand dieses Handbuches liegt. Auch das Gebiet der Wärmeübertragung mußte hier fortgelassen werden, weil es wegen seiner umfassenden Bedeutung in einem besonderen Band des Handbuches (Band III) behandelt werden wird.

Eingehender als sonst üblich werden die thermodynamischen Kreisprozesse besprochen und gegeneinander abgewogen. Die Wirtschaftlichkeit von Wärmekraft- und Kältemaschinen läßt sich bei geeigneter Wahl des Prozesses nicht unwesentlich verbessern. Bei der großen Zahl der in der Kältetechnik verwendeten Arbeitsstoffe (Kältemittel), deren thermische Eigenschaften im allgemeinen noch nicht so genau untersucht sind, wie es beim Wasserdampf der Fall ist, schien es auch berechtigt, die verschiedenen Formen der Zustandsgleichung ausführlicher zu behandeln und auf ihre Vor- und Nachteile hinzuweisen.

Recht ausführlich wird ferner auf den differentiellen und integralen JOULE-THOMSON-Effekt eingegangen, die bei der Gasverflüssigung und Erzeugung sehr tiefer Temperaturen eine so wichtige Rolle spielen.

In der Lehre von den Gemischen sind im wesentlichen nur Zweistoffsysteme behandelt, die Gesetzmäßigkeiten werden aber so allgemein dargestellt, daß ihre Anwendung nicht auf bestimmte, heute im Vordergrund des Interesses stehende Stoffpaare beschränkt bleibt.

Der Abschnitt über strömende Bewegung von Gasen und Dämpfen liefert die Grundlagen für die Beurteilung von Vorgängen in Turbomaschinen und Strahlapparaten, die auch in der Kältetechnik mehr und mehr an Bedeutung gewinnen.

Auf dem neunten Internationalen Kongreß für Maße und Gewichte wurde das *Joule* als Einheit der Wärmemenge gewählt, es soll also an die Stelle der *Kalorie* treten. Dieser Beschluß ist ohne Zweifel zu begrüßen, da sich die Kalorie in ein System rationeller Einheiten nicht logisch einordnen läßt. Andererseits ist die Kalorie in der Wärme- und Kältetechnik so fest verankert, daß es wahrscheinlich noch mehrere Jahre dauern wird, ehe sich eine Umstellung auf das

Joule erreichen läßt. Es schien mir daher richtig, die Kalorie zunächst noch beizubehalten, sie aber eindeutig durch das Joule und damit durch die elektrischen Energieeinheiten (Wattsekunde oder Kilowattstunde) zu definieren, wie das schon bei der internationalen Tafelkalorie geschehen ist.

Von der Benutzung mechanischer Wärmeäquivalente könnte abgesehen werden, wenn mechanische Arbeit und Wärme in gleichen Einheiten gemessen werden würden. In der Technik wird aber die Arbeit niemals in Kalorien und die Wärme niemals in Meterkilogramm oder Pferdestärke-Stunden gemessen. Zu beachten ist auch, daß Wärme und Arbeit nur vom Standpunkt des ersten Hauptsatzes wirklich äquivalent (gleichwertig) sind, während der zweite Hauptsatz den Unterschied in der Wertigkeit dieser beiden Energieformen sehr deutlich hervorhebt. Solange also das Joule, das für beide Energiearten passen würde, noch nicht allgemein eingebürgert ist, empfiehlt es sich, zur Vermeidung von Fehlern bei den Zahlenrechnungen in den Energiegleichungen das mechanische Wärmeäquivalent beizubehalten, auch wenn es als Ballast empfunden wird. Als Äquivalent wird, wie üblich, der Wert $A = 1/427$ kcal/mkg benutzt.

In der Technik gilt allgemein das *Gewicht* und nicht die *Masse* als Grundeinheit. Unter dem Kilogramm wird hier daher die Gewichtseinheit verstanden. Wenn ausnahmsweise von der Masse Gebrauch gemacht wird, dann wird das besonders hervorgehoben. Von dem in Deutschland vielfach empfohlenen Kilopond an Stelle des Gewichtskilogramms wird kein Gebrauch gemacht, da es noch nicht international anerkannt wurde.

Was die Bezeichnungen für einige thermodynamische Größen anbetrifft, so konnte ich mich nicht entschließen, für die Enthalpie das Zeichen h zu wählen, das man in der angloamerikanischen Literatur findet und das von Physikern und Chemikern international angenommen ist. MOLLIER, der die Enthalpie in die Technik einführte (und sie seinerzeit „Wärmeinhalt" nannte), wählte dafür das Zeichen i und entwickelte die in allen Ländern benutzten i, s- und i, p-Diagramme; ich konnte mich nicht entschließen, sie umzutaufen.

Die International Union of Physics und die International Union of Chemistry haben für die freie Energie bzw. die freie Enthalpie die Zeichen $F(f)$ bzw. $G(g)$ eingeführt. Von der freien Energie wird in der technischen Thermodynamik kaum Gebrauch gemacht; das Zeichen G für die freie Enthalpie ist aber für die Technik, die mit Gewichten und nicht mit Massen rechnet, denkbar ungeeignet. Denn G muß unbedingt für das Gewicht vorbehalten bleiben, und mit g wurde schon immer die Erdbeschleunigung bezeichnet. Ich benutze für die freie Enthalpie die Zeichen $\Phi(\varphi)$. Die partiellen freien Enthalpien (chemischen Potentiale) erscheinen dann als $\partial\Phi/\partial G$, und man käme mit deren Bezeichnung wirklich in Verlegenheit, wollte man für die freie Enthalpie das Zeichen G wählen.

Beim Lesen der Korrekturen hat mich mein Mitarbeiter, Dipl.-Ing. HANS DIETER BAEHR, wirksam unterstützt, wofür ich ihm Dank sage. Dank gebührt auch dem Verlag, der auf alle Wünsche verständnisvoll eingegangen ist und für eine würdige Ausstattung des Werkes gesorgt hat. Möge es bei den Lesern eine freundliche Aufnahme finden.

R. Plank.

Karlsruhe, im Juni 1953

Inhaltsverzeichnis.

Zeichenerklärung:

	Bedeutung	Einheit
a	Konstante	
b	Konstante	
	Kovolum	m³/kg
c	Konstante	
	Spezifische Wärme	kcal/kg °C
e	Basis der natürlichen Logarithmen	
f	Funktionszeichen	
	Fläche, Querschnitt	m²
	Freie Energie	kcal/kg
	$(f = u - Ts)$	
g	Erdbeschleunigung	m/s²
	Gewichtsanteil	—
	Gebundene Energie	kcal/kg
	$(g = Ts)$	
h	PLANCKsches Wirkungsquantum	erg. s
	Drucksäule	mm QS (Torr)
i	Enthalpie	kcal/kg
k	BOLTZMANNsche Konstante	kcal/°C, erg/°C
	allgemeine Konstante	
m	Masse	kg$_{Masse}$
	Exponent (der Polytrope)	
n	Exponent (der Polytrope)	
	Zahl der Moleküle oder Mole	
p	Druck	kg/cm²
q	Spezifische Wärmemenge	kcal/m³
	z. B. volumetrische Kälteleistung	
r	Verdampfungswärme	kcal/kg
s	Entropie	kcal/kg °K
t	Temperatur	°C
u	innere Energie	kcal/kg
v	spezifisches Volum	m³/kg, l/kg
w	Geschwindigkeit	m/s
	Mathematische Wahrscheinlichkeit	—
x	Wegstrecke	m, cm
	Spezifischer Dampfgehalt	—
	Gewichtsverhältnis in Mischungen	—
y	spezifischer Flüssigkeitsgehalt	—
z	spezifischer Gehalt an fester Phase	—
A	Konstante	kcal/mkg
	$= \dfrac{1}{427}$, mechanisches Wärmeäquivalent	
B	Konstante	
C	Konstante	—
	Spezifische Wärme	kcal/m³ °C
	Celsiusgrade	°C
	Konzentration	kg/m³
D	Determinante	—
E	Energie	mkg
F	Funktionszeichen	
	Fläche, Querschnitt	m²
	Fahrenheitgrade	°F
G	Gewicht	kg
	Umlaufende Stoffmenge	kg/h, kg/s
H	Heizwert, Wärmetönung	kcal/kg
I	Enthalpie	kcal
	Invarianter Ausdruck	
J	Joule $(1J = 10^7$ erg$)$	
	Impuls	kg$_{Masse}$ m/s
K	Kraft	kg
	Kelvingrade	°K
L	Arbeit	mkg auch mkg/kg
	Luftmenge	kg/h
N	Molekülzahl in der Volumeinheit oder im Mol (LOSCHMIDTsche Zahl)	m⁻³ oder Mol⁻¹
	Anzahl	—
P	Druck	kg/m²
Q	Wärmemenge	kcal, auch kcal/kg
R	Gaskonstante	mkg/kg °C
S	Entropie	kcal/°K
T	Temperatur	°K
U	Innere Energie	kcal
V	Volum	m³
W	Thermodynamische Wahrscheinlichkeit	—
	Wassermenge	kg
$\mathfrak{g}$	Gewichtsverhältnis	—
$\mathfrak{v}$	Raumteil	
	Abkürzung für $(v - b)$ oder $(v - c)$ in Zustandsgleichungen	m³/kg
	Korrektionsglied in der Zustandsgleichung	m³/kg
$\mathfrak{R}$	universelle Gaskonstante	mkg/Mol°C
α	Thermischer Ausdehnungskoeffizient	°C⁻¹
	Winkel	Grad
	Abkürzung für die Größe $r/\psi = \dfrac{T}{P}\,\dfrac{dP}{dT}$	—
	Anteil der zerfallenen Moleküle in einer Lösung	—
β	Spannungskoeffizient	°C⁻¹
	Kritisches Druckverhältnis (LAVAL-Druckverhältnis)	—
	Winkel	Grad
γ	Spezifisches Gewicht	kg/m³, kg/l
	Gewicht eines Moleküls	

δ Elementarer Kühleffekt	$^\circ$C m^2/kg	
ε Leistungsziffer	—	
Isothermer Drosseleffekt	kcal m^2/kg^2	
η Wirkungsgrad		
ϑ Reduzierte Temperatur (T/T_k)	—	
$\varkappa = c_p/c_v$	—	
μ Molekulargewicht		
ν Frequenz	s^{-1}	
ξ Reduziertes spez. Gewicht (γ/γ_k)	—	
Gewichtsanteil in der Mischung	—	
π Verhältnis von Kreisumfang und Durchmesser	—	
Reduzierter Druck (P/P_k)	—	
Osmotischer Druck	kg/cm^2, Atm	
ϱ Dichte	kg$_\text{Masse}$/l	
Krümmungsradius	m	
innere Verdampfungswärme	kcal/kg	
σ Oberflächenspannung	kg/m oder mg/mm	
Kritischer Koeffizient (reduzierte Gaskonstante $R\,T_k/P_k\,v_k$)	—	
τ Zeit	s	

Temperatur des Taupunktes	$^\circ$C	
φ Funktionszeichen		
Reduziertes Volum (v/v_k)	—	
Freie Enthalpie $(\varphi = i - Ts)$	kcal/kg	
Geschwindigkeitskoeffizient	—	
χ Funktionszeichen		
Kompressibilitätskoeffizient	cm^2/kg, m^2/kg	
ψ Funktionszeichen		
Äußere Verdampfungswärme	kcal/kg	
Sättigungsgrad	—	
Ausflußfunktion	—	
ω Bruchteil	—	
$\varDelta$ Differenz	—	
Integraler JOULE-THOMSON-Effekt	$^\circ$C	
Θ Charakteristische Temperatur	$^\circ$K	
$\varLambda$ Lösungswärme	kcal/kg	
$^i\varLambda$ Integrale Lösungswärme	kcal/kg	
$^d\varLambda$ Differentielle Lösungswärme	kcal/kg	
Σ Summe		
$\varPhi$ Freie Enthalpie	kcal	

Indizes:

a	Anfangszustand, arme Lösung
c	Werte für den CARNOT-Prozeß
e	Endzustand
f	bezogen auf den Schmelzvorgang (Erstarrungsvorgang)
fl	bezogen auf Flüssigkeit
g	gesamt-, Güte-, Gefrier-
i	bei konstanter Enthalpie. Zeichen für einen beliebigen Bestandteil im Gemisch
id	ideal
k	kritisch
m	Mittelwert
n	auf der Polytrope, Anzahl, normal
o	Index für niedrigsten Druck, niedrigste Temperatur usw.
p	bei konstantem Druck
r	reiche Lösung
s	bei konstanter Entropie. bezogen auf den Siedepunkt

sb	bezogen auf den Sublimationsvorgang
t	technisch (L_t), thermisch (η_t)
tr	bezogen auf den Tripelpunkt
u	bezogen auf eine Umwandlung
$ü$	bezogen auf überhitzten Zustand
v	bei konstantem Volum
x	auf der Grenzkurve (bei konstantem spezifischem Dampfgehalt)
B	auf der BOYLE-Kurve
D	bezogen auf Diffusor
E	bezogen auf Expansion
K	bezogen auf Kompression oder Kältemaschine
L	bezogen auf Lösungen
M	bezogen auf Mole, bezogen auf Mischraum
T	bezogen auf Treibdrüse
$'$	bezogen auf linke Grenzkurve
$''$	bezogen auf rechte Grenzkurve

A. Die idealen Gase und die beiden Hauptsätze der Thermodynamik.

I. Die thermischen Zustandsgrößen.

1. Aggregatzustände.

Die Materie kann in drei Aggregatzuständen bestehen — dem festen, dem flüssigen und dem gasförmigen. Während feste Körper formbeständig sind, passen sich Flüssigkeiten der Form des sie aufnehmenden Behälters an und bilden darin, wenn man von Kapillarkräften absieht, eine horizontale Oberfläche (Grenzfläche). Gase erfüllen stets den ganzen zur Verfügung stehenden Raum. Feste und flüssige Körper sind ferner weitgehend volumbeständig, es bedarf großer Kräfte, um sie merklich zusammenzudrücken; Gase dagegen lassen sich schon mit geringem Kraftaufwand verdichten und können sich anderseits unbegrenzt ausdehnen, wenn ihnen genügend Raum überlassen wird.

Unsere Betrachtungen beziehen sich vorwiegend auf den gasförmigen Zustand, für welchen infolge der starken möglichen Volumänderungen die thermodynamischen Gesetzmäßigkeiten besonders ausgeprägt in Erscheinung treten. Da sich aber Gase bei entsprechender Abkühlung und Zusammendrückung in den flüssigen oder festen Zustand überführen lassen, so werden wir in diesen Grenzgebieten auch diese Aggregatzustände näher untersuchen und die Bedingungen erforschen, unter denen zwei Aggregatzustände, oder auch alle drei, nebeneinander auf die Dauer bestehen können.

Wir setzen ferner voraus, daß die betrachteten Stoffe *homogen* und *isotrop* sind. Wir bezeichnen einen Stoff als homogen, wenn er in allen seinen kleinsten Raumteilen die gleiche chemische Zusammensetzung hat; die Raumteile müssen dabei aber bei aller gewählten Kleinheit noch immer eine Vielzahl von Molekülen enthalten. Ein Stoff ist isotrop, wenn er in allen Richtungen die gleichen physikalischen Eigenschaften besitzt; Kristalle und Faserstoffe sind in diesem Sinne nicht isotrop.

2. Der Druck.

Da Gase das Bestreben haben, sich unbegrenzt auszudehnen, so üben sie auf ihre Begrenzungswände einen Druck aus, der bei gegebenem Wärmezustand um so größer ist, je größer die in einem bestimmten Raum eingeschlossene Gasmenge ist. Unter dem Druck versteht man dabei die auf die Einheit der Begrenzungsfläche wirkende Kraft. Gaskinetisch erklärt man den Druck durch die außerordentlich rasch aufeinanderfolgenden Stöße der einzelnen Moleküle auf die Gefäßwand. Sieht man von der inneren Reibung ab, dann wirkt der Gasdruck stets senkrecht zur Begrenzungsfläche. *Als Einheit der Kraft gilt in der Technik das Kilogramm.*

Es ist bedauerlich, daß die gleiche Bezeichnung — Gramm oder Kilogramm — sich sowohl für die *Masse* wie auch für die *Kraft* und damit auch für die Schwere oder das *Gewicht* eingebürgert hat. Nachdem in der Physik die Einheit Gramm der Masse vorbehalten bleibt, hat die Physikalisch-Technische Reichsanstalt in Berlin für das Gramm Kraft die Bezeichnung „*pond*" vorgeschlagen. So erwünscht unterschiedliche Bezeichnungen für die Einheit der Masse und der Kraft erscheinen, so sind doch unseres Erachtens neue Festlegungen nur auf Grund internationaler Vereinbarung zulässig, da andernfalls die Verwirrung nur noch vergrößert wird. Als zuständige Instanz erscheint uns das internationale Bureau für Maße und Gewichte. Es ist nicht sehr wahrscheinlich, daß sich der Ausdruck „pond" international einführen lassen wird, da er zu ähnlich dem englischen „pound" und dem holländischen „pond" ist, die beide das Pfund bezeichnen. Geschichtlich bemerkenswert ist, daß schon JAMES THOMSON für die britische Einheit der Kraft die Bezeichnung „poundal" vorgeschlagen hat, und darunter die Kraft verstehen wollte, welche, wenn sie eine Sekunde lang auf die Masse eines englischen Pfundes einwirkt, diesem eine Geschwindigkeit von einem Fuß in der Sekunde erteilt[1].

Da in unserer Darstellung, wie allgemein in der Technik, von der Masse kaum Gebrauch gemacht wird, behalten wir das Gramm und Kilogramm als Einheit der Kraft und des Gewichtes bei.

Wir bezeichnen: mit P den Druck in kg/m² und mit p den Druck in kg/cm².

Den Druck $p = 1$ kg/cm² nennt man eine metrische oder technische Atmosphäre (*at*); er entspricht einer Druckhöhe von 735,56 mm QS von 0° C oder von 10,000 m Wassersäule (WS) von $+4°$ C. In englischen Einheiten ist

$$1 \text{ kg/cm}^2 = 14{,}223 \text{ lb/in}^2 \text{ (engl. Pfund je Quadratzoll)}$$
$$= 28{,}959 \text{ engl. Zoll QS,}$$
$$1 \text{ lb/in}^2 = 0{,}070307 \text{ kg/cm}^2 \text{ (at).}$$

Die physikalische Atmosphäre (*Atm*) ist etwas größer und entspricht einer Druckhöhe von 760 mm QS $= 29{,}921$ engl. Zoll QS bei 0° C. Es ist

$$1 \text{ Atm} = 1{,}033228 \text{ at} = 14{,}696 \text{ lb/in}^2,$$
$$1 \text{ at} = 0{,}967841 \text{ Atm,}$$
$$1 \text{ lb/in}^2 = 0{,}068046 \text{ Atm.}$$

Geht man bei der Druckmessung vom absoluten Vakuum aus, dann bezeichnet man den in kg/cm² gemessenen Druck mit *ata*. Mißt man dagegen den Überdruck über dem jeweiligen Barometerstand, dann bezeichnet man ihn mit *atü*.

Für die Druckhöhe von 1 mm QS von 0° C hat man die Bezeichnung *Torr* gewählt (nach TORRICELLI). Es ist

$$1 \text{ Torr} = 1{,}35951 \cdot 10^{-3} \text{ at,}$$
$$1 \text{ at} = 735{,}56 \text{ Torr,}$$

weil Quecksilber das spezifische Gewicht von 13,5951 g/cm³ bei 0° C hat.

Im physikalischen Maßsystem ist die Einheit der Kraft 1 dyn $= 1$ g Masse $\times 1$ cm/sec²*. Dementsprechend wäre die Einheit des Druckes 1 dyn/cm². Da diese Einheit aber sehr klein ist, so gilt als Druckeinheit

$$1 \text{ bar} = 10^6 \text{ dyn/cm}^2.$$

---

[1] MAXWELL, J. CLERK: Theorie der Wärme, in der deutschen Übersetzung der vierten Auflage von F. NEESEN, S. 95. Braunschweig: Fr. Vieweg u. Sohn 1878.

* Daneben wird auch 1 Newton $= 10^5$ dyn benutzt.

Für die Umrechnung der verschiedenen Druckeinheiten ineinander dient folgende Zusammenstellung:

	bar	Atm	at (kg/cm²)	Torr	lb/inch²
1 bar	1	0,986 92	1,019 72	750,06	14,5038
1 Atm	1,013 25	1	1,033 23	760	14,6960
1 at (kg/cm²)	0,980 66	0,967 84	1	735,56	14,2234
1000 Torr	1,333 22	1,315 79	1,359 51	1000	19,3368
1 lb/inch²	0,068 95	0,068 05	0,070 31	51,715	1

3. Die Temperatur.

Die Temperatur ist eine den Wärmezustand eines Körpers kennzeichnende Größe. Wenn wir durch Vermittlung unseres Wärme- bzw. Kältesinnes (die man früher in den Tastsinn einbegriffen hat) feststellen, daß sich ein Körper erwärmt oder abkühlt, dann sagen wir, daß seine Temperatur steigt oder sinkt. Zwei verschieden warme Körper, die miteinander in Berührung sind, ändern ihren Wärmezustand so lange, bis ein Gleichgewicht eintritt, bei welchem beide Körper die gleiche Temperatur haben. Die genannten physiologischen Sinneseindrücke sind aber sehr grob, sie gestatten keine feinen Unterscheidungen und verursachen leicht Täuschungen. So fühlt sich bei gleichen äußeren Bedingungen ein Metall kälter an als Holz, obwohl beide Körper in der gleichen Umgebung die gleiche Temperatur haben müssen. Wenn wir einen entblößten Körperteil einmal der Luft von Zimmertemperatur aussetzen und das andere Mal in Wasser von gleicher Temperatur tauchen, dann haben wir sehr verschiedene Wärmeempfindungen. Diese Unterschiede sind aber nicht durch die Temperatur bedingt, sondern durch die verschiedene Fähigkeit einzelner Stoffe, die Wärme von unserem Körper fortzuleiten.

Man hat sich daher bei der Bestimmung der Temperatur auf solche Eigenschaften der Körper gestützt, die sich bei der Erwärmung oder Abkühlung stetig ändern. Am nächstliegenden war es, von der räumlichen Ausdehnung der Körper für die Temperaturmessung Gebrauch zu machen. Mit Ausnahme des flüssigen Wassers, das bei $+4°$ C ein Dichtemaximum aufweist (und das sich auch in vielen anderen Beziehungen nicht normal verhält), findet man bei allen Körpern für jeden Aggregatzustand eine stetige Zunahme des Volums mit der Temperatur. Die Ausdehnung der Luft durch Wärme war schon HERON von Alexandrien bekannt[1], doch hat erst GALILEI (um 1592) das Volum der Luft als Merkmal ihres Wärmezustands benutzt und auf dieser Grundlage ein „Thermoskop" gebaut, das man als das erste Thermometer ansehen kann[2]. GALILEI sagte: „Nach den Schulen der Philosophen ist es als wahres Prinzip erwiesen, daß es die Eigenschaft der Kälte ist, zusammenzuziehen, und der Wärme, auszudehnen[2]." Das Luftthermometer wurde dann besonders durch AMONTONS (1663—1705)[3] wesentlich verbessert. In seiner letzten Abhandlung (1703) äußerte er, daß die Expansivkraft der Luft geradezu als Maß des Wärmezustandes (der Temperatur) anzusehen sei und daß *die größte Kälte der Spannkraft Null* der Luft entspricht. Später hat LAMBERT (1728—1777), der viel mit dem Luftthermometer arbeitete, auch einen absoluten Kältepunkt bei der Spannkraft Null angenommen[4].

---

[1] Vgl. E. MACH: Prinzipien der Wärmelehre, 2. Aufl., S. 4. Leipzig: J. A. Barth 1900.

[2] BURCKHARDT, F.: Die Erfindung des Thermometers. Basel 1867 — Die wichtigsten Thermometer des 18. Jahrhunderts. Basel 1871.

[3] AMONTONS, G.: Hist. et Mémoires de l'Académie des Sciences. Paris 1699, 1702 u. 1703.

[4] LAMBERT, J. H.: Pyrometrie oder vom Maße des Feuers und der Wärme, erschienen in Berlin 1799 nach dem Tode LAMBERTS.

Die Luftthermometer waren aber in der Handhabung sehr umständlich, und man versuchte daher bald, einfachere Instrumente zu bauen, in denen von der Ausdehnung der Flüssigkeiten Gebrauch gemacht wurde. Die Herstellung des ersten Flüssigkeitsthermometers mit Weingeist wird einerseits dem französischen Arzt T. REY (1631)[1], anderseits dem Großherzog Ferdinand II. von TOSCANA (1641) zugeschrieben. Die ersten brauchbaren Flüssigkeitsthermometer mit Quecksilber hat seit 1714 der aus Danzig stammende DANIEL GABRIEL FAHRENHEIT (1686—1736) in Amsterdam gebaut[2]. Es folgten die Arbeiten von RENÉ ANTOINE FERCHAULT DE RÉAUMUR[1] sowie von ANDERS CELSIUS[3].

Um die Temperatur zahlenmäßig auszudrücken, muß man zwei Fixpunkte festlegen; als solche wählte man den Schmelzpunkt des Eises und den Siedepunkt des Wassers beim Druck von 1 Atm. Das Intervall teilte man (willkürlich) in eine Anzahl gleicher Teile. Nach der CELSIUS-Skala liegt der Schmelzpunkt des Eises bei 0°, nach der FAHRENHEIT-Skala bei +32°. Für den Siedepunkt des Wassers setzt man nach CELSIUS 100°, nach FAHRENHEIT 212°. Ein Celsiusgrad entspricht daher 1,8 Fahrenheitgraden. Für die Umrechnung der Temperaturen gelten folgende Formeln:

$$t° \, C = \tfrac{5}{9} \, (t° \, F - 32),$$
$$t° \, F = \tfrac{9}{5} \, t° \, C + 32.$$

Da beide Skalen bei der Temperatur von −40° übereinstimmen, kann man für die Umrechnung auch folgende symmetrische Formeln benutzen:

$$t° \, C = \tfrac{5}{9} \, (t° \, F + 40) - 40,$$
$$t° \, F = \tfrac{9}{5} \, (t° \, C + 40) - 40.$$

Als weitere Fixpunkte der gesetzlichen Temperaturskala im Bereich tiefer Temperaturen (für die Eichung von Thermometern) gelten bei 760 Torr[4]

Siedepunkt von Wasserstoff	−252,78° C,
Siedepunkt von Sauerstoff	−182,97° C,
Sublimationspunkt von CO_2	− 78,53° C,
Schmelzpunkt von Quecksilber	− 38,87° C.

Als Thermometerflüssigkeiten verwendet man:

Quecksilber im Bereich von −30 bis +280° C (bei Gasfüllung über dem Quecksilber bis +700°),
Toluol im Bereich von −70 bis +100° C,
Äthylalkohol im Bereich von −110 bis +50° C,
Pontan[5] im Bereich von −200 bis +20° C.

Alle diese Flüssigkeiten dehnen sich nicht genau gleichmäßig mit der Temperatur aus, so daß die gleichmäßige Kalibrierung der Kapillaren gewisse (technisch vernachlässigbare) Fehler zur Folge hat. Für genaue wissenschaftliche

---

[1] De RÉAUMUR, R.: Hist. et Mémoires de l'Académie de Paris. 1730 und 1731.

[2] FAHRENHEIT, D. G.: Phil. Trans. roy. Soc. Lond. Bd. 30 (1724) S. 1; Bd. 33 (1724) S. 78.

[3] CELSIUS, A.: Abh. d. Schwedischen Akad. Bd. 4 (1742) S. 197. Alle Veröffentlichungen von FAHRENHEIT, RÉAUMUR und CELSIUS sind abgedruckt in Ostwalds Klassikern Nr. 57. Leipzig: W. Engelmann 1894.

[4] An Stelle des Siedepunktes von Wasser beim Druck von 1 Atm (+100,00° C) wurde neuerdings der Erstarrungspunkt von Benzoesäure (+122,61° C) vorgeschlagen, weil er praktisch unabhängig vom Druck ist. Vgl. Bull. Inst. Int. du Froid No. III (1945/46) S. 139 (Vorschlag des U. S. Bureau of Standards).

[5] Es handelt sich für die Messung der tiefsten Temperaturen um eine Flüssigkeit von unbekannter Zusammensetzung, die den Decknamen „Pentan" führt.

Messungen benutzt man daher doch wieder das Gasthermometer (mit Wasserstoff oder Helium), da sich diese Gase in weiten Bereichen sehr genau linear mit der Temperatur ausdehnen (s. S. 14).

Die Volumausdehnung ist aber keineswegs die einzige Eigenschaft, von der man für Temperaturmessungen Gebrauch machen kann. So benutzt man in den elektrischen *Widerstandsthermometern* die stetige Zunahme des elektrischen Widerstandes von Metallen (Platin) mit wachsender Temperatur. Ein anderes Temperaturmeßgerät ist das *Thermoelement*, das aus zwei an beiden Enden zusammengelöteten Drähten von verschiedenen Metallen oder Legierungen besteht (z. B. Kupfer und Konstantan oder Platin und Platinrhodium). Setzt man die beiden Lötstellen verschiedenen Temperaturen aus, von denen die eine bekannt ist (z. B. schmelzendes Eis von 0°) und die andere gemessen werden soll, dann entsteht eine elektromotorische Kraft (Thermokraft), die mit der zu messenden Temperatur stetig zunimmt. Solche Temperaturmeßgeräte müssen mit Normalthermometern geeicht werden. Schließlich seien noch die Strahlungspyrometer erwähnt, deren Meßprinzip auf den Gesetzen der Wärmestrahlung beruht[1].

4. Das spezifische Volum und das spezifische Gewicht.

Der von gasförmigen Körpern eingenommene Raum (das Volum) V wird in der Technik meist in m³ ausgedrückt, während man Flüssigkeitsräume am besten in Litern[2] (l oder dm³) ausdrückt. Man erhält dabei in der Regel weder unbequem große noch unbequem kleine Zahlen. Da der von Gasen eingenommene Raum in hohem Maße von Druck und Temperatur abhängt, so hat man den Begriff des Normkubikmeters (Nm³) eingeführt und versteht darunter die Gasmenge, die in 1 m³ bei 0° C und 760 Torr enthalten ist. Das Nm³ ist danach nicht mehr als ein Raummaß, sondern als eine ganz bestimmte Gewichtsmenge aufzufassen.

Bezieht man den von einem Körper eingenommenen Raum V auf die Gewichtseinheit, dann erhält man sein *spezifisches Volum v*. Ist G das Gewicht des Körpers (kg), dann ist

$$v = \frac{V}{G} \quad \text{in m³/kg oder in l/kg.}$$

Dabei ist 1 m³/kg = 1000 l/kg = 1 l/g, und 1 l/kg = 1 cm³/g.

Bei der Umrechnung in *englische Einheiten* ist zu beachten, daß

$$1 \text{ Kubikfuß (ft³)} = 28,317 \text{ l} \quad = 0,028317 \text{ m³,}$$
$$1 \text{ Kubikzoll (in³)} = 16,387 \text{ cm³} = 0,016387 \text{ l.}$$

Als Hohlmaß für Flüssigkeiten benutzt man ferner in USA und England 1 gallon, doch hat dieses Maß in beiden Ländern verschiedene Größe:

$$1 \text{ gallon (USA)} = 3,7854 \text{ l,}$$
$$1 \text{ gallon (brit.)} = 4,5461 \text{ l.}$$

Als Gewichtseinheiten gelten:

$$1 \text{ pound (lb)} = 0,45359 \text{ kg,}$$
$$1 \text{ short ton} \quad = 2000 \text{ lbs} = \quad 907,185 \text{ kg,}$$
$$1 \text{ long ton} \quad = 2240 \text{ lbs} = 1016,047 \text{ kg.}$$

---

[1] Vgl. z. B. F. HENNING: Von hohen und tiefen Temperaturen. Leipzig: B. G. Teubner 1951.

[2] Der genaue Wert ist: 1 Liter = 1,000028 dm³.

Demgegenüber ist 1 metrische Tonne (t) = 1000 kg. Für das spezifische Volum
gilt daher:

$$1 \text{ ft}^3/\text{lb} = 62{,}428 \text{ l/kg}$$

und

$$1 \text{ l/kg} = 0{,}0160185 \text{ ft}^3/\text{lb}.$$

Den reziproken Wert des spezifischen Volums bezeichnet man als *spezifisches
Gewicht* (oder auch als *Wichte*) γ; es ist das Gewicht der Volumeinheit. Man
erhält:

$$\gamma = \frac{G}{V} = \frac{1}{v} \quad \text{in kg/m}^3 \text{ oder in kg/l.}$$

Dabei ist 1 kg/l = 1000 kg/m³ = 1 t/m³ und 1 kg/m³ = 1 g/l.
Für die Umrechnung in englische Einheiten gilt:

$$1 \text{ lb/ft}^3 = 0{,}0160185 \text{ kg/l.}$$

Die Physik rechnet nicht mit der Wichte γ, sondern mit der *Dichte* ϱ und versteht darunter die Masse der Volumeinheit. Es ist $\varrho = \gamma/g$, wenn g die Erdbeschleunigung bedeutet. In $45°$ geographischer Breite und am Meeresspiegel
ist $g = 980{,}616 \text{ cm/s}^2$. Die Dichte wird in den gleichen Zahlenwerten wie die
Wichte ausgedrückt, wenn man das Kilogramm-Masse an Stelle des Kilogramms-
Gewicht einsetzt. Von der Dichte wird jedoch in der Technik wenig Gebrauch
gemacht.

II. Die thermische Zustandsgleichung.

Zwischen den drei bisher betrachteten fundamentalen Zustandsgrößen, dem
Druck P [kg/m²], der Temperatur t [Grad Celsius] und dem spezifischen Volum v
[m³/kg] besteht für jeden Zustand eines homogenen Stoffes erfahrungsgemäß
ein funktionaler Zusammenhang der Gestalt

$$f(P, v, t) = 0, \tag{1}$$

den man als thermische Zustandsgleichung bezeichnet. Man kann diese Gleichung
auch in den Formen

$$P = \varphi(v, t); \quad v = \chi(P, t); \quad t = \psi(P, v) \tag{2}$$

schreiben und erkennt daraus, daß der thermische Zustand durch zwei von den
drei Fundamentalgrößen definiert ist. Die Wahl dieser beiden ist an sich willkürlich, sie stellen die unabhängigen Veränderlichen des Systems dar. Die
dritte Fundamentalgröße ist dann als die abhängige Veränderliche anzusehen
und nach einer der Gl. (2) zu berechnen.

In der Physik und physikalischen Chemie sind meist v und t die unabhängigen
Veränderlichen; man betrachtet dort in der Regel Vorgänge, die entweder bei
konstantem Volum oder bei konstanter Temperatur ablaufen. Die Zustandsgleichung wird daher in der nach P aufgelösten Form $P = \varphi(v, t)$ aufgestellt.

In der Technik hat man es aber viel häufiger mit Vorgängen bei konstantem
Druck zu tun, daher wählt man neben t noch P als unabhängige Veränderliche
und versucht, Zustandsgleichungen von der Form $v = \chi(P, t)$ aufzustellen.

Beide Standpunkte haben ihre Berechtigung, wir werden aber sehen, daß
es der Physik mehr darauf ankommt, sehr weite Zustandsgebiete grundsätzlich
richtig zu beschreiben, während bei den technischen Arbeiten oft nur ein be-

schränktes Zustandsgebiet interessiert, man dieses aber zahlenmäßig sehr genau erfassen will.

Voraussetzung für das Bestehen einer Zustandsgleichung ist das thermische Gleichgewicht im Stoff; man versteht darunter die Forderung, daß der Stoff in allen seinen Teilen die gleichen Werte von P, v und t besitzt.

Trotz vieler Bemühungen ist es bisher nicht gelungen, eine einheitliche explizite Form für die Zustandsgleichung realer Stoffe anzugeben, die für die verschiedenen Aggregatzustände exakt gültig wäre. Am weitesten ist man bei dem gasförmigen Zustand vorgedrungen, für welchen verschiedene Ansätze gefunden wurden, die in recht weiten Grenzen zahlenmäßig befriedigen (s. Abschn. B VII u. VIII). Sehr oft beschränkt man sich aber auf Näherungsgleichungen, denen man ein vereinfachtes Modell der wirklichen Stoffe zugrunde legt. Solche idealisierte Fälle, die sich natürlich von der Wirklichkeit nicht allzuweit entfernen dürfen, haben sich als sehr nützlich erwiesen, wenn sie in vereinfachter Form die Grundvorgänge richtig erfassen und Einflußgrößen nebensächlicher Art zunächst vernachlässigen. Als Beispiel für ein solches Vorgehen auf einem anderen Gebiet nennen wir das Studium der Bewegung reibungsloser Flüssigkeiten in der Hydrodynamik. Selbstverständlich kann man sich auf die Dauer mit der Betrachtung des vereinfachten idealisierten Modells nicht begnügen; man kann es höchstens für die Darstellung gewisser Grenzfälle beibehalten. Daneben muß man aber der realen Wirklichkeit durch Einbeziehung aller auf den thermischen Zustand einwirkenden Faktoren immer näher zu kommen versuchen und dadurch bedingte erhebliche Verwicklungen der Zustandsgleichung in Kauf nehmen.

Unabhängig von der expliziten Form der Zustandsgleichung läßt sich eine Differentialbeziehung zwischen den Zustandsgrößen angeben, die allgemein für eine Funktion von zwei unabhängigen Veränderlichen gültig ist. Aus $v = \chi(P, t)$ folgt:

$$dv = \left(\frac{\partial v}{\partial P}\right)_t dP + \left(\frac{\partial v}{\partial t}\right)_P dt. \tag{2a}$$

In gleicher Weise erhält man aus $P = \varphi(v, t)$:

$$dP = \left(\frac{\partial P}{\partial v}\right)_t dv + \left(\frac{\partial P}{\partial t}\right)_v dt$$

oder indem man diese Gleichung mit $\left(\frac{\partial v}{\partial P}\right)_t$ multipliziert und nach dv auflöst:

$$dv = \left(\frac{\partial v}{\partial P}\right)_t dP - \left(\frac{\partial v}{\partial P}\right)_t \left(\frac{\partial P}{\partial t}\right)_v dt. \tag{2b}$$

Vergleicht man die Gl. (2a) und (2b), dann erhält man:

$$\left(\frac{\partial v}{\partial t}\right)_P = - \left(\frac{\partial v}{\partial P}\right)_t \left(\frac{\partial P}{\partial t}\right)_v$$

oder in zyklischer Vertauschung der Zustandsgrößen:

$$\left(\frac{\partial v}{\partial t}\right)_P \left(\frac{\partial t}{\partial P}\right)_v \left(\frac{\partial P}{\partial v}\right)_t = - 1. \tag{2c}$$

Die Differentialquotienten kennzeichnen verschiedene Eigenschaften der Stoffe. So ist

$$\alpha = \frac{1}{v_0} \left(\frac{\partial v}{\partial t}\right)_P$$

der thermische *Ausdehnungskoeffizient* bei der Erwärmung unter konstantem Druck, wobei man die Volumänderung auf das Volum bei 0° C bezieht. Die Größe α hat die Dimension $^\circ\mathrm{C}^{-1}$. Man könnte α aber auch auf das jeweilige Volum v beziehen (s. S. 261).

Erwärmt man einen Körper bei konstantem Volum, dann stellt die Größe

$$\beta = \frac{1}{P_0}\left(\frac{\partial P}{\partial t}\right)_v$$

den *Spannungskoeffizienten* dar, den man auf den Druck P_0 bei $0°$ C bezieht. Er hat auch die Dimension $°\mathrm{C}^{-1}$.

Erhöht man den Druck bei konstanter Temperatur, dann stellt

$$\chi = -\frac{1}{v_0}\left(\frac{\partial v}{\partial P}\right)_t$$

den *Kompressibilitätskoeffizienten* dar, wobei v_0 das Volum eines bestimmten Bezugszustandes bedeutet. Wie α, so könnte auch χ auf das jeweilige Volum v bezogen werden.

III. Die Energie.

1. Die innere Energie.

Nach der kinetischen Theorie der Materie, deren Richtigkeit durch zahlreiche daraus gezogenen Schlüsse erwiesen ist, befinden sich die Moleküle der Körper in einem Zustand lebhafter Bewegung; bei Gasen bewegen sich die Moleküle geradlinig im Raum, wobei sie untereinander und mit den begrenzenden Wandungen wie vollkommen elastische Körper zusammenstoßen; bei festen Körpern schwingen die Atome um eine Mittellage im Raumgitter. Die diesen Bewegungen entsprechende kinetische Energie wohnt also den Körpern inne und stellt einen Vorrat an „innerer Energie" dar. Bei Gasen ist die Temperatur dem Mittelwert der kinetischen Energie der Moleküle proportional. Bestehen zwischen den Molekülen irgendwelche Kräfte, deren Größe von der gegenseitigen Entfernung abhängt, dann tritt neben der kinetischen Energie noch eine Energie der Lage (potentielle Energie) auf, die ebenfalls einen Beitrag zur inneren Energie liefert. Diese ist dann nicht mehr allein von der Temperatur, sondern auch noch von den mittleren Abständen der Moleküle, also vom Druck bzw. dem Volum der betrachteten Gasmenge abhängig.

Wir wollen diesen im Körper aufgespeicherten Vorrat an innerer Energie mit U bezeichnen, wenn er sich auf eine beliebige Menge G bezieht, und mit u, wenn es sich um 1 kg handelt. Es ist also

$$U = Gu.$$

Dieser aufgespeicherte Energievorrat hängt offenbar nur von der Art des betrachteten Körpers und von seinem jeweiligen thermischen Zustand ab, welcher durch zwei der fundamentalen Zustandsgrößen P, v oder t definiert ist. Die innere Energie ist danach eine Zustandsfunktion, und du ist ein vollständiges Differential. In welcher Weise diese Größe artspezifisch ist, wird im nächsten Abschnitt untersucht werden.

Da sich die innere Energie u aus kinetischer und potentieller Energie der Moleküle zusammensetzt, so wäre man berechtigt, sie wie in der Mechanik in mkg zu messen. Wir wollen aber schon hier bemerken, daß es sich bei der inneren Energie gasförmiger Körper um eine ganz andere Art von Bewegungen handelt als die, welche man in der Mechanik starrer Körper untersucht. Bei diesen haben wir es stets mit geordneten Bewegungen zu tun, die Abstände zwischen den einzelnen Punkten des Körpers bleiben erhalten, so daß man aus der Bewegung eines Punktes auf die Bewegungen der anderen Punkte schließen kann.

Demgegenüber ist die molekulare Bewegung in Gasen völlig ungeordnet; ein jedes Teilchen bewegt sich unabhängig von den anderen, und durch die dauernden Zusammenstöße entsteht ein völlig chaotischer Bewegungszustand, den man als „elementare Unordnung" bezeichnet. Es ist dabei unmöglich, die Bewegungen der einzelnen Moleküle zu verfolgen und ihre kinetische Energie einzeln in Rechnung zu setzen. Man muß sich vielmehr damit begnügen, Mittelwerte der Geschwindigkeiten zu bilden. Man verwendet hierbei statistische Methoden, deren mathematisches Werkzeug die Wahrscheinlichkeitsrechnung ist.

Es ist für das Verständnis thermodynamischer Vorgänge wichtig, schon an dieser Stelle zu bemerken, daß die elementar ungeordnete Bewegung einen viel wahrscheinlicheren Bewegungszustand der Materie darstellt als irgendeine Art von geordneter Bewegung. Ganz allgemein leuchtet es ein, daß es viel leichter ist, eine bestehende Ordnung zu stören und sie in ein Chaos zu verwandeln, als umgekehrt aus einem Durcheinander eine gesetzmäßige Ordnung zu schaffen.

2. Die äußere Arbeit.

Denken wir uns eine Gasmenge, die in einem Zylinder mit festem Boden und mit beweglichem, dicht abschließendem Stempel eingeschlossen ist (Abb. 1). Der Zylinder sei gegen äußere Einflüsse gut isoliert. Den Querschnitt des Zylinders bzw. die Kolbenfläche bezeichnen wir mit $F\,[\mathrm{m^2}]$. Wenn auf den Stempel von außen eine Kraft $K\,[\mathrm{kg}]$ einwirkt, die den Stempel aus der Lage x_1 in die Lage x_2 verschiebt, dann wird das Gas auf einen höheren Druck gebracht. Da der Druck bei der (nicht zu schnellen) Bewegung des Kolbens stetig anwächst, so muß auch die äußere Kraft K veränderlich sein und mit der vom Stempel durchlaufenen Strecke stetig anwachsen. Die von außen zugeführte Arbeit ist dann

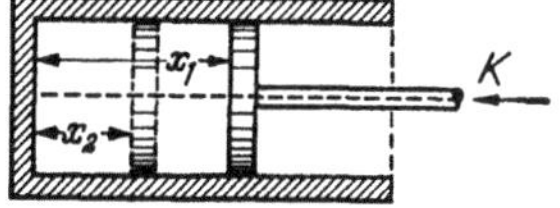

Abb. 1. Prinzip eines Kolbenkompressors.

$$L = \int_{x_1}^{x_2} K\,dx\,.$$

(Über das Vorzeichen dieser Arbeit wird weiter unten entschieden.) Verläuft dieser ganze Vorgang im Gleichgewicht, dann muß der von der äußeren Kraft K ausgeübte Druck $K/F\,[\mathrm{kg/m^2}]$ stets genau so groß sein wie der innere Gasdruck P, oder sich davon nur unendlich wenig unterscheiden. Mit $K = PF$ wird also

$$L = \int_{x_1}^{x_2} P F\,dx,$$

wobei aber $F\,dx = dV$ gesetzt werden kann, wenn $V\,[\mathrm{m^3}]$ das vom Stempel verdrängte Zylindervolum ist. Damit erhält man für die Arbeit den Ausdruck:

$$L = \int_{1}^{2} P\,dV, \qquad (3)$$

so daß diese Arbeit in einem P, V-Diagramm durch eine Fläche dargestellt werden kann (Abb. 2), wenn man den Verlauf der Zustandsänderung *1* bis *2*, also den Druckverlauf in Abhängigkeit vom Volum kennt. Da dieser Verlauf sehr verschieden sein kann, so erkennt man, daß die Arbeit L nicht nur von

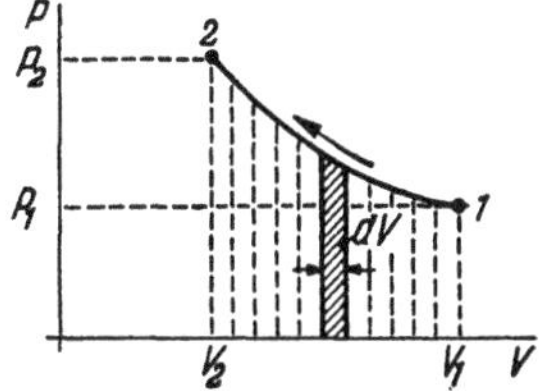

Abb. 2. Druck-Volum-Diagramm und Berechnung der Arbeit.

dem Anfangszustand *1* (P_1, V_1) und vom Endzustand *2* (P_2, V_2) abhängt. Die Arbeit ist also, im Gegensatz zur inneren Energie U, keine reine Zustandsfunktion; mathematisch drückt man das so aus, daß

$$dL = P\,dV \qquad (4)$$

kein vollständiges Differential darstellt, während dU als ein vollständiges Differential anzusehen ist. Außerdem gilt der Ansatz (4) nur unter der Voraussetzung, daß die Zustandsänderung im Gleichgewicht verläuft, wobei der Außendruck und der Innendruck sich nur um unendlich kleine Beträge unterscheiden — eine Forderung, die nie ganz streng erfüllt sein wird. Treten aber z. B. bei plötzlicher Ausdehnung oder Zusammendrückung größere Unterschiede zwischen dem Außen- und Innendruck auf, dann verliert der Ausdruck (4) seine Gültigkeit.

Die Beobachtung lehrt, daß sich ein Gas bei der Verdichtung mehr oder weniger erwärmt; die Temperatursteigerung ist am größten, wenn jede thermische Wechselwirkung mit der kälteren Umgebung, z. B. durch eine sorgfältige Isolierung des Zylinders, ausgeschlossen ist. Die Temperatursteigerung läßt auf eine Erhöhung der inneren Energie schließen, und diese stammt offenbar nur aus der auf das Gas übertragenen äußeren Arbeit. Umgekehrt kann man beobachten, daß sich ein Gas, das bei seiner Ausdehnung Arbeit nach außen abgibt, mehr oder weniger abkühlt, also an innerer Energie einbüßt. Diese Einbuße hängt offenbar mit der geleisteten Arbeit ursächlich zusammen.

Als Dimension der Arbeit erhält man nach Gl. (4) $[L] = \left[\dfrac{\mathrm{kg}}{\mathrm{m^2}}\,\mathrm{m^3}\right] = [\mathrm{mkg}]$.

Ferner erkennt man aus dieser Gleichung, daß Arbeit nur dann geleistet oder verbraucht werden kann, wenn eine Volumänderung eintritt. Durch Druck allein kommt keine Arbeit zustande.

3. Die Wärmemenge.

Stehen zwei Körper von verschiedener Temperatur miteinander in Berührung, dann ist das thermische Gleichgewicht gestört, und es setzt ein Ausgleichsvorgang ein, der so lange andauert, bis beide Körper die gleiche Temperatur haben. Der kältere Körper hat sich dabei auf Kosten des wärmeren Körpers erwärmt. Man bezeichnet diesen Vorgang als Wärmeübertragung; sie findet, wie die Erfahrung lehrt, stets in der Richtung vom höher temperierten zum tiefer temperierten Körper statt, was schon darauf schließen läßt, daß gewisse Vorgänge in der Natur eine bestimmte Richtung bevorzugen. Da sich beim Wärmeübergang der kältere Körper erwärmt, so muß dabei seine innere Energie steigen, während die innere Energie des wärmeren Körpers offenbar abnimmt. Man kann also ganz allgemein sagen, daß man die innere Energie eines Körpers dadurch erhöhen kann, daß man ihn beheizt oder, mit anderen Worten, daß man ihm von außen eine bestimmte *Wärmemenge Q* zuführt. Wir wollen den Ausdruck „Wärmemenge" niemals auf den Körper anwenden, dessen Zustandsänderung wir gerade beobachten; der Körper besitzt keine Wärmemenge, sondern einen Vorrat von innerer Energie. Eine Wärmemenge kann auf ihn nur infolge bestehender Temperaturdifferenzen übertragen bzw. von ihm nach außen abgegeben werden, und das hat dann eine Zunahme bzw. Abnahme seiner inneren Energie zur Folge.

Als Maß für die zugeführte Wärme dient die Temperaturerhöhung Δt des betrachteten Körpers. Die zur Erzielung einer bestimmten Temperatursteigerung notwendige Wärmemenge wird außerdem der Stoffmenge, also dem Gewicht G des betrachteten Körpers proportional sein. Wir kommen damit zu dem Ansatz

$$Q = c\,G\,\Delta t, \tag{5}$$

wobei der Proportionalitätsfaktor c von der Art des Stoffes abhängig sein wird, also eine Stoffeigenschaft darstellt. Die physikalische Bedeutung von c ist aus Gl. (5) ohne weiteres zu erkennen, denn für $G = 1$ kg und $\Delta t = 1°$ C wird $Q = c$. Es ist also c diejenige Wärmemenge, die 1 kg des Stoffes um 1° C zu erwärmen vermag. Man nennt c die *spezifische Wärme*. Wir werden bald erkennen, daß die spezifische Wärme eines Stoffes keine eindeutige Größe ist, sondern daß sie auch noch von der Art der durchlaufenen Zustandsänderung abhängt. Die Wärmemenge Q wird daher, ebenso wie die Arbeit L, nicht nur durch den Anfangs- und Endzustand der Körper bestimmt, die diese Wärmemenge aufnehmen oder abgeben, sondern richtet sich auch nach dem Verlauf des Überganges aus dem Anfangs- in den Endzustand. Die Wärmemenge Q ist daher auch keine Zustandsfunktion und dQ kein vollständiges Differential. Es hat sich ferner gezeigt, daß die spezifische Wärme nicht bei allen Temperaturen gleich groß ist, also von der Temperatur und unter Umständen auch noch vom Druck abhängt. Man setzt daher besser

$$dQ = c\, G\, dt \tag{6}$$

und

$$Q = G \int_1^2 c\, dt.$$

Gl. (5) gibt die Möglichkeit, eine *Einheit* der Wärmemenge festzulegen, wenn man einen Normalkörper wählt, dessen spezifische Wärme c man willkürlich gleich 1 setzt. Als solchen wählte man Wasser von 15° C. Die Wärmemenge, die 1 g Wasser von 14,5 auf 15,5° zu erwärmen vermag, bezeichnet man als *Kalorie* [cal]. Es sind 1000 cal = 1 kcal (Kilokalorie)[1]. Aus Gl. (5) erhält man für die spezifische Wärme c die Dimension [kcal/kg °C].

Die physikalische Grundeinheit der Arbeit ist 1 erg = 1 dyn 1 cm. Man setzt

$$1 \text{ Joule (J)} = 10^7 \text{ erg}.$$

Da 1 g (Kraft) = 981 dyn entspricht, so ist

$$1 \text{ mkg} = 9,81 \cdot 10^7 \text{ erg} = 9,81 \text{ J}.$$

Nun gilt nach Versuchen (s. S. 12) der Zusammenhang:

$$1 \text{ kcal} = 427 \text{ mkg}, \quad \text{und daher ist}$$
$$1 \text{ kcal} = 427 \cdot 9,81 = 4186 \text{ J} = 4,186 \text{ kJ}$$

oder

$$1 \text{ J} \quad = 0,2389 \cdot 10^{-3} \text{ kcal} = 0,2389 \text{ cal}$$

und

$$1 \text{ kJ} \quad = 0,2389 \text{ kcal}.$$

Die internationale Tafelkalorie, die in den Wasserdampftafeln benutzt wird, setzt man abgerundet gleich 1/860 kWh. Es ist also

$$1 \text{ kWh} = 860 \text{ kcal} = 860 \cdot 4186 \text{ J} = 3\,600\,000 \text{ J}$$

und daher

$$1 \text{ Ws} = 1 \text{ J}.$$

Nach einem Beschluß des Internationalen Bureaus für Maße und Gewichte in Paris soll in Zukunft das Joule die Kalorie (und also das Kilojoule die Kilokalorie) ersetzen. Es dürfte aber noch eine geraume Zeit dauern, bis sich das Kilojoule in der Wärme- und Kältetechnik praktisch einführt. Es wird daher in diesem Band noch die Kilokalorie als Wärmeeinheit benutzt.

---

[1] In den romanischen Ländern wird in der Kälteindustrie die negative Kilokalorie häufig als *Frigorie* bezeichnet.

Die englische Einheit der Wärmemenge ist 1 Btu (British thermal unit), das ist die Wärmemenge, die 1 engl. Pfund Wasser um 1° F zu erwärmen vermag. Es ist

$$
\begin{aligned}
1 \text{ Btu} &= 0{,}2520 \text{ kcal,} \\
1 \text{ Btu/lb} &= 0{,}5556 \text{ kcal/kg,} \\
1 \text{ Btu/lb } °F &= 1{,}000 \text{ kcal/kg } °C, \\
3413 \text{ Btu} &= 1 \text{ kWh.}
\end{aligned}
$$

Für größere Wärmemengen wird in England und USA auf dem Gebiet der Kältetechnik von folgender Einheit Gebrauch gemacht, die auf die Zeit bezogen wird und demnach nicht mehr eine Energie, sondern eine Leistung darstellt:

$$
\begin{aligned}
1 \text{ ton of refrigeration} &= 288\,000 \text{ Btu/24 h} = 12\,000 \text{ Btu/h} \\
&= 200 \text{ Btu/min} = 3024 \text{ kcal/h,}
\end{aligned}
$$

das ist (nicht sehr genau) die Schmelzwärme von 1 (short) ton = 2000 engl. Pfund Eis in 24 h.

IV. Der erste Hauptsatz der Thermodynamik.

Noch in der ersten Hälfte des 19. Jahrhunderts hat man die Wärme als einen hypothetischen, unwägbaren Stoff („Caloricum") aufgefaßt, dessen Menge unzerstörbar ist. (Vgl. den Abschnitt „Geschichtliche Entwicklung" in Band I dieses Handbuchs.) Erst durch die Überlegungen von JULIUS ROBERT MAYER (1842) und durch die Versuche von JAMES PRESCOTT JOULE (seit 1843) hat sich allgemein die Vorstellung gefestigt, daß die Wärme als eine Energieart aufzufassen ist[1]. Wärme und Arbeit sind nur verschiedene Arten von Energie, die nach festen Verhältniszahlen ineinander verwandelbar sind, wobei die Verhältniszahl nur von den gewählten Energieeinheiten abhängt. Zwischen der Kilokalorie, in der man die Wärmemenge Q mißt, und dem Meterkilogramm, das als Maß der mechanischen Arbeit dient, besteht die Beziehung

$$
1 \text{ kcal} = 427 \text{ mkg.}
$$

Man bezeichnet die Größe

$$
\frac{1}{A} = 427 \ [\text{mkg/kcal}] \tag{7}
$$

als das mechanische Wärmeäquivalent[2]. Einigt man sich darüber, daß man alle Energiearten in der gleichen Einheit mißt, dann kann man in den Gleichungen, in denen verschiedene Energiearten vorkommen, die Äquivalentzahlen fortlassen. In der Technik ist es aber noch ganz allgemein üblich, Wärmemengen und innere Energien in kcal zu messen, während man für die Arbeit mkg, PSh oder kWh wählt. Neben Gl. (7) bestehen daher folgende Äquivalentzahlen

$$
1 \text{ PSh} = \frac{75 \cdot 3600}{427} = 632{,}33 \text{ intern. kcal}
$$

$$
1 \text{ kWh} = 1{,}3604 \text{ PSh} = 860 \text{ intern. kcal.}
$$

Die Äquivalenz von Wärme und Arbeit stellt den Inhalt des *ersten Hauptsatzes der Thermodynamik dar*, der einen Sonderfall des allgemeinen Prinzips von der Erhaltung der Energie bildet. Es besteht danach keine Möglichkeit, eine Maschine zu bauen, die dauernd Arbeit leistet, ohne daß ein äquivalenter Betrag an anderer Energie verbraucht wird. Der Bau einer solchen Maschine, die man als ein *Perpetuum mobile erster Art* bezeichnet, hat vor der Entdeckung

---

[1] PLANK, R.: Julius Robert Mayer. Naturwiss. Bd. 30 (1942) S. 285.
[2] Etwas genauer ist $1/A = 426{,}94$ internationale Tafelkalorien.

des Energieprinzips viele Köpfe beschäftigt und viel geistige Kraft nutzlos verbraucht. Man kann das Energieprinzip auch so formulieren, *daß die Verwirklichung eines Perpetuum mobile erster Art unmöglich ist*[1].

Im vorigen Abschnitt wurde gezeigt, daß die innere Energie U [kcal] eines Körpers sowohl durch Zufuhr von mechanischer Arbeit L [mkg] wie auch durch Zufuhr von Wärme Q [kcal] erhöht werden kann. Der erste Hauptsatz läßt sich nun mathematisch formulieren, wenn man sich über die Vorzeichen von Q und L einigt. Leider konnte hierüber bisher keine Verständigung zwischen Physikern und Ingenieuren erzielt werden. Die Physiker rechnen, in an sich durchaus logischer Weise, die dem betrachteten Körper zugeführte Wärme und Arbeit positiv. Die technische Thermodynamik wurde aber im wesentlichen aus den Bedürfnissen und Forderungen der Wärmekraftmaschinen entwickelt, in denen Wärme verbraucht und Arbeit gewonnen wird. Man rechnet daher in der Technik ganz allgemein die dem arbeitenden Körper zugeführte (also verbrauchte) Wärme und die vom Körper abgegebene (also geleistete) Arbeit positiv. Eine solche Festlegung der Vorzeichen ist vielleicht logisch bedenklich, aber wirtschaftlich einleuchtend.

Wenn sich nun beim Übergang des Körpers von einem Zustand *1* in einen Zustand *2* die innere Energie von u_1 auf u_2 geändert hat, wobei sowohl eine Wärmemenge Q wie auch eine äußere Arbeit L in Erscheinung getreten ist, und wenn alle Energiebeträge auf 1 kg des Stoffes bezogen werden, dann liefert der erste Hauptsatz unter Beachtung der gewählten Vorzeichen die Gleichung

$$u_2 - u_1 = Q - AL, \tag{8}$$

wobei nach Gl. (7) $A = 1/427$ einzusetzen ist, da wir die Arbeit in mkg messen wollen. Man kann Gl. (8) auch in der Form

$$Q = u_2 - u_1 + AL \tag{8a}$$

schreiben und so deuten, daß die einem Körper zugeführte Wärme zu einem Teil dazu dienen kann, seine innere Energie zu erhöhen (indem z. B. seine Temperatur erhöht wird), zum anderen Teil aber den Körper veranlassen kann, einen Betrag an äußerer Arbeit zu leisten, die nach außen abgegeben wird.

Für eine elementare Zustandsänderung gelten dann die Ansätze in Differentialform

$$du = dQ - A\,dL \tag{9}$$

oder

$$dQ = du + A\,dL. \tag{9a}$$

Wir hatten betont, daß sowohl die Wärmemenge Q wie auch die Arbeit L beim Übergang von einem Zustand *1* in einen Zustand *2* sehr verschieden sein können und daß sie daher keine Zustandsfunktionen darstellen. Aus Gl. (8) erkennen wir aber, daß die (algebraische) Summe von Q und L durch den Anfangs- und Endzustand eindeutig definiert ist, da sie der Änderung der inneren Energie gleich ist. Ebenso ergibt in Gl. (9) die (algebraische) Summe der beiden unvollständigen Differentiale dQ und dL ein vollständiges Differential du[2].

Unter Benutzung der Gl. (5) und (6) kann man jetzt Gl. (9) auch noch in folgender Form schreiben:

$$du = c\,dT - AP\,dv. \tag{9b}$$

---

[1] Vgl. A. Daul: Das Perpetuum mobile, eine Beschreibung der interessantesten, wenn auch vergeblichen, aber doch immer sinnreichen und belehrenden Versuche, eine Vorrichtung oder Maschine herzustellen, welche sich beständig, ohne äußere Anregung, von selbst in Bewegung halten soll. Wien-Pest-Leipzig: A. Hartlebens Verlag 1900.

[2] In der theoretischen Physik wählt man manchmal verschiedene Zeichen für das vollständige und das unvollständige Differential (d und $đ$). Wir sehen hier davon ab.

V. Die Zustandsgleichung idealer Gase.

Am einfachsten gestaltet sich die Zustandsgleichung (2) für Gase, wobei wir zuerst ein idealisiertes Gas betrachten wollen, in welchem gar keine Kräfte zwischen den Molekülen wirken sollen. Helium und Wasserstoff kommen diesem Idealgebilde am nächsten. Aber auch viele andere technisch wichtige Gase, z. B. Luft und ihre Bestandteile, erfüllen diese Bedingung recht genau, wenn sie genügend verdünnt sind, also im Zustand geringer Wichte γ betrachtet werden.

Die Gesetze idealer Gase lauten:

1. Das Gesetz von GAY-LUSSAC.

Im Jahre 1802 stellte der französische Chemiker JOSEPH LOUIS GAY-LUSSAC (1778—1850) durch ausgedehnte Messungen fest, daß sich das Volum der „permanenten" Gase (Luft, H_2, O_2, N_2) im Bereich von 0 bis 100° C bei der Erwärmung unter konstantem Druck je Grad Celsius um $\alpha = 1/266{,}66 = 0{,}00375$ seines Volums bei 0° C ausdehnt[1]. Fast gleichzeitig wurde derselbe Wert des Ausdehnungskoeffizienten α auch von JOHN DALTON (1766—1844) gefunden[2]. Als Vorläufer beider haben zu gelten: AMONTONS, LAMBERT und CHARLES. Genauere Werte für α wurden erst viel später durch F. RUDBERG (1837), G. MAGNUS (1842) und V. REGNAULT gefunden, wobei sich Werte von $\alpha = 0{,}00365$ bis $0{,}00367$ ergaben. Als genauester Wert gilt heute $\alpha = 0{,}0036609 = 1/273{,}16$.

Das Gesetz von GAY-LUSSAC lautet für 1 kg Gas (bei konstantem Druck)

$$v = v_0 \, (1 + \alpha t), \tag{10}$$

wobei v_0 das spezifische Volum bei 0° C bedeutet, welches selbstverständlich noch in starkem Maße von dem gewählten Druck abhängt; das Gesetz gilt um so genauer, je niedriger der Druck ist.

Der Zusammenhang zwischen dem Volum v und der Temperatur t ist also linear, so daß wir dieses Gesetz in Abb. 3 durch eine Schar gerader Linien darstellen können, deren Parameter der Druck ist. Die Linien schneiden auf der v-Achse das Volum v_0 ab, das natürlich um so kleiner ist, je höher der Druck ist. Verlängert man diese Geraden in das Gebiet negativer Celsiusgrade, dann findet man aus Gl. (10) und Abb. 3, daß sie sich alle in einem Punkt der t-Achse schneiden, bei welchem

$$t = - \frac{1}{\alpha} = - 273{,}16° \text{C}$$

ist. Das Volum des Gases müßte bei dieser Temperatur bereits auf Null zusammenschrumpfen. Eine tiefere Temperatur ist physikalisch nicht vorstellbar, und es erscheint daher berechtigt, die Temperatur von $-273{,}16°$ C als den natürlichen oder *absoluten Nullpunkt* der Tempera-

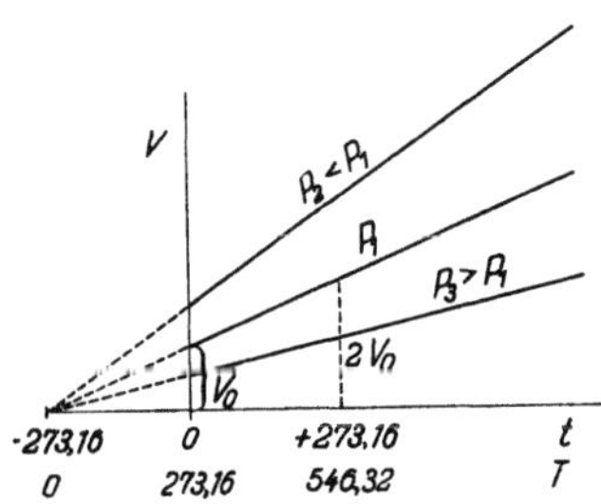

Abb. 3. Das Gesetz von GAY-LUSSAC im v, T-Diagramm.

turskala einzuführen, eine Bezeichnung, die zuerst von J. DALTON geprägt wurde. Die von diesem Nullpunkt aus gerechnete absolute Temperatur wird mit T bezeichnet. Es ist also $T = t°$ C $+ 273{,}16$. Die so gemessenen Temperaturgrade bezeichnet man als Grade *Kelvin* (°K).

---

[1] GAY-LUSSAC, J. L.: Recherche sur la dilatation des gaz et des vapeurs. Ann. Chim. Bd. 43 (1802) S. 137. Dtsch. Übers. Ann. Phys., Bd. 12 (1802) S. 257 — Vgl. auch Ostwalds Klassiker d. exakt. Wiss. Bd. 44, S. 3. Leipzig: W. Engelmann 1894. — Geschichtliche Einzelheiten findet man bei G. BUGGE: Das Buch der großen Chemiker Bd. I, S. 386.

[2] DALTON, J.: Mem. Literary and Phil. Soc. Manchester Bd. 5 (1802) S. 595 — Vgl. Ostwalds Klassiker d. exakt. Wiss. Bd. 44, S. 26. Leipzig: W. Engelmann 1894.

Aus Gl. (10) folgt:

$$v = \alpha\, v_0 \left(\frac{1}{\alpha} + t\right) = \alpha\, v_0 (273{,}16 + t) = \alpha\, v_0\, T = f(P)\, T, \qquad (10\,\mathrm{a})$$

wobei die Funktion $f(P) = \alpha v_0$ noch zu bestimmen sein wird.

In Fahrenheitgraden liegt der absolute Nullpunkt bei $-459{,}69°$ F. Die absolute Temperatur wird dann $T = t° \mathrm{F} + 459{,}69$. Die so gemessenen Temperaturgrade bezeichnet man als Grade *Rankine* ($°\mathrm{R}$)*. Es ist

$$T(°\mathrm{R}) = 1{,}8\, T(°\mathrm{K}) = 1{,}8\, t\, (°\mathrm{C}) + 491{,}69.$$

2. Das Gesetz von BOYLE und MARIOTTE.

Lange vor der Entdeckung des Ausdehnungsgesetzes der Gase durch die Wärme war der einfache Zusammenhang zwischen dem Druck und dem Volum der Gase bei konstant gehaltener Temperatur verkündet worden. Als erster hat ROBERT BOYLE (1627—1691) im Jahre 1662 ausgesagt, „daß Drucke und Volume in umgekehrter Proportion sind"[1]. 17 Jahre später hat EDME MARIOTTE (1620—1684) die Versuche BOYLES wiederholt und deren Richtigkeit bestätigt[2]. Für eine bestimmte Temperatur ist also

$$P\,v = \text{konst.} \qquad (11)$$

und allgemein

$$P\,v = \varphi\,(T), \qquad (11\,\mathrm{a})$$

wobei die Form der Funktion φ noch zu bestimmen sein wird. In einem P, v-Diagramm (Abb. 4) erhält man nach Gl. (11a) eine Schar gleichseitiger Hyperbeln, mit T als Parameter, wobei die Kurven um so weiter von den Achsen entfernt liegen, je höher die Temperatur ist, weil nach GAY-LUSSAC für einen bestimmten Druck das Volum mit der Temperatur ansteigt. Viele wirkliche Gase befolgen dieses Gesetz bei mäßigen Drücken mit recht befriedigender Genauigkeit.

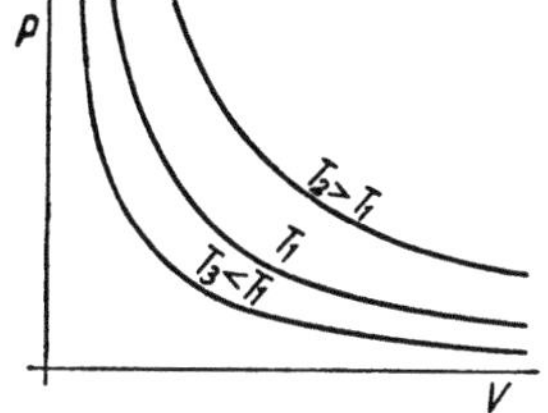

Abb. 4. Das Gesetz von BOYLE und MARIOTTE im P, v-Diagramm.

Setzt man nun aus Gl. (10a) $v = f(P)\, T$ in Gl. (11a) ein, dann erhält man

$$P f(P)\, T = \varphi(T).$$

Auf der rechten Seite dieser Gleichung steht eine reine Temperaturfunktion; dann kann aber auch die linke Seite nur von T abhängen. Dieser Forderung kann nur genügt werden, wenn $P f(P)$ eine Konstante ist, die mit R bezeichnet werden soll, und die allenfalls noch von der Natur des Gases abhängen könnte. Die bisher unbestimmt gebliebene Funktion $f(P)$ in Gl. (10a) hat daher den Wert

$$f(P) = \frac{R}{P}.$$

Setzt man diesen Wert in Gl. (10a) ein, dann erhält man

$$v = \frac{R\,T}{P} \quad \text{oder} \quad P\,v = R\,T, \qquad (12)$$

---

* Die Bezeichnung $°\mathrm{R}$ bezog sich früher auf die RÉAUMUR-Skala, die jedoch inzwischen in allen Ländern abgeschafft wurde.

[1] In der Verteidigungsschrift gegen FRANCISCUS LINUS, 1662. — Vgl. Gesamtausgabe der Werke BOYLES von BIRCH: Bd. I, S. 100. London 1743. Lateinische Ausgabe, S. 94. Rotterdam 1669.

[2] Ausführlicher Auszug aus der Schrift MARIOTTES, die 1679 in Paris erschien, bei F. HOEFER: Histoire de la Physique et de la Chimie, S. 43. Paris 1872.

womit die Zustandsgleichung für 1 kg idealer Gase ermittelt ist. Für eine beliebige Menge von G kg oder V m³ lautet sie:

$$PV = GRT. \tag{12a}$$

Für ideale Gase (denen Wasserstoff und Helium am nächsten kommen) ändert sich sowohl das Volum (bei konstantem Druck) wie auch der Druck (bei konstantem Volum) genau proportional der absoluten Temperatur. Auf dieser Eigenschaft beruht die Berechtigung der linearen Kalibrierung der Gasthermometer (s. S. 5). Man erkennt hieran auch die Richtigkeit der Aussage AMONTONS', wonach der absolute Nullpunkt bei der Spannkraft Null eintreten müsse, denn man kann beim Gasthermometer sowohl die Volumänderung bei konstantem Druck wie auch die Druckänderung bei konstantem Volum als Maß der Temperatur ansehen. Da wir ferner in der kinetischen Gastheorie den Gasmolekülen Geschwindigkeiten im Rahmen einer ungeordneten Bewegung zugeschrieben haben und den Druck als die Stoßwirkung der Moleküle gegen die Begrenzungswände auffaßten, so müssen die Moleküle beim absoluten Nullpunkt keine Bewegung mehr ausführen und im Zustand vollkommener Ruhe sein.

3. Das Gesetz von AVOGADRO.

Der Zahlenwert der in Gl. (12) enthaltenen „Gaskonstante" R konnte noch nicht angegeben werden. Es muß auch noch entschieden werden, ob es sich um eine individuelle, von der Gasart abhängige, oder um eine universelle Konstante handelt[1]. Um diese Frage zu beantworten, braucht man ein weiteres Gasgesetz, das von AMEDEO AVOGADRO (1776—1856) im Jahre 1811 ausgesprochen wurde, und nach welchem alle Gase bei gleichem Druck und gleicher Temperatur in gleichen Volumen die gleiche Anzahl Moleküle enthalten[2]. Es folgt daraus unmittelbar, daß bei gleichem P und T die Wichten γ der Gase sich verhalten müssen wie die Molekulargewichte μ. Es gilt also

$$\gamma_1 : \gamma_2 : \gamma_3 : \cdots = \mu_1 : \mu_2 : \mu_3 : \cdots$$

Mit $\gamma = 1/v$ erhält man daraus

$$\mu_1 v_1 = \mu_2 v_2 = \mu_3 v_3 = \cdots = \text{konst.} \tag{13}$$

Bezeichnen wir die Gewichtsmenge von μ kg eines Gases als ein Kilomol oder kurz als ein *Mol*[3], dann ist μv das *Molvolum*. Bei gleichem P und T ist also das Molvolum aller Gase konstant, und daher enthält ein Mol für alle Gase die gleiche Anzahl Moleküle, die man als LOSCHMIDTsche Zahl bezeichnet, und die den Wert $N = (6{,}0227 \pm 0{,}011) \cdot 10^{26}$ hat.

Die Gasmenge, die in 1 m³ bei 0° C und 760 Torr enthalten ist, haben wir als Normkubikmeter (Nm³) bezeichnet (s. S. 5). Für den am genauesten untersuchten Sauerstoff ($\mu = 32{,}00$) fand man bei diesen Bedingungen ein Gewicht von $\gamma = 1{,}4289$ kg/m³. Sauerstoff weicht aber bei den genannten Normalbedingungen schon etwas von der Zustandsgleichung idealer Gase ab. Bei idealem Verhalten wäre $\gamma = 1{,}4276$ kg/m³. Für das konstante Molvolum in Gl. (13) erhalten wir daher

$$\mu v = \frac{32{,}00}{1{,}4276} = 22{,}415 \text{ m}^3/\text{Mol}. \tag{13a}$$

---

[1] Für eine elementare Zustandsänderung aller Gase gilt ohne Rücksicht auf den Wert der Gaskonstanten R die Beziehung

$$\frac{dP}{P} + \frac{dv}{v} = \frac{dT}{T},$$

die unmittelbar aus Gl. (12) folgt.

[2] AVOGADRO, A.: J. Phys. Bd. 73 (1811) S. 58 — Vgl. Ostwalds Klassiker d. exakt. Wiss. Nr. 8. Leipzig: Engelmann.

[3] In der Chemie wird das Mol auf g und nicht auf kg bezogen.

Wählt man, wie es in der Technik noch manchmal der Fall ist, als Normalbedingungen $15°$ C und 1 ata $= 735{,}56$ Torr, dann muß der Wert μv nach Gl. (13a) mit Hilfe der Zustandsgleichung (12) umgerechnet werden. Man findet für diese Bedingungen

$$\mu v = 22{,}415 \, \frac{288{,}16}{273{,}16} \, \frac{760}{735{,}56} = 24{,}431 \text{ m}^3/\text{Mol}.$$

Wenden wir die Zustandsgleichung (12a) auf 1 Mol an, dann wird

$$P\,(\mu v) = \mu R T.$$

Mit $P = 10332{,}3 \text{ kg/m}^2$ (entsprechend 760 Torr) und $T = 273{,}16°$ K wird

$$R = \frac{10332{,}3 \cdot 22{,}415}{\mu \, 273{,}16} = \frac{847{,}85}{\mu}$$

oder rund

$$R = \frac{848}{\mu} \, [\text{m kg/kg Grad}]. \tag{14}$$

Solange man also für jedes Gas das Kilogramm als Gewichtseinheit wählt, ist die Gaskonstante für jedes Gas verschieden und dem Molekulargewicht umgekehrt proportional. Wählt man jedoch als Einheit des Gewichts für jedes Gas 1 Mol, dann erhält die Gaskonstante für alle Gase den universellen Wert

$$\Re = \mu R = 847{,}85 \approx 848 \, [\text{mkg/Mol Grad}].$$

Drückt man das Produkt $P\,v$ nicht in mkg, sondern in kcal aus, dann erhält man für die universelle Gaskonstante

$$A\,\Re = 1{,}986 \, [\text{kcal/Mol Grad}]. \tag{14a}$$

In Tab. 1 findet man für die wichtigsten Gase und einige kältetechnisch wichtige Stoffe die Zahlenwerte des Molekulargewichts, der Gaskonstanten sowie des idealen und wirklichen spezifischen Gewichts bei $0°$ und 760 Torr.

Tabelle 1. *Molekulargewicht, Gaskonstante, ideales und wirkliches spezifisches Gewicht bei $0°$ und 760 Torr für verschiedene Gase.*

Gas	μ	R mkg/kg °K	γ_{id} kg/m³	$\gamma_{wirkl.}$ kg/m³
H_2	2,0160	420,56	0,08994	0,08987
N_2	28,016	30,263	1,2499	1,2505
O_2	32,000	26,495	1,4276	1,4289
Luft	28,964	29,273	1,2922	1,2928
H_2O	18,016	47,061	(0,8037)	—
CO_2	44,010	19,265	1,9634	1,9768
N_2O	44,016	19,262	1,9637	1,9780
SO_2	64,066	13,234	2,8581	2,9263
NH_3	17,032	49,780	0,7598	0,7714
CH_4	16,042	52,852	0,7157	0,7168
C_2H_6	30,068	28,198	1,3414	1,3560
CH_3Cl	50,491	16,792	2,2525	2,307
$CFCl_3$	137,38	6,173	(6,1289)	—
CF_2Cl_2	120,92	7,013	5,3945	5,510
CHF_2Cl	86,475	9,806	3,8579	3,963

VI. Die spezifischen Wärmen.

1. Die spezifische Wärme bei konstantem Volum.

Wie bereits betont wurde (s. S. 11), ist die spezifische Wärme eines Körpers keine eindeutig definierte Größe. Sie hängt vielmehr von der Zustandsänderung ab, die der Körper durchläuft. Das kann aus den Gl. (6) und (9b) deutlich erkannt werden. Bezieht man die Wärmemenge Q auf $G = 1\,\mathrm{kg}$ des Stoffes, dann ist die spezifische Wärme nach Gl. (6) definiert durch

$$c = \frac{dQ}{dt}\,.$$

Erwärmt man z. B. ein Gas bei konstantem Volum, so daß keine äußere Arbeit geleistet wird, dann ist nach Gl. (9 b)

$$dQ = du = c_v\,dT, \qquad (15)$$

wenn wir die spezifische Wärme bei konstantem Volum mit c_v bezeichnen. Da du ein vollständiges Differential ist, so kann man es, wenn man z. B. T und v als unabhängige Veränderliche wählt, in der Form

$$du = \left(\frac{\partial u}{\partial T}\right)_v dT + \left(\frac{\partial u}{\partial v}\right)_T dv \qquad (16)$$

schreiben.

Bei idealen Gasen liegen die Verhältnisse wegen des Fehlens von inneren Kräften zwischen den Molekülen wieder besonders einfach. GAY-LUSSAC hat schon 1807 gezeigt[1] und JOULE hat in überzeugenderer Weise 1845 experimentell bestätigt[2], daß die innere Energie idealer Gase nur von der Temperatur abhängt. Eine Beschreibung dieses „Überströmungsversuchs" findet man in jedem Lehrbuch der Thermodynamik. Er besteht im wesentlichen darin, daß ein ideales Gas beim Überströmen aus einem isolierten Druckgefäß in ein zweites isoliertes Gefäß, in welchem vorher ein (nahezu) absolutes Vakuum herrschte, seine Temperatur nicht ändert. Da bei diesem Vorgang weder Wärme aufgenommen oder abgegeben, noch äußere Arbeit geleistet wurde, so muß auch die innere Energie konstant geblieben sein. Die beobachtete Konstanz der Temperatur führt dann zu dem Schluß, daß die innere Energie des idealen Gases nur von der Temperatur abhängen kann. Die bei diesem Versuch aufgetretenen Druck- bzw. Volumänderungen des Gases vermochten dessen innere Energie nicht zu beeinflussen. Eine zusätzliche Abhängigkeit vom Volum (oder vom Druck), die man bei realen Gasen beobachtet, ist stets mit gewissen Abweichungen von der einfachen Zustandsgleichung (12) verbunden. Für ideale Gase ist also

$$\left(\frac{\partial u}{\partial v}\right)_T = 0,$$

und daher gilt ganz allgemein für jede beliebige Zustandsänderung idealer Gase

und
$$\left.\begin{aligned} du &= c_v\,dT \\ u &= \int c_v\,dT \end{aligned}\right\}. \qquad (16\,\mathrm{a})$$

Ist c_v konstant, dann wird $u = c_v T + u_0$, worin u_0 eine willkürliche Integrationskonstante darstellt, die nur von der Festsetzung des Nullpunktes der inneren Energie abhängt. Die theoretische Physik befaßt sich mit der Berechnung dieser Konstanten. Da wir es aber nur mit *Änderungen* der inneren Energie im Verlauf von Zustandsänderungen zu tun haben werden, so fällt dabei u_0 stets heraus. Es ist $u_2 - u_1 = c_v\,(T_2 - T_1) = c_v\,(t_2 - t_1)$. Im allgemeinen hängt c_v auch noch von T ab, dagegen kann es bei idealen Gasen nach dem Gesagten nicht von v (oder P) abhängen.

[1] GAY-LUSSAC, J. L.: Mém. Phys. Chim. Soc. d'Arceuil Bd. 1 (1807) S. 180 — Gehlers J. f. Chem. Phys. u. Min. Bd. 6 (1808) S. 392.
[2] JOULE, J. P.: Phil. Mag. (3) Bd. 26 (1845) S. 369.

2. Die spezifische Wärme bei konstantem Druck.

Mit Gl. (16a) kann man der Gl. (9a) für ideale Gase die Form geben:

$$dQ = c_v dT + AP\,dv. \tag{17}$$

Erwärmt man das Gas jetzt bei konstantem Druck und bezeichnet die zugehörige spezifische Wärme mit c_p, dann ist $dQ = c_p\,dT$ und

$$c_p\,dT = c_v\,dT + AP\,dv.$$

Aus der Zustandsgleichung (12) folgt bei $P = \text{konst}$ $dv = \dfrac{R}{P}\,dT$. Setzt man diesen Ausdruck in die letzte Gleichung ein, dann erhält man mit Gl. (14a) und nach Kürzung mit dT

$$c_p = c_v + AR$$

oder

$$c_p - c_v = AR = \frac{1{,}986}{\mu} \approx \frac{2}{\mu}. \tag{18}$$

Mit Hilfe dieser Gleichung hatte ROBERT MAYER aus gemessenen Werten von c_p und c_v im Jahre 1842 zum erstenmal das mechanische Wärmeäquivalent $1/A$ berechnet. Da aber in jener Zeit nur ungenaue Werte der spezifischen Wärmen vorlagen, so konnte MAYER daraus nur einen angenäherten Wert für das Äquivalent berechnen. Er fand $A = 367$ mkg/kcal und rundete diesen Wert auf 365 ab, eine Zahl, die um 14% unter dem richtigen Wert liegt.

Bezieht man die spezifische Wärme nicht auf 1 kg, sondern auf 1 Mol, wie wir das schon für das Volum getan haben (s. S. 16), dann erhält man die Molwärmen μc_v und μc_p [kcal/Mol Grad]. Nach Gl. (18) wird mit Gl. (14a)

$$\mu c_p - \mu c_v = A\Re = 1{,}986 \approx 2. \tag{18a}$$

Oft wird die spezifische Wärme der Gase auf 1 m³ bezogen. Wir wollen sie dann mit C [kcal/m³ Grad] bezeichnen. Es ist offenbar $C = c\,\gamma = c/v$. Wählt man wieder als Bezugsgröße 1 Nm³ (0°, 760 Torr), dann ist nach Gl. (13a) $\mu v = 22{,}415$ und daher $C = \mu c/22{,}415$. Aus Gl. (18a) folgt dann:

$$C_p - C_v = \frac{1{,}986}{22{,}415} = 0{,}0886. \tag{18b}$$

Als wichtige thermodynamische Größe werden wir ferner das Verhältnis der beiden spezifischen Wärmen

$$\varkappa = \frac{c_p}{c_v}$$

erkennen. Die Größe $\varkappa$ kann auch durch Messung der Schallgeschwindigkeit berechnet werden[1]. Nach der kinetischen Gastheorie findet man im Einklang mit der Erfahrung für einatomige Gase (He, A, Kr, X und die meisten Metalldämpfe) den Wert

$$\varkappa = \tfrac{5}{3} = 1{,}66$$

(vgl. Tab. 1a). Es zeigt sich ferner, daß $\varkappa$ mit wachsender Atomzahl im Molekül abnimmt, aber für Gase gleicher Atomzahl nahezu gleiche Werte hat, z. B. bei zweiatomigen Gasen $\varkappa = \tfrac{7}{5} = 1{,}40$. Bei höherer Atomzahl ist die Konstanz

---

[1] Nach der Formel $w = \sqrt{g\,\varkappa P v}$, wenn w [m/s] die gemessene Schallgeschwindigkeit und $g = 9{,}81$ [m/s²] die Erdbeschleunigung ist (s. S. 348).

von $\varkappa$ nicht mehr so gut. Aus den Gl. (18a) und (18b) und den genannten Werten von $\varkappa = \dfrac{\mu\, c_p}{\mu\, c_v} = \dfrac{C_p}{C_v}$ folgt, daß für Gase gleicher Atomzahl die Molwärmen μc und die spezifischen Wärmen C übereinstimmen müssen. Man findet für einatomige Gase $(\varkappa = \tfrac{5}{3})$:

$$\mu\, c_p = \tfrac{5}{2} A\Re \approx 5; \qquad \mu\, c_v = \tfrac{3}{2} A\Re \approx 3; \qquad C_p = 0{,}223; \qquad C_v = 0{,}134$$

für zweiatomige Gase $(\varkappa = \tfrac{7}{5})$:

$$\mu\, c_p = \tfrac{7}{2} A\Re \approx 7; \qquad \mu\, c_v = \tfrac{5}{2} A\Re \approx 5; \qquad C_p = 0{,}312; \qquad C_v = 0{,}223 \,.$$

Bei Gasen höherer Atomzahl findet man Abweichungen von dieser Regel, auf die S. 25 eingegangen werden wird.

3. Die Temperaturabhängigkeit der spezifischen Wärmen.

Die spezifischen Wärmen c_p und c_v steigen mit wachsender Temperatur an, und zwar ist der Anstieg um so größer, je mehr Atome im Molekül enthalten sind. Nur bei einatomigen Gasen findet kein Anstieg statt. Bei Temperaturen, die nicht zu weit von der Zimmertemperatur nach oben oder unten entfernt sind, können die Meßwerte der spezifischen Wärmen von Gasen durch lineare Gleichungen von der Form

$$c = a + bt \tag{19}$$

dargestellt werden. Für die Zwecke der Kältetechnik ist ein solcher Ansatz fast immer ausreichend. Bei sehr hohen Temperaturen nimmt aber die spezifische Wärme langsamer zu und nähert sich asymptotisch einem Grenzwert, bei dem die Atomschwingungen im Molekül voll angeregt sind.

Solange die Gase nicht merklich von dem idealen Verhalten abweichen, muß der Temperaturkoeffizient b in Gl. (19) für c_p und c_v den gleichen Wert haben, da sonst Gl. (18) nicht erfüllt werden könnte. Die Konstante a bedeutet dann jeweils die spezifische Wärme bei $t = 0°\,$C.

Oft ist es zweckmäßig, von dem Begriff der mittleren spezifischen Wärme c_m in einem bestimmten Temperaturbereich von t_1 bis t_2 Gebrauch zu machen. Es ist

$$\left| c_m \right|_{t_1}^{t_2} = \frac{1}{t_2 - t_1} \int\limits_{t_1}^{t_2} c\, dt \,.$$

Mit Gl. (18) findet man

$$\left| c_m \right|_{t_1}^{t_2} = a + b\, \frac{(t_1 + t_2)}{2} \,. \tag{20}$$

In gleicher Weise läßt sich auch die mittlere Molwärme μc_m und die mittlere spezifische Wärme C_m, bezogen auf 1 Nm³, berechnen.

In Tab. 1a findet man für einige Gase Werte von c_p bei Temperaturen von -100 bis $2000°\,$C im idealen Gaszustand (d. h. bei starker Verdünnung) sowie Werte des Temperaturkoeffizienten b in Gl. (19) und von $\varkappa$ bei $0°\,$C.

Weichen die Gase vom idealen Verhalten stärker ab, was bei höheren Drücken auch schon für zweiatomige Gase der Fall ist, dann ändert sich die spezifische Wärme auch mit dem Druck, wobei sie mit wachsendem Druck zunimmt. Die Zunahme ist bei c_p viel stärker als bei c_v (s. S. 219). Während z. B. für Luft bei 1 ata $\left| c_{p_m} \right|_{20°}^{100°} = 0{,}242$ ist, findet man bei 100 ata 0,269 und bei 200 ata 0,292 [kcal/kg Grad].

Tabelle 1 a. *Wahre spezifische Wärme c_p in kcal/kg °C im idealen Gaszustand (bei starker Verdünnung)*[1].

Temperatur °C	H_2	N_2	O_2	Luft	H_2O	CO_2	N_2O	SO_2	NH_3	CH_4	C_2H_6	CH_3Cl	$CFCl_3$ (F-11)[3]	CF_2Cl_2 (F-12)[3]	CHF_2Cl (F-22)
—100	3,13[2]	0,248	0,218	0,239	0,438	0,170			0,470					0,085	0,117
— 50	3,30	0,248	0,218	0,239	0,440	0,182		0,140	0,480	0,506	0,353	0,170	0,116	0,101	0,130
0	3,40	0,248	0,219	0,240	0,443	0,196	0,213	0,145	0,491	0,516	0,393	0,184	0,131	0,114	0,143
100	3,45	0,250	0,223	0,242	0,450	0,220	0,228	0,159	0,527	0,586	0,490	0,220	0,149	0,137	0,156
200	3,47	0,252	0,230	0,245	0,462	0,238	0,245	0,171	0.570	0,668	0,590			0,152	
400	3,50	0,261	0,245	0,255	0,491	0,268	0,270	0,188	0,654	0,833					
600	3,53	0,272	0,257	0,266	0,522	0,287	0,289	0,198	0,740	0,976					
800	3,62	0,282	0,263	0,276	0,566	0,300	0,302	0,203	0,812	1,085					
1000	3,71	0,290	0,268	0,283	0,587	0,309	0,310	0,207	0,873	1,181					
1500	3,69	0,303	0,278	0,295	0,650	0,322	0,322	0,212	0,979						
2000	4,16	0,310	0,287	0,303	0,691	0,028	0,328	0,214	1,040						
Temp.-Koeff. b in Gl. (19) zw. 0° und 400° C	0,00025	0,00003	0,00006	0,00004	0,00012	0,00018	0,00014	0,00011	0,0004	0,00075	0,001	0,00034	0,00010	0,00028	0,00016
$\varkappa_0 = \dfrac{c_p}{c_v}$ bei 0° C	1,408	1,400	1,396	1,399	1,332	1,299	1,285	1,271	1,312	1,313	1,202	1,268	1,124	1,143	1,190

[1] Nach E. JUSTI: Spez. Wärme, Enthalpie, Entropie usw. Berlin: Springer 1938.
[2] Abfall der Rotationsenergie.
[3] Nach J. D'ANS u. E. LAX: Taschenb. f. Chemiker u. Physiker, S. 1061. Berlin: Springer 1943.

Da es neben den Zustandsänderungen bei konstantem Druck und konstantem Volum noch beliebig viel andere gibt, so existieren neben c_p und c_v auch noch zahlreiche andere spezifische Wärmen, auf die wir S. 31 eingehen werden.

In Tab. 2 sind noch Werte der spezifischen Wärme einiger für die Kältetechnik wichtiger flüssiger und fester Stoffe angegeben. Da die Volumänderung dieser Stoffe im Vergleich mit derjenigen von Gasen vernachlässigbar klein ist, so werden auch die Unterschiede zwischen den verschiedenen spezifischen Wärmen bei mäßigen Drücken sehr klein. Man spricht daher von der spezifischen Wärme schlechthin, wobei man sich im allgemeinen den Druck konstant gehalten denkt.

4. Kinetische und quantentheoretische Berechnung der spezifischen Wärme von Gasen.

Die Werte der spezifischen Wärme von ein- und mehratomigen Gasen und deren Abhängigkeit von der Temperatur lassen sich auf Grund der kinetischen Gastheorie und der Quantentheorie plausibel erklären. Wir müssen uns hier mit vereinfachenden Vorstellungen und kurzen Andeutungen begnügen und für ein tieferes Verständnis auf die physikalische und physikalisch-chemische Fachliteratur verweisen. Nach der von D. BERNOULLI begründeten kinetischen Gastheorie befinden sich die Moleküle eines Gases in einer mit der Temperatur steigenden Bewegung, wobei sie untereinander und mit den Wänden des Gefäßes dauernd zusammenstoßen. Es soll vereinfachend angenommen werden, daß sich alle Moleküle mit konstanter Geschwindigkeit w bewegen, die für ein Molekül in Richtung der X-, Y- oder Z-Achse liegen mag, wobei diese Achsen senkrecht zu den Umfassungswänden des Gefäßes stehen mögen. Die Fläche einer Wand wird dann in der Zeit $d\tau$ nur von solchen Molekülen getroffen, die sich im Abstand $w\,d\tau$ von der Wand befinden und die sich in Richtung auf die Wand bewegen. Befinden sich N Moleküle in der Volumeinheit des Gases, dann bewegt sich je ein Drittel in Richtung einer Koordinatenachse und je ein Sechstel der wandnahen Moleküle in Richtung auf die Wand. Dann wird die Flächeneinheit einer Wand in der Zeit $d\tau$ von $\frac{1}{6} N\,w\,d\tau$ Molekülen getroffen, die von ihr wieder abprallen, wobei jedes Molekül von der Masse m_1 den Impuls $2\,m_1\,w$ überträgt. Der Gesamtimpuls je Flächeneinheit in der Zeit $d\tau$ ist also

$$dJ = 2\,m_1\,w\,\frac{1}{6}\,N\,w\,d\tau = \frac{1}{3}\,\frac{\gamma}{g}\,w^2\,d\tau,$$

weil $Nm_1 = \varrho = \gamma/g$ die Masse in der Volumeinheit ist (Dichte). Nach den Gesetzen der Mechanik ist aber $dJ/d\tau$ die Kraft, und da diese hier auf die Flächeneinheit ausgeübt wird, so ist es der Druck P. Es wird also

$$P = \frac{1}{3}\,\frac{\gamma}{g}\,w^2$$

oder mit $\gamma = 1/v$ und mit der Zustandsgleichung (12) für ideale Gase

$$P\,v = \frac{w^2}{3g} = R\,T.$$

Man erhält daher für die Geschwindigkeit der Moleküle den Wert

$$w = \sqrt{3\,g\,R\,T}.$$

Mit $g = 9{,}81$ m/sek² und $R = 848/\mu$ wird

$$w = 158\,\sqrt{\frac{T}{\mu}}.$$

Tabelle 2.

Spezifische Wärme einiger für die Kältetechnik wichtiger flüssiger und fester Stoffe.

Stoff	Temperatur °C	Spezif. Wärme kcal/kg °C	Stoff	Temperatur °C	Spezif. Wärme kcal/kg °C
A. Feste Stoffe			**B. Flüssigkeiten**		
a) Metalle			a) Reine Flüssigkeiten		
Aluminium . . .	0 bis 100	0,217	Wasser	0 bis 100	1,00
Blei	0 bis 100	0,031	Methylalkohol .	−50	0,53
Eisen	0 bis 100	0,111		0	0,57
Kupfer	0 bis 100	0,093		20	0,60
Magnesium . . .	0 bis 100	0,247	Äthylalkohol . .	20	0,58
Nickel	0 bis 100	0,108		50	0,67
Silber	0 bis 100	0,056	Glyzerin	−80	0,42
Zink	0 bis 100	0,093		0	0,50
Zinn	0 bis 100	0,055	Äthan	−100	0,58
b) Metallegierungen				−50 ($p=5,6$ ata)	0,60
Stahl (auch V2A)	20	0,114		0 ($p=24$ ata)	0,80
Nickelstahl . . .	20	0,121	Propan	−50	0,52
Gußeisen	20	0,129		0 ($p=4,8$ ata)	0,58
Messing	20	0,091	Dimethyläther . .	−50	0,55
Neusilber	20	0,094		0 ($p=2,7$ ata)	0,57
Phosphorbronze .	20	0,086	Äthyläther . . .	20	0,56
Lötzinn	20	0,040	Methylchlorid . .	−50	0,35
Duralumin . . .	20	0,218		0 ($p=2,6$ ata)	0,37
Monelmetall . .	20	0,101	Dichlormethan .	0	0,27
c) Sonstige			$CFCl_3$ (F−11) . .	−30 bis +30	0,20
Kalziumchlorid .	20	0,15	CF_2Cl_2 (F−12) . .	−50	0,20
Natriumchlorid .	20	0,207		0 ($p=3,1$ ata)	0,22
Asbest	20	0,19		50 ($p=12,4$ ata)	0,25
Asphalt	20	0,22	CF_3Cl (F−13) . .	−100	0,20
Baumwolle . . .	20	0,31		−50 ($p=4,3$ ata)	0,24
Beton	20	0,21		0 ($p=20$ ata)	0,28
Eis	20	0,50	CHF_2Cl (F−22) .	−100	0,25
Gips	20	0,26		−50	0,26
Glas	20	0,185		0 ($p=5,1$ ata)	0,29
Graphit	20	0,20	$C_2F_3Cl_3$ (F−113) .	0	0,22
Hartgummi . . .	20	0,34		50	0,24
Hölzer (im Mittel)	20	0,61	Ammoniak . . .	−50	1,05
Kieselgur	20	0,20		0 ($p=4,4$ ata)	1,10
Koks	20	0,20		50 ($p=20,7$ ata)	1,18
Kork	20	0,4 bis 0,5	Schwefeldioxyd .	−50 bis +50	0,32
Paraffin	20	0,5	Kohlendioxyd . .	−50 ($p=7$ ata)	0,47
Porzellan	20	0,19		0 ($p=35,5$ ata)	0,69
Schamotte . . .	20	0,20	Quecksilber . . .	20	0,033
Schlacke	20	0,20	b) Lösungen		
Steinkohle . . .	20	0,30	Maschinenöl . .	20	0,47
Zement	20	0,18	Paraffinöl, Petroleum	20	0,50
Ziegelstein . . .	20	0,20	Äthylenglykol . .		
			10% in Wasser	0	0,96
			20% in Wasser	0	0,92
			40% in Wasser	0	0,83
			60% in Wasser	0	0,73
			Natriumchlorid		
			10% in Wasser	0	0,86
			20% in Wasser	0	0,74
			Kalziumchlorid		
			10% in Wasser	0	0,80
			20% in Wasser	0	0,72
			30% in Wasser	0	0,69
			50% in Wasser	0	0,66
			Magnesiumchlorid		
			10% in Wasser	0	0,85
			20% in Wasser	0	0,73

Sieht man von den hier gemachten vereinfachenden Annahmen ab, so gelangt man zu dem gleichen Resultat, nur bedeutet w dann nicht mehr eine bei gegebener Temperatur konstante Geschwindigkeit für alle Moleküle, sondern den quadratischen Mittelwert $\overline{w}$ aus den Geschwindigkeiten aller Moleküle. Aus der letzten Gleichung erhält man für die mittlere Geschwindigkeit bei $0°$ C für Wasserstoff ($\mu = 2{,}016$) 1838 m/sek und für Sauerstoff ($\mu = 32$) 462 m/sek. Mit

$$\overline{w}^2 = 3\, g\, R\, T$$

wird die kinetische Energie der molekularen Translationsbewegung von G kg eines Gases

$$E_{\text{kin}} = \frac{1}{2}\, \frac{G}{g}\, \overline{w}^2 = \frac{3}{2}\, G\, R\, T$$

oder für 1 Mol des Gases mit $G = \mu$

$$E_{\text{kin}} = \tfrac{3}{2}\, \mathfrak{R}\, T.$$

Da es bei einem idealen einatomigen Gas nur die Energie der Translationsbewegungen geben kann, so stellt E_{kin} die gesamte innere Energie U eines Mols dar. Drückt man diese jetzt in kcal aus, so ist

$$U = \mu\, u = \tfrac{3}{2}\, A\, \mathfrak{R}\, T.$$

Die Molwärme bei konstantem Volum ist daher nach Gl. (15)

$$\mu\, c_v = \frac{d\, U}{d\, T} = \frac{3}{2}\, A\, \mathfrak{R} = \frac{3}{2}\, 1{,}986 = 2{,}98\ \text{kcal/Mol}\,°\text{C}$$

ein Wert, der mit der Erfahrung übereinstimmt (S. 20) und von der Temperatur unabhängig ist. Nach der klassischen kinetischen Theorie verteilt sich die Energie gleichmäßig auf alle „Freiheitsgrade" der Bewegung. Da die Translationsenergie in der Form

$$\tfrac{1}{2}\, m\, w^2 = \tfrac{1}{2}\, m\, (w_x^2 + w_y^2 + w_z^2)$$

ausgedrückt werden kann, so entfällt auf die Translationsbewegung in jeder Achsenrichtung des Raumes ein Drittel der Gesamtenergie, also für ein Mol des Gases der Anteil $\tfrac{1}{2}\, A\, \mathfrak{R}\, T$ an innerer Energie. Da die Zahl der Moleküle im Kilomol für alle Gase gleich groß ist und (s. S. 16) bei $0°$ C und 1 Atm $N_L = 6{,}02 \cdot 10^{26}$ beträgt (LOSCHMIDTsche Zahl), so ist die Energie eines Moleküls je Freiheitsgrad $\tfrac{1}{2}\, k\, T$, wenn wir mit BOLTZMANN $k = A\, \mathfrak{R}/N_L$ setzen. Der Wert dieser BOLTZMANNschen Konstante ist

$$k = 3{,}298 \cdot 10^{-27}\ \text{kcal/}°\text{C} \quad \text{oder} \quad 1{,}3807 \cdot 10^{-16}\ \text{Erg/}°\text{C}.$$

Einem zweiatomigen Molekül legt man das Hantelmodell zugrunde, bei dem sich also zunächst der Abstand der beiden Atome im Molekül nicht ändert. Neben den drei Translationsfreiheitsgraden der Bewegung des Schwerpunkts kommen dann noch drei weitere Freiheitsgrade der Rotationen um den Schwerpunkt hinzu. Die Energie der Rotation errechnet sich aus dem halben Produkt des Trägheitsmomentes des Moleküls mit dem Quadrat der Winkelgeschwindigkeit. Da aber das Trägheitsmoment bei der Rotation um die Moleküllängsachse verschwindend klein ist, so sind nur die zwei Freiheitsgrade für die Rotationen um die dazu senkrechten Achsen zu berücksichtigen, von denen jedem wieder die Energie $\tfrac{1}{2}\, A\, \mathfrak{R}\, T$ je Mol zukommt. Den fünf Freiheitsgraden entspricht also jetzt die Energie $\tfrac{5}{2}\, A\, \mathfrak{R}\, T$ und die spezifische Wärme $\mu\, c_v = \tfrac{5}{2}\, A\, \mathfrak{R} = 4{,}965\ \text{kcal/Mol}\,°\text{C}$.

Auch dieses Ergebnis wird bei relativ niedrigen Temperaturen durch das Experiment gut bestätigt (s. S. 20), bei hohen Temperaturen erweist sich aber die Annahme eines starren Abstandes zwischen den Atomen nicht. mehr als zulässig, es setzen vielmehr mit steigender Temperatur bei immer mehr Molekülen interatomare Schwingungen ein. Bei zweiatomigen Gasen bestehen sie in der periodisch wechselnden Entfernung der beiden Atome. Die Art, wie dieser Energieanteil in Erscheinung tritt, widerspricht der klassischen Gleichverteilungstheorie, nach welcher zu erwarten wäre, daß die Schwingungsenergie, als ein neuer Freiheitsgrad, mit dem ihr zukommenden Anteil $\frac{1}{2} A \Re T$ ganz oder gar nicht in Erscheinung treten sollte. Die allmähliche Ausbreitung der Schwingungen über eine immer größer werdende Zahl von Molekülen mit wachsender Temperatur kann nur. quantentheoretisch gedeutet werden, was im folgenden andeutungsweise geschehen soll.

Bei mehratomigen Molekülen muß man unterscheiden, ob es sich modellmäßig um *gestreckte* oder um *gewinkelte* Moleküle handelt. Die gestreckten Moleküle besitzen wie die zweiatomigen auch nur zwei Rotationsfreiheitsgrade, weil das Trägheitsmoment um die gestreckte Achse verschwindend klein ist. Hier ist also wieder $\mu c_v = \frac{5}{2} A \Re$. Bei gewinkelten Molekülen muß mit drei Rotationsfreiheitsgraden gerechnet werden, und es wird daher $\mu c_v = \frac{6}{2} A \Re$. In beiden Fällen kommen mit wachsender Temperatur noch die Schwingungsfreiheitsgrade zur Auswirkung, deren Zahl naturgemäß mit steigender Atomzahl zunimmt. Die Temperaturabhängigkeit der spezifischen Wärme von Gasen ist daher um so größer, je mehr Atome das Molekül enthält. Außerdem ist zu beachten, daß bei jedem Schwingungsvorgang sowohl mit kinetischer als auch mit potentieller Energie gerechnet werden muß, so daß die spezifische Wärme für jeden Schwingungsfreiheitsgrad bei dessen voller Ausbildung um den Betrag $A \Re = 1,986$ kcal je Mol und Grad zunehmen muß, der allerdings erst bei sehr hohen Temperaturen erreicht wird.

Die allmähliche Erfassung der Moleküle einer Gasmenge durch interatomare Schwingungen wird auf Grund der von M. PLANCK begründeten Quantentheorie wie folgt gedeutet: Die Energie wird nicht in beliebig kleinen Beträgen (also nicht in stetiger Weise) aufgenommen oder abgegeben. Der Mindestbetrag an Energie hat vielmehr einen von der Frequenz v der Schwingungen abhängigen Wert $h v$, wobei $h = 6,626 \cdot 10^{-27}$ erg. s das sog. PLANCKsche *Wirkungsquantum* ist. Bei tiefen Temperaturen genügt die Energie eines Moleküls, die je Freiheitsgrad $\frac{1}{2} kT$ beträgt, nicht, um die Schwingungen anzuregen, wofür ja mindestens die Energiegröße $h v$ erforderlich ist. Erst wenn $k T$ die Größenordnung von $h v$ erreicht, wird die Anregung der Schwingungen einsetzen und mit wachsender Temperatur immer mehr zunehmen, bis schließlich bei sehr hohen Temperaturen alle Schwingungen voll angeregt sind. Maßgebend für den Grad der Anregung einer Schwingung ist das dimensionslose Verhältnis $h v / k T$. Darin hat $h v / k = \Theta$ die Dimension einer Temperatur; man bezeichnet Θ als die charakteristische Temperatur. M. PLANCK und A. EINSTEIN fanden für den Anteil der Schwingungsenergie an der inneren Energie und an der spezifischen Wärme von Gasen je Mol den Betrag

$$\mu \, u_{\text{Schw}} = \frac{A \Re \Theta}{e^{\theta/T} - 1}$$

und daraus die Molwärme

$$\mu \, c_{\text{Schw}} = \frac{d(\mu u_{\text{Schw}})}{dT} = A \Re \left(\frac{\Theta}{T}\right)^2 \frac{e^{\theta/T}}{(e^{\theta/T} - 1)^2} \, .$$

Der letzte Ausdruck hängt nur vom Verhältnis Θ/T ab[1].

---

[1] Eine einfache Ableitung dieser Formeln findet man bei K. SCHÄFER: Physikalische Chemie, S. 100. Berlin/Göttingen/Heidelberg: Springer 1951.

Im Einklang mit den obigen Darlegungen finden wir aus dieser Formel durch Grenzbetrachtungen nach Auflösung unbestimmter Ausdrücke, daß für $T \to \infty$ der Wert $\mu c_{\mathrm{Schw}} = A\Re$ wird, während für $T \to 0$ der Wert μc_{Schw} dem Wert Null zustrebt.

Zur Ermittlung des Schwingungsanteils der spezifischen Wärme ist also nur die Kenntnis der Frequenz ν bzw. der charakteristischen Temperatur Θ erforderlich, die man z. B. bei zweiatomigen Gasen, welche nur einen Schwingungsfreiheitsgrad besitzen, aus einer einzigen Messung der spezifischen Wärme ermitteln kann, indem man die Differenz aus dem Meßwert und dem durch Translation und Rotation bedingten Anteil $\tfrac{5}{2} A\Re$ bildet. Bei mehratomigen Molekülen werden die Frequenzen der verschiedenen möglichen Schwingungen spektroskopisch ermittelt. Auf diese Weise wurden die in Tab. 1a enthaltenen Werte bestimmt.

Nach der Quantentheorie werden aber die Moleküle bei sehr tiefen Temperaturen auch von der Rotationsenergie nicht mehr voll erfaßt, und von einer bestimmten tiefen Temperatur abwärts sind nur noch Translationsfreiheitsgrade nachweisbar. Diese Grenze liegt allerdings nur beim Wasserstoff in einem experimentell bequem erreichbaren Bereich. Eucken hat nachgewiesen, daß μc_v bei H_2 erst bei Zimmertemperatur den klassischen Wert $\tfrac{5}{2} A\Re$ erreicht und bei etwa $35°\,\mathrm{K}$ auf $\tfrac{3}{2} A\Re$, also auf den Wert einatomiger Gase, herabsinkt. (Näheres s. S. 254.)

VII. Einfache Zustandsänderungen idealer Gase.

Mit Hilfe der Energiegleichung

$$dQ = du + A\,dL = c_v\,dT + AP\,dv \tag{17}$$

und der Zustandsgleichung

$$Pv = RT \tag{12}$$

läßt sich das Verhalten idealer Gase bei einer Reihe einfacher Zustandsänderungen leicht verfolgen.

1. Isochoren, $v = $ konst. (Abb. 5).

Hier ist die Arbeit $L = \int_1^2 P\,dv = 0$, und daher dient die zugeführte Wärme nur zur Erhöhung der inneren Energie. Für den Verlauf von *1* nach *2* wird

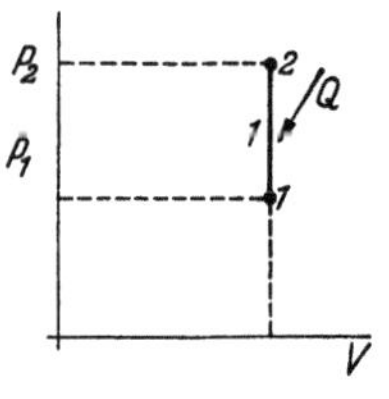

$$Q = u_2 - u_1 = c_v\,(T_2 - T_1).$$

Die Temperatur steigt dabei von T_1 auf T_2. Die gleichzeitig auftretende Drucksteigerung hat keinen Einfluß auf die innere Energie. Es ist

$$\frac{P_2}{P_1} = \frac{T_2}{T_1}.$$

Abb. 5. Verlauf einer Isochore im P, v-Diagramm.

Verläuft die Isochore in umgekehrter Richtung, dann muß die Wärme Q abgeführt werden, und die Temperatur sinkt.

2. Isobaren, $P = $ konst. (Abb. 6).

Verläuft die Isobare von *1* nach *2*, dann wird dabei die Arbeit

$$L = \int_1^2 P\,dv = P\,(v_2 - v_1) = R\,(T_2 - T_1)$$

nach außen abgegeben. Diese Arbeit wird auf Kosten der zugeführten Wärme

$$Q = c_p \, (T_2 - T_1)$$

geleistet. Außerdem wächst die innere Energie um

$$u_2 - u_1 = c_v \, (T_2 - T_1).$$

Es verhält sich also

$$Q : (u_2 - u_1) : A L = c_p : c_v : A R = 1 : \frac{1}{\varkappa} : \frac{\varkappa - 1}{\varkappa}.$$

Bei zweiatomigen Gasen mit $\varkappa = 1{,}40$ ist dieses Verhältnis $100 : 71{,}5 : 28{,}5$. Von der zugeführten Wärme dienen hier also $71{,}5\,\%$ zur Vergrößerung der inneren Energie, während $28{,}5\,\%$ in Arbeit verwandelt werden. Bei einem dreiatomigen Gas mit $\varkappa = 1{,}30$ wäre das Verhältnis $100 : 77 : 23$. Die größte Arbeitsausbeute bei isobarer Zustandsänderung wäre bei einem einatomigen Gas zu erwarten ($40\,\%$).

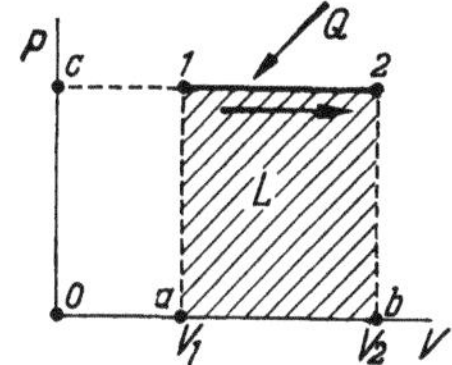

Abb. 6. Verlauf einer Isobare im P, v-Diagramm.

Die geleistete Arbeit $L = P \, (v_2 - v_1)$ ist in Abb. 6 durch die schraffierte Fläche dargestellt. Verläuft die Isobare in umgekehrter Richtung von *2* nach *1*, dann muß Arbeit verbraucht und Wärme abgeführt werden. Das Gas kühlt sich dabei ab.

Es besteht hier noch die Beziehung

$$\frac{v_2}{v_1} = \frac{T_2}{T_1},$$

welche nichts anderes als das GAY-LUSSACsche Gesetz ausdrückt.

3. Isothermen, $T = $ konst. (Abb. 7).

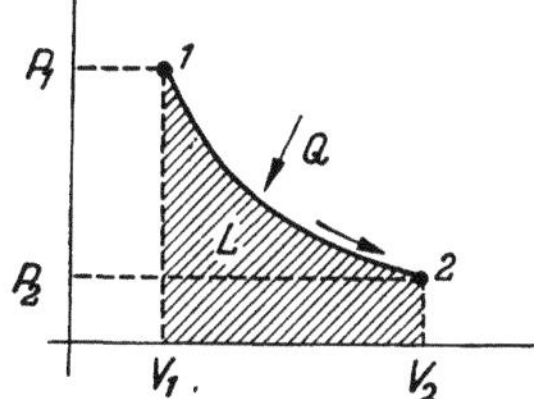

Abb. 7. Verlauf einer Isotherme im P, v-Diagramm.

Bei konstanter Temperatur folgt aus der Zustandsgleichung die Beziehung $Pv = $ konst. oder

$$\frac{P_1}{P_2} = \frac{v_2}{v_1}.$$

(Gesetz von BOYLE-MARIOTTE). Da die innere Energie nur von T abhängt, so bleibt sie auf der Isotherme konstant $u_2 = u_1$. Um die in Abb. 7 beim Verlauf von *1* nach *2* als schraffierte Fläche dargestellte Ausdehnungsarbeit L zu leisten, muß die Wärme Q zugeführt werden, die hier offenbar der Arbeit äquivalent ist

$$Q = AL = A \int_1^2 P \, dv.$$

Bei der Integration ist zu beachten, daß Pv konstant ist und z. B. durch das Produkt der Anfangswerte $P_1 v_1$ oder auch durch RT dargestellt werden kann. Es ist also

$$Q = AL = A \int_1^2 P v \, \frac{dv}{v} = A P_1 v_1 \ln \frac{v_2}{v_1} = A P_1 v_1 \ln \frac{P_1}{P_2}$$

$$= A R T \ln \frac{P_1}{P_2} = 2{,}3026 \, A R T \lg \frac{P_1}{P_2}.$$

Beim umgekehrten Verlauf muß das Äquivalent der gesamten von außen zugeführten Verdichtungsarbeit — AL in Gestalt von Wärmeenergie — Q an die Umgebung abgegeben werden.

4. Adiabaten, $Q = 0$ (Abb. 8).

Dehnt sich ein Gas in einem vollkommen wärmedichten Zylinder aus ($Q=0$), dann kann die geleistete Arbeit nach Gl. (17) nur aus dem Vorrat an innerer Energie stammen, die also bei der Expansion abnehmen muß. Eine solche Zustandsänderung bezeichnet man als *Adiabate*[1]. Es ist

$$A\,dL = -d\,u$$

und

$$AL = A \int_1^2 P\,dv = u_1 - u_2 = c_v\,(T_1 - T_2). \tag{21}$$

Wir suchen den Verlauf dieser Zustandsänderung im P, v-Diagramm. Nach Gl. (17) ist hier

$$c_v\,dT + AP\,dv = 0.$$

Aus der Zustandsgleichung (12) finden wir ferner

$$dT = \frac{P\,dv + v\,dP}{R}.$$

Setzen wir diesen Wert für dT in die letzte Gleichung ein, dann wird

$$c_v\,(P\,dv + v\,dP) + ARP\,dv = 0$$

oder mit Gl. (18)

$$c_p P\,dv + c_v\,v\,dP = 0.$$

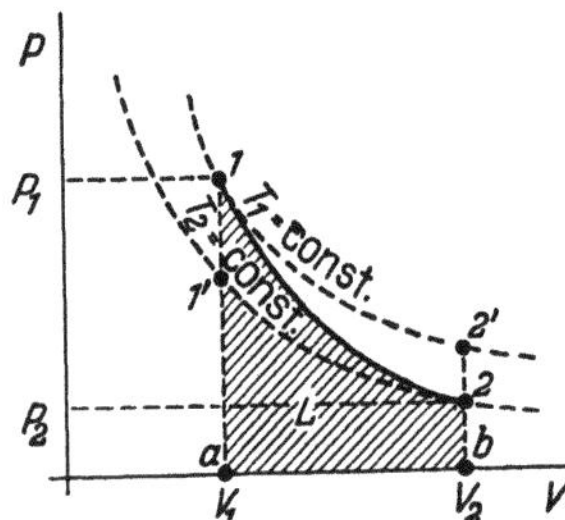

Abb. 8. Gegenseitige Lage von Adiabate und Isotherme im P, v-Diagramm.

Nach Division durch Pv wird

$$c_p\,\frac{dv}{v} + c_v\,\frac{dP}{P} = 0$$

und nach gliedweiser Integration

$$c_p\,\ln v + c_v\,\ln P = \text{konst.} \tag{22}$$

Wie bei der Isochore das Volum konstant war, bei der Isobare der Druck, bei der Isotherme die Temperatur, so gibt es also auch bei der Adiabate eine durch die Gl. (22) definierte Zustandsgröße, die konstant bleibt und die wir daher als den Parameter der Adiabate ansprechen können. Wir werden sehen, daß diese Größe die sog. *Entropie* darstellt, die den Kern des zweiten Hauptsatzes bildet (s. S. 60). Durch Division mit c_v folgt aus Gl. (22):

$$\ln P + \varkappa \ln v = \text{konst.}$$

und durch Delogarithmieren

$$P v^\varkappa = \text{konst} = P_1 v_1^\varkappa = P_2 v_2^\varkappa. \tag{23}$$

Das ist der gesuchte Zusammenhang zwischen P und v auf der Adiabate[2]. Es ist also

$$\frac{P_1}{P_2} = \left(\frac{v_2}{v_1}\right)^\varkappa \quad \text{oder} \quad \frac{v_1}{v_2} = \left(\frac{P_2}{P_1}\right)^{1/\varkappa}. \tag{23a}$$

---

[1] Der Ausdruck „Adiabate" stammt von RANKINE und ist vom griechischen $\dot\alpha\delta\iota\alpha\beta\alpha\acute\iota\nu\epsilon\iota\nu$ = nicht hindurchgehen hergeleitet. Es tritt Wärme weder in den Körper herein, noch aus dem Körper heraus.

[2] Dieser Zusammenhang zwischen P und v auf der Adiabate wurde zuerst von LAPLACE und POISSON erkannt.

Durch Kombination der Gl. (23) mit der Zustandsgleichung (12) findet man ferner

$$T\,v^{\varkappa-1} = \text{konst.,} \quad \text{also} \quad \frac{T_1}{T_2} = \left(\frac{v_2}{v_1}\right)^{\varkappa-1} \quad \text{oder} \quad \frac{v_1}{v_2} = \left(\frac{T_2}{T_1}\right)^{\frac{1}{\varkappa-1}} \tag{23b}$$

und

$$\frac{P}{T^{\frac{\varkappa}{\varkappa-1}}} = \text{konst.,} \quad \text{also} \quad \frac{P_1}{P_2} = \left(\frac{T_1}{T_2}\right)^{\frac{\varkappa}{\varkappa-1}} \quad \text{oder} \quad \frac{T_1}{T_2} = \left(\frac{P_1}{P_2}\right)^{\frac{\varkappa-1}{\varkappa}}. \tag{23c}$$

Wir können nun auch die Arbeit auf der Adiabate durch P und v ausdrücken. Es ist

$$L = \int_1^2 P\,dv = \int_1^2 (P\,v^\varkappa)\,\frac{dv}{v^\varkappa} = P_1 v_1^\varkappa \int_1^2 \frac{dv}{v^\varkappa}.$$

Die Durchführung der Integration kann umgangen werden, wenn wir auf Gl. (21) zurückgreifen. Danach ist mit Gl. (23b)

$$A\,L = c_v(T_1 - T_2) = c_v\,T_1\left(1 - \frac{T_2}{T_1}\right) = \frac{c_v}{R}\,P_1 v_1\left[1 - \left(\frac{v_1}{v_2}\right)^{\varkappa-1}\right]$$

oder mit

$$\frac{c_v}{A\,R} = \frac{c_v}{c_p - c_v} = \frac{1}{\varkappa - 1}$$

$$L = \frac{P_1 v_1}{\varkappa - 1}\left[1 - \left(\frac{v_1}{v_2}\right)^{\varkappa-1}\right] = \frac{P_1 v_1}{\varkappa - 1}\left[1 - \left(\frac{P_2}{P_1}\right)^{\frac{\varkappa-1}{\varkappa}}\right]. \tag{24}$$

Zu dem gleichen Ausdruck führt auch die Durchführung der obigen Integration.

Nach Gl. (23) verläuft die Adiabate, ausgehend vom gleichen Punkt im P,v-Diagramm, immer steiler als die Isotherme $Pv = \text{konst.}$, weil für jedes Gas $\varkappa > 1$ sein muß ($c_p > c_v$). Bei der Ausdehnung liegt also die Adiabate unterhalb und bei der Verdichtung oberhalb der Isotherme (vgl. Abb. 8). Innerhalb der gleichen Volumgrenzen v_1 und v_2 und beim gleichen Ausgangszustand ist also die geleistete Ausdehnungsarbeit auf der Adiabate (Fläche *12ba* in Abb. 8) kleiner als auf der Isotherme (Fläche *12'ba*), während die verbrauchte Verdichtungsarbeit (nach ihrem absoluten Betrage) auf der Adiabate (Fläche *21ab*) größer ist als auf der Isotherme (*21'ab*).

5. Polytropen.

Die vier bisher besprochenen Zustandsänderungen können als Sonderfälle des allgemeinen Verlaufs nach der Gleichung

$$P v^n = \text{konst.} \tag{25}$$

gelten, wobei n alle Werte von $-\infty$ bis $+\infty$ annehmen kann. Man bezeichnet solche Kurven als *Polytropen*. In der Tat erhält man

$$\begin{aligned}
&\text{für } n = 0 \quad \text{die Isobare} \quad\;\; P = \text{konst.,}\\
&\text{für } n = 1 \quad \text{die Isotherme } Pv = \text{konst.,}\\
&\text{für } n = \varkappa \quad \text{die Adiabate } Pv^\varkappa = \text{konst.}
\end{aligned}$$

und

$$\text{für } n = \infty \quad \text{die Isochore} \quad\;\; v = \text{konst.}$$

Der Exponent n kann aber auch alle Zwischenwerte und alle negativen Werte annehmen. Eine Schar von Polytropen ist in Abb. 9 dargestellt. Zwischen P, v und T gelten auch hier alle Beziehungen (23) bis (23c), wenn man stets n für $\varkappa$ setzt. Auch für die Arbeit L erhält man den gleichen Ausdruck wie in Gl. (24)

$$L = \frac{P_1 v_1}{n-1}\left[1 - \left(\frac{P_2}{P_1}\right)^{\frac{n-1}{n}}\right] = \frac{R}{n-1}(T_1 - T_2). \tag{26}$$

Die technisch wichtigsten Polytropen liegen zwischen der Isotherme und der Adiabate, also bei $1 < n < \varkappa$.

In Tab. 3 sind für verschiedene Werte von n zu gegebenen Werten von p_1/p_2 die Werte $(p_1/p_2)^{\frac{1}{n}} = v_2/v_1$ und $(p_1/p_2)^{\frac{n-1}{n}} = T_1/T_2$ berechnet.

Tabelle 3. *Polytrope Zustandsänderungen von Gasen.*

p_1/p_2	Für $n =$				Für $n =$			
	1,4	1,3	1,2	1,1	1,4	1,3	1,2	1,1
	ist $(p_1/p_2)^{1/n} = v_2/v_1 =$				ist $(p_1/p_2)^{(n-1)/n} = T_1/T_2 =$			
1,1	1,070	1,076	1,083	1,090	1,028	1,022	1,016	1,009
1,2	1,139	1,151	1,164	1,180	1,053	1,043	1,031	1,017
1,3	1,206	1,224	1,244	1,269	1,078	1,062	1,045	1,024
1,4	1,271	1,295	1,323	1,358	1,101	1,081	1,058	1,031
1,5	1,336	1,366	1,401	1,445	1,123	1,098	1,070	1,038
1,6	1,399	1,436	1,479	1,533	1,144	1,115	1,081	1,044
1,7	1,461	1,504	1,557	1,620	1,164	1,130	1,092	1,050
1,8	1,522	1,571	1,633	1,706	1,183	1,145	1,103	1,055
1,9	1,581	1,638	1,706	1,791	1,201	1,160	1,113	1,060
2,0	1,641	1,705	1,782	1,879	1,219	1,174	1,123	1,065
2,5	1,924	2,023	2,145	2,300	1,299	1,235	1,165	1,087
3,0	2,193	2,330	2,498	2,715	1,369	1,289	1,201	1,105
3,5	2,449	2,624	2,842	3,126	1,431	1,336	1,232	1,121
4,0	2,692	2,907	3,177	3,505	1,487	1,378	1,260	1,134
4,5	2,926	3,178	3,500	3,925	1,537	1,415	1,285	1,147
5,0	3,156	3,449	3,824	4,320	1,583	1,449	1,307	1,157
5,5	3,378	3,712	4,142	4,710	1,627	1,482	1,328	1,167
6,0	3,598	3,970	4,447	5,100	1,668	1,512	1,348	1,177
6,5	3,809	4,218	4,760	5,483	1,707	1,540	1,366	1,186
7,0	4,012	4,467	5,058	5,861	1,742	1,566	1,383	1,194
7,5	4,217	4,710	5,360	6,250	1,778	1,591	1,399	1,201
8,0	4,415	4,950	5,650	6,620	1,811	1,616	1,414	1,208
8,5	4,612	5,187	5,950	6,997	1,843	1,639	1,429	1,215
9,0	4,800	5,420	6,240	7,370	1,873	1,660	1,442	1,221
9,5	4,993	5,651	6,528	7,742	1,903	1,681	1,455	1,227
10,0	5,188	5,885	6,820	8,120	1,931	1,701	1,468	1,233
11	5,544	6,325	7,376	8,845	1,984	1,739	1,491	1,244
12	5,900	6,763	7,931	9,574	2,034	1,774	1,513	1,253
13	6,247	7,193	8,478	10,30	2,081	1,807	1,533	1,263
14	6,587	7,614	9,018	11,01	2,126	1,839	1,549	1,271
15	6,919	8,030	9,551	11,73	2,168	1,868	1,570	1,279
16	7,246	8,438	10,08	12,44	2,208	1,896	1,587	1,287
17	7,566	8,841	10,60	13,14	2,247	1,923	1,604	1,294
18	7,882	9,238	11,12	13,84	2,284	1,948	1,619	1,301
19	8,192	9,631	11,63	14,54	2,319	1,973	1,633	1,307
20	8,498	10,02	12,14	15,23	2,354	1,996	1,648	1,313

Wir hatten bisher im Abschnitt VI, 1, 2 die spezifischen Wärmen c_p und c_v betrachtet, die der Isobare bzw. der Isochore zugeordnet sind. Das sind aber nur zwei allerdings sehr wichtige Sonderfälle. Zu jeder Polytrope mit beliebigem Exponenten n gehört eine besondere spezifische Wärme $c_n = f(n)$, die wir jetzt ermitteln wollen.

Definitionsgemäß ist $dQ = c_n\,dT$ und daher nach Gl. (17)

$$c_n\,dT = c_v\,dT + A P\,dv. \qquad (27)$$

Nach Gl. (23 b) ist $Tv^{n-1} =$ konst. und nach Differentiation

$$v^{n-1}\,dT + T(n-1)\,v^{n-2}\,dv = 0$$

oder

$$dv = -\frac{v}{n-1}\,\frac{dT}{T}.$$

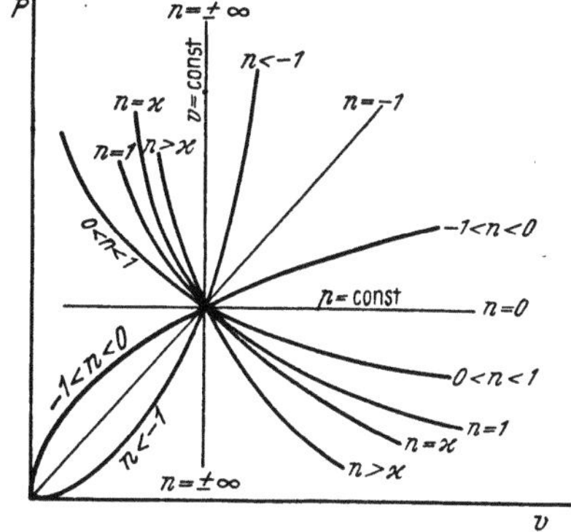

Abb. 9.
Schar von Polytropen im P, v-Diagramm.

Setzen wir diesen Wert von dv in Gl. (27) ein und kürzen mit dT, dann wird:

$$c_n = c_v - \frac{A P v}{(n-1)\,T} = c_v - \frac{A R}{n-1}. \qquad (28)$$

Diese Gleichung ist zunächst als eine Verallgemeinerung von Gl. (18) anzusehen, in die sie übergeht, wenn wir für die Isobare $n = 0$ und $c_n = c_p$ setzen. Die weitere Umformung von Gl. (28) ergibt

$$c_n = c_v - \frac{c_p - c_v}{n-1} = c_v\left(1 - \frac{\varkappa - 1}{n-1}\right) = c_v\,\frac{n - \varkappa}{n-1}. \qquad (29)$$

Aus Gl. (29) erkennt man zunächst, daß für die Isotherme $(n = 1)$ die spezifische Wärme $c_{\mathrm{isoth}} = \infty$ wird. Das gleiche Ergebnis folgt aus der Definitionsgleichung $c = dQ/dT$ für $T =$ konst. Für die Adiabate $(n = \varkappa)$ wird $c_{\mathrm{ad}} = 0$, was auch aus der Definitionsgleichung für $Q = 0$ folgt. Aus Gl. (29) erhält man ferner das zunächst paradox erscheinende Ergebnis, daß die spezifische Wärme gerade für die technisch am häufigsten vorkommenden Polytropen mit $1 < n < \varkappa$ negativ wird. Beim Durchlaufen solcher Zustandsänderungen würde also bei der Ausdehnung trotz Wärmezufuhr die Temperatur des Gases sinken und bei der Verdichtung trotz Wärmeabfuhr die Temperatur steigen. Solche Fälle können offenbar dann eintreten, wenn bei der Ausdehnung mehr Arbeit geleistet als Wärme zugeführt wird, wenn also $AL > Q$ ist; ein Teil der Arbeit wird dann auf Kosten der inneren Energie geleistet, wodurch diese abnimmt, was eine Temperatursenkung zur Folge hat. Die Fälle können aber auch dann eintreten, wenn bei der Verdichtung mehr Arbeit zugeführt (verbraucht) als Wärme abgeführt wird. Wir wollen den Fall der Ausdehnung näher betrachten und uns fragen, in welchen Bereichen von n $AL > Q$ wird, wobei $Q > 0$ sein soll (Wärmezufuhr). Aus Gl. (26) folgt $AL = \dfrac{A R}{n-1}\,(T_1 - T_2)$, anderseits ist $Q = c_n\,(T_2 - T_1)$ und mit Gl. (29) $Q = c_v\,\dfrac{\varkappa - n}{n-1}\,(T_1 - T_2)$; die Bedingung $AL > Q$ lautet also

$$A R > c_v\,(\varkappa - n)$$

oder

$$c_p - c_v > c_p - n\,c_v.$$

Daraus folgt $n > 1$. Für alle Polytropen, die in Abb. 9 unterhalb der Isotherme verlaufen, ist also $AL > Q$. Aber nur für $n < \varkappa$ ist $Q > 0$, weil die Adiabate mit $n = \varkappa$ und $Q = 0$ die Grenze zwischen der Wärmezufuhr ($n < \varkappa$) und der Wärmeabfuhr ($n > \varkappa$) bildet. Wir finden also bestätigt, daß bei der Ausdehnung immer dann mehr Arbeit geleistet als Wärme zugeführt wird, wenn $1 < n < \varkappa$ ist.

Auch aus der Definitionsgleichung $c_n = dQ/dT$ kann man den gleichen Schluß ziehen. Denn zwischen der Isotherme und der Adiabate muß immer noch Wärme zugeführt werden, dQ ist also positiv; alle Polytropen unterhalb der betrachteten Isotherme kommen aber nach Abb. 4 in Bereiche tieferer Temperaturen, es ist also dT negativ. Daher muß für $1 < n < \varkappa$ auch c_n negativ werden. Erst für $n > \varkappa$ wird sowohl dQ wie auch dT negativ und daher c_n wieder positiv.

Der ganze Verlauf der Funktion $c_n = f(n)$ nach Gl. (29) kann am besten überblickt werden, wenn wir Gl. (28) in der Form

$$(c_n - c_v)\,(n - 1) = -AR$$

schreiben. Betrachtet man n und c_n als Koordinaten (Abb. 10), dann ist das die Gleichung einer gleichseitigen Hyperbel, deren Asymptoten den Koordinatenachsen parallel verlaufen, wobei die Verschiebung in Richtung der n-Achse um $n = 1$ und in Richtung der c_n-Achse um $c_n = c_v$ erfolgt ist. Die beiden Äste der Hyperbel liegen im 2. und 4. Quadranten. Es wird

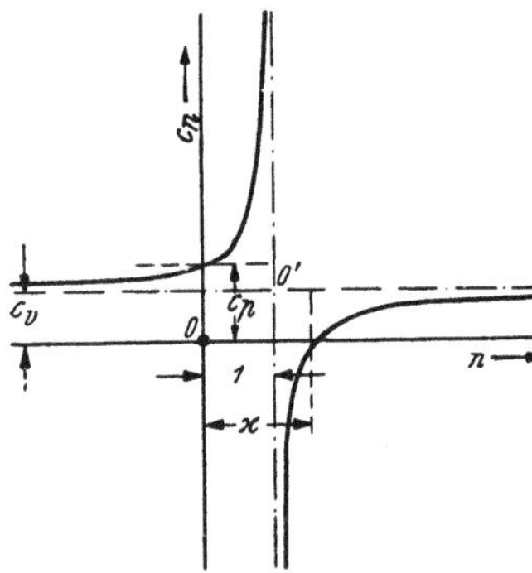

Abb. 10. Spezifische Wärme auf der Polytrope als Funktion des Exponenten der Polytrope.

$$\text{für } n = 0 \quad \text{(Isobare)} \quad c_n = c_p,$$
$$\text{für } n = 1 \quad \text{(Isotherme)} \quad c_n = \pm\infty,$$
$$\text{für } n = \varkappa \quad \text{(Adiabate)} \quad c_n = 0,$$
$$\text{für } n = \infty \quad \text{(Isochore)} \quad c_n = c_v.$$

Der Ast mit den negativen Werten von c_n liegt erwartungsgemäß im Bereich von $n = 1$ bis $n = \varkappa$.

Für die Konstruktion von Polytropen mit gegebenem Exponenten n in der P, v-Ebene hat E. Brauer ein einfaches graphisches Verfahren angegeben[1]. Viel häufiger tritt der Fall auf, daß der Verlauf einer Polytrope z. B. durch ein Indikatordiagramm gegeben ist und man den Exponenten n bestimmen will. Dieser kann im allgemeinsten Fall von Punkt zu Punkt der Polytrope verschieden sein. Will man n in jedem beliebigen Punkt kennen, dann bildet man für verschiedene Punkte die Werte $\log p$ und $\log v$ und trägt sie in einem doppeltlogarithmischen Netz (Abb. 11) auf. Aus Gl. (25) erhält man durch Logarithmieren

$$\log p + n \log v = \text{konst.}$$

Ist n konstant, dann erhält man im doppeltlogarithmischen Netz eine gerade Linie und es ist

$$n = \operatorname{tg}\alpha.$$

Bei veränderlichem Exponenten erhält man in Abb. 11 eine Kurve, deren Neigung in jedem Punkt den Wert des Exponenten angibt.

---

[1] Brauer, E.: Z. VDI Bd. 29 (1885) S. 433 — etwas abgeändert in Z. techn. Mech. u. Thermod. 1930, S. 234.

Ein zweites Verfahren ist in Abb. 12 dargestellt. Durch Differentiation der Gl. (25) erhält man

$$v\, dP = -n\, P\, dv. \tag{30}$$

Es ist daher

$$n = -\frac{v}{P\,\dfrac{dv}{dP}}.$$

In dieser Gleichung bedeutet $-P\dfrac{dv}{dP} = a$ die Länge der Subtangente. Es ist also in jedem Punkt

$$n = \frac{v}{a}.$$

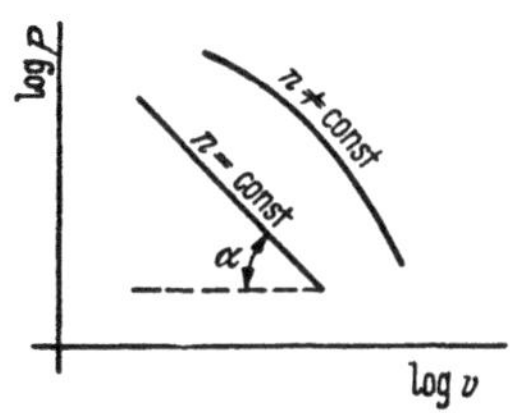

Abb. 11. Polytropen im doppelt logarithmischen P, v-Diagramm.

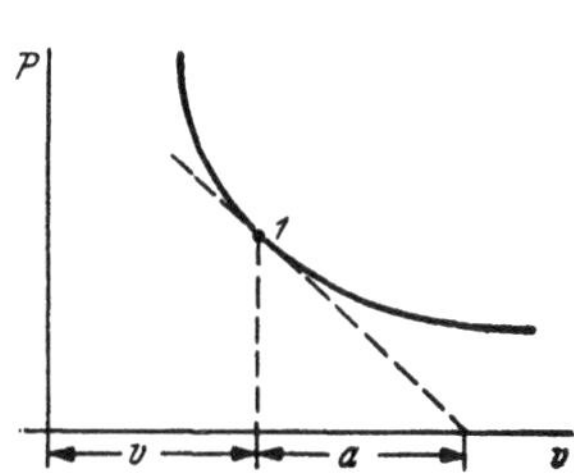

Abb. 12. Ermittlung des Exponenten der Polytrope.

Für die gleichseitige Hyperbel (Isotherme) ist in jedem Punkt $v = a$ und daher $n = 1$.

Will man nur den Mittelwert des Exponenten in einem Intervall der Polytrope von Punkt *1* bis zum Punkt *2* kennen (Abb. 13), dann findet man durch Integration von Gl. (30)

$$n = \frac{-\int_1^2 v\, dP}{\int_1^2 P\, dv} = \frac{\text{Fläche } 1\,2\,c\,d}{\text{Fläche } 1\,2\,b\,a}.$$

Es ist wieder eine Eigenschaft der gleichseitigen Hyperbel (Isotherme), daß für sie $\int_1^2 P\, dv = -\int_1^2 v\, dP$, so daß $n = 1$ wird. Mit der Größe $-\int_1^2 v\, dP$, die ebenfalls die Dimension einer Arbeit hat, werden wir uns noch eingehender beschäftigen (s. S. 34).

Ein Indikatordiagramm bezieht sich auf ein im Zylinder enthaltenes Gasgewicht G bzw. auf ein Volum V. Das Gasgewicht muß durch einen besonderen Versuch bestimmt werden. So kann man z. B. bei einem Verdichter den geförderten Gewichtstrom (kg/h) messen[1] und daraus die auf jeden Hub entfallende Menge G unter Berücksichtigung der Restmenge im schädlichen Raum berechnen. Aus den V-Werten in jedem Punkt des Diagramms findet man dann $v = V/G$. Mit der Zustandsgleichung läßt sich dann aus P und v auch die Temperatur T in jedem Punkt berechnen. Für ein betrachtetes Intervall

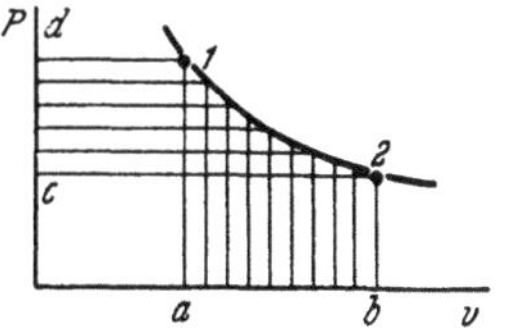

Abb. 13. Ermittlung eines Mittelwertes des polytropen Exponenten.

___

[1] Vgl. Regeln für Abnahme- und Leistungsversuche an Verdichtern des VDI, DIN 1945, 3. Aufl., 1934.

ist dann $U_2 - U_1 = G c_v (t_2 - t_1)$. Anderseits erhält man die Arbeit $L = \int\limits_1^2 P\,dV$

durch Planimetrieren, so daß die Wärmemenge sich aus der Gleichung

$$Q_{1-2} = U_2 - U_1 + AL$$

ergibt. Bei der Verdichtung wird die Temperatur des Gases in der Regel steigen, so daß $U_2 - U_1 > 0$ ist. Dagegen ist die zugeführte Arbeit $AL < 0$ (weil bei der Verdichtung $dV < 0$ ist). Man erhält also Q_{1-2} als Differenz. In der Regel wird bei Kolbenverdichtern $Q_{1-2} < 0$, weil die Verdichtungspolytrope zwischen der Isotherme und der Adiabate liegt ($n < \varkappa$), so daß Wärme abgeführt werden muß. Bei Turboverdichtern dagegen wird $Q_{1-2} > 0$ ($n > \varkappa$).

VIII. Die Enthalpie und die technische Arbeit.

Betrachten wir die Vorgänge in einem verlustlosen Gasverdichter (Kolbenmaschine) genauer, dann können wir drei Phasen unterscheiden (Abb. 14):

a) Das Ansaugen des Gases bei konstantem Saugdruck P_1 längs der Linie $c - 1$, wobei die Verschiebungsarbeit $P_1 V_1 =$ Fläche $0\,c\,1\,b$ geleistet wird (positive Arbeit, weil $dv > 0$).

b) Beim Rückwärtsgang des Kolbens schließen die Ansaugeventile, und das angesaugte Gas wird längs der Polytrope 1 bis 2 verdichtet. Dabei wird

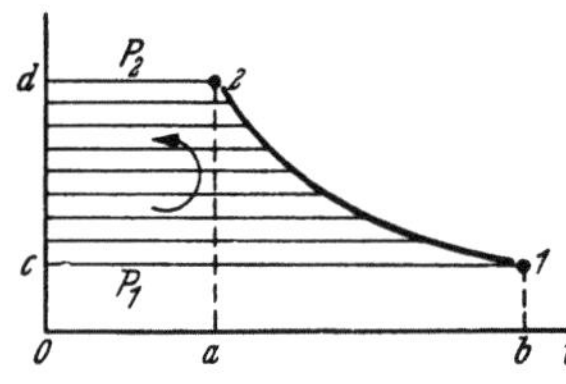

Abb. 14. Vorgänge in einem verlustlosen Kolbenverdichter.

die Arbeit $L = \int\limits_1^2 P\,dV =$ Fläche $1\,2\,a\,b$ verbraucht

(negative Arbeit, weil $dv < 0$).

c) Nach Erreichen des gewünschten Druckes P_2 im Punkt 2 öffnen die Auslaßventile, und der Kolben schiebt die verdichtete Luft bei konstantem Druck P_2 längs der Linie $2-d$ heraus; dabei tritt die Verschiebungsarbeit $-P_2 V_2$ in Erscheinung (negative Arbeit, weil $dv < 0$).

Die gesamte Arbeit des Verdichters ist also

$$L_t = \int\limits_1^2 P\,dv - P_2 V_2 + P_1 V_1 = L - P_2 V_2 + P_1 V_1. \qquad (31)$$

Man erkennt aus Abb. 14, daß

$$L_t = \text{Fläche } 1\,2\,d\,c = -\int\limits_1^2 v\,dP. \qquad (32)$$

(Da bei der Verdichtung $dP > 0$ ist, muß vor das Integral das Minuszeichen gesetzt werden, weil die Verdichterarbeit von außen zugeführt werden muß, also negativ ist.) Man bezeichnet L_t allgemein als die *technische Arbeit*. Speziell beim Verdichter nennt man

$$L = \int\limits_1^2 P\,dv \qquad \text{die Verdich\textit{tungs}arbeit}$$

und

$$L_t = -\int\limits_1^2 v\,dP \qquad \text{die Verdich\textit{ter}arbeit.}$$

Aus Gl. (30) folgt

$$-\int\limits_1^2 v\,dP = n \int\limits_1^2 P\,dv, \qquad (32\,\text{a})$$

also $L_t = nL$. Für isotherme Verdichtung ist $L_t = L$. Für Polytropen mit $n > 1$ wird $L > L_t$ und mit $n < 1$ wird $L_t < L$.

In den Aufgaben der technischen Thermodynamik hat man es viel häufiger mit der Arbeit L_t als mit der Arbeit L zu tun. Es wäre daher erwünscht, in die Energiegleichung (8) L an Stelle von L_t einzuführen. Mit Gl. (31) erhält man für 1 kg

$$u_2 - u_1 = Q - (AL_t - AP_1 v_1 + AP_2 v_2).$$

Mit Gl. (32) wird also

$$Q = (u_2 + .AP_2 v_2) - (u_1 + AP_1 v_1) - A\int_1^2 v\, dP.$$

Wir setzen

$$u + APv = i \tag{33}$$

und bezeichnen diese Größe als *Enthalpie*[1]. Sie wird sich als eine der wichtigsten Größen der technischen Thermodynamik herausstellen. Zuerst von W. GIBBS eingeführt, wurde sie von R. MOLLIER auf wärmetechnische Probleme angewandt und besonders in Zustandsdiagrammen benutzt. Aus der Definitionsgleichung der Enthalpie erkennt man bereits, daß sie, ebenso wie die innere Energie, eine reine Zustandsgröße ist, di ist also ein vollständiges Differential. Aus den letzten Gleichungen folgt

$$Q = i_2 - i_1 - A\int_1^2 v\, dP \tag{34}$$

und

$$dQ = di - Av\, dP. \tag{34a}$$

Diese Form der Energiegleichung ist der Form (9a) völlig gleichwertig und steht ihr auch an Einfachheit des Aufbaues nicht nach. Sie bietet aber den Vorteil, daß in ihr die technische Arbeit L_t unmittelbar enthalten ist.

Die Bedeutung der Enthalpie können wir jetzt schon aus folgenden Tatsachen erkennen:

Bei einer *isobaren* Zustandsänderung ($dP = 0$) ist $dQ = di$, also $Q = i_2 - i_1$. (Aus diesem Grund hatte MOLLIER ursprünglich die Größe i als „Wärmeinhalt bei konstantem Druck" bezeichnet, was jedoch leicht zu Verwechslungen mit der Wärmemenge führt.)

Bei einer *adiabaten* Zustandsänderung ($dQ = 0$) ist $AL_t = -A\int_1^2 v\, dP = i_1 - i_2$.

So berechnet sich z. B. die Verdich*ter*arbeit bei adiabater Verdichtung am einfachsten aus der Änderung der Enthalpie während der Verdichtung. Dagegen ist nach Gl. (21) die reine Verdich*tungs*arbeit dabei

$$AL = A\int_1^2 P\, dv = u_1 - u_2.$$

Wegen der besonderen Bedeutung der adiabaten Zustandsänderung soll hier noch die Formel für die technische Arbeit L_t als Funktion von P und v vermerkt werden, die man aus den Gl. (24) und (32a) erhält

$$L_t = \frac{\varkappa}{\varkappa - 1} P_1 v_1 \left[1 - \left(\frac{P_2}{P_1} \right)^{\frac{\varkappa - 1}{\varkappa}} \right]. \tag{35}$$

---

[1] Das Wort Enthalpie stammt vom griechischen $\vartheta\acute{\alpha}\lambda\pi o\varsigma$ = Wärme. Diese Bezeichnung hat KAMERLINGH-ONNES vorgeschlagen [Comm. Leiden Nr. 109 (1909) S. 3, Fußnote 2]. MOLLIER hatte die Bezeichnung „Wärmeinhalt (bei konstantem Druck)" empfohlen.

Da wir es in Abb. 14 mit einem Verdichtungsvorgang zu tun haben ($P_2 > P_1$), so wird L_t in Gl. (35) negativ. Setzt man überall n an Stelle von $\varkappa$, dann gilt die Formel auch für Polytropen.

Wir haben die Zustandsänderungen in Abb. 14 entgegengesetzt dem Uhrzeigersinn durchlaufen und dabei ein Gas verdichtet. Wir können uns aber auch ein Durchlaufen im Uhrzeigersinn denken: dabei würde Gas vom hohen Druck P_2 längs $d-2$ in den Zylinder eingeschoben werden, das Gas würde dann von 2 bis 1 expandieren und beim Rückgang des Kolbens beim niedrigen Druck P_1 ausgeschoben werden. Das wäre die Arbeitsweise einer Druckluftmaschine, bei der im ganzen die gleiche technische Arbeit L_t gewonnen wird, die beim Verdichter verbraucht wurde. Es ändert sich also nur das Vorzeichen von L_t, bedingt durch die Umstellung der Integralgrenzen in Gl. (32). Bei adiabater Expansion von 2 nach 1 geht dann Gl. (35) über in

$$L_t = \frac{\varkappa}{\varkappa - 1} P_1 v_1 \left[\left(\frac{P_2}{P_1}\right)^{\frac{\varkappa-1}{\varkappa}} - 1 \right] = \frac{\varkappa}{\varkappa - 1} P_2 v_2 \left[1 - \left(\frac{P_1}{P_2}\right)^{\frac{\varkappa-1}{\varkappa}} \right]. \qquad (35\,\mathrm{a})$$

Da Isobaren und Adiabaten technisch häufig auftreten, so stellt die Enthalpie eine praktisch sehr wichtige energetische Größe dar. Für ideale Gase kann ihr Wert leicht berechnet werden:

Aus
$$i = u + APv = u + ART$$
folgt
$$di = du + AR\, dT$$
oder mit Gl. (16a)
$$di = c_v\, dT + A R\, dT = c_p\, dT$$
und
$$i = \int c_p\, dT. \qquad (36)$$

Ist c_p konstant, dann wird $i = c_p T + i_0$, worin i_0 eine willkürliche Integrationskonstante darstellt, deren Wert, ebenso wie bei u für unsere Zwecke zunächst bedeutungslos ist, weil wir es nur mit Enthalpieänderungen

$$i_2 - i_1 = c_p\,(T_2 - T_1) = c_p\,(t_2 - t_1)$$

zu tun haben werden.

Bei nichtidealen Gasen hängt die Enthalpie auch noch vom Druck ab (s. S. 152). Aus der Gegenüberstellung der Gleichungen für ideale Gase

und
$$\left.\begin{array}{l} u = c_v T + u_0 \\ i = c_p T + i_0 \end{array}\right\} \qquad (37)$$

erkennt man, daß die Benutzung von u hauptsächlich dann am Platze ist, wenn Vorgänge bei konstantem Volum behandelt werden. Für Vorgänge bei konstantem Druck dagegen ist i die praktischere Größe.

IX. Kreisprozesse.

1. Die Wärmebilanz.

Man kann sich vorstellen, daß eine Reihe von Zustandsänderungen so aufeinander folgt, daß der diese Zustandsänderungen durchlaufende Körper schließlich wieder in den Ausgangszustand gelangt, also die gleichen Werte von P und v und damit auch von T annimmt, die er am Anfang hatte. Man bezeichnet einen solchen Vorgang als *Kreisprozeß*, er kann auch beliebig oft hintereinander durchlaufen werden. Solche Kreisprozesse spielen sich in den Wärmemaschinen ab, ihr Studium ist daher von wesentlicher Bedeutung. Ein allgemeiner Fall eines solchen Kreisprozesses ist in Abb. 15 dargestellt. Wir wollen zuerst annehmen, daß der Prozeß im Uhrzeigersinn durchlaufen wird. Im Punkt A hat das arbeitende Medium das kleinste Volum V_A. Bei Änderung des Zustandes über a bis B nimmt das Volum dauernd zu, es wird also die Arbeit $L_a =$ Fläche $c\,A\,a\,B\,d$ geleistet. Von B über b zurück nach A nimmt das Volum dauernd ab, es wird also die Arbeit $L_b =$ Fläche $d\,B\,b\,A\,c$ verbraucht. Die insgesamt geleistete Arbeit ist daher

$$L = L_a - L_b = \text{Fläche } A\,a\,B\,b\,A = \oint P\,dv.$$

Da wir, ausgehend von A, nach Durchlaufen des Kreizprozesses wieder nach A gelangt sind, so hat sich die innere Energie im ganzen nicht geändert, da sie ja nur vom Zustand in A abhängt. Es ist also $\Delta u = 0$. Die geleistete Arbeit L

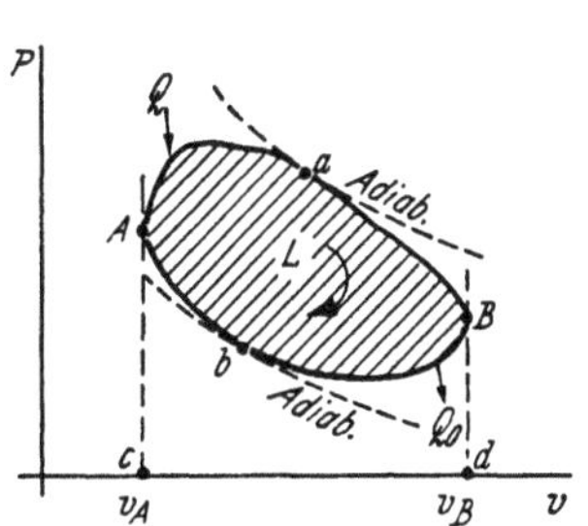

Abb. 15.
Kreisprozeß im P, v-Diagramm.

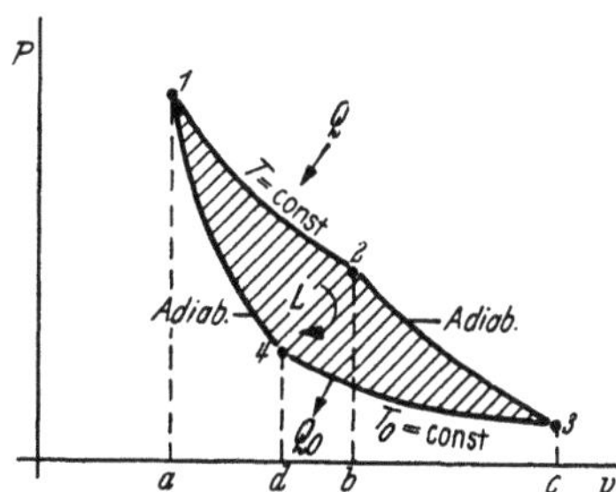

Abb. 16. CARNOTscher Kreisprozeß einer Wärmekraftmaschine im P, v-Diagramm.

kann daher nur aus Wärmemengen stammen. Dabei kann in gewissen Abschnitten des Kreisprozesses Wärme von außen zugeführt und in anderen Wärme nach außen abgeführt werden. Die algebraische Summe $\sum Q$ muß aber positiv sein. Der Ausdruck des Energieprinzips lautet hier

$$\sum Q = AL. \tag{38}$$

Bei dem in Abb. 15 dargestellten Prozeß sind die Zustandsänderungen durch zwei gestrichelt gezeichnete Adiabaten begrenzt, für die $Q = 0$ ist. An den Berührungspunkten a und b findet also keine Wärmeaufnahme oder -abgabe statt. Beim Durchlaufen des Prozesses wechselt offenbar die Richtung des Wärmestromes in den Punkten a und b das Vorzeichen. Man kann sich leicht davon überzeugen, daß beim Durchlaufen im Uhrzeigersinn auf dem Wege von b bis a dauernd Wärme zugeführt werden muß, die wir mit Q bezeichnen, während auf dem Wege von a nach b dauernd Wärme abgeführt wird, deren absoluten Betrag wir Q_0 nennen. Dann ist

$$Q - Q_0 = AL. \tag{38a}$$

Eine Energiegleichung dieser Art bezeichnet man in der Technik als *Wärmebilanz*. Das Verhältnis der gewonnenen Arbeit zur zugeführten Wärme

$$\eta_t = \frac{AL}{Q} = \frac{Q - Q_0}{Q} = 1 - \frac{Q_0}{Q} \tag{39}$$

nennt man den *thermischen Wirkungsgrad*.

2. Der Kreisprozeß von CARNOT für Wärmekraftmaschinen.

Im Jahre 1824 hat der französische Ingenieur-Offizier NICOLAS LÉONARD SADI CARNOT einen Kreisprozeß angegeben, der für die Thermodynamik von grundlegender Bedeutung geworden ist (vgl. Geschichtliche Entwicklung, Band I dieses Handbuchs)[1]. Dieser Kreisprozeß (Abb. 16) setzt sich aus folgenden Zustandsänderungen zusammen:

α) Dem Arbeitsmittel, das wir uns als ideales Gas denken, wird bei der konstanten hohen Temperatur T von einer „warmen Quelle" die Wärmemenge Q zugeführt, so daß eine Isotherme von *1* bis *2* durchlaufen wird, wobei die Arbeit

$$A L_{1-2} = A R T \ln \frac{P_1}{P_2} = Q \tag{40}$$

gewonnen wird (L_{1-2} = Fläche *a 1 2 b*) (s. S. 27).

β) Im Punkt *2* wird die Verbindung mit der warmen Quelle unterbrochen, das arbeitende Gas bleibt sich selbst überlassen ($Q = 0$) und kann sich daher nur adiabat weiter ausdehnen. Auf der Adiabate *2—3* sinkt die Temperatur nach den Gl. (23b) oder (23c) von T auf T_0, und es wird dabei nach Gl. (21) die Arbeit

$$A L_{2-3} = c_v (T - T_0)$$

gewonnen. (L_{2-3} = Fläche *b 2 3 c*).

γ) Es setzt nunmehr eine isotherme Verdichtung bei der Temperatur T_0 ein, wobei an die „kalte Quelle" eine Wärmemenge Q_0 abgegeben wird, die der verbrauchten Verdichtungsarbeit $A L_{3-4}$ gleich ist. Die absoluten Beträge sind

$$A L_{3-4} = A R T_0 \ln \frac{P_4}{P_3} = Q_0 \tag{40a}$$

(L_{3-4} = Fläche *c 3 4 d*).

δ) Der Punkt *4* (P_4, v_4), an dem die isotherme Verdichtung abgebrochen wird, wird jetzt so gewählt, daß eine anschließende adiabate Verdichtung *4—1*, bei der das arbeitende Gas sich wieder selbst überlassen wird, genau zum Punkt *1* zurückführt, so daß wieder die hohe Temperatur T erreicht wird und sich der Prozeß schließt. Für diesen letzten Vorgang ist $Q = 0$ und der absolute Betrag der aufgewendeten Verdichtungsarbeit ist

$$A L_{4-1} = c_v (T - T_0)$$

(L_{4-1} = Fläche *d 4 1 a*).

Bei diesem Kreizprozeß sind also folgende Energieumwandlungen eingetreten: Von der warmen Quelle wurde bei der hohen Temperatur T die Wärmemenge Q entnommen. An die kalte Quelle wurde bei der tiefen Temperatur T_0 eine Wärmemenge Q_0 abgeführt. Die Differenz

$$Q - Q_0 = A L_{1-2} - A L_{3-4} = A L$$

wurde als Arbeit gewonnen und nach außen abgegeben. Man erkennt, daß L = Fläche *1 2 3 4* = $\oint P \, dv$, wobei das Zeichen $\oint$ andeuten soll, daß über den ganzen Umfang des Kreisprozesses integriert werden soll. Die beiden adiabaten Arbeiten $A L_{2-3}$ und $A L_{4-1}$ heben sich gerade auf, da sie nur von der Temperaturdifferenz abhängen und die beiden Adiabaten zwischen den gleichen Temperaturgrenzen T und T_0 verlaufen.

Wenn sich der Prozeß schließen soll, dann können von den vier Eckpunkten *1, 2, 3* und *4* nur drei willkürlich gewählt werden, denn es bestehen zwischen

---

[1] CARNOT, S.: Réflexions sur la puissance motrice du feu et sur les machines propres à développer cette puissance, bei Bachelier. Paris 1824. Eine neue Auflage erschien 1912 bei A. Hermann et Fils, Paris. Deutsche Übersetzung in Ostwalds Klassikern d. exakt. Wiss., Nr. 37. Leipzig: W. Engelmann 1892.

den Koordinaten der Eckpunkte folgende Bedingungsgleichungen:

$$\text{für die Isotherme } 1-2: \quad \frac{P_1}{P_2} = \frac{v_2}{v_1},$$

$$\text{für die Adiabate } 2-3: \quad \frac{P_2}{P_3} = \left(\frac{T}{T_0}\right)^{\frac{\varkappa}{\varkappa-1}},$$

$$\text{für die Isotherme } 3-4: \quad \frac{P_3}{P_4} = \frac{v_4}{v_3},$$

$$\text{für die Adiabate } 4-1: \quad \frac{P_1}{P_4} = \left(\frac{T}{T_0}\right)^{\frac{\varkappa}{\varkappa-1}}$$

Man erhält daraus die Proportion

$$\frac{P_2}{P_3} = \frac{P_1}{P_4} \quad \text{oder} \quad \frac{P_1}{P_2} = \frac{P_4}{P_3} \tag{41}$$

und aus den beiden Isothermengleichungen folgt dann

$$\frac{v_2}{v_1} = \frac{v_3}{v_4}. \tag{41 a}$$

Mit diesen Bedingungen erhalten wir aus den Gl. (40) und (40a)

$$AL = AL_{1-2} - AL_{3-4} = AR\,(T - T_0)\ln\frac{P_1}{P_2} = AR\,(T - T_0)\ln\frac{v_2}{v_1}.$$

Der thermische Wirkungsgrad des CARNOT-Prozesses wird dann nach Gl. (39)

$$\eta_t = \frac{AL}{Q} = \frac{Q - Q_0}{Q} = \frac{T - T_0}{T} = 1 - \frac{T_0}{T}. \tag{42}$$

Aus dieser Gleichung folgt ferner

$$\frac{Q}{T} - \frac{Q_0}{T_0} = 0, \tag{42 a}$$

oder wenn wir die abgeführte Wärmemenge Q_0 mit dem negativen Vorzeichen versehen

$$\sum \frac{Q}{T} = 0, \tag{42 b}$$

wobei die Summierung algebraisch durchzuführen ist.

Die zuletzt gewonnenen Erkenntnisse sind in vieler Beziehung bemerkenswert. Zunächst ersieht man aus Gl. (42), daß der Wirkungsgrad des CARNOT-Prozesses in keiner Weise von den Eigenschaften des gewählten Arbeitsmittels abhängt und allein durch die Temperaturen der warmen und kalten Quelle bestimmt wird. Man erkennt ferner, daß dieser Wirkungsgrad stets kleiner als Eins ist, denn wir können sowohl den Fall $T_0 = 0$ wie auch den Fall $T = \infty$ ausschließen. Wir müssen vielmehr T_0 als die Temperatur der Umgebung (Atmosphäre, Kühlwasser) ansehen, während T die Temperatur der verfügbaren Heizquelle ist. Da es der Zweck einer Wärmekraftmaschine ist, verfügbare Wärme Q in Arbeit umzusetzen, so erkennen wir, daß diese Umsetzung beim CARNOT-Prozeß nur in beschränktem Umfang möglich ist, obwohl, wie wir bald erkennen werden, dieser Prozeß alle Bedingungen erfüllt, die für den höchsten Umsatz von Wärme in Arbeit bei gegebenen Temperaturgrenzen gestellt werden können. Ein Teil der Wärme, Q_0, geht stets unverwandelt auf die kalte Quelle über, nachdem die Temperatur des Arbeitsmittels um einen Betrag $T - T_0$ gesunken ist. Ein Widerspruch zu dem ersten Hauptsatz besteht dabei nicht, denn die Erfüllung der Wärmebilanz nach Gl. (38a) bedeutet ja die Wahrung des Energieprinzips. Und doch tritt durch diese Betrachtung ein ganz neuer Gesichtspunkt in Erscheinung, da es sich herausstellt, daß nicht alle Energieumwandlungen in gleichem Maße durchführbar sind und daß die Umwandlungsfähigkeit von Wärme in Arbeit an gewisse Bedingungen geknüpft ist, vor allem an das Vorhandensein einer Temperaturdifferenz, denn nach Gl. (42) wird mit $T = T_0$ stets auch $AL = 0$, selbst wenn noch so viel Wärme Q zur Verfügung steht. Wir können jetzt also folgendes aussagen:

Wenn eine Energieumwandlung stattfindet, dann geht sie stets im Rahmen der festgestellten Äquivalentwerte vor sich; *ob* aber eine Umwandlung stattfindet und in *welcher Richtung* sie abläuft, darüber sagt das Energieprinzip nichts aus. Für die Beantwortung dieser Frage ist es offenbar notwendig, sich nach einem weiteren Gesetz umzusehen. Das Energieprinzip allein genügt jedenfalls zur Beschreibung und Voraussage der sich in der Natur abwickelnden Vorgänge nicht.

3. Die Umkehrung des Kreisprozesses von CARNOT.
Die Wärmepumpe und die Kältemaschine.

Wir wollen uns jetzt fragen, was geschieht, wenn wir den CARNOT-Prozeß entgegengesetzt dem Uhrzeigersinn durchlaufen. Die Möglichkeit einer solchen Umkehrung wollen wir zunächst stillschweigend voraussetzen, obwohl sie, wie wir später sehen werden, durchaus nicht selbstverständlich ist. Bei der Umkehrung wechseln wir auch die Vorzeichen aller Energiegrößen, so daß zwar die Wärmebilanz nach Gl. (38a) erhalten bleibt, jetzt aber die Wärme Q_0 bei der tiefen Temperatur T_0 von der kalten Quelle aufgenommen, die Wärme Q bei der hohen Temperatur T an die warme Quelle abgegeben und die Arbeit AL nicht mehr gewonnen, sondern verbraucht wird. Beim Durchlaufen des Prozesses im Uhrzeigersinn mußte von der warmen Quelle die Wärme Q auf das bei der Temperatur T expandierende Arbeitsmittel übertragen werden. Das ist aber erfahrungsgemäß nur möglich, wenn die Temperatur T_w der warmen Quelle etwas über T liegt; aus dem gleichen Grund muß dann auch die Temperatur der kalten Quelle T_k etwas unter der Temperatur T_0 liegen, bei der das Arbeitsmittel verdichtet wird. Kehren wir aber den Prozeß um, dann wechseln die Wärmeströme ihre Richtung, und für deren Zustandekommen ist es dann notwendig, daß $T_k > T_0$ und $T_w < T$ ist. Wir erkennen daraus schon, daß eine vollständige Umkehrbarkeit grundsätzlichen Schwierigkeiten begegnet. Wir können natürlich die Differenzen $|T_w - T|$ und $|T_k - T_0|$ beliebig klein halten, wenn wir genügend große Wärmeübertragungsflächen wählen oder langsam genug vorgehen. Die Differenzen werden aber erst in dem · Grenzfall unendlich langsamer Prozesse auf Null zusammenschrumpfen und damit die vollständige Umkehrung ermöglichen. Man spricht in einem solchen Fall von einem „erzwungenen Gleichgewicht".

Sehen wir von dieser Schwierigkeit zunächst bewußt ab, dann wird bei der Umkehrung des CARNOT-Prozesses die Wärmemenge Q_0 bei tiefer Temperatur T_0 aufgenommen und die größere Wärmemenge $Q = Q_0 + AL$ bei einer höheren Temperatur T abgegeben. Wärme wurde also hier tatsächlich von einer tieferen auf eine höhere Temperatur gehoben, was aber nur dadurch möglich geworden ist, daß eine Arbeit AL verbraucht wurde. Diese kalorische Maschine kann in zweifacher Richtung praktisch verwertet werden:

α) Als Heizeinrichtung, wobei man die Wärme Q_0 der Umgebung auf eine höhere Temperatur hebt. Der Zweck der Maschine besteht dann darin, eine möglichst große Heizwärme Q mit dem geringsten Aufwand an Arbeit AL zu erzielen. Die Güte einer solchen Maschine, die man als *Wärmepumpe* bezeichnet, ist also durch das Verhältnis

$$\varepsilon_w = \frac{Q}{AL} = \frac{T}{T - T_0}$$

gegeben. Hat z. B. die Umgebung die Temperatur $T_0 = 273°$ K ($t_0 = 0°$ C) und will man den Heizkörper bei $T = 341°$ K ($t = 68°$ C) betreiben, dann wird

$$\varepsilon_w = \frac{341}{68} \approx 5,$$

also $Q = 5\,AL$. Für jede Kalorie aufgewendeter Arbeit erhalten wir als 5 Kalorien Heizwärme bei 68° C oder 4300 kcal Heizwärme je kWh. Würde man dagegen diese Kilowattstunde einfach in einer elektrischen Widerstandsheizung in JOULEsche Wärme umsetzen, dann würde man nur die äquivalente Heizwärme von 860 kcal erhalten. Die Wärmepumpe bezeichnet man auch als *reversible Heizung*, sie wurde erstmalig von WILLIAM THOMSON (Lord KELVIN) im Jahre 1852 vorgeschlagen[1]. (Vgl. den Abschnitt Geschichtliche Entwicklung in Band I dieses Handbuchs.)

β) Als *Kältemaschine*, deren Zweck darin besteht, die Wärmemenge Q_0 bei einer gewünschten tiefen Temperatur T_0 zu entziehen und diese Wärme an die Umgebung bei der höheren Temperatur T zu übertragen. Da diese Übertragung mit dem geringst möglichen Aufwand an Arbeit erfolgen soll, so wird die Güte einer Kältemaschine durch das Verhältnis

$$\varepsilon_k = \frac{Q_0}{AL} = \frac{T_0}{T - T_0}$$

gekennzeichnet, das man als *Leistungsziffer* bezeichnet. Will man z. B. eine Temperatur $T_0 = 258°$ K ($t_0 = -15°$ C) erreichen und hat die Umgebung eine Temperatur von $T = 301°$ K ($t = +28°$ C), dann wird

$$\varepsilon_k = \frac{258}{43} = 6,$$

also $Q_0 = 6\,AL$. Für jede Kalorie aufgewendeter Arbeit erhalten wir also sechs Kalorien Kälte bei $-15°$ C oder $6 \cdot 860 = 5160$ kcal Kälte je kWh. Man kann das auch so ausdrücken, daß man je kW eine Kälteleistung von 5160 kcal/h bei $-15°$ erzeugen kann, wenn die Umgebungstemperatur $+28°$ beträgt.

X. Umkehrbare und nichtumkehrbare Vorgänge.

Man bezeichnet einen Vorgang als umkehrbar (reversibel), wenn er in beiden Richtungen in der Weise durchlaufen werden kann, daß jedesmal auch die gleichen Zwischenzustände verwirklicht werden. Zwei solche einander entgegengesetzte Vorgänge heben sich vollständig auf, hinterlassen also keinerlei Veränderungen in dem betrachteten System der Körper, das wir beliebig groß wählen können. Ein Vorgang kann im ganzen nur umkehrbar sein, wenn er auch in seinen kleinsten Elementen umkehrbar ist.

Bei allen Bewegungsvorgängen der Mechanik, die ohne Reibung ablaufen, wird die Frage der Umkehrbarkeit niemals gestellt. Es ist selbstverständlich, daß diese Bewegungen auch in der umgekehrten Richtung verlaufen können, wenn man die Richtung der wirkenden Kräfte umkehrt. So würden z. B. bei der Planetenbewegung die KEPPLERschen Gesetze und das NEWTONsche Gravitationsgesetz unverändert bestehen bleiben, wenn sich alle Planeten in der entgegengesetzten Richtung um die Sonne bewegen würden.

---

[1] THOMSON, W.: Proc. roy. Soc. Glasgow Bd. 3 (1852) S. 269. Vgl. z. B. S. J. Davies, Heat Pumps and Thermal Compressors, London: Constable & Co. Ltd., 1950.

Ein Bewegungsvorgang wird in der Mechanik nur dann eingeleitet, wenn das mechanische Gleichgewicht in irgendeiner Weise gestört ist. Den Begriff des Gleichgewichtes kann man auch auf thermische Prozesse ausdehnen und aussagen, daß solche Prozesse nur dann anlaufen, wenn das thermische Gleichgewicht in irgendeiner Weise gestört ist. Der Vorgang verläuft dann stets im Sinne einer Annäherung an das Gleichgewicht. Zwischen den Begriffen des mechanischen und des thermischen Gleichgewichts bestehen allerdings charakteristische Unterschiede. Bei gestörtem mechanischem Gleichgewicht kann der dadurch ausgelöste Vorgang über die Gleichgewichtslage hinaus verlaufen (Bewegung eines Pendels, Schwingung einer Flüssigkeitssäule in kommunizierenden Röhren), dagegen nähert sich ein thermischer Vorgang stets aperiodisch der Gleichgewichtslage und kann diese niemals überschreiten (Temperaturausgleich). Außerdem ist das thermische Gleichgewicht im Gegensatz zum mechanischen dynamischer Natur, man hat es immer sozusagen mit zwei entgegengesetzt verlaufenden Vorgängen zu tun, deren Intensitäten im Gleichgewicht gleich groß werden (Temperatur- oder Druckausgleich, Gleichgewicht zwischen Flüssigkeit und Dampf).

Ein thermischer Vorgang verläuft ganz allgemein um so rascher ab, je stärker die Störung des Gleichgewichts ist, also je weiter ein Zustand von der Gleichgewichtslage entfernt ist. Da der Vorgang dabei stets in der Richtung auf das Gleichgewicht verläuft, so müssen alle thermischen Vorgänge in einem isolierten System grundsätzlich nicht umkehrbarer (irreversibler) Natur sein. Nur im Grenzfall unendlich kleiner Abweichungen von der Gleichgewichtslage, im sog. „erzwungenen Gleichgewicht", werden die thermischen Vorgänge umkehrbar, sie verlaufen dann aber unendlich langsam. Besonders langsam gleicht sich die Temperatur zweier Körper aus, wenn die als Störungsquelle des Gleichgewichts anzusehende Temperaturdifferenz gegen Null geht. Viel schneller gleichen sich Drücke in Gasen aus.

Nichtumkehrbaren thermischen Vorgängen haftet außerdem das Merkmal an, daß gewisse Zustandsgrößen der Körper, die solchen Vorgängen unterworfen sind, unbestimmbar werden, weil sie in den einzelnen Teilen des Körpers endlich verschiedene Werte annehmen. So haben die Körper beim nichtumkehrbaren Wärmeübergang mit endlicher Temperaturdifferenz nicht an allen Stellen die gleiche Temperatur, und es kann daher die Temperatur gar nicht eindeutig angegeben werden. Ebenso kann man beim Druckausgleich mit endlicher Druckdifferenz, wie wir ihm z. B. beim GAY-LUSSAC-JOULEschen Überströmungsversuch ins Vakuum begegneten (s. S. 18), den Druck des Gases während der Expansion nicht eindeutig angeben, da er an verschiedenen Stellen verschieden ist. Das gleiche gilt für die Partialdrücke von ineinander diffundierenden Gasen oder für die Konzentrationen von Lösungen im Verlaufe des Lösungsvorganges. Daher ist es auch nicht zulässig, bei nicht umkehrbaren Vorgängen für die Arbeit die Ausdrücke der Gl. (3) und (4)

$$dL = P\,dv \quad \text{und} \quad L = \int_1^2 P\,dv$$

zu benutzen. Ist z. B. der Außendruck P_a um einen endlichen Betrag kleiner als der Druck P eines Gases bei dessen Expansion, dann wird bei einer Volumvergrößerung des Gases um dv nur die Arbeit $P_a\,dv$ geleistet und die Differenz $(P - P_a)\,dv$ verwandelt sich in eine äquivalente Reibungs- oder Stoßwärme. Nur bei umkehrbarem Ablauf des Expansionsvorganges, für den der Druck des expandierenden Gases in jedem Zeitpunkt an allen Stellen gleich ist, kann das Höchstmaß an Arbeit $P\,dv$ gewonnen werden. Im allgemeinen aber ist

$dL < P\,dv$. Da sich die Drücke innerhalb einer Gasmasse aber sehr schnell ausgleichen (viel schneller als die Temperaturen), so kann der Expansions- und Kompressionsvorgang praktisch auch in recht kurzer Zeit durchgeführt werden, ohne merklich von den Bedingungen der Umkehrbarkeit abzuweichen.

Man kann jedenfalls allgemein feststellen, daß *die bei einem thermischen Vorgang gewinnbare Nutzarbeit um so kleiner ist, je stärker der Vorgang vom umkehrbaren Verlauf abweicht*, je größer also die zugelassenen endlichen Druck-, Temperatur- oder Konzentrationsunterschiede sind. Den Arbeitsverlust bei endlichem Druckunterschied haben wir soeben angegeben. Daß auch bei endlichem Temperaturunterschied Arbeitsverluste eintreten, erkennen wir aus den angestellten Betrachtungen beim CARNOT-Prozeß (s. S. 37). Bei den Temperaturen T_w der warmen Quelle bzw. T_k der kalten Quelle könnte man, wenn sich die Wärmeübergänge zwischen diesen Quellen und dem arbeitenden Gas ohne Temperaturunterschied, also umkehrbar übertragen ließen, bei Entnahme der Wärmemenge Q von der warmen Quelle nach Gl. (42) die Arbeit

$$A L' = Q \left(1 - \frac{T_k}{T_w}\right)$$

gewinnen. Liegt aber die Temperatur der oberen Isotherme bei $T < T_w$ und der unteren bei $T_0 > T_k$, dann kann nur die Arbeit

$$A L = Q \left(1 - \frac{T_0}{T}\right) < A L'$$

gewonnen werden. Der Verlust $A L' - A L$ ist lediglich auf die nichtumkehrbaren Wärmeübergänge zurückzuführen.

Aus dem Vorhergesagten folgt, daß jeder thermische Vorgang, der durch eine Störung des thermischen Gleichgewichts bedingt ist, nur in Richtung einer Annäherung an das Gleichgewicht ablaufen kann und daher nicht umkehrbar ist. Der umkehrbare Vorgang stellt danach lediglich einen idealen Grenzfall dar, der in Wirklichkeit nie genau realisiert werden kann, da er unendlich langsam verlaufen müßte.

Nicht umkehrbar ist auch jeder Vorgang (auch jeder mechanische), der mit Reibung verbunden ist, weil durch die Reibung ein Teil der Arbeit in Reibungswärme verwandelt wird, wodurch bei Ausdehnungen ein Teil der Nutzarbeit verlorengeht und bei Verdichtungen die aufzuwendende Arbeit vergrößert wird.

Wir müssen jetzt noch die folgenden einander scheinbar widersprechenden Aussagen klären:

α) Alle mechanischen Vorgänge (ohne Reibung) sind umkehrbar;

β) alle thermischen Vorgänge werden durch die kinetische Theorie der Materie auf mechanische zurückgeführt, und der Wärmezustand ist durch die kinetische Energie der Moleküle definiert;

γ) alle wirklich vorkommenden thermischen Vorgänge sind nicht umkehrbar.

Es ist das große Verdienst LUDWIG BOLTZMANNs, diese vermeintlichen Gegensätze aufgeklärt zu haben und mit den Mitteln der Kombinatorik und der Wahrscheinlichkeitsrechnung (statistische Mechanik) exakt nachgewiesen zu haben, daß die Ursache der praktischen Nichtumkehrbarkeit der thermischen Vorgänge in dem molekularen Bau der Materie, d. h. in der ungeheuer großen Zahl von Molekülen selbst in sehr kleinen Räumen begründet ist. Theoretisch kann auch ein thermischer Vorgang in umgekehrter Richtung ablaufen, die *Wahrscheinlichkeit* dieses Ablaufs ist aber so außerordentlich klein, daß er praktisch nie eintreten wird. Wir können an dieser Stelle auf die mathematische

Begründung dieser Aussagen nicht näher eingehen und müssen auf die Literatur über diesen Gegenstand verweisen[1]. Wir hatten schon (s. S. 8) hervorgehoben, daß die molekulare Bewegung im Gegensatz zu den stets geordneten mechanischen Bewegungen materieller Körper als eine ungeordnete, völlig chaotische Bewegung aufzufassen ist, die an sich, da sie an keinerlei Bedingungen geknüpft ist, die wahrscheinlichste Form der Bewegung darstellt. Es wird dadurch verständlich, daß die Umwandlung von mechanischer Arbeit L in Wärme Q z. B. durch Reibung oder Stoß leicht und vollständig vor sich geht, daß aber die umgekehrte Umwandlung von Wärme in Arbeit nur auf künstliche Weise beim Vorhandensein geeigneter Bedingungen und auch dann nur unvollständig möglich ist. Auch hier erkennen wir also (wie beim Wärmeübergang und Druckausgleich) eine bevorzugte Richtung aller in der Natur ablaufenden thermischen Vorgänge, wodurch eine einseitige Entwicklung des Weltgeschehens vorgezeichnet ist, die aus dem Energieprinzip (erster Hauptsatz) nicht gefolgert werden konnte. Diese einseitige Tendenz bildet den Inhalt des zweiten Hauptsatzes, dem wir uns jetzt zuwenden wollen. Wir müssen erwarten, daß die Einseitigkeit der thermischen Vorgänge durch eine charakteristische physikalische Größe zum Ausdruck gelangen wird, die die Eigenschaft haben muß, sich bei allen wirklichen Vorgängen nur in einer Richtung verändern zu können, also nur zu wachsen oder nur abzunehmen. Lediglich im Grenzfall umkehrbarer Vorgänge würde kein Beitrag zur einseitigen Entwicklung geliefert werden, und nur in diesem Fall könnte die gesuchte physikalische Größe unverändert bleiben.

XI. Die Entropie.

1. Das Clausiussche Integral.

Wir fanden, daß bei einem Carnotschen Kreisprozeß (s. S. 39), der in allen seinen Teilen umkehrbar durchgeführt wird, bei dem also die Ausdehnungen und Verdichtungen im erzwungenen Gleichgewicht verlaufen und keine Temperaturdifferenzen zwischen den Quellen und dem Arbeitsmittel während der Berührungen bestehen, ein thermischer Wirkungsgrad

$$\eta_t = \frac{A L}{Q} = \frac{T - T_0}{T}$$

nach Gl. (42) erhalten wird. Daraus folgte $\dfrac{Q}{T} - \dfrac{Q_0}{T_0} = 0$ oder in algebraischer Summierung nach Gl. (42b)

$$\sum \frac{Q}{T} = 0 \, .$$

Wir wollen dieses Ergebnis jetzt verallgemeinern, indem wir an Stelle des Carnot-Prozesses einen beliebigen *umkehrbaren* Kreisprozeß A–B–C–E–F–G–A (Abb. 17) betrachten. Wir zeichnen in dieses Bild eine Anzahl unendlich nahe benachbarter Adiabaten B—G, C—F usw. ein und zerlegen dadurch unseren Kreisprozeß in unendlich viele elementare Kreisprozesse, von denen wir den Prozeß B—C—F—G—B näher betrachten wollen. Wir ersetzen die elementaren Teilprozesse B—C und F—G durch die Isothermenelemente B'—C' und F'—G', denen wir die Temperaturen T bzw. T_0 zuordnen. Auf dem Wege B'—C' erhält das Arbeitsmittel von der warmen Quelle mit der Temperatur T die Wärme dQ. Wenn die beiden Adiabaten unendlich nahe beieinander liegen, dann können

---

[1] Boltzmann, L.: Wiener Ber. Bd. 53 (1866) S. 195; Bd. 63 (1871) S. 712; Bd. 76 (1877) S. 373; Bd. 78 (1878) S. 7; Pogg. Ann. Bd. 145 (1872) S. 211; Vorlesungen über Gastheorie, 3. Aufl. Leipzig: I. A. Barth 1923. — Vgl. auch R. Plank: Z. VDI Bd. 70 (1926) S. 841.

wir annehmen, daß die gleiche Wärme dQ auch längs der Strecke B—C aufgenommen wird. Die gleiche Überlegung gilt für die längs F—G an die kalte Quelle bei der Temperatur T_0 abgegebene Wärme dQ_0, die wir derjenigen gleichsetzen können, die auf der Isotherme F'—G' abgegeben wird. Das Verfahren läuft darauf hinaus, daß wir den wahren Umriß des Prozesses durch eine Zickzacklinie, bestehend aus Isothermen- und Adiabatenelementen, ersetzen, wobei auf den Adiabatenelementen natürlich Wärme weder aufgenommen noch abgegeben wird. Die Zickzacklinie wird sich nun dem wahren Umriß um so mehr nähern, je engmaschiger das Adiabatennetz gewählt wird, und beim Übergang zu unendlich kleinen Abständen geht auch die Zickzacklinie genau in den stetig verlaufenden Umriß über. Wir erkennen daraus, daß wir jeden umkehrbaren Kreisprozeß durch unendlich viele elementare

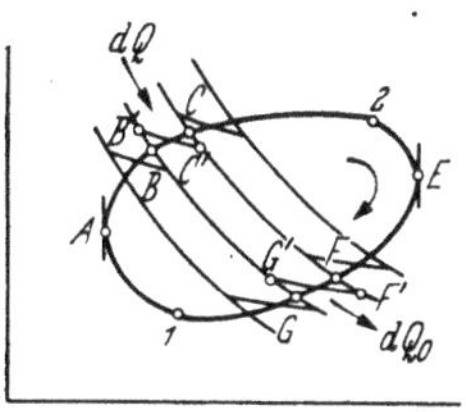

Abb. 17. Darstellung eines beliebigen Kreisprozesses durch elementare CARNOT-Prozesse.

CARNOT-Prozesse ersetzen können. Für jeden dieser Elementarprozesse gilt aber

$$\frac{dQ}{T} - \frac{dQ_0}{T_0} = 0.$$

Für den Gesamtprozeß erhalten wir dann bei algebraischer Summation

$$\oint \frac{dQ}{T} = 0, \tag{43}$$

wobei das Zeichen $\oint$ andeuten soll, daß wir die Integration über den ganzen Umfang ausdehnen. Man bezeichnet Gl. (43) als das CLAUSIUSsche Integral[1].

2. Die Entropie als Zustandsfunktion.

Betrachten wir auf dem Umriß des umkehrbaren Kreisprozesses (Abb. 17) zwei beliebig herausgegriffene Punkte 1 und 2, dann folgt aus dem CLAUSIUSschen Integral Gl. (43) sofort

$$\int_1^2 \frac{dQ}{T} + \int_2^1 \frac{dQ}{T} = 0$$

(über B) (über F)

oder

$$\int_1^2 \frac{dQ}{T} = \int_1^2 \frac{dQ}{T} \tag{44}$$

(über B) (über F)

Wir erhalten also das bemerkenswerte Ergebnis, daß der Wert des Integrals $\int_1^2 \frac{dQ}{T}$ von dem durchlaufenen Wege unabhängig ist. Durch die Zustandspunkte 1 und 2 könnten auch noch andere umkehrbare Kreisprozesse verlaufen, auf jedem Wege von 1 nach 2 würde aber das Integral $\int_1^2 \frac{dQ}{T}$ denselben Wert behalten.

---

[1] CLAUSIUS, R.: Pogg. Ann. Bd. 93 (Dez. 1854) S. 500 — Die mechanische Wärmetheorie, 3. Aufl., Bd. I, S. 93. Braunschweig 1887. Die erste Auflage erschien 1864, die zweite 1876. — Die gleiche Beziehung (43) hat übrigens wenige Monate früher auch W. THOMSON abgeleitet, und zwar in der Abhandlung „On the dynamical Theorie of Heat", Part V, Thermo-electric Currents. Trans. roy. Soc. Edinburgh Bd. 21 (14. Mai 1854) S. 123. — Vgl. auch E. MACH: Prinzipien der Wärmelehre, S. 287—294. Leipzig: A. Barth 1900.

CLAUSIUS setzte

$$ds = \frac{dQ}{T} \tag{45}$$

und nannte die damit eingeführte Größe s die *Entropie*[1]. Ihre Änderung

$$s_2 - s_1 = \int_1^2 \frac{dQ}{T} \tag{46}$$

ist, wie wir gesehen haben, unabhängig von dem Weg, auf dem wir von dem Zustand *1* in den Zustand *2* gelangen. Die Entropie verhält sich also in dieser Beziehung wie die innere Energie (s. S. 8), sie ist eine reine Zustandsfunktion, d. h. daß sie für einen Zustand, der durch zwei von den drei Veränderlichen P, v und T gegebenen ist, einen ganz bestimmten Wert hat. Wir können daher die Entropie eines Zustandes in einer der drei folgenden Formen schreiben

$$s = f_1(P, v); \quad s = f_2(P, T); \quad s = f_3(v, T). \tag{47}$$

Wir stellen somit fest, daß ds im Gegensatz zu dQ ein vollständiges Differential sein muß. Mathematisch ausgedrückt, bedeutet das nach Gl. (45). daß $1/T$ ein integrierender Faktor oder T ein integrierender Nenner ist, der das unvollständige Differential dQ in ein vollständiges Differential ds verwandelt. Nach Gl. (47) können wir also z. B. schreiben

$$ds = \left(\frac{\partial s}{\partial P}\right)_T dP + \left(\frac{\partial s}{\partial T}\right)_P dT.$$

Die Entropie hat mit der inneren Energie noch eine andere Eigenschaft gemeinsam, nämlich die Unbestimmtheit des Nullpunktes, den wir daher zunächst willkürlich wählen können[2]; denn nach Gl. (45) wird

$$s = \int \frac{dQ}{T} + s_0.$$

Diese Unbestimmtheit berührt uns aber zunächst ebensowenig wie bei der inneren Energie, denn wir werden es bei den betrachteten Zustandsänderungen stets nur mit Entropiedifferenzen nach Art der Gl. (46) zu tun haben, so daß die willkürliche Konstante s_0 herausfällt.

Aus Gl. (45) folgt

$$dQ = T\,ds. \tag{45a}$$

Wir besitzen damit für dQ einen ähnlich aufgebauten Ausdruck wie für die Arbeit

$$dL = P\,dv.$$

Aber ebenso wie dieser nur auf umkehrbare Zustandsänderungen anwendbar ist (s. S. 42), so gilt dasselbe auch für Gl. (45a), da wir die zuletzt gewonnenen Ergebnisse unter der Voraussetzung umkehrbarer Vorgänge abgeleitet haben.

Wir erkennen jetzt, daß für eine umkehrbare Adiabate, bei welcher definitionsgemäß $Q = 0$, also auch $dQ = 0$ ist, $s =$ konst. sein muß. W. GIBBS hat daher den umkehrbaren Adiabaten den Namen *Isentropen* gegeben. Die Entropie stellt also den Parameter der Adiabaten dar, so wie z. B. die Temperatur der Parameter der Isothermen ist.

---

[1] Diesen Vorschlag machte CLAUSIUS erstmalig in Pogg. Ann. Bd. 125 (1865) S. 390; das Wort Entropie leitet sich aus dem Griechischen ab: τροπή = Verwandlung. — Über das Werk von CLAUSIUS siehe R. PLANK: Naturwiss. Bd. 37 (1950) S. 361.

[2] Es bedarf weiterer Überlegungen und eines neuen thermodynamischen Hauptsatzes, um den natürlichen Nullpunkt der Entropie zu finden. Das leistet das NERNSTsche Wärmetheorem (dritter Hauptsatz der Thermodynamik, 1906). In der von M. PLANCK diesem Theorem gegebenen Fassung hat die Entropie eines jeden Körpers bei $T = 0$ den Wert Null (s. S. 251).

Aus Gl. (43) können wir schließen, daß sich die Entropie des gesamten Systems, bestehend aus den warmen und kalten Quellen sowie aus dem Arbeitsmittel, bei umkehrbarem Verlauf des Kreisprozesses nicht ändert. Bei dem arbeitenden Körper ist eine Änderung der Entropie nicht möglich, da er immer wieder in den Anfangszustand zurückkehrt; da ferner die Temperatur der Quellen mit derjenigen des Arbeitsmittels während des Wärmeüberganges übereinstimmen soll, so ist auch der Anteil am CLAUSIUSschen Integral der warmen Quellen $\int \dfrac{dQ}{T}$ genau so groß, aber von entgegengesetzten Vorzeichen wie der Anteil $\int \dfrac{dQ_0}{T_0}$ der kalten Quellen. Die Entropie der warmen Quellen hat also um genau ebenso viel abgenommen, wie die Entropie der kalten Quellen zu genommen hat. Der umkehrbare Kreisprozeß liefert also $s = \text{konst.}$

3. Das Verhalten der Entropie bei nichtumkehrbaren Vorgängen.

Betrachten wir jetzt einen elementaren Kreisprozeß zwischen den Temperaturen T und T_0 der warmen und kalten Quelle, der nicht umkehrbar ist, sei es, weil endliche Temperatur- und Druckunterschiede auftreten, oder weil Verluste durch Reibung, Wärmestrahlung oder dergleichen in Kauf zu nehmen sind. Alle solche Verluste haben nach den Erläuterungen (s. S. 43) zur Folge, daß bei gleicher Wärmeabgabe ΔQ der warmen Quelle der Arbeitsgewinn AL' $= \Delta Q - \Delta Q_0'$ kleiner, und daher der nicht ausgenutzte an die kalte Quelle übergehende Anteil $\Delta Q_0'$ größer ist als beim umkehrbaren Verlauf. Bei diesem war

$$\Delta Q_0 = \Delta Q \,\frac{T_0}{T},$$

also wird für jenen

$$\Delta Q_0' > \Delta Q \,\frac{T_0}{T} \quad \text{oder} \quad \frac{\Delta Q_0'}{T_0} > \frac{\Delta Q}{T} \quad \text{oder} \quad \frac{\Delta Q}{T} - \frac{\Delta Q_0'}{T_0} < 0.$$

Wenn wir wieder die dem Arbeitsmittel zugeführte Wärme Q positiv und die abgeführte Wärme Q_0' negativ rechnen, erhalten wir

$$\Sigma \frac{\Delta Q}{T} < 0$$

und für einen beliebigen nichtumkehrbaren Prozeß mit beliebig großer Zahl von Heiz- und Kühlquellen

$$\oint \frac{dQ}{T} < 0. \tag{48}$$

Während also das CLAUSIUSsche Integral nach Gl. (43) für umkehrbare Kreisprozesse verschwindet, hat es bei nichtumkehrbaren Kreisprozessen einen negativen Wert. Es sei aber ausdrücklich betont, daß in Gl. (48) T nicht die Temperaturen des Arbeitsmittels, sondern die der Quellen bedeutet, während dieser Unterschied in Gl. (43) fortfällt. Falls wir in Gl. (48) auch die Wärmemengen Q und Q_0' nicht auf das Arbeitsmittel, sondern auf die beiden Quellen beziehen, dann müssen wir die Vorzeichen ändern, denn eine vom Arbeitsmittel aufgenommene (positive) Wärmemenge muß natürlich von der Quelle abgegeben sein, also für diese negativ erscheinen und umgekehrt. Im Integral (48) ändern sich dann alle Vorzeichen, und es wird $\oint \dfrac{dQ}{T} > 0$.

Wir wollen nunmehr eine einzelne nichtumkehrbare Zustandsänderung *1—2* (über *a*) in Abb. 18 ins Auge fassen; da die Zwischenzustände dabei nicht ein-

deutig definiert sind, weil z. B. der Druck oder die Temperatur nicht in allen
Teilen gleich sind, so haben wir den Verlauf in Abb. 18 gestrichelt. Wir denken
uns, daß diese Zustandsänderung einen Teil eines im Uhrzeigersinn verlaufenden Kreisprozesses bildet, der im übrigen von *2* über *b* nach *1* umkehrbar verlaufen soll. Nach
Gl. (48) ist dann

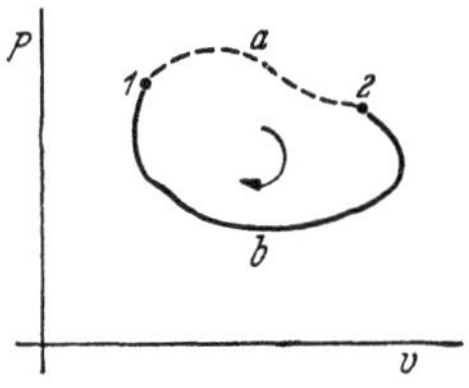

$$\int\limits_1^2 \frac{dQ}{T} + \int\limits_2^1 \frac{dQ}{T} < 0.$$

(über *a*)   (über *b*)

Abb. 18. Betrachtung
einer nicht umkehrbaren
Zustandsänderung.

Das erste Integral bezieht sich auf die nichtumkehrbare
Zustandsänderung, während wir für das zweite Integral,
das nur umkehrbare Zustandsänderungen umfaßt, nach Gl. (46) setzen können

$$\int\limits_2^1 \frac{dQ}{T} = s_1 - s_2.$$

(über *b*)

Es wird daher

$$\int\limits_1^2 \frac{dQ}{T} < s_2 - s_1.$$

(über *a*)

Für eine elementare nichtumkehrbare Zustandsänderung ist daher

$$ds > \frac{dQ}{T}. \tag{49}$$

In Verbindung mit Gl. (45) können wir also schreiben

$$ds \geqq \frac{dQ}{T}, \tag{49a}$$

wobei das Gleichheitszeichen für umkehrbare und das Zeichen $>$ für nichtumkehrbare Vorgänge gilt. Für Zustandsänderungen, bei denen das betrachtete
System keine Wärme von außen erhält oder nach außen abgibt, ist dQ dauernd
gleich Null, und daher erhält man aus (49a)

$$ds \geqq 0 \quad \text{also} \quad s_2 - s_1 \geqq 0 \quad \text{oder} \quad s_2 \geqq s_1, \tag{49b}$$

wobei sich der Index 1 auf den Anfangszustand und 2 auf den Endzustand
bezieht. In einem isolierten System $(Q = 0)$ kann also die Entropie bei jedem wirklichen Vorgang nur zunehmen; sie bleibt lediglich im idealen Grenzfall umkehrbarer Vorgänge konstant. *Eine Abnahme der Entropie ist nicht möglich.*

Damit wäre die gesuchte Größe gefunden, die sich nur in einer Richtung
verändert und die daher die einseitige Tendenz des Weltgeschehens wider-
spiegelt (s. S. 44).

Wir wollen die Entropiezunahme bei nichtumkehrbaren Vorgängen an einigen
Beispielen erläutern.

α) Tritt bei einem Vorgang im betrachteten System Reibung auf, dann verwandelt sich das Äquivalent der Reibungsarbeit in Wärme $\varDelta Q$, und diese wird
einem von der Umgebung isolierten Körper bei der Temperatur T zugeführt.
Die Entropie des Körpers wächst dann um den Betrag $\varDelta s = \dfrac{\varDelta Q}{T}$.

β) Wenn zwei Körper mit den Temperaturen T_1 und $T_2 < T_1$ in wärme-
leitender Verbindung stehen, dann geht die Wärmemenge $\varDelta Q$ vom wärmeren

Körper *1* auf den kälteren Körper *2* über. Dem Körper *1* wird also die Wärmemenge ΔQ bei der Temperatur T_1 entzogen, seine Entropie ändert sich daher um $\Delta s_1 = \dfrac{-\Delta Q}{T_1}$. Dem Körper *2* wird die gleiche Wärmemenge ΔQ bei der Temperatur T_2 zugeführt, und die Entropie ändert sich daher um $\Delta s_2 = \dfrac{+\Delta Q}{T_2}$. Die gesamte Entropieänderung ist also

$$\Delta s = \Delta s_1 + \Delta s_2 = \Delta Q \left(\frac{1}{T_2} - \frac{1}{T_1} \right) = \Delta Q \frac{(T_1 - T_2)}{T_1 T_2} > 0,$$

so daß wieder eine Zunahme resultiert. Der Wärmeübergang wird nur dann umkehrbar ($\Delta s = 0$), wenn $T_1 = T_2$ ist, er geht dann aber unendlich langsam vor sich.

γ) Auch bei der plötzlichen Ausdehnung eines Gases, z. B. beim Überströmen aus einem Raum höheren Druckes P_1 in einen solchen von niedrigerem Druck P_2, wird man eine Zunahme der Entropie erwarten, weil dieser Vorgang nicht umkehrbar ist. Da bei diesem Vorgang kein Gleichgewicht zwischen den Zuständen in beiden Räumen geherrscht hat, so konnte keine (oder doch jedenfalls nicht die höchstmögliche) Arbeit bei der Ausdehnung gewonnen werden. Es ist daher nicht möglich, den ursprünglichen Druck wiederherzustellen, ohne eine zusätzliche Arbeit von außen zu verbrauchen, die aber wieder neue Veränderungen im System zur Folge hätte. Nun zeigte der GAY-LUSSAC-JOULEsche Überströmungsversuch (s. S. 18), daß sich die Temperatur T eines idealen Gases bei der plötzlichen Ausdehnung nicht ändert, wenn das Gas dabei von der Umgebung wärmedicht abgeschlossen ist. Daß die Entropie des Gases dabei um Δs zugenommen hat, erkennt man aus folgender Überlegung: der erzielte Endzustand hätte auf umkehrbare Weise dadurch erreicht werden können, daß man das Gas einer isothermen Expansion von P_1 auf P_2 unter Leistung der äußeren Arbeit $L = R\,T \ln P_1/P_2$ unterworfen hätte. Dabei wäre es notwendig gewesen, dem Gas ebenso viel Wärme Q von außen zuzuführen, wie dem Äquivalent der isothermen Arbeit entspricht ($Q = A L$). Das Gas hätte also dabei nach Gl. (46) seine Entropie um

$$\Delta s = \frac{Q}{T} = A R \ln \frac{P_1}{P_2} \tag{49c}$$

erhöht, während die Entropie der Umgebung um den gleichen Betrag abgenommen hätte. Da das Gas nach dieser umkehrbaren Zustandsänderung genau den gleichen Zustand erreicht hätte (den gleichen Druck und die gleiche Temperatur) wie bei der plötzlichen Ausdehnung, so muß es auch die gleiche Entropie haben. Also muß die Entropie bei der plötzlichen Ausdehnung gewachsen sein, ohne daß eine Wärmeabgabe der Umgebung und damit eine kompensierende Entropieabnahme bei dieser Platz greifen konnte.

XII. Der zweite Hauptsatz der Thermodynamik.

1. Die verschiedenen Formulierungen des zweiten Hauptsatzes.

Im Zusammenhang mit dem behandelten Kreisprozeß (s. S. 37) hat SADI CARNOT im Jahre 1824 erkannt, daß mechanische Arbeit aus Wärme nur gewonnen werden kann, wenn man nicht nur über eine Wärmequelle, sondern auch über eine Kältequelle verfügt, wenn also eine Temperaturdifferenz vorhanden ist. Da CARNOT noch in den alten Vorstellungen über das Wesen der Wärme befangen war und die Wärme als unzerstörbares Fluidum betrachtete, so glaubte er, daß bei der Arbeitsleistung keine Wärme verbraucht wird, und daß die ganze aufgewendete Wärme nur von der hohen Temperatur auf eine tiefere sinken muß. Damit ergab sich die vollkommene Analogie zur Gewinnung von Arbeit durch eine herabfallende Wassermenge, bei der auch keine Wasserverluste entstehen. Das Temperaturgefälle würde eben einem Höhenunterschied entsprechen. CARNOT hat aber ferner nachgewiesen, daß der von ihm angegebene Kreisprozeß (bestehend aus 2 Isothermen und 2 Adiabaten) in beiden Richtungen durchlaufen werden kann, daß er die größtmögliche Arbeit bei gegebenem Wärmeaufwand liefert und daß diese Arbeit unabhängig von der Substanz ist, welche man diesen Prozeß durchlaufen läßt.

Die Summe dieser Erkenntnisse bezeichnet man als den *zweiten Hauptsatz* der Thermodynamik. CARNOT konnte für den thermischen Wirkungsgrad seines verlustlosen umkehrbaren Kreisprozesses keine explizite Formel angeben, da der erste Hauptsatz bzw. das Energieprinzip ihm noch fremd war und er an die Stelle der Gl. (38a) die Gleichung $Q = Q_0$ setzte. Er konnte daher nicht bis zu der einfachen Formel (42) gelangen. Wir stehen somit vor der merkwürdigen Tatsache, daß die viel tiefere Erkenntnis über die Bedingungen der Umwandlung von Wärme in Arbeit 18 Jahre früher gewonnen wurden als das Prinzip der Äquivalenz von Wärme und Arbeit (1842). Die Fassung, in die CARNOT seine Erkenntnisse kleidete, lautet[1]: „Die bewegende Kraft der Wärme ist unabhängig von dem Agens, welches zu ihrer Gewinnung benutzt wird; ihre Menge ist einzig durch die Temperatur der Körper bestimmt, zwischen denen in letzter Linie die Überführung des Wärmestoffes stattfindet."

Nachdem CLAUSIUS und W. THOMSON (Lord KELVIN) um 1850 die fast in Vergessenheit geratenen Erkenntnisse CARNOTs[2] mit dem inzwischen allgemein anerkannten Energieprinzip in Einklang gebracht hatten[3], konnten dem zweiten Hauptsatz kürzere und präzisere Fassungen gegeben werden. Man muß dabei im Auge behalten, daß die beiden Hauptsätze letzten Endes Erfahrungstatsachen zum Ausdruck bringen, und daß ihre Richtigkeit nur deswegen einleuchtet, weil ihre Aussagen mit keiner Beobachtung in Widerspruch stehen[4]. Diese Sätze sind aber weder a priori beweisbar, noch als Definitionen aufzufassen.

In der vorliegenden Darstellung der Thermodynamik, die vorwiegend dem Verständnis der Kälteerzeugung dienen soll, werden wir die Fassung des zweiten Hauptsatzes an die Spitze stellen, die von CLAUSIUS (1850) gegeben wurde:

(I) „*Wärme kann nicht von selbst von einem kälteren zu einem wärmeren Körper übergehen.*"

Die Worte „von selbst" erläutert POINCARÉ durch die Formulierung[5]:

„*Es ist unmöglich, Wärme von einem kälteren zu einem wärmeren Körper übergehen zu lassen, wenn nicht gleichzeitig ein Verbrauch von Arbeit oder ein Übergang von Wärme von einem wärmeren zu einem kälteren Körper stattfindet.*"

MAX PLANCK[6] setzt folgende Erfahrungstatsache an die Spitze seiner Betrachtungen über den zweiten Hauptsatz:

---

[1] Vgl. Fußnote 1, S. 38.

[2] Es ist das Verdienst von EMILE CLAPEYRON, die Schrift CARNOTS 1834 in Erinnerung gebracht zu haben [J. Ecole Polytechnique Bd. 14 (1834) S. 170 — Pogg. Ann. Bd. 59 (1843) S. 446].

[3] Vgl. R. PLANK: Hundert Jahre widerspruchsfreien Bestehens der beiden Hauptsätze der Thermodynamik. Naturwiss. Bd. 37 (1950) S. 361.

[4] Über den Charakter des zweiten Hauptsatzes als Wahrscheinlichkeitsprinzip und über die Grenzen seiner Gültigkeit s. S. 43 u. 56.

[5] POINCARÉ, H.: Thermodynamik, S. 81, übersetzt von W. JAEGER und E. GUMLICH. Berlin: Springer 1893.

[6] PLANCK, M.: Thermodynamik, 8. Aufl., S. 87. Berlin u. Leipzig: W. de Gruyter u. Co. 1927.

(II) *„Es ist unmöglich, eine periodisch funktionierende Maschine zu konstruieren, die weiter nichts bewirkt als Hebung einer Last und Abkühlung eines Wärmereservoirs.“*

Er fügt hinzu: „Eine solche Maschine könnte zu gleicher Zeit als Motor und als Kältemaschine benutzt werden ohne jeden anderweitigen dauernden Aufwand an Energie und Materialien, sie wäre also jedenfalls die vorteilhafteste von der Welt.“

Wäre es möglich, Arbeit durch Abkühlung eines einzigen Wärmereservoirs zu gewinnen, dann könnte die praktisch unbegrenzte Wärme (oder richtiger die innere Energie) der Umgebung (Atmosphäre, Ozeane) zur Arbeitsleistung herangezogen werden. Dieser Energieumsatz würde zwar dem ersten Hauptsatz nicht widersprechen und daher kein Perpetuum mobile erster Art darstellen (s. S. 12). Er würde aber trotzdem gestatten, mechanische Arbeit in beliebiger Menge kostenlos zu gewinnen. WILHELM OSTWALD bezeichnete daher einen solchen Energieumsatz als *Perpetuum mobile zweiter Art* und formulierte den zweiten Hauptsatz der Thermodynamik in der Weise, daß auch ein *Perpetuum mobile zweiter Art nicht verwirklicht werden könne.*

Es ist leicht zu erkennen, daß die verschiedenen Formulierungen des zweiten Hauptsatzes letzten Endes dasselbe aussagen. Könnte man z. B. Arbeit durch Abkühlung eines einzigen Wärmereservoirs gewinnen, dann könnte man die gewonnene Arbeit in einem linksläufigen CARNOT-Prozeß dazu verwenden, um die Umgebung noch weiter abzukühlen und die Wärme auf ein höheres Temperaturniveau zu heben, ohne daß insgesamt Arbeit verbraucht oder daß Wärme gleichzeitig von einem wärmeren zu einem kälteren Körper übergegangen wäre. Das widerspricht aber der Fassung des zweiten Hauptsatzes von CLAUSIUS.

2. Natürliche und unnatürliche Vorgänge.

Die beiden Vorgänge, die in den bisherigen Formulierungen des zweiten Hauptsatzes ohne Kompensationen als unmöglich bezeichnet wurden, nämlich:

α) der Wärmeübergang von einem kälteren zu einem wärmeren Körper und

β) die Umwandlung von Wärme in Arbeit

stellen unnatürliche Prozesse dar, zu denen wir auch noch die Trennung eines Gemisches in seine Bestandteile zählen können (s. S. 95). Den Grund, warum solche Prozesse nicht „von selbst“ ablaufen, kann man in dem Verhalten der Entropie finden. Wir hatten festgestellt (s. S. 48), daß die Entropie bei allen Vorgängen in der Natur wächst und nur im Grenzfall der umkehrbaren Vorgänge konstant bleibt. Eine Abnahme der Entropie ist nicht möglich. Eine solche müßte aber bei den erwähnten von uns als unnatürlich bezeichneten Vorgängen eintreten. Denn wenn nichts anderes geschieht, als daß eine Wärmemenge ΔQ bei der Temperatur T einem Körper entzogen und in Arbeit umgewandelt wird, dann müßte die Entropie des Körpers um $\Delta s = \dfrac{\Delta Q}{T}$ sinken. Und wenn nichts anderes geschieht, als daß die Wärmemenge ΔQ von einer tiefen Temperatur T_2 auf eine höhere Temperatur T_1 gehoben wird, dann müßte ebenfalls die Entropie um den Betrag $\Delta s = \Delta Q\left(\dfrac{1}{T_2} - \dfrac{1}{T_1}\right)$ abnehmen.

Dagegen stellen die Umwandlung von Arbeit in Wärme (z. B. durch Reibung oder Stoß), der Wärmeübergang von einem wärmeren zu einem kälteren Körper und die gegenseitige Diffusion von Gasen natürliche Vorgänge dar, die in der Natur dauernd beobachtet werden können, die „von selbst“ ablaufen und mit einer Entropievermehrung verbunden sind.

Damit ist aber der Inhalt des zweiten Hauptsatzes nicht erschöpft. Wir wissen, daß wir den Ablauf unnatürlicher Prozesse künstlich erzwingen können, denn in allen unseren Kraftmaschinen wird tatsächlich Wärme in Arbeit verwandelt und in allen Kältemaschinen wird Wärme bei tiefer Temperatur entzogen und bei höherer Temperatur (Umgebung) abgegeben. Dazu sind aber „Kompensationen" nötig, die darin bestehen, daß gleichzeitig ein natürlicher Vorgang ablaufen muß. Die große Bedeutung des zweiten Hauptsatzes liegt nun darin, daß er das Mindestmaß dieser „Kompensationen" genau vorschreibt. Die Kompensation muß nämlich mindestens mit einer solchen Entropiezunahme verbunden sein, daß die durch den unnatürlichen Vorgang bedingte Entropieabnahme gerade aufgehoben (kompensiert) wird. Gelingt es, mit diesem Mindestmaß auszukommen, dann würden alle Vorgänge umkehrbar verlaufen, was jedoch nur im Gedankenexperiment als Grenzfall möglich ist. Bei allen wirklichen Vorgängen wird ein höheres Maß von Kompensationen erforderlich sein, da man einen gewissen Anteil an nichtumkehrbaren Prozessen nie vermeiden kann. Die Entropie wird daher insgesamt wachsen.

Beim Ablauf eines umkehrbaren CARNOT-Prozesses im Uhrzeigersinn wird die Wärmemenge $Q - Q_0$, die der warmen Quelle bei der Temperatur T entnommen wurde, in Arbeit AL verwandelt. Dabei sinkt die Entropie um den Betrag $\dfrac{Q - Q_0}{T}$. Dieser unnatürliche Vorgang wird dadurch kompensiert, daß gleichzeitig eine Wärmemenge Q_0 von der hohen Temperatur T auf die tiefe Temperatur T_0 übertragen wird. Dabei tritt eine Entropiezunahme im Betrage

$$Q_0 \left(\frac{1}{T_0} - \frac{1}{T} \right)$$

auf. Geschieht alles genau umkehrbar, dann ist

$$\frac{Q - Q_0}{T} = Q_0 \left(\frac{1}{T_0} - \frac{1}{T} \right) \quad \text{oder} \quad \frac{Q}{T} = \frac{Q_0}{T_0}$$

[vgl. Gl. (42a)]. Man ersieht ohne weiteres, daß beim umkehrbaren Ablauf des CARNOT-Prozesses entgegengesetzt zum Uhrzeigersinn die unnatürliche Hebung der Wärmemenge Q_0 von T_0 auf T gerade durch den Arbeitsverbrauch $AL = Q - Q_0$ kompensiert wird.

Der von CLAUSIUS eingeführte Entropiebegriff erscheint damit als das Kernstück des zweiten Hauptsatzes, und dieser läßt sich in einfachster und allgemeinster Weise für alle Vorgänge in der Natur durch den Ausdruck

$$ds \geq 0 \tag{50}$$

darstellen, wobei sich das Gleichheitszeichen nur auf den Grenzfall umkehrbarer Vorgänge bezieht. Die beiden Hauptsätze lauten dann:

Jeder in der Natur stattfindende Prozeß verläuft in der Weise, daß für alle an dem Prozeß beteiligten Körper die Energie konstant bleibt und die Entropie wächst.

XIII. Einige Folgerungen aus dem zweiten Hauptsatz.

1. Der Wirkungsgrad des CARNOT-Prozesses ist unabhängig vom Arbeitsmittel.

Auf S. 39 haben wir den Wirkungsgrad des CARNOT-Prozesses [Gl. (42)]

$$\eta_t = \frac{AL}{Q} = 1 - \frac{T_0}{T}$$

abgeleitet, indem wir als Arbeitsmittel irgendein ideales Gas angenommen haben. Man kann ganz allgemein zeigen, daß der gleiche Wirkungsgrad auch mit jedem anderen Arbeitsmittel erreicht werden muß. Dazu brauchen wir uns nur zwei CARNOT-Maschinen M und M' zu denken, die zwischen den gleichen Temperaturen T und T_0 arbeiten (Abb. 19). Die Maschine M arbeitet mit einem idealen Gas und durchläuft den Prozeß im Uhrzeigersinn, sie entnimmt der warmen Quelle die Wärme Q, überträgt auf die kalte Quelle Q_0 und leistet die Arbeit $A L$. Die Maschine M' arbeitet mit einem beliebigen anderen Stoff und durchläuft den Prozeß im umgekehrten Sinn, wobei sie von der kalten Quelle die Wärme Q_0' auf-nimmt, an die warme Quelle Q' abgibt und dabei so dimen-sioniert ist, daß sie genau die Arbeit $A L$ verbraucht, welche die Maschine M liefert. Beide Maschinen sind miteinander gekoppelt, und es wird insgesamt weder Arbeit gewonnen noch verbraucht. Dann ist nach dem ersten Hauptsatz

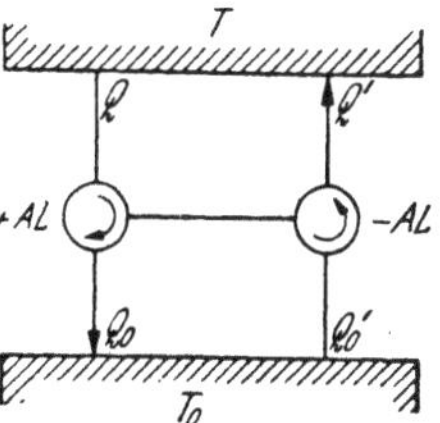

Abb. 19. Zum Beweis, daß der CARNOT-Prozeß unabhängig vom Arbeits-mittel ist.

$$Q - Q_0 = Q' - Q_0'. \tag{51}$$

Wir wollen nun annehmen, daß der Wirkungsgrad η_t' der Maschine M' kleiner wäre als η_t für die Maschine M, dann wäre

$$\frac{A L}{Q'} < \frac{A L}{Q},$$

also $Q' > Q$ und daher nach Gl. (51) auch $Q_0' > Q_0$. In einem solchen Fall würde aber der kalten Quelle insgesamt die Wärmemenge $Q_0' - Q_0$ entzogen und der warmen Quelle die gleiche Wärmemenge $Q' - Q = Q_0' - Q_0$ zugeführt werden. Diese Wärmemenge wäre also ohne Kompensation (ohne Arbeitsverbrauch) von T_0 auf T gehoben, was der CLAUSIUSschen Fassung (I) des zweiten Hauptsatzes widerspricht.

Nehmen wir aber an, daß $Q' < Q$ ist, dann brauchen wir nur beide Maschinen in entgegengesetzter Richtung laufen zu lassen, um zu dem gleichen Widerspruch zu gelangen. Es ist also nur möglich, daß $Q = Q'$ und daher $\eta_t = \eta_t'$ ist. Da diese Überlegung für alle Wertepaare von T und T_0 Geltung behält, so muß η_t für jeden beliebigen Stoff die gleiche Funktion von T und T_0 sein wie für ein ideales Gas. Es gilt also beim CARNOT-Prozeß für jeden Stoff

$$\eta_t = 1 - \frac{T_0}{T}. \tag{51a}$$

Der vorstehende Beweis stützt sich auf die Fassung (I) des zweiten Haupt-satzes. Wir wollen jetzt den Beweis wiederholen, indem wir uns auf die Fas-sung (II) stützen, die von MAX PLANCK gegeben wurde. Dazu wollen wir die zwei soeben betrachteten Maschinen M und M' so betreiben, daß die arbeit-spendende Maschine M genau die gleiche Wärme Q von der warmen Quelle entnimmt, welche die arbeitverbrauchende Maschine M' an diese Quelle abgibt. Dann erleidet die warme Quelle keinerlei Veränderungen und man könnte sie sich ebensogut ganz fortdenken. Nimmt man jetzt an, daß M' weniger Arbeit verbraucht, als M leistet, dann wäre die Arbeit $A L - A L'$ gewonnen und die einzig übriggebliebene kalte Quelle hätte sich um den Betrag $Q_0' - Q$ abgekühlt. Ein solches Ergebnis stünde aber in direktem Widerspruch mit der Fassung (II) des zweiten Hauptsatzes.

Da die Unabhängigkeit des Wirkungsgrades von CARNOT-Prozessen sich also in gleicher Weise durch die beiden Fassungen (I) und (II) beweisen läßt, so ist damit erneut klargestellt, daß beide Fassungen trotz des gänzlich verschiedenen Wortlautes das gleiche aussagen.

2. Die absolute Temperaturskala von W. Thomson.

Auf S. 4 hatten wir schon darauf hingewiesen, daß die mit verschiedenen Flüssigkeiten oder Gasen gefüllten Thermometer in ihren Anzeigen nicht genau untereinander übereinstimmen, auch wenn man für alle die gleichen Fixpunkte (0° bzw. 100° für schmelzendes Eis bzw. siedendes Wasser) annimmt. Das liegt an der etwas verschiedenen und nicht ganz gleichmäßigen Ausdehnung. Am gleichmäßigsten dehnen sich die Gase aus und von diesen wieder Wasserstoff und Helium. W. Thomson (1824—1902) kam nun sehr früh auf den Gedanken, eine absolute Temperaturskala aufzubauen, die völlig unabhängig von der Natur der Thermometersubstanz sein sollte. In seiner ersten Arbeit über diesen Gegenstand[1] hielt er noch an den alten Vorstellungen von der Wärme als einem hypothetischen Stoff fest, obwohl ihm zumindesten die Arbeiten von Joule schon bekannt waren; man kann daraus ersehen, wie schwer sich die neuen Vorstellungen von der Wärme als Energieform durchsetzten. Thomson wurde, wie Clausius, unmittelbar durch Carnots Arbeiten angeregt, die dank den Bemühungen von Clapeyron aus dem Dunkel der Vergessenheit ans Licht gebracht waren[2]. Thomson geht von der Gl. (42a) aus

$$\frac{Q}{Q_0} = \frac{T}{T_0}, \tag{52}$$

aus der hervorgeht, daß, wenn man eine Temperatur, z. B. die des schmelzenden Eises, festlegt, die Bestimmung anderer Temperaturen auf die Messung von Wärmemengen zurückgeführt werden kann, die von einem beliebigen Stoff beim Durchlaufen eines Carnot-Prozesses aufgenommen oder abgegeben werden. Statt einer bestimmten Temperatur kann man die Differenz zwischen den Temperaturen von siedendem Wasser und schmelzendem Eis festlegen und sie gleich 100° setzen. Wärmemengen lassen sich aber stets durch Messung äquivalenter mechanischer oder elektrischer Energien ohne Zuhilfenahme des Temperaturbegriffs ermitteln.

Thomson hatte zuerst vorgeschlagen, die Grade der absoluten Skala so zu wählen, daß der Arbeitsgewinn AL im Carnot-Prozeß beim Absinken einer Wärmeeinheit ($Q = 1$) um je ein Grad ($T - T_0 = 1$) in allen Teilen der Skala der gleiche ist. Das hätte aber wesentliche Abweichungen von der Gradeinteilung nach Celsius des Luftthermometers ergeben, da aus Gl. (42) zu erkennen ist, daß die Arbeit AL für $Q = 1$ und $T - T_0 = 1$ mit wachsender Temperatur T kleiner wird. Demnach müßten die Temperaturgrade nach dem ursprünglichen Vorschlag von Thomson gegenüber den Celsiusgraden um so größer werden, je höher die Temperatur ist; und umgekehrt würden die Thomson-Grade bei sehr tiefen Temperaturen sehr klein werden, so daß einem Grad Celsius viele Thomson-Grade entsprechen würden. Es sei hier nur am Rande bemerkt, daß die gleiche Eigenschaft, die Thomson ursprünglich anstrebte, auch der sog. *logarithmischen* Temperaturskala zukommt, die man erhält, wenn man jedem Grad eine Ausdehnung um den gleichen Bruchteil des *jeweiligen* Volums der Thermometersubstanz zuteilt, während dem Celsiusgrad stets eine Ausdehnung um den gleichen Bruchteil des Volums bei 0° C zugeordnet ist[3]. Wir werden an anderer Stelle zeigen, daß die logarithmische Skala in der Nähe des absoluten Nullpunktes erhebliche Vorteile besitzt (s. S. 259).

---

[1] Thomson, W.: On an absolute thermometric Scale. Phil. Mag. Bd. 33 (1848) S. 313.

[2] Clapeyron, E.: Vgl. Fußnote 2 auf S. 50.

[3] Vgl. R. Plank: Die logarithmische Temperaturskala. Forsch. Ing.-Wes. Bd. 4 (1933) S. 262.

THOMSON hat seinen ursprünglichen Vorschlag aber bald fallen lassen und empfohlen, die Temperaturen nach Gl. (52) so zu zählen, daß sie den betreffenden Wärmemengen im CARNOT-Prozeß proportional sind[1]. Man erhält dann beim CARNOT-Prozeß bei gleichen Abständen zweier Isothermen T und T_0, also bei gleichen Temperaturdifferenzen, die gleichen Arbeitsbeträge. Es hat sich gezeigt, daß die so definierte thermodynamische Temperaturskala mit derjenigen eines idealen Gases übereinstimmt. Das Gasthermometer hat aber dann natürlich den Vorzug der viel größeren Einfachheit der Messung[2]. Diese grundlegenden Untersuchungen THOMSONS (der später zum Lord KELVIN erhoben wurde), gaben Veranlassung, die vom absoluten Nullpunkt aus gemessenen Celsiusgrade als *Kelvingrade* (°K) zu bezeichnen.

3. Der Arbeitsverlust durch nichtumkehrbare Teilprozesse.

In einem umkehrbaren CARNOT-Prozeß gilt nach Gl. (42a)

$$\frac{Q}{T} - \frac{Q_0}{T_0} = 0 \qquad (52\,\mathrm{a})$$

und nach Gl. (38a)

$$A L = Q - Q_0 .$$

Entnimmt man nun der warmen Quelle die gleiche Wärmemenge Q und läßt den Prozeß zwischen den gleichen Temperaturen T und T_0 der beiden Quellen verlaufen, wobei aber jetzt auch nichtumkehrbare Zustandsänderungen zugelassen sein sollen, dann ist nach S. 47

$$\frac{Q}{T} - \frac{Q_0'}{T_0} < 0 ,$$

wonach also eine Wärmemenge $Q_0' > Q_0$ an die kalte Quelle abgegeben wird. Daher kann in diesem Fall nur eine kleinere Arbeit

$$A L' = Q - Q_0'$$

gewonnen werden. Der Arbeitsverlust ist also

$$\varDelta A L = A L - A L' = Q_0' - Q_0 . \qquad (53)$$

Nach Ablauf eines vollständigen Kreisprozesses befindet sich das Arbeitsmittel wieder im gleichen Zustand, so daß auch dessen Entropie den gleichen Wert hat. Dagegen ist bei den Wärmequellen eine Entropiezunahme $\varDelta s$ eingetreten von der Größe

$$\varDelta s = \frac{Q_0'}{T_0} - \frac{Q}{T}$$

oder mit Gl. (52a)

$$\varDelta s = \frac{Q_0'}{T_0} - \frac{Q_0}{T_0} = \frac{Q_0' - Q_0}{T_0} .$$

Mit Gl. (53) erhält man dann

$$\varDelta A L = T_0 \varDelta s . \qquad (54)$$

In dieser Gleichung tritt das Wesen der Entropievermehrung bei nichtumkehrbaren Prozessen besonders augenfällig in Erscheinung. *Die Entropiezunahme ist unmittelbar ein Maß für den Arbeitsverlust*, und zwar ergibt sich der Arbeitsverlust als das Produkt der gesamten Entropiezunahme des Systems multipliziert mit der tiefsten Temperatur (der kalten Quelle).

---

[1] THOMSON, W.: On the dynamical theory of Heat. Trans. roy. Soc. Edinburgh Bd. 21 (1854) S. 123.

[2] Eine genauere Betrachtung über die thermodynamische Temperaturskala findet man bei E. SCHMIDT: Einführung in die techn. Thermodynamik, 4. Aufl., S. 82. Berlin/Göttingen/Heidelberg: Springer 1950.

4. Entropie und Wahrscheinlichkeit eines Zustandes.

Wir hatten schon mehrfach den Begriff der Wahrscheinlichkeit in einen Zusammenhang mit unseren thermodynamischen Betrachtungen gebracht. So hatten wir betont (s. S. 9), daß die elementar ungeordnete Bewegung der Moleküle die wahrscheinlichste Form von Bewegung darstellt. Auf S. 43 hatten wir dann im Sinne LUDWIG BOLTZMANNs hervorgehoben, daß die bevorzugte Richtung der Energieumwandlungen in die Form der Wärme gerade durch die größere Wahrscheinlichkeit der ungeordneten Bewegung der Moleküle zu erklären ist, deren kinetische Energie sich uns als Wärme dokumentiert. Die Umkehrbarkeit der realen thermischen Vorgänge erwies sich ferner nicht als unmöglich, sondern infolge der Vielzahl der beteiligten Moleküle nur als außerordentlich unwahrscheinlich.

Ohne uns in diese Zusammenhänge vertiefen zu können, wollen wir den Begriff der *Zustandswahrscheinlichkeit* streifen, der von L. BOLTZMANN und W. GIBBS eingeführt wurde. Es ist klar, daß eine Zustandsänderung nur dann eintreten wird, wenn der neue Zustand, der sich dadurch ergibt, unter den gegebenen Bedingungen wahrscheinlicher ist als der frühere. Jede Zustandsänderung muß daher in Richtung von der geringeren zur höheren Zustandswahrscheinlichkeit ablaufen. Alle Vorgänge in der Natur laufen also in einer solchen Richtung, daß die Zustandswahrscheinlichkeit dauernd wächst. Die gleiche Eigenschaft besitzt aber auch die Entropie, und es muß daher zwischen beiden ein enger Zusammenhang bestehen.

Obwohl sich der Begriff der Zustandswahrscheinlichkeit W, die man auch als thermodynamische Wahrscheinlichkeit bezeichnet, nur mit den Mitteln der Statistik erläutern und deren Wert sich nur auf diesem Wege zahlenmäßig berechnen läßt, so kann man doch nach BOLTZMANN den funktionalen Zusammenhang zwischen der Entropie s und der thermodynamischen Wahrscheinlichkeit W leicht angeben. Dazu braucht man aus der Wahrscheinlichkeitsrechnung nur den Satz zu beachten, daß die Wahrscheinlichkeit für das Zusammentreffen mehrerer voneinander unabhängiger Zustände gleich dem Produkt der Wahrscheinlichkeiten dieser Einzelzustände ist; dagegen verhält sich die Entropie dieser Einzelzustände additiv. Ein solches Verhalten dieser beiden Größen ist nur möglich, wenn man setzt

$$s = k \ln W, \qquad (55)$$

wobei k eine universelle Konstante ist.

Um diesen Zusammenhang mit möglichst elementaren Mitteln zu begründen, wollen wir die thermodynamische Wahrscheinlichkeit eines Zustandes für das folgende einfache Beispiel berechnen[1]:

Man denke sich zwei gleiche Räume, die durch einen Schieber voneinander getrennt sind. In dem einen Raum herrsche ein bestimmter Druck p, welcher der Anzahl n der dort befindlichen Moleküle eines idealen Gases entspricht. In dem anderen Raume herrsche absolutes Vakuum. Nun entfernt man den Schieber, und es entsteht die Frage, wie sich die n Moleküle auf beide Räume verteilen. Nach der klassischen Thermodynamik tritt hier eine nichtumkehrbare Expansion auf, bei der sich die Temperatur nicht ändert und die zum Druckausgleich führt, so daß in jedem Raum $n/2$ Moleküle vorzufinden sind.

Nach der statistischen Mechanik ist aber bei der ungeordneten Bewegung der Moleküle jede beliebige Verteilung der Moleküle in den beiden Räumen möglich; es fragt sich nur, welche Wahrscheinlichkeit den verschiedenen Ver-

---

[1] Vgl. R. PLANK: Z. VDI Bd. 70 (1926) S. 915. — H. HAUSEN: Mitt. Gute-Hoffnungs-Hütte-Konzerns, Bd. 2 (1932) S. 51.

teilungen zukommt. Nehmen wir an, daß sich momentan in dem einen Raum n_1 und in dem anderen n_2 Moleküle befinden, so daß $n_1 + n_2 = n$ ist. Um mit einem konkreten Beispiel zu rechnen, setzen wir $n = 6$ und untersuchen zunächst den Fall des Gleichgewichts, also $n_1 = n_2 = 3$. Betrachten wir die sechs Moleküle individuell und bezeichnen wir sie mit a, b, c, d, e und f, dann kann nach den Lehren der Kombinatorik die Verteilung 3 zu 3 auf sehr verschiedene Weisen zustande kommen, und die Gesamtzahl der möglichen Komplexionen beträgt

$$W = \frac{n!}{n_1!\, n_2!} = \frac{6!}{3!\, 3!} = 20 \,. \tag{55 a}$$

Diese Anzahl der möglichen mikroskopischen Verteilungen, die alle der gleichen makroskopischen Verteilung 3 zu 3 entsprechen, nennen wir die thermodynamische Wahrscheinlichkeit einer solchen Verteilung oder eines solchen Zustandes.

Weichen wir nunmehr vom Gleichgewicht ab und suchen wir für die Verteilung 2 zu 4 die Zahl der möglichen Komplexionen, so finden wir nach obiger Formel

$$W = \frac{6!}{2!\, 4!} = 15 \,.$$

Die gleiche Zahl würde natürlich auch der Verteilung 4 zu 2 entsprechen. Die thermodynamische Wahrscheinlichkeit dieser Zustände, die schon vom Gleichgewicht abweichen, ist also geringer als diejenige des Gleichgewichts; bei der sehr kleinen angenommenen Zahl $n = 6$ sind aber solche Schwankungen doch recht wahrscheinlich.

Den Verteilungen 1 zu 5 oder 5 zu 1 würden nach der gleichen Formel nur noch sechs Komplexionen, und den Verteilungen 0 zu 6 oder 6 zu 0 nur je eine einzige mögliche Lösung entsprechen (dabei ist zu beachten, daß $0! = 1$ ist). Diese Verteilungen werden also immer unwahrscheinlicher, sind aber keinesfalls unmöglich. Läßt man n_1 von 6 auf 0 absinken (wobei n_2 von 0 auf 6 ansteigt), so ergeben sich im ganzen

$$\sum W = 1 + 6 + 15 + 20 + 15 + 6 + 1 = 64 = 2^6$$

verschiedene mögliche Verteilungen. Die mathematische Wahrscheinlichkeit w einer jeden makroskopischen Verteilung (die stets ein echter Bruch ist), wird dann

$$w = \frac{W}{\sum W} = \frac{1}{2^n} \frac{n!}{n_1!\, n_2!} \,. \tag{55 b}$$

Man überzeugt sich dabei leicht, daß $\sum W = \sum \dfrac{n!}{n_1!\, n_2!} = 2^n$ sein muß, da es die Summe der Koeffizienten des Binoms $(a + b)^n$ darstellt, die mit $a = b = 1$ den Wert 2^n liefert.

Die der obigen Zahlenreihe entsprechenden mathematischen Wahrscheinlichkeiten sind also

$$\sum w = \frac{1}{64} + \frac{6}{64} + \frac{15}{64} + \frac{20}{64} + \frac{15}{64} + \frac{6}{64} + \frac{1}{64} = 1 \,.$$

Hätten wir nur ein einziges Molekül betrachtet, also $n = 1$ gesetzt, so wäre die mathematische Wahrscheinlichkeit, daß es in dem einen oder anderen Raum zu finden sei, je $1/2$ oder 50 %. Der Vorgang ist also für das Einzelmolekül (im Mikrokosmos) durchaus umkehrbar, wie für rein mechanische Prozesse. Bei n Molekülen ist aber die thermodynamische Wahrscheinlichkeit dafür, daß alle n nur in einem Raum liegen (also nach der Expansion wieder eine volle Umkehrung eintritt), nur $W = \dfrac{n!}{0!\, n!} = 1$, also nur eine Möglichkeit von insgesamt 2^n Möglichkeiten. Die mathematische Wahrscheinlichkeit der Umkehrbarkeit ist demnach $w = \dfrac{1}{2^n}$. Bei $n = 10$ ist sie nur noch rund $1\,^0/_{00}$. Bei $n = 100$ wäre sie schon unvorstellbar klein. Es befinden sich aber in 1 cm³ bei 0° C und 760 Torr $n = 2,71 \cdot 10^{19}$ Moleküle eines idealen Gases, und man versteht, daß hier die Umkehrung praktisch nie eintreten wird. Es läßt sich sogar nachweisen, daß dann selbst geringe Abweichungen von der Gleichgewichtslage ($n_1 = n_2$) sehr unwahrscheinlich sind.

Aber die Wahrscheinlichkeit der Umkehrbarkeit und damit einer Abweichung vom zweiten Hauptsatz ist doch niemals Null. Sie kann bei geringer Molekülzahl durchaus meßbare Werte erreichen. Solche Abweichungen können z. B. in mikroskopisch kleinen Räumen auftreten. Beispiele dafür bieten die Brownsche Bewegung[1] und die biologischen Vorgänge (Mutationen) in den Zellen. Im Lichte der Statistik erscheint deshalb der zweite Hauptsatz als ein Wahrscheinlichkeitsprinzip.

Wir wollen jetzt noch die Richtigkeit der Gl. (55) nachweisen, die den Zusammenhang von Entropie und thermodynamischer Wahrscheinlichkeit darstellt, und den Wert der dort auftretenden universellen Konstante k ermitteln. Zu diesem Zweck verallgemeinern wir die bisherige Betrachtung der Expansion eines Gases aus einem Raum in einen gleich großen luftleeren Raum, und zwar in der Weise, daß wir die beiden Räume verschieden groß annehmen und ihnen die Volume V_1 und V_2 zumessen, wobei $V_1 + V_2 = V$ sei.

Die mathematische Wahrscheinlichkeit dafür, daß ein *bestimmtes* Molekül sich im Raum V_1 befindet, ist V_1/V; daß sich gleichzeitig n_1 *bestimmte* Moleküle darin befinden, ist $(V_1/V)^{n_1}$. Ebenso ist die mathematische Wahrscheinlichkeit, daß gleichzeitig n_2 andere *bestimmte* Moleküle sich im Raum V_2 befinden, gleich $(V_2/V)^{n_2}$. Die Wahrscheinlichkeit, daß beide Ereignisse gleichzeitig eintreten, ist dann $(V_1/V)^{n_1} (V_2/V)^{n_2}$. Handelt es sich nicht um bestimmte Moleküle n_1 und n_2, sondern um *beliebige*, dann ist die Wahrscheinlichkeit um so vielfach größer, wie es Komplexionen der n Moleküle gibt. Diese Anzahl ist aber, wie wir sahen, $\dfrac{n!}{n_1! \, n_2!}$. Also ist die mathematische Wahrscheinlichkeit für das gleichzeitige Vorhandensein von n_1 beliebigen Molekülen in V_1 und von n_2 beliebigen Molekülen in V_2

$$w = \frac{n!}{n_1! \, n_2!} \left(\frac{V_1}{V}\right)^{n_1} \left(\frac{V_2}{V}\right)^{n_2}.$$

Mit $V_1 = V_2$ geht dieser Ausdruck wieder in Gl. (55 b) über.

Bei gleichmäßiger Verteilung, also in der thermodynamischen Gleichgewichtslage, bezeichnen wir die Molekülzahlen in beiden Räumen mit n_{01} und n_{02}. Dann muß sein

$$\frac{V_1}{V} = \frac{n_{01}}{n} \quad \text{und} \quad \frac{V_2}{V} = \frac{n_{02}}{n}. \tag{55 c}$$

es wird also

$$w = \frac{n!}{n_1! \, n_2!} \left(\frac{n_{01}}{n}\right)^{n_1} \left(\frac{n_{02}}{n}\right)^{n_2}.$$

Die mathematische Wahrscheinlichkeit der Gleichgewichtslage ist dann

$$w_0 = \frac{n!}{n_{01}! \, n_{02}!} \left(\frac{n_{01}}{n}\right)^{n_{01}} \left(\frac{n_{02}}{n}\right)^{n_{02}}.$$

---

[1] Bewegung mikroskopischer Teilchen, die in Flüssigkeiten suspendiert sind (Kolloide)' erstmalig beobachtet 1827 von dem englischen Botaniker Robert Brown. Eine mathematische Analyse dieser Erscheinung lieferte 1905 A. Einstein.

Da die thermodynamischen Wahrscheinlichkeiten den mathematischen proportional sind, erhält man

$$\frac{W}{W_0} = \frac{w}{w_0} = \frac{n_{0\,1}!\,n_{0\,2}!}{n_1!\,n_2!}\,n_{0\,1}^{n_1-n_{0\,1}}\,n_{0\,2}^{n_2-n_{0\,2}}.$$

Von diesem Ausdruck soll nun der natürliche Logarithmus gebildet werden, wobei daran erinnert wird, daß nach Stirling für große Werte von x sehr genau gilt

$$x! = \left(\frac{x}{e}\right)^x \sqrt{2\,\pi\,x},$$

also

$$\ln x! = x\,(\ln x - 1) + \tfrac{1}{2}\ln 2\,\pi\,x \approx x\ln x - x.$$

Nach einer einfachen Zwischenrechnung findet man

$$\ln\frac{W}{W_0} = n_1 \ln\frac{n_{0\,1}}{n_1} + n_2 \ln\frac{n_{0\,2}}{n_2}. \tag{55d}$$

Die Entropie für 1 kg eines idealen Gases läßt sich durch die Temperatur und das spezifische Volum darstellen. Wie im folgenden Abschnitt gezeigt werden wird, gilt nach Gl. (56a)

$$s = c_v \ln T + AR \ln v + \text{konst.}$$

Die den thermodynamischen Wahrscheinlichkeiten W und W_0 entsprechende Entropieänderung beim Übergang aus einem beliebigen Zustand (S) in den Gleichgewichtszustand (S_0) ist daher für einen isothermen Expansionsvorgang

$$S - S_0 = [n_1\gamma_0(c_v \ln T + AR \ln v_1 + \text{konst.} +$$
$$+\ n_2\gamma_0(c_v \ln T + AR \ln v_2 + \text{konst.}] -$$
$$-\ n\gamma_0\,(c_v \ln T + AR \ln v + \text{konst.})$$

oder

$$S - S_0 = AR\,\gamma_0(n_1 \ln v_1 + n_2 \ln v_2 - n \ln v),$$

wobei γ_0 das Gewicht eines Moleküls ist.

Nun wird mit der Gl. (55c):

$$v_1 = \frac{V_1}{n_1\,\gamma_0} = \frac{V}{n\,\gamma_0}\frac{n_{0\,1}}{n_1}\,; \qquad v_2 = \frac{V}{n\,\gamma_0}\frac{n_{0\,2}}{n_2}\,; \qquad v = \frac{V}{n\,\gamma_0}.$$

Setzt man diese Ausdrücke in die letzte Gleichung ein und beachtet man, daß $n_1 + n_2 = n$ ist, dann erhält man

$$S - S_0 = AR\gamma_0\left(n_1 \ln\frac{n_{0\,1}}{n_1} + n_2 \ln\frac{n_{0\,2}}{n_2}\right).$$

Ein Vergleich mit Gl. (55d) liefert

$$S - S_0 = AR\gamma_0 \ln\frac{W}{W_0}$$

oder

$$S = AR\gamma_0 \ln W,$$

was mit Gl. (55) übereinstimmt. Es ist jetzt nur der Zahlenwert der Konstanten $k = AR\gamma_0$ zu berechnen. Ist N die Zahl der Moleküle in Gramm-Mol, wobei nach S. 16 $N = 6{,}0227 \cdot 10^{26}$, dann ist $N\gamma_0$ gleich dem Molekulargewicht μ. Daher ist

$$k = AR\gamma_0 = A\frac{848}{\mu}\gamma_0 = \frac{1{,}986}{N} = 0{,}3295 \cdot 10^{-26} \ [\text{kcal/Grad}].$$

Man nennt k die Boltzmannsche Konstante. Da 1 kcal $= 4{,}186 \cdot 10^{10}$ Erg, so erhält man in CGS-Einheiten

$$k = 1{,}3807 \cdot 10^{-16} \ [\text{Erg/Grad}].$$

XIV. Die Entropie idealer Gase und das Temperatur-Entropie-Diagramm.

1. Die Entropie idealer Gase.

Aus der für umkehrbare Vorgänge geltenden Beziehung (45) in Verbindung mit Gl. (17) erhalten wir den Ausdruck:

$$ds = \frac{dQ}{T} = \frac{c_v\,dT + AP\,dv}{T},$$

neben dem noch die Zustandsgleichung $P/T = R/v$ gilt. Die Differentialgleichung für die Entropie als Funktion von T und v lautet dann

$$ds = c_v\frac{dT}{T} + AR\frac{dv}{v}. \tag{56}$$

Die Integration dieser Gleichung liefert bei konstanter spezifischer Wärme

$$s = c_v \ln T + AR \ln v + \text{konst.} \tag{56a}$$

Mit Hilfe der Zustandsgleichung und der Gl. (18) läßt sich die Entropie idealer Gase ebenso einfach auch durch die Zustandsgrößen T und P oder P und v darstellen. Man erhält

$$s = c_p \ln T - AR \ln P + \text{konst.} \tag{56b}$$

und

$$s = c_p \ln v + c_v \ln P + \text{konst.} \tag{56c}$$

Dem letzten Ausdruck sind wir schon früher in Gl. (22), S. 28, begegnet. Da die Entropie auf der Adiabate oder Isentrope konstant bleibt, so kann man aus den Gl. (56a) bis (56c) leicht wieder die Adiabatengleichungen (23) bis (23c) herleiten.

Bei der Bildung von Entropiedifferenzen fallen die willkürlichen Konstanten stets heraus. Sind die spezifischen Wärmen c_p und c_v mit der Temperatur veränderlich, dann muß das schon bei der Integration der Gl. (56) berücksichtigt werden. Es wird dann z. B. beim Übergang von Zustand 1 (T_1, v_1) in den Zustand 2 (T_2, v_2)

$$s_2 - s_1 = \int_1^2 c_v \frac{dT}{T} + AR \ln \frac{v_2}{v_1}. \tag{56}$$

Ändert sich c_v z. B. nach der Gleichung $c_v = a + bT$, dann wird

$$s_2 - s_1 = a \ln \frac{T_2}{T_1} + b\,(T_2 - T_1) + AR \ln \frac{v_2}{v_1}.$$

Auf ähnliche Weise muß auch bei den Gl. (56b) und (56c) vorgegangen werden.

2. Das Entropie-Temperatur-Diagramm.

Aus dem Ausdruck für die äußere Arbeit $L = \int_1^2 P\,dv$ hatten wir ersehen, daß die Arbeit sich in einem Druck-Volum-Diagramm als Fläche unterhalb der die Zustandsänderung darstellenden Kurve 1 bis 2 bis zur V-Achse ergeben muß (Abb. 2). Ebenso erhielten wir die technische Arbeit $L_t = -\int_1^2 v\,dP$ als Fläche bis zur P-Achse (Abb. 13 u. 14).

Aus Gl. (45a): $dQ = T\,ds$ erhalten wir für die Wärmemenge auf dem Wege *1* bis *2*

$$Q = \int_1^2 T\,ds. \tag{57}$$

Wählen wir daher die Entropie s als Abszisse und die Temperatur T als Ordinate, dann muß in dem so erhaltenen Diagramm die Wärmemenge als Fläche zwischen dem Verlauf der Zustandsänderung und der s-Achse erscheinen (Abb. 20). Da die Entropie aber nur bis auf eine willkürliche Konstante berechenbar ist, so kann auch die Lage des Koordinatenanfangspunktes *0* willkürlich gewählt werden. Die Zustandsänderung *1* bis *2* in Abb. 20 können wir als Polytrope (s. S. 29) auffassen, deren Gleichung in P, v-Koordinaten lautete $Pv^n = $ konstant. Dabei konnte n im allgemeinsten Fall sogar veränderlich sein. Jedem

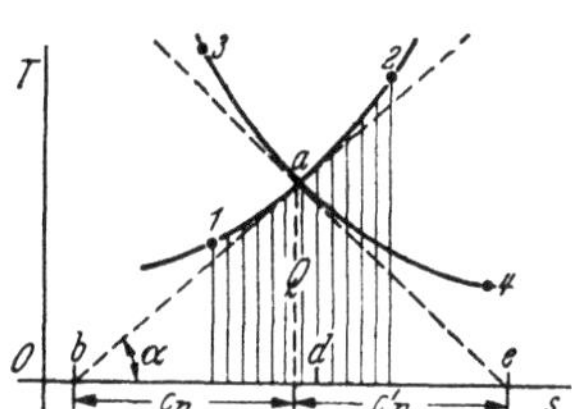

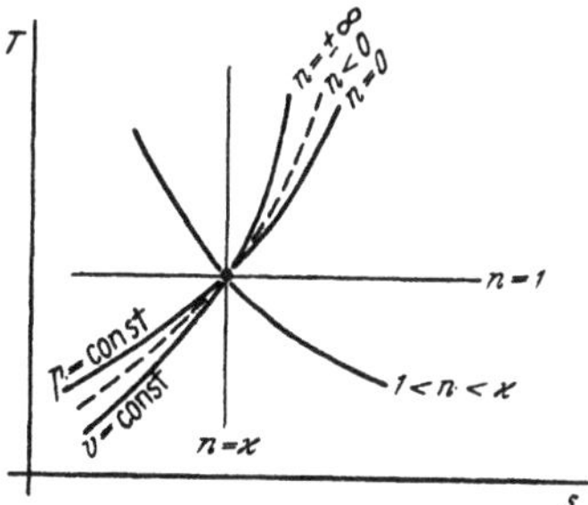

Abb. 20. Darstellung einer Wärmemenge im Temperatur-Entropie-Diagramm.

Abb. 21.
Schar von Polytropen im T, s-Diagramm.

Wert von n war nach Gl. (29) eine besondere spezifische Wärme c_n zugeordnet, deren Größe wir nun im T, s-Diagramm darstellen wollen. Mit $c_n = dQ/dT$ und $dQ = T\,ds$ folgt

$$c_n = T\,\frac{ds}{dT} = \frac{T}{\operatorname{tg}\alpha}. \tag{58}$$

Dieser Ausdruck stellt aber die Länge der Subtangente $\overline{bd}$ in Abb. 20 dar. Für die Polytrope *3* bis *4* wird der Neigungswinkel α der Tangente größer als 90°, daher wird ds/dT und damit $c_n' = \overline{de}$ negativ. Geometrisch kommt das dadurch zum Ausdruck, daß die Strecke $\overline{de}$ rechts von der Ordinate $\overline{ad}$ liegt.

In Abb. 21 ist eine größere Zahl von Polytropen eingetragen, deren Verlauf mit demjenigen im P, v-Diagramm (Abb. 9) verglichen werden kann. Polytropen mit konstantem Exponenten n und konstanter spezifischer Wärme c_n (was die Konstanz von c_v voraussetzt), erscheinen im T, s-Diagramm als logarithmische Kurven, da nach Gl. (58) $ds = c_n\,\dfrac{dT}{T}$ und daher

$$s = c_n \ln T + \text{konst.}$$

Offenbar verlaufen die Isobaren flacher als die Isochoren, da $c_p > c_v$ und die spezifische Wärme als Subtangente erscheint. Die Isobaren mit verschiedenen Werten des Parameters P bilden eine Schar kongruenter, horizontal verschobener Kurven. Aus Gl. (56b) folgt, daß der horizontale Abstand von zwei Isobaren mit den Parametern P_1 und P_2 bei jeder Temperatur den Wert

$$\Delta s = A R \ln \frac{P_1}{P_2}$$

hat. Ebenso sind zwei Isochoren mit den Parametern v_1 und v_2 bei jeder Temperatur um den Abstand

$$\Delta s = A R \ln \frac{v_2}{v_1}$$

in horizontaler Richtung voneinander entfernt.

Die Isothermen verlaufen naturgemäß als waagerechte und die Adiabaten als senkrechte Geraden. Während das Feld negativer spezifischer Wärmen für

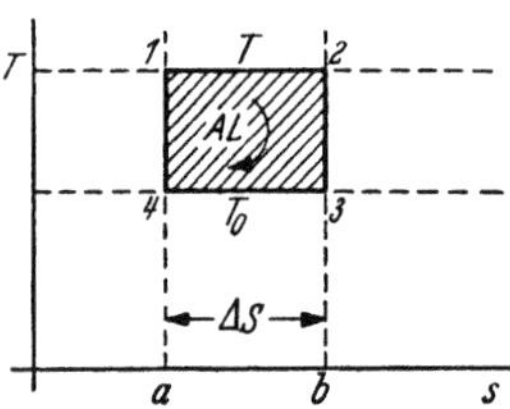

Abb. 22. Darstellung des CARNOT-Prozesses im T, s-Diagramm.

$1 < n < \varkappa$ im P, v-Diagramm (Abb. 9) nur einen schmalen Streifen einnahm, füllt es im T, s-Diagramm (Abb. 21) den ganzen zweiten und vierten Quadranten. Umgekehrt ist in diesem Diagramm das Gebiet der Polytropen, das zwischen der Isobare und der Isochore liegt, sehr schmal, während es im P, v-Diagramm ganze Quadranten füllte.

Besonders einfach wird ein CARNOT-Prozeß im T, s-Diagramm (Abb. 22) dargestellt. Er erscheint als ein Rechteck $1-2-3-4$. Nach Gl. (57) ist die von der warmen Quelle aufgenommene Wärme

$$Q = T \Delta s = \text{Fläche } a\, 1\, 2\, b$$

und die an die kalte Quelle abgegebene Wärme

$$Q_0 = T_0 \Delta s = \text{Fläche } b\, 3\, 4\, a.$$

Nach der Wärmebilanz muß daher das Äquivalent der geleisteten Arbeit

$$A L = Q - Q_0 = \text{Fläche } 1\, 2\, 3\, 4$$

sein. Das T, s-Diagramm leistet also mehr als das P, v-Diagramm, denn bei Kreisprozessen erscheinen in jenem sowohl die Wärmemengen wie auch die Arbeiten (im Wärmemaß) als Flächen. Außerdem kann man aus Abb. 22 den thermischen Wirkungsgrad ohne Rechnung ablesen, da sich bei gleicher Basis Δs die Rechtecksflächen wie die Höhen verhalten. Es ist also

$$\eta_t = \frac{A L}{Q} = \frac{Q - Q_0}{Q} = \frac{T - T_0}{T}$$

[vgl. Gl. (42)], und zwar grundsätzlich für jedes Arbeitsmittel.

XV. Verschiedene Kreisprozesse. Der mittlere indizierte Druck.

1. Nachteile des CARNOT-Prozesses[1].

α) **Als Wärmekraftmaschine.** Der umkehrbare CARNOTsche Kreizprozeß $1-2-3-4$ (Abb. 23), bestehend aus zwei Isothermen und zwei Adiabaten, liefert für gegebene Temperaturen T und T_0 der oberen und unteren Isotherme beim Durchlaufen im Uhrzeigersinn den höchsten thermischen Wirkungsgrad $\eta_t = 1 - T_0/T$. Abgesehen von praktischen Schwierigkeiten der Verwirklichung eines verlustlosen CARNOT-Prozesses besitzt dieser gewisse grundsätzliche technische Nachteile, auf die hier näher eingegangen werden soll. Neben einem hohen thermischen Wirkungsgrad, der die Wirtschaftlichkeit einer Wärmekraftmaschine kennzeichnet, muß auch noch eine möglichst hohe Ausnutzung des Hubvolums, d. h. ein möglichst hoher mittlerer indizierter Druck verlangt werden, der die Größe und damit den Anschaffungspreis der Maschine bei vorgeschriebener Leistung bestimmt. Man wird außerdem demjenigen Kreis-

---

[1] PLANK, R.: Z. VDI Bd. 90 (1948) S. 19.

prozeß den Vorzug geben, der bei gleichem thermischem Wirkungsgrad und gleichem mittlerem indiziertem Druck mit dem geringsten Wert des höchsten Druckes auskommt, der für die Festigkeitsberechnung des Zylinders, des Gestänges und der Lager maßgebend ist.

Unter dem mittleren indizierten Druck P_m [kg/m²] versteht man dabei das Verhältnis der bei einem vollständigen Kreislauf geleisteten Arbeit L [mkg] zu der Differenz aus dem größten und kleinsten Volum des Arbeitsmittels im Prozeß [m³]. Nehmen wir an, daß gerade 1 kg des Arbeitsmittels am Kreislauf beteiligt ist, dann wird nach Abb. 23

$$P_m = \frac{L}{v_3 - v_1} \ [\text{kg/m}^2]. \qquad (59)$$

Da sich bekanntlich die Arbeiten auf den Adiabaten zwischen den gleichen

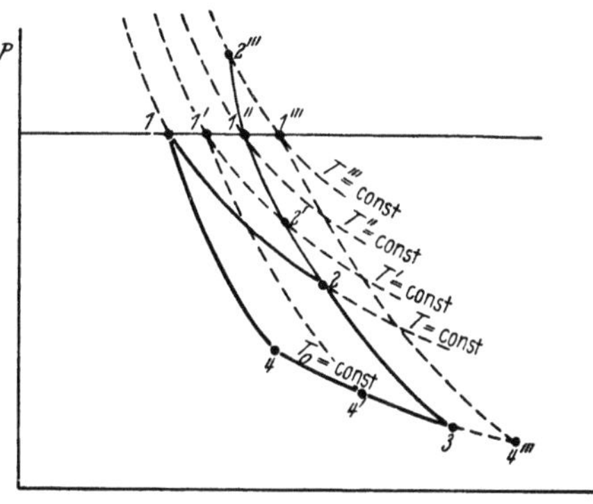

Abb. 23. Verlauf von CARNOT-Prozessen im P, v-Diagramm bei konstant gehaltener unterer Temperatur T_0 und verschiedenen oberen Temperaturen T.

Isothermen gegenseitig aufheben, so erhält man L als Differenz der Arbeiten auf beiden Isothermen. Setzen wir voraus, daß das Arbeitsmittel ein ideales Gas ist, dann wird

$$L = R(T - T_0) \ln \frac{p_1}{p_2}, \qquad (60)$$

wenn wir mit R die Gaskonstante und mit p den Druck in kg/cm² (ata) bezeichnen. Es sei noch daran erinnert, daß für die Drücke und Volume der vier Eckpunkte folgende Beziehungen gelten:

$$\left. \begin{array}{ll} \dfrac{p_1}{p_2} = \dfrac{v_2}{v_1} \ ; & \dfrac{p_4}{p_3} = \dfrac{v_3}{v_4} \ ; \\[3mm] \dfrac{p_1}{p_4} = \dfrac{p_2}{p_3} = \left(\dfrac{T}{T_0}\right)^{\frac{\varkappa}{\varkappa-1}} ; & \dfrac{v_4}{v_1} = \dfrac{v_3}{v_2} = \left(\dfrac{T}{T_0}\right)^{\frac{1}{\varkappa-1}} ; \end{array} \right\} \qquad (61)$$

wobei $\varkappa$ das Verhältnis der spezifischen Wärmen bei konstantem Druck und bei konstantem Volum ist.

Als gegeben betrachten wir einerseits das Temperaturverhältnis T/T_0 und anderseits das Verhältnis des höchsten zum tiefsten Druck p_1/p_3 (wobei es am einfachsten ist, $p_3 = 1$ ata zu setzen). Diese beiden Größen sind die unabhängigen Veränderlichen. Der thermische Wirkungsgrad η_t hängt nach Gl. (42) nur von T/T_0 ab.

Wir wollen jetzt den mittleren Druck P_m als Funktion der gewählten unabhängigen Veränderlichen finden. Um alles dimensionslos darzustellen, beziehen wir P_m auf den tiefsten Druck P_3. Wir suchen also die Funktion

$$\frac{P_m}{P_3} = \frac{p_m}{p_3} = f\left(\frac{T}{T_0}, \frac{p_1}{p_3}\right). \qquad (62)$$

Aus den Gl. (59) und (60) folgt:

$$P_m = \frac{R(T - T_0) \ln \dfrac{p_1}{p_2}}{v_3 - v_1}.$$

Dieser Ausdruck läßt sich mit den Gl. (61) wie·folgt umformen:

$$P_m = \frac{R\,T\left(1 - \dfrac{T_0}{T}\right)\ln\left(\dfrac{p_1}{p_3}\dfrac{p_3}{p_2}\right)}{v_1\left(\dfrac{v_3}{v_1} - 1\right)} = \frac{R\,T\left(1 - \dfrac{T_0}{T}\right)\ln\left[\dfrac{p_1}{p_3}\left(\dfrac{T_0}{T}\right)^{\frac{\varkappa}{\varkappa - 1}}\right]}{\dfrac{R\,T}{P_1}\left(\dfrac{v_3}{v_2}\dfrac{v_2}{v_1} - 1\right)}$$

$$= \frac{P_1\left(1 - \dfrac{T_0}{T}\right)\left(\ln\dfrac{p_1}{p_3} + \dfrac{\varkappa}{\varkappa - 1}\ln\dfrac{T_0}{T}\right)}{\dfrac{v_3}{v_2}\dfrac{p_3}{p_2}\dfrac{p_1}{p_3} - 1}\,.$$

Es ist aber $p_3 v_3 / p_2 v_2 = T_0/T$ und daher

$$\frac{p_m}{p_1} = \frac{\left(1 - \dfrac{T_0}{T}\right)\left(\ln\dfrac{p_1}{p_3} + \dfrac{\varkappa}{\varkappa - 1}\ln\dfrac{T_0}{T}\right)}{\dfrac{p_1}{p_3}\dfrac{T_0}{T} - 1}$$

oder nach Multiplikation des Zählers und Nenners mit T/T_0

$$\frac{p_m}{p_3} = \frac{\dfrac{p_1}{p_3}\left(\dfrac{T}{T_0} - 1\right)\left(\ln\dfrac{p_1}{p_3} - \dfrac{\varkappa}{\varkappa - 1}\ln\dfrac{T}{T_0}\right)}{\dfrac{p_1}{p_3} - \dfrac{T}{T_0}}\,. \tag{63}$$

Damit ist der gesuchte funktionale Zusammenhang nach Gl. (62) gefunden. Man erkennt, daß der mittlere indizierte Druck zunächst dem niedrigsten Druck p_3 proportional ist. Ist daher p_3 von 1 ata verschieden, so braucht man p_m nur mit dem jeweiligen Wert von p_3 zu multiplizieren.

Aus Gl. (63) ist ferner zu ersehen, daß p_m/p_3 in zwei Fällen gleich Null wird:

1. wenn $T/T_0 = 1$, was selbstverständlich ist, da nach dem zweiten Hauptsatz ohne Temperaturgefälle keine Arbeit geleistet werden kann;

2. wenn

oder
$$\left.\begin{aligned} \ln\frac{p_1}{p_3} &= \frac{\varkappa}{\varkappa - 1}\ln\frac{T}{T_0} \\[2mm] \frac{T}{T_0} &= \left(\frac{p_1}{p_3}\right)^{\frac{\varkappa - 1}{\varkappa}}. \end{aligned}\right\} \tag{64}$$

d. h. wenn das Temperaturverhältnis so groß gewählt wird, daß die adiabate Expansion (und Kompression) vom höchsten Druck p_1 bis zum tiefsten Druck p_3 erstreckt werden muß. Dann schrumpfen die beiden Isothermen zu je einem Punkt zusammen und es wird längs derselben Adiabate ausgedehnt und verdichtet. Es ist dann $L = 0$ und $p_m = 0$.

Die Abb. 23 und 23a veranschaulichen im p, v- und im T, s-Diagramm, wie die Arbeitsfläche zusammenschrumpft, wenn bei gegebenen Werten von p_1, p_3 und T_0 (also bei festgehaltenem Punkt *3*) die Temperatur der oberen Isotherme T über T' auf T'' erhöht wird, wobei der Punkt *1* bei konstantem Druck über *1'* bis *1''* wandert. Der Kreisprozeß *1'—2'—3—4'* mit der oberen Temperatur T' verläuft nur noch auf kurzen Isothermenästen *1' 2'* und *3 4'* und schließlich bleibt bei der oberen Temperatur T'' nur noch die Adiabate *1'' 3* übrig. Diese Temperatur T'' genügt dann der Bedingung (64). Erhöht man die obere Temperatur noch weiter auf T''', wobei der Punkt *1* auf der Linie

$p_1 =$ konst. nach rechts bis $1'''$ rückt und der Punkt 3 festgehalten wird, dann verläuft der CARNOT-Prozeß entgegengesetzt zum Uhrzeigersinn und beginnt, von $1'''$ ausgehend, mit einer isothermen Kompression $1''' 2'''$. Die Arbeit L und der mittlere Druck p_m werden dann negativ.

Für verschiedene Werte von p_1/p_3 erhält man nach Gl. (64) mit $\varkappa = 1{,}4$ folgende Grenzwerte von $(T/T_0)_0$, bei denen $p_m = 0$ wird:

p_1/p_3	$=$	20	40	60	80	100	150	200
$(T/T_0)_0$	$=$	2,355	2,87	3,22	3,50	3,73	4,18	4,54
η_t	$=$	0,575	0,651	0,689	0,714	0,732	0,761	0,780

Man erkennt also, daß bei gegebenen Grenzdrücken p_1 und p_3 das Temperaturverhältnis und damit der thermische Wirkungsgrad nicht beliebig gesteigert werden können. So ist z. B. bei $p_1 = 60$ ata und $p_3 = 1$ ata der höchste erreich-

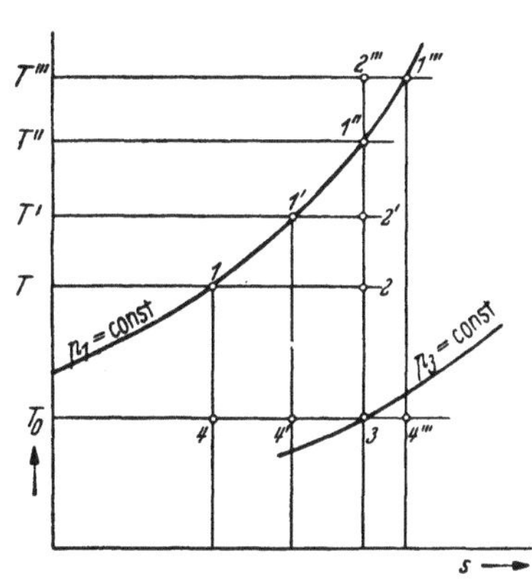

Abb. 23 a.
Übertragung der Darstellung in Abb. 23 in das T, s-Diagramm.

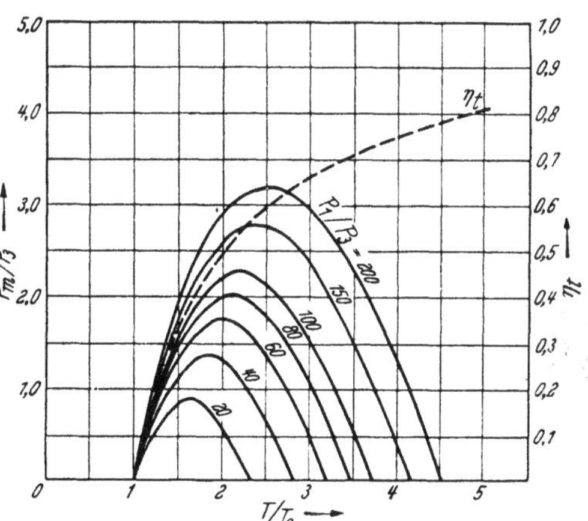

Abb. 24. Abhängigkeit des mittleren Drucks beim CARNOT-Prozeß vom Temperaturverhältnis T/T_0 und vom Druckverhältnis p_1/p_3.

bare Wirkungsgrad $\eta_t = 0{,}689$, aber dabei ist schon die Intensität der Maschine auf Null gesunken. Man muß sich also unter allen Umständen mit $\eta_t < 0{,}689$ begnügen.

Wenn nun der mittlere Druck p_m bei zwei Temperaturverhältnissen T/T_0 verschwindet, dann muß er dazwischen ein Maximum haben, welches man bei gegebenem p_1/p_3 aus der Bedingung

$$\left(\frac{\partial (p_m/p_3)}{\partial (T/T_0)}\right)_{p_1/p_3} = 0$$

finden kann. Durch partielle Differentiation der Gl. (63) erhält man für die Berechnung derjenigen Werte von T/T_0, bei welchem p_m/p_3 ein Maximum wird, die transzendente Gleichung

$$\left(\frac{p_1}{p_3} - 1\right) \ln \frac{T}{T_0} - \frac{T}{T_0} - \frac{p_1/p_3}{T/T_0} = \frac{\varkappa - 1}{\varkappa} \left(\frac{p_1}{p_3} - 1\right) \ln \frac{p_1}{p_3} - \frac{p_1}{p_3} - 1 . \quad (65)$$

Daraus kann man durch Probieren zu jedem Wert von p_1/p_3 einen zugehörigen Wert von T/T_0 finden, den wir mit $(T/T_0)_\text{max}$ bezeichnen wollen. Es wird

für $p_1/p_3 =$	20	40	60	80	100	150	200
$(T/T_0)_\text{max} =$	1,624	1,837	1,980	2,090	2,182	2,362	2,505

Die entsprechenden Werte von $(p_m/p_3)_\text{max}$ und $(\eta_t)_\text{max}$ sind nach Gl. (63)

$(p_m/p_3)_\text{max} =$	0,882	1,369	1,727	2,017	2,266	2,771	3,178
$(\eta_t)_\text{max} =$	0,384	0,456	0,495	0,522	0,542	0,577	0,601

In Abb. 24 zeigen die ausgezogenen Linien den Verlauf des mittleren Druckes über T/T_0, wobei p_1/p_3 als Parameter gewählt wurde. Die Werte sind nach Gl. (63) berechnet. Außerdem ist in Abb. 24 gestrichelt der Verlauf von η_t eingetragen.

Für $p_1/p_3 = 60$ erhält man z. B. folgende Werte:

$T/T_0 =$	1,0	1,2	1,5	2,0	2,5	3,0	3,22
$p_m/p_3 =$	0	0,705	1,372	1,725	1,392	0,524	0
$\eta_t =$	0	0,167	0,333	0,500	0,600	0,667	0,689

Will man also bei $p_1/p_3 = 60$ höhere thermische Wirkungsgrade als 0,5 erreichen, dann muß man sehr bald eine starke Abnahme des mittleren indizierten Druckes in Kauf nehmen. Bei einer Temperatur der unteren Isotherme von z. B. $T_0 = 300°$ K wird das Hubvolum am besten ausgenutzt, wenn die obere Isotherme bei etwa $T = 600°$ K liegt, dabei ist $\eta_t = 0,500$. Bei höheren Werten von T sinkt p_m rasch ab und erreicht bei $T = 966°$ K den Wert Null. Dieses thermodynamische Verhalten der CARNOT-Maschine kann, vom wirtschaftlichen Gesichtspunkt betrachtet, nicht als günstig bezeichnet werden.

β) **Als Kältemaschine.** Verläuft der CARNOT-Prozeß entgegengesetzt zum Uhrzeigersinn, dann erhält man eine Kältemaschine oder eine Wärmepumpe, je nachdem, ob die bei tiefer Temperatur aufgenommene Wärme Q_0 oder die bei höherer Temperatur abgegebene Wärme Q den Zweck der Anlage bildet. An die Stelle des thermischen Wirkungsgrades η_t tritt bei einer Kältemaschine nach S. 41 die Leistungsziffer

$$\varepsilon_k = \frac{Q_0}{A\,L} = \frac{T_0}{T - T_0} = \frac{1}{(T/T_0) - 1} \qquad (66)$$

und an die Stelle des mittleren indizierten Druckes — die volumetrische Kälteleistung

$$q_0 = \frac{Q_0}{v_3 - v_1}\ [\text{kcal/m}^3]. \qquad (67)$$

Mit $Q_0 = A\,R\,T_0 \ln(p_1/p_2)$ und mit den Gl. (61) gelangt man auf demselben Wege wie für Gl. (63) zu dem Ausdruck

$$q_0 = p_3\ \frac{A\,10^4\,\dfrac{p_1}{p_3}\left[\ln\dfrac{p_1}{p_3} - \dfrac{\varkappa}{\varkappa - 1}\ln\dfrac{T}{T_0}\right]}{\dfrac{p_1}{p_3} - \dfrac{T}{T_0}}. \qquad (68)$$

Dabei ist $A = 1/427$ [kcal/mkg] das mechanische Wärmeäquivalent. Die volumetrische Kälteleistung q_0 ist also, wie der mittlere Druck p_m, dem tiefsten Druck p_3 proportional und hängt im übrigen auch nur von den Größen T/T_0 und p_1/p_3 ab. Werte von q_0 für $p_3 = 1$ ata sind nach Gl. (68) in Tabelle 4 berechnet.

Tabelle 4. *Werte von* $q_0\,[kcal/m^3]$ *für* $p_3 = 1$ *ata beim* CARNOT-*Prozeß für ideale zweiatomige Gase* $(\varkappa = 1,4)$.

T/T_0	ε	p_1/p_3						
		1,5	2	3	4	6	8	10
1	∞	28,5	32,4	38,6	43,3	50,4	55,6	59,9
1,1	10,0	6,3	18,7	28,3	34,0	41,8	47,4	51,8
1,2	5,0		3,2	18,0	25,1	33,8	39,7	44,3
1,3	3,33			7,5	16,3	26,2	32,5	37,3
1,4	2,50				7,5	18,7	25,55	30,6
1,5	2,00					11,65	19,0	24,4
1,6	1,67					4,65	12,7	18,3
1,7	1,43						6,5	12,5
1,8	1,25						0,7	7,05
1,9	1,11							1,6

Die volumetrische Kälteleistung nimmt also mit wachsendem Temperaturverhältnis T/T_0 rasch ab und erreicht den Wert Null um so eher, je niedriger das Druckverhältnis p_1/p_3 ist. Tiefe Temperaturen können nur bei größeren Druckverhältnissen erreicht werden. Bei gegebenem T/T_0 nimmt q_0 mit wachsendem Druckverhältnis zuerst schnell und dann immer langsamer zu. Sehr hohe Druckverhältnisse bieten also nur noch geringe Vorteile. Will man z. B. bei einer Umgebungstemperatur von $T = 300°$ K die Wärme bei $T_0 = 200°$ K entziehen, dann muß man $p_1/p_3 > 4$ wählen. Bei $p_3 = 1$ ata und $p_1 = 10$ ata erhält man $q_0 = 24{,}4$ kcal/m³.

2. Der ACKERET-KELLER-Prozeß.

a) **Als Wärmekraftmaschine.** Grundsätzlich müssen alle umkehrbaren Kreisprozesse, bei denen Wärme nur bei der höheren Temperatur T zugeführt und nur bei der tieferen Temperatur T_0 abgeführt wird, den gleichen thermischen Wirkungsgrad ergeben wie der CARNOT-Prozeß.

ACKERET und KELLER in Zürich haben nun gezeigt, daß man für die Heißluftmaschine (bzw. die Gasturbine) einen Prozeß angeben kann, der dem CARNOT-Prozeß in bezug auf den thermischen Wirkungsgrad völlig gleichwertig ist[1]. Wir wollen zeigen, daß dieser Prozeß in bezug auf die Raumausnutzung dem CARNOT-Prozeß überlegen ist, da er bei gleichem gesamtem Druckverhältnis höhere mittlere Drücke liefert, die außerdem mit wachsendem Temperaturverhältnis und daher auch mit wachsendem thermischem Wirkungsgrad dauernd ansteigen.

Der ACKERET-KELLER-Prozeß (A.-K.-Prozeß) besteht aus zwei Isothermen und zwei Isobaren (Abb. 25). Auf der oberen Isotherme T wird bei der Expansion Wärme zugeführt und auf der unteren Isotherme T_0 wird bei der Kompression Wärme abgeführt. Längs der beiden Isobaren p und p_0 findet nur Wärmeaustausch statt. Die heißen expandierten Gase kühlen sich auf dem Wege von *2* bis *3* von T auf T_0 ab und erwärmen dabei im Gegenstrom die kalten verdichteten Gase auf dem Wege von *4* bis *1* von T_0 auf T. Das Schema einer

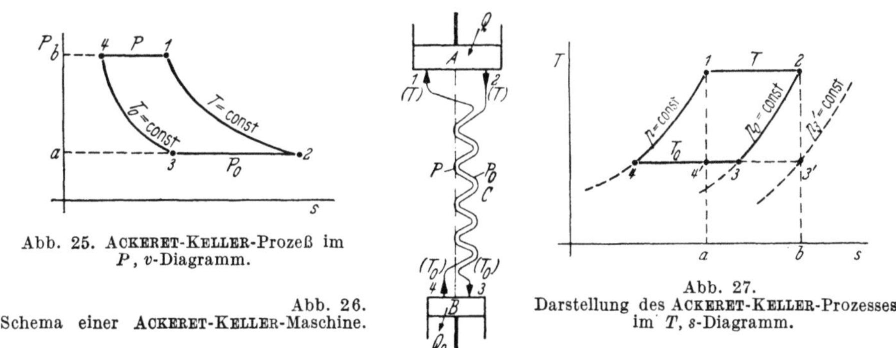

Abb. 25. ACKERET-KELLER-Prozeß im
P, v-Diagramm.

Abb. 26.
Schema einer ACKERET-KELLER-Maschine.

Abb. 27.
Darstellung des ACKERET-KELLER-Prozesses
im T, s-Diagramm.

solchen Maschine zeigt Abb. 26; dabei ist A der Expansionszylinder, B der Kompressor und C der Wärmeaustauschapparat, bestehend aus einer Hochdruck- und einer Niederdruckschlange.

---

[1] ACKERET, J., u. C. KELLER: Schweizer Pat. 189724; DRP. 719005 — Schweiz. Bauztg. Bd. 113 (1939) S. 229 — Escher Wyss Mitt. Bd. 12 (1939) S. 82; Bd. 15/16 (1942/43) S. 5 — Z. VDI Bd. 85 (1941) S. 491. — Im Auszug: F. LICENI: Z. VDI Bd. 83 (1939) S. 1239. Anscheinend wurde dieser Kreisprozeß ursprünglich von dem schwedischen Ingenieur JOHN ERICSON (1803—1889) angegeben, vgl. F. BOŠNJAKOVIĆ: Technische Thermodynamik, 1. Teil, 2. Aufl., S. 124. Dresden u. Leipzig: Th. Steinkopf 1943.

In Abb. 27 ist der Prozeß im Temperatur-Entropie-Diagramm dargestellt. Die Wärmemenge $Q =$ Fläche *1 2 b a* wird auf der oberen Isotherme T zugeführt. Da die beiden Isobaren *2—3* und *1—4* kongruente, horizontal verschobene logarithmische Linien sind (s. S. 61), so ist es klar, daß die geleistete Arbeit $AL =$ Fläche *1 2 3 4* ebenso groß ist wie die Arbeit $L_c =$ Fläche *1 2 3' 4'* des Carnot-Prozesses mit gleicher Wärmezufuhr Q. Daher ist auch der thermische Wirkungsgrad $\eta = AL/Q$ gleich groß. Man sieht aber sofort aus Abb. 27, daß der A.-K.-Prozeß bei gleicher Arbeit mit einem geringeren Druckverhältnis p/p_0 auskommt. Beim Carnot-Prozeß wird bei gleichem höchstem Druck p_1 der Druck p_0 schon im Punkt *2* erreicht und von dort expandiert das Gas noch weiter adiabat auf einen tieferen Druck $p_{3'}$ im Punkt *3'*.

Die geleistete Arbeit im A.-K.-Prozeß erhält man aus Abb. 25.

$$L = -\int_1^2 v \, dP + \int_4^3 v \, dP = R(T - T_0) \ln \frac{p}{p_0} \tag{69}$$

und der mittlere indizierte Druck wird

$$P_m = \frac{L}{v_2 - v_4}. \tag{70}$$

Für die Drücke und Volume der vier Eckpunkte gelten hier die Beziehungen:

$$\left.\begin{array}{l} \dfrac{p_1}{p_2} = \dfrac{v_2}{v_1} = \dfrac{p}{p_0} \; ; \qquad \dfrac{p_4}{p_3} = \dfrac{v_3}{v_4} = \dfrac{p}{p_0} \\[2ex] \dfrac{v_1}{v_4} = \dfrac{v_2}{v_3} = \dfrac{T}{T_0} \end{array}\right\}. \tag{71}$$

Wir suchen jetzt wieder die Funktion

$$\frac{p_m}{p_0} = f\left(\frac{T}{T_0}, \frac{p}{p_0}\right). \tag{72}$$

Aus den Gl. (69) bis (71) folgt

$$P_m = \frac{R(T - T_0) \ln \dfrac{p}{p_0}}{v_4\left(\dfrac{v_2}{v_4} - 1\right)} = \frac{R(T - T_0) \ln \dfrac{p}{p_0}}{\dfrac{R T_0}{P}\left(\dfrac{v_2}{v_3} \dfrac{v_3}{v_4} - 1\right)} = \frac{P\left(\dfrac{T}{T_0} - 1\right) \ln \dfrac{p}{p_0}}{\dfrac{T}{T_0} \dfrac{p}{p_0} - 1}$$

also

$$\frac{p_m}{p_0} = \frac{\dfrac{p}{p_0}\left(\dfrac{T}{T_0} - 1\right) \ln \dfrac{p}{p_0}}{\dfrac{T}{T_0} \dfrac{p}{p_0} - 1}. \tag{73}$$

Das ist der gesuchte funktionale Zusammenhang nach Gl. (72).

Man erkennt sofort, daß hier, im Gegensatz zum Carnot-Prozeß [Gl. (63)] der mittlere Druck nur bei $T/T_0 = 1$ verschwinden kann. Es gibt daher hier auch kein Maximum von p_m/p_0 bei wachsendem T/T_0 und konstantem p/p_0; p_m/p_0 nimmt vielmehr mit wachsendem T/T_0 ständig zu und nähert sich bei $T/T_0 \to \infty$ asymptotisch dem oberen Grenzwert $p_m/p_0 = \ln(p/p_0)$. Für größere Werte von T/T_0 und p/p_0, bei denen man im Nenner von Gl. (73) die Einheit gegen das Produkt $T/T_0 \cdot p/p_0$ vernachlässigen kann, erhält man die einfache Beziehung

$$\frac{p_m}{p_0} = \eta_t \ln \frac{p}{p_0}. \tag{74}$$

Tabelle 5. *Werte des mittleren Druckes p_m für $p_0 = 1\ ata$ beim* ACKRET-KELLER-*Prozeß als Funktion von T/T_0 und p/p_0.*

$T/T_0 \rightarrow$	1,5	2,0	3,0	4,0	5,0	∞
$p/p_0 = 20$	1,035	1,539	2,035	2,279	2,425	2,996
40	1,251	1,868	2,480	2,784	2,966	3,689
60	1,380	2,064	2,745	3,083	3,286	4,094
80	1,472	2,205	2,935	3,297	3,515	4,382
100	1,545	2,314	3,080	3,462	3,691	4,605
150	1,678	2,514	3,348	3,763	4,015	5,011
200	1,772	2,655	3,538	3,978	4,242	5,298

Der mittlere Druck ist also hier dem thermischen Wirkungsgrad proportional, so daß man gleichzeitig eine hohe Wirtschaftlichkeit und eine hohe Intensität der Maschine anstreben kann; und beides kann man erreichen, ohne übermäßig hohe Druckverhältnisse p/p_0 anzuwenden. Werte des mittleren Druckes p_m (der stets dem niedrigsten Druck p_0 proportional ist) sind nach Gl. (73) für verschiedene Werte von T/T_0 und von p/p_0 in Tab. 5 berechnet und in Abb. 28 graphisch dargestellt.

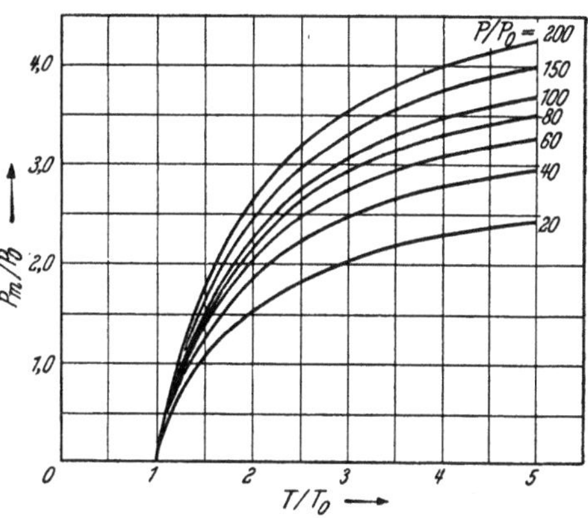

Abb. 28. Abhängigkeit des mittleren Drucks beim ACKERET-KELLER-Prozeß vom Temperaturverhältnis T/T_0 und vom Druckverhältnis p/p_0.

Vergleicht man z. B. den CARNOT-Prozeß mit demjenigen von ACKERET-KELLER bei $p/p_0 = 60$ at, dann findet man aus Abb. 24, daß beim CARNOT-Prozeß bestenfalls ein mittlerer Druck von 1,727 at erreicht werden kann, und zwar bei $T/T_0 \approx 2$ und $\eta_t \approx 0{,}50$. Bei den gleichen Werten von T/T_0 und η_t ist der mittlere Druck beim A.-K.-Prozeß schon 2,064 at, er kann aber durch Anwendung höherer Werte von T/T_0 noch wesentlich gesteigert werden (bis zum Grenzwert von 4,094 at), wobei auch η_t höhere Werte annimmt.

β) **Als Kältemaschine.** Auch der A.-K.-Prozeß kann beim Durchlaufen im umgekehrten Sinn als Idealprozeß für eine Kältemaschine gewählt werden. Er liefert die gleiche Leistungsziffer ε wie der CARNOT-Prozeß, ist diesem aber auch hier volumetrisch überlegen. Aus dem Wert $Q_0 = A R T_0 \ln(p/p_0)$ erhält man hier für die volumetrische Kälteleistung

$$q_0 = \frac{Q_0}{v_2 - v_4}$$

und auf dem gleichen Wege, der zur Gl. (73) geführt hat, den Ausdruck

$$q_0 = p_0 \frac{A\,10^4\,\dfrac{p}{p_0}\,\ln\left(\dfrac{p}{p_0}\right)}{\dfrac{T}{T_0}\dfrac{p}{p_0} - 1} \tag{75}$$

In Tab. 6 sind Werte von q_0 für $p_0 = 1$ ata berechnet.

Ein Vergleich mit den Werten in Tab. 4 läßt sofort erkennen, daß die volumetrische Kälteleistung beim A.-K.-Prozeß mit wachsendem T/T_0 viel langsamer abnimmt als beim CARNOT-Prozeß, obwohl beide Prozesse im Grenzfall $T/T_0 = 1$ die gleichen Werte ergeben. Für das Beispiel einer Umgebungstemperatur $T = 300°$ K und eines Wärmeentzuges bei $T_0 = 200°$ K erhält

Tabelle 6. *Werte von q_0 [kcal/m³] für $p_0 = 1$ ata beim* ACKERET-KELLER-*Prozeß.*

T/T_0	ε	p/p_0						
		1,5	2	3	4	6	8	10
1	∞	28,5	32,4	38,6	43,3	50,4	55,6	59,9
1,1	10,0	21,9	27,1	33,5	38,2	45,0	49,9	53,9
1,2	5,0	17,8	23,2	29,7	34,2	40,6	45,2	49,1
1,3	3,33	15,0	20,3	26,6	30,9	37,0	41,4	45,0
1,4	2,50	12,95	18,0	24,1	28,2	34,0	38,2	41,5
1,5	2,00	11,4	16,2	22,0	26,0	31,5	35,4	38,5
1,6	1,67	10,2	14,75	21,3	24,1	29,3	33,0	35,9
1,7	1,43	9,2	13,5	18,8	22,4	27,4	30,9	33,7
1,8	1,25	8,4	12,5	17,5	21,0	25,7	29,1	31,7
1,9	1,11	7,7	11,6	16,4	19,7	24,2	27,4	30,0
2,0	1,00	7,1	10,8	15,4	18,6	22,9	25,9	28,4

man jetzt bei $p_0 = 1$ ata und $p = 10$ ata den Wert $q_0 = 38,5$ kcal/m³, während der CARNOT-Prozeß nur $q_0 = 24,4$ lieferte. Dieser Wert läßt sich beim A.-K.-Prozeß schon bei $p = 3,5$ ata erreichen.

Bei der Übertragung solcher Prozesse in die praktische Wirklichkeit ergeben sich besonders bei der Realisierung der Isothermen erhebliche Schwierigkeiten, die von ACKERET und KELLER in den erwähnten Veröffentlichungen auch keinesfalls übersehen werden. An der Stelle von Isothermen treten in der Praxis Polytropen auf, die recht nahe bei Adiabaten liegen. Durch mehrstufige Expansion bzw. Verdichtung mit Zwischenerhitzung bzw. Zwischenkühlung kann man aber immer wieder bis nahe an die Isothermen zurückkehren und dadurch die Verluste verringern. Anteilig sind aber die Verluste durch die Abweichungen von den Isothermen beim CARNOT-Prozeß stets bedeutend höher als beim A.-K.-Prozeß. Das erkennt man schon aus der Tatsache, daß beim vollständigen Ersatz der Isothermen durch Adiabaten der mittlere Druck im CARNOT-Prozeß auf Null zurückgeht, während sich der A.-K.-Prozeß dann auf den Gleichdruckprozeß (JOULE-Prozeß s. S. 77) zwischen zwei Adiabaten und zwei Isobaren reduziert, den man gewöhnlich bei Heißluftmaschinen zugrunde legt.

3. Der PHILIPS-Prozeß.

Die aus dem vergangenen Jahrhundert stammenden Vorschläge der Gebrüder STIRLING in Schottland (1827) wurden während des zweiten Weltkrieges in den Laboratorien der PHILIPS-Gesellschaft in Eindhoven (Holland) aufgegriffen, wobei von den modernsten Verfahren auf den Gebieten der Wärmeübertragung, der Stoffkunde und der Fertigung Gebrauch gemacht wurde. Der STIRLINGsche Kreisprozeß besteht aus zwei Isothermen und zwei Isochoren. Die PHILIPS-Gesellschaft hat den Prozeß zuerst auf eine Heißluftmaschine angewandt[1]. Dabei wurde aber bereits hervorgehoben, daß der gleiche Kreisprozeß nach seiner Umkehrung auch für die Entwicklung einer neuzeitlichen Kaltluftmaschine geeignet sei, deren Beschreibung inzwischen in der Patentliteratur erschienen ist[2]. Die Wirkungsweise dieser Kaltluftmaschine hat M. BÄCKSTRÖM erläutert[3]:

Das Prinzip kann am besten an Hand der vereinfachten Darstellung in Abb. 28a erklärt werden, in welcher nur zwei Zylinder vorgesehen sind, während die Patentzeichnungen eine 4 Zylinder-Maschine behandeln.

---

[1] RINIA u. DU PRÉ: Philips Techn. Rev. Mai 1946.
[2] U. S. Pat. 2486081; Ungar. Pat. P 11530; Kanad. Pat. 467737.
[3] BÄCKSTRÖM, M.: Kylteknisk Tidskrift (schwedisch) Bd. 11 (1952) Nr. 3 S. 30 — Kältetechnik Bd. 4 (1952) S. 308.

Der obere Zylinder in Abb. 28a arbeitet auf der warmen Seite des Kreisprozesses. Dort wird Wärme an das Kühlwasser übertragen, das durch die den Zylinder umkreisende Rohrschlange fließt. Der untere Zylinder dagegen arbeitet auf der kalten Seite und ist ebenfalls von einer Kühlschlange umgeben, in der eine leichtsiedende Flüssigkeit enthalten ist, die in einem Sekundärsystem die Kälte an den zu kühlenden Raum überträgt. Die beiden Zylinder mit ihren

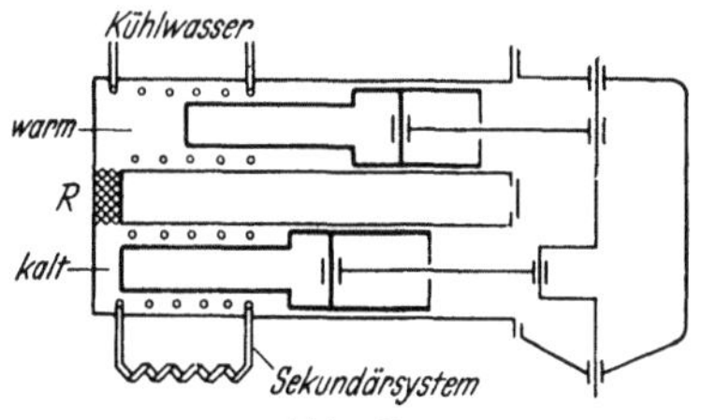

Abb. 28a.
Schema einer Kaltluftmaschine von PHILIPS.

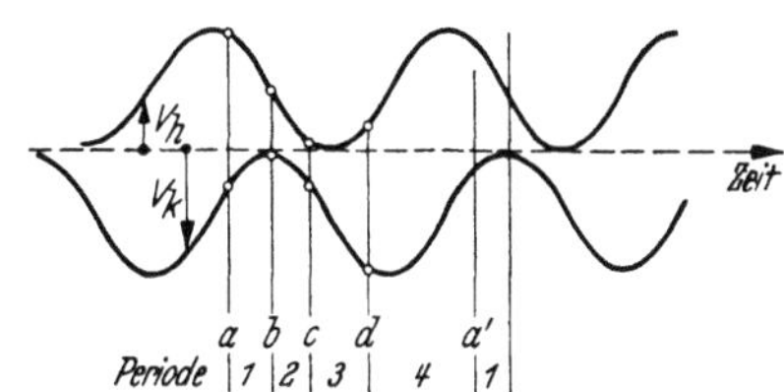

Abb. 28b. Verlauf des vom Arbeitsstoff eingenommenen Volums im warmen und kalten Zylinder.

Kolben sind so ausgebildet, daß der größte Teil des Arbeitsstoffes gezwungen wird, in Wärmeaustausch mit den die Zylinder umgebenden Kühlschlangen zu treten.

In Abb. 28b ist das im warmen Zylinder befindliche Volum V_h des Arbeitsstoffes (Luft) als Ordinate über der Zeit nach oben aufgetragen, während das Volum V_h im kalten Zylinder nach unten aufgetragen ist. Der Abstand zwischen den Ordinaten der beiden sinusförmigen Kurven stellt somit das Gesamtvolumen des Arbeitsstoffes dar, der in jedem Zeitpunkt im Gesamtsystem enthalten ist. Die Zylinder sind durch einen Kanal miteinander verbunden, in welchem der Regenerator R, bestehend aus einem kompakten Drahtgeflecht, untergebracht ist. Die Kurbeln der beiden Zylinder bilden einen Winkel von 90°. Aus Abb. 28b geht hervor, daß sich die Hauptmenge der Luft bald in dem warmen, bald in dem kalten Zylinder befindet. Es sind vier Perioden zu unterscheiden:

1. *Periode a—b:* Die Hauptmenge der Luft befindet sich im warmen Zylinder und wird dort verdichtet, wobei die Verdichtung nahezu isotherm bei der Temperatur T vor sich geht und die Kompressionswärme vom Kühlwasser in der Schlange aufgenommen wird.

2. *Periode b—c:* Die verdichtete Luft wird jetzt durch den Regenerator R geleitet, der in einer vorangegangenen Periode durch Kaltluft bis auf die Temperatur T_0 abgekühlt war (s. weiter unten 4. Periode). Während der Regenerator die durchströmende Luft von T auf T_0 abkühlt, nimmt er allmählich selbst die höhere Temperatur T an. Wie aus Abb. 28b zu ersehen ist, bleibt das Gesamtvolum der Luft während dieser Periode praktisch konstant (Isochore) und hat einen verhältnismäßig niedrigen Wert.

3. *Periode c—d:* Die meiste Luft befindet sich nun in dem kalten Zylinder und hat die tiefe Temperatur T_0. Die Luft expandiert nunmehr nahezu isotherm, wobei Wärme von der leichtsiedenden Flüssigkeit in der diesen Zylinder umgebenden Schlange des Sekundärsystems aufgenommen wird.

4. *Periode d—a:* Die expandierte Kaltluft wird dann durch den Regenerator in den warmen Zylinder zurückgeleitet. Im Regenerator wird die Luft bis auf die höhere Temperatur T angewärmt, wobei sich gleichzeitig die Drahtnetzmasse des Regenerators bis auf T_0 abkühlt. Aus Abb. 28b kann wieder ersehen werden, daß das Gesamtvolum der Luft während dieser Periode praktisch konstant bleibt (Isochore), aber einen viel höheren Wert besitzt als in der 2. Periode.

Der ganze Kreisprozeß ist nunmehr einmal durchlaufen, und der nächste Umlauf beginnt. Da Wärme nur bei der tiefen Temperatur T_0 zugeführt und nur bei der hohen Temperatur T abgeführt wird, ist es klar, daß die Leistungsziffer dieses Prozesses mit derjenigen eines CARNOT-Prozesses übereinstimmen muß und den Wert $T_0/(T - T_0)$ hat.

Die Berechnungen zeigen ferner (vgl. Tab. 6a), daß die Kälteleistung je m³ Hubvolumen verhältnismäßig klein ist, solange die Anlage mit Luft von Atmosphärendruck gefüllt wird. Es spricht aber nichts dagegen, die Anlage mit Luft von höherem Druck zu füllen. Die Kälteleistung je m³ Hubvolumen wird dann dementsprechend höher.

Als ein Vorzug dieses Systems ist hervorzuheben, daß es ohne Ventile arbeitet. Die zu überwindenden Schwierigkeiten liegen vorzugsweise in der Bewältigung der Wärmeübertragung im Regenerator und in der Verwirklichung der isothermen Verdichtung und Expansion. Von der Lösung dieser Probleme wird es abhängen, ob der Prozeß praktische Bedeutung erlangt.

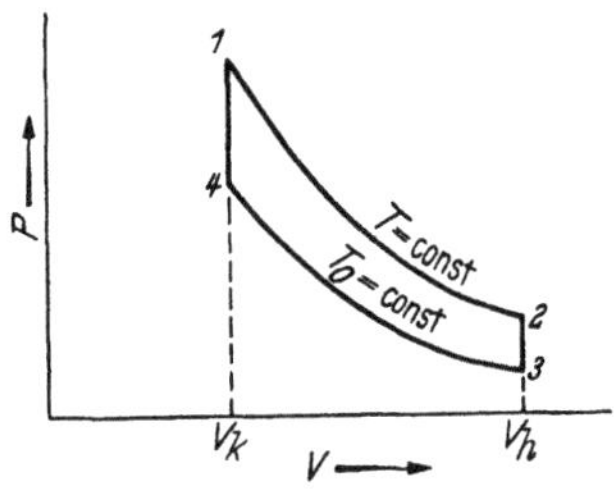

Abb. 28c. Darstellung des PHILIPS-Prozesses im P, v-Diagramm.

Es soll nun auch für den PHILIPS-Prozeß (Ph.-Prozeß) (Abb. 28c) der mittlere Druck p_m berechnet werden, und zwar als Funktion von T/T_0 und von p_1/p_3, also vom Verhältnis des höchsten zum niedrigsten Druck im Prozeß. Aus Abb. 28c folgt

$$L = \int_1^2 P\,dv - \int_4^3 P\,dv = R(T - T_0)\ln\frac{p_1}{p_2}$$

$$= R(T - T_0)\ln\left(\frac{p_1}{p_3}\,\frac{p_3}{p_2}\right) = R(T - T_0)\ln\left(\frac{p_1}{p_3}\,\frac{T_0}{T}\right)$$

oder

$$L = R(T - T_0)\left(\ln\frac{p_1}{p_3} - \ln\frac{T}{T_0}\right).$$

Der mittlere indizierte Druck ist daher

$$P_m = \frac{L}{v_2 - v_1} = \frac{L}{v_1\left(\dfrac{v_2}{v_1} - 1\right)} = \frac{R\,T_0\left(\dfrac{T}{T_0} - 1\right)\left(\ln\dfrac{p_1}{p_3} - \ln\dfrac{T}{T_0}\right)}{\dfrac{R\,T}{P_1}\left(\dfrac{v_2}{v_1} - 1\right)}.$$

Mit

$$\frac{v_2}{v_1} = \frac{p_1}{p_2} = \frac{p_1}{p_3}\,\frac{p_3}{p_2} = \frac{p_1}{p_3}\,\frac{T_0}{T}$$

wird

$$P_m = \frac{P_1\dfrac{T_0}{T}\left(\dfrac{T}{T_0} - 1\right)\left(\ln\dfrac{p_1}{p_3} - \ln\dfrac{T}{T_0}\right)}{\dfrac{p_1}{p_3}\left(\dfrac{T_0}{T} - 1\right)}$$

oder nach Multiplikation des Zählers und Nenners mit T/T_0

$$\frac{p_m}{p_3} = \frac{\dfrac{p_1}{p_3}\left(\dfrac{T}{T_0} - 1\right)\left(\ln\dfrac{p_1}{p_3} - \ln\dfrac{T}{T_0}\right)}{\dfrac{p_1}{p_3} - \dfrac{T}{T_0}}. \tag{75a}$$

Werte des mittleren Druckes p_m bei $p_3 = 1$ ata sind nach Gl. (75a) in Tab. 5a berechnet. Ein Vergleich mit Tab. 5 zeigt, daß der mittlere Druck bei gleichen

Tabelle 5a. *Werte des mittleren Druckes p_m für $p_3 = 1$ ata beim* PHILIPS-*Prozeß.*

$T/T_0 \to$	1,5	2,0	3,0	4,0	5,0
$p_1/p_3 =$ 20	1,400	2,617	4,46	6,03	7,39
40	1,707	3,21	5,60	7,68	9,51
60	1,892	3,57	6,30	8,71	10,85
80	2,024	3,82	6,83	9,47	11,81
100	2,130	4,045	7,23	10,01	12,62
150	2,322	4,43	7,98	11,18	14,08
200	2,463	4,71	8,53	11,97	15,13

Druck- und Temperaturverhältnissen beim
Ph.-Prozeß wesentlich größer ist als beim
A.-K.-Prozeß. Der Unterschied ist um so
größer, je größer T/T_0 ist. Dies ist verständlich, da sich bei $T/T_0 \to \infty$ der mittlere Druck im A.-K.-Prozeß einem durchaus endlichen Wert nähert, während er
beim Ph.-Prozeß (logarithmisch) unendlich groß wird. Mit wachsendem Druckverhältnis nehmen die Vorzüge des Ph.-
Prozesses ebenfalls zu, wenn auch nur
in geringem Maße.

In Abb. 28d ist p_m über T/T_0 bei
$p_1/p_3 = 20$ und 200 aufgetragen (ausgezogene Linien). Bei gleichem Ordinatenmaßstab zeigen die gestrichelten Kurven
das Verhältnis des mittleren Druckes
beim Ph.-Prozeß zu demjenigen beim
A.-K.-Prozeß.

Noch schlechter schneidet natürlich
der CARNOT-Prozeß im Verhältnis zum
Ph.-Prozeß ab. Aus den Gl. (63) und
(75a) findet man

$$\frac{p_{m\,\text{Phil}}}{p_{m\,\text{Carn}}} = \frac{\log \dfrac{p_1}{p_3} - \log \dfrac{T}{T_0}}{\log \dfrac{p_1}{p_3} - \dfrac{\varkappa}{\varkappa - 1} \log \dfrac{T}{T_0}} .$$

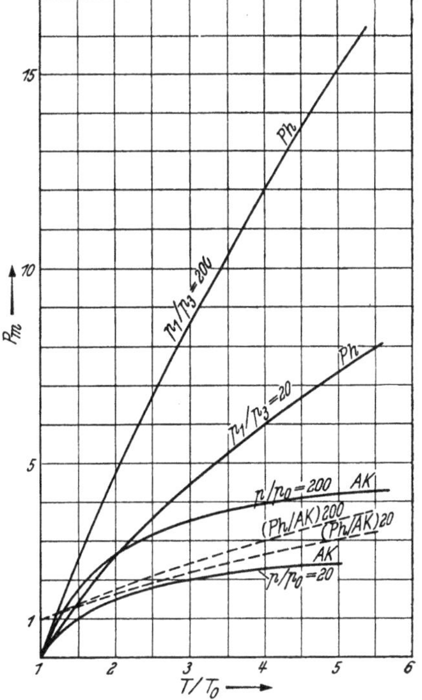

Abb. 28d. Der mittlere Druck beim PHILIPS-
Prozeß (Ph) und ACKERET-KELLER-Prozeß
(A.-K.) über T/T_0 bei Druckverhältnissen von
20 und 200. Gestrichelt: Verhältnis der mittleren
Drücke beider Prozesse.

Bei $p_1/p_3 = 60$ hat dieses Verhältnis für
$T/T_0 = 2$ den Wert 2,04 und für $T/T_0 = 3$ bereits den Wert 12,05. Für noch
größere Werte von T/T_0 leistet der CARNOT-Prozeß nichts mehr (vgl. Abb. 24).

In Abb. 28e sind die drei Prozesse: von CARNOT, ACKERET-KELLER und
PHILIPS für das gleiche Temperaturverhältnis $T/T_0 = 2$ und für das gleiche
Druckverhältnis $p/p_0 = p_1/p_3 = 20$ gezeichnet, wobei die Arbeitsflächen relativ
zueinander maßstäblich richtig sind. Es bedeutet

$$1-2-3-4 \qquad \text{den CARNOT-Prozeß (gestrichelt),}$$
$$1-2'-3-4' \qquad \text{den A.-K.-Prozeß,}$$
$$1-2''-3-4'' \qquad \text{den Ph.-Prozeß.}$$

Man erkennt, wie schmal die Flächenstreifen des CARNOT-Prozesses wird.
Der Nachteil des A.-K.-Prozesses liegt im wesentlichen darin, daß der geringe
Flächenanteil $2''-2'-3$ durch eine sehr große Volumzunahme erkauft wird.
Damit ist zugleich gezeigt, daß der A.-K.-Prozeß volumetrisch wesentlich ver-

bessert werden kann, wenn man mit unvollständiger Expansion arbeitet und den Teil *2″—2′* der umkehrbaren Isotherme durch eine nichtumkehrbare Drosselung vom Druck $p_{2″}$ auf den Druck p_3 ersetzt, bei der sich die Temperatur ebenfalls nicht ändert. Der durch die Drosselung entstehende Arbeitsverlust (= Fläche *2″—2′—3*) fällt geringer ins Gewicht als die Einsparung an Hubvolum, da man jetzt mit einem viel kleineren Expansionszylinder auskommt. Die Volumzunahme *4′—1* gegenüber dem Ph.-Prozeß fällt kaum ins Gewicht, um so weniger, als sie mit dem Arbeitsgewinn *4″—4′—1* verbunden ist.

Bei unvollständiger Expansion wird also der A.-K.-Prozeß dem Ph.-Prozeß auch in· volumetrischer Beziehung praktisch gleichwertig. Es sei noch bemerkt, daß bei Verwendung von Turbomaschinen an Stelle von Kolbenmaschinen

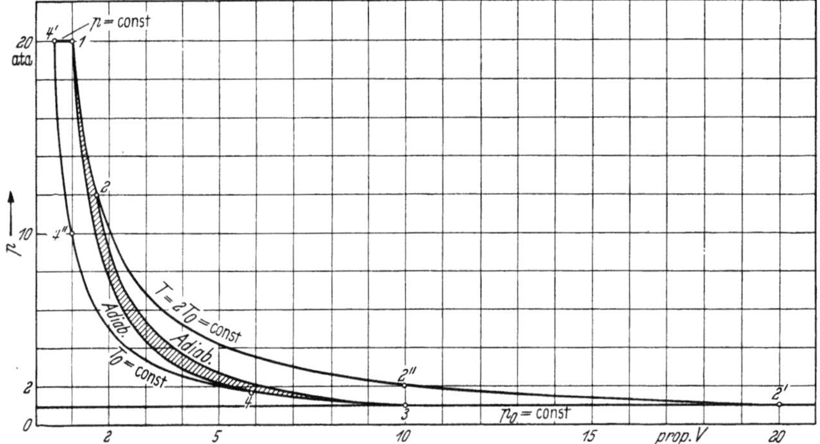

Abb. 28e. Prozesse von CARNOT, ACKERET-KELLER und PHILIPS im *P*, *v*-Diagramm für $T/T_0 = 2$ und für das Druckverhältnis 20.

die Bewältigung großer Volume kaum Schwierigkeiten bereitet, so daß dann die Expansion beim A.-K.-Prozeß auch über den Punkt *2″* hinausgetrieben werden kann.

Zum Schluß soll der Ph.-Prozeß auch noch beim Durchlaufen entgegengesetzt zum Uhrzeigersinn betrachtet werden, wobei er als *Kältemaschinen-*Prozeß dienen kann. Die Leistungsziffer $\varepsilon = \dfrac{T_0}{T - T_0}$ ist auch hier die gleiche wie beim CARNOT-Prozeß. Die Kälteleistung für 1 kg umlaufenden Gases wird (Abb. 28c).

$$Q_0 = A\,R\,T_0 \ln \frac{p_4}{p_3} = A\,R\,T_0 \ln \frac{p_1}{p_2} = A\,R\,T_0 \ln\left(\frac{p_1}{p_3}\frac{p_3}{p_2}\right) = A\,R\,T_0 \ln\left(\frac{p_1}{p_3}\frac{T_0}{T}\right)$$

und die volumetrische Kälteleistung

$$q_0 = \frac{Q_0}{v_2 - v_1}.$$

Auf dem gleichen Wege, der uns zur Gl. (75a) geführt hat, finden wir jetzt

$$q_0 = p_3 \frac{A\,10^4\,\dfrac{p_1}{p_3}\left(\ln \dfrac{p_1}{p_3} - \ln \dfrac{T}{T_0}\right)}{\dfrac{p_1}{p_3} - \dfrac{T}{T_0}}. \tag{75 b}$$

Ein Vergleich mit Gl. (75a) zeigt, daß man dafür auch schreiben kann

$$q_0 = p_3 \, A \, 10^4 \, \varepsilon \, \frac{p_m}{p_3} = 23{,}42 \, \varepsilon \, p_m \, . \qquad (75\,\mathrm{c})$$

Dieser einfache Zusammenhang zwischen q_0, ε und p_m gilt übrigens auch für den CARNOT-Prozeß und den A.-K.-Prozeß, was man sofort erkennt, wenn man einerseits die Gl. (63) und (68) und andererseits die Gl. (73) und (75) vergleicht.

In Tab. 6a sind Werte von q_0 nach Gl. (75b) oder (75c) für $p_3 = 1$ ata berechnet.

Tabelle 6a. *Werte von q_0 [kcal/m³] für $p_3 = 1$ ata beim* PHILIPS-*Prozeß.*

T/T_0	ε	p_1/p_3						
		1,5	2	3	4	6	8	10
1,0		28,5	32,4	38,6	43,3	50,4	55,6	59,9
1,1	10,00	27,2	31,1	37,1	41,7	48,7	53,9	58,2
1,2	5,00	26,1	29,9	35,8	40,3	47,1	52,2	56,5
1,3	3,33	25,1	28,8	34,6	39,0	45,7	50,7	54,9
1,4	2,50	24,2	27,8	33,4	37,8	44,5	49,4	53,5
1,5	2,00	23,4	26,9	32,4	36,7	43,3	48,2	52,3
1,6	1,67	22,6	26,1	31,5	35,7	42,2	47,0	51,1
1,7	1,43	22,0	25,4	30,7	34,8	41,2	46,0	50,0
1,8	1,25	21,4	24,7	29,9	34,0	40,3	45,0	49,0
1,9	1,11	20,8	24,0	29,2	33,2	39,4	44,1	48,0
2,0	1,00	20,2	23,4	28,5	32,5	38,5	43,2	47,1

Für den Grenzfall $T/T_0 = 1$ erhält man die gleichen Werte wie beim CARNOT- oder A.-K.-Prozeß. Mit sinkendem T_0 fällt aber q_0 beim Ph.-Prozeß viel langsamer ab als beim A.-K.-Prozeß. Der Ph.-Prozeß bietet also bei Tiefkühlanlagen besondere Vorteile. Bei $T = 300°$ K und $T_0 = 200°$ K erhält man mit $p_0 = p_3 = 1$ ata, und beim Druckverhältnis 10

beim CARNOT-Prozeß $\quad q_0 = 24{,}4$ kcal/m³,

beim A.-K.-Prozeß $\quad q_0 = 38{,}5$ kcal/m³,

beim Ph.-Prozeß $\quad q_0 = 52{,}3$ kcal/m³.

Bei höheren Werten von $p_0 = p_3$ lassen sich die q_0-Werte vervielfachen.

Bei Verlauf im Uhrzeigersinn konnte der A.-K.-Prozeß dem Ph.-Prozeß dadurch volumetrisch angeglichen werden, daß beim A.-K.-Prozeß mit unvollständiger Expansion gearbeitet und der Rest des Druckgefälles durch Drosselung überwunden wurde. Das ist beim Verlauf entgegengesetzt zum Uhrzeigersinn (als Kältemaschine) nicht möglich, denn hier handelt es sich auf der Isothermenstrecke von *2'* bis *2''* um eine Kompression, die sich nicht durch einen Sprung von *3* auf *2''* überwinden läßt. Beim A.-K.-Kältemaschinenprozeß muß also das große Volum im Punkt *2'* in jedem Fall in Kauf genommen werden. Der Ph.-Prozeß ist daher volumetrisch in jedem Fall bedeutend vorteilhafter.

4. Der LORENZ-Prozeß.

Bei den bisher betrachteten Kreisprozessen von CARNOT, ACKERET-KELLER und PHILIPS wurde die Wärme bei konstanten Temperaturen T bzw. T_0 zugeführt bzw. abgeführt. Die Durchführung dieser Forderung begegnet erheblichen praktischen Schwierigkeiten. Zunächst müßte man eine Wärmequelle und eine Kältequelle von unendlich großer Wärmekapazität besitzen, wenn sich die Temperatur der Quellen trotz des Entzuges oder der Zufuhr endlicher Wärmemengen nicht ändern soll. Aber auch das Arbeitsmittel kann praktisch bei seiner Ausdehnung oder Verdichtung niemals genau auf einer Isotherme gehalten werden, weil es nicht möglich ist, die Wärmezu- bzw. -abfuhr so zu regeln, daß sie in jedem Augenblick der geleisteten bzw. verbrauchten Arbeit genau gleich ist, was aber auf der Isotherme streng erfüllt sein müßte.

In fast allen Fällen stehen als Heiz- und Kühlquellen endliche Mengenströme von Gasen oder Flüssigkeiten zur Verfügung, die in Wärmeübertragungsapparaten die Wärme an das Arbeitsmittel abgeben oder sie von diesem aufnehmen, wobei sich sowohl die Temperaturen der Quellen wie auch des Arbeitsmittels stetig verändern. Der Vorgang bleibt dabei umkehrbar, wenn im Grenzfall an jeder Stelle des die Wärme übertragenden Apparates nur eine unendlich kleine Temperaturdifferenz zwischen der Quelle und dem Arbeitsmittel zugelassen wird. Selbstverständlich wird man dabei weitgehend von dem Gegenstromprinzip Gebrauch machen.

Die beiden Isothermen des CARNOT-Prozesses werden also durch Polytropen ersetzt, während die beiden Adiabaten unverändert bleiben; daher bezeichnete H. LORENZ, der solche Prozesse zum erstenmal genau untersuchte, diese als „polytropische Kreisprozesse"[1]. Im praktisch wichtigsten Fall wird die Wärme bei konstantem Druck zu- und abgeführt, so daß Isobaren an die Stelle der Isothermen treten.

Bezeichnen wir den Mengenstrom der warmen Quelle mit W [kg/h], seine spezifische Wärme mit c_w, die Ein- und Austrittstemperaturen mit T' und $T'' < T'$ und die entsprechenden Werte der kalten Quelle mit K [kg/h], c_k sowie T'_0 und $T''_0 > T'_0$, dann ist

$$dQ = -W c_w \, dT \quad \text{und} \quad dQ_0 = K c_k \, dT_0.$$

Für den umkehrbaren Kreisprozeß gilt dann nach Gl. (43)

$$W \int_{T''}^{T'} c_w \frac{dT}{T} = K \int_{T'_0}^{T''_0} c_k \frac{dT_0}{T_0}.$$

Kann man, was oft zulässig ist, von der Veränderlichkeit der spezifischen Wärmen mit der Temperatur absehen; dann erhält man aus den obigen Gleichungen

und
$$\left. \begin{aligned} Q = W c_w (T' - T''), \qquad Q_0 &= K c_k (T''_0 - T'_0) \\ W c_w \ln \frac{T'}{T''} &= K c_k \ln \frac{T''_0}{T_0}. \end{aligned} \right\} \tag{76}$$

Für den thermischen Wirkungsgrad ergibt sich dann der Ausdruck

$$\eta_t = 1 - \frac{Q_0}{Q} = 1 - \frac{K c_k}{W c_w} \frac{T_0 - T'_0}{T' - T''} = 1 - \frac{(T''_0 - T'_0)}{(T' - T'')} \frac{\ln(T'/T'')}{\ln(T''_0/T'_0)}. \tag{77}$$

Auch hier hängt also der thermische Wirkungsgrad nur von den charakteristischen Temperaturen des Prozesses und nicht von den Eigenschaften des Arbeitsmittels ab.

Der Ausdruck (77) läßt sich bedeutend vereinfachen. wenn die Temperaturdifferenzen $T' - T''$ und $T''_0 - T'_0$ klein sind, was z. B. bei Kältemaschinen fast immer der Fall ist. Dann gilt angenähert, wenn man in der Reihenentwicklung die Glieder mit höheren Potenzen vernachlässigt,

$$\ln \frac{T'}{T''} = 2 \frac{T' - T''}{T' + T''}$$

[1] LORENZ, H.: Beiträge zur Beurteilung der Kühlmaschinen. Z. VDI Bd. 38 (1894) Heft 3 u. 5 — Die Ermittlung der Grenzwerte thermodynamischer Energieumwandlung. Z. ges. Kälteind. Bd. 2 (1895) S. 8, 27, 43, 104, 123, 145, 166, 190, 209 u. 227.

und

$$\ln \frac{T_0''}{T_0} = 2\,\frac{T_0'' - T_0'}{T_0'' + T_0'}\,.$$

Setzt man diese Werte in Gl. (77) ein, dann wird

$$\eta_t = 1 - \frac{(T_0' + T_0'')/2}{(T' + T'')/2}\,,$$

und damit wird der LORENZ-Prozeß einem CARNOT-Prozeß gleichwertig, welcher zwischen Temperaturen verläuft, die das arithmetische Mittel aus den Anfangs- und Endtemperaturen der warmen bzw. der kalten Quelle bilden. Bei Wärmekraftmaschinen, in denen große Temperaturdifferenzen besonders bei der warmen Quelle auftreten, ist jedoch diese Näherung nicht zulässig.

5. Der Gleichdruck-Prozeß (JOULE-Prozeß).

α) **Als Wärmekraftmaschine (Heißluftmaschine).** Dieser Prozeß verläuft zwischen zwei Isobaren und zwei Adiabaten (Abb. 29 u. 30) und bildet somit einen Sonderfall des polytropischen LORENZ-Prozesses. Er stellt den Prozeß

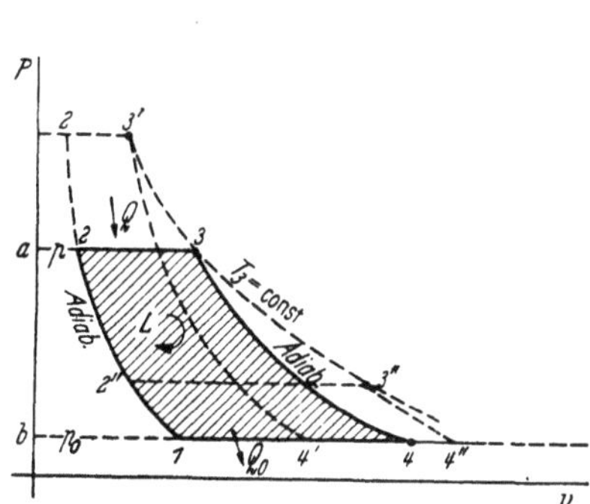

Abb. 29. Darstellung des JOULE-Prozesses im P, v-Diagramm.

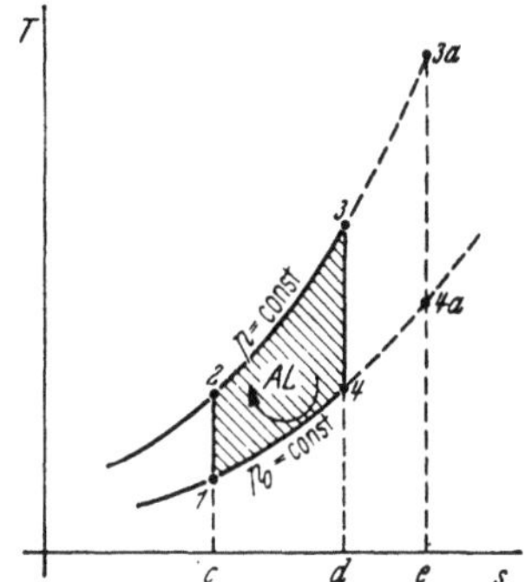

Abb. 30. Darstellung des JOULE-Prozesses im T, s-Diagramm.

in den Heißluft- und Kaltluftmaschinen dar und wird bei der Besprechung der Vorgänge in der Kaltluftmaschine (Band III dieses Handbuchs) noch genauer erörtert werden.

Beim Verlauf im Uhrzeigersinn wird die Wärme Q beim höchsten Druck p von 2 bis 3 zugeführt; sie erscheint in Abb. 30 als Fläche $c-2-3-d$. Für 1 kg des umlaufenden Arbeitsmittels (z. B. Luft) ist

$$Q = c_p\,(T_3 - T_2),$$

wobei T_3 die höchste Temperatur des Arbeitsmittels im Prozeß darstellt. Nach erfolgter adiabater Expansion wird die Wärme Q_0 beim tiefsten Druck p_0 abgeführt; sie erscheint in Abb. 30 als Fläche $d-4-1-c$. Es ist

$$Q_0 = c_p\,(T_4 - T_1),$$

wobei T_1 die tiefste Temperatur ist, die etwa gleich der Umgebungstemperatur gesetzt werden kann.

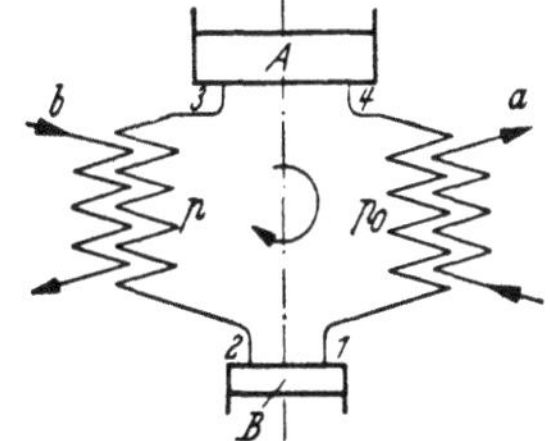

Abb. 31.
Schema einer Heißluftmaschine.

In Abb. 31 ist das Schema einer solchen Heißluftmaschine dargestellt.

Zwischen den vier Temperaturen besteht nach Gl. (23c) die Beziehung

$$\frac{T_2}{T_1} = \frac{T_3}{T_4} = \left(\frac{p}{p_0}\right)^{\frac{\varkappa-1}{\varkappa}}. \tag{78}$$

Ebenso gilt für die vier Volume nach Gl. (23a)

$$\frac{v_1}{v_2} = \frac{v_4}{v_3} = \left(\frac{p}{p_0}\right)^{\frac{1}{\varkappa}}. \tag{78a}$$

Ferner ist auf den Isobaren

$$\frac{v_3}{v_2} = \frac{T_3}{T_2} \quad \text{und} \quad \frac{v_4}{v_1} = \frac{T_4}{T_1}. \tag{78b}$$

Die geleistete Arbeit wird

$$A L = Q - Q_0 = c_p \left[(T_3 - T_2) - (T_4 - T_1)\right]$$

und der thermische Wirkungsgrad

$$\eta_t = 1 - \frac{Q_0}{Q} = 1 - \frac{T_4 - T_1}{T_3 - T_2} = 1 - \frac{T_1\,(T_4/T_1 - 1)}{T_2\,(T_3/T_2 - 1)}.$$

Mit Gl. (78) ist also

$$\eta_t = 1 - \frac{T_1}{T_2} = 1 - \frac{T_4}{T_3} = 1 - \left(\frac{p_0}{p}\right)^{\frac{\varkappa-1}{\varkappa}}. \tag{79}$$

Der thermische Wirkungsgrad hängt hier also nur vom Druckverhältnis p/p_0 ab; er ist um so größer, je größer dieses Druckverhältnis ist. Einige Werte von η_t sind in Tab. 7 für $\varkappa = 1{,}40$ berechnet.

Wir wollen auch für diesen Prozeß den mittleren indizierten Druck P_m berechnen. Von den vier charakteristischen Temperaturen betrachten wir die höchste T_3 und die tiefste T_1 als in jedem Fall durch die Aufgabe gegeben. Es soll daher P_m als Funktion der dimensionslosen Größen p/p_0 und T_3/T_1 dargestellt werden.

Nach Abb. 29 erscheint die Arbeit L als Differenz zweier technischer Arbeiten auf der Expansions- und Kompressionsadiabate

$$L = -\int\limits_3^4 v\,dP + \int\limits_1^2 v\,dP.$$

Mit der Gl. (35) erhält man für die Adiabate

$$L_t = \frac{\varkappa}{\varkappa-1}\,P v \left[1 - \left(\frac{p_0}{p}\right)^{\frac{\varkappa-1}{\varkappa}}\right] = \frac{\varkappa}{\varkappa-1}\,R T \left[1 - \left(\frac{p_0}{p}\right)^{\frac{\varkappa-1}{\varkappa}}\right].$$

Es wird also für den vorliegenden Prozeß

$$L = \frac{\varkappa}{\varkappa-1}\,R(T_3 - T_2) \left[1 - \left(\frac{p_0}{p}\right)^{\frac{\varkappa-1}{\varkappa}}\right]$$

$$= \frac{\varkappa}{\varkappa-1}\,R T_3 \left(1 - \frac{T_2}{T_3}\right) \left[1 - \left(\frac{p_0}{p}\right)^{\frac{\varkappa-1}{\varkappa}}\right].$$

Der mittlere Druck ist dann mit den Gl. (78) bis (78b)

$$P_m = \frac{L}{v_4 - v_2} = \frac{L}{v_4\left(1 - \dfrac{v_2}{v_3}\,\dfrac{v_3}{v_4}\right)} = \frac{P_0 L}{R T_4\left[1 - \dfrac{T_2}{T_3}\left(\dfrac{p_0}{p}\right)^{\frac{1}{\varkappa}}\right]},$$

wobei

$$\frac{T_2}{T_3} = \frac{T_1}{T_3}\,\frac{T_2}{T_1} = \frac{T_1}{T_3}\left(\frac{p}{p_0}\right)^{\frac{\varkappa-1}{\varkappa}}.$$

Setzt man den Ausdruck für L in die Gleichung für P_m ein, dann wird nach einigen einfachen Umformungen

$$P_m = P_0\,\frac{\varkappa}{\varkappa-1}\,\frac{\left[1 - \dfrac{T_1}{T_3}\left(\dfrac{p}{p_0}\right)^{\frac{\varkappa-1}{\varkappa}}\right]\left[1 - \left(\dfrac{p_0}{p}\right)^{\frac{\varkappa-1}{\varkappa}}\right]}{\left(\dfrac{p_0}{p}\right)^{\frac{\varkappa-1}{\varkappa}} - \dfrac{T_1}{T_3}\left(\dfrac{p_0}{p}\right)^{\frac{1}{\varkappa}}}.$$

Multipliziert man Zähler und Nenner mit $\left(\dfrac{T_3}{T_1}\right)\left(\dfrac{p}{p_0}\right)^{\frac{\varkappa-1}{\varkappa}}$, dann wird schließlich

$$\frac{p_m}{p_0} = \frac{\varkappa}{\varkappa-1}\,\frac{\left[\dfrac{T_3}{T_1} - \left(\dfrac{p}{p_0}\right)^{\frac{\varkappa-1}{\varkappa}}\right]\left[\left(\dfrac{p}{p_0}\right)^{\frac{\varkappa-1}{\varkappa}} - 1\right]}{\dfrac{T_3}{T_1} - \left(\dfrac{p}{p_0}\right)^{\frac{\varkappa-2}{\varkappa}}}. \tag{80}$$

Der mittlere Druck wird also gleich Null, wenn entweder $p/p_0 = 1$ oder wenn $\left(\dfrac{p}{p_0}\right)^{\frac{\varkappa-1}{\varkappa}} = \dfrac{T_3}{T_1}$. Aus Gl. (78) sieht man aber. daß die letzte Bedingung nichts anderes bedeutet als $T_3 = T_2$.

In Tab. 7 sind Werte von p_m/p_0 für verschiedene Werte der unabhängigen Veränderlichen T_3/T_1 und p/p_0 berechnet. Dort sind auch Werte des thermischen Wirkungsgrades nach Gl. (79) enthalten. Der mittlere Druck nimmt bei konstantem p/p_0 mit wachsendem Temperaturverhältnis T_3/T_1 zuerst stärker und dann immer langsamer zu. Hält man dagegen T_3/T_1 konstant, dann nimmt der mittlere Druck mit wachsendem p/p_0 zuerst zu, erreicht ein flaches Maximum und nimmt dann langsam wieder ab, wobei $p_m = 0$ wird, wenn, wie oben erwähnt, $\dfrac{p}{p_0} = \left(\dfrac{T_3}{T_1}\right)^{\frac{\varkappa}{\varkappa-1}}$ geworden ist. Es ist hier also wie beim CARNOT-Prozeß nicht möglich, gleichzeitig einen hohen thermischen Wirkungsgrad und einen hohen mittleren Druck anzustreben.

Tabelle 7. *Werte des mittleren Druckes p_m/p_0 beim JOULE-Prozeß als Funktion von T_3/T_1 und p/p_0 für $\varkappa = 1{,}4$.*

p/p_0	η_t	T_3/T_1				
		2,0	3,0	4,0	5,0	6,0
5	0,368	0,568	1,158	1,410	1,550	1,639
10	0,482	0,138	1,326	1,858	2,161	2,356
20	0,575		1,124	2,095	2,655	3,019
40	0,652		0,307	1,950	2,908	3,535
60	0,690			1,589	2,874	3,717
80	0,714			1,147	2,718	3,750
100	0,732			0,677	2,506	3,710

So erhält man z. B. bei $T_1 = 300°$ K und $T_3 = 1200°$ K, also $T_3/T_1 = 4$ den höchsten mittleren Druck bei $p/p_0 \sim 25$, wobei $\eta_t \sim 0{,}60$ wird. Will man den Wirkungsgrad durch die Wahl höherer Werte von p/p_0 steigern, dann nimmt die Intensität der Maschine ab. In Abb. 29 ist gezeigt, wie sich das Diagramm verändert, wenn man bei festgehaltenem Punkt *1* den Punkt *3* auf der Isotherme T_3 in den Bereich höherer Drücke nach *3'* verschiebt. Die Arbeitsfläche *1—2—3—4* verwandelt sich dann in *1—2'—3'—4'*, wobei die Fläche schneller abnimmt als die Volumdifferenz $(v_{4'}-v_{2'})$, so daß p_m sinkt. Eine Abnahme von p_m findet aber auch statt, wenn der Punkt *3* auf der Isotherme T_3 in den Bereich tieferer Drücke nach *3''* rückt; dann wird nicht nur die Fläche *1—2''—3''—4''* kleiner, sondern es nimmt auch noch die Volumdifferenz $(v_{4''}-v_{2''})$ zu.

In Abb. 32 sind die Werte der Tab. 7 graphisch aufgetragen. Ein Vergleich der Abb. 24, 28 und 32 für die Kreisprozesse nach Carnot, Ackeret-Keller und Joule, die alle die gleichen Koordinaten und den gleichen Parameter haben, läßt deutlich

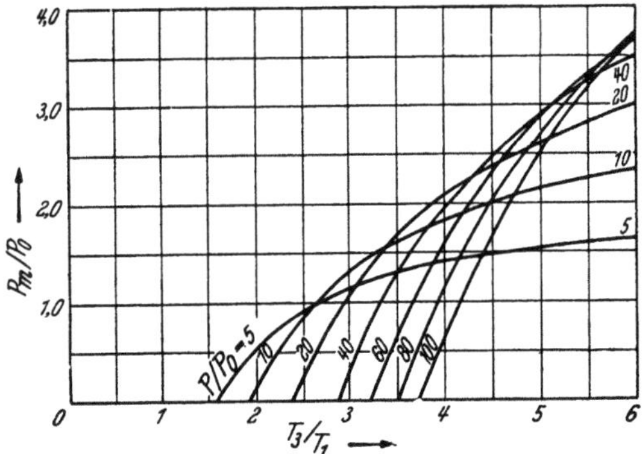

Abb. 32. Abhängigkeit des mittleren Drucks beim Joule-Prozeß vom Temperaturverhältnis T_3/T_1 und vom Druckverhältnis p/p_0.

erkennen, wie verschieden die Charakteristik bei diesen drei Prozessen ist.

Vor dem Carnot-Prozeß hat der Joule-Prozeß ebenso wie der A.-K.-Prozeß den Vorzug, daß er hohe Temperaturverhältnisse auszunutzen gestattet, ohne übermäßige Druckverhältnisse zu beanspruchen. In Tab. 8 ist ein Vergleich zwischen dem A.-K.-Prozeß und dem Joule-Prozeß hinsichtlich des mittleren Druckes und des thermischen Wirkungsgrades für verschiedene Werte des extremen Temperaturverhältnisses $(T/T_0$ bzw. $T_3/T_1)$ gegeben, und zwar einmal für $p/p_0 = 20$ und das andere Mal für $p/p_0 = 60$.

Tabelle 8. *Vergleich zwischen dem* Ackeret-Keller-*Prozeß und dem* Joule-*Prozeß betr. den mittleren Druck.*

T/T_0 bzw. T_3/T_1	$p/p_0 = 20$				$p/p_0 = 60$			
	Ackeret-Keller		Joule		Ackeret-Keller		Joule	
	p_m/p_0	η_t	p_m/p_0	η_t	p_m/p_0	η_t	p_m/p_0	η_t
2	1,539	0,500	—	0,575	2,064	0,500	—	0,690
3	2,035	0,667	1,124	0,575	2,745	0,667	—	0,690
4	2,279	0,750	2,095	0,575	3,083	0,750	1,589	0,690
5	2,425	0,800	2,655	0,575	3,286	0,800	2,874	0,690
6	2,520	0,833	3,039	0,575	3,420	0,833	3,717	0,690

Man kann daraus ersehen, daß der mittlere Druck beim Joule-Prozeß zwar bei niedrigen Temperaturverhältnissen unter demjenigen des A.-K.-Prozesses liegt, daß er aber bei hohen Temperaturverhältnissen diesen sogar übertrifft. Dabei ist aber der thermische Wirkungsgrad im Joule-Prozeß stets kleiner. Der Unterschied im Wirkungsgrad zwischen dem Joule-Prozeß und dem A.-K.-Prozeß (oder auch dem Carnot-Prozeß) ist um so größer, je größer der mittlere Druck des Joule-Prozesses ist. Nähert sich die Belastung und damit p_m dem Werte Null (wobei $T_3 = T_2$ wird), dann stimmt der Wirkungsgrad des Joule-Prozesses mit demjenigen des Carnot-Prozesses überein.

Es gibt jedoch eine Möglichkeit, den Wirkungsgrad des Joule-Prozesses zu heben, und zwar in all den Fällen, in denen $T_4 > T_2$ ist, wenn also die Auspuffgase des Expansionszylinders noch wärmer sind als die adiabat verdichteten Gase im Druckrohr hinter dem Kompressor. Dann kann man nämlich die verdichteten Gase durch die Auspuffgase in einem besonderen Wärmeaustauscher C (Abb. 33) vorwärmen, bevor man sie mit den Heizgasen der warmen Quelle in Berührung bringt. Ein solcher Fall ist in Abb. 30 durch den Prozeß $1-2-3a-4a$ dargestellt; er ergibt sich, wenn das Temperaturverhältnis T_3/T_1 einen bestimmten Wert, der sich berechnen läßt, überschreitet. Aus Gl. (78) erhält man

und

$$T_4 = T_3 \frac{T_1}{T_2} = T_3 \left(\frac{p_0}{p}\right)^{\frac{\varkappa-1}{\varkappa}}$$

$$T_2 = T_1 \frac{T_3}{T_4} = T_1 \left(\frac{p}{p_0}\right)^{\frac{\varkappa-1}{\varkappa}}.$$

Wenn also $T_4 > T_2$ sein soll, dann muß die Bedingung erfüllt sein

oder

$$T_3 \left(\frac{p_0}{p}\right)^{\frac{\varkappa-1}{\varkappa}} > T_1 \left(\frac{p}{p_0}\right)^{\frac{\varkappa-1}{\varkappa}}$$

$$\frac{T_3}{T_1} > \left(\frac{p}{p_0}\right)^{\frac{2(\varkappa-1)}{\varkappa}} \tag{81}$$

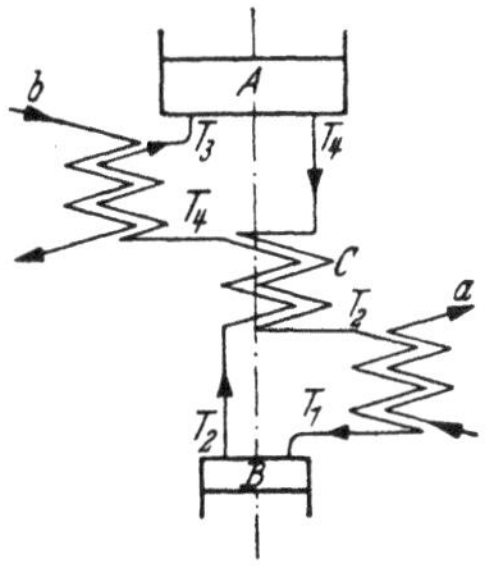

Abb. 33. Schema einer Heißluftmaschine mit Wärmeaustauscher.

Mit $\varkappa = 1{,}4$ wird

für $\dfrac{p}{p_0} = $

5	10	20	40	60	80	100

$\left(\dfrac{p}{p_0}\right)^{\frac{2(\varkappa-1)}{\varkappa}} = $

2,506	3,729	5,541	8,231	10,37	12,23	13,89

Da das Temperaturverhältnis T_3/T_1 praktisch kaum über 6 ansteigen wird, so kann der Fall $T_4 > T_2$ nur eintreten, wenn $p/p_0 < 23$ ist.

Der Gedanke, einen Wärmeaustauscher C nach Abb. 33 einzubauen, wurde wohl zuerst von den Gebrüdern STIRLING ausgesprochen, die mit als erste Heißluftmaschinen praktisch ausführten. Eine breite Verwirklichung für verschiedene Zwecke fand dieser Gedanke durch Sir WILLIAM SIEMENS[1] (vgl. Band I, Geschichtliche Entwicklung). Es soll jetzt gezeigt werden, welche Verbesserung des thermischen Wirkungsgrades durch den Wärmeaustauscher erzielt werden kann. Da die verdichteten Gase durch inneren Wärmeaustausch von T_2 auf T_4 vorgewärmt und die expandierten Gase gleichzeitig von T_4 auf T_2 abgekühlt werden, so braucht von der warmen Quelle nicht mehr die Wärmemenge $Q = c_p (T_3 - T_2)$, sondern nur noch

$$Q' = c_p (T_3 - T_4)$$

zugeführt zu werden. Ebenso braucht an die kalte Quelle statt

nur noch

$$Q_0 = c_p (T_4 - T_1)$$

$$Q_0' = c_p (T_2 - T_1)$$

abgeführt zu werden. Es wird daher der thermische Wirkungsgrad

$$\eta_t' = 1 - \frac{Q_0'}{Q'} = 1 - \frac{T_2 - T_1}{T_3 - T_4} = 1 - \frac{T_2 \left(1 - \frac{T_1}{T_2}\right)}{T_3 \left(1 - \frac{T_4}{T_3}\right)}$$

---

[1] SIEMENS, WILLIAM: Brit. Pat. 2064 vom Jahre 1857 (Regenerativ-Verfahren).

und mit Gl. (78)

$$\eta_t' = 1 - \frac{T_2}{T_3} = 1 - \frac{T_1}{T_4} \tag{82}$$

an Stelle von Gl. (79). Es wird also

beim JOULE-Prozeß ohne Regenerator $\eta_t = 1 - T_1/T_2$,

beim JOULE-Prozeß mit Regenerator $\eta_t' = 1 - T_1/T_4 > \eta_t$,

beim CARNOT-Prozeß $\eta_c = 1 - T_1/T_3 > \eta_t'$.

Nehmen wir für ein Beispiel $p/p_0 = 6$, $T_1 = 300°$ K und $T_3 = 1200°$ K. Dann ist

$$\left(\frac{p}{p_0}\right)^{\frac{\varkappa-1}{\varkappa}} = \frac{T_2}{T_1} = \frac{T_3}{T_4} = 1,668.$$

Daraus folgt $T_2 = 1,668\, T_1 = 500°$ K und $T_4 = T_3/1,668 = 720°$ K. Daher wird ohne Regenerator

$$\eta_t = 1 - \frac{T_1}{T_2} = 1 - \frac{300}{500} = 0,400,$$

mit Regenerator

$$\eta_t' = 1 - \frac{T_1}{T_4} = 1 - \frac{300}{720} = 0,583$$

und nach CARNOT

$$\eta_c = 1 - \frac{T_1}{T_3} = 1 - \frac{300}{1200} = 0,750.$$

Durch den Regenerator läßt sich also der Wirkungsgrad wesentlich verbessern. Es ist leicht einzusehen, daß beim A.-K.-Prozeß in Abb. 26 ein vollständiger Regenerator eingebaut ist, was durch die isotherme Expansion und Kompression ($T_4 = T_3$ und $T_1 = T_2$) theoretisch möglich gemacht wurde. Praktisch kann man sich diesem Fall dadurch nähern, daß man die Expansion und Kompression auf Polytropen durchführt, deren Exponenten n der Bedingung $\varkappa > n > 1$ genügen.

Ein wesentlicher Nachteil dieser Maschinen und der eigentliche Grund, warum sie sich bisher nur in sehr geringem Umfang einführen ließen, besteht darin, daß die Arbeit L als Differenz aus der Arbeit L_E des Expansionszylinders und der Arbeit L_K des Kompressors erhalten wird, $L = L_E - L_K$. Beide Maschinen sind aber mit thermischen und mechanischen Verlusten behaftet, die wir durch die effektiven Gütegrade η_g kennzeichnen wollen. Der Expansionszylinder leistet dann nur noch die Arbeit $L_E\,\eta_{gE}$, während der Kompressor die Arbeit L_K/η_{gK} verbraucht. Es verbleibt daher nur

$$L' = L_E\,\eta_{gE} - \frac{L_K}{\eta_{gK}}. \tag{83}$$

Selbst bei verhältnismäßig hohen Werten von η_{gE} und η_{gK} wird der gesamte Wirkungsgrad $\eta_g = L'/L$ dadurch sehr unbefriedigend.

Behalten wir die Temperaturen des letzten Beispiels bei und nehmen wir an, daß in der Maschine $G = 1000$ kg Luft in der Stunde umlaufen, dann wird mit den Gl. (34) und (37)

$$A L_E = G(i_3 - i_4) = G c_p (T_3 - T_4)$$
$$= 1000 \cdot 0,24 \,(1200 - 720) = 115\,200 \text{ kcal/h},$$

wobei $c_p = 0{,}24$ kcal/kg Grad die spezifische Wärme der Luft ist. Da 1 kWh $= 860$ kcal ist, so wird, wenn man die Leistung in Kilowatt mit N bezeichnet,

$$N_E = \frac{115\,200}{860} = 134{,}0 \text{ kW}.$$

In gleicher Weise findet man

$$A L_K = G(i_2 - i_1) = 1000 \cdot 0{,}24\,(500 - 300) = 48\,000 \text{ kcal/h}$$

und

$$N_K = \frac{48\,000}{860} = 55{,}8 \text{ kW}.$$

Daher leistet die Heißluftmaschine verlustlos

$$N = N_E - N_K = 134{,}0 - 55{,}8 = 78{,}2 \text{ kW}.$$

Nehmen wir nun an $\eta_{gE} = \eta_{gK} = 0{,}80$, dann reduziert sich die wirkliche Leistung nach Gl. (83) auf

$$N' = 134{,}0 \cdot 0{,}80 - \frac{55{,}8}{0{,}80} = 37{,}4 \text{ kW}.$$

Der gesamte Wirkungsgrad beträgt also nur noch

$$\eta_g = \frac{37{,}4}{78{,}2} = 0{,}478\,.$$

Die neuzeitlichen Bestrebungen laufen darauf hinaus, durch geschickten Zusammenbau des Expansionszylinders mit dem Kompressor den Gesamtwirkungsgrad zu heben[1]. Wir werden darauf bei der Besprechung der modernen Ausführungen von Kaltluftmaschinen (Band V dieses Handbuchs) zurückkommen.

Wählt man den Druck $p_0 = 1$ Atm, dann kann in Abb. 31 und 33 die Kühlschlange fortfallen und man erhält eine sog. offene Heißluftmaschine. Der Expansionszylinder bläst dann die Auspuffluft in die Atmosphäre aus und der Verdichter saugt sich immer wieder neue kalte Luft an. Hat man jedoch den Wunsch, die Zylinderabmessungen der beiden Maschinen möglichst klein zu halten, dann muß man den mittleren Druck erhöhen, was bei gegebenem Druckverhältnis p/p_0 und bei gegebenen Temperaturen am einfachsten durch Steigerung des Druckes p_0 möglich ist. Ist aber $p_0 > 1$ Atm, dann kann die Maschine nur als geschlossene Heißluftmaschine betrieben werden und der Kühler muß daher beibehalten werden.

β) **Als Kältemaschine (Kaltluftmaschine).** Es ist selbstverständlich, daß man den JOULE-Prozeß auch entgegengesetzt durchlaufen kann, wobei eine *Kältemaschine* oder eine *Wärmepumpe* erhalten wird, die man z. B. mit Luft betreiben kann. Die Möglichkeit, Luft als Arbeitsmittel zu verwenden, bietet bei der Kälteerzeugung ein viel höheres Interesse als bei den Wärmekraftmaschinen, weil Wasserdampf als Kältemittel nur sehr bedingt brauchbar ist.

---

[1] LEBLANC, M.: C. R. Acad. Sci., Paris Bd. 174 (1922) S. 1505 u. 1589 — Rev. gén. Froid, Oktober 1922 — DRP. 365088. — E. ALTENKIRCH: Z. ges. Kälteind. Bd. 30 (1923) S. 1. — Gewisse Aussichten bietet ferner das sog. *Zellenrad* nach LÈBRE. Vgl. B. BAUER u. B. W. BOLOMAY: Elektrizitätsverw. 1939/40, Nr. 9/10, S. 160. — B. BAUER: Elektrizitätsverw. 1942/43, Nr. 1, S. 3 (in Gemeinschaft mit Brown, Boveri u. Cie., Baden, Schweiz). Weitere Aussichten bieten sich durch die Verwendung von Turbomaschinen an Stelle von Kolbenmaschinen.

Alle anderen Kältemittel besitzen aber gewisse Nachteile, da sie entweder gesundheitsschädlich sind oder sich mit den Baustoffen der Maschine chemisch nicht vertragen oder ungünstige thermische Eigenschaften besitzen oder zu teuer sind (vgl. Band IV dieses Handbuchs). Luft wäre daher in vielen Fällen, z. B. für Klimaanlagen in Bergwerken, auf Schiffen oder in Flugzeugen, ein ideales Kältemittel.

Der Prozeß der Kaltluftmaschine ist in Abb. 34 dargestellt, während das Schaltungsschema aus Abb. 35 zu ersehen ist. Der Verdichter A saugt Luft vom tiefen Druck p_0 an (Punkt 1), verdichtet sie adiabat auf den Druck p

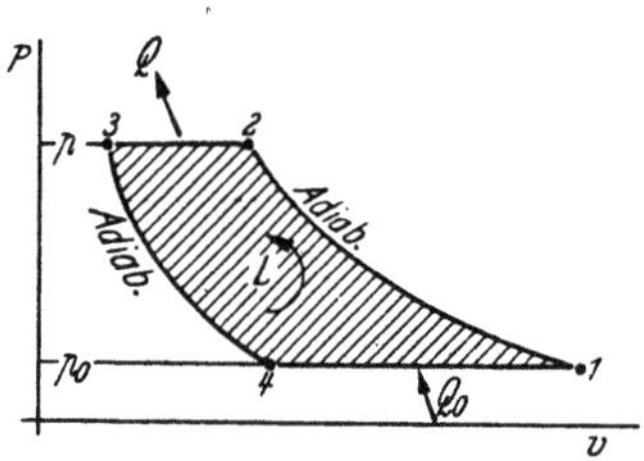

Abb. 34. Der Prozeß der Kaltluftmaschine
im P, v-Diagramm.

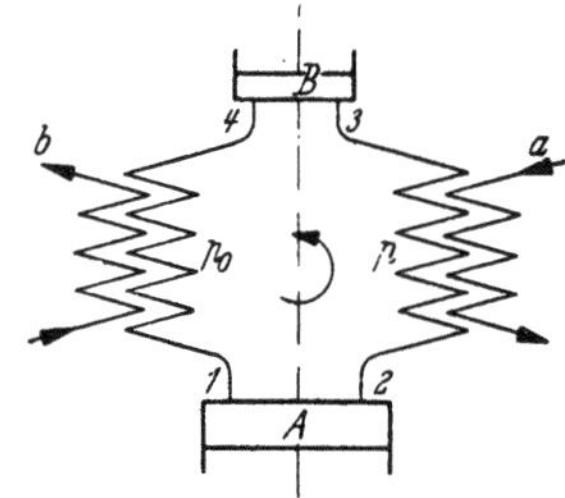

Abb. 35.
Schema einer Kaltluftmaschine.

(Punkt 2), wobei die Temperatur auf den höchsten Wert T_2 in diesem Prozeß ansteigt. Die verdichtete Luft wird nun durch Kühlwasser bei konstantem Druck auf die Temperatur T_3 abgekühlt, die durch die Temperatur des vorhandenen Kühlwassers bestimmt wird. In diesem Zustand tritt die abgekühlte, verdichtete Luft in den Expansionszylinder, wo sie adiabat auf den Druck p_0 expandiert wird und sich dabei auf die tiefste Temperatur T_4 des Prozesses abkühlt.

Die eigentliche Kälteleistung kommt dann im anschließenden Wärmeübertragungsapparat zustande, wo die kalte Luft die Wärme z. B. von einer zu kühlenden Sole aufnimmt und sich dabei bei konstantem Druck bis zur Temperatur T_1 erwärmt, die durch den Zweck der Kühlanlage gegeben ist. Die beiden Temperaturen T_2 und T_4 berechnen sich aus der Doppelgleichung

$$\frac{T_2}{T_1} = \frac{T_3}{T_4} = \left(\frac{p_0}{p}\right)^{\frac{\varkappa-1}{\varkappa}}. \tag{84}$$

Für die Wahl des Druckverhältnisses p/p_0 ist entscheidend, wie man mit einem Mindestaufwand an Arbeit AL für eine bestimmte Kälteleistung Q_0 auskommt. Nach S. 41 dient zur thermodynamischen Beurteilung einer Kältemaschine die Leistungsziffer

$$\varepsilon_k = \frac{Q_0}{AL}.$$

Es ist $Q_0 = c_p (T_1 - T_4)$ und

$$AL = Q - Q_0 = c_p [(T_2 - T_3) - (T_1 - T_4)].$$

Daher wird

$$\varepsilon_k = \frac{T_1 - T_4}{(T_2 - T_3) - (T_1 - T_4)} = \frac{1}{\dfrac{T_2 - T_3}{T_1 - T_4} - 1}.$$

Mit der Gl. (84) wird

$$\varepsilon_k = \frac{1}{\dfrac{T_2}{T_1} - 1} = \frac{1}{\dfrac{T_3}{T_4} - 1} = \frac{1}{\left(\dfrac{p}{p_0}\right)^{\frac{\varkappa-1}{\varkappa}} - 1}. \tag{85}$$

Der Vorgang wird also thermisch um so günstiger, je kleiner p/p_0 gewählt wird.

$$\text{Für } p/p_0 = \quad 2 \qquad 3 \qquad 4 \qquad 5 \qquad 6$$
$$\text{wird } \varepsilon_k = \quad 4{,}56 \quad 2{,}71 \quad 2{,}05 \quad 1{,}72 \quad 1{,}50$$
$$\text{und } K = \quad 3920 \quad 2330 \quad 1760 \quad 1480 \quad 1290 \text{ kcal/kWh,}$$

wobei $K = 860\,\varepsilon$ die Kälteleistung je Kilowattstunde Arbeit bedeutet. Das Druckverhältnis muß natürlich mindestens so groß gewählt werden, daß bei adiabater Verdichtung die Temperatur T_3 erreicht wird; es muß also

$$\frac{p}{p_0} > \left(\frac{T_3}{T_1}\right)^{\frac{\varkappa}{\varkappa-1}}$$

sein. Kleine Druckverhältnisse ergeben aber nach Gl. (84) bei gegebener Temperatur T_3 weniger tiefe Temperaturen T_4, und da anderseits T_1 durch den Zweck der Kältemaschine festliegt, so wird auch $Q_0 = c_p\,(T_1 - T_4)$, also die Kälteleistung je kg umlaufender Luft, kleiner. Das bedeutet, daß man bei kleinem p/p_0 große Luftmengen umlaufen lassen muß, also große Zylinderabmessungen für den Verdichter und für den Expansionszylinder braucht. Diese Vorgänge lassen sich im T, s-Diagramm (Abb. 36) gut verfolgen. Bei einem größeren Druckverhältnis p/p_0 wird die Arbeit $1-2-3-4$ verbraucht und die Kälteleistung $a-4-1-b$ erzeugt. Wird nun bei festgehaltenem Druck p_0 der obere Druck von p auf p' gesenkt, dann verringert sich die Arbeit auf $1-2'-3'-4'$, aber gleichzeitig sinkt die

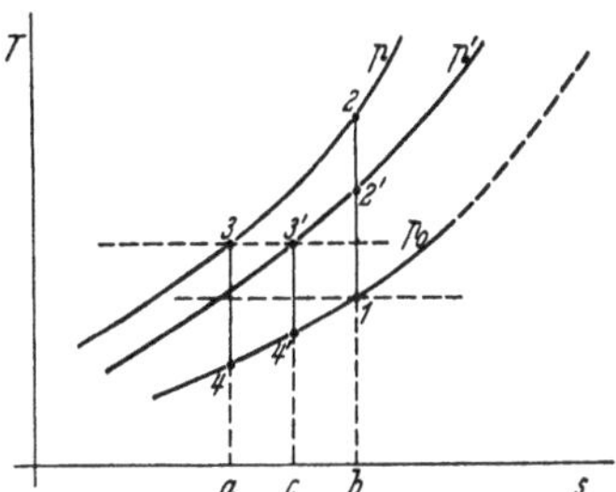

Abb. 36. Der Prozeß der Kaltluftmaschine im T, s-Diagramm.

Kälteleistung je kg umlaufender Luft auf $c-4'-1-b$. Es wird $T_{4'} > T_4$, und man muß für die gleiche stündliche Kälteleistung mehr Luft umwälzen. Der Grenzdruck p' ist offenbar erreicht, wenn der Punkt $3'$ so weit nach rechts gerückt ist, daß er auf die Linie $1-2$ zu liegen kommt; dabei nähert sich die Arbeit und die Kälteleistung dem Wert Null, während die Leistungsziffer ε an den Höchstwert des CARNOT-Prozesses heranrückt. Man muß daher praktisch einen Kompromiß schließen und wendet Druckverhältnisse $p/p_0 = 3$ bis 5 an.

Auch bei der Kaltluftmaschine lassen sich die Zylinderabmessungen wesentlich herabsetzen, wenn man $p_0 > 1$ Atm wählt und dabei auf eine offene Arbeitsweise verzichtet, bei der man die kälteste Luft im Zustand 4 einfach in den zu kühlenden Raum einblasen könnte, während man die erwärmte Luft von einer anderen Stelle des Kühlraumes im Zustand 1 in den Verdichter ansaugt. Bei diesen Hochdruck-Kaltluftmaschinen, die von der Gesellschaft für Lindes Eismaschinen entwickelt wurden[1], arbeitet man mit sehr hohen Drücken p_0 bis 150 ata und mit sehr kleinen Druckverhältnissen p/p_0 von etwa 1,5, wobei allerdings nur Temperaturen von etwa $0°$ C erreicht werden können.

Auch bei den Kaltluftmaschinen läßt sich das Regenerativverfahren sinngemäß anwenden, und es wurde schon in der frühesten Entwicklungszeit davon Gebrauch gemacht. (Vgl. Band I, Geschichtliche Entwicklung.)

Eine Verringerung der aufzuwendenden Arbeit läßt sich ferner durch mehrstufige Verdichtung erreichen. In Abb. 37 stellt $1-2-3-4$ den Prozeß mit einstufiger Verdichtung dar, wobei die Arbeit $A\,L$ durch die Fläche $1-2-3-4$ und die Kälteleistung Q_0 durch die Fläche $a-4-1-b$ dargestellt wird. Bei einem zweistufigen Verdichter wird die Luft in der ersten Stufe nur von p_0 auf einen geeignet gewählten Zwischendruck p' (Punkt $2'$) verdichtet und

---

[1] DRP. 323950.

danach auf die Temperatur T_3 bei konstantem Druck p' abgekühlt (Punkt $3'$). In der zweiten Verdichterstufe wird dann von p' auf p verdichtet (Punkt $2''$) und danach wieder bei konstantem Druck auf T_3 abgekühlt (Punkt 3). Es wird dabei gegenüber einstufiger Verdichtung die Arbeit $3'-2'-2-2''$ gespart.

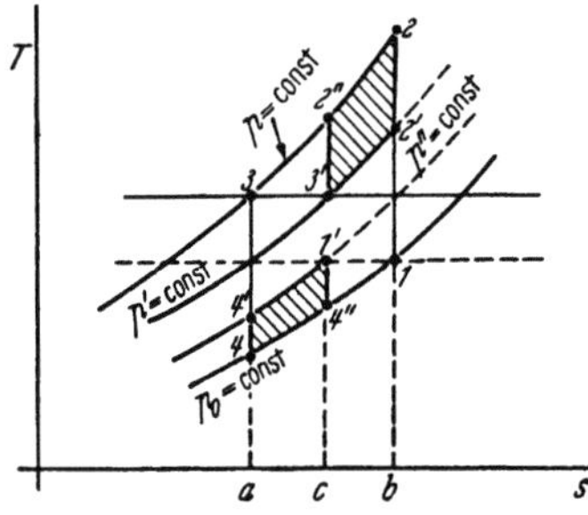

Abb. 37. Der Prozeß der Kaltluftmaschine mit zweistufiger Verdichtung im T, s-Diagramm.

In gleicher Weise könnte auch die Expansion mehrstufig durchgeführt werden. Bei einer zweistufigen Expansionsmaschine würde in der ersten Stufe nur bis zu einem geeignet gewählten Zwischendruck p'' (Punkt $4'$) expandiert werden; danach würde die Luft bei $p'' =$ konst. von $4'$ bis $1'$ erwärmt werden, wobei die Kälteleistung $a-4'-1'-c$ resultieren würde. In der zweiten Stufe würde dann von p'' auf p_0 expandiert werden (Punkt $4''$) und es würde sich die Erwärmung der Luft von $4''$ bis 1 anschließen unter Hervorbringung der Kälteleistung $c-4''-1-b$. Dadurch würde gegenüber einstufiger Expansion die Arbeit $4-4'-1'-4''$ gespart und außerdem würde die Kälteleistung um den gleichen Betrag vergrößert werden. Eine mehrstufige Verdichtung und Expansion führt schließlich offenbar zu einer *Carnotisierung* des JOULE-Prozesses.

XVI. Die maximale Nutzarbeit und die technische Arbeitsfähigkeit.

Es kann ganz allgemein die Frage aufgeworfen werden, welche mechanische Arbeit günstigstenfalls gewonnen werden kann, wenn ein System aus einem gegebenen Anfangszustand in den Zustand des vollkommenen Gleichgewichts übergeführt wird. Dabei bildet in den meisten technischen Fällen die äußere Umgebung (Atmosphäre, Wasser usw.) einen Teil des betrachteten Systems. Dieser Teil hat eine so ungeheuer große Kapazität, daß wir seine Temperatur T_0 und seinen Druck P_0 als unveränderlich betrachten können; diese Größen sind von der Art der durchgeführten Prozesse und von der Menge der daran beteiligten Körper unabhängig. Eine Zustandsänderung wird nur dann eintreten, wenn ein zum System gehörender Körper, den wir als das Arbeitsmittel bezeichnen können, sich nicht im Gleichgewicht mit der Umgebung befindet. Er geht dann aus einem Anfangszustand (P_1, T_1, V_1, U_1, S_1) in einen Endzustand (P_2, T_2, V_2, U_2, S_2) über, wobei im Endzustand infolge des eingetretenen Gleichgewichts $P_2 = P_0$ und $T_2 = T_0$ werden muß. Soll die maximale Arbeit L_{max} gewonnen werden, dann dürfen beim Übergang in das Gleichgewicht nur umkehrbare Zustandsänderungen durchlaufen werden; die Entropie muß dabei im ganzen System unverändert bleiben, es muß also die Entropieänderung $S_1 - S_2$ des die Zustandsänderungen durchlaufenden Arbeitsmittels ebenso groß sein, aber das entgegengesetzte Vorzeichen haben wie die Entropieänderung ΔS_{umg} der Umgebung. Die geleistete maximale Arbeit ist dann gleich der Abnahme der inneren Energie des Systems[1]:

$$A L_{max} = U_1 - U_2 + \Delta U_{umg}, \tag{86}$$

wobei ΔU_{umg} die Abnahme der inneren Energie der Umgebung bedeutet. Da die Umgebung mit dem Arbeitsmittel eine Wärmemenge Q bei der Temperatur T_0

---

[1] Besitzt das System noch andere Arten der Energie, z. B. kinetische, potentielle usw., dann ist die maximale Arbeit gleich der Abnahme der Gesamtenergie des Systems.

austauscht, so muß das Arbeitsmittel vor dem Wärmeaustausch selbst auf adiabatem Wege auf die Temperatur T_0 gebracht werden, weil nur dann der Wärmeaustausch umkehrbar ist. Man kann dann setzen $Q = T_0(S_1 - S_2)$. Da das Arbeitsmittel bei der Zustandsänderung sein Volum von V_1 auf V_2 ändert, so wird dabei die Umgebung (Atmosphäre) bei konstantem Druck P_0 um das Volum $(V_2 - V_1)$ verdrängt, wobei der Umgebung die Arbeit $L = P_0(V_2 - V_1)$ zugeführt wird. Es wird daher nach dem ersten Hauptsatz

$$-\varDelta U_{\mathrm{umg}} = Q + A L = T_0(S_1 - S_2) + A P_0(V_2 - V_1).$$

Setzen wir diesen Ausdruck in Gl. (86) ein, dann wird

$$A L_{\max} = U_1 - U_2 - T_0(S_1 - S_2) + A P_0(V_1 - V_2). \qquad (87)$$

Dieser Ausdruck gilt für eine einmalige Zustandsänderung des Arbeitsmittels. Wird aber das Volum V_1 des Arbeitsmittels vom Druck P_1 fortlaufend in eine Umgebung vom Druck P_0 herangebracht, dann erhöht sich die maximale Arbeit noch um den Betrag $A(P_1 - P_0) V_1$. Die Gl. (87) geht dann in die technische' maximale Arbeit über, die man als *technische Arbeitsfähigkeit* L_f bezeichnet.

$$A L_f = U_1 - U_2 - T_0(S_1 - S_2) + A(P_1 V_1 - P_0 V_2).$$

Erinnert man sich, daß im Gleichgewichtsendzustand $P_0 = P_2$ sein muß, dann folgt mit Gl. (33)

$$A L_f = I_1 - I_2 - T_0(S_1 - S_2),$$

wobei $I = U + A P V$ die Enthalpie einer beliebigen Gewichtsmenge des Arbeitsmittels bedeutet. Für 1 kg wird

$$A L_f = i_1 - i_2 - T_0(s_1 - s_2). \qquad (88)$$

Dieser Fall liegt z. B. bei dem Prozeß in Dampfmaschinen und Druckluftmotoren vor, wo ein Stoff bei konstantem Druck P_1 dauernd aus dem Dampfkessel oder dem Druckluftbehälter nachgeliefert wird und nach verrichteter Arbeit in die Atmosphäre ausgeschoben wird.

Gl. (88) kann sehr anschaulich abgeleitet werden, wenn man für die Gewinnung der maximalen Arbeit die in den Abb. 38 und 39 dargestellten umkehrbaren Zustandsänderungen zugrunde legt, die das Arbeitsmittel aus dem Anfangszustand *1* (P_1, T_1, v_1, s_1) auf den Endzustand *2* (P_2, T_2, v_2, s_2) bringen, wobei P_2 und T_2 den Werten P_0 und T_0 der Umgebung entsprechen.

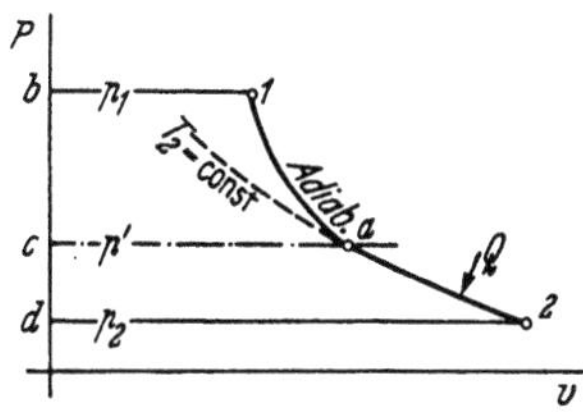

Abb. 38. Ermittlung der technischen Arbeitsfähigkeit im P, v-Diagramm.

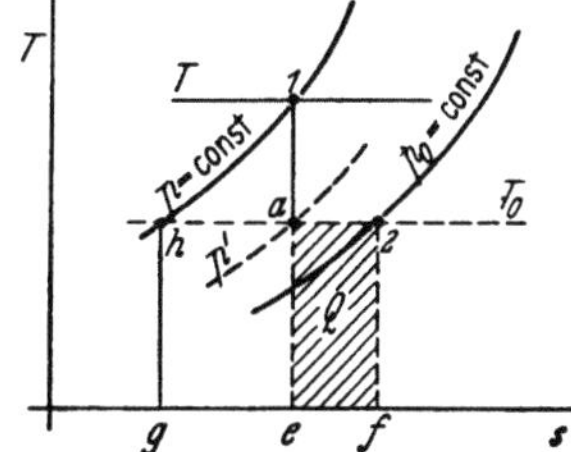

Abb. 39. Ermittlung der technischen Arbeitsfähigkeit im T, s-Diagramm.

Das längs *b−1* eingeschobene Arbeitsmittel expandiert dabei zunächst adiabat auf dem Wege *1−a*, bis die Temperatur der Umgebung erreicht ist. Die weitere Expansion geht isotherm längs *a−2* vor sich, bis auch der Druck der Umgebung erreicht ist, wobei das Arbeitsmittel von der Umgebung

die Wärme Q aufnimmt; zum Schluß wird das Arbeitsmittel beim Umgebungsdruck auf dem Wege $2-d$ ausgeschoben. Die gesamte Arbeitsfähigkeit wird
nach Gl. (32)

$$L_f = - \int_1^2 v \, dP = - \int_1^a v \, dP - \int_a^2 v \, dP.$$

Sie erscheint in Abb. 38 als Fläche $b-1-a-2-d = (b-1-a-c) + (c-a-2-d)$.
Nach Gl. (34) ist

$$Q = i_2 - i_1 - A \int_1^2 v \, dP = i_2 - i_1 + A L_f. \tag{89}$$

Die Wärme Q wird in unserem Fall nur auf der Isotherme $a-2$ zugeführt und
sie erscheint in Abb. 39 als die Fläche $e-a-2-f$; sie hat die Größe

$$Q = T_0 (s_2 - s_a) = T_0 (s_2 - s_1).$$

Aus Gl. (89) folgt dann

$$A L_f = i_1 - i_2 - T_0 (s_1 - s_2). \tag{90}$$

Dieser Ausdruck ist aber mit Gl. (88) identisch, so daß die bei den beschriebenen
Zustandsänderungen gewonnene Arbeit zugleich die technische Arbeitsfähigkeit $A L_f$ darstellt. Bezeichnet man allgemein die Enthalpie und Entropie des
Arbeitsmittels im Anfangszustand mit i und s und im Endzustand (bei Um-
gebungsbedingungen P_0, T_0) mit i_0 und s_0, dann ist

$$A L_f = i - i_0 - T_0 (s - s_0). \tag{90a}$$

Auf die Bedeutung der Arbeitsfähigkeit L_f hat zuerst BOŠNJAKOVIC ausdrücklich hingewiesen[1]. GLASER[2], GRASSMANN[3] und NESSELMANN[4] haben von
dieser Größe bei der Ermittlung des Wirkungsgrades von Wärme- und Kälte-
prozessen und bei der Bewertung von Wärmeaustauschern Gebrauch gemacht.

Die technische Arbeitsfähigkeit kann für ideale Gase auch im T, s-Diagramm
(Abb. 39) als Fläche dargestellt werden. Man erkennt leicht, daß in Gl. (90)
der Teil $i_1 - i_2 = i_1 - i_h = $ Fläche $g-h-1-e-g$ ist, während der Teil
$T_0 (s_2 - s_1) = T_0 (s_2 - s_a) = $ Fläche $e-a-2-f-e$ ist. Daher wird

$$A L_f = \text{Fläche } g-h-1-a-2-f-g.$$

Liegt der Punkt 1 in Abb. 39 rechts vom Punkt 2, ist also die Entropie s_1 größer
als die Entropie s_2 im Umgebungszustand, dann muß sich an die adiabate
Expansion von T auf T_0 eine mit Arbeitsverbrauch verbundene isotherme
Kompression anschließen, damit der Umgebungszustand erreicht wird.

XVII. Die Drosselung.

Durch eine Rohrleitung werde ein Gasstrom G [kg/s] hindurchgeleitet, und
an einer Stelle möge sich ein Widerstand in der Leitung befinden, den man
sich entweder als porösen Pfropfen oder als Querschnittsverengung vorstellen
kann. Einen solchen Widerstand bezeichnet man als Drosselstelle, und die
Zustandsänderung, die das strömende Gas erleidet, als *Drosselung*. Diese Zustandsänderung besteht primär in einem plötzlichen endlichen Druckabfall

---

[1] BOŠNJAKOVIC, F.: Technische Thermodynamik. Erster Teil, 2. Aufl., S. 135. Dresden
u. Leipzig: Th. Steinkopff 1944.
[2] GLASER, H.: Chemie-Ingenieur-Technik Bd. 24 (1952) Nr. 3, S. 135.
[3] GRASSMANN, P.: Chemie-Ingenieur-Technik Bd. 22 (1950) S. 77 — Kältetechnik
Bd. 4 (1952) S. 52.
[4] NESSELMANN, K.: Allg. Wärmetechn. Bd. 3 (1952) S. 97.

$\Delta P = P_1 - P_2$, da zur Überwindung des an der Drosselstelle vorhandenen Strömungswiderstandes eine Druckdifferenz erforderlich ist. Der Vorgang ist typisch irreversibel, da der Druckabfall plötzlich eintritt und die Druckdifferenz nicht für die Leistung einer äußeren Arbeit ausgewertet wird, sondern lediglich zur Überwindung von Widerständen (Reibung, Wirbelbildung) verbraucht und in Reibungswärme umgesetzt wird. Solche Drosselungen treten bei technischen Strömungsvorgängen sehr häufig gewollt oder ungewollt auf, z. B. in Kolbenmaschinen beim Durchgang des Arbeitsmittels durch Ein- und Auslaßventile, bei Regelungsvorgängen, in denen die Durchflußmenge durch Querschnittsänderungen variiert wird, in Kältemaschinen usw. Die Berechnung der Größe des Druckabfalls ist dabei keine thermodynamische, sondern eine hydrodynamische Angelegenheit.

Was an der Drosselstelle selbst vor sich geht, kann im einzelnen thermodynamisch nicht erfaßt werden, da hier, wie bei allen nichtumkehrbaren Vorgängen, Druck und Temperatur in verschiedenen Stellen der Strömung nicht einheitlich sind. Wir können nur einen Anfangs- und einen Endzustand in gewissen Abständen von der Drosselstelle beschreiben, wo die durch die Drosselung hervorgerufenen Störungen nicht bestehen.

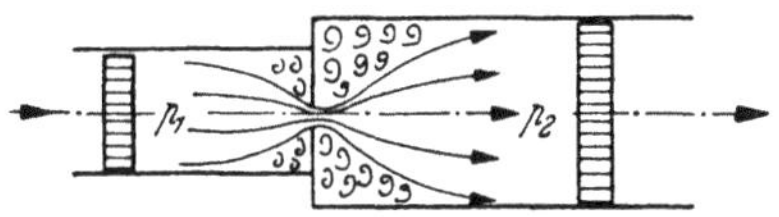

Abb. 40.
Bild einer Drosselung strömender Gase.

Es sollen alle Größen in genügender Entfernung vor der Drosselstelle mit dem Index 1 und hinter der Drosselstelle mit dem Index 2 versehen werden (Abb. 40). Es soll ferner angenommen werden, daß während des Drosselvorganges Wärme weder zu- noch abgeführt wird, was entweder durch Isolierung der Drosselstelle erreicht wird oder auch dadurch gewährleistet ist, daß der Drosselvorgang sehr schnell abläuft. Man kann sich gedanklich vorstellen, daß sich in der Strömung zwei reibungslose Kolben mitbewegen (Abb. 40), wobei von links an die Drosselstelle das Volum V_1 [m³/s] herangebracht wird, während nach rechts das Volum V_2 [m³/s] abströmt. Es werden dabei sekundlich die Verschiebungsarbeiten $P_1 V_1$ und $P_2 V_2$ auftreten. Bezeichnen wir noch die Strömungsgeschwindigkeit mit w, dann können wir zum Ausdruck bringen, daß die Summe aller Energien vor und hinter der Drosselstelle gleich groß sein muß (Prinzip der Erhaltung der Energie), also

$$G u_1 + A P_1 V_1 + A G \frac{w_1^2}{2g} = G u_2 + A P_2 V_2 + A G \frac{w_2^2}{2g},$$

wobei neben der inneren Energie und der Verschiebungsarbeit auch noch die kinetische Energie berücksichtigt ist.

Dividiert man die Gleichung durch G und beachtet, daß $V/G = v$ und nach Gl. (33) $u + A P v = i$, dann wird

$$i_1 + A \frac{w_1^2}{2g} = i_2 + A \frac{w_2^2}{2g}. \tag{91}$$

In vielen Fällen, besonders bei geringen Strömungsgeschwindigkeiten ($w < 50\,\mathrm{m/s}$), ist die kinetische Energie der Strömung vernachlässigbar klein. Man erhält dann für die Drosselung das einfache Ergebnis

$$i_1 = i_2. \tag{91a}$$

Eine Zustandsänderung $i = $ konst. bezeichnet man als *Isenthalpe*. Wir können also sagen, daß beim Drosselvorgang der Anfangs- und Endzustand auf der gleichen Isenthalpe liegen. Dieses Ergebnis gilt, wie aus der Ableitung zu er-

kennen ist, nicht nur für ideale Gase, sondern auch für reale Gase und Flüssigkeiten. Für ideale Gase folgt aber weiter aus den Gl. (36) oder (37)

$$T_1 = T_2, \tag{91b}$$

es bleibt also bei der Drosselung wie beim GAY-LUSSAC-JOULEschen Überströmungsversuch (s. S. 18) die Temperatur in gewissen Entfernungen von der
Drosselstelle konstant. Die Drosselung verläuft also längs einer nichtumkehrbaren Isotherme, auf der aber nur der Anfangs- und der Endzustand wohl-
definiert sind, während alle Zwischenzustände sich nicht im thermodynamischen
Gleichgewicht befinden und daher nicht auf der Zustandsfläche $Pv = RT$
liegen. Da bei der Drosselung $Q = 0$ angenommen wurde, so entspricht diese
Zustandsänderung zugleich einer nichtumkehrbaren Adiabate, woraus aber
keinesfalls geschlossen werden darf, daß dabei $s =$ konst. ist, denn die Beziehung $ds = dQ/T$ gilt nur für umkehrbare Zustandsänderungen. In allen
anderen Fällen ist nach Gl. (49) $ds > dQ/T$, in unserem Falle also $ds > 0$,
also $s_2 > s_1$. Auf S. 49 hatten wir schon gezeigt, daß bei plötzlichem Druck-
sprung die Entropiezunahme sich für ideale Gase nach der Formel (49c)

$$s_2 - s_1 = AR \ln \frac{p_1}{p_2} \tag{92}$$

berechnen läßt. Zu dem gleichen Ergebnis gelangt man auch auf Grund der
Gl. (56b) (s. S. 60), wenn man beachtet, daß die Temperatur im Anfangs- und
Endzustand die gleiche ist.

Die paradox erscheinende Tatsache, daß die irreversible Drosselung zugleich
isotherm und adiabat verläuft, kann man sich in folgender Weise verdeutlichen[1]. Da von außen keine Wärme zugeführt wird, so wird das Gas beim Druckabfall um Δp_1 an der Drosselstelle (Abb. 41) die Tendenz haben, sich längs der
Linie $1-a$ adiabat auszudehnen und abzukühlen und die Arbeit

$$A \Delta L = i_1 - i_a = c_p (T_1 - T_a)$$

nach außen zu leisten. Diese Arbeit wird aber sofort durch Reibung aufgezehrt
und in Reibungswärme umgesetzt, wobei sich der Zustand längs $a-b$ verändert

und man im Durchschnitt wieder auf die
ursprüngliche Isotherme zurückkommt. Diesen
Vorgang kann man sich stufenweise fortgesetzt
denken, bis der Druck p_2 erreicht ist. Im Durchschnitt für die ganze Gasmasse bleiben die
Stufen unendlich klein, so daß nirgends eine
Abkühlung gemessen werden kann.

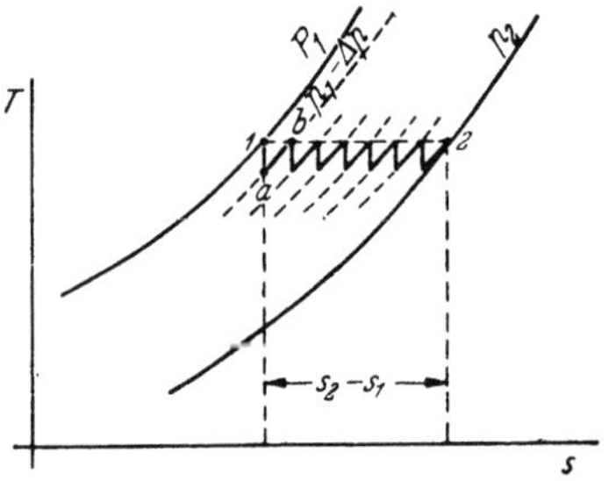

Bei realen Gasen wirken aber zwischen den
Molekülen gewisse Kräfte, die bei der Ausdehnung von p_1 auf p_2 berücksichtigt werden
müssen. Es tritt also eine gewisse innere Arbeit
gegen diese Kräfte in Erscheinung, die eine

Abb. 41. Vorgänge bei der Drosselung.

Abkühlung oder Erwärmung realer Gase zur Folge hat (s. S. 203).

Aus Gl. (91b) folgt für ideale Gase $v_2/v_1 = p_1/p_2$. Falls nun in Gl. (91) die
kinetische Energie nicht mehr vernachlässigt werden darf, dann folgt aus der
Kontinuitätsbedingung

$$G = \frac{F_1 w_1}{v_1} = \frac{F_2 w_2}{v_2},$$

wenn wir mit F_1 und F_2 [m²] die Rohrquerschnitte vor und hinter der Drosselstelle bezeichnen. Es ist also

$$w_2 = w_1 \frac{F_1}{F_2} \frac{v_2}{v_1} = w_1 \frac{F_1}{F_2} \frac{p_1}{p_2} \frac{T_2}{T_1} .$$

---

[1] Die Drosselung verläuft zwar adiabat ($Q = 0$), aber nicht isentrop ($\Delta s > 0$).

Im Falle gleicher Rohrquerschnitte $F_1 = F_2$ wird also

$$\frac{w_2}{w_1} = \frac{p_1}{p_2}\frac{T_2}{T_1}.$$

Wir wollen für diesen häufigsten Fall die Temperaturänderung bei der Drosselung berechnen. Aus Gl. (91) folgt mit $i_1 - i_2 = c_p(T_1 - T_2)$

$$T_1 - T_2 = \frac{A}{c_p}\frac{w_1^2}{2g}\left(\frac{w_2^2}{w_1^2} - 1\right) = \frac{A}{c_p}\frac{w_1^2}{2g}\left[\left(\frac{p_1}{p_2}\frac{T_2}{T_1}\right)^2 - 1\right]. \qquad (93)$$

Aus dieser quadratischen Gleichung müßte die Endtemperatur T_2 berechnet werden. Da $T_1 - T_2$ im allgemeinen klein bleibt, so folgt aus

$$\frac{T_2}{T_1} = 1 - \frac{(T_1 - T_2)}{T_1}$$

angenähert

$$\left(\frac{T_2}{T_1}\right)^2 \approx 1 - 2\frac{(T_1 - T_2)}{T_1}$$

und damit wird nach Gl. (93)

$$T_1 - T_2 = \frac{A}{c_p}\frac{w_1^2}{2g}\ \frac{\left[\left(\dfrac{p_1}{p_2}\right)^2 - 1\right]}{1 + \dfrac{A}{c_p}\dfrac{w_1^2}{g\,T_1}\left(\dfrac{p_1}{p_2}\right)^2}. \qquad (93\,\mathrm{a})$$

Die rechte Seite dieser Gleichung ist stets positiv, es wird also mit $F_1 = F_2$ stets $T_1 > T_2$, d. h. es tritt dabei stets eine Abkühlung ein. Ist aber $F_2 > F_1$, dann bleibt die Temperatur auch bei Berücksichtigung der kinetischen Energie genau konstant, wenn

$$\frac{F_1}{F_2} = \frac{v_1}{v_2} = \frac{p_2}{p_1}$$

und es tritt eine Erwärmung auf, wenn

$$F_2 > F_1\left(\frac{v_2}{v_1}\right).$$

Ist im Grenzfall F_2 sehr groß gegen F_1 (Austritt aus einem engen Rohr in ein weites Gefäß), so daß man w_2 gegen w_1 vernachlässigen kann, dann folgt aus Gl. (93)

$$T_1 - T_2 = -\frac{A}{c_p}\frac{w_1^2}{2g}.$$

Man erhält dabei für Luft ($c_p = 0{,}24$ kcal/kg Grad) folgende Erwärmungen:

bei w =	10	20	30	40	50	100 m/s
$T_2 - T_1 =$	0,05	0,20	0,45	0,80	1,24	4,97 Grad

Will man den Arbeitsverlust berechnen, der in einem Druckluftmotor durch Drosselung in dem Einlaßventil eintritt, wobei der Druck von p auf p' sinkt, dann kann man folgende zwei Fälle unterscheiden:

α) *Isotherme Expansion* (Abb. 42 u. 43) bei der Umgebungstemperatur T_0. Ohne Drosselung wäre die ganze gewinnbare Arbeit (technische Arbeit) für 1 kg Luft

$$L_t = -\int_1^2 v\,dP = P_1 v_1 \ln\frac{p}{p_0} = R\,T_0 \ln\frac{p}{p_0} = \text{Fläche } a-1-2-b.$$

Entsteht durch Drosselung im Einlaßventil ein Druckabfall $\Delta p = p - p'$, dann verschiebt sich der Punkt 1 nach $1'$ auf der gleichen Isotherme T_0, da bei der

Drosselung die Temperatur konstant bleibt. Es kann dann nur noch die Arbeit

$$L_t' = - \int_{1'}^{2} v\,dP = R\,T_0 \ln\frac{p'}{p_0} = \text{Fläche } a' - 1' - 2 - b$$

gewonnen werden, und der Arbeitsverlust durch Drosselung ist daher

$$\varDelta L = L - L' = R\,T_0 \ln\frac{p}{p'} . \tag{94}$$

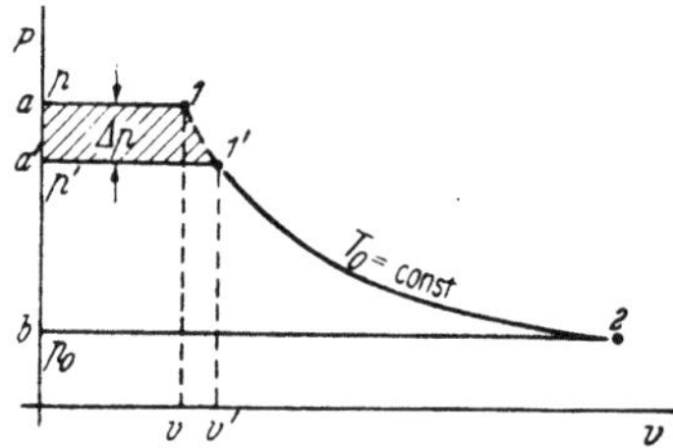

Abb. 42. Arbeitsverlust bei isothermer Expansion
mit Drosselung im P, v-Diagramm.

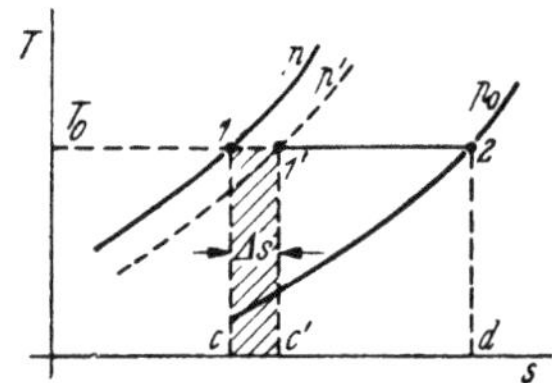

Abb. 43. Arbeitsverlust bei isothermer Expansion
im T, s-Diagramm.

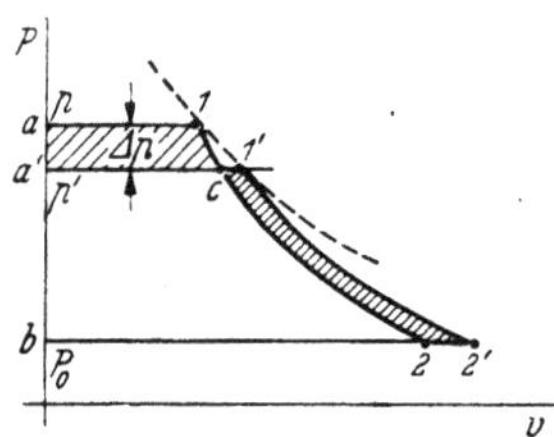

Abb. 44. Arbeitsverlust bei adiabater Expansion
mit Drosselung im P, v-Diagramm.

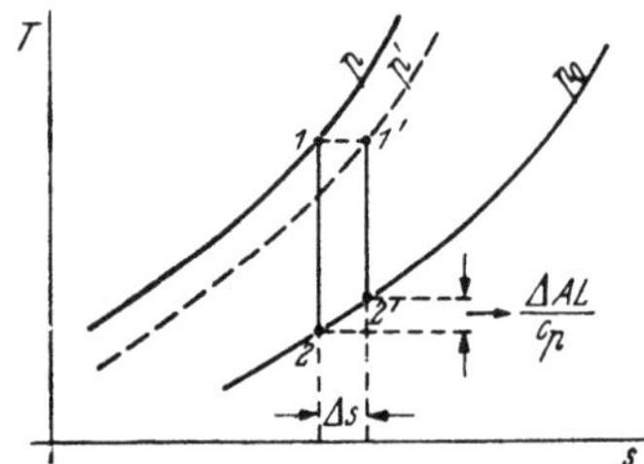

Abb. 45. Arbeitsverlust bei adiabater Expansion
mit Drosselung im T, s-Diagramm.

Aus der Darstellung dieser Vorgänge im T, s-Diagramm (Abb. 43) ersieht man,
daß der Arbeitsverlust $A\,\varDelta L$ auch durch die Fläche $1 - 1' - c' - c$ dargestellt
werden kann. Es ist danach

$$A\,\varDelta L = T_0\,(s_{1'} - s_1) = T_0\,\varDelta S$$

im Einklang mit Gl. (54). Zu dem gleichen Ergebnis gelangt man, wenn man
nach Gl. (92) $\varDelta s = A\,R \ln p/p'$ setzt und diese Gleichung mit Gl. (94) kombiniert.

β) *Adiabate Expansion* (Abb. 44 u. 45). Die Adiabate $1 - 2$ ohne Drosselung verschiebt sich nach der Drosselung im Einlaßventil in die Lage $1' - 2'$,
wobei die Punkte 1 und $1'$ auf der gleichen Isotherme $T_1 = $ konst. liegen. Die
Arbeit ohne Drosselung ist

$$A\,L_t = -A \int_{1}^{2} v\,dP = i_1 - i_2 = c_p\,(T_1 - T_2).$$

Bei konstantem c_p ist also das adiabate Temperaturgefälle $T_1 - T_2$ ein Maß
für die geleistete Arbeit. Daher kann man in Abb. 45 die Strecke $\overline{1\,2}$ als
dieses Maß betrachten und man erkennt sofort, daß, wenn sich durch Drosselung
der Punkt 1 nach $1'$ verschiebt, das verfügbare adiabate Temperaturgefälle
verkleinert und nur noch durch die Strecke $\overline{1'\,2'}$ dargestellt wird. Der Arbeitsverlust ist dann durch den vertikalen Abstand der Punkte 2 und $2'$ gegeben.

Im P, v-Diagramm (Abb. 44) sind die Verhältnisse nicht so klar zu übersehen, denn der Arbeitsverlust ΔL wird hier als Differenz zweier Flächen erhalten

$$\Delta L = (\text{Fläche } a-c-1'-a') - (\text{Fläche } c-1'-2'-2).$$

Aus Abb. 45 folgt

$$A\,\Delta L = c_p\,(T_{2'} - T_2).$$

Anderseits wird mit Gl. (55 b)

$$\Delta s = s_{1'} - s_1 = s_{2'} - s_2 = c_p \ln\left(\frac{T_{2'}}{T_2}\right)$$

und daher

$$A\,\Delta L = \frac{T_{2'} - T_2}{\ln\left(\dfrac{T_{2'}}{T_2}\right)}\,\Delta s.$$

Für geringe Werte von $\Delta p \doteq p - p'$ wird auch $\Delta T = T_{2'} - T_2$ klein bleiben, und es ist dann

$$\ln\left(\frac{T_{2'}}{T_2}\right) = \ln\left(1 + \frac{\Delta T}{T_2}\right) \approx \frac{\Delta T}{T_2}.$$

Daher wird

$$A\,\Delta L = T_2\,\Delta S$$

und diese Gleichung steht wieder in Einklang mit Gl. (54).

XVIII. Gasgemische.

1. Allgemeine Gesetzmäßigkeiten.

In der Technik hat man es sehr oft nicht mit einzelnen reinen Stoffen, sondern mit Gemischen aus verschiedenen Stoffen zu tun. Es soll hier der Fall von Gemischen aus idealen Gasen, die miteinander chemisch nicht reagieren, untersucht werden. Eines der wichtigsten Gemische dieser Art ist die atmosphärische Luft, die vorwiegend aus Stickstoff und Sauerstoff besteht, daneben aber noch kleine Anteile an Edelgasen besitzt. Andere Beispiele technisch wichtiger Gasgemische sind die in den Brennkraftmaschinen und zu Heizzwecken verwendeten Gase, wie Naturgas, Stadtgas, Generatorgas, Koksofengas, Hochofengas, Wassergas, ferner Feuergase, Auspuffgase von Motoren und zahlreiche Gasgemische, die bei chemisch-technischen Verfahren auftreten, z. B. bei der Ammoniaksynthese, der Kohleverflüssigung u. a.

Es soll angenommen werden, daß sich die einzelnen Komponenten des Gemisches wie ideale Gase verhalten. Die einzelnen Bestandteile sollen zunächst voneinander getrennt vorliegen, wobei alle den gleichen Druck P und die gleiche Temperatur T haben sollen (Abb. 46 oben; der Einfachheit halber sind nur zwei Bestandteile angenommen). Die Gewichte der einzelnen Gase bezeichnen wir mit G_1, G_2 usw. und nennen die Größen

$$\xi_1 = \frac{G_1}{G}, \quad \xi_2 = \frac{G_2}{G} \cdots, \quad \xi_i = \frac{G_i}{G}$$

die *Gewichtsanteile*, wenn $G = \sum G_i$ das Gesamtgewicht der Mischung aus i Bestandteilen bedeutet; es ist dann natürlich $\sum \xi_i = 1$. Dabei nehmen die einzelnen Gase die Räume V_1, V_2, ... ein und es sei $V = \sum V_i$ der eingenommene Gesamtraum. Die Gaskonstanten der einzelnen Gase seien R_1, R_2, ... und die Molekulargewichte μ_1, μ_2, ... Werden nun die Trennwände zwischen den einzelnen Gasen entfernt, dann breitet sich jedes Gas nach der zuerst von DALTON vermittelten Vorstellung über den ganzen Raum V aus (Abb. 46, unten), so daß man an jeder Stelle die gleiche Zusammensetzung antrifft. Die Temperatur und der Gesamtdruck bleiben dabei erfahrungsgemäß konstant. Ein solches gegenseitiges Durchdringen der Bestandteile bezeichnet man als Diffusion. Da dieser Vorgang ohne unser Zutun von selbst stattfindet, so müssen wir ihn im Sinne des auf S. 51 Gesagten als einen *natürlichen* Vorgang bezeichnen. Die umgekehrte Erscheinung — eine Trennung eines Gemisches in seine Bestandteile — findet nie von selbst statt, die Trennung ist also ein unnatürlicher Vorgang. Wir können das auch so ausdrücken, daß wir den Mischungsvorgang als nichtumkehrbar bezeichnen. Wir werden daher bei der Mischung eine Entropiezunahme erwarten. Obwohl bei der Diffusion weder Wärmemengen im Spiel sind, noch Temperaturänderungen eintreten, stellt sie doch einen thermodynamischen Vorgang dar, der durch den zweiten Hauptsatz beschrieben werden kann.

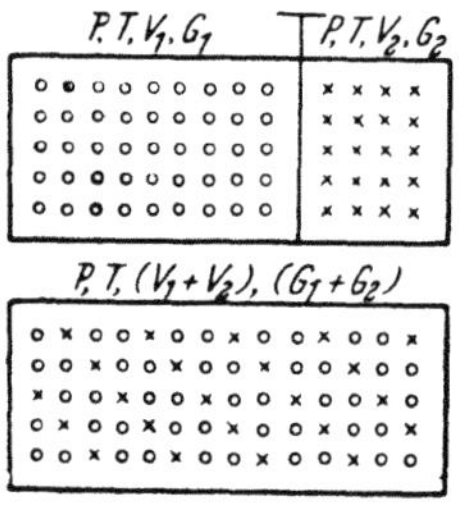

Abb. 46. Bild eines Mischungsvorganges von Gasen.

Wenn sich die einzelnen Gase nach Entfernung der Trennwände über den ganzen verfügbaren Raum ausgebreitet haben, dann kommt jedem dieser Gase ein Partialdruck zu, der sich aus der Zustandsgleichung

$$P_i = \frac{G_i R_i T}{V}$$

berechnen läßt.

Für ideale Gase ist nach DALTON die Summe der Partialdrücke aller Bestandteile gleich dem Gesamtdruck P, den die einzelnen Gase bei der Temperatur T und im Raum V_i vor der Mischung hatten[1]. Es ist also

$$P_1 + P_2 + \cdots = \sum P_i = P = \frac{T}{V} \sum (G_i R_i). \tag{95}$$

Anderseits verhält sich auch die Mischung wie ein ideales Gas mit einer Gaskonstanten R_m, so daß man setzen kann

$$P = \frac{G R_m T}{V}. \tag{96}$$

Aus dem Vergleich der beiden Gl. (95) und (96) läßt sich die Gaskonstante des Gemisches berechnen. Es wird

$$R_m = \frac{\sum (G_i R_i)}{G} = \sum (\xi_i R_i) = 848 \sum \frac{\xi_i}{\mu_i}. \tag{97}$$

Da bei der Mischung weder Wärme zu- oder abgeführt noch Arbeit geleistet oder verbraucht wurde, so muß die innere Energie vor und nach der Mischung die gleiche sein. Da sich auch die Temperatur nicht geändert hat, so können wir für die spezifischen Wärmen des Gemisches die Ansätze benutzen

$$(c_v)_m = \sum (\xi_i c_{v_i}),$$
$$(c_p)_m = \sum (\xi_i c_{p_i}).$$

Häufig sind für die einzelnen Bestandteile nicht die Gewichte G_i, sondern die Volume V_i, bezogen auf den gemeinsamen Druck P und die gemeinsame

---

[1] DALTON, J.: Manchester Phil. Soc. Bd. 5 (1802) S. 535 — Gilb. Ann. Bd. 12 (1802) S. 385; Bd. 15 (1803) S. 21. Den Partialdrücken kommt eine reale Bedeutung zu, da sie an semipermeablen Wänden direkt gemessen werden können. Über Abweichungen vom DALTONschen Gesetz bei hohen Drücken s. S. 267.

Temperatur T, gegeben. Dann verhalten sich offenbar die Volume wie die Partialdrücke, also

$$V_1 : V_2 : \cdots : V_i = P_1 : P_2 : \cdots : P_i.$$

Wir bezeichnen als *Raumanteile* die Größen

$$\mathfrak{v}_1 = \frac{V_1}{V}; \quad \mathfrak{v}_2 = \frac{V_2}{V}, \ldots, \quad \mathfrak{v}_i = \frac{V_i}{V}.$$

Es ist dann $\sum \mathfrak{v}_i = 1$. Nach dem Gesetz von Avogadro, Gl. (13), war für alle idealen Gase

$$\mu_1 v_1 = \mu_2 v_2 = \cdots = \mu_i v_i = \text{konst.}$$

Also muß die Proportion gelten

$$\mu_1 V_1 : \mu_2 V_2 : \ldots : \mu_i V_i = G_1 : G_2 : \ldots : G_i$$

oder

$$\frac{G_i}{\sum G_i} = \frac{\mu_i V_i}{\sum (\mu_i V_i)},$$

wofür wir auch schreiben können

$$\xi_i = \frac{\mu_i \mathfrak{v}_i}{\sum (\mu_i \mathfrak{v}_i)}. \tag{98}$$

Mit Hilfe dieser Gleichung lassen sich die Raumanteile in Gewichtsanteile umrechnen. Setzen wir den Wert von ξ_i nach Gl. (98) in Gl. (97) ein, dann wird

$$R_m = 848 \sum \frac{\mu_i \mathfrak{v}_i}{\mu_i \sum (\mu_i \mathfrak{v}_i)} = \frac{848}{\sum (\mu_i \mathfrak{v}_i)}.$$

Die Größe $\mu_m = \sum (\mu_i \mathfrak{v}_i)$ nennt man das scheinbare Molekulargewicht der Mischung. Es ist dann

$$R_m = \frac{848}{\mu_m}. \tag{99}$$

Auf S. 19 haben wir die spezifische Wärme, bezogen auf 1 m³ des Gases, mit C bezeichnet. Es ist dann für die Mischung

$$(C_v)_m = \sum (\mathfrak{v}_i C_{v_i}) \quad \text{und} \quad (C_p)_m = \sum (\mathfrak{v}_i C_{p_i}).$$

Da außerdem C der Molwärme μc proportional ist, so gilt auch für die Molwärmen

$$(\mu c_v)_m = \sum (\mathfrak{v}_i \mu_i c_{v_i}) \quad \text{und} \quad (\mu c_p)_m = \sum (\mathfrak{v}_i \mu c_{p_i}).$$

2. Die Nichtumkehrbarkeit des Mischungsvorganges.

Wir wollen uns der Einfachheit halber auf die Vermischung von nur zwei Bestandteilen nach Abb. 46 beschränken. Der Mischungsvorgang besteht dann, wie bereits besprochen, darin, daß sich jedes Gas von seinem ursprünglichen Volum isotherm auf das Gesamtvolum V ausdehnt, wobei der Druck von dem ursprünglichen Gesamtdruck P auf den zugehörigen Partialdruck abnimmt.

Bei diesen isothermen Ausdehnungen müßte es grundsätzlich möglich sein, Arbeit zu leisten und nach außen abzugeben, wofür man allerdings die dieser Arbeit äquivalente Wärmemenge von der Umgebung aufnehmen müßte.

Diese Arbeit würde dann genügen, um die Mischung nach Belieben wieder in ihre Bestandteile zu trennen, wodurch der Vorgang umkehrbar geworden wäre. Da ein Arbeitsgewinn aber beim Mischungsvorgang unterbleibt, so ist seine Umkehrung ohne äußere Kompensationen nicht möglich.

Bei der isothermen Ausdehnung des Gases 1 vom Volum V_1 auf V könnte die Arbeit

$$L_1 = G_1 R_1 T \ln\left(\frac{V}{V_1}\right) = G_1 R_1 T \ln\left(\frac{P}{P_1}\right)$$

gewonnen werden. Ebenso könnte das Gas 2 die Arbeit

$$L_2 = G_2 R_2 T \ln\left(\frac{P}{P_2}\right)$$

leisten. Insgesamt hätte man also bei umkehrbarer Mischung die Arbeit

$$L = T\left[G_1 R_1 \ln\left(\frac{P}{P_1}\right) + G_2 R_2 \ln\left(\frac{P}{P_2}\right)\right] \tag{100}$$

gewinnen können. Der gleiche Arbeitsbetrag muß also auch *mindestens* für die Trennung eines Gemisches in seine Bestandteile aufgewendet werden. Diese Aufgabe wird in Band VIII dieses Handbuchs ausführlich behandelt, sie stellt eine der zahlreichen Aufgaben der Tieftemperaturtechnik dar.

VAN'T HOFF hat gezeigt, wie man mit Hilfe halbdurchlässiger (semipermeabler) Wände die Gemischbildung umkehrbar gestalten könnte[1].

Es kann nun in sehr einfacher Weise die Entropiezunahme bei der Vermischung zweier (oder mehrerer) Gase und daraus auch die Entropie der Mischung selbst berechnet werden. Vor der Vermischung besitzen beide Gase den gleichen Druck P und die gleiche Temperatur T (Abb. 46, oben). Die Gesamtentropie S setzt sich additiv aus den Einzelentropien S_1 und S_2 der beiden Gase zusammen. Es ist also

$$\begin{aligned} S = S_1 + S_2 &= G_1\left(c_{p_1} \ln T - A R_1 \ln P + k_1\right) + \\ &+ G_2\left(c_{p_2} \ln T - A R_2 \ln P + k_2\right), \end{aligned} \tag{101}$$

worin k_1 und k_2 die willkürlichen Entropiekonstanten der einzelnen Gase bedeuten.

Bei der Vermischung (Diffusion) hätte bei reversibler Leitung der Vorgänge z. B. mit Hilfe der halbdurchlässigen Wände die isotherme Expansionsarbeit L nach Gl. (100) gewonnen werden können. Da das nicht geschehen ist, stellt L den Arbeitsverlust durch den nichtumkehrbaren Mischungsvorgang dar. Nach Gl. (54) ergibt sich dabei eine Entropiezunahme

$$\Delta S = \frac{A L}{T} = G_1 A R_1 \ln\left(\frac{P}{P_1}\right) + G_2 A R_2 \ln\left(\frac{P}{P_2}\right). \tag{102}$$

Aus den Gl. (101) und (102) erhält man für die Entropie S' nach der Mischung

$$\begin{aligned} S' = S + \Delta S &= G_1\left(c_{p_1} \ln T - A R_1 \ln P_1 + k_1\right) + \\ &+ G_2\left(c_{p_2} \ln T - A R_2 \ln P_2 + k_2\right). \end{aligned} \tag{103}$$

Gl. (103) bringt den Satz von W. GIBBS zum Ausdruck, welcher lautet: Die Entropie einer Gasmischung ist gleich der Summe der Entropien der Einzel-

---

[1] Vgl. M. PLANCK: Thermodynamik, 8. Aufl., S. 214. Berlin u. Leipzig: W. de Gruyter u. Co. 1927.

gase, wenn ein jedes das ganze Volum der Mischung einnimmt (und daher nur einen Partialdruck besitzt).

Es kann noch gefragt werden, bei welchem Mischungsverhältnis der beiden Komponenten die Arbeit L und damit auch die Entropievermehrung ΔS ein Maximum wird. Führen wir in Gl. (103) an Stelle der Gewichte G_1 und G_2 die Molzahlen n_1 und n_2 ein, wobei

$$n_1 = \frac{G_1}{\mu_1} = \frac{P V_1}{848\,T} \quad \text{und} \quad n_2 = \frac{G_2}{\mu_2} = \frac{P V_2}{848\,T},$$

dann wird

$$\frac{n_1}{n_2} = \frac{V_1}{V_2} = \frac{P_1}{P_2}$$

und daher

$$\frac{P}{P_1} = \frac{n}{n_1} \quad \text{und} \quad \frac{P}{P_2} = \frac{n}{n_2},$$

wenn wir $n = n_1 + n_2$ setzen. Aus Gl. (102) folgt dann mit $AR\mu = 1{,}986$ [s. Gl. (14)]

$$\Delta s = 1{,}986 \left(n_1 \ln \frac{n}{n_1} + n_2 \ln \frac{n}{n_2} \right)$$

$$= 1{,}986\,n \left[\frac{n_1}{n} \ln \frac{1}{n_1/n} + \left(1 - \frac{n_1}{n} \right) \ln \frac{1}{1 - n_1/n} \right]$$

$$= 1{,}986\,n \left[- x \ln x - \ln(1 - x) + x \ln(1 - x) \right],$$

wenn $n_1/n = x$ gesetzt wird.

Die Entropiezunahme wird ein Maximum, wenn $d\Delta S/dx = 0$ ist. Die Differentiation liefert

$$\frac{d\Delta S}{dx} = 1{,}986\,n \left[- \ln x - 1 + \frac{1}{1-x} + \ln(1-x) - \frac{x}{1-x} \right] = 0,$$

und daraus folgt

$$\ln \frac{1-x}{x} = 0 \quad \text{oder} \quad x = \frac{n_1}{n} = \frac{1}{2}$$

und daher $n_1 = n_2$.

Die Entropiezunahme wird also am größten, wenn wir gleiche Molzahlen oder, was dasselbe bedeutet, gleiche Raumteile zweier Gase mischen.

Es ist klar, daß die vorstehende Betrachtung nur dann gilt, wenn die beiden Bestandteile zwar beliebig gewählt, aber doch chemisch verschieden sind, z. B. O_2 und N_2 (sie dürfen nur nicht chemisch miteinander reagieren). Würden wir in Abb. 46, oben, in beiden Räumen das gleiche Gas haben, dann würde nach Entfernung der Wand keine Diffusion eintreten und es könnte keine Entropievermehrung nach Gl. (102) resultieren. Die hiermit verbundenen gedanklichen Schwierigkeiten bezeichnet man als das GIBBSsche Paradoxon[1].

---

[1] Vgl. hierzu z. B. MÜLLER-POUILLET: Lehrbuch der Physik, bearbeitet von A. EUCKEN, 11. Aufl., Bd. 3, erste Hälfte, S. 175. Braunschweig: F. Vieweg 1926.

B. Reale Gase und Aggregatzustandsänderungen.

I. Das Zustandsbild für reale Gase, Dämpfe und Flüssigkeiten.

Auf S. 6 haben wir bereits hervorgehoben, daß der thermische Zustand eines Körpers durch zwei von den drei fundamentalen Zustandsgrößen — dem Druck P, der Temperatur T und dem spezifischen Volum v — gegeben ist. Zwischen diesen drei Größen besteht ein funktionaler Zusammenhang in der Form

$$f(P, v, T) = 0,$$

den man als thermische Zustandsgleichung bezeichnet.

Auf S. 15 wurde diese Zustandsgleichung in expliziter Form für den einfachsten Fall der sog. idealen Gase abgeleitet, welche die Gesetze von BOYLE-MARIOTTE, GAY-LUSSAC und AVOGADRO streng befolgen und bei denen die innere Energie u nur eine Funktion der Temperatur ist. Wir hatten betont, daß ein ideales Gas eine Abstraktion darstellt, und daß alle wirklichen (realen) Gase gewisse, wenn oft auch nur sehr kleine Abweichungen von dem Verhalten idealer Gase aufweisen[1]. Die Abweichungen von den Gesetzen idealer Gase werden um so kleiner, je niedriger der Druck und je höher die Temperatur ist, d. h. also, je größer das spezifische Volum oder je kleiner das spezifische Gewicht ist.

Für ideale Gase lautete die Zustandsgleichung (12) für 1 kg

$$Pv = RT.$$

Betrachtet man P, v und T als räumliche Koordinaten, so ist das die Gleichung eines hyperbolischen Paraboloids (Sattelfläche).

Diese Zustandsgleichung idealer Gase läßt sich auch aus den Anschauungen der kinetischen Gastheorie ableiten, wenn man annimmt,

1. daß die Moleküle punktförmig zu denken sind, also kein Eigenvolum besitzen,

2. daß zwischen den Molekülen keinerlei anziehende oder abstoßende Kräfte wirken.

Diese beiden Annahmen dürfen aber nur bei sehr verdünnten Gasen gemacht werden, bei denen die Abstände der Moleküle (die wir uns als elastische Kugeln denken) groß sind im Vergleich zu dem Moleküldurchmesser. Bei größeren spezifischen Gewichten treten sehr bald merkliche Abweichungen von dem Verhalten idealer Gase auf, die uns zwingen, die einfache Zustandsgleichung (12) mit entsprechenden Korrekturgliedern zu versehen. Die beobachteten Abweichungen sind bei allen Stoffen qualitativ gleich, wenn sich auch quantitativ wesentliche Eigentümlichkeiten bei den einzelnen Stoffen zeigen. Wir wollen das Verhalten der Materie an Hand des P, v-Diagramms (Abb. 47) verfolgen, welches die Vorgänge zwar nicht maßstäblich, aber dafür anschaulich darstellt.

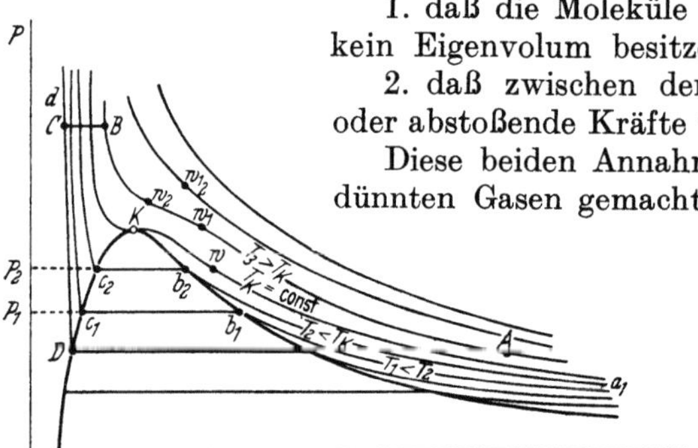

Abb. 47. Verlauf von Isothermen im P, v-Diagramm in weiten Druck- und Temperaturbereichen.

---

[1] Eine sehr vollständige Übersicht über die Abweichungen realer Gase vom Gesetz von BOYLE-MARIOTTE findet sich bei L. DÉCOMBE: La compressibilité des gaz réels. Scientia, Paris 1903, Nr. 21.

Im P, v-Diagramm verlaufen Isothermen idealer Gase als gleichseitige Hyperbeln. Solche Hyperbeläste finden wir in Abb. 47 im rechten unteren Teil des Diagramms. So stellt z. B. die Isotherme $T_1 =$ konst. bei niedrigen Drücken (bei a_1) sehr angenähert eine gleichseitige Hyperbel dar. In dem Maße aber, wie der Druck gesteigert wird, bleibt das Produkt Pv auf der Isotherme nicht konstant, sondern nimmt ab, das Volum wird also kleiner als beim idealen Gas und das reale Gas ist stärker zusammendrückbar. Dieses Verhalten setzt sich fort, bis bei einem dem Punkt b_1 entsprechenden Druck P_1 die Verflüssigung des Gases einsetzt. Das Volum nimmt dann bei konstantem Druck P_1 sehr bedeutend ab, bis das ganze Gas im Punkt c_1 verflüssigt ist. Bei weiterer isothermer Drucksteigerung von c_1 bis d_1 nimmt das Volum nur noch sehr langsam ab, das Produkt Pv nimmt daher rasch zu, weil Flüssigkeiten bekanntlich sehr schwach zusammendrückbar sind.

Verfolgt man den gleichen Vorgang bei einer höheren Temperatur T_2, dann findet man ein ähnliches Verhalten, jedoch mit dem Unterschied, daß die Verflüssigung erst bei einem höheren Druck P_2 (im Punkt b_2) einsetzt, der dann aber wieder konstant bleibt, bis die ganze Gasmasse in den flüssigen Aggregatzustand übergegangen ist. Die Strecke $\overline{b_2\,c_2}$ ist kürzer als $\overline{b_1\,c_1}$. Bei weiterer Steigerung der Temperatur erreicht man eine Isotherme $T_k =$ konst., die sich dadurch auszeichnet, daß die horizontale Strecke $b-c$, längs welcher die Aggregatzustandsänderung vor sich ging, in einen Wendepunkt K mit horizontaler Wendetangente ausartet. Man bezeichnet diesen Punkt als den „kritischen Punkt"; es sind ihm zugeordnet: der kritische Druck P_k, das kritische (spezifische) Volum v_k und die kritische Temperatur T_k. Die kritische Isotherme hat bei w noch einen zweiten Wendepunkt.

Oberhalb der kritischen Temperatur ist eine Verflüssigung des Gases nicht mehr möglich; bei einer Temperatur $T_3 > T_k$ verläuft die Isotherme ohne Knick, sie hat aber noch zwei Wendepunkte w_1 und w_2, die jedoch bei noch höheren Temperaturen zusammenfließen und dann ganz verschwinden, wobei der gesamte Verlauf sich demjenigen einer Hyperbel immer mehr nähert. Auf den Isothermen $T_3 > T_k$ nimmt das Produkt Pv zuerst ab, erreicht ein Minimum und nimmt dann langsam wieder zu. Bei sehr hohen Temperaturen, etwa $T > 2,5\,T_k$, ist nur noch eine Zunahme von Pv mit wachsendem Druck festzustellen.

Der geometrische Ort aller Punkte b wird als die *rechte Grenzkurve* bezeichnet. Wird diese Kurve von rechts kommend erreicht, dann bedeutet das den Beginn der Verflüssigung (Kondensation) des Gases. Wird sie aber von links kommend, also auf den Geraden $b-c$ erreicht, dann ist damit die vollständige Verdampfung der Flüssigkeit erreicht. Zustände auf der rechten Grenzkurve bezeichnet man als *trocken gesättigten Dampf*.

Der geometrische Ort aller Punkte c bildet die *linke Grenzkurve*; je nach der Richtung, in welcher sie erreicht wird, ist auf ihr die Verflüssigung abgeschlossen, oder es beginnt gerade die Verdampfung. Auf der linken Grenzkurve befindet sich also die Flüssigkeit im *Siedezustand*. Die linke und rechte Grenzkurve gehen im kritischen Punkt stetig ineinander über, es besteht hier kein Unterschied zwischen den beiden Aggregatzuständen.

Der kritische Zustand wurde zuerst von CAGNIARD DE LA TOUR (1822) an mehreren Stoffen beobachtet[1]. Der wahre Sinn des kritischen Zustandes wurde aber erst durch die Versuche von THOMAS ANDREWS (1813—1885) an Kohlendioxyd (CO_2) klargestellt (1869)[2]. Eine Schar von Isothermen des Kohlen-

---

[1] CAGNIARD DE LA TOUR: Ann. Chim. Phys. (2) Bd. 21 (1822) S. 127 u. 178; Bd. 22 (1823) S. 140; Bd. 23 (1823) S. 410.

[2] ANDREWS, TH.: Phil. Trans. Lond. Bd. 159 II (1869) S. 575; Bd. 166 II (1876) S. 421. — Vgl. auch R. PLANK: Z. Elektrochem. Bd. 41 (1935) S. 804.

dioxyds ist in Abb. 48 maßstäblich dargestellt. Im kritischen Punkt ist $p_k = 74,96$ ata, $t_k = 31,0°$ C und $v_k = 2,156$ l/kg. Die Grenzkurven sind dick ausgezogen. Die Volumzunahme bei der Verdampfung ist in größerer Entfernung vom kritischen Punkt sehr groß. Kohlendioxyd von $-20°$ C und bei einem Druck von 20 ata hat z. B. als siedende Flüssigkeit ein Volum von 0,97 l/kg und als trocken gesättigter Dampf von 19,47 l/kg. Besonders groß ist die Volumänderung bei der Verdampfung von Wasser; beim Druck von 1 ata und einer Temperatur von 99,1° C ändert sich das Volum von 1 l/kg auf 1727 l/kg. Zwischen den beiden Grenzkurven in den Abb. 47 und 48 liegt das Gebiet *nasser Dämpfe,*

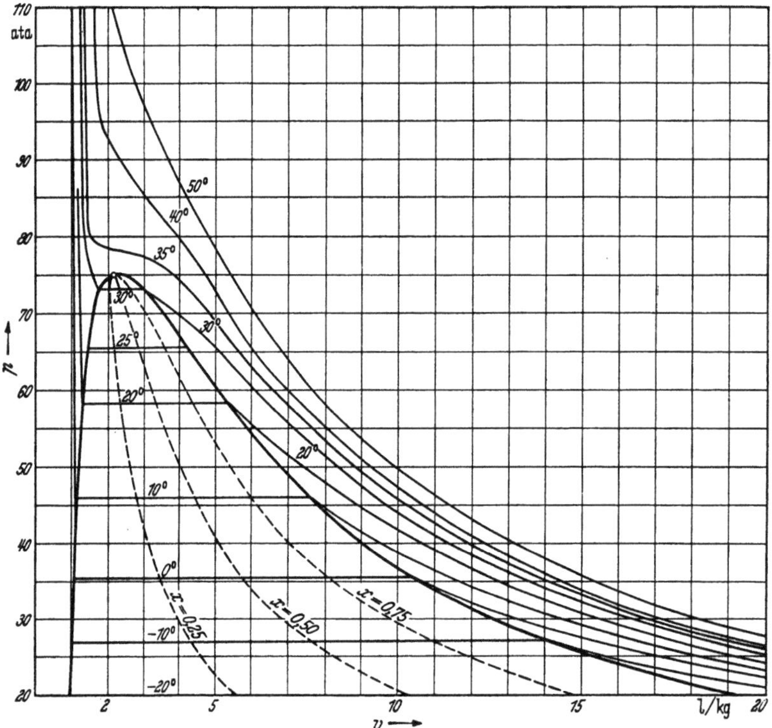

Abb. 48. Isothermen von Kohlendioxyd m *P, v*-Diagramm.

das sind Gemische aus Dampf und Flüssigkeit. Dampf und Flüssigkeit haben dabei stets den gleichen Druck und die gleiche Temperatur, sie befinden sich daher miteinander im thermodynamischen Gleichgewicht. Im Naßdampfgebiet fallen die Isothermen $T =$ konst. mit den Isobaren $P =$ konst. zusammen, wodurch der Unterschied gegen das Verhalten idealer Gase besonders scharf zutage tritt. Die horizontalen Abstände zwischen den Grenzkurven können in eine Anzahl gleicher Teile geteilt werden. Der geometrische Ort aller Halbierungen ergibt z. B. die gestrichelte Linie $x = 0,5$ in Abb. 48; auf dieser Linie besteht der nasse Dampf aus 50% trocken gesättigtem Dampf und 50% siedender Flüssigkeit. Ebenso besteht der nasse Dampf auf der Linie $x = 0,25$ aus 25% trocken gesättigtem Dampf und 75% siedender Flüssigkeit. Man bezeichnet x als den spezifischen Dampfgehalt.

Wird die rechte Grenzkurve z. B. bei konstantem Druck nach rechts überschritten, dann tritt man in das Gebiet überhitzter Dämpfe (realer Gase). In unmittelbarer Nähe der rechten Grenzkurve sind dabei die Abweichungen von der Zustandsgleichung idealer Gase bei höheren Drücken recht groß. Bei tiefen Drücken und in größerer Entfernung von der rechten Grenzkurve wird aber diese Zustandsgleichung immer genauer erfüllt. Im überkritischen Gebiet ($P > P_k$ und $T > T_k$) weicht das Verhalten der Stoffe von demjenigen idealer Gase besonders stark ab; es wird hier recht schwierig, das tatsächliche Verhalten durch eine Zustandsgleichung zahlenmäßig richtig wiederzugeben.

Links von der linken Grenzkurve liegt das Gebiet der nichtsiedenden Flüssigkeit und im allgemeinen auch das Gebiet des festen Zustandes, da das Volum beim Erstarren einer Flüssigkeit abnimmt. Nur Wasser bildet darin eine Ausnahme.

Für $T > T_k$ ist eine Verflüssigung, also ein Übergang in eine tropfbare Flüssigkeit überhaupt nicht mehr möglich. Man glaubte früher, daß es sog. „permanente" Gase gäbe, die sich überhaupt nicht verflüssigen ließen, und zählte dazu H_2, N_2, O_2, CO u. a. Diese Gase ließen sich in der Tat trotz Anwendung sehr hoher Drücke nicht in den flüssigen Zustand überführen. So hat z. B. NATTERER (1844) Drücke bis zu 1000 Atm erfolglos angewendet, weil er die Temperatur nicht unter T_k senken konnte[1]. Die kritische Temperatur der genannten „permanenten" Gase liegt in der Tat sehr tief und sie konnte mit den damals verfügbaren Mitteln der Kältetechnik nicht erreicht werden. Gegenwärtig sind alle Gase sowohl in den flüssigen wie auch in den festen Zustand übergeführt worden. Die größten Schwierigkeiten bereitete Helium, dessen kritische Temperatur bei $-267,9°$ C ($5,26°$ K) liegt. (Vgl. Band I dieses Handbuchs, Geschichtlicher Teil.)

Oberhalb T_k geht der gasförmige Zustand stetig (kontinuierlich) in den „flüssigen" Zustand über. Eine Flüssigkeit ist dann nur noch als ein hochverdichtetes Gas aufzufassen. Eine Übergangsgrenze, die sich durch Tropfenbildung, Erscheinen eines Meniskus oder durch das Auftreten latenter Wärmen kenntlich macht, kann nirgends mehr festgestellt werden.

Man findet gelegentlich (und gerade in jüngster Zeit) die Ansicht vertreten, daß es nicht einen kritischen *Punkt*, sondern ein gewisses kritisches *Gebiet* gibt (vgl. hierzu S. 244). Indessen neigen die meisten Forscher zu der Ansicht, daß ein kritisches Gebiet nur durch Verunreinigungen des untersuchten Stoffes vorgetäuscht wird[2]. Wir wollen im folgenden die Existenz eines scharfen kritischen Punktes voraussetzen.

Die Abweichungen von der Zustandsgleichung idealer Gase sind besonders deutlich zu erkennen, wenn man das Produkt Pv über dem Druck aufträgt und in dieses Diagramm (Abb. 49 für CO_2) Isothermen einzeichnet. Nach dem Gesetz von BOYLE-MARIOTTE würde man eine Schar horizontaler Linien erwarten, es treten aber, wie man sieht, bedeutende Abweichungen auf, die wir im vorhergehenden schon besprochen haben. Auf jeder Isotherme (im Bereich $T < 2,5\,T_k$, also bei CO_2 unterhalb $T = 760°$ K) findet sich ein Punkt, für welchen Pv ein Minimum hat, wo also die Bedingung $\left(\dfrac{\partial(Pv)}{\partial P}\right)_T = 0$ erfüllt ist, die das BOYLE-MARIOTTEsche Gesetz fordert. Man bezeichnet einen solchen Punkt als „BOYLE-Punkt" und den geometrischen Ort aller dieser Punkte als „BOYLE-Kurve". Ein Teil dieser Kurve B ist in Abb. 49 gestrichelt gezeichnet, sie hat eine parabolische Form. Bei $T \approx 2,5\,T_k$ schneidet die BOYLE-Kurve die P-Achse, der BOYLE-Punkt liegt dann also bei $P = 0$. Für alle höheren Temperaturen nehmen die Pv-Werte mit wachsendem Druck dauernd zu. In

---

[1] NATTERER: Pogg. Ann. Bd. 62 (1844) S. 132.
[2] Vgl. z. B. R. PLANK: Forsch. Ing.-Wes. Bd. 7 (1936) S. 161. — H. BAEHR: Kältetechnik Bd. 4 (1952), S. 197.

Abb. 49 finden sich links unten auch die dick ausgezogenen Grenzkurven wieder, wobei sich der obere Ast, entsprechend den größeren Volumwerten, auf trocken gesättigten Dampf und der untere Ast auf siedende Flüssigkeit bezieht. Der Maßstab für Pv ist so gewählt, daß bei 0° C und 1 Atm $Pv = 1$ wird (AMAGAT-Einheiten).

Ein sehr genaues Pv, P-Diagramm von Luft für Temperaturen von 80 bis 380° K und für Drücke von 0 bis 210 ata mit eingezeichneter BOYLE-Kurve und *Ideal*-Kurve (s. weiter unten) hat H. HAUSEN entworfen[1].

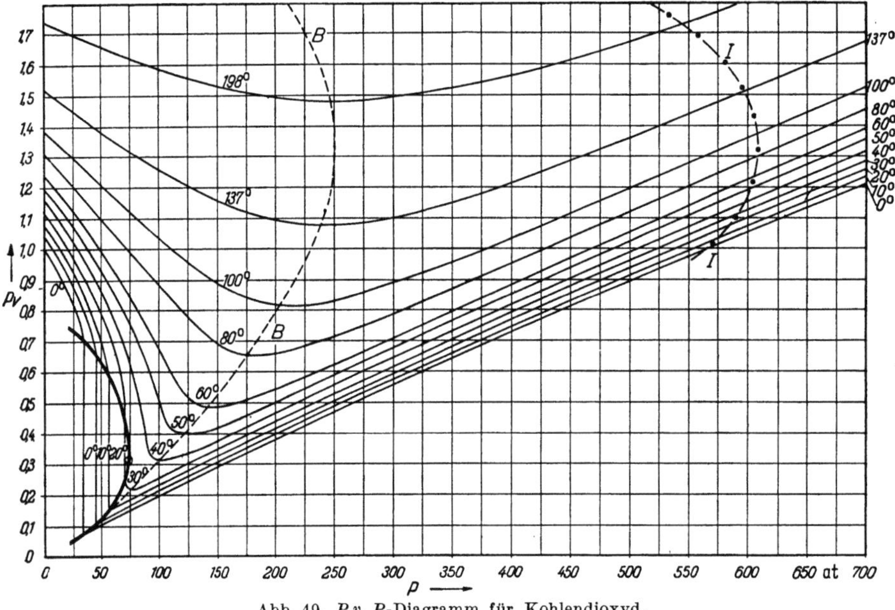

Abb. 49. Pv, P-Diagramm für Kohlendioxyd.

Eine weitere Möglichkeit, die Abweichungen der realen Gase vom Verhalten idealer Gase zu veranschaulichen, besteht darin, daß man die Größe Pv/RT über dem Druck aufträgt und in dieses Diagramm wieder eine Schar von Isothermen einzeichnet. Im idealen Gaszustand müßte überall $Pv/RT = 1$ sein. Wie aus Tab. 9 zu ersehen ist, nehmen z. B. für Kohlendioxyd bei allen dort

Tabelle 9. *Werte von Pv/RT für Kohlendioxyd nach* AMAGAT.

Druck in Atm	0°	10°	20°	30°	40°	50°	60°	80°	100°	137°	198° C
0	1,000	1,000	1,000	1,000	1,000	1,000	1,000	1,000	1,000	1,000	1,000
50	0,104	0,110	0,629	0,693	0,736	0,772	0,801	0,842	0,878	0,913	0,952
75	0,152	0,156	0,167	0,196	0,537	0,627	0,685	0,759	0,813	0,872	0,931
100	0,201	0,203	0,212	0,228	0,267	0,412	0,538	0,670	0,749	0,832	0,912
150	0,293	0,296	0,302	0,310	0,327	0,352	0,395	0,523	0,639	0,766	0,882
200	0,383	0,385	0,387	0,393	0,405	0,419	0,442	0,507	0,593	0,725	0,862
300	0,557	0,555	0,555	0,558	0,562	0,568	0,578	0,607	0,647	0,733	0,861
400	0,724	0,717	0,714	0,711	0,712	0,715	0,720	0,735	0,755	0,806	0,900
500	0,885	0,875	0,867	0,861	0,857	0,857	0,859	0,863	0,873	0,901	0,966
600	1,042	1,028	1,019	1,011	1,003	0,996	0,992	0,990	0,993	1,003	1,043
700	1,197	1,180	1,165	1,153	1,142	1,133	1,127	1,118	1,111	1,109	1,126

[1] HAUSEN, H.: Der Thomson-Joule-Effekt und die Zustandsgrößen der Luft. Forsch.-Arb. Ing.-Wes. Heft 274. Berlin: VDI-Verlag 1926.

angegebenen Temperaturen die Werte von Pv/RT, ausgehend vom Wert 1 für den idealen Gaszustand bei unendlicher Verdünnung ($P = 0$), mit wachsendem Druck zuerst ab und dann wieder zu. Bei einem bestimmten hohen Druck wird dann wieder der Wert $Pv/RT = 1$ erreicht; einen solchen Punkt bezeichnet man als *Idealpunkt* und den geometrischen Ort aller Idealpunkte als *Idealkurve*.

Die Idealpunkte liegen für den ganzen Temperaturbereich der Tab. 9 im Bereich von etwa 550 bis 600 Atm. mit einem flachen Maximum bei etwa 80° C. Für Temperaturen unter 0° C und über 200° C liegen die Idealpunkte bei tieferen Drücken; für eine Temperatur $T \approx 2{,}5\, T_k$, die bei CO_2 760° K entspricht, sinkt der Idealpunkt sogar auf den Druck $P = 0$ und fällt hier mit dem BOYLE-Punkt zusammen. Für noch höhere Temperaturen gibt es keine Idealpunkte mehr, die Werte Pv/RT nehmen dauernd zu und sind bei allen Drücken größer als 1.

Ein Ast der Idealkurve I für CO_2 ist in Abb. 49 strichpunktiert eingezeichnet. In diesem Diagramm liegen die Idealpunkte auf jeder Isotherme an denjenigen Stellen, wo Pv wieder den gleichen Wert hat wie bei $P = 0$.

Von dem in Abb. 47 dargestellten Zustandsgebiet wollen wir zuerst den Bereich der nassen Dämpfe, der zwischen den Grenzkurven eingeschlossen ist, näher untersuchen.

II. Die thermischen Größen im Naßdampfgebiet.

1. Die Dampfdruckkurve.

Wie aus Abb. 47 zu erkennen ist, wird ein Gas, das unterhalb des kritischen Druckes bei konstantem Druck P abgekühlt wird, bei einer bestimmten Temperatur T, die einem Punkt b entspricht, die Kondensationsgrenze erreichen und sich bei weiterem Wärmeentzuge bei konstanter Temperatur verflüssigen. Ebenso erreicht eine Flüssigkeit bei Erwärmung unter konstantem Druck schließlich in einem Punkt c eine Temperatur, bei der sie zu sieden beginnt, und die bei weiterer Wärmezufuhr so lange konstant bleibt, bis alle Flüssigkeit verdampft ist. Jedem Druck ist eine bestimmte Siede- bzw. Kondensationstemperatur zugeordnet, die um so höher ist, je höher der Druck gewählt wird, und die für jeden Körper verschieden ist. Die Funktion

$$P = f(T) \tag{104}$$

bezeichnet man als Dampfdruckkurve oder als Spannungskurve. Ihr Verlauf ist für verschiedene Stoffe in Abb. 50 dargestellt. Genaue Zahlenwerte für die wichtigsten Kältemittel findet man in Band IV dieses Handbuchs, in den Dampftafeln. Die Dampfdruckkurven erstrecken sich vom Schmelzpunkt bis zum kritischen Punkt der Stoffe, sie zeigen an, bei welchen Werten von P und T Flüssigkeit und Dampf miteinander im Gleichgewicht sind.

Unterhalb des Schmelzpunktes (oder Erstarrungspunktes) kann man auch Wertepaare von P und T angeben, bei denen dann aber der feste Zustand mit dem dampfförmigen im Gleichgewicht ist, denn auch feste Körper besitzen einen Dampfdruck, wenn dieser auch oft nur verschwindend klein ist. Den Übergang aus dem festen Zustand in den dampfförmigen bezeichnet man als *Sublimation* (s. S. 234). Wassereis hat z. B. bei 0° C immer noch einen Dampfdruck von 4,58 Torr und bei —40° C von rund 0,1 Torr.

Die Temperatur, bei welcher eine Flüssigkeit unter dem Druck von 1 Atm = 760 Torr siedet, bezeichnet man als die *normale Siedetemperatur*. Fast bei allen Stoffen liegt die normale Siedetemperatur t_{Sn} wesentlich höher als die Erstarrungs- oder Schmelztemperatur t_f, so ist z. B. für Wasser $t_{Sn} = 100°$ C und $t_f = 0°$ C. Es gibt aber einige Stoffe, wie CO_2, SF_6 u. a., bei denen $t_{Sn} < t_f$ ist. Solche Stoffe besitzen dann bei t_f noch einen recht hohen Sublimationsdruck. So erstarrt z. B. CO_2 bei $t_f = -56,6°$ C unter einem Druck von 5,28 ata; unterhalb dieser Temperatur kann Kohlendioxyd im flüssigen Zustand nicht

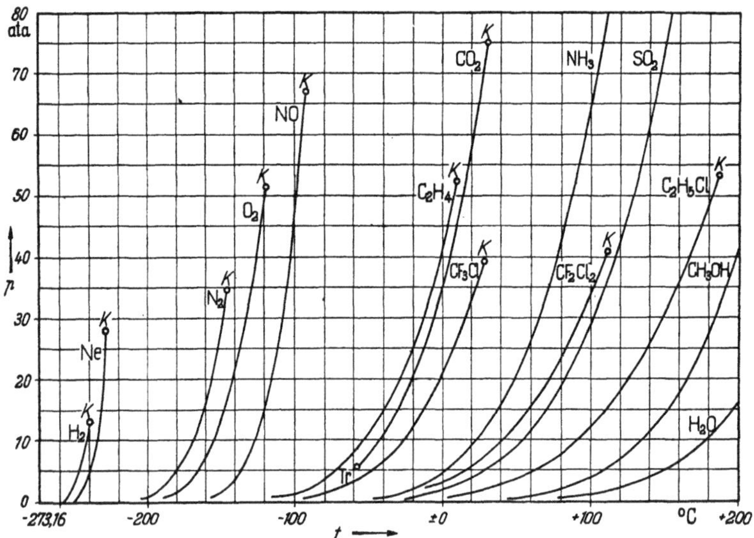

Abb. 50. Dampfdruckkurven verschiedener Stoffe.

mehr existieren. Das feste Kohlendioxyd, das man auch als *Trockeneis* bezeichnet und das in der Kältetechnik eine gewisse Rolle spielt (vgl. Band XII dieses Handbuchs), geht bei Temperaturen unterhalb $-56,6°$ aus dem festen Zustand unmittelbar in Dampf über, es sublimiert also unter hohem Druck. Erst bei $-78,5°$ C sinkt der Dampfdruck des festen CO_2 auf 1 Atm. Auch für das Gleichgewicht fest—dampfförmig wächst der Druck stets mit wachsender Temperatur.

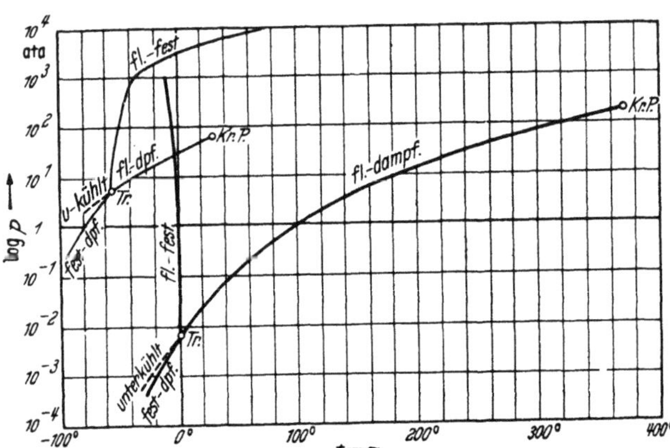

Abb. 51. Gleichgewichtskurven (Flüssigkeit–Dampf, fester Zustand–Dampf, Flüssigkeit–fester Zustand) für Wasser (stark ausgezogene) und Kohlendioxyd (dünne Linie).

Schließlich gibt es noch eine dritte Gleichgewichtskurve für den Schmelz- bzw. Erstarrungsvorgang. Während aber z. B. beim Wassereis die Schmelztemperatur mit wachsendem Druck sinkt, nimmt sie beim Trockeneis mit wachsendem Druck zu. Wir werden sehen (s. S. 123), wovon es abhängt, ob der eine oder der andere Fall eintritt.

In Abb. 51 sind die drei Gleichgewichtskurven für H_2O und CO_2 dargestellt, wobei der Druck logarithmisch aufgetragen ist.

Die drei Gleichgewichtskurven schneiden sich in einem Punkt, der den einzigen Zustand kennzeichnet, in dem alle drei Aggregatzustände oder Phasen eines Stoffes gleichzeitig nebeneinander dauernd bestehen können. Man bezeichnet diesen Punkt als *Tripelpunkt*. Er liegt für Wasser bei $+0,0098°$ C und $0,00623$ ata, also in unmittelbarer Nähe des normalen Erstarrungspunktes.

Wir wollen uns im folgenden auf die Dampfdruckkurve flüssig—dampfförmig beschränken[1]. Es sei hervorgehoben, daß sich diese Kurve um ein gewisses Stück unter den Erstarrungspunkt verlängern läßt (in Abb. 51 gestrichelt), weil eine Flüssigkeit bei vorsichtigem Abkühlen auch noch unterhalb der Erstarrungstemperatur flüssig bleiben kann. Es handelt sich dabei aber nicht mehr um ein stabiles, sondern um ein labiles Gleichgewicht. Man bezeichnet diese Erscheinung als *Unterkühlung* einer Flüssigkeit. Bei Wasser wurde eine Abkühlung unter $0°$ zuerst von FAHRENHEIT (1724) beobachtet. GAY-LUSSAC zeigte, daß Wasser, welches mit einer Ölschicht bedeckt ist, bis $-12°$ C abgekühlt werden kann, ohne zu gefrieren. Inzwischen sind noch tiefere Unterkühlungstemperaturen erreicht worden. Das Verhalten unterkühlter Flüssigkeiten wurde besonders von G. TAMMANN (seit 1897) eingehend studiert[2], der auch den Einfluß der Unterkühlungstemperatur auf die Kristallisationsgeschwindigkeit und auf die Zahl der Kristallisationskerne beim Erstarren untersuchte. Er fand, daß beide Größen mit sinkender Unterkühlungstemperatur zuerst zunehmen, ein Maximum erreichen und dann bis auf Null abnehmen, wobei die Flüssigkeit dann in den amorphen (glasigen) festen Zustand übergeht. Das Maximum der Zahl der Kristallisationskerne liegt tiefer als das Maximum der Kristallisationsgeschwindigkeit. Daraus kann man schließen, daß bei geringer Unterkühlung eine grobkristalline Struktur, bei starker Unterkühlung dagegen eine feinkristalline Struktur des erstarrenden Körpers eintreten wird. Diese Erkenntnisse sind für die Beurteilung der Struktur von Lebensmitteln bei den modernen Gefrierverfahren von Bedeutung geworden[3]. In Tab. 10 sind die Sättigungsdrücke über unterkühltem Wasser und Eis bei verschiedenen Temperaturen angegeben; der Dampfdruck über Eis liegt immer etwas tiefer. Außerdem sind in Tab. 10 noch die Dampfdrücke über Wasser von 0 bis $+100°$ C enthalten.

Tabelle 10. *Dampfdrücke über flüssigem Wasser, unterkühltem Wasser und Eis.*

Temperatur °C	Dampfdruck in Torr		Temperatur °C	Dampfdruck in Torr
	über Wasser	über Eis		über Wasser
−40		0,093	+ 15	12,78
−30		0,280	+ 20	17,53
−20		0,772	+ 25	23,75
−15	1,429	1,238	+ 30	31,81
−10	2,143	1,946	+ 35	42,17
− 8	2,509	2,321	+ 40	55,31
− 6	2,928	2,761	+ 50	92,52
− 4	3,404	3,276	+ 60	149,39
− 2	3,952	3,879	+ 70	233,7
± 0	4,581	4,581	+ 80	355,2
+ 5	6,539		+ 90	525,9
+10	9,204		+100	760,0

(Die Werte über Wasser von −15 bis −2 sind mit der Klammer *unterkühlt* bezeichnet.)

---

[1] Auf die anderen Gleichgewichtskurven wird auf S. 232 näher eingegangen werden.

[2] TAMMANN, G.: Kristallisieren und Schmelzen, besonders S. 131 ff. Leipzig: A. Barth 1913.

[3] PLANK, R., E. EHRENBAUM u. K. REUTER: Z. ges. Kälteind. Bd. 23 (1916) S. 45 (besonders Abb. 20).

Neben der Unterkühlung kann man auch die *Überhitzung* einer Flüssigkeit erreichen, die man als *Siedeverzug* bezeichnet; auch hier handelt es sich um ein labiles Gleichgewicht. Man kann oft beobachten, daß eine Flüssigkeit beim Erhitzen unter einem bestimmten Druck nicht bei der erwarteten Temperatur, die durch die Dampfdruckkurve festgelegt ist, zu sieden beginnt; es bedarf oft wesentlicher Überhitzungen, um den Siedevorgang einzuleiten, der dann sehr stürmisch einsetzt, wobei die Temperatur auf den Sättigungswert zurückzukehren strebt. Der Siedeverzug tritt besonders bei Flüssigkeiten ein, die keinerlei gelöste Gase enthalten, die von einer Ölschicht bedeckt sind und die in Gefäßen aus Glas oder Porzellan zum Sieden gebracht werden sollen. Es ist gelungen, Wasser unter Atmosphärendruck bis 200° zu erhitzen[1].

In Verdampfern von Kältemaschinen tritt oft ein starker und sehr störend empfundener Siedeverzug ein. In überfluteten SO_2-Verdampfern, in denen das flüssige Schwefeldoxiyd von einer Ölschicht bedeckt ist, sind in Kupferbehältern Überhitzungen bis 15° beobachtet worden[2]. In geringerem Umfang treten Siedeverzüge bei CH_3Cl und CF_2Cl_2 auf. Durch Einleiten eines Luft- oder Dampfstromes und durch Eintauchen poröser Körper mit adhärierenden Luftschichten (Holzfasern, Karborundum) kann der Siedeverzug weitgehend verhindert werden.

Das obere Ende der Dampfdruckkurve liegt beim kritischen Punkt[3]; bei höheren Temperaturen ist eine Verflüssigung nicht mehr möglich, die Grenze zwischen dem gasförmigen und dem flüssigen Zustand verwischt sich. Man kann daher auch kontinuierlich vom ausgesprochen gasförmigen zum tropfbar flüssigen Zustand übergehen, z. B. auf dem Wege $A - B - C - D$ (Abb. 47), ohne angeben zu können, an welcher Stelle der Übergang aus einem Aggregatzustand in den anderen stattgefunden hat. Der plötzliche Abbruch der Dampfdruckkurve im kritischen Punkt ist so zu verstehen, daß diese Kurve die Projektion der das Naßdampfgebiet begrenzenden Raumkurve auf der $P—v—T$-Fläche in die $P—T$-Ebene darstellt. In dieser Projektion fallen beide Äste der Grenzkurve aufeinander. In Abb. 47 ist die Projektion der räumlichen Grenzkurven auf die $P—v$-Ebene dargestellt. Die $P—v—T$-Fläche ist im allgemeinen doppelt gekrümmt, der zwischen den Grenzkurven liegende Teil hat aber nur eine einfache Krümmung. Wenn somit der plötzliche Abbruch der Dampfdruckkurve im kritischen Punkt auch physikalisch und geometrisch eine Erklärung findet, so bildet die Fortsetzung dieser Kurve in das überkritische Gebiet doch immer wieder den Gegenstand eingehender Untersuchungen[4].

Man hat sich oft bemüht, einen Zusammenhang zwischen dem normalen Siedepunkt eines Stoffes und seiner chemischen Zusammensetzung zu finden, muß sich aber bisher mit einigen festgestellten Regelmäßigkeiten begnügen[5]. So kann man z. B. in homologen Reihen eine dauernde Zunahme des Siedepunktes mit wachsender Zahl der C-Atome beobachten (Tab. 11). Bei den gesättigten Kohlenwasserstoffen wird diese Zunahme beim Ansteigen in der Reihe

---

[1] KREBS: Pogg. Ann. Bd. 136 (1843) S. 148. — Vgl. auch GERLACH: Z. anal. Chem. Bd. 26 (1887) S. 413. — DONNY: Ann. Chim. Phys. (3) Bd. 16 (1846) S. 167. — A. HEIDRICH: Über die Verdampfung des Wassers bei Siedeverzug. Diss. Techn. Hochschule Aachen 1931.

[2] PHILIPP, L. A., u. B. E. TIFFANY: Refrig. Engng. Bd. 25 (1933) S. 140. — E. HAIDLEN: Z. ges. Kälteind. Bd. 44 (1937) S. 183 u. 206.

[3] Auf eine sinnvolle Fortsetzung der Dampfdruckkurve über den kritischen Punkt hinaus wird auf S. 244 eingegangen werden (Umwandlung dritter Art).

[4] Eine Zusammenstellung der wichtigsten Literaturstellen und eine kritische Sichtung findet man bei R. PLANK: Forsch. Ing.-Wes. Bd. 7 (1936) S. 161. — H. BAEHR: Abh. Akad. Wiss. u. Lit. Mainz, Math.-Nat. Klasse 1952, Nr. 5.

[5] Vgl. z. B. GRAHAM-OTTO: Lehrbuch d. Chemie I, 3, 3. Aufl., S. 535. Braunschweig 1898.

immer kleiner, bei den Alkoholen steigt der Siedepunkt ziemlich regelmäßig um etwa $19°$ je Stufe.

Beim Methan führt der Ersatz eines H-Atoms durch ein Chloratom zu einer starken Erhöhung des Siedepunktes, die aber mit wachsender Chlorierung schwächer wird. Beim Ersatz eines H-Atoms durch ein Fluor-Atom nimmt der Siedepunkt zuerst zu, erreicht bei CH_2F_2 ein Maximum und nimmt bei weiterer Fluorierung wieder ab. Sehr regelmäßig verändert sich auch der Siedepunkt beim Ersatz von F-Atomen durch Cl-Atome; die Zunahme ist dabei in der vollständig halogenisierten Stufe (von CF_4 zu CCl_4) fast ebenso groß wie beim Vorhandensein von 1 bis 3 H-Atomen. Ähnliche Verhältnisse findet man auch bei den Halogenderivaten des Äthans.

Tabelle 11. *Siedepunkte in homologen Reihen und bei den Fluor-Chlor-Derivaten des Methans.*

Gesättigte Kohlenwasserstoffe (normale)		Alkohole (normale)		Chloride gesättigter Kohlenwasserstoffe		Fluor-Chlor-Derivate des Methans			
Formel	Siedepunkt °C	Formel	Siedepunkt °C	Formel	Siedepunkt °C	Formel	Siedepunkt °C	Formel	Siedepunkt °C
CH_4	—161	CH_3OH	64,5	CH_3Cl	—24	CH_4	—161,4	CF_4	—130
C_2H_6	— 88,6	C_2H_5OH	78,3	C_2H_5Cl	13,1	CH_3Cl	— 24,0	CF_3Cl	— 81,5
C_3H_8	— 44,5	C_3H_7OH	97,2	C_3H_7Cl	46	CH_2Cl_2	40,0	CF_2Cl_2	— 29,8
C_4H_{10}	— 0,5	C_4H_9OH	118,0	C_4H_9Cl	79	$CHCl_3$	61,2	$CFCl_3$	23,7
C_5H_{12}	+ 36	$C_5H_{11}OH$	138,3	$C_5H_{11}Cl$	108	CCl_4	76,7	CCl_4	76,7
C_6H_{14}	68,7	$C_6H_{13}OH$	157			CH_4	—161,4	CHF_3	— 82
C_7H_{16}	98,4	$C_7H_{15}OH$	176			CH_3F	— 78	CHF_2Cl	— 40,8
C_8H_{18}	125,6	$C_8H_{17}OH$	195			CH_2F_2	— 60	$CHFCl_2$	8,9
C_9H_{20}	150,7	$C_9H_{19}OH$	213			CHF_3	— 82	$CHCl_3$	61,2
$C_{10}H_{22}$	174,0					CF_4	—130		

Es ist wiederholt versucht worden, für die Gl. (104) der Dampfdruckkurve eine theoretisch begründete explizite Form zu finden, jedoch bisher ohne endgültigen Erfolg. Es lassen sich zwar Ansätze für die Art des funktionalen Zusammenhanges von P mit T machen, die eine gewisse theoretische Fundierung besitzen, doch muß man dabei so viele Annäherungen und Vernachlässigungen in Kauf nehmen, daß den resultierenden Formeln doch vorwiegend empirischer Charakter zukommt. Es ist bisher auch nicht gelungen, eine Gleichung zu finden, deren Form für alle Stoffe im gesamten Gebiet vom Erstarrungspunkt bis zum kritischen Punkt anwendbar wäre. Wenn ein hoher Grad von Genauigkeit angestrebt wird, dann werden die empirischen Dampfdruckgleichungen sehr verwickelt, so daß es oft zweckmäßiger ist, die Formeln durch Dampftafeln zu ersetzen. Der Wert von Formeln liegt vorwiegend in der Möglichkeit, genaue Interpolationen und im gewissen Umfang auch Extrapolationen durchzuführen.

Wir wollen zunächst die empirischen Ansätze erwähnen, mit deren Hilfe man die Dampfdruckkurve eines beliebigen Stoffes berechnen kann, wenn diese Kurve für einen bestimmten Stoff bekannt ist.

DÜHRING schlug (1878) folgende Regel vor[1]: Bezeichnen T_1 und T_2 die normalen Siedetemperaturen zweier Stoffe 1 und 2 (bei denen der Druck $P = 1$ Atm ist), dann kann die Sättigungstemperatur T_2' des Stoffes 2 bei einem anderen Druck P' aus der bekannten Sättigungstemperatur T_1' des Stoffes 1 beim gleichen Druck P' nach der Formel

$$\frac{T_1 - T_1'}{T_2 - T_2'} = \frac{t_1 - t_1'}{t_2 - t_2'} = C \qquad (105)$$

---

[1] DÜHRING: Neue Grundgesetze zur rationellen Physik und Chemie, S. 70. Leipzig 1878 — Wied. Ann. Bd. 11 (1880) S. 163; Bd. 52 (1894) S. 556.

berechnet werden. Dabei ist C eine für jedes Stoffpaar konstante Größe. Wählt man als Bezugskörper Wasser, dann ist $t_1 = 100°$ C. DÜHRING hat die Konstante C (beim Bezugskörper Wasser) für viele Stoffe bestimmt und fand Werte von 0,522 für CO_2 bis 2,292 für Schwefel.

RAMSAY und YOUNG haben die Formel

$$\frac{T_1'}{T_2'} = \frac{T_1}{T_2} + c(T_2' - T_2) \tag{106}$$

vorgeschlagen[1], in der sich T_1 und T_1' auf den einen und T_2 und T_2' auf den anderen Stoff bei den Drücken P und P' beziehen und c ein meist sehr kleiner Faktor ist. Wird $c = 0$, dann geht Gl. (106) in Gl. (105) über.

F. A. HENGLEIN wies nach[2], daß in der DÜHRINGschen Formel (105) die Größe C noch temperaturabhängig ist. Er schlägt vor, diese Formel zu ersetzen durch

$$\frac{T_1 - T_1'}{T_2 - T_2'} = k\,\frac{T_1 T_1}{T_2 T_2'}, \tag{107}$$

wobei k angenähert gleich ist dem Verhältnis der molekularen Verdampfungswärmen der beiden zu vergleichenden Stoffe bei gleichem Druck ($k = \mu_2 r_2/\mu_1 r_1$).

In noch weiteren Temperaturgrenzen, teilweise bis in die Nähe des kritischen Punktes, bewährt sich eine zweite von HENGLEIN in der gleichen Abhandlung angegebene Formel, die unter gewissen Voraussetzungen aus einer von CLAUSIUS und CLAPEYRON angegebenen Gleichung (s. S. 122) abgeleitet wurde. Die Formel lautet:

$$\lg T_2 = a \lg T_1 + b. \tag{108}$$

Als Bezugsstoff 1 kann man z. B. Wasser nehmen, dessen Dampfdrücke sehr genau bekannt sind. Für Ammoniak gibt HENGLEIN z. B. folgende Gleichung an:

$$\lg T_{NH_3} = 1{,}1276 \lg T_{H_2O} - 0{,}5194. \tag{108a}$$

Den Vergleich der so berechneten Sättigungstemperaturen mit den gemessenen zeigt Tab. 12.

Mehrfach wurde auch versucht, allgemeine Gesetzmäßigkeiten für die Dampfdruckkurven verschiedener Stoffe, z. B. der Gruppe von Kohlenwasserstoffen, aufzustellen. Fußend auf Vorschlägen von COX[3], haben W. HOFFMANN und FLORIN[4] eine Reihe von Schaubildern entwickelt, in denen nur lineare Gesetzmäßigkeiten erscheinen. Es muß hier auf die Originalarbeiten verwiesen werden.

Tabelle 12. *Vergleich der gemessenen Siedetemperaturen von NH_3 mit den nach Gl. (108a) berechneten.*

Druck p ata	Temperaturen °K		
	Wasser gemessen	Ammoniak gemessen	Ammoniak berechnet
0,20	332,83	211,51	211,1
1,00	372,25	239,10	239,0
10,00	452,20	297,43	298,3
20,00	484,54	321,79	322,5
52,24	538,60	363,16	363,4

2. Dampfdruckgleichungen.

Wir gehen jetzt dazu über, die von verschiedenen Seiten vorgeschlagenen Dampfdruckformeln $p = f(t)$ zusammenzustellen. Alle diese Formeln sind im wesentlichen empirischer Natur; auf die nur schwache Verknüpfung mit thermodynamischen Gesichtspunkten soll später (s. S. 123) eingegangen werden.

---

[1] RAMSAY u. YOUNG: Phil. Mag. (5) Bd. 20 (1885) S. 530; Bd. 21 (1886) S. 33; Bd. 22 (1886) S. 37 — Z. phys. Chem. Bd. 1 (1887) S. 250.

[2] HENGLEIN, F. A.: Z. Elektrochem. Bd. 26 (1920) S. 431.

[3] COX, E. R.: Industr. Engng. Chem. Bd. 15 (1923) S. 592.

[4] HOFFMANN, W., u. F. FLORIN: Z. VDI, Beihefte Verfahrenstechnik 1943, S. 47. — F. FLORIN: Forsch. Ing.-Wes. Bd. 16 (1949/50) Nr. 5, S. 147.

Die am häufigsten benutzte Formel, die jedoch nur in engeren Temperaturbereichen gültig ist, lautet

$$\lg p = a - \frac{b}{T} \, , \tag{109}$$

worin a und b individuelle Konstanten sind. Man bedient sich ihrer meist zur vorläufigen Festlegung der Dampfdrücke, wenn nur wenige Meßwerte vorliegen.

Für die Fluor-Chlor-Derivate des Methans fand z. B. SEGER[1] in der Nähe des normalen Siedepunktes die in Tab. 13 angegebenen Werte von a und b, wobei p in ata erhalten wird.

Tabelle 13. *Die Konstanten der Dampfdruckformel* $\lg p = a - \dfrac{b}{T}$.

Stoff	a	b	Stoff	a	b
CH_4	4,0678	453,15	$CFCl_3$	4,7721	1413,85
CH_3Cl	4,5684	1136,10	CH_2F_2	4,2247	940,15
CH_2Cl_2	4,8444	1512,64	CHF_2Cl	4,5027	1046,54
$CHCl_3$	4,9440	1648,31	CF_2Cl_2	4,5436	1102,28
CCl_4	5,0193	1751,08	CHF_3	4,3127	787,31
CH_3F	4,3568	847,51	CF_3Cl	4,3474	834,82
CH_2FCl	4,6293	1219,13	CF_4	4,1720	595,22
$CHFCl_2$	4,7061	1323,87			

Trägt man in rechtwinkligen Koordinaten $\log p$ über $1/T$ auf, dann erhält man eine gerade Linie. Diese Art der Darstellung von Dampfdruckkurven ist sehr verbreitet, sie eignet sich sehr gut für Interpolationen und Extrapolationen. HOFFMANN und FLORIN haben die Dampfdruckkurven vieler anorganischer und organischer Verbindungen nach Gl. (109) berechnet und die Dampfdrücke von 10 zu 10° in Tabellen zusammengestellt[2].

Besser als Gl. (109) stimmt vielfach in den Grenzen vom Erstarrungspunkt bis zu 0,75 T_k die von ANTOINE vorgeschlagene Formel[3]

$$\lg p = a - \frac{b}{t + c} \, .$$

Tabelle 13a. *Werte der Konstanten in der Dampfdruckgleichung von* ANTOINE.

Stoff	a	b	c
Methan	6,61184	389,93	266,00
Äthan	6,80266	656,40	256,00
Propan	6,82973	813,20	248,00
n-Butan	6,83029	945,90	240,00
Isobutan	6,74808	882,80	240,00
n-Pentan	6,85221	1064,63	232,00
Isopentan	6,80380	1027,25	234,00
Benzol	6,89745	1206,35	220,24
Toluol	6,95334	1343,94	219,38
Äthylen	6,74756	585,00	255,00
Propylen	6,81960	785,00	247,00

---

[1] SEGER, G.: Beiheft 43 zu der Z. Ver. dtsch. Chem. Berlin: Verlag Chemie 1942.
[2] HOFFMANN, W., u. F. FLORIN: Z. kompr. flüss. Gase Bd. 39 (1944) S. 6.
[3] ANTOINE, C.: C. r. Bd. 107 (1888) S. 681, 836 u. 1143. — Eine theoretische Begründung dieser Formel geben F. GUTMANN u. L. M. SIMMONS: J. Chem. Phys. Bd. 18 (1950) S. 696.

Tabelle 14. *Die Konstanten der Dampfdruckformel* $\lg p = a - \dfrac{b}{T} + c \log T + dT + eT^2 + fT^3$.

Stoff	a	b	c	$10^2\,d$	$10^4\,e$	$10^6\,f$	Geltungsbereich	Einheit, in der p erhalten wird	Verfasser
H_2	3,8015	56,605	—	—10,458	33,21	—32,19	14 bis 33° K	Atm	CATH u. K.-ONNES
N_2	7,5777	334,64	—	— 0,476	—	—	64 bis 84° K	Torr	CATH
O_2	8,1173	419,31	—	— 0,648	—	—	70 bis 91° K	Torr	CATH
CO_2 (fest)	5,85242	1279,1	1,75	— 0,2076	—	—	160 bis 195° K	Torr	HENNING u. STOCK
NH_3	27,376004	1914,9569	— 8,4598324	0,239309	0,02955214	—	— 80 bis + 70° C	Atm	CRAGOE-MEYERS-TAY-LOR
	9,584586	1648,6068	—	1,638646	0,2403267	0,01168708	— 80 bis + 70° C	Atm	
SO_2	43,88522	2378,72	—14,11350	0,83319	—	—	— 60 bis + 30° C	Torr	RIEDEL
CH_4	4,60175	472,47	1,75	— 0,96351	—	—	—182 bis —150° C	Torr	HENNING-STOCK-KUSS
C_3H_8	7,3402	983,7	—	—	—	—	137 bis 229° K	Torr	BURRELL-ROBERTSON
C_2H_4	5,3240	834,13	1,75	— 0,8375	—	—	—150 bis —105° C	Torr	STOCK-HENNING-KUSS
CH_3Cl	4,6007	1148,0	—	—	—	—	— 47 bis + 40° C	Atm	HOLST
	21,4548	1687,57	— 6,4167	0,2839	—	—	— 40 bis + 70° C	ata	TANNER-BENNING-MATHEWSON
$CHFCl_2$	38,3115	2367,41	—13,0295	0,7173	—	—	— 40 bis +178° C	ata	BENNING-McHARNESS
CHF_2Cl	25,1285	1638,82	— 8,1418	0,51838	—	—	— 75 bis + 96° C	ata	BENNING-McHARNESS
CHF_3	4,9275	939,0	—	—	—	—	—140 bis — 70° C	ata	HENNE
$CFCl_3$	10,446	1995,8	—	— 1,7697	0,1753	—	— 50 bis + 55° C	ata	RIEDEL
CF_2Cl_2	31,6457	1816,5	—10,859	0,7175	—	—	— 70 bis +111,5°C	ata	GILKEY-GERARD-BIXLER
CF_3Cl	7,8172	1109,12	—	1,412	0,1883	—	—139 bis + 28° C	ata	RIEDEL

Die Konstanten a, b und c haben für verschiedene Kohlenwasserstoffe die in Tab. 13a enthaltenen Werte, wenn p in Torr und t in Celsiusgraden ausgedrückt wird[1].

RANKINE (1866), DUPRÉ (1869), HERTZ (1882) und KIRCHHOFF (1882) fügten auf der rechten Seite der Gl. (109) noch das Glied $c \log T$ hinzu, wobei c einen negativen Wert hat. NERNST[2] ging noch einen Schritt weiter und setzte

$$\lg p = a - \frac{b}{T} + c \log T + dT, \tag{110}$$

wobei er (in allerdings nicht sehr überzeugender Weise) versuchte, die Zahlenwerte der vier Konstanten theoretisch zu begründen. Dabei wird für c ein positiver Wert $c = 1{,}75$ für alle Stoffe angegeben. Da es nun wenig wahrscheinlich ist, daß die Konstante c in gewissen Fällen negativ und in anderen positiv sein soll, so ist auch schon vorgeschlagen worden, das logarithmische Glied ganz fortzulassen[3]. Dagegen findet man für die Erfassung weiter Temperaturbereiche häufig noch Glieder mit T^2 und manchmal auch mit T^3. Die allgemeine Form lautet also

$$\lg p = a - bT + c \log T + dT + eT^2 + fT^3. \tag{111}$$

In Tab. 14 sind die Werte der Konstanten für verschiedene kältetechnisch wichtige Stoffe eingetragen. Die Konstante d wird stets negativ, wenn $c = 0$ ist oder wenn für c der NERNSTsche Wert 1,75 gesetzt wird. Falls aber c negativ ist, dann wird d positiv. Die Konstante e ist immer positiv. In Tab. 14 ist auch der Geltungsbereich der Formel angegeben.

Gelegentlich findet man kleine Abweichungen von der Form (111). So wurde z. B. für Äthan von amerikanischen Forschern gesetzt[4]:

$$\lg p = a - \frac{b}{T} + dT + g(T - T_0)^n.$$

Dabei ist $a = 4{,}2563$, $b = 780{,}24$, $d = -0{,}0103 \cdot 10^{-2}$ und $T_0 = 238^\circ$ K, wobei p in Atm erhalten wird. Zwischen 0,4 und 2 ata setzten LOOMIS und WALTERS $g = -9{,}3 \cdot 10^{-10}$ und $n = 4$; zwischen 2 und 34 ata setzte PORTER $g = +1{,}4 \cdot 10^{-11}$ und $n = 5$.

Manchmal wird die Gl. (109) auch in eine Reihe mit negativen Potenzen von T entwickelt:

$$\lg p = a - \frac{b}{T} + \frac{h}{T^2} + \frac{i}{T^3}. \tag{112}$$

Beispiele hierfür findet man in Tab. 15.

Tabelle 15. *Die Konstanten der Dampfdruckformel* (112).

Stoff	a	b	h	i	Geltungsbereich	Einheit von p	Verfasser
He	4,729	7,978	—0,1363	4,363	1,47 bis 5,20° K	Torr	K.-ONNES u. S. WEBER
N_2	5,7638	853,5	54372,3	$-17835 \cdot 10^2$	77 bis 125° K	Atm	CROMMELIN
CH_2Cl_2	4,9041	1788,6	$15{,}51 \cdot 10^4$	$-23{,}43 \cdot 10^6$	—30 bis +100° C	ata	SUGAWARA

[1] Die Werte der Tab. 13a sind entnommen aus „Selected Values of Properties of Hydrocarbons", Circular of the National Bureau of Standards C 461, Washington, November 1947.

[2] NERNST, W.: Die theoretischen und experimentellen Grundlagen des neuen Wärmesatzes, S. 109. Halle: W. Knapp 1918.

[3] Vgl. hierzu R. PLANK: Über das Verhalten gesättigter Dämpfe. Z. techn. Phys. Bd. 3 (1922) S. 1.

[4] Vgl. R. PLANK u. I. KAMBEITZ: Z. ges. Kälteind. Bd. 43 (1936) S. 209.

Die einfache Formel (109) wurde von Henglein wie folgt abgewandelt[1]:

$$\lg p = a - \frac{b}{T^n}. \tag{113}$$

Sie enthält zwar eine Konstante mehr, was aber dadurch kompensiert wird, daß a für alle Stoffe den gleichen Wert haben soll, und zwar wird $a = 7{,}5030$ für p in Torr und $a = 4{,}6222$ für p in Atm.

Eine Dampfdruckformel für sehr weite Temperaturbereiche bis zum kritischen Punkt und von sehr hoher Genauigkeit hat Keyes angegeben[2]. Sie lautet

$$\lg \frac{p_k}{p} = \frac{x}{T}\left(a + b\,x + c\,x^2 + d\,x^3 + e\,x^4\right), \tag{114}$$

wobei $x = T_k - T$ ist; p_k und T_k sind kritische Werte. Man kann sich leicht überzeugen, daß die Konstante

$$a = \frac{1}{2{,}303}\,\frac{T_k}{p_k}\left(\frac{dp}{dT}\right)_k$$

ist, wobei 2,303 den Umrechnungsfaktor von dekadischen in natürliche Logarithmen darstellt. Keyes und Brownlee[3] fanden z. B. für NH_3 zwischen 50 und $132{,}9^\circ$ C (krit.)

$$a = 2{,}9771; \quad b = -1{,}492414 \cdot 10^{-3}; \quad c = 1{,}36142 \cdot 10^{-5};$$
$$d = -5{,}47917 \cdot 10^{-8}; \quad e = 0.$$

Meyers und van Dusen[4] fanden für CO_2 vom Tripelpunkt bis zum kritischen Punkt

$$a = 2{,}98426; \quad b = -6{,}22982 \cdot 10^{-3}; \quad c = 1{,}05784 \cdot 10^{-4};$$
$$d = -9{,}21483 \cdot 10^{-7}; \quad e = 3{,}72320 \cdot 10^{-9}.$$

Die Übereinstimmung mit den besten Meßwerten ist für beide Stoffe vorzüglich.

Um die Dampfdruckkurve von Wasser möglichst genau darzustellen, mußte die Formel (114) noch etwas erweitert werden. Smith, Keyes und Gerry[5] setzten

$$\lg \frac{p_k}{p} = \frac{x}{T}\left[\frac{a + b\,x + d\,x^3 + e\,x^4}{1 + f\,x}\right] \tag{114a}$$

und fanden für Wasser zwischen 50 und $374{,}11^\circ$ C (krit.):

$$a = 3{,}3463130; \quad b = 4{,}14113 \cdot 10^{-2}; \quad d = 7{,}515484 \cdot 10^{-9};$$
$$e = 6{,}56444 \cdot 10^{-11}; \quad f = 1{,}3794481 \cdot 10^{-2}; \quad p_k = 218{,}167 \text{ Atm.}$$

Von sonstigen Dampfdruckformeln, die auf Kältemittel Anwendung fanden, nennen wir noch die Formel von Young:

$$p = a\left(\frac{T}{100} - b\right)^n. \tag{115}$$

Für CO_2 wird z. B. mit $a = 8{,}494$, $b = 1{,}281$ und $c = 3{,}852$ eine Übereinstimmung mit den Meßwerten von Meyers und van Dusen auf 1 Promille zwischen dem Tripelpunkt und $+5^\circ$ C, auf 1,5 Promille zwischen 5 und 27° C und von 3 Promille am kritischen Punkt (31° C) erreicht[6].

[1] Henglein, F. A.: Z. phys. Chem. Bd. 98 (1921) S. 1.

[2] Keyes, F. G., u. Kenney: J. Amer. Soc. Refrig. Engng. Bd. 3 (1917) Heft 4.

[3] Keyes, F. G., u. R. B. Brownlee: J. Amer. chem. Soc. Bd. 40 (1918) S. 44.

[4] Meyers, C. H., u. M. S. van Dusen: Refrig. Engng. Bd. 13 (1926) S. 180.

[5] Smith, L. B., F. G. Keyes u. H. T. Gerry: Proc. Amer. Acad. Arts Sci. Bd. 69 (1934) Nr. 3 S. 137. — Vgl. auch I. H. Keenan u. F. G. Keyes: Thermodynamic Properties of Steam. New York: Wiley u. Sons 1936.

[6] Plank, R., u. I. Kuprianoff: Beihefte z. Z. ges. Kälteind. Reihe 1, Heft 1. Berlin 1929.

Schließlich sei noch auf einige Formeln hingewiesen, die für die Dampfdruck-kurve von Wasser vorgeschlagen wurden:

Für Überschlagsrechnungen gilt in erster Annäherung im Gebiet von 1 bis 25 ata

$$t = 100 \sqrt[4]{p}.$$

Sehr viel genauer und im Bereich von 0,05 ata bis zum kritischen Punkt gilt

$$t = \left(a - \frac{b}{p^m}\right) p^n, \qquad (116)$$

wobei

$$a = 108,10; \quad b = 9,00; \quad m = 0,530; \quad n = 0,230.$$

JAROLINEK schlug die Formel vor

$$t = a + b\, p^n - \frac{c}{p}$$

und setzte $a = 8$; $b = 97$; $c = 5$ und $n = \frac{1}{4}$, doch könnte durch etwas ab-geänderte Konstanten eine bessere Anpassung an die Meßwerte erzielt werden. Für hohe Drücke geht die letzte Formel in die von DUPERNAY vorgeschlagene Gleichung über

$$p = \left(\frac{t-a}{b}\right)^4.$$

Auf weitere Gleichungen für die Dampfdruckkurve kommen wir auf S. 123 im Zusammenhang mit der Verdampfungswärme zurück.

W. THOMSON (Lord KELVIN) hat zuerst nachgewiesen[1], daß der Dampfdruck von der Form der Oberfläche der Flüssigkeit abhängt. Bezeichnet man mit P den Dampfdruck über einer ebenen Oberfläche und mit P_g den Dampfdruck über einer gekrümmten Oberfläche, dann lautet die THOMSONsche Formel

$$P_g = P + \frac{\gamma'' \sigma}{\gamma' - \gamma''}\left(\frac{1}{\varrho_1} + \frac{1}{\varrho_2}\right). \qquad (116\,\mathrm{a})$$

Darin sind γ' und γ'' die spezifischen Gewichte der siedenden Flüssigkeit und des trocken gesättigten Dampfes, σ die Oberflächenspannung, ϱ_1 und ϱ_2 die Hauptkrümmungsradien der Oberfläche. Die Radien werden positiv angenom-men, wenn sie in das Innere der Flüssigkeit gerichtet sind, wie es z. B. bei Tropfen der Fall ist. Der Dampfdruck um solche Tropfen ist daher stets größer als über einer ebenen Oberfläche. Dagegen ist der Dampfdruck innerhalb von Dampfblasen, die in einer Flüssigkeit aufsteigen, kleiner als über einer ebenen Oberfläche, weil hier die Krümmungsradien negativ sind. Für die Berechnung der Druckdifferenz $\Delta P = P_g - P$ kann man einige Vereinfachungen in Gl. (116 a) einführen. Bei Kugelform ist $\varrho_1 = \varrho_2 = \varrho$. Man kann ferner im Nenner γ'' gegen γ' vernachlässigen und für γ'' im Zähler nach der Zustandsgleichung idealer Gase P/RT setzen. Es wird dann

$$\frac{\Delta P}{P} = \frac{2\sigma}{\gamma' R T \varrho}. \qquad (116\,\mathrm{b})$$

Für Wasser von $30°$ C ist $\sigma = 7,04$ mg/mm $= 7,04 \cdot 10^{-3}$ kg/m,

$$\gamma' = 996\ \mathrm{kg/m^3}, \qquad R = \frac{848}{18} = 47,1;$$

daher wird

$$\frac{\Delta P}{P} = \frac{2 \cdot 7,04 \cdot 10^{-3}}{996 \cdot 47,1 \cdot 303 \cdot \varrho} = \frac{1 \cdot 10^{-9}}{\varrho},$$

---

[1] THOMSON, W.: Phil. Mag. (4) Bd. 42 (1871) S. 448.

wobei ϱ in Metern einzusetzen ist. Der Dampfdruck um einen Tropfen ist daher erst bei einem Radius von $1 \cdot 10^{-7}$ m $= 1 \cdot 10^{-4}$ mm um 1% höher als über der ebenen Oberfläche.

3. Die orthobaren spezifischen Volume und spezifischen Gewichte.

Das Volum v' der siedenden Flüssigkeit und das Volum v'' des trocken gesättigten Dampfes bezeichnet man als *orthobare* Volume und ihre reziproken Werte als *orthobare* spezifische Gewichte. Die Grenzkurven in Abb. 47 könnte man daher auch als orthobare Kurven bezeichnen. Die Werte v' und v'' können als Funktionen des Druckes *oder* der Temperatur dargestellt werden, doch gibt es dafür, wie auch bei der Dampfdruckkurve, keine theoretisch begründeten Zusammenhänge. Man begnügt sich vielmehr mit graphischen Darstellungen oder mit empirischen Formeln. Ist es gelungen, für das Gebiet der überhitzten Dämpfe eine Zustandsgleichung $v = f(P, T)$ aufzustellen (s. Abschn. B VIII), dann muß diese natürlich auch richtige v''-Werte liefern, wenn man für P und T Wertepaare nach der Dampfdruckkurve einsetzt.

RANKINE und ZEUNER fanden, daß die rechte Grenzkurve von Wasserdampf im p, v-Diagramm sich bis zum Druck von etwa 20 ata durch die Gleichung

$$p^m v'' = C$$

darstellen läßt. Die von diesen Autoren angegebenen Zahlenwerte für m und C hat MOLLIER den neueren Versuchswerten angepaßt; er fand[1]

$$m = \tfrac{15}{16} \quad \text{und} \quad C = 1,7235.$$

S. YOUNG fand daß ein solcher Ansatz für viele Stoffe in der Nähe des normalen Siedepunktes gültig ist.

Üblicher ist es aber, v'' nicht als Funktion von p, sondern als Funktion der Sättigungstemperatur t darzustellen:

CAILLETET und MATHIAS stellten die Ergebnisse ihrer Messungen an vielen Stoffen (darunter CO_2, C_2H_4, N_2O) durch eine Gleichung von der Form

$$\gamma'' = a - b\,t - c\,\sqrt{t_k - t}$$

dar, wobei a und b so zu wählen sind, daß $a - b\,t_k = \gamma_k$ wird. Die Formel trägt der thermodynamischen Forderung Rechnung, daß $\left(\dfrac{d\gamma''}{dt}\right)_k = +\infty$ wird.

CRAGOE MC. KELVY und O'CONNOR drückten ihre Meßwerte für Ammoniak durch die Gleichung aus[2]

$$\log v'' = \frac{1939{,}032}{T} - 32{,}0661 + 10{,}70409 \log T +$$

$$+ \ 0{,}0862366 \ \sqrt{406{,}1 - T} + 0{,}002667\,(406{,}1 - T),$$

in der $T_k = 406{,}1^\circ$ K gesetzt wurde.

Für das spezifische Volum v' bzw. die Wichte γ' der siedenden Flüssigkeit sind empirische Formeln von hoher Genauigkeit vorgeschlagen worden, die so gebaut sind, daß im kritischen Punkt $v' = v_k$ wird und außerdem $\left(\dfrac{dv'}{dT}\right)_k = \infty$ oder $\left(\dfrac{d\gamma'}{dT}\right)_k = -\infty$ wird. So fanden LOWRY und ERIKSON für Kohlendioxyd[3]

$$\gamma' = \frac{1}{v'} = \gamma_k + b\,(t_k - t) + c\,\sqrt[3]{t_k - t}, \tag{117}$$

---

[1] MOLLIER, R.: Neue Tabellen und Diagramme für Wasserdampf. Berlin: Springer 1906.

[2] CRAGOE, C. S., E. C. MC.KELVY u. G. F. O'CONNOR: Sci. Pap. Bur. Stand. Bd. 18 (1922/23) S. 707, 732.

[3] LOWRY u. ERIKSON: J. Amer. chem. Soc. Bd. 49 (1927) S. 2729.

wobei für $\gamma_k = 0,4683$ kg/l angenommen wurden; ferner ist $b = 0,001\,442$ und $c = 0,1318$.

MOLLIER[1] setzte für Wasserdampf

$$\gamma' = \gamma_k + b\,(t_k - t)^n - c\,(t_k - t),$$

wobei für $t < 350°$ C $n = \tfrac{1}{2}$ und für $t > 350°$ C $n = \tfrac{1}{3}$ gefunden wurde.

CRAGOE und HARPER drückten die Ergebnisse ihrer Messungen an Ammoniak durch die Gleichung aus[2]

$$v' = \frac{v_k + a\,\sqrt{t_k - t} + b\,(t_k - t)}{1 + d\,\sqrt{t_k - t} + e\,(t_k - t)},$$

wobei $v_k = 4,2830$ l/kg; $a = 0,813\,055$; $b = -0,008\,2861$; $d = 0,424\,805$; $e = 0,015\,938$ ist und für $t_k = 133°$ C gesetzt wurde.

In ähnlicher Weise stellten auch SMITH und KEYES die Ergebnisse ihrer Versuche mit siedendem Wasser dar[3]:

$$v' = \frac{v_k + a\,\sqrt[3]{t_k - t} + b\,(t_k - t) + c\,(t_k - t)^4}{1 + d\,\sqrt[3]{(t_k - t)} + e\,(t_k - t)},$$

wobei $a = -0,315\,1548$; $b = -1,203\,374 \cdot 10^{-3}$; $c = 7,489\,08 \cdot 10^{-13}$; $e = -3,946\,263 \cdot 10^{-3}$; $t_k = 374,11°$ C und $v_k = 3,197\,500$ l/kg gesetzt sind. Diese Formel stellt die Messungen bis 360° C mit einer Genauigkeit von etwa 0,1 Promille dar.

Bei aller Bewunderung, die man diesem hohen Genauigkeitsgrad einer empirischen Formel zollen wird, bleibt es doch erwünscht, Richtlinien zu besitzen, die es gestatten, für alle Stoffe den funktionalen Zusammenhang der orthobaren Volume oder spezifischen Gewichte mit der Temperatur darzustellen. Wenn es auch hier, wie bei der Dampfdruckkurve, keine thermodynamisch begründeten Gesetze gibt, so ist man doch im Besitz von Regeln, die sich in so zahlreichen Fällen bewährt haben, daß ihnen ein hohes Maß von Zuverlässigkeit beizumessen ist. Die wichtigste dieser Regeln stammt von CAILLETET und MATHIAS[4] und lautet:

$$\frac{\gamma' + \gamma''}{2} = \gamma_k + b\,(t_k - t). \qquad (118)$$

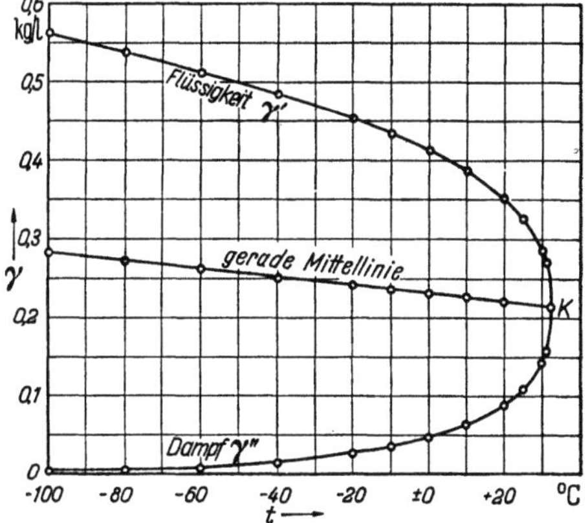

Abb. 52. Die gerade Mittelinie nach CAILLETET und MATHIAS.

Man bezeichnet sie als das *Gesetz der geraden Mittellinie.* Trägt man γ' und γ'' über der Temperatur auf, wie das in Abb. 52 am Beispiel des Äthans (C_2H_6) geschehen ist, dann erhält man eine parabelähnliche Kurve, deren „Durchmesser", d. h. der geometrische Ort der Punkte von $(\gamma' + \gamma'')/2$, praktisch auf einer schwach geneigten Geraden liegt, die natürlich durch den kritischen

[1] MOLLIER, R.: Siehe Fußnote 1 auf S. 114, 7. Aufl. 1932.
[2] CRAGOE, C. S., u. D. S. HARPER: Sci. Pap. Bur. Stand. Bd. 17 (1922) S. 309.
[3] SMITH, L. B., u. F. G. KEYES: Proc. Amer. Acad. Arts Sci. Bd. 69 (1934) Nr. 7 S. 285 — vgl. auch Mech. Engng. Bd. 56 (1934) S. 92.
[4] CAILLETET, L., u. E. MATHIAS: C. r. Bd. 104 (1897) S. 1563 — J. de Phys. (2) Bd. 5 (1886) S. 549. — E. MATHIAS: J. de Phys. Bd. 1 (1892) S. 53; Bd. 2 (1893) S. 5 u. 224.

Punkt gehen muß. Der Verlauf dieser Geraden gestattet, die unvermeidlichen Streuungen der Meßwerte in der Nähe des kritischen Punktes auszugleichen. Bei sehr niedrigen Temperaturen (und Drücken) wird γ'' gegenüber γ' sehr klein, so daß man hier die Punkte der geraden Mittellinie allein aus der Kenntnis von γ' ziemlich genau finden kann. Für Äthan (Abb. 52) wird z. B.[1]

$$\frac{\gamma' + \gamma''}{2} = 0{,}213 + 0{,}000\,508\,(32{,}1 - t),$$

wobei $\gamma_k = 0{,}213$ kg/l und $t_k = 32{,}1°$ C ist.

Für eine Reihe anderer Stoffe finden sich folgende Werte der Konstanten:

Stoff	CO_2	NH_3	$CFCl_3$	CF_2Cl_2	CF_3Cl	$CHFCl_2$	CHF_2Cl
γ_k [kg/l] $=$	0,4639	0,235	0,554	0,558	0,581	0,522	0,525
t_k [° C] $=$	31,0	132,4	198,0	111,5	28,8	178,5	96,0
$b\,10^3$ $=$	1,506	0,654	1,083	1,310	1,60	1,078	1,337

Gleichung (118) kann auch in der Form

$$\frac{\gamma' + \gamma''}{2\gamma_k} = 1 + \frac{b\,T_k}{\gamma_k}\left(1 - \frac{T}{T_k}\right) = 1 + \beta\left(1 - \frac{T}{T_k}\right) \tag{118a}$$

geschrieben werden, wobei $\beta = b\,\dfrac{T_k}{\gamma_k}$. Man hat oft versucht, eine Gesetzmäßigkeit für β bei verschiedenen Stoffen zu finden, doch gelten die bisherigen Vorschläge nur grob angenähert.

MATHIAS (1905) gab an, daß β ungefähr proportional $\sqrt{T_k}$ sei. VAN LAAR[2] setzte $2\,\beta = 1{,}0 + 0{,}038\,\sqrt{T_k}$. In der Festschrift für H. KAMERLINGH ONNES nennt MATHIAS (1922) folgende Werte von β (Tab. 16)[3]:

Tabelle 16. *Werte von β in Gl. (118a) nach* MATHIAS.

Stoff	β	Stoff	β
He	0,272	CO_2	0,858
H_2	0,422	N_2O	0,828
Ne	0,657	SO_2	1,053
Ar	0,745	CH_4	0,711
X	0,780	C_2H_2	0,853
O_2	0,793	C_2H_4	1,060
N_2	0,813	C_5H_{12}	0,933

Das Gesetz der geraden Mittellinie gilt auch für Stoffe mit niedriger kritischer Temperatur, wie O_2, N_2, Ar, H_2 und He.

Eine zweite Regel für die orthobaren Dichten wurde von YOUNG[4] und VAN LAAR[5] aufgestellt; danach gilt bis zur unmittelbaren Nähe des kritischen Punktes

$$\gamma' \quad \gamma'' = C\,\sqrt[3]{t_k - t}. \tag{119}$$

Auch diese Regel hat sich in vielen Fällen bewährt. So finden wir für CO_2 in kg/l

$$\gamma' - \gamma'' = 0{,}262\,\sqrt[3]{t_k - t},$$

und für NH_3 fand FUNK[6] $C = 0{,}125\,54$ (für γ in kg/l).

---

[1] PLANK, R., u. J. KAMBEITZ: Z. ges. Kälteind. Bd. 43 (1936) S. 209.

[2] VAN LAAR, J. J.: Die Zustandsgleichung von Gasen und Flüssigkeiten, S. 143. Leipzig: L. Voss 1924.

[3] VAN LAAR, J. J.: Die Zustandsgleichung von Gasen und Flüssigkeiten, S. 342. Leipzig: L. Voss 1924.

[4] YOUNG, S.: Phil. Mag. (5) Bd. 50 (1900) S. 291.

[5] VAN LAAR, J. J.: Die Zustandsgleichung von Gasen und Flüssigkeiten, S. 345. Leipzig: L. Voss 1924.

[6] FUNK, H.: Dissertation Technische Hochschule Karlsruhe 1944 — Mitt. Kältetechn. Inst. Karlsruhe Nr. 3, S. 33. Karlsruhe: C. F. Müller 1948.

Aus den beiden Gl. (118) und (119) kann man γ' und γ'' berechnen. Es wird

$$\left.\begin{aligned}\gamma' &= \gamma_k + b(t_k - t) + \frac{C}{2}\sqrt[3]{t_k - t}, \\ \gamma'' &= \gamma_k + b(t_k - t) - \frac{C}{2}\sqrt[3]{t_k - t}.\end{aligned}\right\} \tag{120}$$

In größerer Entfernung vom kritischen Punkt wird γ'' sehr klein, und da es nach der Gl. (120) als Differenz zweier großer Zahlen erhalten wird, so werden die Werte sehr ungenau. Man muß daher γ'' in diesem Gebiet aus der Zustandsgleichung berechnen (s. Abschn. B VIII).

Gl. (119) kann auch in der Form geschrieben werden

$$\gamma' - \gamma'' = \gamma_0'\left(1 - \frac{T}{T_k}\right)^n, \tag{119a}$$

wobei $\gamma_0' = C T_k^n$ das spezifische Gewicht der unterkühlten Flüssigkeit am absoluten Nullpunkt bedeutet. Dieses kann nach SUGDEN aus Atom- und Strukturkonstanten für die einzelnen Stoffe berechnet werden[1]. SUGDEN hat Gl. (119a) aus Betrachtungen über die Oberflächenspannung abgeleitet und fand dabei den Exponenten $n = 0,30$, der demjenigen in Gl. (119) sehr nahe kommt. Man findet in der Tat für n etwas schwankende Werte, so erhielt VAN LAAR bei Benzol die beste Übereinstimmung mit $n = 0,3145$.

PFAFF[2] fand für γ' und γ'' die einfachen Beziehungen

und
$$\left.\begin{aligned}\gamma' &= \gamma_k + g_0'\,(T_k - T)^n \\ \gamma'' &= \gamma_k - g_0''\,(T_k - T)^n,\end{aligned}\right\} \tag{120a}$$

wobei sich g_0' und g_0'' aus den Konstanten b und C der Gl. (118) und (119) ergeben; es wird

$$g_0' = b + \frac{C}{2} \quad\text{und}\quad g_0'' = \frac{C}{2} - b.$$

Zieht man die zweite Gl. (120a) von der ersten ab, dann erhält man wieder Gl. (119). Für den Exponenten n gibt PFAFF für verschiedene Stoffe Werte von 0,36 bis 0,42 an.

Schließlich soll noch auf eine andere von SUGDEN[3] angegebene Regel hingewiesen werden, wonach die Größe

$$\frac{\mu\,\sigma^{1/4}}{\gamma' - \gamma''}$$

die er als *Parachor* bezeichnete, von der Temperatur unabhängig ist; dabei bedeutet σ die Oberflächenspannung. Für niedrige Drücke kann man γ'' gegen γ' vernachlässigen; es wird dann, wenn wir das Molvolumen $\mu v' = V$ setzen,

$$V^4\,\sigma = \text{konst.} \tag{121}$$

Eine noch bessere Konstanz ergibt sich, wenn man die Potenz 4 etwas verkleinert und dafür etwa 3,8 setzt[4].

Will man den Zustand eines Gemisches von siedender Flüssigkeit und ihrem Dampf festlegen, dann muß man neben dem Druck (oder der Temperatur) auch noch das Mischungsverhältnis x angeben, das wir schon erwähnt haben (s. S. 100). Ein Kilogramm des Gemisches besteht aus x Gewichtsteilen ge-

---

[1] SUGDEN, S.: J. chem. Soc., London, 1927 S. 1780. Es ist klar, daß dann auch $C = \gamma_0'/T_k^n$ in gleicher Weise berechnet werden kann, wenn man z. B. $n = \frac{1}{3}$ setzt.

[2] PFAFF, P.: Forsch. Ing.-Wes. Bd. 11 (1940) S. 125.

[3] SUGDEN, S.: J. chem. Soc., London 1924—1928 sowie das Buchwerk „The Paracho and Valency". London: Routledge u. Sons 1930.

[4] SIPPEL, A.: Z. angew. Chem. Bd. 42 (1929) S. 849. — Vgl. auch A. EUCKEN: Nachr. Ges. Wiss. Göttingen, Math.-Phys. Klasse, Fachgr. III, 1933, Nr. 37.

sättigten Dampfes und $1 - x$ Gewichtsteilen siedender Flüssigkeit. Dabei kann der Flüssigkeitsanteil entweder in der Form feinster Tröpfchen im Dampf verteilt oder auch als zusammenhängende Wassermasse neben dem Dampf vorhanden sein. Auf der linken Grenzkurve ist $x = 0$, auf der rechten $x = 1$. Dazwischen kann man eine Schar Linien $x = $ konst. einzeichnen (Abb. 48). Das spezifische Volum v des Naßdampfes setzt sich aus den Volumen der Flüssigkeits- und Dampfanteile additiv zusammen. Es ist also

$$v = (1 - x)\, v' + x\, v'' = v' + x\, (v'' - v'). \qquad (122)$$

In großer Entfernung vom kritischen Punkt kann v' gegen v'' vernachlässigt werden. Es ist dann

$$v = v' + x\, v''. \qquad (122\,\mathrm{a})$$

Für Zustände in der Nähe der rechten Grenzkurve, also für x-Werte, die nur wenig von 1 verschieden sind, genügt der Ansatz

$$v = x\, v''. \qquad (122\,\mathrm{b})$$

III. Die kalorischen Größen im Naßdampfgebiet.

1. Entropie, Enthalpie und innere Energie von nassem Dampf.

In Abb. 48 waren die Vorgänge bei der Verdampfung im P, v-Diagramm dargestellt. Um zu zeigen, welche Wärmemengen erforderlich sind, um Flüssigkeit in Dampf zu verwandeln, wollen wir uns jetzt des Temperatur-Entropie-Diagramms bedienen, von dem wir schon für ideale Gase Gebrauch gemacht haben (s. S. 60). Wir wollen zuerst die Lage der beiden Grenzkurven im T, s-Diagramm festlegen. Erwärmt man eine Flüssigkeit bei konstantem Druck p von einem Zustand 1 bis zu der diesem Druck entsprechenden Siedetemperatur (Zustand 2), dann ist dafür die sog. *Flüssigkeitswärme* aufzuwenden:

$$q_{\mathrm{fl}} = \int\limits_{1}^{2} c_{\mathrm{fl}}\, dT = \int\limits_{1}^{2} T\, ds. \qquad (123)$$

Hierin bedeutet c_{fl} die spezifische Wärme der Flüssigkeit bei konstantem Druck. Da sich Flüssigkeiten in großer Entfernung vom kritischen Punkt thermisch nur sehr schwach ausdehnen, so unterscheidet man hier nicht wie bei Gasen zwischen c_p, c_v und c_n, sondern spricht von der spezifischen Wärme schlechthin. Sie ist auch nur wenig von der Temperatur abhängig. und man erhält daher mit $c_{\mathrm{fl}} = $ konst.

$$dq = c_{\mathrm{fl}}\, dT = T\, ds$$

und

$$ds = c_{\mathrm{fl}} \frac{dT}{T},$$

also

$$s = c_{\mathrm{fl}} \ln T + \text{konst.} \qquad (124)$$

In Abb. 53 verläuft daher die Isobare $1\text{--}2$ nahezu wie eine logarithmische Linie, und die Fläche $a\,1\,2\,b$ stellt die sog. *Flüssigkeitswärme* dar. Den Nullpunkt der Entropie kann man willkürlich festlegen, solange es sich bei den Berechnungen nur um Entropiedifferenzen handelt. Bei Wasser ist es üblich, die Entropie s_0' im Siedezustand bei $t = 0°$ C $(T = 273{,}16°$ K$)$ und $p = 0{,}006228$ ata gleich

Null zu setzen. Bei Arbeitsmitteln von Kältemaschinen, bei denen die Temperatur oft weit unter $0°$ C herabsinkt, setzt man $s_0' = 1,0000$, um negative Werte der Entropie zu vermeiden. Es sei noch daran erinnert, daß die spezifische Wärme c_{fl} in jedem Punkt als Subtangente der Isobare $1-2$ erscheint. Der Punkt 2, in dem die Flüssigkeit zu sieden beginnt, muß ein Punkt der linken Grenzkurve sein. Führen wir weiter bei konstantem Druck p Wärme zu, dann beginnt die Flüssigkeit zu verdampfen, wobei auch die Temperatur T konstant bleibt. Die Zustandsänderung folgt also der Linie $2-3$, und wenn in 3 alles verdampft ist, dann ist es ein Punkt der rechten Grenz-

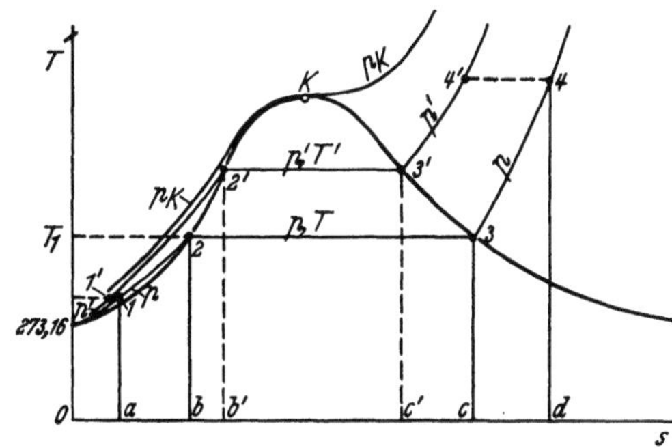

Abb. 53. Grenzkurven und Isobaren im T, s-Diagramm.

kurve. Die Rechtecksfläche $b-2-3-c$ stellt dann die *Verdampfungswärme r* dar. Bezeichnet man die Entropie der siedenden Flüssigkeit im Punkt 2 mit s' und die Entropie des trocken gesättigten Dampfes im Punkt 3 mit s'', dann ist

$$r = \int_2^3 T\, ds = T\,(s'' - s'). \tag{125}$$

Wird noch weiter Wärme bei konstantem Druck p zugeführt, dann wird der Dampf überhitzt. Auf dem Wege von 3 bis 4 muß dann die Wärmemenge

$$q_{\ddot{u}} = \int_3^4 c_p\, dT \tag{126}$$

zugeführt werden; die *Überhitzungswärme* $q_{\ddot{u}}$ wird durch die Fläche $c-3-4-d$ dargestellt.

Den ganzen Vorgang könnte man nun bei einem höheren Druck p' zwischen den gleichen Temperaturgrenzen $T_1 = T_{1'}$ und $T_4 = T_{4'}$ wiederholen; man würde dann feststellen, daß die Verdampfung erst bei einer höheren Temperatur T' einsetzt und daß die Verdampfungswärme $r' =$ Fläche $b'-2'-3'-c'$ kleiner geworden ist. Die Punkte $2'$ und $3'$ müssen wieder auf den Grenzkurven liegen.

Da die spezifische Wärme der Flüssigkeiten in großer Entfernung vom kritischen Punkt so gut wie druckunabhängig ist[1], so kann nach Gl. (124) auch die Entropie nicht nennenswert vom Druck abhängen. Daher fallen im Flüssigkeitsgebiet die Isobaren $1-2$ und $1'-2'$ praktisch zusammen, und sie decken sich praktisch auch mit der in Abb. 53 dick ausgezogenen Grenzkurve; die Abbildung ist also maßstäblich nicht richtig gezeichnet, um die grundsätzlich vorhandenen Abweichungen zu verdeutlichen. Immerhin weicht die kritische Isobare ($p_k =$ konst.) im Flüssigkeitsgebiet schon merklich von der Grenzkurve ab, und beide haben keinesfalls mehr den Charakter logarithmischer Kurven wie in Gl. (124). Die Abweichungen der Flüssigkeitsisobaren von der linken Grenzkurve sind daher bei Zustandsänderungen, die in der Nähe des kritischen Punktes verlaufen, durchaus zu berücksichtigen. Das ist z. B. bei den Prozessen in Kältemaschinen der Fall, die mit CO_2, N_2O, C_2H_4, C_2H_6, CF_3Cl oder der-

---

[1] Nach Abb. 5 des Werkes „Thermodynamic Properties of Steam" von J. H. KEENAN und F. G. KEYES nimmt die spez. Wärme (bei konstantem Druck) von flüssigem Wasser bei einer Drucksteigerung vom Sättigungsdruck auf 100 ata um folgende Beträge ab: bei $100°$ C von 1,008 auf 1,000 und bei $200°$ C von 1,080 auf 1,070 kcal/kg° C.

gleichen betrieben werden, deren kritische Temperatur entsprechend tief liegt (vgl. Tab. 17 auf S. 132).

Ein maßstäblich richtiges T, s-Diagramm für Wasserdampf, in welchem auch einige überkritische Isobaren eingezeichnet sind, findet man in Abb. 54. Hier sind auch die Linien $x = $ konst. in Abständen von 0,1 eingezeichnet. Ihr Verlauf wird dadurch festgelegt, daß man bei jedem Druck die Strecken $s'' - s'$

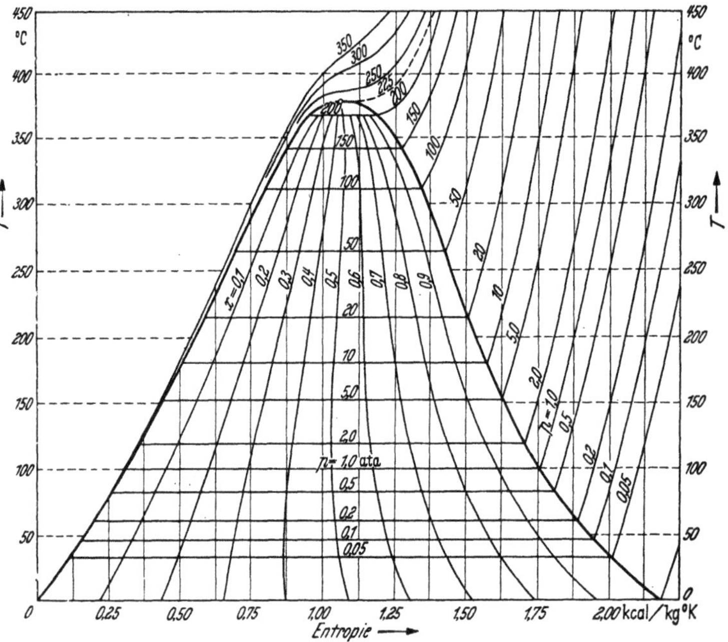

Abb. 54. Maßstäblich richtiges T, s-Diagramm für Wasserdampf.

in zehn gleiche Teile teilt. Die Entropie von nassem Dampf mit dem Dampfgehalt x setzt sich dann, wie beim Volum, additiv aus den Entropien des flüssigen und dampfförmigen Anteils zusammen. Es ist also mit Gl. (125)

$$s = (1 - x) s' + x s'' = s' + x(s'' - s') = s' + x \frac{r}{T}. \tag{127}$$

Für einen Vorgang bei konstantem Druck, wie er in Abb. 53 durch den Linienzug $1-2-3-4$ dargestellt ist, und wie er sich beispielsweise in einem Dampfkessel abspielt, berechnet sich die erforderliche Wärmemenge aus der Differenz der Enthalpien (s. S. 35)

$$q_{1-4} = i_4 - i_1. \tag{128}$$

Diese Wärmemenge setzt sich wie folgt zusammen:

$$\text{aus der Flüssigkeitswärme} \quad q_{fl} = i_2 - i_1, \tag{128a}$$
$$\text{aus der Verdampfungswärme} \quad r = i_3 - i_2, \tag{128b}$$
$$\text{aus der Überhitzungswärme} \quad q_{\ddot{u}} = i_4 - i_3. \tag{128c}$$

Dabei ist $i_2 = i'$ und $i_3 = i''$. Aus (125) und (128b) folgt also

$$r = T(s'' - s') = i'' - i'. \tag{129}$$

Die Enthalpie von nassem Dampf mit dem Dampfgehalt x setzt sich wieder additiv aus den Enthalpien des Flüssigkeits- und Dampfanteils zusammen:

$$i = (1 - x) i' + x i'' = i' + x(i'' - i') = i' + x r. \tag{130}$$

Der Nullpunkt der Enthalpie kann für unsere Zwecke, wie bei der Entropie willkürlich festgesetzt werden. Bei Wasserdampf setzt man bei $0°$ und dem zugehörigen Sättigungsdruck $(0,006\,228\text{ ata})$ $i_0' = 0$, bei Arbeitsmitteln von Kältemaschinen dagegen meist $i_0 = 100,00$ kcal/kg, um negative Werte von i bei Temperaturen unter $0°\,C$ zu vermeiden.

Wir wollen die Verdampfungswärme r noch etwas näher betrachten. Nach der Gl. (9a)

$$dQ = du + A\,dL = du + A\,P\,dv$$

läßt sich jede Wärmemenge als Summe aus einer Änderung der inneren Energie und einer äußeren Arbeit darstellen. Integriert man diese Gleichung bei konstantem Druck zwischen der linken und der rechten Grenzkurve, dann erhält man mit Gl. (129)

$$r = i'' - i' = u'' - u' + A\,P\,(v'' - v'). \qquad (131)$$

Den Anteil $\varrho = u'' - u'$ bezeichnet man als *innere Verdampfungswärme*; sie dient zur Überwindung der zwischen den Molekülen wirkenden Anziehungskräfte. Den Anteil $\psi = A\,P\,(v'' - v')$ nennt man die *äußere Verdampfungswärme*, sie stellt die bei der Volumvergrößerung geleistete äußere Arbeit dar. Der Anteil ϱ ist bei allen Stoffen wesentlich größer als ψ, bei Wasserdampf findet man z. B. folgende Werte:

$t =$	$0°$	$100°$	$200°$	$300°$	$350°$	$374,2°$ (krit.)
$r =$	597,2	538,9	463,5	335,1	213,0	0
$\varrho =$	567,1	498,5	416,7	293,6	185,1	0
$\psi =$	30,1	40,4	46,8	41,5	27,9	0

Während die Verdampfungswärme r mit wachsender Temperatur dauernd abnimmt, findet man bei ψ zuerst ein Anwachsen und erst nach Überschreiten eines Maximums eine Abnahme der Werte. Sowohl r wie auch ϱ und ψ werden im kritischen Punkt gleich Null, da hier die Flüssigkeit kontinuierlich in den Dampfzustand übergeht.

Für nassen Dampf wird wie bei v, s und i

$$u = (1 - x)\,u' + x\,u'' = u' + x\,(u'' - u') = u' + x\,\varrho. \qquad (132)$$

Nach Gl. (33) ist

$$i' = u' + A\,P\,v'$$

und

$$i'' = u'' + A\,P\,v''.$$

Zieht man die erste Gleichung von der zweiten ab, dann erhält man wieder Gl. (131). Die Größe $A\,P\,v'$ ist wegen der Kleinheit von v' bei niedrigen Drücken vernachlässigbar klein, so daß dann $i' = u'$ wird. Bei hohen Drücken muß aber das Glied $A\,P\,v'$ berücksichtigt werden. Für Wasser ist daher z. B. bei $0°$ $i_0' = u_0' = 0$. Wird flüssiges Wasser von $0°$ unter hohen Druck gesetzt, dann ändert sich u_0 wegen der geringen Zusammendrückbarkeit praktisch nicht, es sei denn, daß sehr hohe Drücke (über 100 ata) angewendet werden. Dagegen wird $i_0 = u_0 + A\,P\,v_0 \approx A\,P\,v_0$. Bei 100 ata und $0°\,C$ ist daher schon $i_0 \approx 2,35$ kcal/kg. Bei höheren Temperaturen ist die Zusammendrückbarkeit des flüssigen Wassers größer, u nimmt dann mit wachsendem Druck ab, und daher wird die Zunahme von i mit dem Druck kleiner; oberhalb $250°\,C$ tritt dann mit wachsendem Druck sogar eine Abnahme von i ein.

Die in Gl. (123) definierte Flüssigkeitswärme ist also

$$q_{fl} = i' - i_0.$$

Bei niedrigen Drücken ist praktisch $i' = u' = q_{fl}$.

2. Die Verdampfungswärme und ihr Zusammenhang mit der Dampfdruckkurve.

Da die Verdampfung bei konstantem Druck und konstanter Temperatur vor sich geht, so kann sie in durchaus umkehrbarer Weise durchgeführt werden. Die Umkehrung stellt dann die Kondensation oder Verflüssigung des Dampfes dar. Man kann sich nun einen elementaren umkehrbaren Kreisprozeß *1—2—3—4* (Abb. 55 u. 56) denken, bei welchem eine siedende Flüssigkeit bei der Tempera-

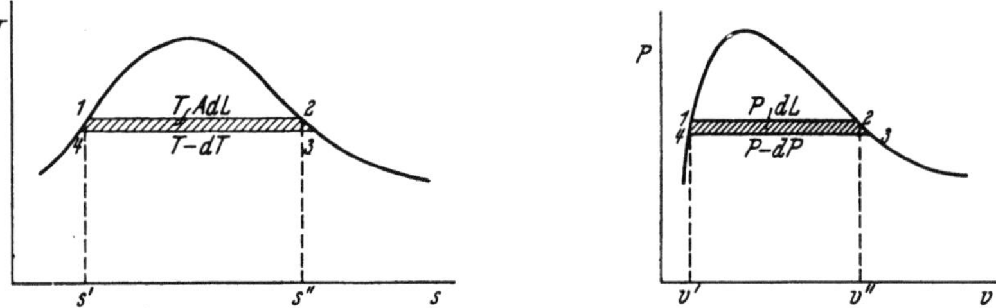

Abb. 55. u. 56. Elementarer Kreisprozeß zur Berechnung der Verdampfungswärme.

tur T bzw. dem Druck P auf dem Wege von *1* nach *2* verdampft wird, wobei· ihr von einer warmen Quelle die Verdampfungswärme r zugeführt wird. Nach adiabater Expansion von *2* bis *3* wird der Dampf bei der Temperatur $T_0 = T - dT$ entsprechend dem Druck $P - dP$ verflüssigt und schließlich wird die Flüssigkeit von *4* bis *1* adiabat verdichtet. Bei diesem elementaren CARNOT-Prozeß wird also die Wärmemenge $Q = r$ zugeführt und die Arbeit $dL = (v'' - v') dP$ geleistet. Nach Gl. (42) wird der thermische Wirkungsgrad

$$\eta_t = \frac{AL}{Q} = \frac{T - T_0}{T}.$$

Bei unendlich kleiner Druck- und Temperaturänderung wird also

$$\frac{A(v'' - v') dP}{r} = \frac{dT}{T}.$$

Löst man diese Gleichung nach r auf, dann erhält man die wichtige Beziehung

$$r = A T (v'' - v') \frac{dP}{dT}, \tag{133}$$

welche die Verdampfungswärme mit den orthobaren Volumen und mit der Dampfdruckkurve verknüpft. Diese Gleichung wurde zuerst von CLAPEYRON angegeben und dann von CLAUSIUS streng bewiesen. In ihr bedeutet dP/dT den Differentialquotienten der Dampfdruckkurve Gl. (104). Die CLAUSIUS-CLAPEYRONsche Gleichung, für deren Gültigkeit auf S. 145 noch ein weiterer Beweis geliefert werden wird, stellt eines der wenigen Gesetze dar, die im Naß-dampfgebiet streng gelten, da sie sich auf nichts anderes stützt, als auf die beiden Hauptsätze. Sie gilt nicht nur für den Verdampfungsvorgang, sondern auch für andere Aggregatzustandsänderungen, die man auch als Phasenumwandlungen bezeichnet, also für den Schmelzvorgang (s. S. 230), den Sublimationsvorgang (s. S. 234) und für allotrope Modifikationen (s. S. 239). Auf den Schmelzvorgang angewandt, lautet sie, wenn wir mit v_f das spezifische Volum des festen Körpers und mit r_f die Schmelzwärme bezeichnen,

$$r_f = A T (v' - v_f) \left(\frac{dP}{dT}\right)_f. \tag{133a}$$

Darin bedeutet $\left(\frac{dP}{dT}\right)_f$ den Differentialquotienten der Gleichgewichtskurve fest—flüssig. Die Schmelzwärme r_f ist naturgemäß eine positive Größe, ebenso wie die Verdampfungswärme. Wenn daher beim Schmelzvorgang eine Volumzunahme eintritt, $v' > v_f$, wie es bei den meisten Körpern der Fall ist, dann muß auch $\left(\dfrac{dP}{dT}\right)_f > 0$ sein, es muß also die Schmelztemperatur mit wachsendem Druck steigen. Einen solchen Verlauf der Gleichgewichtskurve zeigt z. B. CO_2 (vgl. Abb. 51 auf S. 104). Wasser dagegen verhält sich nicht normal, das Volum nimmt beim Schmelzen ab, $v' < v_f$, daher muß $\left(\dfrac{dP}{dT}\right)_f < 0$ sein, und in der Tat sinkt bei Wasser die Schmelztemperatur mit wachsendem Druck (Abb. 51)[1].

Kehren wir nun zum Verdampfungsvorgang zurück und führen in Gl. (133) die äußere Verdampfungswärme $\psi = A\,P(v'' - v')$ ein. Es wird dann

$$\frac{r}{\psi} = \frac{T}{P}\,\frac{dP}{dT} = \frac{d\ln P}{d\ln T} = \alpha\,. \tag{134}$$

Das Verhältnis r/ψ hängt also nur vom Verlauf der Dampfdruckkurve ab.

Die Größe α ist dimensionslos und daher von den gewählten Maßeinheiten unabhängig. Ihr Verhalten als Funktion der Temperatur ist recht interessant, und liefert die Handhabe zur Aufstellung einer rationellen Gleichung für die Dampfdruckkurve (s. S. 108). Es sei daher eine kurze Abschweifung von den Betrachtungen über die Verdampfungswärme gestattet.

PLANK und RIEDEL[2] haben darauf aufmerksam gemacht, daß für fast alle untersuchten Stoffe die Kurve $\alpha = f(T)$ am kritischen Punkt eine horizontale Tangente hat. Eine Ausnahme scheint nur Wasserdampf zu bilden. Es ist also

$$\left(\frac{d\alpha}{dT}\right)_k = 0\,. \tag{134a}$$

Dieses Kriterium erlaubt es, einen Zusammenhang zwischen den Koeffizienten einer empirischen Gleichung der Dampfdruckkurve herzustellen. Geht man z. B. von der Gl. (110) aus:

$$\lg p = a - \frac{b}{T} + c\lg T + d\,T\,,$$

so liefert das Kriterium (134a) die Bedingung

$$b = d\,T_k^2\,.$$

Es zeigt sich aber, daß der experimentelle Verlauf der Dampfdruckkurve, insbesondere auch in der Nähe des kritischen Punktes, sich besonders gut durch eine Gleichung von der Form

$$\lg p = a - \frac{b}{T} + c\lg T + d\,T^n \tag{134b}$$

darstellen läßt, wobei das Kriterium (134a) dann die Bedingung

$$b = n^2\,d\,T_k^{n+1} \tag{134}$$

liefert. Es hat sich ergeben, daß für den Exponenten n am besten der Wert $n = 6$ paßt.

Da der Koeffizient b in den Gl. (134a) und (134b) stets positiv ist, kann auch d nur positiv sein. Gleichungen dieser Form mit negativem d sind also in der Nähe des kritischen Punktes grundsätzlich nicht geeignet (s. Tab. 14).

---

[1] Auch die Metalle Ga, Sb und Bi schmelzen unter Volumverminderung.
[2] PLANK, R., u. L. RIEDEL: Ing.-Arch. Bd. 16 (1948) S. 255.

Beschränkt man sich nur auf die nähere Umgebung des kritischen Punktes, dann läßt sich der Dampfdruck für zahlreiche Stoffe durch die einfache Formel

$$p = A\,T^m \tag{134d}$$

oder

$$\ln p = A_1 + m \ln T$$

darstellen[1]. Aus der letzten Gleichung folgt

$$\alpha = \frac{T}{p}\,\frac{dp}{dT} = m = \text{konst.}$$

Das Kriterium (134a) ist danach nicht nur im kritischen Punkt, sondern auch in seiner unmittelbaren Nähe erfüllt. Der Exponent m in Gl. (134d) hat einen physikalischen Sinn, denn es ist $m = \alpha_k$, und dieser Wert liegt für normale (nicht assoziierende) Stoffe zwischen 6,5 und 7 (s. S. 134).

Wir kehren nunmehr zu den Betrachtungen über die Verdampfungswärme zurück.

Wie schon auf S. 121 betont wurde, nimmt r mit wachsender Temperatur ab und erreicht im kritischen Punkt den Wert $r = 0$. Wir werden nachweisen (s. S. 128), daß der Abfall in der Nähe des kritischen Punktes sehr steil wird und daß $\left(\dfrac{dr}{dT}\right)_k = -\infty$ wird. Es gibt zwar für die Funktion

$$r = f(T)$$

keine explizite Form, die naturgesetzlich begründet ist, aber die empirischen Gleichungen, die diesen Zusammenhang darstellen sollen, müssen so gewählt werden, daß sie den beiden soeben genannten Bedingungen genügen. Aus diesem Grunde muß z. B. die von NERNST vorgeschlagene Formel[2]

$$r = (r_0 + a\,T - b\,T^2)\left(1 - \frac{p}{p_k}\right)$$

abgelehnt werden; das Zusatzglied $\left(1 - \dfrac{p}{p_k}\right)$ sorgt zwar dafür, daß im kritischen Punkt $r = 0$ wird, aber die Bedingung $(dr/dT)_k = -\infty$ ist keinesfalls erfüllt.

MATHIAS, der den sehr steilen Abfall von r am kritischen Punkt als erster experimentell nachwies, drückte seine Versuchsergebnisse durch die Formel aus:

$$r^2 = a\,(T_k - T) - b\,(T_k - T)^2, \tag{135}$$

welche beide Grenzbedingungen erfüllt. Für die Konstanten setzte MATHIAS

$$\text{bei } CO_2 \quad t_k = 31{,}0\,^\circ C; \quad a = 118{,}485; \quad b = 0{,}4707$$
$$\text{bei } N_2O \quad t_k = 36{,}4\,^\circ C; \quad a = 131{,}75; \quad b = 0{,}928\,.$$

Gl. (135) gibt die Meßwerte zwischen t_k und etwa 0° recht gut wieder; bei tieferen Temperaturen treten aber Abweichungen auf, die daher rühren, daß Gl. (135) bei der Temperatur $T_m = T_k - a/2b$ ein Maximum der Verdampfungswärme liefert, das nicht beobachtet wurde[3].

Eine sehr verbreitete Anwendung hat die von THIESEN vorgeschlagene empirische Formel[4] gefunden

$$r = a\,(T_k - T)^n, \tag{136}$$

---

[1] PLANK, R.: Chemie-Ingenieur-Technik Bd. 22 (1950) S. 433.

[2] NERNST, W.: Die theor. u. exper. Grundlagen d. neuen Wärmesatzes, S. 107. Halle: W. Knapp 1918.

[3] Ein solches Maximum kann, wenn es überhaupt vorhanden ist, nur in unmittelbarer Nähe des absoluten Nullpunktes auftreten. Vgl. W. NERNST: Die theor. u. exper. Grundlagen d. neuen Wärmesatzes, S. 107. Praktisch ist dieses Maximum jedenfalls bedeutungslos, da die Grenze des flüssigen Zustandes bei etwa $0{,}3\,T_k$ bis $0{,}4\,T_k$ liegt.

[4] THIESEN: Verh. dtsch. phys. Ges., Berlin Bd. 16 (1897) S. 80.

die bei $n < 1$ ebenfalls beiden Grenzbedingungen im kritischen Punkt genügt. THIESEN schlug $n = \frac{1}{3}$ vor, es zeigt sich aber, daß der Exponent bei verschiedenen Stoffen Werte von 0,315 (für H_2O) bis 0,55 (für SO_2) annimmt. Für CO_2 gilt zwischen dem Tripelpunkt und dem kritischen Punkt

$$r = 15,2\,(304,1 - T)^{0,38}.$$

M. JAKOB schlug für Wasser bis 220° die Formel vor

$$r = 82,8\,\sqrt[3]{T_k - T}\,.$$

SEGER[1] fand für alle Fluor-Chlor-Derivate des Methans $n = \frac{3}{8}$ und gibt für a und t_k folgende Werte an:

Stoff	CH_4	CH_3Cl	$CHFCl_2$	CHF_2Cl	$CFCl_3$	CF_2Cl_2	CF_3Cl
$a =$	24,95	15,04	8,45	8,83	6,31	6,29	6,11
$t_k\;°C =$	$-82,8$	143	178	96	198	111,5	29

Für sehr genaue Auswertungen wurde die Formel (136) in der Weise erweitert, daß für a eine Temperaturfunktion gesetzt wurde. So finden JAKOB und FRITZ[2], daß sich die in der Physikalisch-Technischen Reichsanstalt gemessenen Werte der Verdampfungswärme von Wasser im ganzen Bereich vom Erstarrungspunkt bis zum kritischen Punkt durch Gl. (136) sehr genau darstellen lassen, wenn $n = 0,365$ und für a die Funktion

$$a = a_1 + a_2\,\vartheta^{1,15} + a_3\,\vartheta^{6,5} + a_4\,\vartheta^{30}$$

gesetzt wird, worin $\vartheta = t/100$ bedeutet und die Konstanten folgende Werte haben: $a_1 = 68,596$; $a_2 = 0,8162$; $a_4 = -1,375 \cdot 10^{-3}$ und $a_4 = -0,02 \cdot 10^{-15}$. In anderer Weise wurde Gl. (136) erweitert von OSBORNE, STIMSON und GINNINGS[3]. Sie stellten die Ergebnisse der Messungen der Verdampfungswärme von Wasser im Bureau of Standards zwischen 100 und 374° C durch die Formel dar

$$r = a\left(\frac{374,15 - t}{100}\right)^{0,404} - b\left(\frac{310 - t}{100}\right)^{1,73} + c\left(\frac{165 - t}{100}\right)^{2,2}$$

mit $a = 1585,19$; $b = 36,75304$; $c = 17,9218$. Dabei ist t in °C einzusetzen, und r wird in int. Joule/g erhalten (1 int. Joule/g $= 0,2389$ kcal/kg).

Die THIESENsche Gl. (136) läßt sich auch in der Form schreiben

$$r = a'\left(1 - \frac{T}{T_k}\right)^n, \tag{136a}$$

wobei $a' = a\,T_k^n$ ist. Der Verfasser hat vorgeschlagen, sie wie folgt abzuändern[4]:

$$r = a'\left[1 - \left(\frac{T}{T_k}\right)^2\right]^n. \tag{137}$$

Man erhält daraus

$$\frac{dr}{dT} = -\frac{2n\,a'\,T}{(T_k^2 - T^2)^{1-n}\,T_k^{2n}},$$

so daß auch hier beide Grenzbedingungen erfüllt sind und außerdem ein Maximum der Verdampfungswärme erst bei $T = 0$ erhalten wird.

In vielen Fällen hat sich noch eine andere empirische Formel ausgezeichnet bewährt, die auch die Grenzbedingungen erfüllt:

$$r = a\,\sqrt{t_k - t} - b\,(t_k - t). \tag{138}$$

---

[1] SEGER, G.: Beiheft 43 zur Z. Ver. dtsch. Chem. Verl. Chemie 1942.
[2] JAKOB, M., u. W. FRITZ: Phys. Z. Bd. 36 (1935) S. 651.
[3] OSBORNE, N. S., H. F. STIMSON u. D. C. GINNINGS: J. Res. Nat. Bur. Stand. Bd. 18 (1937) S. 389 (RP 983).
[4] PLANK, R.: Z. techn. Phys. Bd. 3 (1922) S. 1.

So fanden Osborne und van Dusen[1] für NH_3 zwischen -45 und $+52°$ C eine sehr gute Übereinstimmung mit ihren Meßwerten, indem sie $t_k = 133,0°$ C, $a = 32,938$ und $b = 0,5890$ setzten. Buffington und Gilkey[2] fanden, daß Gl. (138) auch die Verdampfungswärme von CF_2Cl_2 sehr gut darzustellen gestattet.

Handelt es sich nur um engere Temperaturbereiche, dann kommt man mit viel einfacheren empirischen Ansätzen aus, die in Verbindung mit Gl. (133) zu den auf S. 108 mitgeteilten Dampfdruckformeln führen.

Setzt man für einen engeren Bereich im einfachsten Fall $r =$ konst. und vernachlässigt man in Gl. (133) v' gegen v'', wobei man noch in großer Entfernung vom kritischen Punkt den trocken gesättigten Dampf als ideales Gas auffaßt und damit $v'' = RT/P$ setzt, dann erhält man die viel gebrauchte angenäherte Form für die Clausius-Clapeyronsche Gleichung

$$r = \frac{ART^2}{P}\frac{dP}{dT} = ART^2\frac{d\ln P}{dT} = \text{konst.}$$

Daraus folgt

$$d\ln P = \frac{r\,dT}{ART^2}.$$

Setzt man $r/AR = b$, dann liefert die Integration dieser Gleichung

$$\ln P = a - \frac{b}{T}, \tag{138a}$$

wobei a eine Integrationskonstante darstellt. Das ist aber die auf S. 109 erwähnte Gl. (109). Beide Näherungswerte $r =$ konst. und $v'' = RT/P$ sind jeder für sich genommen recht ungenau, die Fehler heben sich aber gegenseitig ziemlich weitgehend auf, nur darf für b nicht der obengenannte Wert r/AR eingesetzt werden; es sind vielmehr a und b aus zwei gemessenen Wertepaaren von P und T zu ermitteln. In der Regel wählt man als einen der Versuchspunkte den normalen Siedepunkt. Immerhin wird b um so größer, je größer die molare Verdampfungswärme μr ist.

Eine größere Genauigkeit in einem weiteren Temperaturbereich erzielt man, wenn man für r einen linearen Ansatz in der Gestalt $r = \alpha - \beta T$ macht. Es wird dann

$$r = \alpha - \beta T = ART^2\frac{d\ln P}{dT}$$

und

$$\ln P = a - \frac{b}{T} - c\ln T,$$

wobei $b = \alpha/AR$ und $c = \beta/AR$. Besser ist es aber auch in dieser Formel, die zuerst von Rankine benutzt wurde (s. S. 111), die Konstanten a, b und c empirisch zu bestimmen.

Die sinngemäße Weiterentwicklung geht dahin, daß man für r eine Reihe mit steigenden Potenzen von T ansetzt, aus der sich dann für die Dampfdruckkurve die Gl. (111) ableiten läßt. Die Thiesensche Formel (136) kann als eine geschickte Zusammenfassung einer solchen Reihe angesehen werden.

3. Die spezifischen Wärmen siedender Flüssigkeiten und trocken gesättigter Dämpfe.

Wenn man von einem Punkt auf der rechten Grenzkurve ausgeht, z. B. vom Punkt *3* in Abb. 53, dann kann man sich in verschiedenen Richtungen bewegen. Verfolgt man die Richtung der Isobare *3—4*, dann entspricht dieser

---

[1] Osborne, N. S., u. M. S. van Dusen: Sci. Pap. Bur. Stand. Bd. 14 (1917/18) S. 439 — J. Amer. chem. Soc. Bd. 40 (1918) S. 14.
[2] Buffington, R. M., u. Gilkey: Circular Nr. 12 der Amer. Soc. Refrig. Eng. 1931.

die spezifische Wärme c_p, deren Wert wir auf der Grenzkurve im Punkt 3 mit $c_p'' = T\left(\dfrac{\partial s}{\partial T}\right)_P''$ bezeichnen wollen. Man kann aber den Zustand, ausgehend vom Punkt 3, auch so verändern, daß der Dampf immer trocken gesättigt bleibt, wobei man sich also auf der rechten Grenzkurve ($x = 1$) fortbewegt. Da hierbei also x konstant bleibt, so bezeichnen wir die zugehörige spezifische Wärme mit c_x''. Wir haben S. 61 und in Abb. 20 gesehen, daß die spezifische Wärme durch die Subtangente der Zustandsänderung im T, s-Diagramm dargestellt wird. Nach Abb. 53 ist daher $c_p'' > 0$, aber $c_x'' < 0$. Letzteres ist jedoch nicht für alle Stoffe längs der ganzen rechten Grenzkurve der Fall, denn diese Kurve hat bei manchen Stoffen einen ganz anderen Verlauf. Die verschiedenen Möglichkeiten sind aus Abb. 57 zu ersehen[1]. Beim Verlauf nach Kurve I ist $\dfrac{ds''}{dT}$ und damit auch $c_x'' = T\,\dfrac{ds''}{dT}$ dauernd negativ. Der geometrische Wendepunkt

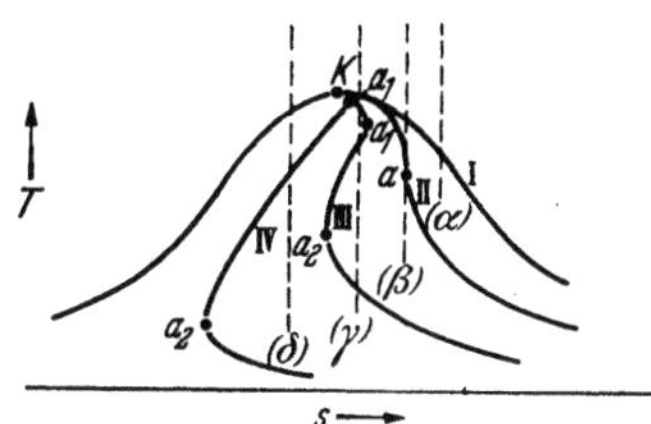

Abb. 57. Verlauf der Grenzkurven für verschiedene Stoffe im T, s-Diagramm.

deutet aber auf die Existenz eines Maximums hin. Im kritischen Punkt wird $c_x'' = -\infty$, und das gleiche ist, wie wir sehen werden, auch am absoluten Nullpunkt zu erwarten, bei dem der Dampf aber nicht mehr mit der Flüssigkeit, sondern mit der festen Phase im Gleichgewicht ist. Einen Verlauf nach Kurve I zeigen außer Wasserdampf z. B. die Dämpfe von ein- und zweiatomigen Gasen, ferner CO_2, SO_2, NH_3, CH_4, C_2H_6, C_2H_4, CF_2Cl_2, CH_3Cl, C_2H_5Cl, CS_2, Azeton und viele andere Stoffe.

Die Kurve II in Abb. 57 besitzt im Punkt a eine vertikale Tangente; hier wird $c_x'' = 0$, und dieser Wert stellt zugleich den Maximalwert dar[2]. Die Kurven III und IV haben in zwei Punkten a_1 und a_2 vertikale Tangenten. Zwischen diesen Punkten ist c_x'' positiv, darüber hinaus nach beiden Seiten ist c_x'' negativ. Der Verlauf von c_x'' in diesen vier Fällen ist aus Abb. 58 zu ersehen. Bei der Kurve IV ist c_x'' fast für das ganze Flüssigkeitsgebiet positiv und erhält nur in unmittelbarer Nähe des kritischen Punktes negative Werte; ein solches Verhalten wird dem Äthyläther zugeschrieben. Einen Verlauf nach Kurve III besitzen sehr viele Körper, z. B. Benzol, Toluol, Diphenyloxyd, Tetrachlorkohlenstoff, Chloroform, $C_2F_3Cl_3$ u. a. Bei Toluol, dessen Gefrierpunkt bei $-95,1°$ C und dessen kritischer Punkt bei $+320,6°$ (und 43,0 ata) liegt, fanden z. B. Nesselmann und Dardin den Punkt a_2 bei etwa $100°$ C, während a_1 sehr nahe am kritischen Punkt liegt[3].

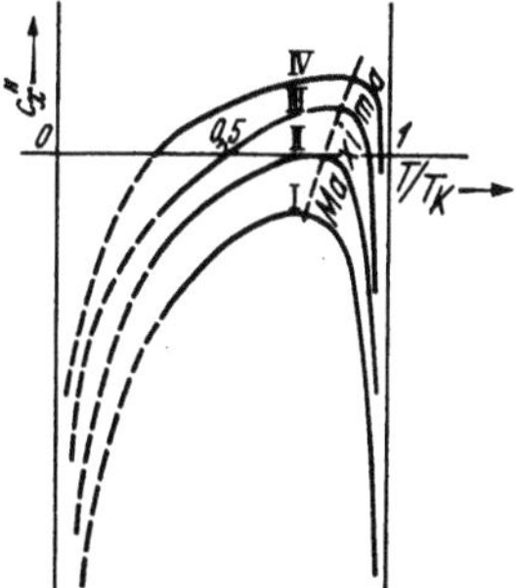

Abb. 58. Spezifische Wärme auf der rechten Grenzkurve für verschiedene Stoffe als Funktion der Temperatur.

Der verschiedene Verlauf der Grenzkurven hängt mit dem Molekulargewicht μ bzw. mit der Anzahl der Atome im Molekül zusammen. Je größer μ und je mehr Atome im Molekül enthalten sind, um so eher erhält man für c_x''

---

[1] Vgl. R. Plank: Z. techn. Phys. Bd. 3 (1922) S. 69.

[2] Bei Isobutan verläuft die rechte Grenzkurve in weiten Temperaturbereichen fast senkrecht. Vgl. Industr. Engng. Chem. Bd. 30 (1938) S. 678.

[3] Nesselmann, K., u. F. Dardin: Wiss. Veröff. Siemens-Werk Bd. 20, Heft 2. Berlin: Springer 1942. In dieser Arbeit findet man ein vollständiges T, s-Diagramm und eine Dampftafel für Toluol.

positive Werte in bestimmten Temperaturgebieten. Die Atomzahl im Molekül beeinflußt, wie wir gesehen haben, den Wert $\varkappa = c_p/c_v$ im idealen Gaszustand (s. S. 19). VAN DER WAALS ist der Ansicht, daß positive Werte von c_x'' nur dann auftreten können, wenn $\varkappa < 1,118$ ist[1]. Dagegen kam KAMERLINGH-ONNES zu dem Ergebnis, daß der Verlauf nach Kurve *II* in Abb. 57 und 58 bei $\varkappa = 1,195$ eintritt[2]. Für größere Werte von $\varkappa$ ist c_x'' stets negativ, für kleinere Werte von $\varkappa$ ist c_x'' in gewissen Temperaturgrenzen positiv. Für $\varkappa < 1,10$ ergibt sich der Charakter von Kurve *IV*.

Auch auf der linken Grenzkurve muß man grundsätzlich zwischen c_p' und c_x' unterscheiden, doch sind hier die Unterschiede, wie man aus Abb. 53 erkennen kann, sehr gering. Beide Werte wachsen mit zunehmender Temperatur und werden im kritischen Punkt $+\infty$.

Wir wollen jetzt noch zwei Gleichungen für die spezifischen Wärmen ableiten, die ebenso wie die CLAUSIUS-CLAPEYRONsche Gl. (133) in voller Strenge gültig sind. Aus der Definition der spezifischen Wärme

$$c = \frac{dQ}{dT} = T\frac{ds}{dT}$$

folgt

$$c_x' = T\frac{ds'}{dT} \quad \text{und} \quad c_x'' = T\frac{ds''}{dT}.$$

Durch Subtraktion erhält man

$$c_x'' - c_x' = T\frac{d(s''-s')}{dT} = T\frac{d(r/T)}{dT} = \frac{dr}{dT} - \frac{r}{T}. \tag{139}$$

Diese Gleichung wurde zuerst von CLAUSIUS abgeleitet. Da im kritischen Punkt $r = 0$, $c_x' = +\infty$ und $c_x'' = -\infty$ ist, so folgt daraus

$$\left(\frac{dr}{dT}\right)_k = -\infty,$$

also eine sehr steile Abnahme der Verdampfungswärme mit der Temperatur bei Annäherung an den kritischen Punkt, worauf wir schon hingewiesen haben (s. S. 124).

Auch für die spezifischen Wärmen bei konstantem Druck c_p' und c_p'' an den Grenzkurven läßt sich eine der Gl. (139) analoge Beziehung ableiten, wenn man von der aus der Differentialrechnung bekannten Beziehung

$$\left(\frac{\partial s}{\partial T}\right)_x = \left(\frac{\partial s}{\partial T}\right)_P + \left(\frac{\partial s}{\partial P}\right)_T\frac{dP}{dT} \tag{140}$$

Gebrauch macht, in welcher dP/dT längs der Dampfdruckkurve zu nehmen ist. Es wird gezeigt werden (s. S. 152), daß

$$\left(\frac{\partial s}{\partial P}\right)_T = -A\left(\frac{\partial v}{\partial T}\right)_P$$

[s. Gl. (178)]. Multipliziert man daher Gl. (140) beiderseits mit T und wendet sie auf die linke und rechte Grenzkurve an, dann erhält man mit Gl. (133)

$$c_p' = c_x' + AT\left(\frac{\partial v}{\partial T}\right)_P' \frac{dP}{dT} = c_x' + \frac{r}{v''-v'}\left(\frac{\partial v}{\partial T}\right)_P' \tag{141}$$

und

$$c_p'' = c_x'' + AT\left(\frac{\partial v}{\partial T}\right)_P'' \frac{dP}{dT} = c_x'' + \frac{r}{v''-v'}\left(\frac{\partial v}{\partial T}\right)_P''. \tag{141a}$$

---

[1] VAN DER WAALS-KOHNSTAMM: Lehrbuch der Thermodynamik, Bd. I, 2. Aufl., S. 65 bis 72. Leipzig: J. A. Barth 1923.

[2] KAMERLINGH-ONNES, H.: Die reduzierten Gibbsschen Flächen. Leiden Comm. 1900, Nr. 66.

Durch Subtraktion und mit Berücksichtigung von Gl. (139) wird dann

$$c_p'' - c_p' = \frac{dr}{dT} - \frac{r}{T} + \frac{r}{v'' - v'}\left[\left(\frac{\partial v}{\partial T}\right)_P'' - \left(\frac{\partial v}{\partial T}\right)_P'\right]. \qquad (142)$$

Auch dieses ist eine streng gültige Beziehung, die sich weitgehend vereinfachen läßt, wenn man gewisse Näherungen zuläßt; vernachlässigt man v' gegen v'' und $\left(\frac{\partial v}{\partial T}\right)_P'$ gegen $\left(\frac{\partial v}{\partial T}\right)_P''$, betrachtet man ferner den trocken gesättigten Dampf als ideales Gas, dann wird $\left(\frac{\partial v}{\partial T}\right)_P'' = \frac{R}{P}$ und man erhält

$$c_p'' - c_p' = \frac{dr}{dT}. \qquad (142\,\text{a})$$

Diese viel benutzte Näherungsformel darf jedoch nur in großer Entfernung vom kritischen Punkt angewandt werden.

Wir kehren nun zur Gl. (139) zurück und wollen versuchen, sie in zwei Teile für c_x' und c_x'' zu zerlegen, um für diese beiden Größen empirische Ansätze zu erhalten, die wenigstens den thermodynamischen Forderungen nicht widersprechen[1]. Aus der THIESENschen Gl. (136) folgt

$$\frac{dr}{dT} = - \frac{n\,a}{(T_k - T)^{1-n}} = - \frac{n\,r}{T_k - T}.$$

Aus Gl. (139) folgt dann

$$c_x'' - c_x' = - \frac{n\,a}{(T_k - T)^{1-n}} - \frac{r}{T}. \qquad (143)$$

Daraus kann man zunächst schließen, daß stets $c_x' > c_x''$ sein muß. Wenn auch c_x'' für manche Stoffe positive Werte erreicht, so bleiben sie doch stets unterhalb der Werte von c_x' bei gleicher Temperatur. Das bedeutet, daß die rechte Grenzkurve in Abb. 57 nirgends flacher verlaufen kann als die linke Grenzkurve. Da nun c_x' bei $T = 0$ sicher nicht unendlich wird, so darf angenommen werden, daß sich der Term r/T in Gl. (143) nur auf c_x'' bezieht; dagegen ist der Term $\frac{n\,a}{(T_k - T)^{1-n}}$ auf beide Werte c_x' und c_x'' zur verteilen. Der Gl. (143) genügen die Ansätze

$$c_x' = f(T) + \frac{b'}{(T_k - T)^{1-n}} \qquad (144)$$

und

$$c_x'' = f(T) - \frac{b''}{(T_k - T)^{1-n}} - \frac{r}{T}, \qquad (144\,\text{a})$$

wobei die Konstanten b' und b'' nur der Bedingung $b' + b'' = na$ genügen müssen. Im einfachsten Fall kann $f(T) = $ konst. sein. In der Tat fand FUNK für Ammoniak[2]

$$c_x' = 0{,}900 + \frac{5{,}90}{(T_k - T)^{2/3}},$$

so daß $n = \tfrac{1}{3}$ wird, was der THIESENschen Annahme in Gl. (136) entspricht. Dagegen drückten OSBORNE und VAN DUSEN[3] die Ergebnisse ihrer Messungen von c_x' für NH_3 zwischen -45 und $+45°$ C durch die Gleichung

$$c_x' = 0{,}7498 - 0{,}000\,136\,t + \frac{4{,}0263}{(T_k - T)^{1/2}}$$

---

[1] Vgl. R. PLANK: Z. techn. Phys. Bd. 3 (1922) S. 69.

[2] FUNK, H.: Diss. T. H. Karlsruhe 1944 — Mitt. Kältetechn. Inst. T. H. Karlsruhe, Nr. 3. Karlsruhe: C. F. Müller 1948.

[3] OSBORNE, N. S., u. M. S. VAN DUSEN: Sci. Pap. Bur. Stand. Bd. 14 (1916/18) S. 397 — J. Amer. chem. Soc. Bd. 40 (1918) S. 1.

aus, wobei $T_k = 406{,}15$ gesetzt wurde. Auch diese Gleichung entspricht der Form (144) mit $f(T) = 0{,}7498 - 0{,}000136\,t$ und $n = \frac{1}{2}$. In gleicher Weise läßt sich c_x' auch für H_2O, SO_2 und Äthyläther darstellen.

4. Einige empirische Regeln für das Naßdampfgebiet.

Mit den drei Gl. (133), (139) und (142) sind die exakt geltenden thermodynamischen Gesetze im Gebiet nasser Dämpfe erschöpft. Daneben haben wir bereits einige empirische Regeln kennengelernt, die jetzt noch ergänzt werden sollen[1].

α) **Bestimmung der kritischen Temperatur.** Nach der GULDBERGschen Regel[2] ist $T_k \approx 1{,}6\,T_s$, wenn T_s die normale Siedetemperatur bei $p_s = 760$ Torr bedeutet. Es treten jedoch bei manchen Stoffen erhebliche Abweichungen von dieser Regel auf (vgl. Tab. 17).

Ebenso gestattet die Regel von PRUD'HOMME

$$T_f + T_s = T_k,$$

in welcher T_f die Schmelztemperatur ist, nur eine grobe Schätzung von T_k.

Aus der Gl. (119) läßt sich eine Berechnungsmöglichkeit für T_k herleiten, wenn man diese Gleichung in der Form

$$\gamma' - \gamma'' = C'\left(1 - \frac{T}{T_k}\right)^n$$

schreibt. Da für $T = 0$ γ'' verschwindend klein wird, so bedeutet C' offenbar die Wichte γ_0' der unterkühlten Flüssigkeit bei $T = 0$. Diese läßt sich aber nach SUGDEN[3] aus Atom- und Strukturkonstanten berechnen. Vernachlässigt man γ'' gegen γ' auch beim normalen Siedepunkt T_s, dann erhält man

$$T_k = \frac{T_s}{1 - \left(\dfrac{\gamma_s'}{\gamma_0'}\right)^n},$$

wobei für verschiedene Stoffe $n = 0{,}3$ bis $\frac{1}{3}$ wird. Es gibt aber auch Stoffe, die von dieser Regel erheblich abweichen.

WATSON[4] berechnet T_k aus der empirischen Formel

$$T_k = \frac{T_e}{0{,}283\left(\dfrac{\mu}{\gamma_s'}\right)^{0{,}18}}, \tag{145}$$

in der T_e diejenige Temperatur bedeutet, bei welcher der trocken gesättigte Dampf 22,4 l je g-Mol einnimmt [s. S. 16, Gl. (13a)]. Für die Berechnung von T_e gibt WATSON die transzendente Gleichung an

$$\ln T_e = 9{,}8\,\frac{T_e}{T_s} - 4{,}2,$$

die auf Werte von T_e führt, welche wenig verschieden von T_s sind. WATSON fand, daß seine Formel für T_k bei 30 unpolaren Stoffen eine Genauigkeit von etwa 2%, verglichen mit den Meßwerten, besitzt. H_2 und He bilden jedoch Ausnahmen.

Weitere Vorschläge für die Voraussage kritischer Daten findet man in einer Abhandlung von MEISSNER und REDDING[5].

---

[1] Vgl. P. PFAFF: Forsch. Ing.-Wes. Bd. 11 (1940) S. 125.
[2] GULDBERG: Z. phys. Chem. Bd. 5 (1890) S. 374.
[3] Siehe Fußnote 1, S. 117.
[4] WATSON, K. M.: Industr. Engng. Chem. Bd. 23 (1931) S. 361.
[5] MEISSNER, H. P., u. E. M. REDDING: Industr. Engng. Chem. Bd. 34 (1942) S. 521.

In neuerer Zeit wurden einerseits von Thomas[1] und andererseits von Riedel[2] sehr allgemeine Verfahren zur Berechnung der kritischen Temperatur T_k organischer Verbindungen aus der normalen Siedetemperatur entwickelt. Bezeichnet man das Guldbergsche Verhältnis T_s/T_k mit ϑ_s, dann kann man feststellen, daß dieser Wert in beliebigen homologen Reihen gleichmäßig ansteigt und sich auch bei anderen Substitutionen stets um etwa gleiche Beträge ändert. Aus gemessenen Werten von T_k und T_s läßt sich daher ein System von Atom- bzw. Gruppenwerten bestimmen, mit deren Hilfe sich ϑ_s allein auf Grund der chemischen Struktur der Stoffe vorausberechnen läßt. Dabei wird für ϑ_s ein Grundwert von 0,574 angenommen, der durch Inkremente zu ergänzen ist, die von der Zusammensetzung und Struktur der organischen Substanzen abhängen. So findet Riedel z. B. für Methan $\vartheta_s = 0{,}574 + 0{,}016 = 0{,}590$, und für jeden Schritt in der homologen Reihe wächst dieser Wert um ein weiteres Inkrement 0,016. Es wird also für Äthan $\vartheta_s = 0{,}606$, für Propan $\vartheta_s = 0{,}622$, für Butan $\vartheta_s = 0{,}638$ usw. in bester Übereinstimmung mit den Versuchswerten.

Bei verzweigten Paraffinen muß noch der Bindungszustand der C-Atome berücksichtigt werden. Auch für den Ersatz von H-Atomen durch Halogenatome, OH-Gruppen u. a. gibt Riedel die zugehörigen Inkremente an. Für weitere Einzelheiten muß auf die Originalarbeit verwiesen werden, in der die Zuverlässigkeit des Verfahrens an 191 Stoffen geprüft wurde.

In einer anderen Untersuchung hat Riedel einen ähnlichen empirischen Weg für die Berechnung des kritischen Druckes p_k aufgezeigt[3]. Er fand, daß ein additives Gesetz auch für die Größe $\sqrt{\mu/p_k}$ angewendet werden kann. Bei gleichartigen Substitutionen in verschiedenen organischen Verbindungen ändert sich diese Größe stets um denselben Betrag. Auch hier genügt für die Berechnung von p_k die Kenntnis der chemischen Struktur des betrachteten Stoffes.

Die genauesten Versuchswerte von p_k, t_k und v_k findet man in Tab. 17.

β) **Verdampfungswärme.** Pictet (1876) und Trouton (1884) fanden eine Gesetzmäßigkeit, die gewöhnlich als Troutonsche Regel bezeichnet wird[4]. Sie lautet

$$\frac{\mu\, r_s}{T_s} = \text{konst.}, \tag{146}$$

wobei sich r_s und T_s auf den normalen Siedepunkt beziehen. Die Größe $\mu r_s/T_s$ bedeutet offenbar die molare Entropiezunahme $\mu(s'' - s')$ bei der Verdampfung. Die Konstante hat für viele Stoffe den Wert von etwa 21, doch treten auch Abweichungen nach oben und unten auf. Für assoziierende Stoffe, wie Wasser, Ammoniak und Alkohole, hat die Konstante größere Werte, so findet man für Wasser den Wert 26, für Ammoniak 23,2. Bei Stoffen mit sehr tiefer Siedetemperatur hat die Konstante viel kleinere Werte als 21; so findet man für Stickstoff den Wert 17,6, für Wasserstoff 12,2 und für Helium sogar nur 5,1. Man hat wiederholt versucht, die Troutonsche Formel so zu erweitern, daß sie für alle Stoffe gelten kann. So schlug Nernst die Formeln vor

$$\frac{\mu\, r_s}{T_s} = 9{,}5 \log T_s - 0{,}007\, T_s$$

und

$$\frac{\mu\, r_s}{T_s} = 8{,}5 \log T_s\,.$$

---

[1] Thomas, L. H.: J. chem. Soc. 1949, S. 3411.

[2] Riedel, L.: Chemie-Ingenieur-Technik Bd. 24 (1952) S. 353.

[3] Riedel, L.: Z. Elektrochem. Bd. 53 (1949) S. 222.

[4] Pictet, R.: Ann. chim. phys. (5) Bd. 9 (1876) S. 180. — Trouton: Phil. Mag. (5) Bd.18 (1884) S. 54.

Tabelle 17. *Kritische Werte und normale Siedepunkte verschiedener Stoffe.*

Stoff	chem. Zeichen	p_k krit. Druck in ata	t_k krit. Temp. in °C	v_k krit. Volum in dm³/kg	$\sigma = \dfrac{R\,T_k}{P_k\,v_k}$	t_s °C norm. Siede- punkt	$\dfrac{T_k}{T_s}$
Helium	He	2,33	−267,9	14,49	3,203	− 268,93	1,243
Neon	Ne	27,8	−228,7	2,066	3,250	− 246,1	1,641
Argon	A	49,58	−122,4	1,883	3,428	−185,9	1,728
Krypton	Kr	55,99	− 63,8	1,100	3,444	−153,2	1,745
Xenon	X	60,12	+ 16,6	0,870	3,578	−108,8	1,763
Wasserstoff	H_2	13,22	−239,9	32,26	3,305	−252,78	1,632
Sauerstoff	O_2	51,34	−118,8	2,326	3,425	−182,97	1 711
Stickstoff	N_2	34,65	−146,9	3,215	3,429	−195,81	1,630
Luft	—	38,43	−140,6	2,83	3,565	−193	1,652
Wasser	H_2O	225,5	+374,2	3,18	4,25	+100,0	1,735
Kohlendioxyd . . .	CO_2	75,0	+ 31,0	2,156	3,64	(− 78,48)[1]	1,562
Schwefeldioxyd . .	SO_2	80,37	+157,3	1,908	3,716	− 10,0	1,636
Stickoxydul	N_2O	73,96	+ 36,5	2,174	3,710	− 88,7	1,679
Ammoniak	NH_3	115,18	+132,4	4,255	4,120	− 33,4	1,692
Methan	CH_4	47,21	− 82,5	6,173	3,459	−116,7	1,218
Methylchlorid . . .	CH_3Cl	68,07	+143,1	2,703	3,800	− 24,0	1,671
Methylenchlorid . .	CH_2Cl_2	64,8	+239	2,193	3,559	+ 40,0	1,637
Freon 11	$CFCl_3$	44,6	+198	1,805	3,621	+ 23,65	1,581
Freon 12	CF_2Cl_2	40,91	+111,5	1,802	3,659	− 29,8	1,581
Freon 13	CF_3Cl	39,36	+ 28,75	1,721	3,618	− 81,50	1,575
Freon 21	$CHFCl_2$	52,7	+178,5	1,915	3,687	+ 8,92	1,601
Freon 22	CHF_2Cl	50,3	+ 96,0	1,905	3,778	− 40,80	1,589
Freon 23	CHF_3	50,5	+ 32,3	2,03	3,57	− 82,2	1,600
Methylalkohol . . .	CH_3OH	102,27	+240	3,571	3,719	+ 64,51	1,522
Äthylen	C_2H_4	52,37	+ 9,5	4,630	3,524	−103,5	1,666,
Methylamin	NH_2CH_3	76,03	+157			− 6,5	1,613
Äthan	C_2H_6	49,9	+ 32,2	4,86	3,57	− 88,6	1,670
Äthylchlorid	C_2H_5Cl	53,7	+187,2	3,030	3,719	+ 12,2	1,613
Freon 113	$CF_2Cl \cdot CFCl_2$	34,8	+214,1	1,736	3,650	+ 47,6	1,519
Freon 114	$CF_2Cl \cdot CF_2Cl$	38,7	+146			+ 4,1	1,512
Äthylalkohol	C_2H_5OH	65,18	+243,1	3,571	4,083	+ 78,3	1,469
Dimethyläther . . .	CH_3OCH_3	54,75	+127			− 24	1,606
Äthylamin	$NH_2C_2H_5$	57,85	+183,6	4,032	3,684	+ 16,5	1,577
Propan	C_3H_8	43,39	+ 96,81	4,425	3,706	− 42,6	1,605
Isobutan	C_4H_{10}	37,10	+134,8	4,37	3,67	− 10,2	1,547

FORCRAND [2] setzte

$$\frac{\mu\,r_s}{T_s} = 10{,}1 \log T'_s - 1{,}5 - 0{,}009\,T_s + 0{,}0000026\,T_s^2.$$

Eine recht gute Übereinstimmung für die meisten Stoffe liefert die Formel von CEDERBERG[3]

$$\frac{\mu\,r_s}{T_s} = \frac{4{,}57 \log p_k}{1 - T_s/T_k}\left(1 - \frac{1}{p_k}\right).$$

HILDEBRAND[4] fand, daß $\mu r/T$ nur dann für alle normalen Stoffe konstant ist, wenn der Verdampfungsvorgang bei demselben spezifischen Gewicht des Dampfes, z. B. bei 1/22,4 g-Mol/l, vor sich geht, also auf dieselbe Temperatur T_e bezogen wird, der wir schon in der Formel (145) von WATSON begegnet sind.

---

[1] Subl.-Punkt bei 760 Torr.
[2] FORCRAND: C. r. Bd. 156 (1913) S. 1439, 1648 u. 1809.
[3] CEDERBERG, I. W.: Phys. Z. 1914, S. 697 — Diss. Uppsala 1916.
[4] HILDEBRAND: J. Amer. chem. Soc. Bd. 37 (1915) S. 970.

Eine Reihe empirischer Formeln wurde für die *innere Verdampfungswärme* ϱ aufgestellt. So fand GOEBEL[1]

$$\mu\,\varrho = \frac{a}{\mu\,v' - \alpha} - \frac{a}{\mu\,v'' - \alpha}\,,$$

worin a und α Konstanten sind.

DIETERICI[2] fand aus theoretischen Überlegungen

$$\mu\,\varrho = c\,\Re\,T\ln\left(\frac{v''}{v'}\right),\tag{147}$$

wobei $\Re$ die auf das Mol bezogene Gaskonstante und c eine weitere Konstante ist.

MILLS[3] fand

$$\varrho = C(\sqrt[3]{\gamma'} - \sqrt[3]{\gamma''}),\tag{148}$$

wobei C eine für jeden Stoff charakteristische Konstante ist.

Durch Kombination der Gl. (147) und (148) fand STEINHAUS[4]

$$\frac{C}{\sqrt[3]{v'}} + c\,R\,T\ln v' = \frac{C}{\sqrt[3]{v''}} + c\,R\,T\ln v'' = I\,.\tag{149}$$

Der Ausdruck $C/\sqrt[3]{v} + c\,R\,T\ln v$ ist danach bei jeder Temperatur auf beiden Grenzkurven invariant. Aus den Gl. (147) und (148) kann man noch durch Gleichsetzen beider Werte von ϱ und Bezugnahme auf den kritischen Punkt (nach Auflösung eines unbestimmten Ausdrucks) den Wert $C = 3\,c\,R\,T_k\,\sqrt[3]{v_k}$ finden. Der invariante Ausdruck lautet dann

$$I = 3\,T_k\sqrt[3]{\frac{v_k}{v}} + T\ln v\,.\tag{149a}$$

Setzt man an Stelle von Gl. (148) allgemeiner

$$\varrho = C(\sqrt[n]{\gamma'} - \sqrt[n]{\gamma''})\tag{148a}$$

und betrachtet n als eine Stoffkonstante, dann erhält man auf dem gleichen Wege $C = n\,c\,R\,T_k\,\sqrt[n]{v_k}$. Der invariante Ausdruck lautet dann allgemeiner

$$I = n\,T_k\sqrt[n]{\frac{v_k}{v}} + T\ln v\,.\tag{149b}$$

Für Wasser findet man z. B. mit $n = 3{,}6$; $T_k = 647{,}3°\,\text{K}$; $v_k = 3{,}18\ \text{l/kg}$:

$$I = \frac{3213}{v^{0,278}} + 2{,}302\,T\lg v\,.\tag{149c}$$

In Tab. 18 sind die Werte von I' und I'' für die linke und rechte Grenzkurve berechnet. Dabei sind die Werte von v' und v'' der VDI-Wasserdampftafel entnommen. Wie man sieht, ist die Bedingung $I' = I''$ für $T \geqq 100°\,\text{C}$ recht gut erfüllt; unterhalb $100°$ ergeben sich aber größere Abweichungen.

Auch für die *äußere Verdampfungswärme* ψ sind empirische Gesetzmäßigkeiten aufgestellt worden. So fand DIETERICI[5], daß ψ ein Maximum bei $T_m = 0{,}77\,T_k$ erreicht. Dagegen berechnete STEFAN MEYER[6] dieses Maximum bei $T_m = 0{,}70\,T_k$.

[1] GOEBEL, I. B.: Z. phys. Chem. Bd. 47 (1904) S. 471; Bd. 49 (1905) S. 129; Bd. 50 (1905) S. 238.

[2] DIETERICI, C.: Ann. Phys., Lpz. (4) Bd. 25 (1908) S. 569.

[3] MILLS, J. E.: J. phys. Chem. 1902—1909, vgl. S. YOUNG: Dublin Proc. Nr. 31 (Juni 1910) S. 374.

[4] STEINHAUS: Zusammenstellung empirisch gefundener Ergebnisse. Diss. Kiel 1909.

[5] DIETERICI, C.: Ann. Phys., Lpz. Bd. 6 (1901) S. 861 — vgl. auch Z. VDI Bd. 49 (1905) S. 362.

[6] MEYER, STEFAN: Ann. Phys., Lpz. (4) Bd. 7 (1902) S. 937.

Tabelle 18. ·

Vergleich der invarianten Größe I nach Gl. (149c) für die linke und rechte Grenzkurve von Wasser.

t °C	T °K	v' l/kg	v'' l/kg	I'	I''
0	273,16	1,0002	206 300	3213	3450
50	323,16	1,0121	12 050	3207	3273
100	373,16	1,0435	1 673	3192	3178
150	423,16	1,0906	392,4	3174	3139
200	473,16	1,1565	127,3	3155	3129
250	523,16	1,2512	50,06	3137	3130
300	573,16	1,4036	21,63	3119	3130
350	623,16	1,747	8,803	3100	3111
374	647,16	2,79	3,65 [1]	3080	3080 [1]
$t_k = 374,15$	647,31	3,18	3,18	3079	3079

Das Verhältnis $\alpha = r/\psi$ hat im kritischen Punkt für normale Substanzen einen Wert, der zwischen 6,5 und 7 liegt. Für assoziierende Stoffe ergeben sich Werte über 7 bis 8. Es sei daran erinnert, daß nach Gl. (133) $\dfrac{r}{\psi} = \dfrac{P}{T}\dfrac{dP}{dT}$. DIETERICI stellte für $T > \tfrac{2}{3} T_k$ die Beziehung auf [2]

$$\alpha = \frac{r}{\psi} = 7,4\,\frac{T_k}{T}.$$

Die Konstante 7,4 auf der rechten Seite stellt dabei offenbar den Wert $\left(\dfrac{r}{\psi}\right)_k$ dar. Dieser ist aber, wie soeben angegeben wurde, durchaus nicht für alle Stoffe konstant, und der Wert 7,4 ist für normale Stoffe entschieden zu hoch.

Die Gleichung von DIETERICI für $\alpha = r/\psi$ erfüllt auch nicht das auf S. 123 erwähnte Kriterium, nach dem im kritischen Punkt oder in dessen unmittelbarer Nähe $d\alpha/dT = 0$ sein sollte.

IV. Die MOLLIER-Diagramme und einfache Zustandsänderungen nasser Dämpfe.

1. Die MOLLIER-Diagramme.

Für die Darstellung von Zustandsänderungen bedient man sich verschiedener graphischer Darstellungen, die man als thermodynamische Diagramme bezeichnet. Wir haben schon das P, v-Diagramm (Abb. 48) und das T, s-Diagramm (Abb. 54) kennengelernt. Es sollen jetzt zwei weitere Diagramme entwickelt werden, in denen als eine der Koordinaten die *Enthalpie i* gewählt wird, auf deren zentrale Bedeutung für die technische Thermodynamik wir schon hingewiesen haben (s. S. 35). Auch für die Beurteilung kältetechnischer Prozesse bildet die Enthalpie eine der wichtigsten Zustandsgrößen. Man bezeichnet alle Diagramme, in denen die Enthalpie als eine der Koordinaten erscheint, als MOLLIER-Diagramme; sie wurden von MOLLIER im Jahre 1904 eingeführt [3] und haben allgemeine Verwendung gefunden. Für unsere Zwecke am bequemsten sind das i, s-Diagramm und das i, p-Diagramm.

Im i, s-Diagramm, das in Abb. 59 für Wasserdampf entworfen ist, findet man zunächst die dicker ausgezogene Grenzkurve, indem man aus einer Dampf-

---

[1] Bei $t = 374°$ wird nach der Dampftafel von OSBORNE, STIMSON und GINNINGS (Bur. of Standards), abgedruckt in „Die Wärme" Bd. 63 (1940) S. 295, $v'' = 3,47$ und damit $I'' = 3079$.

[2] DIETERICI, C.: Ann. Phys., Lpz. Bd. 15 (1904) S. 860.

[3] MOLLIER, R.: Z. VDI Bd. 48 (1904) S. 271 — Neue Tabellen und Diagramme für Wasserdampf, 1. Aufl. 1906, 7. Aufl. 1932. Berlin: Springer.

tafel zugehörige Wertepaare von i' und s' bzw. von i'' und s'' entnimmt. Der kritische Punkt ist mit K bezeichnet, er liegt in diesem Diagramm nicht im höchsten Punkt der Grenzkurve. Die zu der gleichen Temperatur bzw. zu dem gleichen Druck gehörenden Punkte (i', s') und (i'', s'') können durch gerade

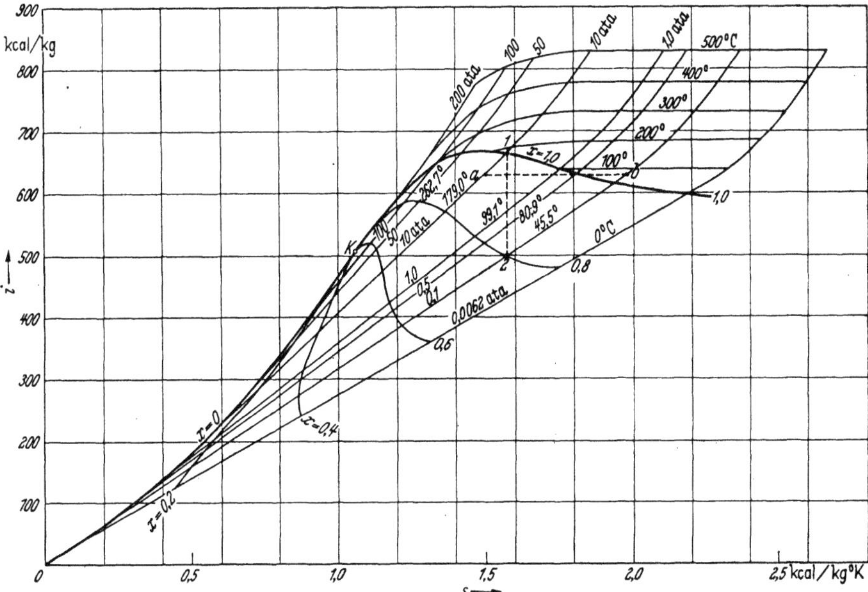

Abb. 59. MOLLIER-i, s-Diagramm für Wasserdampf.

Linien verbunden werden, die um so steiler verlaufen, je höher die Temperatur bzw. der Druck ist. Daß diese isotherm-isobaren Linien wirklich Gerade sind, erkennt man durch folgende einfache Überlegung:

Aus der Grundgleichung (8)

$$dQ = T\,ds = di - A\,v\,dP$$

folgt, daß für Isobaren ($P = $ konst.)

$$\left(\frac{\partial i}{\partial s}\right)_P = T \tag{150}$$

sein muß. Die Neigung einer jeden Isobare ist also über den ganzen Verlauf konstant, da zu $P = $ konst. im Naßdampfgebiet auch $T = $ konst. zugeordnet ist. Der Neigungswinkel gegen die s-Achse ist um so größer, je höher der Druck ist, da mit wachsendem Druck auch T wächst. Im Diagramm sind noch einige Linien $x = $ konst. eingetragen. Senkrechte Linien sind Adiabaten ($s = $ konst.), waagerechte Linien Isenthalpen (Drossellinien $i = $ konst.). In Abb. 59 ist oberhalb der rechten Grenzkurve noch ein Teil des Überhitzungsgebietes dargestellt und darin eine Anzahl Isobaren und Isothermen eingezeichnet. An der rechten Grenzkurve trennen sich natürlich die Isobaren von den Isothermen. Die Isobaren gehen ohne Knick aus dem Sättigungsgebiet in das Überhitzungsgebiet über und verlaufen hier nahezu wie logarithmische Linien. Auf das Überhitzungsgebiet kommen wir auf S. 226 zurück.

Im Flüssigkeitsgebiet fallen die Isobaren des Wasserdampfes praktisch mit der linken Grenzkurve zusammen. Die Linien $x = $ konst. findet man wie im T, s-Diagramm durch proportionale Teilung der Abstände zwischen den Grenzkurven auf den Isobaren.

Der rechte Ast der Grenzkurve besitzt, wie Abb. 59 zeigt, ein Maximum von i'', in welchem also $di''/dt = 0$ ist. Die Lage dieses Maximums kann man am einfachsten aus dem T, s-Diagramm (Abb. 60) finden. Es ist

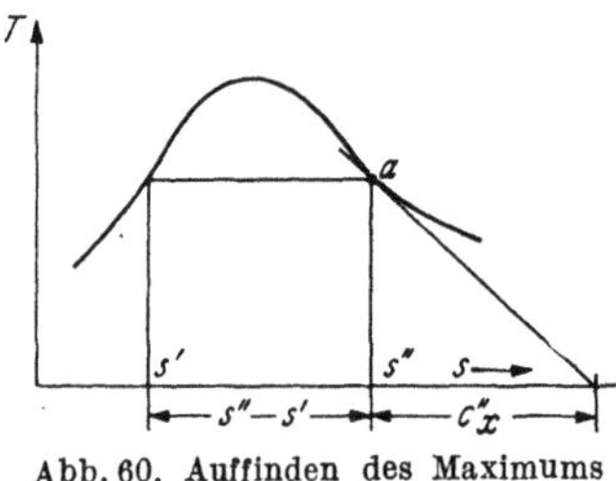

$$i'' = i' + r = \int_0^t c\,dt + r,$$

wobei c die spezifische Wärme der Flüssigkeit ist und wir angenähert $c = c'_p = c'_x$ setzen können. Die Differentiation gibt mit Gl. (139) für die Lage des Maximums

Abb. 60. Auffinden des Maximums von i'' im T, s-Diagramm.

$$\frac{di''}{dt} = c + \frac{dr}{dt} = c''_x + \frac{r}{T} = 0 .$$

Das Maximum tritt also an der Stelle a ein, an der

$$c''_x = -\frac{r}{T} = -(s'' - s')$$

ist. Ein solches Maximum kann, wie man sich leicht überzeugen kann, auch dann eintreten, wenn die rechte Grenzkurve nach links umbiegt (Kurven *III* und *IV* in Abb. 57), wobei c''_x streckenweise positiv wird.

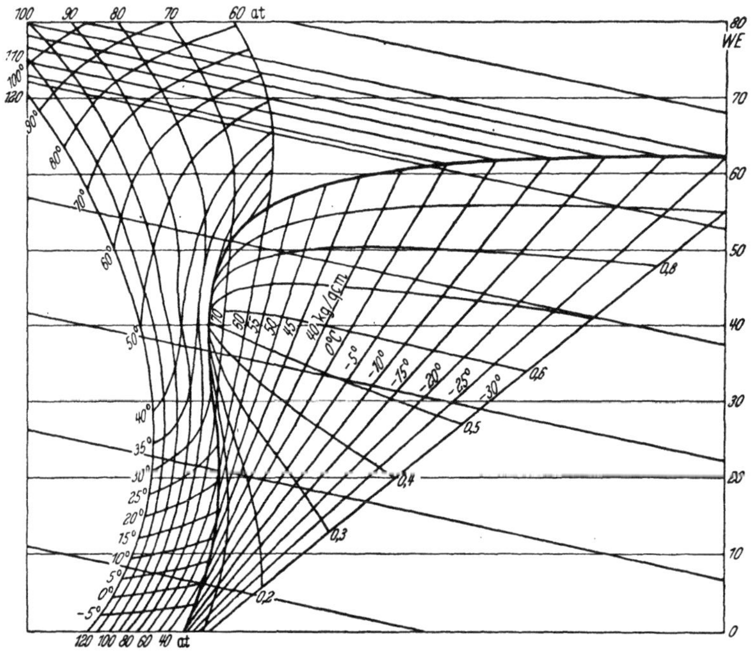

Abb. 61. Schiefwinkliges i, s-Diagramm für Kohlendioxyd nach MOLLIER.

In Abb. 59 ist die Diagrammfläche schlecht ausgenützt, weil sich die Isobaren sehr lang ausstrecken. Für Zwecke der Wärmekraftmaschinen braucht man beim Wasserdampf nur die rechte Hälfte des Diagramms. So ist z. B. in dem Diagramm, das den VDI-Wasserdampftafeln beigefügt ist[1], nur der Teil von 1,3 bis 2,1 En-

---

[1] KOCH, WE.: VDI-Wasserdampftafeln, Berlin: Springer 1937. 2. Aufl. 1952, hrsg. von E. SCHMIDT.

tropieeinheiten in großem Maßstab zur Darstellung gebracht, wobei der kritische Punkt nicht mehr erscheint. Für Zwecke der Kältetechnik interessiert aber auch das Verhalten der Stoffe an der linken Grenzkurve und bei CO_2, N_2O, C_2H_4, C_2H_6 u. a. auch im kritischen Gebiet. Nach dem Vorschlag von MOLLIER ist es dann zweckmäßig, ein schiefwinkliges Koordinatensystem zu benutzen mit stark geneigter s-Achse. Die Enthalpiedifferenzen zweier Zustände erscheinen

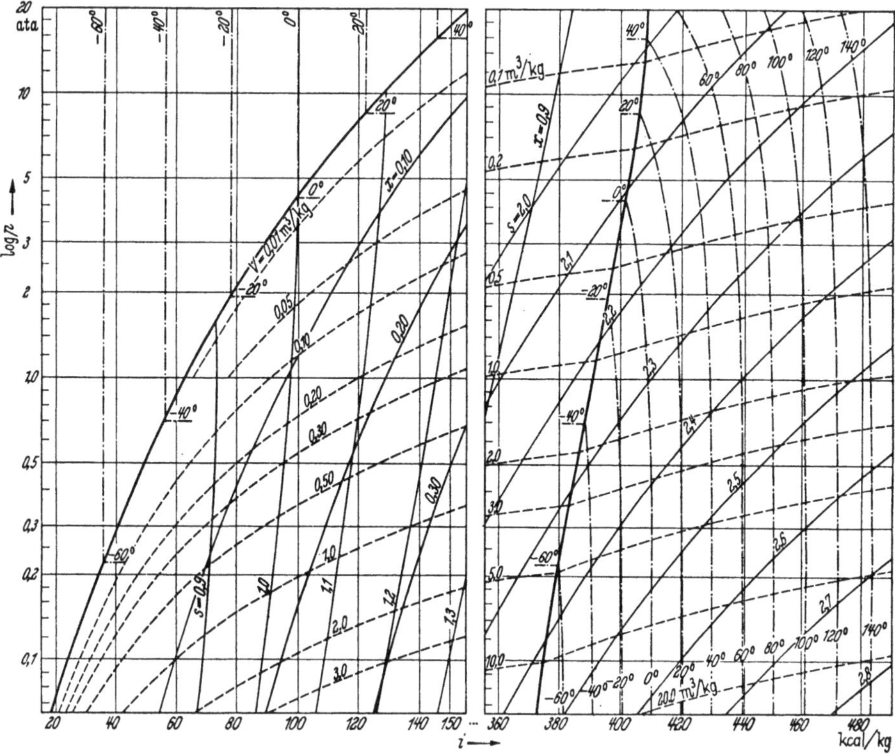

Abb. 62. MOLLIER-i, log$p$-Diagramm für NH_3 nach J. KUPRIANOFF.

dann bedeutend vergrößert. In Abb. 61 ist ein solches schiefwinkliges i, s-Diagramm für CO_2 nach MOLLIER dargestellt. BOŠNJAKOVIĆ empfiehlt[1], bei Wasserdampf die Neigung der s-Achse so zu wählen, daß die Naßdampfisotherme für $t = 0°$ C horizontal verläuft.

Noch besser als das i, s-Diagramm eignet sich für Zwecke der Kältetechnik das MOLLIER-i, p-Diagramm, wobei es aus Gründen der gleichmäßigen Flächenausnutzung zweckmäßig ist, die Druckachse logarithmisch einzuteilen. Es hat sich dabei eingebürgert, die Enthalpie auf der Abszissenachse aufzutragen. In Abb. 62 ist ein i, log$p$-Diagramm für NH_3 im kältetechnisch wichtigen Bereich der Sättigungstemperaturen von $-77°$ (Erstarrungspunkt) bis etwa $+50°$ C dargestellt[2]. Die linke und die rechte Grenzkurve sind wieder stärker ausgezogen. Das Maximum von i'' wird im Diagramm noch nicht ganz erreicht, es liegt bei

---

[1] BOŠNJAKOVIĆ, F.: Technische Thermodynamik, Bd. I, 2. Aufl., S. 135. Dresden: Steinkopff 1944.

[2] KUPRIANOFF, J.: Z. ges. Kälteind. Bd. 37 (1930) S. 1. Eine Erweiterung bis zum kritischen Punkt (für Zwecke der Wärmepumpen) hat H. FUNK (Diss. T. H. Karlsruhe 1944) durchgeführt. Mitt. Kältetechn. Inst. der T. H. Karlsruhe, Nr. 3. Karlsruhe: C. F. Müller 1948.

etwa $55°$ C. Der kritische Punkt liegt weit außerhalb bei $t_k = 132,4°$ C und $p_k = 115,21$ ata. Da für Zwecke der Kältetechnik das Diagramm nur in der Nähe der beiden Grenzkurven und im Überhitzungsgebiet gebraucht wird, so ist der mittlere Teil (für i-Werte von 150 bis 360 kcal/kg) fortgelassen. Die Nullpunkte von i und s sind so gewählt, daß bei $0°$ C $i_0'' = 100,00$ kcal/kg und $s_0' = 1,0000$ kcal/kg$°$ K wird, wobei negative Werte für $t < 0°$ C vermieden werden. Im Naßdampfgebiet sind einige Linien $x =$ konst., sowie einige Isochoren und Adiabaten eingetragen, für deren Konstruktion von den Gl. (122) und (127) Gebrauch gemacht wurde. Die isotherm-isobaren Linien verlaufen hier natürlich als horizontale Gerade, wobei der Abstand zwischen den Grenzkurven die Verdampfungswärme $r = i'' - i'$ darstellt. Im Feld links von der linken Grenzkurve findet man die Zustände der nichtsiedenden Flüssigkeit; die Isothermen verlaufen darin nahezu als vertikale Gerade, da die Enthalpie der Flüssigkeit in genügender Entfernung vom kritischen Punkt nur von der Temperatur abhängt. Auf den Verlauf der Kurven im Überhitzungsgebiet kommen wir zurück (s. S. 226).

MOLLIER-i, log$p$-Diagramme für verschiedene Kältemittel erscheinen im Band IV dieses Handbuchs. Für die wichtigsten Kältemittel findet man sie auch in den Kältemaschinenregeln[1].

Weitere thermodynamische Diagramme, als deren eine Koordinate die Enthalpie i erscheint, werden auf den S. 148 und 208 erläutert werden.

2. Einfache Zustandsänderungen nasser Dämpfe.

a) **Isotherm-isobare Zustandsänderung.** Der Zustand von 1 kg nassen Dampfes möge sich in Abb. 63 von 1 nach 2 verändern. Es tritt dabei eine Verdampfung ein, und der spezifische Dampfgehalt wächst von x_1 auf x_2. Sind die Volume v_1 und v_2 gegeben, dann erhält man aus Gl. (122)

$$x_1 = \frac{v_1 - v'}{v'' - v'} \quad \text{und} \quad x_2 = \frac{v_2 - v'}{v'' - v'},$$

wobei man v' gegen v'' vernachlässigen kann, wenn die Zustandsänderung in größere Entfernung vom kritischen Punkt verläuft. Die geleistete Arbeit ist

$$L = \int_1^2 P\,dv = P(v_2 - v_1) = (x_2 - x_1)\,P(v'' - v')$$

oder

$$AL = (x_2 - x_1)\,\psi. \tag{151}$$

Die zuzuführende Wärme wird

$$Q = (x_2 - x_1)\,r \tag{152}$$

und die Änderung der inneren Energie beträgt

$$u_2 - u_1 = (x_2 - x_1)\,\varrho. \tag{153}$$

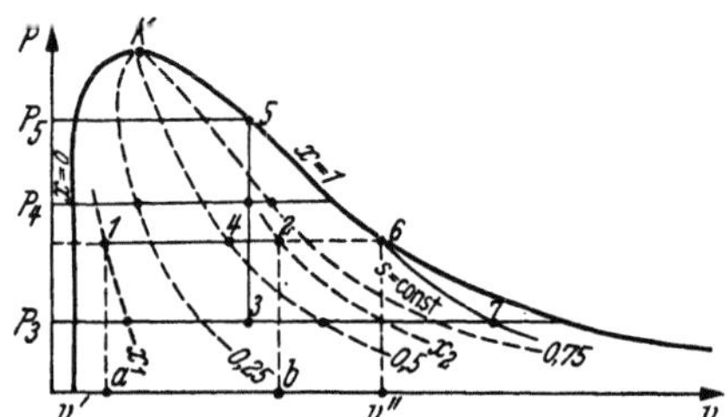

Abb. 63. Einfache Zustandsänderungen nasser Dämpfe im P, v-Diagramm.

Aus den drei letzten Gleichungen folgt

$$Q : (u_2 - u_1) : AL = r : \varrho : \psi. \tag{154}$$

Die Arbeit L wird in Abb. 63 durch die Rechtecksfläche a—1—2—b dargestellt. Ebenso kann man die Wärmemenge Q im T, s-Diagramm (z. B. in Abb. 54)

---

[1] 4. Aufl. Karlsruhe: C. F. Müller 1950.

als Rechtecksfläche erhalten. Dagegen erhält man die Wärmemenge im i, s-Diagramm (Abb. 59 u. 61) sowie im i, p-Diagramm (Abb. 62) als Strecke $i_2 - i_1$.

β) **Isochore.** Wird nassem Dampf im Zustand 3 bei konstantem Volum Wärme zugeführt (Abb. 63), dann steigt der Druck, und der spezifische Dampfgehalt nimmt im allgemeinen zu; es ist also $x_4 > x_3$, und bei genügender Wärmezufuhr erhält man im Punkt 5 sogar trocken gesättigten Dampf ($x_5 = 1$). Nur wenn man von einem Gemisch mit sehr kleinem Dampfgehalt ausgeht ($v_1 < v_k$),

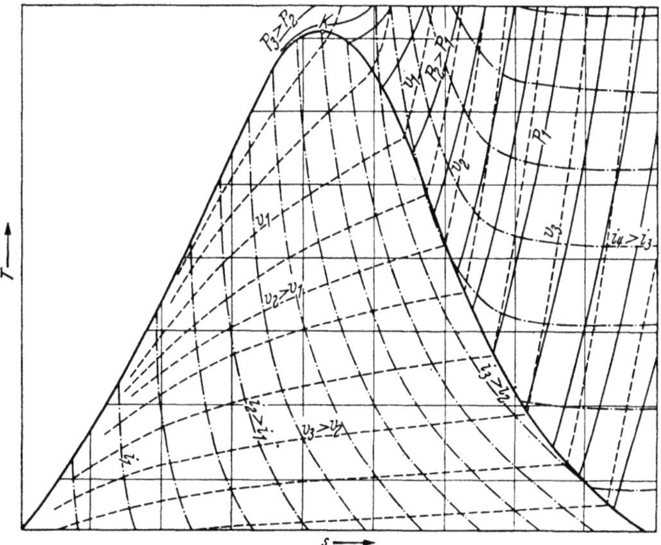

Abb. 64. Verlauf verschiedener Zustandsänderungen im T, s-Diagramm.

gelangt man auf einer Isochore bei genügender Wärmezufuhr schließlich zu reiner siedender Flüssigkeit, so daß hier der spezifische Dampfgehalt zuletzt abnehmen muß, aber solche Fälle sind technisch belanglos. Betrachten wir die Zustandsänderung 3—4, dann folgt aus $v_3 = v_4$

$$v_3' + x_3 (v_3'' - v_3') = v_4' + x_4 (v_4'' - v_4').$$

In genügender Entfernung vom kritischen Punkt kann man v' als unveränderlich betrachten. Dann ist

$$\frac{x_4}{x_3} = \frac{v_3'' - v'}{v_4'' - v'} \approx \frac{v_3''}{v_4''}.$$

Eine äußere Arbeit wird auf der Isochore natürlich nicht geleistet, es ist also $A L = 0$, und die ganze zugeführte Wärme Q dient zur Erhöhung der inneren Energie, $Q = u_4 - u_3$.

Mit Gl. (132) wird also

$$Q = u_4' - u_3' + x_4 \varrho_4 - x_3 \varrho_3,$$

wobei $u' = i'$ gesetzt werden kann. Die Größen i' und $\varrho = r - A P (v'' - v')$ sind den Dampftafeln zu entnehmen.

Den Druck P_5, bei dem die Isochore die rechte Grenzkurve im Punkt 5 schneidet, bei dem sich also das Gemisch in trocken gesättigten Dampf verwandelt hat, findet man in der Weise, daß man in der Dampftafel (durch Interpolation) den zu $v_5'' = v_3$ zugehörigen Druck sucht.

Im T, s-Diagramm verlaufen die Isochoren, wie in Abb. 64 dargestellt (gestrichelte Kurven). Beim Übergang in das überhitzte Gebiet tritt ein scharfer

Knick auf. Im i, s-Diagramm verlaufen die Isochoren sowohl im Naßdampf-gebiet wie auch im Überhitzungsgebiet etwas steiler als die Isobaren. Der Verlauf der Isochoren im $i, \log p$-Diagramm ist aus Abb. 62 zu ersehen.

γ) **Adiabate.** Adiabate Zustandsänderungen lassen sich am besten im T, s- oder im i, s-Diagramm verfolgen. Sie erscheinen dort als senkrechte Gerade. Wie man aus Abb. 54 erkennen kann, wird trocken gesättigter Wasserdampf bei adiabater Expansion naß; im Zylinder einer Dampfmaschine schlagen sich daher Flüssigkeitstropfen bei der Expansion nieder. Auch bei der Expansion von feuchtem Dampf nimmt in der Nähe der rechten Grenzkurve der x-Wert ab. Geht man dagegen von sehr feuchtem Dampf (etwa $x < 0{,}5$) oder gar von siedender Flüssigkeit aus, dann tritt bei der Expansion eine Trocknung auf, der Wert von x nimmt zu. In dieser Weise verhalten sich alle Stoffe, deren rechte Grenzkurve ähnlich verläuft wie beim Wasser; c_x'' ist dabei stets negativ. Betrachten wir dagegen in Abb. 57 die Grenzkurve solcher Stoffe, für die in gewissen Temperaturbereichen $c_x'' > 0$ wird, dann zeigt sich ein ganz anderes Verhalten. Fassen wir in diesem Bild z. B. die Grenzkurve *III* und die Adia-bate (γ) ins Auge. Ausgehend von einem Zustand auf der Grenzkurve zwischen den Punkten K und a_1, wird der Dampf bei der Expansion zuerst naß, dann wieder trocken gesättigt, im weiteren Verlauf überhitzt, zum drittenmal trocken gesättigt und schließlich wieder naß. Biegt die rechte Grenzkurve sehr stark nach links um, wie das bei der Kurve *IV* der Fall ist, dann verwandelt sich sogar siedende Flüssigkeit bei der adiabatischen Expansion (Linie δ) in über-hitzten Dampf.

Ist der Anfangszustand *1* (Abb. 59) durch p_1 (oder T_1) und x_1 gegeben, und auch der Enddruck p_2 bekannt, dann läßt sich für den Endzustand *2* der Wert x_2 aus der Bedingung $s_1 = s_2$ mit Hilfe der Gl. (127) berechnen. Es wird

$$s_1' + x_1 \frac{r_1}{T_1} = s_2' + x_2 \frac{r_2}{T_2}$$

und daher

$$x_2 = \frac{s_1' - s_2' + x_1(r_1/T_1)}{r_2/T_2} \ . \tag{155}$$

Die Werte von s', r und T werden für die Drucke p_1 und p_2 den Dampftafeln entnommen.

Da bei der Adiabate Wärme weder zu- noch abgeführt wird, so wird die Arbeit bei der Expansion aus dem Vorrat an innerer Energie geleistet. Es ist also

$$AL = A \int_1^2 P\,dv = u_1 - u_2 = u_1' - u_2' + x_1 \varrho_1 - x_2 \varrho_2 .$$

Die technische Arbeit ergibt sich in ähnlicher Weise aus der Enthalpieabnahme

$$AL_t = A \int_1^2 v\,dP = i_1 - i_2 = i_1' - i_2'' + x_1 r_1 - x_2 r_2 .$$

Im P, v-Diagramm ist der Verlauf der Adiabaten wenig charakteristisch. In Abb. 63 stellt die Linie *6—7* eine Adiabate dar; sie verläuft flacher als die Grenz-kurve. Nach ZEUNER kann man Naßdampfadiabaten von Wasser durch die Gleichung

$$P v^\varkappa = \text{konst.}$$

darstellen, wobei $\varkappa = 1{,}035 + 0{,}1\,x_1$ ist, wenn $x_1 > 0{,}75$ ist[1]. Eine Adiabate, die von der rechten Grenzkurve ausgeht, hat also den Exponenten $\varkappa = 1{,}135$.

---

[1] Selbstverständlich gilt hier nicht mehr der Zusammenhang $\varkappa = c_p/c_v$, der die Gültig-keit des idealen Gasgesetzes voraussetzt.

Man kann daher auch die Arbeit wie bei den Polytropen idealer Gase nach Gl. (26) berechnen, und die technische Arbeit wird

$$L_t = \frac{\varkappa}{\varkappa - 1}\, P_1 v_1 \left[1 - \left(\frac{p_2}{p_1}\right)^{\frac{\varkappa-1}{\varkappa}}\right]. \tag{156}$$

Nach neueren Untersuchungen, die sich auf die Ermittlung von $\varkappa$ aus genauen MOLLIER-i,s-Diagrammen stützen, treten gewisse Abweichungen von den ZEUNERschen Werten auf. Die Berechnungen von HECK[1] wurden neuerdings von JOHANNESEN[2] bestätigt. Fußend auf den Wasserdampftafeln von KOCH[3], fand er die im i,s-Diagramm (Abb. 64a) dargestellten Werte von $\varkappa$, die in dieser Abbildung als Kurven von konstantem $\varkappa$ dargestellt sind.

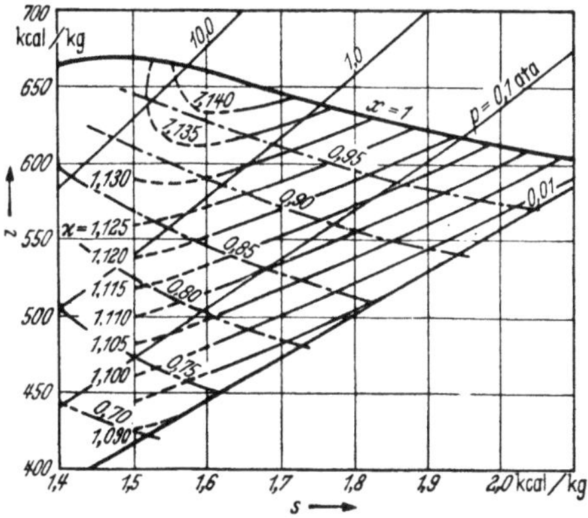

Abb. 64a. Linien konstanter $\varkappa$-Werte im i,s-Diagramm nach HECK.

δ) Isenthalpe (Drosselkurve). Bei der Drosselung bleibt nach dem auf S. 89 Gesagten die Enthalpie i konstant. Man verfolgt daher Drosselvorgänge am besten im i,s- oder $i,\log p$-Diagramm. In Abb. 59 ist $a—b$ eine solche Drosselkurve; da sie eine nichtumkehrbare Zustandsänderung ist, so kann sie nur in einer Richtung, und zwar mit sinkendem Druck bei wachsender Entropie verlaufen. Wie man sieht, wird der Dampf dabei trockener, und er kann sogar überhitzt werden (Punkt b). Trocken gesättigter Dampf wird bei der Drosselung überhitzt, solange man von Punkten der rechten Grenzkurve ausgeht, die kleineren Drücken entsprechen als dem Druck p_m, bei welchem i'' ein Maximum hat (bei Wasserdampf ist $p_m = 30$ ata). Für $p > p_m$ wird trocken gesättigter Dampf bei der Drosselung zuerst naß, bei weiterer Drosselung wieder trocken gesättigt und schließlich überhitzt. Da im Naßdampfgebiet mit sinkendem Druck auch die Temperatur zwangsläufig abnimmt, so ist die Drosselung stets mit einer Abkühlung verbunden. Auf das Verhalten überhitzter Dämpfe bei der Drosselung kommen wir zurück (s. Abschn. B IX).

Aus der Bedingung
$$i_1 = i_2$$
folgt, solange der Endzustand 2 im Naßdampfgebiet liegt,
$$i_1' + x_1 r_1 = i_2' + x_2 r_2,$$
woraus sich x_2 im Endzustand berechnen läßt. Es wird
$$x_2 = \frac{i_1'' - i_2'' + x_1 r_1}{r_2}. \tag{157}$$

Bei der Drosselung siedender Flüssigkeit ist $x_1 = 0$.

Der Verlauf der Drosselkurven $i = $ konst. im T,s-Diagramm ist aus Abb. 64 (Wasserdampf) zu ersehen.

ε) Allgemeine Zustandsänderung. Es kann der Verlauf einer beliebigen Zustandsänderung vorliegen, der z. B. durch einen Indikator an einer Kolben-

---

[1] HECK, R. C. H.: Mech. Engng. Bd. 52 (1930) S. 133.
[2] JOHANNESEN, N. H.: Trans. Danish Acad. Techn. Sci. Nr. 1 (1951) S. 51.
[3] KOCH, WE.: VDI-Wasserdampftafeln. Berlin: Springer 1937.

maschine verzeichnet wurde. Die Linie *1—2* in Abb. 65 sei ein Teil eines solchen Diagramms, wobei es sich entweder um die Expansionskurve in einer Dampfmaschine (von *1* nach *2*) oder auch um die Verdichtungskurve im Verdichter einer Kältemaschine (von *2* nach *1*) handeln kann. Außer den Werten von p und V in jedem Punkt muß auch noch die je Hub der Maschine umlaufende Dampfmenge G gegeben sein. Es ist dann $v = V/G$. Im gleichen Maßstab zeichnet man in das Indikatordiagramm die Grenzkurven des betreffenden Stoffes ein, wobei die linke Grenzkurve praktisch mit der Ordinatenachse zusammenfällt, es sei denn, daß der Prozeß nahe am kritischen Punkt verläuft. Man findet zuerst

$$x_1 = \frac{v_1 - v'}{v_1'' - v'} \quad \text{und} \quad x_2 = \frac{v_2 - v'}{v_2'' - v'}.$$

Die Arbeit L wird durch Planimetrieren der Fläche $a—1—2—b$ bestimmt. Die Änderung der inneren Energie ist für 1 kg

$$u_2 - u_1 = u_2' - u_1' + x_2 \varrho_2 - x_1 \varrho_1.$$

Aus L und $u_2 - u_1$ berechnet man dann die auf dem Wege von *1* nach *2* von den Zylinderwandungen aufgenommene oder an sie abgegebene Wärmemenge Q. Es wird

$$Q = G(u_2 - u_1) + A L.$$

Statt L kann man auch die technische Arbeit L_t nach Gl. (32) durch Planimetrieren der Fläche $d—1—2—c$ ermitteln. Es wird dann

$$Q = G(i_2 - i_1) + A L_t,$$

<table>
<tr><td>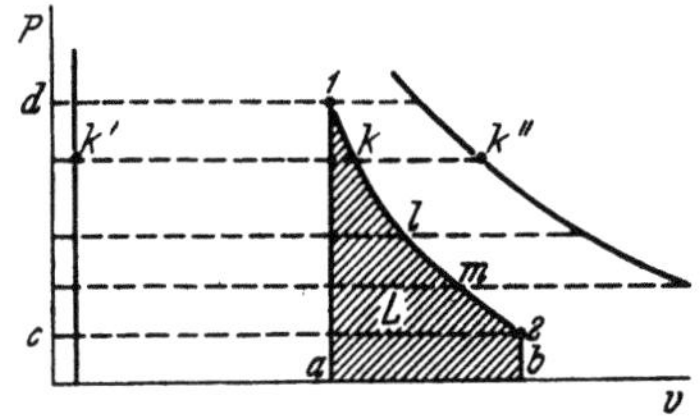</td><td>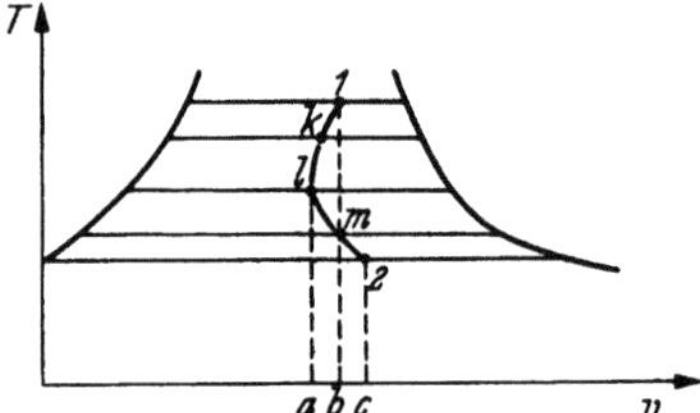</td></tr>
</table>

Abb. 65.
Auswertung eines Teils eines Indikatordiagramms (1—2).

Abb. 66. Abbildung einer Zustandsänderung im P, v-Diagramms in das T, s-Diagramm an Hand der x-Werte.

dabei ist

$$i_2 - i_1 = i_2' - i_1' + x_2 r_2 - x_1 r_1.$$

Für Q können sich sowohl positive wie auch negative Werte ergeben. Es empfiehlt sich, die Zustandsänderung *1—2* aus dem P, v-Diagramm in das T, s-Diagramm zu übertragen. Das geschieht am einfachsten mit Hilfe der x-Werte, die man aus Abb. 65 für mehrere Zwischenpunkte k, l, m ermittelt. Für den Punkt k wird z. B.

$$x_k = \frac{\overline{k' k}}{\overline{k' k''}}.$$

Die einzelnen Punkte werden mit diesen x-Werten im T, s-Diagramm (Abb. 66) abgebildet. Man sieht dann, daß der Arbeitsstoff auf dem Wege von *1* bis *l* zunächst die Wärmemenge *1—l—a—b—1* an die Wand abgibt (Entropieabnahme[1] und dann von *1* bis *2* die Wärmemenge *l—2—c—a—l* von der Wand aufnimmt (Entropiezunahme).

---

[1] Es findet dabei natürlich im ganzen keine Entropieabnahme statt, die ja dem zweiten Hauptsatz widersprechen würde; die Entropiezunahme der Wand ist mindestens ebenso groß wie die Entropieabnahme des Arbeitsstoffes.

V. Die allgemeinen Gleichungen der Thermodynamik.

1. Die thermodynamischen Potentiale.

Bei idealen Gasen hat die Zustandsgleichung die einfache Gestalt

$$P = \frac{RT}{v} \quad \text{oder} \quad v = \frac{RT}{P},$$

und es bestehen zwischen den Molekülen keinerlei Kraftwirkungen. Die innere Energie u hängt daher nur von der Temperatur ab und hat nach Gl. (16a) die Größe

$$u = \int c_{v_0}\, dT, \tag{158}$$

wenn wir mit c_{v_0} die spezifische Wärme bei konstantem Volum im Zustand sehr weitgehender Verdünnung der Gase ($p \to 0$) bezeichnen. Es kann c_{v_0} als konstant oder als temperaturabhängig betrachtet werden.

Es ist daher auch die Enthalpie

$$i = u + APv = u + ART$$

nur von der Temperatur abhängig, und sie kann mit $c_{p_0} = c_{v_0} + AR$ auch in der Form

$$i = \int c_{p_0}\, dT \tag{159}$$

geschrieben werden. Für die Entropie idealer Gase fanden wir ferner die Gl. (56a) und (56b), die bei temperaturabhängigen spezifischen Wärmen sich allgemeiner wie folgt schreiben lassen:

$$s = \int c_{v_0}\, \frac{dT}{T} + AR \ln v + \text{konst.} \tag{160}$$

und

$$s = \int c_{p_0}\, \frac{dT}{T} - AR \ln P + \text{konst.} \tag{160a}$$

Wir stellen uns jetzt die Aufgabe, allgemeine Ausdrücke für i, u und s zu finden, wenn an Stelle der einfachen Zustandsgleichung idealer Gase eine beliebige Zustandsgleichung von der Form

$$P = \chi(v, T) \tag{161}$$

oder

$$v = \psi(P, T) \tag{161a}$$

gegeben ist. Auch die spezifischen Wärmen $c_p = \left(\frac{\partial i}{\partial T}\right)_P$ und $c_v = \left(\frac{\partial u}{\partial T}\right)_v$ werden dann im allgemeinen Fall nicht nur von T, sondern auch noch von P oder v abhängen, und die Art dieser Abhängigkeit ist ebenfalls durch die Form der Zustandsgleichung festgelegt.

Durch die beiden Gl. (161) und (161a) haben wir schon zum Ausdruck gebracht, daß wir in der Wahl der unabhängigen Veränderlichen frei sind. In der theoretischen Thermodynamik und auch in der physikalischen Chemie werden in der Regel v und T als unabhängige Veränderliche gewählt. Wir wollen die Zustandsgleichung vom Typ (161) eine P-Gleichung nennen. In der technischen Thermodynamik zieht man es aber vor, p und T als unabhängige Veränderliche zu wählen und für die Zustandsgleichung dann eine v-Gleichung vom Typ (161a) zu benutzen. Diese Wahl ist dadurch begründet, daß Druck und Temperatur leichter gemessen werden können als das spezifische Volum, und daß in der Technik isobare Zustandsänderungen häufiger vorkommen als isochore.

Es erweist sich als zweckmäßig, noch zwei weitere Zustandsgrößen einzuführen, deren Bedeutung für verschiedene Abschnitte der Thermodynamik zuerst von MASSIEU (1869)[1] und etwas später völlig unabhängig von diesem und in erweitertem Umfang von GIBBS (1873)[2], HELMHOLTZ (1882)[3] und DUHEM (1886)[4] erkannt wurde. Mit Hilfe dieser Zustandsgrößen läßt sich die Ermittlung des thermodynamischen Gleichgewichts auf ein einfaches Minimumproblem zurückführen, und es lassen sich die Methoden der Thermodynamik auch auf die Bestimmung der chemischen Gleichgewichte ausdehnen. Diese zwei Zustandsgrößen sind: die *freie Energie*

$$f = u - Ts \tag{162}$$

und die *freie Enthalpie*

$$\varphi = i - Ts. \tag{162a}[5]$$

Die Differentiale dieser Zustandsgrößen lauten

$$df = du - T\,ds - s\,dT$$

oder mit

$$dQ = T\,ds = du + A\,P\,dv, \tag{163}$$

$$df = -A\,P\,dv - s\,dT \tag{164}$$

und

$$d\varphi = di - T\,ds - s\,dT$$

oder mit

$$dQ = T\,ds = di - A\,v\,dP \tag{163a}$$

$$d\varphi = A\,v\,dP - s\,dT. \tag{165}$$

Wir wollen an Hand dieser letzten Gleichungen zeigen, wie sich die freie Enthalpie φ auf thermodynamische Gleichgewichtsprobleme anwenden läßt. Bei isotherm-isobaren Vorgängen, wie sie z. B. bei der Verdampfung einer Flüssigkeit oder bei jeder anderen Aggregatzustandsänderung vorliegen, ist $dP = 0$ und $dT = 0$, daher muß nach Gl. (165) auch $d\varphi = 0$ oder $\varphi = $ konst. sein. Die freie Enthalpie muß also für die siedende Flüssigkeit dieselbe Größe haben wie für den trocken gesättigten Dampf, $\varphi' = \varphi''$. Nach Gl. (162a) muß also sein

$$i' - Ts' = i'' - Ts''.$$

Daß diese Bedingung in der Tat zutrifft, erkennt man sofort, wenn man diese Gleichung in der Form

$$i'' - i' = T(s'' - s')$$

schreibt, denn nach den Gl. (125) und (129) stellen beide Seiten dieser Gleichung die Verdampfungswärme dar. Sehr viel allgemeiner läßt sich aber die Gleichgewichtsbedingung $d\varphi = 0$ für isotherm-isobare Zustandsänderungen und analog $df = 0$ für isotherm-isochore Zustandsänderungen bei chemischen und elektrochemischen Prozessen anwenden, die jedoch außerhalb des Rahmens dieser Darstellung liegen. Wir werden aber im Teil C bei der Behandlung von Zweistoffgemischen von der freien Enthalpie Gebrauch machen.

Aus dem Verhalten der freien Enthalpie läßt sich auch in sehr anschaulicher Weise die CLAUSIUS-CLAPEYRONsche Gl. (133) ableiten (s. S. 122).

---

[1] MASSIEU: C. r. Bd. 69 (1869) S. 858 u. 1057 — J. de Phys. (1) Bd. 6 (1877) S. 216.

[2] GIBBS, J. W.: Trans. Connecticut Acad. Bd. 2 (1873) S. 309 u. 382; Bd. 3 (1875/78) S. 108 u. 343. Deutsch übersetzt von W. OSTWALD unter dem Titel „Thermodynamische Studien". Leipzig 1892.

[3] HELMHOLTZ, H.: Ber. Akad. Wiss. Berlin Bd. 1 (1882) S. 22 u. 825 — Ges. Abh. Bd. 2 (1883) S. 23 — Ostwalds Klassiker d. exakt. Wiss., Nr. 124. Leipzig: Akad. Verl.-Ges. 1921.

[4] DUHEM: Le potentiel thermodynamique. Paris 1886.

[5] Die Größen f und φ beziehen sich wie u, i und s auf 1 kg. Für ein beliebiges Gewicht verwenden wir große Buchstaben, es ist also $F = U - TS$ und $\Phi = I - TS$.

Für den trocken gesättigten Dampf ist

$$d\varphi'' = Av''dP - s''dT$$

und für die siedende Flüssigkeit

$$d\varphi' = Av'dP - s'dT.$$

Daraus folgt durch Subtraktion

$$d(\varphi'' - \varphi') = A(v'' - v')dP - (s'' - s')dT.$$

Nun ist aber $\varphi'' - \varphi' = 0$, und daher wird

$$s'' - s' = \frac{r}{T} = A(v'' - v')\frac{dP}{dT}$$

in Übereinstimmung mit Gl. (133).

Da nach Gl. (165) für einen isotherm-isobaren Vorgang bei Erreichung des Gleichgewichtszustandes ganz allgemein $d\varphi = 0$ wird, so besitzt die freie Enthalpie eines Systems im Gleichgewichtszustand den kleinsten möglichen Wert.

Die Zustandsgrößen f und φ bezeichnet man auch als *thermodynamische Potentiale*, weil sie ähnliche Eigenschaften besitzen wie das Potential der Kräfte oder das Potential der Geschwindigkeit in der Mechanik oder Hydrodynamik; die Kraft- oder Geschwindigkeitskomponenten lassen sich dort als partielle Differentialquotienten des Potentials nach der Richtung der Komponenten darstellen. Ebenso lassen sich wichtige thermische und kalorische Größen durch die thermodynamischen Potentiale oder deren partielle Ableitungen nach den gewählten unabhängigen Veränderlichen darstellen. In der Tat erhält man mit den unabhängigen Veränderlichen v und T für das vollständige Differential von f

$$df = \left(\frac{\partial f}{\partial v}\right)_T dv + \left(\frac{\partial f}{\partial T}\right)_v dT.$$

Ein Vergleich mit Gl. (164) ergibt sofort

$$P = -\frac{1}{A}\left(\frac{\partial f}{\partial v}\right)_T \tag{164a}$$

und

$$s = -\left(\frac{\partial f}{\partial T}\right)_v. \tag{164b}$$

Ferner findet man aus der Definitionsgleichung (162)

$$u = f + Ts = f - T\left(\frac{\partial f}{\partial T}\right)_v \tag{164c}$$

und

$$c_v = T\left(\frac{\partial s}{\partial T}\right)_v = -T\left(\frac{\partial^2 f}{\partial T^2}\right)_v. \tag{164d}$$

In ganz gleicher Weise erhält man mit den unabhängigen Veränderlichen P und T

$$d\varphi = \left(\frac{\partial \varphi}{\partial P}\right)_T dP + \left(\frac{\partial \varphi}{\partial T}\right)_P dT.$$

Ein Vergleich mit Gl. (165) ergibt

$$v = \frac{1}{A}\left(\frac{\partial \varphi}{\partial P}\right)_T \tag{165a}$$

und

$$s = -\left(\frac{\partial \varphi}{\partial T}\right)_P. \tag{165b}$$

Ferner findet man

$$i = \varphi + T s = \varphi - T \left(\frac{\partial \varphi}{\partial T}\right)_P \qquad (165\,\mathrm{c})$$

und

$$c_p = T \left(\frac{\partial s}{\partial T}\right)_P = - T \left(\frac{\partial^2 \varphi}{\partial T^2}\right)_P . \qquad (165\,\mathrm{d})$$

Der Begriff des Potentials läßt sich in der Thermodynamik noch erweitern, wenn man sich bei der Wahl der unabhängigen Veränderlichen nicht auf P, v und T beschränkt, sondern auch noch u, i und s mit einbegreift.

Wählt man z. B. s und P als unabhängige Veränderliche, dann übernimmt die Enthalpie i die Rolle des Potentials. Denn aus dem Vergleich von

$$di = \left(\frac{\partial i}{\partial s}\right)_P ds + \left(\frac{\partial i}{\partial P}\right)_s dP \qquad (166)$$

mit der aus Gl. (163a) folgenden Beziehung

$$di = T\, ds + A\, v\, dP$$

erhält man:

$$T = \left(\frac{\partial i}{\partial s}\right)_P \qquad (166\,\mathrm{a})$$

$$v = \frac{1}{A} \left(\frac{\partial i}{\partial P}\right)_s \qquad (166\,\mathrm{b})$$

$$\varphi = i - s \left(\frac{\partial i}{\partial s}\right)_P \qquad (166\,\mathrm{c})$$

und

$$c_p = \frac{(\partial i/\partial s)_P}{(\partial^2 i/\partial s^2)_P} . \qquad (166\,\mathrm{d})$$

Bei verschiedener Wahl der unabhängigen Veränderlichen ergeben sich folgende Potentiale:

Unabhängige Veränderliche	Potential
$v,\ T$	$f = u - Ts$
$P,\ T$	$\varphi = i - Ts$
u,v oder i,P	s
$s,\ v$	u
$s,\ P$	i

Wir wollen jetzt noch erklären, warum HELMHOLTZ die Zustandsgröße f als *freie* Energie bezeichnet hat. Daneben bezeichnete er die Größe $g = Ts$ als *gebundene* Energie.

Aus (162) folgt

$$u = f + g .$$

Die Gesamtenergie u setzt sich also aus der freien und der gebundenen Energie zusammen.

Aus (162) folgt ferner

$$df = du - T\, ds - s\, dT . \qquad (167)$$

Aus dem Ausdruck des ersten Hauptsatzes, Gl. (9a)

$$dQ = du + A\, dL$$

und dem Ausdruck des zweiten Hauptsatzes, Gl. (49a)

$$dQ \leqq T\,ds$$

folgt

$$T\,ds \geqq du + A\,dL.$$

Dabei bezieht sich das Gleichheitszeichen auf umkehrbare und das Ungleichheitszeichen auf nichtumkehrbare Vorgänge. Aus der letzten Gleichung folgt

$$A\,dL \leqq T\,ds - du$$

oder mit (167)

$$A\,dL \leqq -df - s\,dT.$$

Für *isotherme* Vorgänge ist $dT = 0$ und daher

$$A\,dL \leqq -df$$

und

$$A\,L \leqq f_1 - f_2. \tag{168}$$

Die äußere Arbeit eines Systems ist also bei umkehrbaren isothermen Zustandsänderungen gleich der Abnahme der freien Energie. Nur dieser Teil der Gesamtenergie ist *frei* in Arbeit verwandelbar. Bei nichtumkehrbaren Prozessen ist die gewinnbare Arbeit stets kleiner als $f_1 - f_2$.

Aus

$$dg = d(Ts) = T\,ds + s\,dT$$

folgt ferner für isotherme Vorgänge

$$T\,ds = dg \quad \text{und daher} \quad dQ \leqq dg$$

oder

$$Q \leqq g_2 - g_1. \tag{169}$$

Die ganze zugeführte Wärme dient also bei umkehrbaren isothermen Vorgängen der Zunahme der gebundenen Energie.

Das einfachste Anwendungsbeispiel bietet wieder der umkehrbare isotherme Verdampfungsvorgang. Bei ihm gilt

$$\text{für die siedende Flüssigkeit} \qquad u' = f' + Ts',$$
$$\text{für den trockenen gesättigten Dampf} \quad u'' = f'' + Ts''.$$

Die Zunahme der Gesamtenergie bei der Verdampfung ist $u'' - u' = \varrho$. Die Änderung der gebundenen Energie ist

$$g'' - g' = T(s'' - s') = r,$$

also gleich der ganzen zugeführten Wärme. Die geleistete äußere Arbeit $\psi = r - \varrho$ ergibt sich also im Einklang mit der Gl. (168) zu

$$\psi = (g'' - g') - (u'' - u') = f' - f''.$$

Eine ähnliche Betrachtung kann man auch bei der *freien* Enthalpie $\varphi = i - g$ anstellen, wobei aber an Stelle der Arbeit $dL = P\,dv$ jetzt die technische Arbeit $dL_t = -v\,dP$ nach Gl. (32) zu treten hat. Aus (162a) folgt

$$d\varphi = di - T\,ds - s\,dT.$$

Mit

$$dQ = di + A\,dL_t \quad \text{und} \quad dQ \leqq T\,ds$$

findet man auf gleichem Wege wie oben für isotherme Vorgänge

$$A L_t \leqq \varphi_1 - \varphi_2. \tag{170}$$

Die technische Arbeit eines Systems ist also bei umkehrbaren isothermen Zustandsänderungen gleich der Abnahme der freien Enthalpie. Nur dieser Teil der Gesamtenthalpie ist frei in Arbeit verwandelbar. Bei umkehrbarer Zustandsänderung ist also

$$A L_t = \varphi_1 - \varphi_2 = i_1 - i_2 - (T_1 s_1 - T_2 s_2)$$

und für isotherme Vorgänge

$$A L_t = i_1 - i_2 - T_0(s_1 - s_2), \tag{170a}$$

wenn T_0 die konstant gehaltene Temperatur ist. Dieses Ergebnis erscheint hier als Sonderfall der auf S. 87 berechneten Arbeitsfähigkeit $A L_f$. Die zuletzt abgeleitete Gleichung ist mit der dort erhaltenen Gl. (88) identisch. Die Anwendung dieser Betrachtungen auf den Verdampfungsvorgang führt hier zu einem trivialen Beispiel, denn die Verdampfung verläuft nicht nur isotherm, sondern auch isobar. Es ist also $L_t = -\int_{'}^{''} v\,dP = 0$ und daher $\varphi' = \varphi''$. Daraus folgt dann sofort $i'' - i' = g'' - g' = T(s'' - s') = r$.

2. Das i, φ-Diagramm von COLOMBI.

Um ein Anwendungsbeispiel für die freie Enthalpie φ in der technischen Thermodynamik einfacher Stoffe zu bringen, wollen wir das von COLOMBI vorgeschlagene i, φ-Diagramm erläutern, das bei der Berechnung von Turbo-Verdichtern für Gase und für verschiedene Kältemittel gute Dienste leisten kann[1].

Aus den beiden Gleichungen

$$dQ = T\,ds = di - A v\,dP$$

und

$$d\varphi = di - T\,ds - s\,dT = A v\,dP - s\,dT$$

folgt, daß man in einem i, φ-Diagramm folgende Wärmemengen und technische Arbeiten als *Strecken* abgreifen kann:

für Isobaren:

$$Q = i_1 - i_2; \tag{171}$$

für Adiabaten:

$$A L_t = i_1 - i_2; \tag{171a}$$

für Isothermen:

$$Q = (i_2 - i_1) - (\varphi_2 - \varphi_1); \tag{171b}$$

für Isothermen:

$$A L_t = \varphi_1 - \varphi_2. \tag{171c}$$

---

[1] COLOMBI, CH.: Le diagramme Enthalpie-Potentiel thermodynamique. Paris: Dunod 1940. Dieser Schrift sind i, φ-Diagramme für Luft, NH_3 und CO_2 in großem Maßstab beigefügt.

Die Vorteile, welche die behandelten MOLLIER-Diagramme (i, s und i, p) für adiabate und isobare Zustandsänderungen boten (s. S. 134) werden im i, φ-Diagramm auch noch auf isotherme Zustandsänderungen erstreckt.

In Abb. 67 ist dieses Diagramm für CO_2 dargestellt. Die Darstellung hängt hier wesentlich von der Wahl der Nullpunkte für i, s und φ ab. Man muß sich darüber klar sein, daß uns nicht die absoluten Werte dieser Größen bekannt

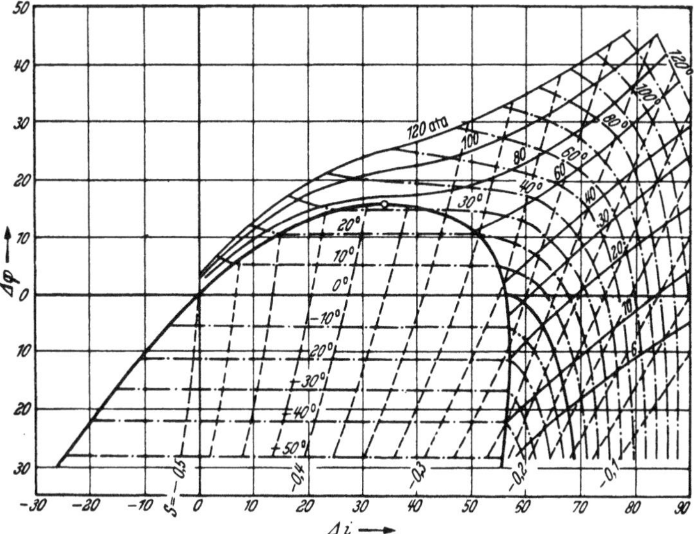

Abb. 67. i, φ-Diagramm für Kohlendioxyd nach COLOMBI.

sind, daß vielmehr in jeder Größe noch eine additive Konstante enthalten ist, die wir mit C_i, C_s und C_φ bezeichnen wollen. Statt $\varphi = i - Ts$ müßten wir also in zwei verschiedenen Zuständen *1* und *2* schreiben ·

$$\varphi_1 + C_\varphi = i_1 + C_i - T_1(s_1 + C_s)$$

und

$$\varphi_2 + C_\varphi = i_2 + C_i - T_2(s_2 + C_s).$$

Durch Subtraktion erhalten wir also

$$\varphi_2 - \varphi_1 = (i_2 - i_1) - (T_2 s_2 - T_1 s_1) - C_s(T_2 - T_1).$$

Während also bei der Differenzenbildung die willkürlichen Konstanten C_i und C_φ herausfallen, bleibt die Konstante C_s der Entropie erhalten, und ihre Wahl bestimmt die ganze Gestalt des i, φ-Diagramms. Besonders wichtig ist es aber, zu erkennen, daß die Differenz $\varphi_2 - \varphi_1$ jeden beliebigen Wert annehmen kann, je nach der Wahl von C_s. Nur für isotherme Zustandsänderungen ($T_1 = T_2$) fällt die Konstante C_s ganz heraus, so daß unsere Gl. (171b) und (171c) eindeutig bleiben. Man darf daher in einem i, φ-Diagramm mit einer willkürlichen Größe von C_s den Differenzen $\varphi_1 - \varphi_2$, die nicht auf Isothermen abgelesen werden, keinen bestimmten Wert beimessen. Die theoretische Thermodynamik rechnet allerdings mit absoluten Werten der Entropie (indem sie für den kondensierten Zustand bei $T = 0$ auch $s = 0$ setzt, s. S. 251); die Differenz $\varphi_1 - \varphi_2$ wird dann in jedem Falle eindeutig.

COLOMBI setzt nun für siedende Flüssigkeit von 0° C $i' = 0$ und $\varphi' = 0$. Um eine Darstellung der Grenzkurven zu erhalten, die dem uns schon geläufigen Charakter im MOLLIER-i, $\log p$-Diagramm (Abb. 52) entspricht setzt er ferner für den gleichen Zustand $s' = -0{,}5$ [kcal/kg°K]. Im Sättigungsgebiet verlaufen die isotherm-isobaren Zustandsänderungen als waagerechte Gerade, denn nach Gl. (165) ist mit $T = $ konst. und $P = $ konst. auch $\varphi = $ konst. Außerhalb des Sättigungsgebietes verlaufen die Isothermen (strichpunktiert in Abb. 67) ähnlich wie im i, $\log p$-Diagramm (Abb. 62); bei niedrigen Drücken und in größerer Entfernung von der rechten Grenzkurve wird der Verlauf fast vertikal, die Isothermen fallen dann praktisch mit den Isenthalpen zusammen. Auf den Isobaren ist nach den Gl. (163a) und (165) $di = T\,ds$ und $d\varphi = -s\,dT$. Daraus berechnet sich der Neigungswinkel der Isobaren zu

$$\left(\frac{\partial \varphi}{\partial i}\right)_P = -\frac{s}{T}\left(\frac{\partial T}{\partial s}\right)_P = -\frac{s}{c_p}.$$

Da s im ganzen Bereich von Abb. 67 negativ ist, so bleibt $\left(\dfrac{\partial \varphi}{\partial i}\right)_P$ dauernd positiv, die Isobaren steigen also dauernd an. Erst außerhalb der Diagrammfläche würden die Isobaren in den Schnittpunkten mit der Adiabate $s = 0$ ein Maximum von φ erreichen und im weiteren Verlauf absinken. Bei niedrigem Druck verlaufen die Isobaren schwach konvex, die Isobare $p = 40$ ata verläuft fast geradlinig, und für noch höhere Drücke ergibt sich für $i > i_k$ ein konkaver Verlauf und für $i < i_k$ ein konvexer Verlauf.

Die Adiabaten (gestrichelte Kurven) erleiden beim Übergang aus dem Sättigungsgebiet in das überhitzte Gebiet einen leichten Knick. Man könnte in dieses Diagramm auch noch eine Schar von Isochoren einzeichnen, die aber in Abb. 67 fortgelassen wurden.

Für eine isotherme Verdichtung von CO_2 bei $t = +30°$ C von $p_1 = 10$ auf $p_2 = 30$ ata erhält man aus dem im großen Maßstab vorliegenden Originaldiagramm folgende Werte

$$\varphi_2 - \varphi_1 = 14{,}1 \text{ kcal/kg} \quad \text{und} \quad i_2 - i_1 = -5{,}55 \text{ kcal/kg}.$$

Es ist also nach (171b) und (171c) die aufgewendete technische Arbeit bei isothermer Verdichtung $AL_t = -14{,}1$ kcal/kg und die Wärmemenge $Q = -5{,}55 - 14{,}1 = -19{,}65$ kcal/kg. Diese Wärmemenge muß also an die Umgebung abgeführt werden. Die entsprechende Entropieänderung beträgt

$$s_2 - s_1 = \frac{Q}{T} = \frac{-19{,}65}{303{,}16} = -0{,}0648 \text{ kcal/kg°K}.$$

Bei einem idealen Gas wäre mit $i_1 = i_2$ auch $AL_t = Q$. Beim realen Gas ist aber die Enthalpie nicht nur eine Funktion von T, sondern auch von P, und zwar sinkt sie hier mit wachsendem Druck; daher muß auf der Isotherme mehr Wärme abgeführt werden. Als Gegenstück erkennen wir aus Abb. 67, daß bei der Drosselung ($i = $ konst.) von 30° und 30 ata auf 10 ata die Temperatur nicht konstant bleibt, sondern auf etwa $+5°$ absinkt.

Bei adiabater Verdichtung vom gleichen Anfangspunkt (30° C, 10 ata) auf 30 ata steigt die Temperatur auf 110°, und es wird die aufgewendete technische Arbeit $AL_t = -16{,}3$ kcal/kg, also um 11,56% größer als bei isothermer Verdichtung.

3. Allgemeine Gleichungen für die Entropie, die innere Energie, die Enthalpie und die spezifischen Wärmen.

Es sei zunächst an folgende mathematische Zusammenhänge erinnert: Ist z eine Funktion von zwei unabhängigen Veränderlichen x und y, dann ist

$$\left(\frac{\partial x}{\partial y}\right)_z \left(\frac{\partial y}{\partial z}\right)_x \left(\frac{\partial z}{\partial x}\right)_y = -1 \tag{172}$$

und
$$dz = \left(\frac{\partial z}{\partial x}\right)_y dx + \left(\frac{\partial z}{\partial y}\right)_x dy. \tag{173}$$

Schreibt man die letzte Gleichung in der Form
$$dz = X\,dx + Y\,dy, \tag{174}$$

dann sind die Größen
$$X = \left(\frac{\partial z}{\partial x}\right)_y \quad \text{und} \quad Y = \left(\frac{\partial z}{\partial y}\right)_x$$

im allgemeinen wieder Funktionen von x und y. Ist dz ein vollständiges Differential, dann muß die Bedingung erfüllt sein
$$\left(\frac{\partial X}{\partial y}\right)_x = \left(\frac{\partial Y}{\partial x}\right)_y. \tag{175}$$

Von dieser Beziehung werden wir im folgenden am meisten Gebrauch machen.

Bezeichnen wir eine weitere Veränderliche mit w, dann erhält man aus Gl. (173)
$$\left(\frac{\partial z}{\partial x}\right)_w = \left(\frac{\partial z}{\partial x}\right)_y + \left(\frac{\partial z}{\partial y}\right)_x \left(\frac{\partial y}{\partial x}\right)_w. \tag{176}$$

Mit diesen Hilfsmitteln wollen wir jetzt die wichtige Aufgabe lösen, allgemeine Ausdrücke für u, i, s, c_p und c_v zu finden, wenn eine beliebige Zustandsgleichung gegeben ist und wenn außerdem die (temperaturabhängigen) Grenzwerte c_{p_0} und c_{v_0} im idealen Gaszustand bekannt sind.

a) Die unabhängigen Veränderlichen sind P und T. Die Zustandsgleichung hat dann die Gestalt
$$v = \psi(P, T).$$

Aus der Hauptgleichung
$$T\,ds = di - A\,v\,dP$$
folgt
$$di = T\,ds + A\,v\,dP.$$

Ein Vergleich mit Gl. (174) zeigt, daß in diesem Fall $z = i$, $X = T$, $Y = Av$ ist, während als unabhängige Veränderliche die Größen $x = s$ und $y = P$ auftreten. Die Beziehung (175) liefert dann sofort
$$\left(\frac{\partial T}{\partial P}\right)_s = A\left(\frac{\partial v}{\partial s}\right)_P. \tag{177}$$

Die Änderung der Temperatur mit dem Druck längs einer Adiabate ist also proportional der Änderung des Volums mit der Entropie längs einer Isobare. Man kann das auch so ausdrücken, daß die Neigung der Adiabate im T, P-Diagramm in jedem Zustandspunkt proportional ist der Neigung der Isobare im v, s-Diagramm. Dieser Zusammenhang ist neu, aber wenig fruchtbar, weil keine der beiden Ableitungen in (177) aus der Zustandsgleichung berechnet werden kann. Keine Seite dieser Gleichung enthält nur thermische Größen (P, v und T), zu denen wir auch die bei der Differentiation konstant gehaltene Größe rechnen müssen.

Wir wollen daher jetzt in Gl. (174) die unabhängigen Veränderlichen so wählen, daß $x = P$ und $y = T$ wird.

Wir setzen also
$$dz = X\,dP + Y\,dT.$$

Ein Vergleich mit Gl. (165)
$$d\varphi = A\,v\,dP - s\,dT$$

zeigt, daß jetzt $z = \varphi$, $X = A\,v$ und $Y = -s$ wird; daher lautet Gl. (175)

$$\left(\frac{\partial s}{\partial P}\right)_T = -A\left(\frac{\partial v}{\partial T}\right)_P. \qquad (178)$$

In dieser Gleichung ist die rechte Seite durch die Zustandsgleichung $v = \psi(P, T)$ vollständig bekannt, daher ist jetzt auch die linke Seite berechenbar. Durch Integration der partiellen Differentialgleichung (178) bei konstantem T können wir also zu einem allgemeinen Ausdruck für die Entropie s gelangen. Es wird

$$s = F_s(T) - A\int\left(\frac{\partial v}{\partial T}\right)_P dP, \qquad (179)$$

wobei $F_s(T)$ eine zunächst noch unbestimmte Funktion von T ist, die wir aus einer Randbedingung zu ermitteln versuchen müssen.

Eine solche Randbedingung besitzen wir aber in dem Wert der Entropie im idealen Gaszustand nach Gl. (160a). Für ein ideales Gas ist $v = RT/P$; daher wird $\left(\frac{\partial v}{\partial T}\right)_P = \frac{R}{P}$ und $\int\left(\frac{\partial v}{\partial P}\right)dP = R\ln P$. Die Entropie eines idealen Gases ist daher nach (179)

$$s = F_s(T) - AR\ln P.$$

Aus dem Vergleich mit (160a) folgt daher für die gesuchte Funktion

$$F_s(T) = \int c_{p_0}\frac{dT}{T} + \text{konst.}, \qquad (180)$$

und daher lautet *der allgemeine Ausdruck für die Entropie* eines Körpers

$$s = \int c_{p_0}\frac{dT}{T} - A\int\left(\frac{\partial v}{\partial T}\right)_P dP + \text{konst.}, \qquad (181)$$

wobei die willkürliche Entropiekonstante uns, wie ·bisher, nicht interessiert, da wir es nur mit Entropiedifferenzen zu tun haben werden.

Wir wollen jetzt einen allgemeinen Ausdruck für i finden. In der Hauptgleichung

$$di = T\,ds + A\,v\,dP$$

sind i und s als Funktionen von P und T aufzufassen. Es ist daher

$$di = \left(\frac{\partial i}{\partial P}\right)_T dP + \left(\frac{\partial i}{\partial T}\right)_P dT$$

und

$$ds = \left(\frac{\partial s}{\partial P}\right)_T dP + \left(\frac{\partial s}{\partial T}\right)_P dT.$$

Setzen wir diese beiden Ausdrücke in die davorstehende Gleichung ein und beachten, daß

$$\left(\frac{\partial i}{\partial T}\right)_P = T\left(\frac{\partial s}{\partial T}\right)_P = c_p$$

ist, dann erhalten wir

$$\left(\frac{\partial i}{\partial P}\right)_T = T\left(\frac{\partial s}{\partial P}\right)_T + A\,v$$

oder mit Gl. (178)

$$\left(\frac{\partial i}{\partial P}\right)_T = -A\,T\left(\frac{\partial v}{\partial T}\right)_P + A\,v = -A\,T^2\left(\frac{\partial(v/T)}{\partial T}\right)_P. \qquad (182)$$

In dieser partiellen Differentialgleichung ist wieder die rechte Seite durch die Zustandsgleichung vollständig gegeben, so daß jetzt auch die linke Seite bekannt ist. Die Integration bei konstantem T liefert

$$i = F_i(T) - A\,T^2\int\left(\frac{\partial(v/T)}{\partial T}\right)_P dP. \qquad (183)$$

Die unbestimmte Funktion $F_i(T)$ wird wieder aus dem Wert von $i = \int c_{p_0}\, dT +$ + konst. im idealen Gaszustand ermittelt. Für diesen wird $v/T = R/P$, und daher $\left(\dfrac{\partial(v/T)}{\partial T}\right)_P = 0$. Es ist also

$$F_i(T) = \int c_{p_0}\, dT + \text{konst.,}$$

und *der allgemeine Ausdruck für die Enthalpie* lautet

$$i = \int c_{p_0}\, dT - A\,T^2 \int \left(\frac{\partial(v/T)}{\partial T}\right)_P dP + \text{konst.} \tag{184}$$

Es ist jetzt noch erwünscht, einen allgemeinen Ausdruck für c_p zu finden. Im idealen Gaszustand ist $c_p = c_{p_0}$ und jedenfalls vom Druck unabhängig. Aus der Gleichung

$$c_p = \left(\frac{\partial Q}{\partial T}\right)_P = T \left(\frac{\partial s}{\partial T}\right)_P$$

erhält man durch partielle Differentiation nach P bei konstantem T

$$\left(\frac{\partial c_p}{\partial P}\right)_T = T\,\frac{\partial}{\partial P_T}\left(\frac{\partial s}{\partial T}\right)_P = T\,\frac{\partial}{\partial T_P}\left(\frac{\partial s}{\partial P}\right)_T$$

oder mit Gl. (178)

$$\left(\frac{\partial c_p}{\partial P}\right)_T = -A\,T\left(\frac{\partial^2 v}{\partial T^2}\right)_P. \tag{185}$$

Durch Integration bei konstantem T erhält man

$$c_p = F_c(T) - A\,T \int \left(\frac{\partial^2 v}{\partial T^2}\right)_P dP.$$

Im idealen Gaszustand ist $\left(\dfrac{\partial^2 v}{\partial T^2}\right)_P = 0$, und daher wird

$$F_c(T) = c_{p_0}.$$

Der allgemeine Ausdruck für die spezifische Wärme bei konstantem Druck lautet daher

$$c_p = c_{p_0} - A\,T \int \left(\frac{\partial^2 v}{\partial T^2}\right)_P dP. \tag{186}$$

β) Die unabhängigen Veränderlichen sind v und T. Auf genau dem gleichen Wege kann man mit den unabhängigen Veränderlichen v und T und einer Zustandsgleichung $P = \chi(v,\,T)$ allgemeine Ausdrücke für s, u und c_v finden. Dazu geht man von der Gl. (164) aus

$$df = -A\,P\,dv - s\,dT$$

und findet nach Gl. (175)

$$\left(\frac{\partial s}{\partial v}\right)_T = A\left(\frac{\partial P}{\partial T}\right)_v. \tag{187}$$

Es wird daher mit Gl. (160)

$$s = \int c_{v_0}\,\frac{dT}{T} + A \int \left(\frac{\partial P}{\partial T}\right)_v dv + \text{konst.,} \tag{188}$$

Ferner findet man

$$\left(\frac{\partial u}{\partial v}\right)_T = A\,T\left(\frac{\partial P}{\partial T}\right)_v - A\,P = A\,T^2\left(\frac{\partial(P/T)}{\partial T}\right)_v, \tag{189}$$

also

$$u = \int c_{v_0}\, dT - A\, T^2 \int \left(\frac{\partial (P/T)}{\partial T}\right)_v dv + \text{konst.,} \tag{190}$$

und

$$\left(\frac{\partial c_v}{\partial v}\right)_T = A\, T \left(\frac{\partial^2 P}{\partial T^2}\right)_v, \tag{191}$$

also

$$c_v = c_{v_0} + A\, T \int \left(\frac{\partial^2 P}{\partial T^2}\right)_v dv. \tag{192}$$

Man kann jetzt noch einen allgemeinen Ausdruck für $c_p - c_v$ ableiten: Es ist

$$c_p = \left(\frac{\partial Q}{\partial T}\right)_P = \left(\frac{\partial u}{\partial T}\right)_P + A\, P \left(\frac{\partial v}{\partial T}\right)_P$$

und nach Gl. (176)

$$\left(\frac{\partial u}{\partial T}\right)_P = \left(\frac{\partial u}{\partial T}\right)_v + \left(\frac{\partial u}{\partial v}\right)_T \left(\frac{\partial v}{\partial T}\right)_P.$$

Daher wird mit $c_v = \left(\frac{\partial u}{\partial T}\right)_v$

$$c_p = c_v + \left[\left(\frac{\partial u}{\partial v}\right)_T + A\, P\right]\left(\frac{\partial v}{\partial T}\right)_P$$

und mit Gl. (189)

$$c_p - c_v = A\, T \left(\frac{\partial P}{\partial T}\right)_v \left(\frac{\partial v}{\partial T}\right)_P. \tag{193}$$

Mit Hilfe der Beziehung (172) kann man Gl. (193) auch noch in den folgenden Formen schreiben

$$c_p - c_v = -A\, T\, \frac{(\partial P/\partial T)_v^2}{(\partial P/\partial v)_T} \tag{193a}$$

oder

$$c_p - c_v = -A\, T\, \frac{(\partial v/\partial T)_P^2}{(\partial v/\partial P)_T}. \tag{193b}$$

Von Gl. (193a) wird man Gebrauch machen, wenn die Zustandsgleichung in der Gestalt $P = \chi(v,\, T)$ gegeben ist und von Gl. (193b), wenn sie in der Gestalt $v = \psi(P,\, T)$ vorliegt.

Für ideale Gase ist

$$\left(\frac{\partial P}{\partial T}\right)_v = \frac{R}{v} \quad \text{und} \quad \left(\frac{\partial v}{\partial T}\right)_P = \frac{R}{P};$$

daher wird nach Gl. (193)

$$c_p - c_v = A\, T\, \frac{R}{v}\, \frac{R}{P} = A\, R$$

in Übereinstimmung mit Gl. (18), die also nur einen Sonderfall der viel allgemeineren Gl. (193) darstellt.

VI. Die Zustandsgleichung von VAN DER WAALS und das Gesetz der korrespondierenden Zustände.

1. Die Zustandsgleichung von VAN DER WAALS.

Die einfache Zustandsgleichung idealer Gase

$$Pv = RT \tag{194}$$

kann nur dann gültig sein, wenn zwischen den einzelnen Molekülen keinerlei Kraftwirkungen vorhanden sind und wenn das Eigenvolum der Moleküle im Verhältnis zu dem sie enthaltenden Raum verschwindend klein ist. Beide Voraussetzungen gelten um so genauer, je verdünnter ein Gas ist, also je kleiner seine Dichte ist. Man spricht im Grenzfall von einem idealen Gas, welches dann noch die Eigenschaft besitzt, daß seine innere Energie nur von der Temperatur abhängt.

In Wirklichkeit wirken aber zwischen den Molekülen sowohl anziehende wie auch abstoßende Kräfte, die mit wachsendem Abstand der Moleküle rasch abnehmen, also gewissen Potenzen des Abstands umgekehrt proportional sind. Diese Potenz ist bei den abstoßenden Kräften höher als bei den anziehenden, so daß sich die abstoßenden Kräfte erst bei sehr großen Dichten bemerkbar machen, dann aber bei weiterer Verdichtung sehr schnell anwachsen und sogar die anziehenden Kräfte überwinden. Sehen wir zunächst von diesem Bereich größter Dichten ab, bei denen die Materie schon eher als Flüssigkeit und nicht mehr als Gas anzusprechen ist, so zeigt es sich, daß die anziehenden Kräfte etwa proportional mit dem Quadrat des spezifischen Gewichts oder umgekehrt proportional mit dem Quadrat des spezifischen Volums anwachsen[1].

Diese Kräfte, auf die Einheit des Querschnitts bezogen, bezeichnet man als *Kohäsionsdruck*. Sie sind bestrebt, die äußere Begrenzung der Substanz nach innen zu ziehen und wirken also dem auf die Begrenzungswände gerichteten kinetischen Druck P_{kin} entgegen. Dieser kinetische Druck dokumentiert das Bestreben der Gase, sich unbegrenzt auszudehnen (s. S. 1). Setzt man für die Anziehungskräfte den Ausdruck a/v^2, wobei a eine noch zu bestimmende Konstante ist, dann ist der beobachtete Druck P die Differenz zwischen dem kinetischen Druck und dem Kohäsionsdruck

$$P = P_{kin} - \frac{a}{v^2}.$$

Der kinetische Druck ist also

$$P_{kin} = P + \frac{a}{v^2}, \tag{195}$$

und dieser Druck ist es, der in einer einfachen Zustandsgleichung (194) an Stelle des äußeren Druckes P erscheinen sollte.

Eine zweite Korrektur muß an dem Volum v angebracht werden. Da die Moleküle ein Eigenvolum haben, so ist der für die thermische Bewegung der Moleküle frei bleibende Raum v_{kin} um eine Größe b kleiner als der gesamte Raum v. Die Größe von b entspricht dabei offenbar einer so dichten Packung der Moleküle, bei der sich die Moleküle nicht mehr frei im ganzen Raum bewegen

---

[1] Eine nähere Begründung für diesen Ansatz findet man in MÜLLER-POUILLETS Lehrbuch der Physik, 11. Aufl., Bd. III, zweite Hälfte, Kap. 1, § 14 und Kap. III, § 4 (bearbeitet von K. F. HERZFELD).

können, sondern an ihren Platz gebunden sind und nur noch Schwingungen um eine Gleichgewichtslage ausführen. Daher hat b ungefähr die Größe des spezifischen Volums des Körpers im festen Zustand[1].

In Gl. (194) müßte also an Stelle von v das freie kinetische Volum

$$v_{\text{kin}} = v - b \qquad (196)$$

eingeführt werden. Die Zustandsgleichung lautet dann

$$P_{\text{kin}}\, v_{\text{kin}} = R\, T$$

oder

$$\left(P + \frac{a}{v^2}\right)(v - b) = R\, T. \qquad (197)$$

Jede der beiden Korrekturen wurde einzeln schon frühzeitig vorgeschlagen[2], es blieb aber VAN DER WAALS vorbehalten, beide ·Korrekturen gleichzeitig einzuführen und damit einen richtunggebenden Fortschritt zu erreichen[3]. Mit dieser Gleichung lassen sich viele experimentelle Befunde qualitativ erklären, dagegen läßt die quantitative Übereinstimmung mit der Wirklichkeit noch viel zu wünschen übrig, zum mindesten solange man mit konstanten Werten von a und b rechnet. Wir werden uns daher noch nach weiteren Zustandsgleichungen umsehen müssen (s. Abschn. B VII u. VIII).

Gl. (197) kann noch folgende Formen annehmen:

$$P = \frac{R\, T}{v - b} - \frac{a}{v^2} \qquad (197\,\text{a})$$

und

$$v^3 - \left(\frac{R\, T}{P} + b\right) v^2 + \frac{a}{P}\, v - \frac{a\, b}{P} = 0. \qquad (197\,\text{b})$$

Man erkennt daraus, daß die Isothermen im P, v-Diagramm Kurven vierter Ordnung werden, während sie bei einem idealen Gas gleichseitige Hyperbeln ($Pv = $ konst.) sind. Der Verlauf der VAN DER WAALSschen Isothermen ist in Abb. 68 maßstäblich wiedergegeben. In diesem Diagramm ist aus Gründen, die sehr bald einzusehen sein werden, als Einheit des Drucks, des Volums und der Temperatur der jeweils zugehörige kritische Wert gewählt. Die Zustandsgrößen π, φ, ϑ sind durch die Vielfachen bzw. durch die Bruchteile der kritischen Werte dimensionslos ausgedrückt. Innerhalb der Grenzkurven bilden die Isothermen Schleifen, die gestrichelt gezeichnet sind. Eine solche Isotherme ist in Abb. 69 besonders hervorgehoben; der Ast a—b liegt im Flüssigkeitsgebiet, der Ast b—e—f—g—c im Naßdampfgebiet und der Ast c—d im Überhitzungsgebiet. Die Lage der Punkte b und c auf den Grenzkurven ist zunächst nicht bekannt, und es wird noch anzugeben sein, wie diese Punkte zu finden sind. Wir wissen jedoch aus den Betrachtungen auf S. 100, daß die Isotherme innerhalb des Naßdampfgebietes mit der Isobare zusammenfällt, also längs der Geraden b—f—c verläuft. Die VAN DER WAALSsche Schleife steht scheinbar im Widerspruch dazu. Der gebrochene Verlauf a—b—c—d kann natürlich niemals durch eine stetige Zustandsgleichung wiedergegeben werden. Eine genauere

---

[1] Nach der kinetischen Gastheorie entspricht b dem Vierfachen des Eigenvolums der Moleküle.

[2] Die Korrektur a/v^2 schlug erstmalig RITTER vor (1846); RANKINE (1854) setzte dafür $a/T v^2$, was später von CLAUSIUS und BERTHELOT übernommen wurde. Die Korrektur b hat schon BERNOULLI (1738) als notwendig empfunden. Vgl. A. EUCKEN in MÜLLER-POUILLETS Lehrbuch der Physik, 11. Aufl., Bd. III, erste Hälfte, S. 279.

[3] VAN DER WAALS, J. D.: Die Kontinuität des gasförmigen und flüssigen Zustandes. Diss. Leiden 1873. Deutsche Übersetzung zweite Aufl. Leipzig 1899.

Prüfung zeigt jedoch, daß Zustände auf einem großen Teil der Schleife keinesfalls sinnlos sind, sondern nur labilen (metastabilen) Gleichgewichtslagen entsprechen.

Der Ast $b-e$ bis zum Minimum des Druckes liefert Zustände, in denen die Temperatur höher ist, als dem jeweiligen Siededruck zugeordnet ist; solche Zustände entsprechen dem bereits erwähnten *Siedeverzug* (s. S. 106). Bei tiefen Temperaturen ragt der Ast $b-e$ sogar in das Gebiet negativer Drucke herein, wie man aus Abb. 69 ersehen kann. Selbst derartige Zustände, in denen der Flüssigkeit eine Zugspannung aufgezwungen wird, haben sich bis zu Werten der Zugspannung von etwa 100 ata verwirklichen lassen[1]. BERTHELOT (1850) füllte zu diesem Zweck eine dickwandige, oben spitz auslaufende Röhre (Abb. 70) so weit mit Wasser, daß nur ein kleiner mit Luft erfüllter Raum AB übrigblieb, und schmolz dann die Röhre bei A zu. Durch Erwärmen und

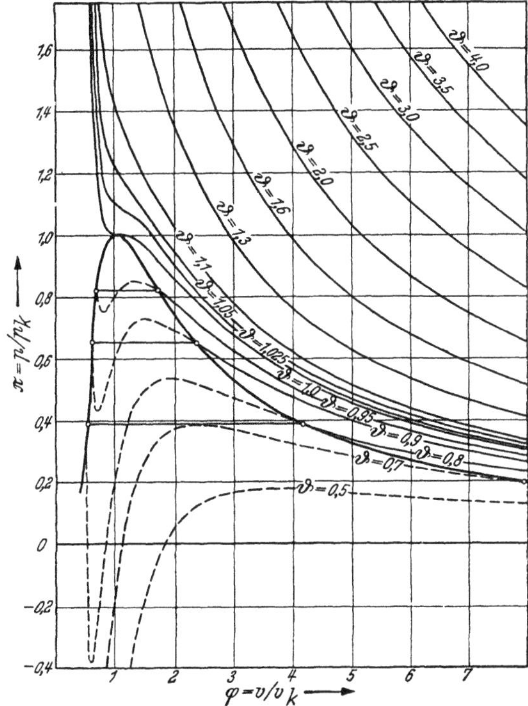

Abb. 68. Isothermen nach VAN DER WAALS in reduzierten Koordinaten (maßstäblich richtig).

Schütteln bewirkte er, daß sich die Luft im Wasser löste und das Wasser nach erfolgter Ausdehnung den ganzen Raum erfüllte. Wenn der Inhalt dann wieder

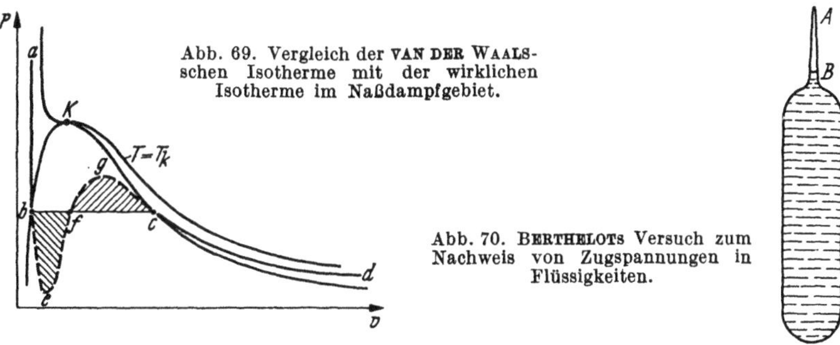

Abb. 69. Vergleich der VAN DER WAALS-schen Isotherme mit der wirklichen Isotherme im Naßdampfgebiet.

Abb. 70. BERTHELOTs Versuch zum Nachweis von Zugspannungen in Flüssigkeiten.

abgekühlt wurde, haftete das Wasser an den Glaswänden und erfüllte immer noch den ganzen Raum, der jetzt um 2,5 Promille größer war, als dem Raum-

---

[1] MEYER, I.: Zur Kenntnis des negativen Druckes in Flüssigkeiten. Abh. dtsch. Bunsengesellschaft, Nr. 6. Halle 1911. — Vgl. MÜLLER-POUILLET: Lehrbuch der Physik, Bd. III, erste Hälfte, S. 301. Braunschweig 1926. — I. B. GOEBEL: Z. VDI Bd. 53 (1909) S. 871. — HULETT: Z. phys. Chem. Bd. 42 (1903) S. 353.

bedarf des Wassers entspricht. Aus der Kompressibilität des Wassers läßt sich berechnen, daß es jetzt durch einen Zug von 52 ata gedehnt war.

Auf dem Ast $c-g$ (Abb. 69) ist die Temperatur des Dampfes tiefer, als dem jeweiligen Siededruck entspricht; es handelt sich hier um *unterkühlten Dampf*[1]; die erwartete Tropfenbildung bleibt aus, wenn irgendwelche Kondensationskerne (z. B. Staubteilchen oder Ionen) fehlen. Auch diese Zustände sind metastabil, sie wurden in der Technik wiederholt beobachtet, z. B. bei der Entspannung von Wasserdampf in Dampfturbinen.

Nur der Zweig $e-f-g$ der VAN DER WAALSschen Isotherme, auf welchem der Druck bei wachsendem Volum zunehmen müßte, hat sich noch nie verwirklichen lassen; er entspricht offenbar völlig labilen Zuständen mit negativer Kompressibilität.

Die wirkliche in Abb. 69 horizontal verlaufende Isotherme schneidet die theoretische Isotherme in den drei Punkten b, f und c, die den drei Wurzeln von v der kubischen Gl. (197b) entsprechen. Unterhalb der kritischen Temperatur, also für $T < T_k$, sind diese drei Wurzeln reell. Die Lage der Punkte b und c und damit auch die Festlegung des der jeweiligen Isotherme entsprechenden Sättigungsdrucks $P_{\text{sätt}}$ ergibt sich aus der folgenden, von MAXWELL stammenden Überlegung:

Denkt man sich einen Kreisprozeß in der Weise ausgeführt, daß eine Flüssigkeit, ausgehend vom Punkt b, längs der Gleichgewichtsgeraden $b-c$ verdampft und dann längs der VAN DER WAALSschen Isotherme $c-g-e-b$ wieder kondensiert, dann bleibt die Temperatur während dieses ganzen Prozesses, der auch in umgekehrter Richtung durchlaufen werden könnte, konstant, und es kann daher keine Arbeit geleistet werden. Die schraffierten Flächenstücke $b-e-f$ und $f-g-c$ müssen also einander gleich sein, und damit ist die Lage der Geraden $b-c$ geometrisch eindeutig festgelegt. Der analytische Ausdruck für diesen Befund lautet

$$P_{\text{sätt}}(v'' - v') = \int_{v'}^{v''} P\,dv, \qquad (198)$$

wobei die Integration längs der VAN DER WAALSschen Schleife von b bis c durchzuführen ist. Der Sättigungsdampfdruck P_s ist nach Gl. (198) der Mittelwert aus den Druckwerten der theoretischen Isotherme auf der Strecke zwischen v' und v''. Setzt man im Integral für P den Ausdruck nach Gl. (197a) ein, dann wird

$$P_{\text{sätt}}(v'' - v') = R\,T \ln \frac{v'' - b}{v' - b} - a\left(\frac{1}{v'} - \frac{1}{v'}\right), \qquad (198a)$$

daneben muß Gl. (197a) für die Werte v' und v'' erfüllt sein, es gilt also

$$\left. \begin{aligned} P_{\text{sätt}} &= \frac{R\,T}{v' - b} - \frac{a}{v^2} \\[2mm] P_{\text{sätt}} &= \frac{R\,T}{v'' - b} - \frac{a}{v''^2}. \end{aligned} \right\} \qquad (199)$$

und

Aus den drei letzten Gleichungen, deren Lösung allerdings umständlich ist, können grundsätzlich sowohl der Dampfdruck $P_{\text{sätt}}$ wie auch die orthobaren Volume als Funktionen der Temperatur ermittelt werden. Die CLAUSIUS-CLAPEYRONsche Gleichung (133) liefert dann auch noch die Verdampfungswärme als Funktion der Temperatur.

---

[1] Über amerikanische Messungen an unterkühltem Wasserdampf siehe M. JAKOB: Z. techn. Phys. Bd. 16 (1935) S. 83. Der unterkühlte Dampf wird oft auch als übersättigter Dampf bezeichnet.

Ein Näherungsgesetz für die Dampfdruckkurve läßt sich aber aus Gl. (198a) leicht herleiten; mit Gl. (197) wird zunächst

$$P(v'' - v') = RT \ln \frac{P + a/v'^2}{P + a/v''^2} - a\left(\frac{1}{v'} - \frac{1}{v''}\right).$$

Vernachlässigt man jetzt P gegen a/v'^2 und ferner a/v''^2 gegen P, dann wird

$$AP(v'' - v') + Aa\left(\frac{1}{v'} - \frac{1}{v''}\right) = ART \ln \frac{a}{Pv'^2}.$$

Über die Bedeutung der linken Seite dieser Gleichung kann man sich leicht Klarheit verschaffen. Der Teil $AP(v'' - v') = \psi$ stellt offenbar die äußere Verdampfungswärme dar [vgl. Gl. (131)]. Die innere Verdampfungswärme ϱ stellte nach S. 121 den Zuwachs der inneren Energie bei der Verdampfung dar, die durch die Überwindung der zwischen den Molekülen wirkenden Anziehungskräfte bedingt ist. Nach VAN DER WAALS haben diese Anziehungskräfte die Größe a/v^2, und daher ist

$$\varrho = A \int_{v'}^{v'} \frac{a}{v^2}\, dv = Aa\left(\frac{1}{v'} - \frac{1}{v''}\right). \tag{200}$$

Somit folgt aus der vorletzten Gleichung

$$\psi + \varrho = r = ART \ln \frac{a}{Pv'^2}$$

und

$$\ln P = -\frac{r}{ART} + \ln \frac{a}{v'^2}. \tag{201}$$

In engeren Bereichen und in größerer Entfernung vom kritischen Punkt kann man r und v' als konstant annehmen. Dann ist die gewonnene Dampfdruckgleichung (201) identisch mit den Gl. (109) oder (138a)[1].

Mit steigender Temperatur rücken die drei Punkte b, f und c in Abb. 69 immer näher aneinander und fallen schließlich auf der kritischen Isotherme im kritischen Punkt k zusammen. Gl. (197b) liefert dann also drei gleich große Wurzeln. Die kritische Isotherme und die Grenzkurve haben hier eine gemeinsame horizontale Tangente, so daß im kritischen Punkt

$$\left[\left(\frac{\partial P}{\partial v}\right)_T\right]_k = 0 \tag{202}$$

wird. Bei der kritischen Isotherme handelt es sich außerdem um eine *Wendetangente*, so daß auch noch die Bedingung

$$\left[\left(\frac{\partial^2 P}{\partial v^2}\right)_T\right]_k = 0 \tag{203}$$

erfüllt sein muß.

Für $T > T_k$ liefert Gl. (197b) nur noch eine reelle Wurzel, so daß die Isothermen von einer horizontalen Geraden ($P = $ konst.) nur noch in je einem Punkt geschnitten werden. Die beiden anderen Wurzeln werden konjugiert-komplex.

Bei großen Werten von v, also bei kleinen Dichten, wird in Gl. (197a) das Glied a/v^2 sehr klein; außerdem kann dann b gegen v vernachlässigt werden. Die VAN DER WAALSsche Gleichung geht dann in die Zustandsgleichung idealer Gase über. Mit abnehmendem v werden aber die Abweichungen vom idealen Gasgesetz immer größer, und die Isothermen unterscheiden sich immer deutlicher

---

[1] In diesen beiden Gleichungen dürfen die Konstanten a und b natürlich nicht mit den ebenso bezeichneten Konstanten der VAN DER WAALSschen Gl. (197) verwechselt werden.

von gleichseitigen Hyperbeln. Es treten bei Annäherung an die kritische Temperatur zwei Wendepunkte auf den Isothermen auf, und im kritischen Punkt selbst besitzt die Isotherme, wie schon gesagt, eine horizontale Wendetangente.

Dieses geometrische Verhalten gibt die Möglichkeit, die kritischen Daten P_k, v_k und T_k durch die Konstanten a und b und durch die Gaskonstante R auszudrücken. Umgekehrt lassen sich dann natürlich auch diese Konstanten durch die kritischen Daten darstellen, wodurch die zentrale Bedeutung des kritischen Punktes zum Ausdruck kommt. Diese Berechnung kann entweder auf analytisch-geometrischem Wege oder auch auf algebraischem Wege durchgeführt werden.

Die *analytisch-geometrische Methode* geht von den drei Gl. (197a), (202) und (203) aus, die im kritischen Punkt wie folgt lauten:

$$P_k = \frac{R T_k}{v_k - b} - \frac{a}{v_k^2};$$

$$\left[\left(\frac{\partial P}{\partial v}\right)_T\right]_k = -\frac{R T_k}{(v_k - b)^2} + \frac{2a}{v_k^3} = 0;$$

$$\left[\left(\frac{\partial^2 P}{\partial v^2}\right)_T\right]_k = \frac{2 R T_k}{(v_k - b)^3} - \frac{6a}{v_k^4} = 0.$$

Aus diesen drei Gleichungen findet man

$$
\left.
\begin{array}{ll}
v_k = 3b & a = 3 P_k v_k^2, \\[2mm]
P_k = \dfrac{1}{27}\dfrac{a}{b^2} \quad \text{oder} \quad & b = \dfrac{1}{3} v_k, \\[2mm]
T_k = \dfrac{8}{27}\dfrac{a}{bR} & R = \dfrac{8}{3}\dfrac{P_k v_k}{T_k}.
\end{array}
\right\}
\qquad (204)
$$

Die letzte Gleichung schreibt man gewöhnlich in der Form

$$\sigma = \frac{R T_k}{P_k v_k} = \frac{8}{3} \qquad (204\,\text{a})$$

und bezeichnet diese Größe als den kritischen Koeffizienten. Wir wollen sie aber zweckmäßiger als *reduzierte Gaskonstante* bezeichnen und werden diesen Ausdruck sehr bald begründen (s. S. 166). Für den idealen Gaszustand hat die Größe RT/Pv den Wert 1.

Die *algebraische Methode* geht von der kubischen Gl. (197b) aus, deren drei Wurzeln v_1, v_2 und v_3 bekanntlich folgenden Bedingungen genügen müssen (VIETAscher Wurzelsatz):

$$v_1 + v_2 + v_3 = \frac{R T}{P} + b,$$

$$v_1 v_2 + v_1 v_3 + v_2 v_3 = \frac{a}{P},$$

$$v_1 v_2 v_3 = \frac{a b}{P}.$$

Im kritischen Punkt werden alle drei Wurzeln einander gleich und gleich v_k. Es ist dann

$$3 v_k = \frac{R T_k}{P_k} + b; \qquad 3 v_k^2 = \frac{a}{P_k} \quad \text{und} \quad v_k^3 = \frac{a b}{P_k}.$$

Diese drei Gleichungen führen nach ihrer Auflösung wieder zu den Gl. (204).

Wir sind jetzt in der Lage, ein Urteil über die quantitative Genauigkeit der VAN DER WAALSschen Gleichung auszusprechen, wobei wir uns besonders auf Gl. (204a) stützen. Aus Messungen der kritischen Daten erhält man für die reduzierte Gaskonstante $\sigma = R T_k/P_k v_k$ die in Tab. 17 (S. 132) eingetragenen Werte. Man sieht sofort, daß der experimentelle Wert der reduzierten Gaskonstanten bei allen Stoffen höher ist als $\frac{8}{3} = 2{,}667$. Die niedrigsten Werte haben Helium (3,203) und Wasserstoff (3,305); für die meisten „normalen", also nicht assoziierenden Stoffe erhält man Werte von 3,5 bis 3,8, und bei assoziierenden Stoffen ergeben sich noch viel höhere Werte, so für Ammoniak 4,12 und für Wasser 4,25; für Essigsäure findet man sogar den Wert 4,99. Wir müssen daher einsehen, daß die VAN DER WAALSsche Zustandsgleichung, unbeschadet der Bedeutung, die ihr für die Erkenntnis der Kontinuität des flüssigen und des gasförmigen Zustandes zukommt, in quantitativer Beziehung nicht befriedigen kann. Wir werden noch weitere Beweise für die zahlenmäßig mangelhafte Übereinstimmung mit Versuchswerten beibringen. Bedenklich ist aber ferner noch die Tatsache, daß diese Gleichung offenbar zu wenig Spielraum bietet, um den individuellen Unterschieden der einzelnen Stoffe Rechnung zu tragen; sie schreibt für alle Stoffe den gleichen Wert des kritischen Koeffizienten vor, was aber, wie wir gesehen haben, auch nicht angenähert zutrifft. Diese Eigenschaft der VAN DER WAALSschen Zustandsgleichung ist offenbar dadurch bedingt, daß die in ihr enthaltene Anzahl von Konstanten (a, b und R) durch die kritischen Daten eindeutig festgelegt ist, wie aus den Gl. (204) hervorgeht. Eine Anpassung an individuelle Unterschiede der Stoffe ist nur möglich, wenn in die Zustandsgleichung ohne Erhöhung ihres Grades in v eine weitere Konstante eingefügt wird. Allgemeiner kann man aussagen, daß die Zahl der Konstanten einer Zustandsgleichung von der Form $P = f(v, T)$ mindestens um Eins höher sein muß, als es ihr Grad in v ist, wenn individuellen Unterschieden Rechnung getragen werden soll[1]. Man wird aber natürlich stets bestrebt sein, die Zahl der Konstanten so niedrig wie möglich zu halten.

VAN DER WAALS hat die vorhandenen Mängel seiner Zustandsgleichung selbst erkannt und erklärt, daß sie für sehr kleine Volume, und zwar $v < 2b$, also $v < \frac{2}{3} v_k$ nicht mehr gilt. Damit entfällt für den Geltungsbereich der größte Teil des Flüssigkeitsgebiets. Er selbst und seine Schüler hatten versucht, die quantitative Übereinstimmung mit den Messungen im übrigen Gebiet dadurch zu verbessern, daß sie die Größen a und b von der Temperatur und dem Volum abhängig machten, wodurch bereits weitere Konstanten in die Zustandsgleichung eintreten. So setzt z. B. VAN LAAR[2]

$$b = \frac{b_g}{1 + (b_g - b_0)/v}, \tag{205}$$

wobei b_g den Grenzwert von b bei sehr kleinen Dichten ($v \to \infty$) und $b_0 < b_g$ den Grenzwert von b bei den höchsten Dichten ($v = b_0$ bzw. $P \to \infty$) bedeutet.

Einen ähnlichen Ansatz schlägt VAN LAAR auch für die Größe a vor[3]

$$a = \frac{a_g}{1 + c/v}, \tag{206}$$

worin wieder a_g den Grenzwert von a bei $v \to \infty$ bedeutet, während die neue Konstante c offenbar mit dem Grenzwert a_0 zusammenhängt, der dem kleinsten Volum $v = b_0$ entspricht.

Mit den Gl. (205) und (206) erhält man aus Gl. (197) die verallgemeinerte Form der VAN DER WAALSschen Gleichung

$$\left(P + \frac{a_g}{v(v + c)} \right) (v - b_0) = R\,T \left(1 + \frac{b_g - b_0}{v} \right). \tag{207}$$

---

[1] Dabei ist angenommen, daß im kritischen Punkt alle Wurzeln von v der betreffenden Gleichung zusammenfallen.

[2] VAN LAAR, J. J.: Die Zustandsgleichung von Gasen und Flüssigkeiten, S. 78. Leipzig: L. Voss 1924. Ein anderer Ansatz für $b = f(v)$, der von VAN DER WAALS selbst stammt, findet sich in Gl. (222) (s. S. 172).

[3] a. a. O. S. 91.

Man kann sich leicht davon überzeugen, daß die vorgeschlagenen Volum-funktionen für a und b den Grad der Zustandsgleichung in v nicht verändert haben; Gl. (207) ist immer noch eine kubische Gleichung, aber sie enthält bereits fünf Konstanten und bietet daher einen viel größeren Spielraum für die An-passung an Versuchswerte.

Ferner sind aber die Grenzwerte a_g und b_g auch noch als Temperaturfunk-tionen zu betrachten. VAN LAAR nimmt an[1], daß a_g und b_g bei allen Temperaturen einander proportional sind, so daß für beide die gleiche Temperaturfunktion anzusetzen ist, für die er folgende Form vorschlägt:

$$a_g = (a_g)_\infty \, e^{\frac{\alpha}{R\,T}} \quad \text{und} \quad b_g = (b_g)_\infty \, e^{\frac{\alpha}{R\,T}}, \tag{208}$$

wobei der Index ∞ sich auf unendlich hohe Temperatur bezieht. Dadurch wird in die VAN DER WAALSsche Gleichung eine weitere (sechste) Konstante α ein-geführt.

Es sei noch bemerkt, daß VAN LAAR das Verhältnis b_g/b_0 in Zusammenhang bringt mit dem Richtungskoeffizienten β des „geradlinigen Durchmessers" der orthobaren Wichten [vgl. Gl. (118a) S. 116][2]. Nach Tab. 16 wird für „normale" Stoffe im Mittel $\beta = 0{,}9$. Für diese Stoffe findet VAN LAAR folgende Werte:

$$\begin{array}{llll}
\text{für} & T = 0{,}5\,T_k & \dfrac{b_g}{b_0} \ \ \text{etwa} & 4{,}3 \, , \\[2ex]
\text{für} & T = T_k & \dfrac{b_g}{b_0} \ \ \text{etwa} & 2{,}9 \, , \\[2ex]
\text{für} & T \to \infty & \dfrac{b_g}{b_0} \ \ \to & 2{,}1 \, .
\end{array}$$

Die Notwendigkeit, von der Konstanz von a und b abzusehen, läßt sich noch durch die beiden folgenden Überlegungen erkennen:

Aus Gl. (197a) folgt, daß alle Isochoren im P, T-Diagramm geradlinig ver-laufen müßten, wie das bei idealen Gasen der Fall ist. Bei hohen Dichten sind jedoch schon merkliche Abweichungen vom geradlinigen Verlauf festzustellen.

Aus Gl. (191) kann man ferner berechnen, inwieweit die spezifische Wärme c_v bei Abweichungen vom idealen Gasgesetz von dem Volum bzw. der Dichte ab-hängig wird. Eine solche Abhängigkeit ist experimentell nachgewiesen, wenn sie auch viel schwächer ist als bei c_p. Nun folgt aus (197a)

$$\left(\frac{\partial P}{\partial T}\right)_v = \frac{R}{v - b} \quad \text{und daher} \quad \left(\frac{\partial^2 P}{\partial T^2}\right)_v = 0,$$

daher wird nach Gl. (191) auch $\left(\dfrac{\partial c_v}{\partial v}\right)_T = 0$, und c_v wird, im Gegensatz zur Er-fahrung, unabhängig von v.

Bei geringen Dichten lassen sich in der VAN DER WAALSschen Zustands-gleichung einige Vereinfachungen anbringen, ohne daß man dabei gleich bis zum idealen Gaszustand gelangt. Aus Gl. (197) folgt

$$P\,v\left(1 + \frac{a}{P\,v^2}\right)\left(1 - \frac{b}{v}\right) = R\,T.$$

In den beiden Klammerausdrücken kann man jetzt bei den Korrekturgliedern v durch RT/P ersetzen. Es wird dann

$$P\,v\left(1 + \frac{a\,P}{R^2\,T^2}\right)\left(1 - \frac{b\,P}{R\,T}\right) = R\,T$$

---

[1] a. a. O. S. 13 und 19. — [2] a. a. O. S. 76 bis 78.

oder, wenn man das Produkt der beiden kleinen Korrekturglieder vernachlässigt,

$$P v \left[1 + \frac{P}{R T} \left(\frac{a}{R T} - b \right) \right] = R T.$$

Wie man sieht, führt diese Gleichung auf das Gesetz idealer Gase $Pv = RT$ nicht nur bei unendlicher Verdünnung ($P \to 0$), sondern auch bei endlichen (aber vereinbarungsgemäß nur mäßigen) Drücken, wenn die Bedingung $\frac{a}{R T} - b = 0$ erfüllt ist. Einen solchen Punkt bezeichneten wir auf S. 103 als „Idealpunkt". Man kann sich leicht überzeugen, daß die gleiche Bedingung auch die Gleichung

$$\left[\frac{\partial (P v)}{\partial P} \right]_T = 0$$

erfüllt, so daß die Temperatur

$$T_B = \frac{a}{b R} \tag{209}$$

sowohl den Idealpunkt, wie auch den BOYLE-Punkt (s. S. 101) bei niedrigem Druck festlegt. Setzt man für a, b und R die Werte nach Gl. (204) ein, dann wird

$$T_B = \frac{27}{8} T_k = 3{,}375 \, T_k. \tag{209a}$$

Dieser, aus der VAN DER WAALSschen Zustandsgleichung folgende Wert gestattet wieder einen Vergleich mit den experimentellen Befunden. In Tab. 19 sind die von HOLBORN und OTTO in der Physikalisch-Technischen Reichsanstalt ermittelten Werte von T_B und T_k für verschiedene Gase zusammengestellt[1]:

Tabelle 19. BOYLE-*Temperatur und kritische Temperatur verschiedener Gase.*

Gas	He	H$_2$	Ne	N$_2$	Luft	Ar	O$_2$
T_k	5,2	33,1	44,7	126,1	132,6	155	149,7
T_B	19^2	109	134^2	326	357	423	410
T_B/T_k	3,65	3,28	3,00	2,59	2,67	2,72	2,73

Wie man sieht, haben nicht alle Gase den gleichen Wert von T_B/T_k, und die gemessenen Werte liegen für die meisten Gase erheblich unter dem nach Gl. (209a) berechneten Wert.

2. Gesetzmäßigkeiten im kritischen Punkt.

Im kritischen Punkt gelten nach den bisherigen Betrachtungen folgende Gesetzmäßigkeiten

$$v' = v'' = v_k,$$

nach Gl. (202)

$$\left[\left(\frac{\partial P}{\partial v} \right)_T \right]_k = 0,$$

nach Gl. (203)

$$\left[\left(\frac{\partial^2 P}{\partial v^2} \right)_T \right]_k = 0 \, *.$$

---

[1] HOLBORN u. OTTO: Z. Phys. Bd. 23 (1924) S. 92. — Vgl. MÜLLER-POUILLET: Lehrbuch der Physik, 11. Aufl., Bd. III, 1, S. 260.

[2] E. JUSTI (Spez. Wärme, Enthalpie, Entropie und Dissoziat. techn. Gase. Berlin: Springer 1938) gibt auf S. 13 etwas andere Zahlen von T_B; so für He 23° und für Ne 121° K.

* Zustandsgleichungen, die höher als dritten Grades in v sind, fordern auch noch das Verschwinden höherer Differentialquotienten im kritischen Punkt (s. S. 171), wenn dort mehr als drei Wurzeln von v zusammenfallen sollen.

Aus der Gestalt der Grenzkurven folgt ferner

$$\left(\frac{dv'}{dP}\right)_k = \infty; \quad \left(\frac{dv'}{dT}\right)_k = \infty; \quad \left(\frac{dv''}{dP}\right)_k = -\infty; \quad \text{und} \quad \left(\frac{dv''}{dT}\right)_k = -\infty.$$

Für die spezifischen Wärmen gilt im kritischen Punkt

$$c_p = \infty, \quad c_x' = \infty, \quad c_x'' = -\infty.$$

Für die Verdampfungswärme fanden wir

$$r_k = 0 \quad \text{und} \quad \left(\frac{dr}{dT}\right)_k = -\infty.$$

Die letzte Beziehung folgerten wir aus Gl. (139) auf S. 128; sie läßt sich aber auch aus der VAN DER WAALSschen Gleichung ableiten, denn aus Gl. (200) folgt durch Differentiation nach T

$$\frac{d\varrho}{dT} = A\,a \left(-\frac{1}{v^2}\frac{dv'}{dT} + \frac{1}{v''^2}\frac{dv''}{dT}\right),$$

woraus man mit den obigen Grenzwerten sofort $\left(\dfrac{d\varrho}{dT}\right)_k = -\infty$ erhält. Aus $\psi = AP(v'' - v')$ folgt aus dem gleichen Grunde $\left(\dfrac{d\psi}{dT}\right)_k = -\infty$ und daher auch $\left(\dfrac{dr}{dT}\right)_k = -\infty$.

Wir können aber noch eine weitere wichtige Gesetzmäßigkeit ableiten, wenn wir von der Gl. (189) ausgehen (s. S. 153). Diese Gleichung lautete

$$\left(\frac{\partial u}{\partial v}\right)_T = A\left[T\left(\frac{\partial P}{\partial T}\right)_v - P\right].$$

Wenden wir diese Gleichung auf den Verdampfungsvorgang an und integrieren wir von der linken bis zur rechten Grenzkurve, dann erhalten wir

$$\varrho = u'' - u' = A \int_{v'}^{v''}\left[T\left(\frac{\partial P}{\partial T}\right)_v - P\right] dv.$$

Da bei der Verdampfung T und P konstant bleiben, so wird

$$\varrho = A\,T \int_{v'}^{v''}\left(\frac{\partial P}{\partial T}\right)_v dv - A\,P(v'' - v').$$

Der letzte Ausdruck rechts stellt aber die äußere Verdampfungswärme ψ dar und daher ist

$$\varrho + \psi = r = A\,T \int_{v'}^{v''}\left(\frac{\partial P}{\partial T}\right)_v dv.$$

Andererseits ist aber nach Gl. (133)

$$r = A\,T(v'' - v')\left(\frac{dP}{dT}\right)_{\text{sätt}},$$

so daß aus dem Vergleich der beiden letzten Gleichungen folgt

$$\left(\frac{dP}{dT}\right)_{\text{sätt}} = \frac{1}{v'' - v'} \int_{v'}^{v''}\left(\frac{\partial P}{\partial T}\right)_v dv. \tag{210}$$

Blicken wir jetzt auf Gl. (198) zurück, dann sehen wir, daß nicht nur $P_{\text{sätt}}$ der Mittelwert aller P-Werte längs der theoretischen Isotherme zwischen v' und v'' ist, sondern daß auch $\left(\dfrac{dP}{dT}\right)_{\text{sätt}}$ der Mittelwert aller $\left(\dfrac{\partial P}{\partial T}\right)_v$-Werte auf der gleichen Strecke bedeutet. Da Gl. (210) bis zum kritischen Punkt gelten muß, in dem v' mit v'' zusammenfällt, so folgt daraus die wichtige Beziehung

$$\left[\left(\frac{dP}{dT}\right)_{\text{sätt}}\right]_k = \left[\left(\frac{\partial P}{\partial T}\right)_v\right]_k . \tag{211}$$

Im kritischen Punkt besteht also zwischen den Differentialquotienten der Dampfdruckkurve und auf der Isochore kein Unterschied. Dieses Verhalten kann jetzt auch noch auf jede andere Zustandsänderung erweitert werden, die durch den kritischen Punkt verläuft; denn aus Gl. (176) folgt für irgendeinen Parameter w

$$\left(\frac{\partial P}{\partial T}\right)_w = \left(\frac{\partial P}{\partial T}\right)_v + \left(\frac{\partial P}{\partial v}\right)_T \left(\frac{\partial v}{\partial T}\right)_w$$

und, da im kritischen Punkt nach Gl. (202) $\left(\dfrac{\partial P}{\partial v}\right)_T = 0$ ist, so wird ganz allgemein

$$\left[\left(\frac{\partial P}{\partial T}\right)_w\right]_k = \left[\left(\frac{\partial P}{\partial T}\right)_v\right]_k = \left[\left(\frac{dP}{dT}\right)_{\text{sätt}}\right]_k . \tag{211a}$$

Diese Gesetzmäßigkeit, die übrigens von der Form der Zustandsgleichung ganz unabhängig ist, gilt also z. B. auch für die kritische Adiabate und die kritische Isenthalpe (Drosselkurve) (s. S. 204).

Wir wollen von der Gl. (210) Gebrauch machen, um eine weitere Prüfung der quantitativen Genauigkeit der VAN DER WAALSschen Gleichung durchzuführen. Aus der Gl. (197a) erhält man

$$\left(\frac{\partial P}{\partial T}\right)_v = \frac{R}{v - b} .$$

Im kritischen Punkt wird daher mit $b = v_k/3$

$$\left[\left(\frac{\partial P}{\partial T}\right)_v\right]_k = \left[\left(\frac{dP}{dT}\right)_{\text{sätt}}\right]_k = \frac{R}{v_k - b} = \frac{3R}{2v_k} .$$

Multipliziert man beide Seiten mit T_k/P_k, dann wird mit den Gl. (134) und (204a)

$$\frac{T_k}{P_k}\left[\left(\frac{dP}{dT}\right)_{\text{sätt}}\right]_k = \alpha_k = \frac{3}{2}\frac{RT_k}{P_k v_k} = \frac{3}{2}\frac{8}{3} = 4 . \tag{212}$$

Dagegen erhält man aus Meßwerten für diesen Ausdruck bei „normalen Stoffen" einen Wert von 6,5 bis 7 und bei assoziierten Stoffen sogar Werte bis 8 (s. S. 134). Nur bei Helium und Wasserstoff liegen die Werte in der Nähe von 4. Auch hier weicht also die VAN DER WAALSsche Gleichung bei konstantem a und b wesentlich von der Erfahrung ab.

3. Das Gesetz der korrespondierenden Zustände.

Wählt man als Einheiten für den Druck das Volum und die Temperatur nicht wie bisher 1 kg/m², 1 m³/kg und 1° K, sondern die entsprechenden kritischen Werte des betrachteten Stoffes, dann ergeben sich die dimensionslosen *reduzierten* Größen

$$\pi = \frac{P}{P_k}, \quad \varphi = \frac{v}{v_k} \quad \text{und} \quad \vartheta = \frac{T}{T_k} .$$

Dividiert man Gl. (197) auf beiden Seiten durch $P_k v_k$, dann wird

$$\left(\frac{P}{P_k} + \frac{a}{P_k v^2}\right)\left(\frac{v}{v_k} - \frac{b}{v_k}\right) = \frac{RT}{P_k v_k} = \frac{RT_k}{P_k v_k}\frac{T}{T_k} .$$

Drückt man ferner a, b und R nach den Gl. (202) durch die kritischen Werte aus, dann erhält man

$$\left(\pi + \frac{3}{\varphi^2}\right)\left(\varphi - \frac{1}{3}\right) = \frac{8}{3}\vartheta . \tag{213}$$

In dieser Gestalt enthält die Zustandsgleichung keinerlei individuelle Konstanten mehr; gleichen Werten von π und φ entspricht also bei allen Stoffen der gleiche Wert von ϑ. Allgemeiner können wir das auch so ausdrücken, daß in einem π, φ-Diagramm der Verlauf der Isothermen für alle Stoffe übereinstimmt. Diesen Verlauf hatten wir schon in Abb. 68 für die VAN DER WAALSsche Gleichung wiedergegeben. Zustände mit gleichen Werten von π, φ und ϑ bezeichnet man als *korrespondierende Zustände* verschiedener Stoffe. Danach entspricht natürlich der kritische Punkt einem korrespondierenden Zustand für alle Stoffe. Es erscheint jedenfalls rationeller, die Eigenschaften verschiedener Stoffe nicht bei gleichen Werten des Druckes und der Temperatur oder etwa bei ihrem normalen Siedepunkt zu vergleichen, sondern den kritischen Zustand als Vergleichsbasis zu wählen. Korrespondierend sind dann solche Zustände, in denen Druck, Volum und Temperatur das gleiche Vielfache oder den gleichen Bruchteil der kritischen Werte betragen. Solche Werte erfüllen nach Gl. (213) für alle Stoffe dieselbe Zustandsgleichung, die, von allen individuellen Konstanten befreit, universellen Charakter hat. Die Lehre von den korrespondierenden Zuständen stammt von VAN DER WAALS, sie ist aber keinesfalls an seine Zustandsgleichung gebunden. Wir werden im folgenden Abschnitt B VII sehen, daß sich auch andere Zustandsgleichungen in reduzierter Form schreiben lassen. Die quantitativen Abweichungen der VAN DER WAALSchen Zusstandsgleichung mit konstanten Werten von a und b von der Erfahrung sind daher noch kein Beweis für eine in gleichem Maße bestehende Ungenauigkeit des Gesetzes korrespondierender Zustände.

Die Form der Gl. (213) liefert die Erklärung dafür, warum wir die Größe $\sigma = R T_k / P_k v_k$, die nach VAN DER WAALS $\frac{8}{3}$ beträgt, als reduzierte Gaskonstante bezeichnet haben. Sie spielt in der reduzierten Form der Zustandsgleichung (213) die gleiche Rolle, die der Gaskonstanten R in der gewöhnlichen Form nach Gl. (197) zukam. Daß dieser Wert $\frac{8}{3}$ nach Tab. 17 von der Wirklichkeit recht stark abweicht, beweist nur einen quantitativen Mangel der betrachteten Zustandsgleichung. Die allgemeine Gültigkeit des Gesetzes der korrespondierenden Zustände wird erst dadurch erschüttert, daß durchaus nicht alle Stoffe den gleichen Wert der reduzierten Gaskonstante besitzen. Immerhin kann man aus Tab. 17 entnehmen, daß für „normale" Stoffe der Wert nicht sehr verschieden von 3,7 ist. Bei einigen besonders einfach gebauten Stoffen mit sehr tiefer kritischer Temperatur ist σ wesentlich kleiner, und bei assoziierenden Stoffen sind die viel höheren Werte durch die Bildung von Molekülkomplexen erklärbar, die eine Erhöhung des mittleren Molekulargewichts zur Folge haben. Würde man daher bei der Berechnung der reduzierten Gaskonstanten dieses erhöhte Molekulargewicht einsetzen, dann würden sich die reduzierten Gaskonstanten von assoziierenden Stoffen denjenigen normaler Stoffe bedeutend nähern. Eine genaue Übereinstimmung ist aber bei allen Stoffen keinesfalls festzustellen, und daher darf man das Gesetz der korrespondierenden Zustände auch nur als Näherungsregel betrachten, deren Anwendung sich auf Gruppen von Stoffen beschränkt, die auch sonst physikalische oder chemische Ähnlichkeitsmerkmale besitzen. Dabei scheint die Höhe der kritischen Temperatur eine besondere Rolle zu spielen.

Eine Vermehrung der Konstanten der Zustandsgleichung, wie sie in den Gl. (205) und (206) zwecks besserer Anpassung an die Wirklichkeit zum Ausdruck kam, bedeutet jedenfalls eine Preisgabe des Gesetzes der korrespondierenden Zustände.

Wir wollen noch daran erinnern, daß sich aus den drei Gl. (198a) und (199) sowohl der Dampfdruck wie auch die orthobaren Volume v' und v'' als Funktion der Temperatur bestimmen lassen. Schreibt man diese Gleichungen in reduzierter Form, dann läßt sich daraus eine reduzierte Dampfdruckformel ableiten, so daß alle Stoffe bei gleicher reduzierter Temperatur den gleichen reduzierten Dampfdruck besitzen müßten. VAN DER WAALS fand dafür auf graphischem Wege den angenäherten Ausdruck

$$\ln \pi_{\text{sätt}} = f\left(1 - \frac{1}{\vartheta}\right), \tag{214}$$

wobei f eine Konstante bedeutet, die sich aber bei genauerer Betrachtung als schwach temperaturabhängig erweist. Gl. (214) stimmt in der Form durchaus mit Gl. (201) überein. Die Größe von f ergibt sich durch Differentiation von Gl. (214), es wird nämlich

$$\left[\left(\frac{d\pi}{d\vartheta}\right)_{\text{sätt}}\right]_k = f.$$

Der Ausdruck auf der rechten Seite ist aber identisch mit demjenigen von Gl. (212), so daß für alle Stoffe $f = 4$ sein müßte. Wir haben aber schon betont, daß man für f sehr verschiedene und bei den meisten Stoffen sehr viel höhere Werte als 4 gemessen hat.

Bei strenger Gültigkeit des Korrespondenzgesetzes müßten auch die reduzierten Volume $\varphi' = v'/v_k$ und $\varphi'' = v''/v_k$ auf den Grenzkurven bei gleicher reduzierter Temperatur für alle Stoffe gleich sein; es müßten mit anderen Worten alle Stoffe die gleichen reduzierten Grenzkurven besitzen, die in Abb. 68 dargestellt sind. Wie unbefriedigend beim Dampfdruck und bei den orthobaren Volumen die Übereinstimmung mit den Beobachtungen ist, zeigt ein von EUCKEN[1] durchgeführter Vergleich der nach VAN DER WAALS berechneten Werte mit den Meßergebnissen von YOUNG an Fluorbenzol (Tab. 20).

Tabelle 20. *Reduzierte Dampfdrücke und orthobare Volume als Funktionen der reduzierten Temperatur für Fluorbenzol (nach A. EUCKEN).*

ϑ	Berechnet nach VAN DER WAALS			Gemessen von YOUNG		
	$\pi_{\text{sätt}}$	φ'	φ''	$\pi_{\text{sätt}}$	φ'	φ''
1	1	1	1	1	1	1
0,95	0,812	0,684	1,727	0,678	0,570	2,82
0,90	0,647	0,604	2,349	0,472	0,507	4,16
0,85	0,505	0,554	3,128	0,308	0,463	8,12
0,80	0,383	0,517	4,173	0,180	0,435	13,10
0,75	0,283	0,490	5,643	0,115	0,415	23,72
0,70	0,201	0,467	7,811	0,055	0,396	44,00

Auch das besprochene *Gesetz der geraden Mittellinie* konnten wir in Gl.(118a) in die reduzierte Form bringen (s. S. 116). Mit $\xi = \gamma/\gamma_k$ lautet es

$$\frac{\xi' + \xi''}{2} = 1 + \beta(1 - \vartheta).$$

Nach dem Korrespondenzgesetz müßte β für alle Stoffe gleich groß sein; in Wirklichkeit erhält man aber die in Tab. 16 (auf S. 116) mitgeteilten Werte.

Nach dem Gesetz der korrespondierenden Zustände müßten ferner auch die BOYLE-*Kurve* und die *Idealkurve* in reduzierten Koordinaten für alle Stoffe übereinstimmen. Wir sahen aber schon in Tab. 19, daß die reduzierte BOYLE-Temperatur

$$\vartheta_B = \frac{T_B}{T_k}$$

---

[1] EUCKEN, A., in MÜLLER-POUILLETS Lehrbuch der Physik, Bd. III, erste Hälfte, S. 485. Braunschweig: Viehweg 1926.

bei niedrigem Druck bei den verschiedenen Stoffen keinesfalls gleich groß ist. Immerhin sind die Unterschiede bei Neon, Argon, Stickstoff und Sauerstoff nur gering, so daß man auch hier sagen kann, daß gewisse Gruppen von Stoffen dem Korrespondenzgesetz genügen. Mit wachsender kritischer Temperatur nimmt ϑ_B deutlich ab.

Mit dieser Einschränkung kann man von dem Korrespondenzgesetz Gebrauch machen, um die Eigenschaften eines neuen, noch nicht untersuchten Stoffes vorauszusagen, indem man ihn mit einem genauer bekannten Stoff der gleichen Gruppe vergleicht.

KAMERLINGH ONNES[1] hat nachgewiesen, daß das Gesetz der korrespondierenden Zustände sich unter gewissen vereinfachenden Annahmen aus dem Prinzip der mechanischen Ähnlichkeit ableiten läßt, welches sich bekanntlich in der Strömungslehre und in der Lehre von der Wärme- und Stoffübertragung (Diffusion) als sehr fruchtbar erwiesen hat. Dabei sind für die thermodynamische Ähnlichkeit folgende Bedingungen zu erfüllen[1]:

erstens: die geometrische Ähnlichkeit der Moleküle zweier zu vergleichender Stoffe,

zweitens: die gleiche Abhängigkeit der zwischen den Molekülen der beiden Vergleichsstoffe wirkenden Kräfte vom (geometrisch ähnlichen) Abstand der Moleküle,

drittens: die Bezugnahme auf ähnliche Massen, was dadurch gewährleistet wird, daß man je 1 Mol der zu vergleichenden Stoffe betrachtet.

Es ist klar, daß die beiden ersten Bedingungen nur bei solchen Stoffen erfüllt sein werden, die keine zu großen Verschiedenheiten aufweisen und zu derselben Gruppe gezählt werden können. Damit unterliegt das Gesetz der korrespondierenden Zustände von vornherein gewissen Einschränkungen.

VII. Weitere Zustandsgleichungen vom Typ $P = \chi(v, T)$.

Die quantitativen Mängel der VAN DER WAALSschen Zustandsgleichung (197a) mit konstanten Beiwerten a und b veranlaßten viele Forscher, diese Gleichung so abzuändern, daß sie mit der Erfahrung besser übereinstimmende Ergebnisse liefert. Das kann entweder durch Hinzufügung neuer Konstanten oder durch Erhöhung des Grades der Gleichung in v erfolgen. Beide Wege wurden beschritten, und wir wollen hier einige der gemachten Vorschläge kritisch beleuchten.

1. Die Gleichung von CLAUSIUS.

Sie lautet[2]

$$P = \frac{RT}{v - b} - \frac{a}{T(v + c)^2}. \tag{215}$$

An Stelle der Konstanten a in Gl. (197a) haben wir also hier eine Funktion a/T; dabei hat die konstante Größe a jetzt natürlich einen anderen Zahlenwert. Außerdem enthält die Gleichung noch eine weitere Konstante c, ohne daß der Grad der Gleichung in v erhöht wurde. Eine Konstante ist daher willkürlich wählbar und das Gesetz der korrespondierenden Zustände ist durchbrochen,

[1] KAMERLINGH ONNES, H.: Amsterd. Akad. Verh. Bd. 21 (1881) S. 22 — Arch. Neerl. Bd. 30 (1897) S. 101. — H. KAMERLINGH ONNES u. W. H. KEESOM: Die Zustandsgleichung. Enzyklopädie d. Math. Wiss. Art. V 10 (1912) S. 694 (auch abgedruckt in Comm. Leiden Bd. 11, Suppl. 23). — J. P. KUENEN: Die Zustandsgleichung der Gase u. Flüssigkeiten. Braunschweig 1907. — K. F. HERZFELD, in MÜLLER-POUILLETS Lehrbuch der Physik, 11. Aufl., Bd. III, 2, S. 183. 1925.
[2] CLAUSIUS, R.: Wied. Ann. Bd. 9 (1880) S. 337; Bd. 14 (1881) S. 279 u. 692.

was wir nach den vorstehenden Ausführungen nicht als Nachteil zu empfinden brauchen. Die Berechnung der Konstanten aus den kritischen Daten geschieht grundsätzlich in gleicher Weise wie bei der VAN DER WAALSschen Gleichung, wobei wir uns wieder entweder der analytisch-geometrischen Methode bedienen können, deren Ausdruck durch die Gl. (202) und (203) gegeben war, oder von der algebraischen Methode Gebrauch machen können. Bei der Anwendung der letzteren ist es zweckmäßig, folgende Substitutionen einzuführen:

$$v + c = \mathfrak{v} \quad \text{und} \quad b + c = g.$$

Gl. (215) kann dann in der Form geschrieben werden

$$\mathfrak{v}^3 - \left(\frac{RT}{P} + g\right)\mathfrak{v}^2 + \frac{a}{PT}\mathfrak{v} - \frac{ag}{PT} = 0.$$

Die drei Wurzeln $\mathfrak{v}_1$, $\mathfrak{v}_2$ und $\mathfrak{v}_3$ dieser Gleichung müssen den Bedingungen

$$\mathfrak{v}_1 + \mathfrak{v}_2 + \mathfrak{v}_3 = \frac{RT}{P} + g;$$

$$\mathfrak{v}_1\mathfrak{v}_2 + \mathfrak{v}_1\mathfrak{v}_3 + \mathfrak{v}_2\mathfrak{v}_3 = \frac{a}{PT},$$

$$\mathfrak{v}_1\mathfrak{v}_2\mathfrak{v}_3 = \frac{ag}{PT}$$

genügen. Da im kritischen Punkt alle drei Wurzeln gleich $\mathfrak{v}_k = v_k + c$ werden, so findet man leicht

$$\left.\begin{aligned}
v_k &= 3b + 2c, \\
P_k^2 &= \frac{1}{216}\frac{aR}{(b+c)^3}, \\
T_k^2 &= \frac{8}{27}\frac{a}{R(b+c)}.
\end{aligned}\right\} \tag{216}$$

Aus den beiden letzten Gleichungen folgt

$$\frac{RT_k}{P_k} = 8(b+c),$$

und daher wird der kritische Koeffizient

$$\sigma = \frac{RT_k}{P_k v_k} = \frac{8(b+c)}{3b+2c}. \tag{217}$$

Mit $c = 0$ erhalten wir wieder die VAN DER WAALSschen Werte $v_k = 3b$ und $RT_k/P_k v_k = \frac{8}{3}$. Erfahrungsgemäß ist aber $b < v_k/3$, denn die Flüssigkeit läßt sich bei hohen Drücken auf kleinere Volumwerte zusammendrücken, als einem Drittel des kritischen Volums entspricht. Durch verschiedene Wahl von c können wir uns jetzt der Erfahrung besser anpassen. Es wird

$$\begin{aligned}
&\text{mit} \quad c = b/2, \quad &v_k &= 4b \quad &\text{und} \quad \sigma &= 3{,}0, \\
&\text{mit} \quad c = b, \quad &v_k &= 5b \quad &\text{und} \quad \sigma &= 3{,}2, \\
&\text{mit} \quad c = 6{,}5b, \quad &v_k &= 16b \quad &\text{und} \quad \sigma &= 3{,}75.
\end{aligned}$$

Der Wert $v_k = 4b$ dürfte der Erfahrung am besten entsprechen[1]. Wir sehen aber, daß der kritische Koeffizient dabei zwar größer wird als bei VAN DER WAALS, daß er aber hinter dem Versuchswert „normaler Stoffe", der im Mittel bei 3,75 lag, doch noch stark zurückbleibt. Um für den kritischen Koeffizienten den Wert 3,75 zu erhalten, müßten wir für b den ganz unwahrscheinlichen Wert $v_k/16$ annehmen. Es ist also mit der CLAUSIUSschen Gleichung nicht viel gewonnen.

---

[1] GULDBERG, C. M.: Z. phys. Chem. Bd. 32 (1900) S. 116.

Es soll noch die Lage des BOYLE-*Punktes* bei starker Verdünnung geprüft werden; er fällt, worauf hier nochmals hingewiesen werden soll, mit dem *Ideal-punkt* zusammen. Wir könnten die gleiche Methode anwenden, von der wir auf S. 163 bei der VAN DER WAALSschen Gleichung Gebrauch machten. Indessen wollen wir hier einen anderen Weg gehen, um zu zeigen, daß verschiedene Wege zum gleichen Ziele führen. Die Bedingung für den BOYLE-Punkt lautet

$$\left(\frac{\partial (P\,v)}{\partial P}\right)_T = 0;$$

dafür kann man auch schreiben

$$\left(\frac{\partial (P\,v)}{\partial v}\right)_T = 0,$$

weil im BOYLE-Punkt $\left(\frac{\partial v}{\partial P}\right)_T$ bestimmt nicht verschwindet. Aus Gl. (215) folgt

$$P\,v = \frac{R\,T\,v}{v - b} - \frac{a\,v}{T\,(v + c)^2}\,.$$

Daher wird

$$\left(\frac{\partial (P\,v)}{\partial v}\right)_T = \frac{R\,T\,(v - b) - R\,T\,v}{(v - b)^2} - \frac{a\,[(v + c)^2 - 2\,v\,(v + c)]}{T\,(v + c)^4} = 0\,.$$

Nach einigen Umformungen findet man daraus leicht die Bedingung

$$b\,R\,T_B^2\,(v + c)^3 = a\,(v - c)\,(v - b)^2.$$

Bei starker Verdünnung kann man b und c gegen v vernachlässigen und findet dann für den BOYLE-Punkt

$$T_B = \sqrt{\frac{a}{b\,R}}\,, \tag{218}$$

während die VAN DER WAALSsche Gleichung zu dem Ausdruck (209) führte. Aus (218) und der dritten Gl. (216) erhält man

$$\vartheta_B = \frac{T_B}{T_k} = \sqrt{\frac{27\,(b + c)}{8\,b}}\,,$$

$$\begin{aligned}
\text{mit} \quad &c = 0 \quad &\text{wird} \quad &\vartheta_B = 1{,}84,\\
\text{mit} \quad &c = b/2 \quad &\text{wird} \quad &\vartheta_B = 2{,}25,\\
\text{mit} \quad &c = b \quad &\text{wird} \quad &\vartheta_B = 2{,}60.
\end{aligned}$$

Da $c = b/2$ zu dem wahrscheinlichsten Wert von $b = v_k/4$ führte, so müssen wir $\vartheta_B = 2{,}25$ als die der CLAUSIUSschen Zustandsgleichung zugeordnete BOYLE-Temperatur auffassen. Ein Blick auf Tab. 19 lehrt, daß diese Temperatur wesentlich tiefer liegt, als die Erfahrung lehrt. Mit $c = b$ liefern die Gl. (217) und (218) besser passende Werte, aber der daraus folgende Wert von $b = v_k/5$ erscheint reichlich klein.

2. Die Gleichung von WOHL.

Im Jahre 1914 schlug A. WOHL[1] folgende Zustandsgleichung vor

$$P = \frac{R\,T}{v - b} - \frac{a}{v\,(v - b)} + \frac{c}{v^3}\,, \tag{219}$$

wobei a und c noch als Temperaturfunktionen betrachtet werden können. Diese Gleichung, die auch in der Form geschrieben werden kann

$$\left(P + \frac{a}{v\,(v - b)} - \frac{c}{v^3}\right)(v - b) = R\,T \tag{219a}$$

---

[1] WOHL, A.: Z. phys. Chem. Bd. 87 (1914) S. 1; Bd. 99 (1921) S. 207 u. 226.

berücksichtigt den Umstand, daß zwischen den Molekülen nicht nur Anziehungs-kräfte $\dfrac{a}{v(v-b)}$, sondern auch Abstoßungskräfte c/v^3 wirken, die allerdings erst bei sehr kleinen Volumen stärker ins Gewicht fallen. Die Gleichung enthält eine Konstante mehr, als es bei VAN DER WAALS der Fall ist, doch ergibt sich daraus keine freie Wahl für eine der Konstanten, denn die Gleichung ist in v vierten Grades:

$$v^4 - \left(\frac{RT}{P} + b\right) v^3 + \frac{a}{P} v^2 - \frac{c}{P} v + \frac{cb}{P} = 0, \qquad (219\,\mathrm{b})$$

und WOHL verlangt, daß im kritischen Punkt alle vier Wurzeln zusammenfallen. Diese Forderung bedeutet, daß im kritischen Punkt nicht nur $\left(\dfrac{\partial P}{\partial v}\right)_T$ und $\left(\dfrac{\partial^2 P}{\partial v^2}\right)_T$, sondern auch noch $\left(\dfrac{\partial^3 P}{\partial v^3}\right)_T = 0$ werden muß, und darin liegt der Hauptnachteil dieser Gleichung; denn die kritische Isotherme besitzt bei dieser Berührung dritter Ordnung (in vier Punkten) im kritischen Punkt keine horizontale Wendetangente mehr, so daß für $v < v_k$ der Druck mit abnehmendem Volum sinkt. Die Gleichung versagt also in diesem Gebiet vollkommen. Eine Wendetangente könnte erst wieder auftreten, wenn fünf Wurzeln im kritischen Punkt zusammenfielen, wobei dann die ersten vier Ableitungen von P nach v verschwinden müßten. Für $v > v_k$ erhält man aber mit der WOHLschen Gleichung eine recht gute Übereinstimmung mit der Erfahrung.

Für den Zusammenhang der Konstanten a, b und c mit den kritischen Werten gelten folgende Gleichungen, deren Ableitung auf einem der gezeigten Wege leicht gelingt (s. S. 160):

$$\left.\begin{aligned} a &= 6\,P_k\,v_k^2, & P_k &= \frac{1}{96}\,\frac{a}{b^2}, \\ b &= \frac{v_k}{4}, & v_k &= 4\,b, \\ c &= 4\,P_k\,v_k^3, & T_k &= \frac{5}{32}\,\frac{a}{b\,R}. \end{aligned}\right\} \qquad (220)$$

Aus den Gl. (220) erhält man für die reduzierte Gaskonstante (oder den kritischen Koeffizienten) den Wert

$$\sigma = \frac{R\,T_k}{P_k\,v_k} = \frac{15}{4} = 3{,}75. \qquad (220\,\mathrm{a})$$

Dieser Wert steht neben $b = v_k/4$ in bester Übereinstimmung mit der Erfahrung für „normale" Stoffe. In reduzierten Koordinaten lautet die WOHLsche Gleichung

$$\left(\pi + \frac{6}{\varphi(\varphi - \frac{1}{4})} - \frac{4}{\varphi^3}\right)\left(\varphi - \frac{1}{4}\right) = \frac{15}{4}\,\vartheta,$$

oder

$$\pi = \frac{15\,\vartheta}{4(\varphi - \frac{1}{4})} - \frac{6}{\varphi(\varphi - \frac{1}{4})} + \frac{4}{\varphi^3}. \qquad (221)$$

Die Größen a und c in Gl. (219) müssen zwecks quantitativer Übereinstimmung der zu berechnenden Drücke mit den Meßwerten als Temperaturfunktionen aufgefaßt werden. In reduzierter Form erhält man dann an Stelle von Gl. (221)

$$\pi = \frac{15\,\vartheta}{4(\varphi - \frac{1}{4})} - \frac{6 f_1(\vartheta)}{\varphi(\varphi - \frac{1}{4})} + \frac{4 f_2(\vartheta)}{\varphi^3}.$$

Wählt man die Funktionen $f_1(\vartheta)$ und $f_2(\vartheta)$ so, daß sie im kritischen Punkt gleich 1 werden, dann ändert sich nichts an dem Verlauf der kritischen Isotherme und an dem Wert der reduzierten Gaskonstanten nach Gl. (220a); natürlich bleibt auch $b = v_k/4$. WOHL findet nun für die beiden Funktionen verschiedene Ansätze bei den verschiedenen Stoffgruppen, und zwar:

für Stoffe mit sehr niedriger kritischer Temperatur, wie z. B. Helium und Wasserstoff, wird

$$f_1(\vartheta) = e^{(1/\vartheta - 1)} \quad \text{und} \quad f_2(\vartheta) = \frac{1}{\vartheta^2},$$

für „normale Stoffe" wird

$$f_1(\vartheta) = \frac{1}{\vartheta} \quad \text{und} \quad f_2(\vartheta) = \frac{1}{\vartheta^{3/4}},$$

für anormale (assoziierende) Stoffe wie Wasser und Alkohol wird

$$f_1(\vartheta) = \left(\frac{1}{\vartheta}\right)^{1/\vartheta} \quad \text{und} \quad f_2(\vartheta) = 1.$$

Das Gesetz der korrespondierenden Zustände gilt daher nur innerhalb der in den einzelnen Gruppen enthaltenen Stoffe, was durchaus berechtigt erscheint. Die reduzierte kritische Isotherme bleibt aber gemeinsam für alle Stoffe, was experimentell nicht bestätigt wird.

Die WOHLsche Gleichung wurde neuerdings von KOBE und von ROSENBERG an sechs leichten Kohlenwasserstoffen, Stickstoff, Wasserdampf und Kohlendioxyd geprüft[1]. Die Prüfung erstreckte sich bis zu Drücken von 105 ata. Bei unterkritischen Temperaturen ist der Fehler in den Druckwerten bis zu den Sättigungsdrücken meist kleiner als 1%. Oberhalb der kritischen Temperatur übersteigt der Fehler bei unterkritischen Drücken auch selten 1%. Bei reduzierten Temperaturen $\vartheta \geqq 1{,}5$ ist der Fehler im Druck bis zu Drücken von 105 ata in der Regel kleiner als 1,5%. Die WOHLsche Gleichung erweist sich daher für technische Zwecke als durchaus brauchbar.

3. Die Gleichung von PLANK.

Geht man in der von CLAUSIUS und WOHL gewiesenen Richtung folgerichtig noch einen Schritt weiter, so kommt man zu einer Zustandsgleichung fünften Grades in v. Die Isothermen im P, v-Diagramm sind dann Kurven sechster Ordnung. Im kritischen Punkt fallen fünf Wurzeln zusammen, und es verschwinden die vier ersten Ableitungen von P nach v.*

Eine solche Zustandsgleichung fünften Grades stellt an sich nichts grundsätzlich Neues dar. Schon VAN DER WAALS hat den Fall besprochen. daß in seiner Zustandsgleichung (197a) der Wert b als Funktion von v angesehen wird; er schlug dabei die Form

$$b = b_0 - \frac{b_1}{v} + \frac{b_2}{v^2} \tag{222}$$

vor, wodurch man bereits eine Zustandsgleichung fünften Grades erhält.

Ich habe folgende Gleichung vorgeschlagen[2]:

$$P = \frac{RT}{v-b} - \frac{A_2}{(v-b)^2} + \frac{A_3}{(v-b)^3} - \frac{A_4}{(v-b)^4} + \frac{A_5}{(v-b)^5}. \tag{223}$$

Da diese Gleichung fünften Grades ist und sechs Konstanten enthält, so ist eine Konstante frei wählbar. Als solche wählen wir die Größe b und setzen $b/v_k = \beta$.

---

[1] KOBE, K. A., u. H. E. VON ROSENBERG: Petrol. Eng. Oktober 1951.

* Man kann in diesem Falle aber auch nur drei Wurzeln zusammenfallen lassen und die beiden anderen als konjugiert-komplex betrachten. Vgl. L. ZIEGLER: Diss. T. H. Karlsruhe 1953. Die Arbeit erscheint demnächst in den Mitteilungen der Akad. d. Wiss. u. d. Literatur in Mainz.

[2] PLANK, R.: Forsch.-Arb. Ing.-Wes. Bd. 7 (1936) S. 161 — Ber. d. VII. Intern. Kältekongr., den Haag. Bd. I, S. 223.

Mit der Abkürzung $v - b = \mathfrak{v}$ findet man nach den bereits auf S. 160 beschriebenen Methoden, wenn im kritischen Punkt fünf Wurzeln von v zusammenfallen, folgende Werte der Konstanten:

$$A_2 = 10\,P_k\,\mathfrak{v}_k^2; \qquad A_3 = 10\,P_k\,\mathfrak{v}_k^3; \left.\vphantom{\begin{matrix}a\\b\end{matrix}}\right\}$$
$$A_4 = 5\,P_k\,\mathfrak{v}_k^4; \qquad A_5 = P_k\,\mathfrak{v}_k^5. \tag{224}$$

Es wird ferner

$$\frac{R\,T_k}{P_k\,\mathfrak{v}_k} = 5 \quad \text{und} \quad \sigma = \frac{R\,T_k}{P_k\,v_k} = 5\,(1 - \beta)\,. \tag{224a}$$

Mit

$$\beta = \frac{b}{v_k} = 0 \qquad \frac{1}{10} \qquad \frac{1}{8} \qquad \frac{1}{5} \qquad \frac{1}{4} \qquad \frac{1}{3}$$

wird

$$\sigma = 5{,}00 \quad 4{,}50 \quad 4{,}375 \quad 4{,}00 \quad 3{,}75 \quad 3{,}33\,.$$

Für „normale" Stoffe erhält man also, wie bei WOHL, das zueinander gehörende Wertepaar $b = v_k/4$ und $R\,T_k/P_k\,v_k = 3{,}75$.

Eine dimensionslose Darstellung der Zustandsgleichung (223) erhält man am einfachsten, wenn man neben π und ϑ als dritte Veränderliche die reduzierte Größe

$$\psi = \frac{v - b}{v_k - b} = \frac{\mathfrak{v}}{\mathfrak{v}_k}$$

einführt. Dabei ist b von Stoffgruppe zu Stoffgruppe verschieden, so daß das Gesetz der korrespondierenden Zustände nur innerhalb der einzelnen Stoffgruppen aufrechterhalten bleibt. Die reduzierte Form der Zustandsgleichung lautet dann

$$\pi = \frac{5\,\vartheta}{\psi} - \frac{10}{\psi^2} + \frac{10}{\psi^3} - \frac{5}{\psi^4} + \frac{1}{\psi^5}\,. \tag{225}$$

Die Beiwerte A_2 bis A_5 in Gl. (223) sind im allgemeinen Funktionen der Temperatur, die wieder so zu wählen sind, daß die kritische Isotherme erhalten bleibt. In der verallgemeinerten reduzierten Form

$$\pi = \frac{5\,\vartheta}{\psi} - \frac{10\,f_2(\vartheta)}{\psi^2} + \frac{10\,f_3(\vartheta)}{\psi^3} - \frac{5\,f_4(\vartheta)}{\psi^4} + \frac{f_5(\vartheta)}{\psi^5} \tag{225a}$$

müssen daher alle Funktionen der Bedingung $f(1) = 1$ genügen. Diese Bedingung erfüllen z. B. alle Potenzfunktionen $f(\vartheta) = \dfrac{1}{\vartheta^m}$. Für CO_2 haben sich folgende Werte der Potenzen m als geeignet erwiesen:

$$m_2 = m_3 = m_4 = 0{,}8 \quad \text{und} \quad m_5 = 1{,}8\,.$$

Mit diesen Werten wird auch der Differentialquotient der Dampfdruckkurve am kritischen Punkt befriedigend wiedergegeben; aus den Gl. (225a) und (211) folgt nämlich

$$\left[\left(\frac{d\pi}{d\vartheta}\right)_{\text{sätt}}\right]_k = \left[\left(\frac{\partial\pi}{\partial\vartheta}\right)_{\varphi}\right]_k = 5 + 10\,m_2 - 10\,m_3 + 5\,m_4 - m_5 = 7{,}2\,,$$

während man im Schrifttum für CO_2-Werte von $6{,}7$[1] bis $7{,}14$[2] findet.

Eine der Gl. (223) sehr ähnliche Zustandsgleichung fünften Grades in v wurde von J. JOFFE vorgeschlagen[3]. Sie lautet:

$$P = \frac{R\,T}{v - b} - \frac{a}{v(v - b)} + \frac{c}{v(v - b)^2} - \frac{d}{v(v - b)^3} + \frac{e}{v(v - b)^4}\,. \tag{223a}$$

[1] PLANK, R., u. J. KUPRIANOFF: Beihefte Z. ges. Kälteind. Reihe 1 (1929) Heft 1 S. 60.
[2] VAN DER WAALS jun., J. D.: Handbuch der Physik von H. GEIGER und K. SCHEEL, Bd. 10, S. 144. Berlin 1926.
[3] JOFFE, J.: Journ. Amer. Chem. Soc. Bd. 69 (1947) S. 540.

Mit $b = v_k/4$ findet JOFFE:

$$a = \frac{53}{8}\,P_k\,v_k^2; \quad c = \frac{270}{64}\,P_k\,v_k^3; \quad d = \frac{405}{256}\,P_k\,v_k^4;$$

$$e = \frac{243}{1024}\,P_k\,v_k^5 \quad \text{und} \quad \sigma = \frac{R\,T_k}{P_k\,v_k} = 4\,.$$

Dieser Wert von σ paßt für normale Stoffe weniger gut, als der mit Gl. (223) gefundene Wert. JOFFE betrachtet ferner die Koeffizienten a, c, d und e als Temperaturfunktionen und setzt

$$a' = \frac{a}{\vartheta}\,; \quad c' = \frac{c}{\vartheta^{3/2}}\,; \quad d' = \frac{d}{\vartheta^2}\,; \quad e' = \frac{e}{\vartheta^{5/2}}\,.$$

4. Die erste Gleichung von DIETERICI.

In Gl. (197) machte VAN DER WAALS für die Anziehungskräfte den Ansatz a/v^2; das führte auf die Werte $b = v_k/3$ und $R\,T_k/P_k\,v_k = \frac{8}{3}$, die der Erfahrung widersprechen. Man kann sich nun fragen, ob es durch einen allgemeineren Ansatz für die Anziehungskräfte von der Gestalt a/v^n nicht bei passender Wahl von n gelingen könnte, einen besseren Anschluß an die Versuchswerte zu finden. Die Zustandsgleichung lautet dann

$$P = \frac{R\,T}{v - b} - \frac{a}{v^n}\,, \tag{226}$$

und man findet

$$\left(\frac{\partial P}{\partial v}\right)_T = -\frac{R\,T}{(v - b)^2} + \frac{n\,a}{v^{n+1}} \tag{227}$$

und

$$\left(\frac{\partial^2 P}{\partial v^2}\right)_T = \frac{2\,R\,T}{(v - b)^3} - \frac{n(n + 1)\,a}{v^{n+2}}\,. \tag{228}$$

Mit den Bedingungen (202) und (203) müssen also im kritischen Punkt folgende drei Gleichungen erfüllt sein:

$$P_k = \frac{R\,T_k}{v_k - b} - \frac{a}{v_k^n}\,, \tag{226a}$$

$$\frac{R\,T_k}{(v_k - b)^2} = \frac{n\,a}{v_k^{n+1}}\,, \tag{227a}$$

$$\frac{2\,R\,T_k}{(v_k - b)^3} = \frac{n(n + 1)\,a}{v_k^{n+2}}\,. \tag{228a}$$

Aus den beiden letzten Gleichungen findet man sofort

$$v_k = \frac{n + 1}{n - 1}\,b \quad \text{oder} \quad b = \frac{n - 1}{n + 1}\,v_k\,. \tag{229}$$

Setzt man diesen Wert in die Gl. (227a) ein, dann wird

$$T_k = \frac{4\,n\,a}{R\,b^{n-1}}\,\frac{(n - 1)^{n-1}}{(n + 1)^{n+1}}\,. \tag{230}$$

Aus Gl. (226a) folgt dann

$$P_k = \frac{a}{b^n}\left(\frac{n - 1}{n + 1}\right)^{n+1} \tag{231}$$

und

$$a = \frac{n + 1}{n - 1}\,P_k\,v_k^n\,. \tag{231a}$$

Der kritische Koeffizient wird daher

$$\sigma = \frac{4\,n}{(n + 1)\,(n - 1)}\,. \tag{232}$$

Wünscht man für b den Wert $v_k/4$ zu erhalten, dann folgt aus (229) $n = \frac{5}{3}$; mit diesem Wert liefert aber Gl. (232) $\sigma = \dfrac{R\,T_k}{P_k\,v_k} = \dfrac{15}{4} = 3{,}75$, also gerade den für „normale" Stoffe gewünschten Wert. Die Zustandsgleichung

$$P = \frac{R\,T}{v - b} - \frac{a}{v^{5/3}} \tag{226a}$$

wurde seinerzeit von Dieterici vorgeschlagen[1].

5. Die zweite Gleichung von Dieterici.

Dieterici hat ferner folgende Zustandsgleichung vorgeschlagen[2]

$$P = \frac{R\,T}{v - b}\, e^{-\frac{a}{R\,v\,f(T)}} \tag{233}$$

und hat $f(T) = T^m$ gesetzt, wobei für m die Werte 1 oder 1,5 angegeben wurden. Hier ist e die Basis der natürlichen Logarithmen. Mit $m = 1$ erhält man auf dem gleichen Wege wie auf S. 174

$$v_k = 2\,b; \qquad P_k = \frac{a}{4\,e^2\,b^2}; \qquad T_k = \frac{a}{4\,R\,b}.$$

Daraus folgt

$$\sigma = \frac{R\,T_k}{P_k\,v_k} = \frac{e^2}{2} = 3{,}695.$$

Während also der kritische Koeffizient einen für normale Stoffe sehr passenden Wert annimmt, ist $b = v_k/2$ entschieden zu groß. Die Gleichung versagt daher auch für $v < v_k$.

Gl. (233) läßt sich auch in reduzierter Form schreiben; sie lautet dann

$$\pi = \frac{\dfrac{e^2}{2}\,\vartheta}{\varphi - \tfrac{1}{2}}\, e^{-\frac{2}{\varphi\,\vartheta^m}}. \tag{233a}$$

Wie man sieht, entspricht dabei der kritische Koeffizient $e^2/2$ wieder der reduzierten Gaskonstante.

Die Gl. (233) läßt sich in einem größeren Bereich verwenden, wenn man den Exponenten erweitert und dabei durch Hinzufügen einer neuen Konstanten c die Anpassung an die verschiedenen Stoffgruppen ermöglicht. Die Gleichung lautet dann:

$$P = \frac{R\,T}{v - b}\, e^{-\frac{a}{R\,T^m\,v^q} + \frac{c}{R\,T^n\,v^r}}. \tag{234}$$

Die Exponenten m, n, q und r müssen bei jedem Stoff so gewählt werden, daß eine möglichst gute Übereinstimmung mit den Versuchswerten erzielt wird. Die Wahl von m und n ist dabei ohne Einfluß auf den Wert des kritischen Koeffizienten σ. Die Tatsache aber, daß in Gl. (234) neben a und b noch eine dritte Konstante c auftritt, bedeutet, daß man eine dieser Konstanten frei wählen kann. Wir machen hiervon in der Weise Gebrauch, daß wir im Einklang mit der Erfahrung $b = v_k/4$ setzen.

---

[1] Dieterici, C.: Wied. Ann. Bd. 69 (1899) S. 685 — Ann. Phys., Lpz. (4) Bd. 5 (1901) S. 51.
[2] Wied. Ann. Bd. 69 (1899) S. 703.

Für die Ermittlung der Exponenten q und r machen wir in gewohnter Weise von den Ansätzen (202) und (203) Gebrauch. Es wird, wenn wir zur Abkürzung

$$-x = -\frac{a}{R\,T^m\,v^q} + \frac{c}{R\,T^n\,v^r} \tag{235}$$

setzen:

$$\left(\frac{\partial P}{\partial v}\right)_T = \frac{R\,T}{v-b}\,e^{-x}\left[-\frac{1}{v-b} + \frac{q\,a}{R\,T^m\,v^{q+1}} - \frac{r\,c}{R\,T^n\,v^{r+1}}\right].$$

Bezeichnen wir ferner den Ausdruck in der eckigen Klammer mit y, dann wird

$$\left(\frac{\partial^2 P}{\partial v^2}\right)_T = \frac{R\,T}{v-b}\,e^{-x}\left[y^2 + \frac{1}{(v-b)^2} - \frac{q(q+1)\,a}{R\,T^m\,v^{q+2}} + \frac{r(r+1)\,c}{R\,T^n\,v^{r+2}}\right].$$

Im kritischen Punkt werden beide Ableitungen gleich Null. Es folgt daraus

$$\frac{1}{v_k - b} = \frac{q\,a}{R\,T_k^m\,v_k^{q+1}} - \frac{r\,c}{R\,T_k^n\,v_k^{r+1}}, \tag{236}$$

und (da schon $y_k = 0$ ist)

$$\frac{1}{(v_k - b)^2} = \frac{q(q+1)\,a}{R\,T_k^m\,v_k^{q+2}} - \frac{r(r+1)\,c}{R\,T_k^n\,v_k^{r+2}}. \tag{236a}$$

Aus diesen beiden Gleichungen erhält man nach einigen Umformungen

$$\frac{a}{R\,T_k^m\,v_k^q} = \frac{[r(v_k - b) - b]\,v_k}{q(r-q)(v_k - b)^2} \tag{237}$$

und

$$\frac{c}{R\,T_k^n\,v_k^r} = \frac{[q(v_k - b) - b]\,v_k}{r(r-q)(v_k - b)^2}. \tag{237a}$$

Es wird daher

$$x_k = \frac{v_k}{(v_k - b)^2}\,\frac{[(r+q)(v_k - b) - b]}{q\,r}. \tag{238}$$

Aus Gl. (234) folgt für den kritischen Punkt

$$P_k = \frac{R\,T_k}{v_k - b}\,e^{-x_k}$$

oder mit $b = v_k/z$

$$\sigma = \frac{R\,T_k}{P_k\,v_k} = \left(1 - \frac{1}{z}\right)e^{x_k}$$

und mit $z = 4$

$$\sigma = \tfrac{3}{4}\,e^{x_k}, \tag{239}$$

wobei nach Gl. (238)

$$x_k = \frac{4}{9}\,\frac{(3r + 3q - 1)}{q\,r}. \tag{238a}$$

Da das zweite Glied im Exponenten von Gl. (234) lediglich eine Korrektur der ursprünglichen Gl. (233) von Dieterici bedeutet, so liegt es schon aus diesem Grunde nahe, an dem Ansatz (233) so wenig wie möglich zu ändern und daher $q = 1$ zu setzen. Wir werden später noch einen weiteren Grund hierfür angeben. Es folgt dann aus den Gl. (238a) und (239)

$$\sigma = \tfrac{3}{4}\,e^{\frac{4}{9}\frac{(3r+2)}{r}}, \tag{239a}$$

und man erhält

für $r =$	2	3	4	5	6
$\sigma =$	4,43	3,83	3,55	3,40	3,30

Für die sehr tief siedenden Stoffe, wie He und H_2, wird also r ungefähr gleich 6, für normale Stoffe 3 bis 4 und für assoziierte Stoffe etwa 2.

Wir wollen jetzt noch die Lage des Boyle-Punktes bei unendlicher Verdünnung suchen. Die Bedingung dafür lautet $\left(\frac{\partial(Pv)}{\partial v}\right)_T = 0$. Schreiben wir Gl. (234) in der Form

$$P = \frac{RT}{v - b}\, e^{-x} ,$$

dann wird

$$Pv = \frac{RTv}{v - b}\, e^{-x} ,$$

und daher

$$\left[\frac{\partial(Pv)}{\partial v}\right]_T = -\frac{RTb}{(v-b)^2}\, e^{-x} + \frac{RTv}{(v-b)}\, e^{-x} \left(\frac{\partial(-x)}{\partial v}\right)_T = 0$$

oder

$$\frac{b}{v - b} = v \left(\frac{\partial(-x)}{\partial v}\right)_T .$$

Nach Gl. (235) wird

$$\left(\frac{\partial(-x)}{\partial v}\right)_T = \frac{q\,a}{R\,T^m\,v^{q+1}} - \frac{r\,c}{R\,T^r\,v^{r+1}} ,$$

und daher gilt für den Boyle-Punkt

$$\frac{b}{v - b} = \frac{q\,a}{R\,T_B^m\,v^q} - \frac{r\,c}{R\,T_B^n\,v^r} .$$

Bei sehr starker Verdünnung ($v \to \infty$) wird auf der rechten Seite das letzte Glied rascher als das erste dem Wert Null zustreben, da jedenfalls $r > q$ ist. Außerdem kann dann auf der linken Seite b gegen v vernachlässigt werden. Wir erhalten also

$$T_B = \sqrt[m]{\frac{q\,a}{R\,b\,v^{q-1}}} .$$

Aus dieser Gleichung ist ersichtlich, daß T_B bei unendlicher Verdünnung ($v \to \infty$) nur dann einen endlichen Wert erhalten kann, wenn $q = 1$ gesetzt wird, wie auch von uns angenommen wurde. Es wird dann

$$T_B = \sqrt[m]{\frac{a}{R\,b}} , \tag{240}$$

woraus man bei gegebenen Werten von a [nach Gl. (237)] und b den Wert von m finden kann, wenn T_B experimentell ermittelt ist. Mit $q = 1$ und $v_k = 4b$ finden wir aus Gl. (237)

$$a = \frac{16\,(3r - 1)}{9\,(r - 1)}\, R\, T_k^m\, b .$$

Setzt man diesen Wert in Gl. (240) ein, dann wird

$$\vartheta_B^m = \left(\frac{T_B}{T_k}\right)^m = \frac{16\,(3r - 1)}{9\,(r - 1)} , \tag{240a}$$

man erhält also

$$
\begin{array}{lccccc}
\text{für} \quad r = & 2 & 3 & 4 & 5 & 6 \\
\vartheta_B^m = & 80/9 & 64/9 & 176/27 & 56/9 & 272/45
\end{array}
$$

Für einen normalen Stoff mit $r = 3$ ($\sigma = 3{,}83$) wird nach Tab. 19 $\vartheta_B = 2{,}6$ bis $2{,}7$. Für solche Stoffe müßte daher $m = 2$ sein, denn

$$\vartheta_B = \sqrt{\frac{64}{9}} = \frac{8}{3} = 2{,}67 .$$

6. Die Gleichung von BEATTIE-BRIDGEMAN.

Ausgehend von dem Wunsch, eine Zustandsgleichung zu finden, die in einfacher Form mit möglichst wenigen Konstanten die Versuchswerte in weiten Zustandsbereichen mit großer Genauigkeit wiedergibt, gelangten BEATTIE und BRIDGEMAN[1] zu der Gleichung

$$P = \frac{R\,T\,(1-\varepsilon)}{v^2}\,(v + B) - \frac{A}{v^2}\,, \qquad (241)$$

deren einzelne Glieder sich auch molekular-kinetisch begründen lassen[2]. In dieser Gleichung sind

$$A = A_0\left(1 - \frac{a}{v}\right)\,; \qquad B = B_0\left(1 - \frac{b}{v}\right) \quad \text{und} \quad \varepsilon = \frac{c}{v\,T^3}\,. \qquad (241\,a)$$

Die Gleichung enthält neben der gewöhnlichen Gaskonstanten R noch fünf weitere individuelle Konstanten A_0, a, B_0, b und c, für deren Ermittlung aus Beobachtungswerten von P, v und T ein einfaches Verfahren angegeben wurde[3]. Gl. (241) kann auch nach Potenzen von $1/v$ entwickelt werden und man erhält dann

$$P = \frac{R\,T}{v} + \frac{\beta}{v^2} + \frac{\gamma}{v^3} + \frac{\delta}{v^4}\,, \qquad (242)$$

dabei ist

$$\left.\begin{array}{l} \beta = R\,B_0\,T - A_0 - R\,\dfrac{c}{T^2}\,, \\[2mm] \gamma = R\,B_0\,b\,T + A_0\,a - R\,B_0\,\dfrac{c}{T^2}\,, \\[2mm] \delta = R\,B_0\,b\,\dfrac{c}{T^2}\,. \end{array}\right\} \qquad (242\,a)$$

Diese Zustandsgleichung wurde bereits an zahlreichen Stoffen geprüft; sie gibt die Beobachtungswerte bis zu einer Dichte von etwa 5 Mol/l mit einer erstaunlichen Genauigkeit wieder; die Abweichung des berechneten Druckes vom gemessenen liegt meistens unterhalb von 1 Promille. In Tab. 21 sind die Werte der Konstanten für verschiedene Stoffe eingetragen, wenn v in Litern je Mol, T in °K und P in physikalischen Atmosphären (760 Torr) gemessen wird. Dabei hat die Gaskonstante für alle Gase den Wert $R = 0{,}08206$. Der kritische

Tabelle 21. *Werte der Konstanten in der* BEATTIE-BRIDGEMAN*schen Zustandsgleichung (241) und (241a) für verschiedene Stoffe.*

Stoff	A_0	a	B_0	b	$c\,10^{-4}$
He	0,0216	0,05984	0,01400	0,0	0,004
Ne	0,2125	0,02196	0,02060	0,0	0,101
Ar	1,2907	0,02328	0,03931	0,0	5,99
H_2	0,1975	−0,00506	0,02096	−0,04359	0,0504
N_2	1,3445	0,02617	0,05046	−0,00691	4,20
O_2	1,4911	0,02562	0,04624	0,004208	4,80
Luft	1,3012	0,01931	0,04611	−0,01101	4,34
CO_2	5,0065	0,07132	0,10476	0,07235	66,00
CH_4	2,2769	0,01855	0,05587	−0,01587	12,83
NH_3[3]	2,3930	0,17031	0,03415	0,19112	476,87
$(C_2H_5)_2O$ . .	31,278	0,12426	0,45446	0,11954	33,33

---

[1] BEATTIE, J. A., u. O. C. BRIDGEMAN: J. Amer. chem. Soc. Bd. 49 (1927) S. 1665; Bd. 50 (1928) S. 3133.

[2] BEATTIE, J. A., u. O. C. BRIDGEMAN: Proc. Amer. Acad. Arts Sci. Bd. 63 (1928) S. 229.

[3] BEATTIE, J. A., u. CH. K. LAWRENCE: J. Amer. chem. Soc. Bd. 52 (1930) S. 6.

Punkt wird durch die Gl. (240) nicht mehr genau wiedergegeben, und für noch größere Dichten versagt sie vollkommen[1].

Wir beschränken uns darauf, den BOYLE-Punkt bei unendlicher Verdünnung zu prüfen. Aus Gl. (242) findet man

$$\left(\frac{\partial (Pv)}{\partial P}\right)_T = v + P\left(\frac{\partial v}{\partial P}\right)_T = \frac{\beta + 2\gamma/v + 3\delta/v^2}{RT + 2\beta/v + 3\gamma/v^2 + 4\delta/v^3}\,.$$

Für $v \to \infty$ wird daher mit Gl. (242a)

$$\lim_{v \to \infty} \left(\frac{\partial (Pv)}{\partial P}\right)_T = \frac{\beta}{RT} = B_0 - \frac{A_0}{RT} - \frac{c}{T^3}\,,$$

und dieser Ausdruck muß im BOYLE-Punkt gleich Null werden. Die Gleichung

$$B_0 - \frac{A_0}{RT_B} - \frac{c}{T_B^3} = 0$$

hat nur eine reelle Wurzel, und in erster Annäherung kann das letzte Glied ganz vernachlässigt werden. Es wird dann

$$T_B \approx \frac{A_0}{RB_0}\,.$$

Für Stickstoff erhält man z. B. nach Tab. 21

$$T_B = \frac{1{,}3445}{0{,}08206 \cdot 0{,}05046} = 325^\circ\mathrm{K}\,.$$

Da für Stickstoff nach Tab. 17 $T_k = 126^\circ$ K ist, so wird

$$\vartheta_B = \frac{325}{126} = 2{,}58$$

in ausgezeichneter Übereinstimmung mit dem Beobachtungswert 2,59 nach Tab. 19.

Beschränkt man sich auf das Gebiet mittlerer Dichten, dann ist es zulässig, in Gl. (241) $c = 0$ zu setzen. Die Gleichung kann dann nach Potenzen von $1/v$ entwickelt werden:

$$P = \frac{RT}{v} - \frac{(C_1 - C_2 T)}{v^2} - \frac{(C_3 - C_4 T)}{v^3}\,. \tag{242b}$$

Dabei ist

$$C_1 = A_0, \quad C_2 = RB_0, \quad C_3 = A_0 a \quad \text{und} \quad C_4 = RB_0 b.$$

BENNING und McHARNESS[2] haben diese Konstanten für einige Fluor-Chlor-Derivate gesättigter Kohlenwasserstoffe ermittelt. Die Werte sind in Tab. 22 angegeben.

Tabelle 22. *Werte der Konstanten in der vereinfachten Zustandsgleichung (242b) von* BTEATIE *und* BRIDGEMAN.

Stoff	Mol.-Gewicht μ	R	C_1	C_2	C_3	C_4
$CHFCl_2$	102,92	0,08206	20,54	0,02347	3,677	0,011666
CHF_2Cl	86,46	0,08132 [3]	12,69	0,015044	3,794	0,013796
$CFCl_3$	137,37	0,08206	32,95	0,04694	−6,392	−0,013471
$CF_2Cl \cdot CFCl_2$ . .	187,37	0,08206	37,56	0,04382	2,329	0,009772

[1] MICHELS, A., B. BLAISSE u. C. MICHELS: Proc. roy. Soc., Lond. (A) Bd. 160 (1937) S. 348 (Isothermen von CO_2 bis 3000 Atm).

[2] BENNING, A. F., u. R. C. McHARNESS: Industr. Engng. Chem. Bd. 32 (1940) S. 698.

[3] Der Grund für die Abweichung von dem für diese Einheiten geltenden Wert der Gaskonstanten (0,08206) konnte von den Verfassern nicht angegeben werden.

Dabei ist wieder v in l/Mol einzusetzen, und es wird P in Atm (760 Torr) erhalten.

Eine Weiterentwicklung der Zustandsgleichung von BEATTIE und BRIDGEMAN wurde von BENEDICT, WEBB und RUBIN vorgeschlagen[1]. Sie lautet:

$$P = \frac{R\,T}{V} + \frac{B_0\,R\,T - A_0 - C_0/T^2}{V^2} + \frac{b\,R\,T - a}{V^3} + \frac{a\,\alpha}{V^6} + \frac{c(1 + \gamma/V^2)}{V^3\,T^2}\,e^{-\gamma/V^2}\,.$$

Die Isochoren haben in dieser Gleichung dieselbe Gestalt wie in Gl. (241), und zwar

$$P = f_1(V)\,T - f_2(V) - \frac{f_3(V)}{T^2}\,.$$

Die Gleichung wurde für leichte Kohlenwasserstoffe aufgestellt und ist an Meßwerten von Methan, Äthan, Propan und n-Butan geprüft. Ihr Gültigkeitsbereich umfaßt den gesamten Gaszustand bis zum halben kritischen Volum. Die Abweichungen von den Meßwerten betragen für die genannten vier Stoffe im Mittel nur 0,34% des Druckes.

7. Die Gleichung von DANIEL BERTHELOT.

Schon die zuletzt behandelte Zustandsgleichung von BEATTIE und BRIDGEMAN verzichtet auf die Erfassung des kritischen Punktes, erhebt aber immerhin den Anspruch, von der Dampfseite her bis nahe an diesen Punkt heranzureichen. Wir wollen jetzt eine Zustandsgleichung betrachten, die sich ganz bewußt auf das Gebiet geringer Dichten beschränkt, aber dort die Abweichungen vom idealen Gasgesetz zahlenmäßig richtig zu erfassen trachtet. Sie hat die Gestalt der VAN DER WAALSschen Gleichung, es wird aber die Konstante a der Kohäsionskräfte als temperaturabhängig angesehen, wobei $a = a'/T$ gesetzt wird. Die Zustandsgleichung lautet also

$$\left(P + \frac{a'}{T\,v^2}\right)(v - b) = R\,T$$

oder in reduzierter Form

$$\left(\pi + \frac{\alpha}{\vartheta\,\varphi^2}\right)(\varphi - \beta) = \sigma\,\vartheta\,.$$

Um im kritischen Punkt eine waagerechte Wendetangente an die kritische Isotherme im P, v-Bild zu erhalten, mußten die Koeffizienten nach VAN DER WAALS folgende Werte erhalten:

$$\alpha = 3; \qquad \beta = \frac{b}{v_k} = \frac{1}{3}; \qquad \sigma = \frac{R\,T_k}{P_k\,v_k} = \frac{8}{3}\,.$$

Dabei war aber die quantitative Übereinstimmung der Zustandsgleichung mit den Beobachtungen selbst bei mäßigen Dichten nicht befriedigend. Unter Verzicht auf die Erfassung des kritischen Punktes und in bewußter Beschränkung auf das Zustandsgebiet kleiner und mittlerer Dichten setzte nun BERTHELOT[2], fußend auf Beobachtungswerten an normalen Stoffen,

$$\alpha = \frac{16}{3}; \qquad \beta = \frac{1}{4} \quad \text{und} \quad \sigma = \frac{R\,T_k}{P_k\,v_k} = \frac{32}{9} = 3{,}555\,.$$

Der letzte Wert dürfte dabei etwas zu klein gewählt worden sein. Es lautet daher die BERTHELOTsche Gleichung

$$\left(\pi + \frac{16}{3\,\vartheta\,\varphi^2}\right)\left(\varphi - \frac{1}{4}\right) = \frac{32}{9}\,\vartheta\,. \tag{243}$$

[1] BENEDICT, M., G. B. WEBB u. L. C. RUBIN: J. chem. Phys. Bd. 8 (1940) S. 334.
[2] BERTHELOT, D.: Mém. Trav. Bur. int. Poids et Mesures Bd. 13 (1907).

Man darf natürlich nicht mehr erwarten, daß diese Gleichung durch die Werte $\pi = 1$, $\varphi = 1$ und $\vartheta = 1$ erfüllt wird. Unter Vernachlässigung eines kleinen Gliedes zweiter Ordnung erhält man aus Gl. (243)

$$\pi \varphi = \frac{32}{9} \vartheta - \frac{16}{3 \vartheta \varphi} + \frac{\pi}{4}. \tag{243a}$$

Die ideale Gasgleichung $v = RT/P$ können wir jetzt in der Form $\varphi = 32\,\vartheta/9\,\pi$ schreiben und im Bereich kleiner Dichten diesen Wert von φ in das zweite Glied auf der rechten Seite der Gl. (243a) einsetzen. Es wird dann angenähert

$$\pi \varphi = \frac{32}{9} \vartheta + \frac{\pi}{4} \left(1 - \frac{6}{\vartheta^2}\right). \tag{243b}$$

Wir erhalten also bei sehr kleinen Dichten den Idealpunkt, der mit dem BOYLE-Punkt zusammenfällt, wenn die Bedingung

$$1 - \frac{6}{\vartheta^2} = 0$$

erfüllt ist. Daher wird die reduzierte BOYLE-Temperatur

$$\vartheta_B = \sqrt{6} = 2{,}45. \tag{244}$$

Dieser Wert ist zwar etwas zu klein, er stimmt aber, wie Tab. 19 zeigt, für die meisten Stoffe besser als der Wert 3,375, der sich nach Gl. (209a) aus der VAN DER WAALSschen Gleichung ergab.

8. Die Gleichung von KAMERLINGH-ONNES.

Aus allen hier behandelten Versuchen, eine Zustandsgleichung aufzustellen, die vom idealen Gas bis zum kritischen Gebiet quantitativ befriedigende Werte liefert, dürfte zu ersehen sein, daß diese Aufgabe bisher mit einfachen Mitteln und auf der Grundlage einfacher molekular-kinetischer Überlegungen nicht gelöst werden konnte. KAMERLINGH-ONNES hat daher schon frühzeitig einen rein empirischen Weg vorgeschlagen, indem er die Funktion $P = \chi(v, T)$ in eine Reihe nach Potenzen von $1/v$ und $1/T$ entwickelte. Die Glieder der unendlichen Reihe werden zu einem innerhalb des Gebietes der Beobachtungen gültigen Polynom zusammengezogen[1]:

$$P = \frac{A}{v} \left(1 + \frac{B}{v} + \frac{C}{v^2} + \frac{D}{v^4} + \frac{E}{v^6} + \frac{F}{v^8}\right). \tag{245}$$

Es ist daher klar, daß $A = RT$ sein muß, da die Gleichung für sehr große Volume in die Zustandsgleichung idealer Gase übergehen muß. Die temperaturabhängigen Beiwerte B, C, D usw. bezeichnet man als *Virialkoeffizienten*.

Mit $\sigma = RT_k/P_k v_k$ läßt sich Gl. (245) auch in reduzierter Form schreiben

$$\pi = \frac{\sigma \vartheta}{\varphi} \left(1 + \mathfrak{B} \frac{\sigma}{\varphi} + \mathfrak{C} \frac{\sigma^2}{\varphi^2} + \mathfrak{D} \frac{\sigma^4}{\varphi^4} + \mathfrak{E} \frac{\sigma^6}{\varphi^6} + \mathfrak{F} \frac{\sigma^8}{\varphi^8}\right), \tag{245a}$$

wobei die reduzierten Virialkoeffizienten wie folgt definiert sind:

$$\mathfrak{B} = \frac{P_k}{R\,T_k}\,B; \quad \mathfrak{C} = \frac{P_k^2}{R^2\,T_k^2}\,C \tag{246}$$

und so weiter.

---

[1] KAMERLINGH-ONNES, H.: Comm. Leiden 1901, Nr. 71 u. 74 — Enzyklopädie d. Math. Wiss. Art. V 10 (1912) S. 728, abgedruckt in Comm. Leiden Suppl. 23.

Diese reduzierten Virialkoeffizienten werden nun nach Potenzen von $1/\vartheta$ entwickelt:

$$\left. \begin{aligned} \mathfrak{B} &= \mathfrak{b}_1 + \frac{\mathfrak{b}_2}{\vartheta} + \frac{\mathfrak{b}_3}{\vartheta^2} + \frac{\mathfrak{b}_4}{\vartheta^4} + \frac{\mathfrak{b}_5}{\vartheta^6}, \\ \mathfrak{C} &= \mathfrak{c}_1 + \frac{\mathfrak{c}_2}{\vartheta} + \frac{\mathfrak{c}_3}{\vartheta^2} + \frac{\mathfrak{c}_4}{\vartheta^4} + \frac{\mathfrak{c}_5}{\vartheta^6} \end{aligned} \right\} \tag{247}$$

usw., so daß die Zustandsgleichung (245a) 25 empirische Konstanten enthält, die für jeden Stoff aus den Beobachtungsdaten bestimmt werden können. Man kann aber auch aus den Werten der Konstanten verschiedener Einzelstoffe Mittelwerte bilden und so eine mittlere empirische reduzierte Zustandsgleichung gewinnen, die angenähert für alle in Betracht gezogenen Stoffe gilt und damit als Ausdruck des Gesetzes der korrespondierenden Zustände gelten kann. Aus Beobachtungen an H_2, O_2, N_2, Äthyläther und Isopentan hat KAMERLINGH-ONNES die in Tab. 23 enthaltenen mittleren Werte der Konstanten der Gl. (247) berechnet[1].

Tabelle 23. *Konstanten der mittleren reduzierten Zustandsgleichung von* KAMERLING-ONNES.

	1	2	3	4	5
$10^3\,\mathfrak{b}$	117,796	$-228,038$	$-172,891$	$-\ 72,796$	$-\ 3,1718$
$10^4\,\mathfrak{c}$	135,580	$-135,788$	295,908	160,949	51,1090
$10^5\,\mathfrak{b}$	66,0235	$-\ 19,9678$	$-137,1572$	55,8508	$-27,1218$
$10^7\,\mathfrak{e}$	-179.9908	648,5830	$-490,6830$	97,9402	4,85195
$10^9\,\mathfrak{f}$	142,3482	$-547,2487$	508,5362	$-127,7356$	12,21846

Mit diesen Werten erhält man aus den Gl. (245a) und (247) $\sigma = 3{,}34$, also einen Wert, der für normale Stoffe immer noch reichlich niedrig erscheint. Die mittlere reduzierte Zustandsgleichung wird daher das Verhalten assoziierter Stoffe nicht mehr befriedigend wiedergeben können. Für eine genaue Darstellung wird man es daher vorziehen, entweder die Koeffizienten für jeden einzelnen Stoff oder doch wenigstens für einzelne Stoffgruppen zu ermitteln und die dabei auftretenden Unterschiede als Abweichungen von dem Gesetz der korrespondierenden Zustände aufzufassen. Die mittlere reduzierte Zustandsgleichung erscheint dann als Umhüllende der speziellen Gleichungen.

Von der Gl. (245) mit den Virialkoeffizienten nach Tab. 23 haben z. B. TANNER, BENNING und MATHEWSON[2] Gebrauch gemacht, um die von KUENEN[3] und HOLST[4] gemessenen p, v, T-Werte für Methylchrorid bis zu hohen Dichten mit sehr großer Genauigkeit wiederzugeben. Dafür war es nur notwendig, dem Koeffizienten $\mathfrak{B}$ in Gl. (247) noch ein Korrekturglied

$$2{,}765 \cdot 10^{-17}\,(T_k - T)^{6,3} - 0{,}00008$$

hinzuzufügen, entsprechend einem von K. WOHL gemachten Vorschlag[5].

VIII. Technische Zustandsgleichungen vom Typ $v = \psi\,(P, T)$.

Während die physikalischen Zustandsgleichungen vom Typ $P = \chi(v,\ T)$ vorwiegend das Ziel verfolgen, ein möglichst weites Zustandsgebiet qualitativ richtig darzustellen, steht man in der Technik meistens vor der Aufgabe, ein

[1] KAMERLINGH-ONNES, H.: Enzyklopädie d. Math. Wiss. Art. V 10, S. 730. — Vgl. auch LANDOLT-BÖRNSTEIN: Tabellen, 5. Aufl., S. 268. 1923.
[2] TANNER, H. G., A. F. BENNING u. W. F. MATHEWSON: Industr. Engng. Chem. Bd. 31 (1939) S. 878.
[3] KUENEN, J. P.: Arch. Neerland. Sci. exact. nat. Bd. 26 (1893) S. 368.
[4] HOLST, G.: Bull. Assoc. Int. du Froid Bd. 6 (1915) S. 27.
[5] WOHL, K.: Z. phys. Chem. Bd. 133 (1928) S. 305.

verhältnismäßig enges Gebiet quantitativ genau zu erfassen. Außerdem wurde schon betont, daß in den technischen Aufgaben in der Regel P und T als unabhängige Veränderliche auftreten, und daß man es viel häufiger mit der Enthalpie als mit der inneren Energie zu tun hat. Die Zustandsgleichung wird daher in der Gestalt $v = \psi(P, T)$ gesucht.

1. Die Gleichung von Callendar-Mollier.

In der Zustandsgleichung (215) von Clausius können wir verallgemeinernd den Ausdruck a/T im Korrektionsglied durch a/T^m ersetzen, wobei m ein empirisch zu bestimmender Exponent ist. Die Gleichung kann dann in der Form

$$v - b = \frac{R\,T}{P} - \frac{a}{T^m\,P} \cdot \frac{v - b}{(v + c)^2}$$

geschrieben werden. Beschränken wir uns zunächst auf mäßige Drucke (etwa bis $0,1\ P_k$), dann können wir im Korrektionsglied auf der rechten Seite sowohl b wie auch c gegen v vernachlässigen und darin außerdem $Pv = RT$ setzen. Auf der rechten Seite könnte man b auch vernachlässigen, man kann dafür aber auch das Volum v' der Flüssigkeit bei gewöhnlichem Druck setzen. Wir erhalten dann

$$v - v' = \frac{R\,T}{P} - \frac{a}{R\,T^{m+1}} \cdot$$

Setzen wir $a/R = C$ und $m + 1 = n$, dann ergibt sich die einfache Gleichung

$$v - v' = \frac{R\,T}{P} - \frac{C}{T^n}, \tag{248}$$

welche zuerst von Callendar[1] auf der Grundlage von Drosselversuchen (siehe S. 195) vorgeschlagen wurde, und von der dann Mollier in seinen Wasserdampftafeln Gebrauch gemacht hat[2]. Er setzte

$$R = 47,00; \quad v' = 0,001\ \text{m}^3/\text{kg}; \quad C = 0,075 \cdot 273^{10/3}; \quad n = \frac{10}{3}$$

und konnte damit die Versuchswerte bis zu einem Druck von 20 ata sehr gut wiedergeben. Gl. (248) wurde später bei vielen Stoffen, besonders auch bei Kältemitteln, angewendet, wobei die Konstanten v', C und n stets den Versuchen anzupassen waren. Es scheint, daß der Exponent n um so größer wird, je komplizierter das Molekül aufgebaut ist; n wächst also mit der Atomzahl und ist um so größer, je kleiner $\varkappa = c_p/c_v$ (im idealen Gaszustand).

Für höhere Drucke versagt aber die einfache Gl. (248), deren Korrekturglied nur von der Temperatur abhängt. Es werden dann weitere Glieder notwendig, in denen neben T auch P auftritt, und zwar in der Weise, daß mit wachsendem Druck die Abweichungen vom idealen Gasgesetz immer größer werden. Man kann auf diese Weise richtige Volumwerte bis in die Nähe des kritischen Gebietes erhalten. Den kritischen Punkt selbst vermag aber eine Zustandsgleichung, die in v nur von erster Potenz ist, natürlich nicht wiederzugeben.

2. Die Erweiterung der Mollierschen Gleichung.

Eine Verallgemeinerung der Gl. (248) unter Vernachlässigung des kleinen Volums v' führt zu der Form

$$v = \frac{R\,T}{P} - f_1(T) - f_2(T)\,P - f_3(T)\,P^2 - \cdots . \tag{249}$$

---

[1] Callendar, H. L.: Proc. roy. Soc., Lond. Bd. 67 (1900) S. 266 — sowie die Artikel „Thermodynamics" und „Vaporisation" in Encyclop. Brit.

[2] Mollier, R.: Neue Tabellen und Diagramme für Wasserdampf. Berlin: Springer 1906.

MOLLIER[1] fand z. B., daß das thermische Verhalten von Wasserdampf bis zu Drücken von 100 ata durch die Gleichung

$$v = \frac{47,1\,T}{P} - \frac{2}{(T/100)^{10/3}} - \frac{1,9 \cdot 10^{-4}}{(T/100)^{14}}\,P^2 \tag{250}$$

sehr gut dargestellt werden kann.

Noch einen Schritt weiter ging WE. KOCH[2] in seiner Zustandsgleichung, die den international getroffenen Vereinbarungen der Wasserdampftafel-Konferenzen Rechnung trägt, und deren Gültigkeit sich bis in die Nähe des kritischen Gebietes erstreckt:

$$v = \frac{47,06\,T}{P} - \frac{0,9172}{(T/100)^{2,82}} - \left[\frac{1,3088\ 10^{-4}}{(T/100)^{14}} + \frac{4,379 \cdot 10^7}{(T/100)^{31,6}}\right]P^2 . \tag{250a}$$

Zustandsgleichungen vom Typ (249) wurden auch sehr oft für die Darstellung des thermischen Verhaltens von Kältemitteln verwendet. Wir nennen hier folgende Beispiele, wobei P stets in kg/m² einzusetzen ist und v in m³/kg erhalten wird:

Kohlendioxyd (CO_2)[3] bis zum Druck von 35 ata (Sättigungstemperatur 0° C)

$$v = \frac{19,273\,T}{P} - \frac{0,0825 + 1,225 \cdot 10^{-7}\,P}{(T/100)^{10/3}} , \tag{251}$$

Methylbromid (CH_3Br)[4] bis zum Druck von 5 ata (Sättigungstemp. + 50° C)

$$v = \frac{8,932\,T}{P} - \frac{0,1913}{(T/100)^4} , \tag{251a}$$

Methylamin (CH_3NH_2)[5] bis zum Druck von 8 ata (Sättigungstemp. +50° C)

$$v = \frac{27,30\,T}{P} - \frac{2,800}{(T/100)^5} , \tag{251b}$$

Äthylamin ($C_2H_5NH_3$)[5] bis zum Druck von 3,4 ata (Sättigungstemp. +50° C)

$$v = \frac{18,32\,T}{P} - \frac{70,01}{(T/100)^{7,7}} , \tag{251c}$$

Schwefeldioxyd (SO_2)[6] bis zum Druck von 8,5 ata (Sättigungstemp. +50° C)

$$v = \frac{13,238\,T}{P} - \frac{0,162 + 0,71 \cdot 10^{-6}\,P}{(T/100)^3} , \tag{251d}$$

Äthan (C_2H_6)[7] bis zum Druck von 30 ata (Sättigungstemperatur +10° C)

$$v = \frac{28,22\,T}{P} - \frac{0,089}{(T/100)^{2,4}} - \frac{0,0279 \cdot 10^{-8}\,P^2}{(T/100)^9} , \tag{251e}$$

Ammoniak (NH_3)[8] bis zum Druck von 4,4 ata (Sättigungstemperatur 0° C)

$$v = \frac{49,789\,T}{P} - 0,003 - \frac{0,34}{(T/100)^3} - \frac{60}{(T/100)^{11}} . \tag{251f}$$

Vielfach hat es sich als notwendig herausgestellt, die Reihe (249) noch durch ein Restglied zu ergänzen, besonders wenn man bestrebt ist, das Gebiet höherer

---

[1] MOLLIER, R.: Neue Tabellen und Diagramme für Wasserdampf, 4. Aufl. Berlin: Springer 1926.
[2] KOCH, WE.: VDI-Wasserdampftafeln, 2. Aufl. Berlin 1941.
[3] PLANK, R., u. J. KUPRIANOFF: Beihefte zur Z. ges. Kälteind. Reihe 1 (1929) Heft 1 — im Auszug Bd. 36 (1929) S. 41 — Z. techn. Phys. Bd. 10 (1929) S. 93.
[4] HSIA, A. W.: Diss. Karlsruhe, Beihefte zur Z. ges. Kälteind. Reihe 1 (1931) Heft 2.
[5] MEHL, W.: Diss. Karlsruhe, Beihefte zur Z. ges. Kälteind. Reihe 1 (1933) Heft 3.
[6] MEHL, W.: Z. ges. Kälteind. Bd. 40 (1933) S. 170.
[7] PLANK, R., u. J. KAMBEITZ: Z. ges. Kälteind. Bd. 43 (1936) S. 209 u. 233.
[8] KUPRIANOFF, J.: Z. ges. Kälteind. Bd. 37 (1930) S. 1.

Drücke in den Geltungsbereich der Zustandsgleichung einzubeziehen. Als Beispiel führen wir an:

Ammoniak (NH_3)[1] bis zum Druck von 21 ata (Sättigungstemperatur $+50°$ C)

$$v = \frac{RT}{P} - \frac{B}{T^3} - \frac{(C + DP)}{T^{11}} - \frac{EP^5}{T^{19}} - F + T(G - HP + JP^2 - KP^3), \quad (251\,\text{g})$$

Ammoniak[2] bis zum Druck von 90 ata (Sättigungstemperatur $+118°$ C)

$$v = \frac{49{,}790\,T}{P} - \frac{0{,}42}{(T/100)^3} - \frac{(60 + 1{,}497 \cdot 10^{-8}\,P^2)}{(T/100)^{11}} - \quad (251\,\text{h})$$

$$- \left[5{,}1 - 0{,}55\left(5{,}2315 - \frac{T}{100}\right)^4\right]\left[1 + \frac{0{,}2793 \cdot 10^{-6}\,P}{1 - 0{,}4352\,(T/100) + 0{,}0306\,(T/100)^2}\right]10^{-4}.$$

Als Beispiel für eine noch kompliziertere, aber dafür äußerst genaue Zustandsgleichung, die bis an die Nähe des kritischen Punktes reicht, sei die Gleichung von KEYES, SMITH und GERRY[3] aufgeführt, die den amerikanischen Wasserdampftafeln zugrunde liegt. Die Konstanten wurden dabei von E. SCHMIDT[4] auf metrische Einheiten umgerechnet (P in kg/m², v in m³/kg):

$$v = \frac{RT}{P} + B\left[1 + \frac{BP}{RT}\,f_1(T) + \left(\frac{BP}{RT}\right)^3 f_2(T) - \left(\frac{BP}{RT}\right)^{12} f_3(T)\right]. \quad (251\,\text{i})$$

Dabei sind

$$R = 47{,}063; \quad B = \left[1{,}890 - \frac{2641{,}6°}{T}\,10^{(284{,}38°/T)^2}\right]10^{-3}\,[\text{m}^3/\text{kg}],$$

$$f_1(T) = \frac{376{,}00°}{T} - 0{,}7400\left(\frac{1000°}{T}\right)^2,$$

$$f_2(T) = 20{,}630 - 12{,}000\left(\frac{1000°}{T}\right)^2,$$

$$f_3(T) = 28994 - 5{,}398\left(\frac{1000°}{T}\right)^{24}.$$

Diese Gleichungen sind dimensionsrichtig geschrieben; dabei stehen in der eckigen Klammer der Gl. (251i) lauter dimensionslose Glieder. Wie man sieht, ist hier die Genauigkeit durch eine große Zahl empirischer Konstanten erkauft. Da aber Dampftafeln, denen solche komplizierte Gleichungen zugrunde liegen, nur einmalig berechnet werden, so erscheint der Zeitaufwand nicht allzu bedenklich. Wichtiger ist die Tatsache, daß man mit allen in diesem Abschnitt erwähnten Gleichungen ohne Schwierigkeit die Ableitungen $\left(\frac{\partial v}{\partial T}\right)_P$ und $\left(\frac{\partial^2 v}{\partial T^2}\right)_P$ bilden kann und daher mit den Gl. (181), (184) und (186) die Entropie, die Enthalpie und die spezifische Wärme c_p berechnen kann.

3. Die umgeformte Gleichung von BEATTIE-BRIDGEMAN.

Gl. (242) auf S. 178 lautete:

$$P = \frac{RT}{v} + \frac{\beta}{v^2} + \frac{\gamma}{v^3} + \frac{\delta}{v^4}. \quad (242)$$

---

[1] Circular of the Bur. of Standards, Nr. 142. Washington 1923. Die Konstanten B bis K sind darin für englische Einheiten angegeben (P in lbs/in², v in ft^3/lb, T in abs. Fahrenheitgraden).

[2] FUNK, H.: Mitt. Kältetechn. Inst. der T. H. Karlsruhe, Nr. 3. Karlsruhe: C. F. Müller 1948.

[3] KEYES, F. G., L. B. SMITH u. H. T. GERRY: Mech. Engng. Bd. 56 (1934) S. 87. — J. H. KEENAN u. F. G. KEYES: Thermodynamic Properties of Steam. New York: J. Wiley and Sons 1936.

[4] SCHMIDT, E.: Einführung in die techn. Thermodynamik, 2. Aufl. Berlin: Springer 1944.

Durch Multiplikation mit v/P erhält man

$$v = \frac{RT}{P} + \frac{\beta}{Pv} + \frac{\gamma}{Pv^2} + \frac{\delta}{Pv^3} \cdot \tag{252}$$

BEATTIE setzt nun in erster Annäherung in den Korrektionsgliedern $v = RT/P$ und erhält damit[1] im Sinne der Gl. (249)

$$v = \frac{RT}{P} + \frac{\beta}{RT} + \frac{\gamma P}{(RT)^2} + \frac{\delta P^2}{(RT)^3} \cdot \tag{252a}$$

Eine bessere Annäherung gewinnt man durch wiederholte Anwendung der Gl. (252) in den Korrektionsgliedern und durch Entwicklung in eine Reihe nach Potenzen von P, die man schon bei P^2 abbrechen kann[2]. Es wird dann

$$v = \frac{RT}{P} + \frac{\beta}{RT} + \left[\frac{\gamma}{(RT)^2} - \frac{\beta^2}{(RT)^3} \right] P +$$

$$+ \left[\frac{\delta}{(RT)^3} - \frac{3\beta\gamma}{(RT)^4} + \frac{2\beta^3}{(RT)^5} \right] P^2 . \tag{252b}$$

SCATCHARD hat nachgewiesen, daß diese Gleichung mit der ursprünglichen Gl. (242) in einem viel weiteren Zustandsgebiet praktisch übereinstimmt, als es bei Gl. (252a) der Fall ist. Trägt man die Werte von Pv/RT über P auf, dann findet man mit Gl. (252b) Übereinstimmung bis zum Druck von 100 ata bei H_2, N_2 und O_2, bis etwa 50 ata bei CH_4 und bis etwa 25 ata bei C_2H_4 und CO_2.

Es sei noch bemerkt, daß sich auch die Zustandsgleichung von KAMERLINGH-ONNES (s S. 181) auf dem gleichen Wege in eine v-Gleichung verwandeln läßt, die lautet

$$v = \frac{RT}{P} + B + CP + DP^3 + EP^5 + \cdots \tag{252b}$$

in der B, C, D, ... Temperaturfunktionen sind. Eine solche Gleichung wurde z. B. von HOLBORN und OTTO für die Darstellung der in der Physikalisch-Technischen Reichsanstalt gemessenen Isothermen von Helium, Stickstoff und Argon verwendet[3].

IX. Der elementare JOULE-THOMSON-Effekt.

1. Die elementare Inversionskurve.

Wir haben festgestellt (s. S. 89), daß bei einem plötzlichen Druckabfall in strömenden Gasen, verursacht durch eine Verengung oder einen sonstigen Widerstand, die Enthalpie i konstant bleibt, vorausgesetzt, daß die Strömungsgeschwindigkeit vor und hinter der Drosselstelle nicht sehr verschieden ist. Dieses Verhalten kann man durch die Gl. (91a) $i_1 = i_2$, oder auch durch

$$di = 0 \tag{253}$$

ausdrücken. Betrachten wir i als Funktion von T und P, dann ist

$$di = \left(\frac{\partial i}{\partial T} \right)_P dT + \left(\frac{\partial i}{\partial P} \right)_T dP = 0$$

und daraus folgt

$$\delta_i = \left(\frac{\partial T}{\partial P} \right)_i = - \frac{\left(\dfrac{\partial i}{\partial P} \right)_T}{\left(\dfrac{\partial i}{\partial T} \right)_P} \cdot \tag{254}$$

---

[1] BEATTIE, J. A.: Proc. nat. Acad. Sci., Wash. Bd. 16 (1930) Nr. 1 S. 14.
[2] SCATCHARD, G.: Proc. nat. Acad. Sci., Wash. Bd. 16 (1930) Nr. 12 S. 811.
[3] HOLBORN, L., u. J. OTTO: Z. Phys. Bd. 30 (1924) S. 320; Bd. 33 (1925) S. 1.

Bei idealen Gasen ist nach den Gl. (36) und (37) die Enthalpie nur von der Temperatur abhängig; es bleibt daher bei der Drosselung die Temperatur konstant. Das folgt auch aus Gl. (254), da für ideale Gase $\left(\frac{\partial i}{\partial P}\right)_T = 0$ ist. Bei der Drosselung realer Gase findet man aber in der Regel eine mehr oder weniger starke Abkühlung. Da ∂P bei der Drosselung negativ ist (Druckabfall), so wird bei auftretender Abkühlung die Größe $\delta_i = \left(\frac{\partial T}{\partial P}\right)_i$ positiv. Man nennt δ_i den elementaren Joule-Thomson-*Effekt* oder den elementaren Kühl-effekt.

In Gl. (254) ist offenbar $\left(\frac{\partial i}{\partial T}\right)_P = c_p$, während nach Gl. (182)

$$\left(\frac{\partial i}{\partial P}\right)_T = -A\left[T\left(\frac{\partial v}{\partial T}\right)_P - v\right] = -A\,T^2\left(\frac{\partial(v/T)}{\partial T}\right)_P.$$

Daher wird

$$\delta_i = \left(\frac{\partial T}{\partial P}\right)_i = \frac{A}{c_p}\left[T\left(\frac{\partial v}{\partial T}\right)_P - v\right]. \tag{254a}$$

Diese wichtige Gleichung wurde zuerst von William Thomson (Lord Kelvin) abgeleitet, und sie trägt seinen Namen. Man erhält also bei der Drosselung

eine Abkühlung ($\delta_i > 0$), wenn $T\left(\frac{\partial v}{\partial T}\right)_P > v$,

keine Temperaturänderung ($\delta_i = 0$), wenn $T\left(\frac{\partial v}{\partial T}\right)_P = v$,

eine Erwärmung ($\delta_i < 0$), wenn $T\left(\frac{\partial v}{\partial T}\right)_P < v$ ist.

Die Zustandsgleichung entscheidet, welcher der drei Fälle in den verschiedenen Zustandsgebieten eintritt. Einen Punkt, in dem $\delta_i = 0$ wird, bezeichnet man als elementaren *Inversionspunkt* und den geometrischen Ort aller dieser Punkte als elementare *Inversionskurve*. Unter dem „Inversionspunkt" versteht man häufig auch denjenigen Punkt der Inversionskurve, der unendlicher Verdünnung ($P \to 0$ oder $v \to \infty$) entspricht. Diese spezielle Terminologie fanden wir auch schon beim Boyle-Punkt.

Für ein ideales Gas mit der Zustandsgleichung $v = \frac{RT}{P}$ wird $\left(\frac{\partial v}{\partial T}\right)_P = \frac{R}{P}$. Daher ist

$$T\left(\frac{\partial v}{\partial T}\right)_P = T\,\frac{R}{P} = v\,,$$

und es folgt aus Gl. (254a)

$$\delta_i = 0.$$

Ein reales Gas kann aber bei der Drosselung sowohl Abkühlung wie auch Erwärmung ergeben. Beide Gebiete sind durch die elementare *Inversionskurve* getrennt, deren Differentialgleichung lautet

$$v = T\left(\frac{\partial v}{\partial T}\right)_P. \tag{255}$$

Schreibt man die Zustandsgleichung in der Gestalt

$$v = \frac{RT}{P} - \mathfrak{v}\,, \tag{256}$$

wobei $\mathfrak{v}$ eine Funktion von P und T ist, die die Abweichungen vom idealen Gasgesetz darstellt, dann wird offenbar

$$T\left(\frac{\partial v}{\partial T}\right)_P - v = T\left(\frac{\partial \mathfrak{v}}{\partial T}\right)_P - \mathfrak{v}\,.$$

Daher kann man an Stelle von Gl. (255) auch schreiben

$$\mathfrak{v} = T \left(\frac{\partial \mathfrak{v}}{\partial T} \right)_P . \tag{255a}$$

Wir wollen nun an Hand der van der Waalsschen Zustandsgleichung (197a)

$$P = \frac{R\,T}{v - b} - \frac{a}{v^2}$$

die Gleichung der elementaren *Inversionskurve* ableiten. Wenn diese Zustandsgleichung auch quantitativ nicht befriedigt, so stellt sie die Verhältnisse doch qualitativ stets richtig dar.

Da die Zustandsgleichung in v implizit ist, so setzen wir nach Gl. (172)

$$\left(\frac{\partial v}{\partial T} \right)_P = - \frac{(\partial P/\partial T)_v}{(\partial P/\partial v)_T} . \tag{257}$$

Aus (197a) erhält man

$$\left(\frac{\partial P}{\partial T} \right)_v = \frac{R}{v - b} \quad \text{und} \quad \left(\frac{\partial P}{\partial v} \right)_T = - \frac{R\,T}{(v - b)^2} + \frac{2a}{v^3} ,$$

daher ist in (257)

$$\left(\frac{\partial v}{\partial T} \right)_P = \frac{R/(v - b)}{R\,T/(v - b)^2 - 2a/v^3} . \tag{257a}$$

Aus Gl. (255) erhält man dann für die Inversionskurve

$$\frac{R\,T}{v - b} = \frac{R\,T\,v}{(v - b)^2} - \frac{2a}{v^2} .$$

Die Inversionstemperatur T_{inv} als Funktion des Volums wird also

$$T_{\text{inv}} = \frac{2a}{R\,b} \frac{(v - b)^2}{v^2} . \tag{258}$$

Nach den Gl. (204) ist $\dfrac{a}{R\,b} = \dfrac{27}{8}\,T_k$, und daher erhalten wir in reduzierter Form

$$\vartheta_{\text{inv}} = \frac{3}{4} \left(3 - \frac{1}{\varphi} \right)^2 . \tag{258a}$$

Den zugehörigen Inversionsdruck P_{inv} erhält man am einfachsten durch Gleichsetzen des Ausdrucks $R\,T_{\text{inv}}$ nach den Gl. (258) und (197). Es wird

$$R\,T_{\text{inv}} = \frac{2a}{b} \frac{(v - b)^2}{v^2} = \left(P_{\text{inv}} + \frac{a}{v^2} \right) (v - b) .$$

Daraus folgt

$$P_{\text{inv}} = \frac{a}{b} \frac{(2v - 3b)}{v^2} . \tag{259}$$

Nach den Gl. (204) ist $a/b = 9\,P_k v_k$, und daher wird

$$\pi_{\text{inv}} = \frac{9\,(2\,\varphi - 1)}{\varphi^2} . \tag{259a}$$

Da in der Technik P und T die unabhängigen Veränderlichen sind, so ist es erwünscht, die Inversionskurve in der Gestalt $\pi_{\text{inv}} = f(\vartheta_{\text{inv}})$ zu erhalten. Die Gl. (258a) und (259a) können wir als eine Parameterdarstellung der Inversionskurve in π, ϑ-Koordinaten auffassen. Aus diesen beiden Gleichungen wäre nun φ zu eliminieren. Aus Gl. (259a) folgt

$$\left(\frac{1}{\varphi} \right)^2 - 2 \left(\frac{1}{\varphi} \right) + \frac{\pi_{\text{inv}}}{9} = 0 ,$$

und man erhält daraus für $1/\varphi$ die beiden Wurzeln

$$\left(\frac{1}{\varphi} \right) = 1 \pm \sqrt{1 - \frac{\pi_{\text{inv}}}{9}} .$$

Setzt man diesen Wert in Gl. (258a) ein, dann wird

$$\vartheta_{\text{inv}} = \frac{3}{4}\left(2 \pm \sqrt{1 - \frac{\pi_{\text{inv}}}{9}}\right)^2.$$

Man erhält weiter

$$\pm \sqrt{1 - \frac{\pi_{\text{inv}}}{9}} = \frac{2}{\sqrt{3}}\sqrt{\vartheta_{\text{inv}}} - 2\,,$$

und durch Quadrieren

$$1 - \frac{\pi_{\text{inv}}}{9} = \frac{4}{3}\vartheta_{\text{inv}} - \frac{8}{\sqrt{3}}\sqrt{\vartheta_{\text{inv}}} + 4\,.$$

Es wird daher

$$\pi_{\text{inv}} = 12\sqrt{12\,\vartheta_{\text{inv}}} - 12\,\vartheta_{\text{inv}} - 27\,. \tag{260}$$

Diese Gleichung wurde zuerst von Fliegner abgeleitet[1]. In Tab. 24 findet man Werte von π_{inv} und ϑ_{inv} zu verschiedenen φ_{inv}. Die elementare Inversionskurve im π, ϑ-Diagramm nach van der Waals ist in Abb. 71 dargestellt.

Tabelle 24. *Zusammengehörige Werte von π und ϑ bei verschiedenen φ für die elementare Inversionskurve, die* Boyle-*Kurve und die Idealkurve nach* van der Waals.

	$\varphi =$	$\frac{1}{3}$	$\frac{1}{2}$	$\frac{2}{3}$	1	$\frac{3}{2}$	2	3	4	6	∞
Inversions-	π_{inv}	—	0	6,75	9,00	8,00	6,75	5,00	3,94	2,75	0
kurve	ϑ_{inv}	—	0,75	1,69	3,00	4,08	4,69	5,33	5,67	6,02	6,75
Boyle-	π_B	—	—	0	3,00	3,33	3,00	2,33	1,875	1,33	0
Kurve	ϑ_B	—	(0,375)	0,843	1,50	2,04	2,34	2,66	2,83	3,01	3,375
Idealkurve	π_{id}	0	6,00	6,75	6,00	4,33	3,75	2,67	2,06	1,42	0
	ϑ_{id}	0	1,125	1,69	2,25	2,62	2,81	3,00	3,09	3,19	3,375

Nach Gl. (260) ist diese Kurve eine Parabel; zu jedem Druck gehören zwei Temperaturen. Den höchsten Druck, bei dem eine Inversion noch möglich ist, findet man aus der Bedingung

$$\left(\frac{d\pi}{d\vartheta}\right)_{\text{inv}} = 0\,.$$

Gl. (260) liefert dafür

$$\frac{12\sqrt{12}}{2\sqrt{\vartheta_{\text{inv}}}} - 12 = 0$$

oder

$$\vartheta_{\text{inv}} = 3 \quad \text{und} \quad \pi_{\text{inv\,max}} = 9\,.$$

Innerhalb der Grenzen der Inversionskurve nach Abb. 71 findet stets Abkühlung bei der Drosselung statt, δ_i ist also positiv. Außerhalb

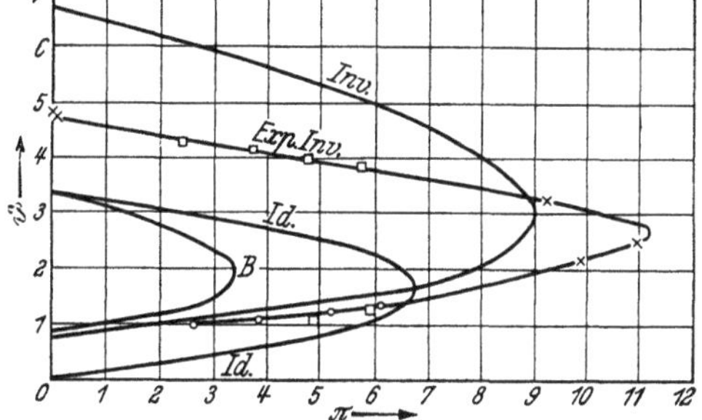

Abb. 71. Boyle-Kurve (*B*), Idealkurve (*Id*) und Inversionskurve (*Inv*) nach van der Waals; daneben die experimentelle Inversionskurve.

dieser Kurve findet Erwärmung statt, $\delta_i < 0$. Der obere Ast der Kurve liegt im Bereich von $v > v_k$, entspricht also dem gasförmigen Zustand; auf dem unteren Ast ist stets $v < v_k$, der Körper ist also schon so dicht, daß er eher als Flüssigkeit anzusprechen ist. Der tiefste Punkt ($\varphi = \frac{1}{2}$, $\pi_{\text{inv}} = 0$, $\vartheta_{\text{inv}} = 0{,}75$) entspricht nach Abb. 68 einem metastabilen Zustand. Bei sehr starker Verdünnung ($\pi \to 0$) gibt es aber noch eine obere Inversionstemperatur $\vartheta_{\text{inv\,max}} = 6{,}75$. Bei allen anderen Temperaturen verschwindet δ_i keinesfalls für $\pi \to 0$, und

---

[1] Fliegner: Vjschr. naturforsch. Ges. Zürich Bd. 55 (1910).

dadurch unterscheidet sich das wirkliche Gas auch bei sehr starker Verdünnung von dem erdachten „idealen" Gas[1].

Die reduzierte Inversionskurve von VAN DER WAALS nach Gl. 260 und Abb. 71 müßte allen Stoffen gemeinsam sein. Das vorliegende experimentelle Material[2] ist zwar ziemlich spärlich, es läßt aber deutliche Abweichungen der verschiedenen Stoffe untereinander erkennen, so daß auch in dieser Beziehung das Gesetz der korrespondierenden Zustände nicht streng gilt. Am genauesten ist Luft untersucht, und deren experimentelle Inversionskurve ist in Abb. 71 eingetragen. Sie gleicht wohl in der parabolischen Form derjenigen von VAN DER WAALS, weicht aber zahlenmäßig beträchtlich davon ab. Die Versuchswerte stammen bei tiefen Temperaturen von HAUSEN[2] und ROEBUCK[3], bei mittleren Temperaturen von AMAGAT nach Berechnungen von JAKOB[4], bei höheren Temperaturen wieder von ROEBUCK[5]. Bei $p \to 0$ wird die obere Inversionstemperatur für Luft $\vartheta = 4{,}8$ $(T = 636)$[6] bei $T_k = 132{,}6$ bzw. $\vartheta = 4{,}65$ $(T = 616)$[7], während die VAN DER WAALSsche Gleichung $\vartheta = 6{,}75$ liefert.

Ergänzend ist in Tab. 24 und Abb. 71 noch der Verlauf der BOYLE-Kurve und der *Ideal*kurve nach VAN DER WAALS gegeben. Auf S. 163 war nur ein Punkt dieser Kurven (bei unendlicher Verdünnung) berechnet worden; jetzt soll der ganze Verlauf berechnet werden.

Die BOYLE-Kurve war definiert durch die Bedingung $\left[\dfrac{\partial(Pv)}{\partial v}\right]_T = 0$. Aus der VAN DER WAALSschen Gleichung

$$P v = \frac{R T v}{v - b} - \frac{a}{v}$$

folgt

$$\left[\frac{\partial(P v)}{\partial v}\right]_T = - \frac{R T b}{(v - b)^2} + \frac{a}{v^2} .$$

Daraus erhält man für die BOYLE-Kurve mit Gl. (204):

$$T_B = \frac{a}{R b} \frac{(v - b)^2}{v^2} = \frac{27}{8} T_k \frac{(v - b)^2}{v^2} \tag{261}$$

oder in reduzierter Form

$$\vartheta_B = \frac{3}{8}\left(3 - \frac{1}{\varphi}\right)^2 . \tag{261a}$$

Ein Vergleich mit Gl. (258a) zeigt, daß die BOYLE-Temperatur für jeden Wert von φ halb so groß ist wie die Inversionstemperatur.

Den zu T_B gehörigen Druck P_B findet man, wenn man den Wert von T_B nach Gl. (261) in die VAN DER WAALSsche Zustandsgleichung einsetzt. Es wird dann

$$\left(P_B + \frac{a}{v^2}\right)(v - b) = \frac{a}{b} \frac{(v - b)^2}{v^2} .$$

---

[1] JAKOB, M.: Forsch.-Arb. Ing.-Wes. Heft 202. Berlin: VDI-Verlag 1917, hat auf S. 25 betont, daß eine allgemeine Zustandsgleichung von der Gestalt (256) $Pv = RT - Pb$ nur in dem Sonderfall die Bedingung (255a) bei allen Temperaturen erfüllen würde, wenn $b = T \psi(P)$ wäre. Dagegen liefert die Zustandsgleichung für $p \to 0$ das Grenzgesetz $Pv = RT$, wenn nur die Bedingung erfüllt ist, daß b bei $p \to 0$ nicht unendlich wird.

[2] Eine Zusammenstellung der Messungen des elementaren JOULE-THOMSON-Effektes findet man z. B. bei H. HAUSEN: Forsch.-Arb. Ing.-Wes. H. 274, S. 27. Berlin: VDI-Verlag 1926.

[3] ROEBUCK, J. R.: Proc. Amer. Acad. Bd. 64 (1930) S. 287.

[4] JAKOB, M.: Vgl. Fußnote 1.

[5] ROEBUCK, J. R.: Proc. Amer. Acad. Bd. 60 (1925) S. 537.

[6] SCHAMES, L.: Elster- u. Geitel-Festschrift, S. 287. Braunschweig: Vieweg 1915.

[7] NOELL, F.: Forsch.-Arb. Ing.-Wes. Heft 184. Berlin: VDI-Verlag 1916.

Daraus folgt

$$P_B = \frac{a(v - 2b)}{b v^2} \tag{262}$$

und

$$\pi_B = \frac{9(\varphi - \frac{2}{3})}{\varphi^2} . \tag{262a}$$

Aus der Parameterdarstellung der Boyle-Kurve nach den Gl. (261a) und (262a) findet man auf demselben Wege wie bei der Inversionskurve in π, ϑ-Koordinaten

$$\vartheta_B = \frac{3}{8} \left[\frac{9}{4} \pm \sqrt{\frac{9}{16} - \frac{\pi_B}{6}} \right]$$

und

$$\pi_B = 44{,}091 \sqrt{\vartheta_B} - 16 \vartheta_B - 27 . \tag{263}$$

Diese Kurve ist in Abb. 71 dargestellt.

Für die *Idealkurve* lautet die Definitionsgleichung $Pv = RT$. Aus der van der Waalsschen Gleichung folgt daher

$$P_{\mathrm{id}} = \frac{a}{b} \frac{(v - b)}{v^2} , \tag{264}$$

oder mit den Gl. (204) in reduzierter Form

$$\pi_{\mathrm{id}} = \frac{3(3\varphi - 1)}{\varphi^2} . \tag{264a}$$

Aus der Zustandsgleichung erhält man mit (264)

$$\frac{R T_{\mathrm{id}}}{v - b} = P_{\mathrm{id}} + \frac{a}{v^2} = \frac{a}{b v} ,$$

also

$$T_{\mathrm{id}} = \frac{a}{R b} \frac{(v - b)}{v} \tag{265}$$

oder mit (204)

$$\vartheta_{\mathrm{id}} = \frac{9}{8} \left(3 - \frac{1}{\varphi}\right) . \tag{265a}$$

Aus (264a) und (265a) erhält man auf dem gleichen Wege wie bei der Boyle-Kurve die Gleichung der Idealkurve in π, ϑ-Koordinaten

$$\vartheta_{\mathrm{id}} = \frac{9}{8} \left(\frac{3}{2} \pm \sqrt{\frac{9}{4} - \frac{\pi_{\mathrm{id}}}{3}}\right)$$

oder

$$\pi_{\mathrm{id}} = 8 \vartheta_{\mathrm{id}} - \frac{64}{27} \vartheta_{\mathrm{id}}^2 . \tag{266}$$

Wie aus Abb. 71 zu ersehen ist, schneidet die Idealkurve die Inversionskurve im Punkt $\pi = 6{,}75$ und $\vartheta = 1{,}69$.

Es soll jetzt noch untersucht werden, zu welcher Gestalt der Inversionskurve eine andere von den in Abschn. B VII behandelten Zustandsgleichungen führt. Wir wählen dafür die zweite Gleichung von Dieterici (233) in ihrer einfachsten Form.

Sie lautete in reduzierten Koordinaten

$$\pi = \frac{e^2 \vartheta}{2 \varphi - 1} e^{- \frac{2}{\varphi \vartheta^m}} \tag{233a}$$

Es ist daher

$$\left(\frac{\partial \pi}{\partial \vartheta}\right)_\varphi = \frac{e^2}{(2\varphi - 1)} e^{- \frac{2}{\varphi \vartheta^m}} \left(1 + \frac{2m}{\varphi \vartheta^m}\right)$$

und

$$\left(\frac{\partial \pi}{\partial \varphi}\right)_\vartheta = \frac{2 e^2 \vartheta}{(2\varphi - 1)} e^{- \frac{2}{\varphi \vartheta^m}} \left(- \frac{1}{2\varphi - 1} + \frac{1}{\varphi^2 \vartheta^m}\right) .$$

Daraus folgt

$$\left(\frac{\partial \varphi}{\partial \vartheta}\right)_\pi = -\frac{(\partial \pi/\partial \vartheta)_\varphi}{(\partial \pi/\partial \varphi)_\vartheta} = \frac{1 + \dfrac{2\,m}{\varphi\,\vartheta^m}}{2\,\vartheta\left(\dfrac{1}{2\,\varphi - 1} - \dfrac{1}{\varphi^2\,\vartheta^m}\right)}\,.$$

Die Bedingung für die Inversionskurve lautet nach Gl. (255)

$$\vartheta\left(\frac{\partial \varphi}{\partial \vartheta}\right)_\pi = \varphi\,,$$

und es wird daher

$$1 + \frac{2\,m}{\varphi\,\vartheta^m} = \frac{2\,\varphi}{2\,\varphi - 1} - \frac{2}{\varphi\,\vartheta^m}\,.$$

Daraus erhält man für die Inversionstemperatur

$$\vartheta^m_{\mathrm{inv}} = 2\,(m + 1)\,\frac{2\,\varphi - 1}{\varphi}\,. \tag{267}$$

Löst man diese Gleichung nach φ auf, dann wird

$$\varphi = \frac{2\,(m + 1)}{4\,(m + 1) - \vartheta^m_{\mathrm{inv}}}\,. \tag{267a}$$

Nun läßt sich die Zustandsgleichung (233a) auch in der Form schreiben

$$\pi\,\vartheta^{m-1} = \frac{e^2\,\vartheta^m}{(2\,\varphi - 1)}\,e^{-\frac{2}{\varphi\,\vartheta^m}}\,.$$

Setzt man auf der rechten Seite für φ den Wert nach Gl. (267a) ein und wendet man die Gleichung auf Inversionszustände an, dann wird nach einigen Umformungen

$$\pi\,\vartheta^{m-1}_{\mathrm{inv}} = [4\,(m + 1) - \vartheta^m_{\mathrm{inv}}]\,e^{\frac{2\,m + 3}{m + 1} - \frac{4}{\vartheta^m_{\mathrm{inv}}}}\,. \tag{268}$$

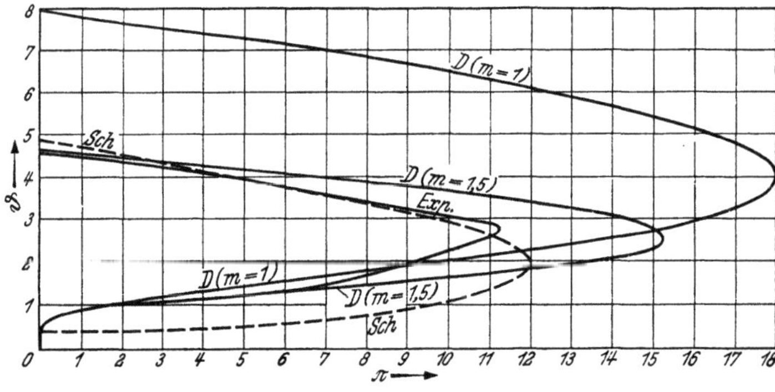

Abb. 72. Inversionskurven nach Dieterici (D) für $m = 1$ und $m = 1,5$ in Gl. (233a); Inversionskurve nach Schames (Sch) und experimenteller Verlauf der Inversionskurve (Exp).

Das ist die gesuchte Inversionskurve von Dieterici, die in Abb. 72 für zwei Fälle dargestellt ist, und zwar für $m = 1$ und $m = 1,5$[1]. Daneben ist noch

[1] Die Inversionskurve für $m = 1$ ist von Noell [Forschungsheft VDI Nr. 184 (1916) S. 42] nicht ganz richtig gezeichnet und wurde in dieser Gestalt auch von O. C. Bridgeman [Phys. Rev. Bd. 34 (1929) S. 530] übernommen. — Auch W. C. McLewis (A System of Physical Chemistry, Bd. II, Thermodynamics, 2. Aufl., S. 67) hat den unteren Ast der Inversionskurve für $m = 1,5$ bei unterkritischen Drücken nicht ganz richtig dargestellt. — Diese Abbildung hat R. H. Fowler (Statistische Mechanik. Leipzig: Akad. Verl.-Ges. 1931) auf S. 231 übernommen.

einmal die experimentelle Inversionskurve für Luft aus Abb. 71 eingetragen. Wie man sieht, erhält man bei nicht zu hohen Drücken (etwa bis $\pi = 6$) und tiefen Temperaturen einen sehr guten Anschluß an die Versuchswerte. Ferner stimmt für $m = 1,5$ auch die Inversionstemperatur $\vartheta_{inv} = 4,64$ bei $\pi \to 0$ mit dem experimentellen Wert ($\varphi = 4,65$ bis $4,80$) für Luft sehr gut überein. Im mittleren Verlauf bestehen jedoch noch erhebliche Abweichungen, die berechneten Höchstdrücke liegen weit über den experimentellen Werten. Es muß allerdings betont werden, daß dieser Teil der experimentellen Kurve nicht durch direkte Messungen des JOULE-THOMSON-Effekts belegt ist, sondern sich auf eine allerdings plausible Berechnung von JAKOB stützt[1], die ihrerseits auf den von AMAGAT gemessenen P, v, T-Werten beruht.

Schließlich ist in Abb. 72 noch die Inversionskurve nach SCHAMES gestrichelt eingetragen[2], die der Gleichung

$$\vartheta = \frac{8}{27}\left(8,667 - \frac{2}{9}\,\pi \pm 7,533\,\sqrt{1 - \frac{\pi}{12}}\,\right)$$

entspricht.

Wir wollen jetzt die Lage der charakteristischen Punkte auf einer realen Isobare verfolgen, die der VAN DER WAALSschen Gleichung entspricht. In Abb. 73

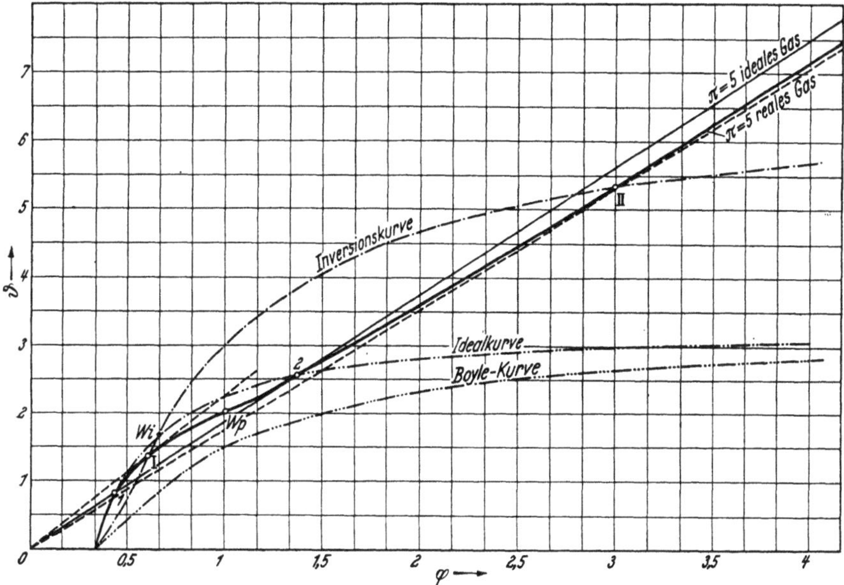

Abb. 73. Verlauf der Isobare $\pi = 5$ für ein ideales Gas und für ein VAN DER WAALSsches Gas im ϑ, φ-Diagramm. Lage der BOYLE-Kurve, der Idealkurve und der Inversionskurve.

ist in einem φ, ϑ-Koordinatensystem der Verlauf der idealen und der realen Isobare für den Parameter $\pi = 5$ eingetragen. Die dünn gezeichnete ideale Isobare verläuft als gerade Linie durch den Koordinatenanfangspunkt. Die dicker ausgezogene reale Isobare beginnt bei $\vartheta = 0$ und $\varphi = b/v_k = \frac{1}{3}$ und verläuft zunächst konvex. Bei $\varphi = 1$ haben sämtliche VAN DER WAALSschen Isobaren einen Wendepunkt W_p, denn durch zweimalige Differentiation der

---

[1] JAKOB, M.: VDI-Forsch.-Heft 202, S. 24. Berlin 1917.
[2] SCHAMES, L.: Elster- u. Geitel-Festschrift S. 287. Braunschweig: Vieweg 1915.

reduzierten Zustandsgleichung (213)

$$\vartheta = \frac{3}{8}\left(\pi + \frac{3}{\varphi^2}\right)\left(\varphi - \frac{1}{3}\right)$$

erhält man

$$\left(\frac{\partial^2 \vartheta}{\partial \varphi^2}\right)_\pi = \frac{9}{4\,\varphi^3}\left(1 - \frac{1}{\varphi}\right).$$

Für $\varphi = 1$ wird also für jeden Wert von π der Wert $\left(\frac{\partial^2 \vartheta}{\partial \varphi^2}\right)_\pi = 0$, was die
Bedingung für einen Wendepunkt ist. Für die Isobare $\pi = 5$ in Abb. 73 ist es
der Punkt W_p. Im weiteren Verlauf wird die reale Isobare konkav, die Krümmung nimmt aber mit wachsendem Volum rasch ab.

In Abb. 73 ist die Inversionskurve nach Gl. (258a) eingezeichnet. Auch diese
Kurve hat einen Wendepunkt, der mit W_i bezeichnet ist. Die Inversionskurve
schneidet die reale Isobare in den beiden Punkten I und II — den zu dem
Druck $\pi = 5$ zugeordneten Inversionspunkten; die entsprechenden Inversionstemperaturen können auf der Ordinatenachse abgelesen werden. Entsprechend
der Bedingung für die Inversion

$$\left(\frac{\partial \varphi}{\partial \vartheta}\right)_\pi = \frac{\varphi}{\vartheta}$$

gehen die Tangenten an die Isobare in den Punkten I und II durch den Koordinatenanfangspunkt. Zwischen den beiden Inversionspunkten ist

$$\left(\frac{\partial \varphi}{\partial \vartheta}\right)_\pi > \frac{\varphi}{\vartheta},$$

und daher tritt in diesem Gebiet nach Gl. (254a) bei der Drosselung stets eine
Abkühlung ein. Links vom Zustand I und rechts vom Zustand II treten dagegen
Erwärmungen auf.

Es folgt daraus, daß in dem ganzen Gebiet, das in den Abb. 71 oder 72
zwischen der Inversionskurve und der Ordinatenachse eingeschlossen ist, bei
der Drosselung eine Abkühlung eintritt, daß dagegen außerhalb dieses Gebietes
Erwärmungen zu beobachten sein werden. Wir werden uns zunächst mit dem
Hinweis begnügen, daß fast alle realen Gase bei niedrigen Drücken und Zimmertemperatur einen wenn auch nur geringen Abkühlungseffekt δ_i bei der Drosselung
ergeben. Bei Wasserstoff dagegen, dessen kritische Temperatur bei etwa $T_k = 33\,°\mathrm{K}$
liegt, entspricht der Zimmertemperatur ein Wert $\vartheta \approx 9$, der außerhalb der
Inversionskurve liegt. Daher kann man bei der Drosselung von Wasserstoff
eine Erwärmung beobachten. In noch höherem Maße gilt das Gesagte für Helium.

In Abb. 73 ist ferner die Idealkurve nach Gl. (265a) dargestellt; sie wird
durch einen Hyperbelast dargestellt. Die Idealkurve schneidet die reale Isobare
in den beiden Punkten 1 und 2, die zugleich Schnittpunkte der realen und der
idealen Isobare sind.

Schließlich ist in Abb. 73 auch noch die BOYLE-Kurve nach Gl. (261a)
eingezeichnet, die bei $\varphi = \frac{1}{2}$ einen Wendepunkt hat. Die betrachtete Isobare
$\pi = 5$ schneidet die BOYLE-Kurve nicht, sie besitzt also keine BOYLE-Punkte.
Solche Punkte findet man erst bei $\pi < 3{,}375$, wie aus Abb. 71 zu erkennen ist.

Der Verlauf einer VAN DER WAALSschen Isobare kann natürlich auch in
Abb. 71 verfolgt werden, wo sie als senkrechte Gerade erscheint. Die Isobare
$\pi = 5$ schneidet auch hier die BOYLE-Kurve nicht mehr, und die Reihenfolge
der Schnittpunkte der Isobare mit der Idealkurve und der Inversionskurve ist
die gleiche wie in Abb. 73.

2. Die Ergebnisse von Drosselversuchen.

Die elementare Abkühlung $\delta_i = \left(\dfrac{\partial T}{\partial P}\right)_i$ stellt genau genommen das Verhältnis der unendlich kleinen Temperaturänderung zur unendlich kleinen Drucksenkung bei der Drosselung dar. Praktisch wird aber darunter die Temperatursenkung beim Druckabfall um 1 ata verstanden.

Die ersten Drosselversuche wurden von Thomson und Joule mit Luft, N_2, O_2, CO_2 und H_2 durchgeführt[1]. Sie arbeiteten mit Anfangsdrücken von höchstens 6 ata und entspannten auf 1 ata bei Temperaturen von 4 bis 100° C. Sie haben also strenggenommen nicht den elementaren Kühleffekt δ_i, sondern den integralen Kühleffekt $\varDelta_i$ gemessen (s. S. 209); aber bei so niedrigen Drücken ist $\varDelta_i$ dem Druckabfall proportional, und es ist daher $\delta_i = \dfrac{\varDelta_i}{p_a - p_e}$, wenn p_a den Anfangsdruck und p_e den Enddruck bedeutet.

Thomson und Joule fanden, daß δ_i umgekehrt proportional dem Quadrat der absoluten Temperatur ist

$$\delta_i = \left(\frac{\partial T}{\partial P}\right)_i = \frac{a}{T^2}, \qquad (269)$$

wobei a eine individuelle Konstante ist. Eine Ausweitung der Temperatur und Druckgrenzen bei den Versuchen hat aber später gezeigt, daß Gl. (269) durch ein viel verwickelteres Gesetz zu ersetzen ist. So zeigte E. Vogel[2], daß die elementare Abkühlung von Luft und Sauerstoff bei Drücken bis 150 ata in einem engen Temperaturbereich durch die Formel

$$\delta_i = \left(\frac{\partial T}{\partial P}\right)_i = \frac{a - b\,P}{T^2} \qquad (269\,\text{a})$$

dargestellt werden kann. Die elementare Abkühlung nimmt also mit wachsendem Druck ab und kann bei genügend hohem Druck durch den Wert Null gehen und sogar negativ werden (Erwärmung). Die gleiche Gesetzmäßigkeit hatte schon früher Kester für CO_2 gefunden[3].

Noell hat die Versuche Vogels mit Luft in einem viel weiteren Temperaturbereich (von −55 bis +250° C) fortgesetzt und seine Ergebnisse in der Formel

$$\delta_i = \frac{A_1}{T} + \frac{B_1}{T^2} + \frac{C_1}{T^3} + D_1 - \left(\frac{A_2}{T} + \frac{B_2}{T^2} + \frac{C_2}{T^3} + D_2\right) p \qquad (269\,\text{b})$$

zusammengefaßt[4]. Für p in ata und δ_i in °C/ata haben die Konstanten folgende Werte:

$$A_1 = 50{,}1, \qquad A_2 = -0{,}0297,$$
$$B_1 = 14830, \qquad B_2 = 1{,}674,$$
$$C_1 = 366000, \qquad C_2 = 19093,$$
$$D_1 = -0{,}122, \qquad D_2 = 0{,}0000157.$$

Hausen hat in einer abschließenden Arbeit mit Luft den Temperaturbereich bis −175° C und den Druckbereich bis 200 ata ausgedehnt[5]. Seine ausgeglichenen Meßergebnisse sind in den Abb. 74 und 75 dargestellt. In Abb. 74 ist δ_i über T aufgetragen, und es sind Linienzüge von konstantem Druck dargestellt; dagegen

---

[1] Thomson, W., u. J. P. Joule: Phil. Trans. roy. Soc. Lond. 1853, S. 357; 1854, S. 321; 1862, S. 579.

[2] Vogel, E.: Forsch.-Arb. Ing.-Wes. Heft 108/109, S. 1. Berlin: VDI-Verlag 1911.

[3] Kester: Phys. Z. Bd. 6 (1905) S. 44.

[4] Noell, F.: Forsch.-Arb. Ing.-Wes. Heft 184. Berlin: VDI-Verlag 1916.

[5] Hausen, H.: Forsch.-Arb. Ing.-Wes. Heft 274. Berlin: VDI-Verlag 1926.

ist in Abb. 75 δ_i über P aufgetragen, und es ist eine Schar von Isothermen gezeichnet. In beiden Abbildungen ist außerdem die Grenzkurve mit dem kritischen Punkt eingetragen. Wie man sieht, ist das Verhalten sehr verwickelt

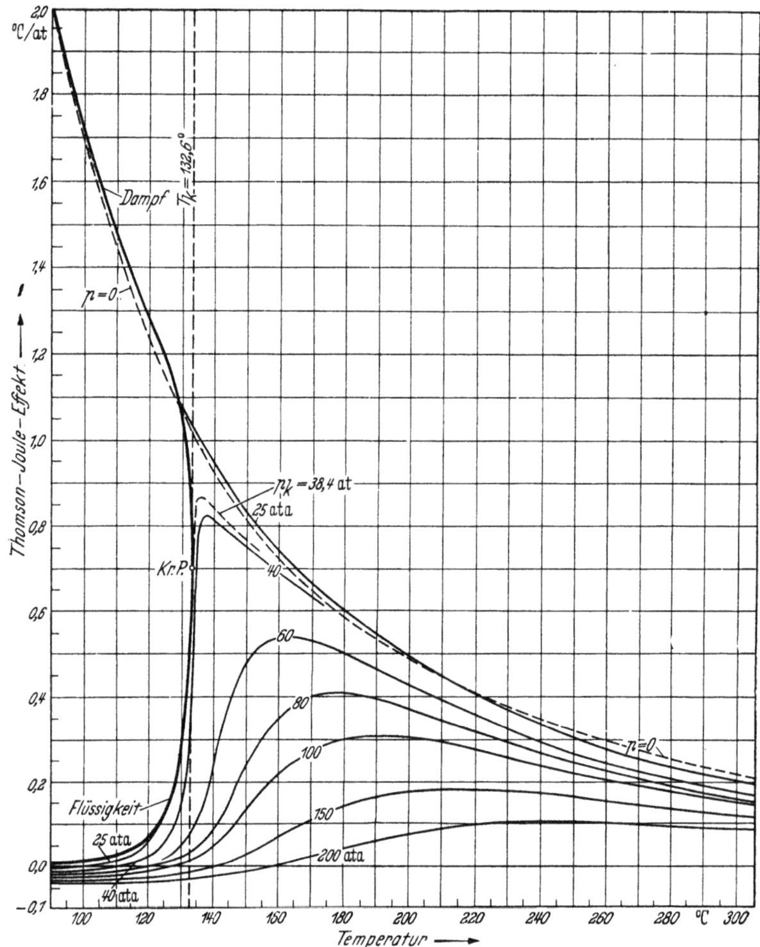

Abb. 74. Werte des elementaren THOMSON-JOULE-Effektes als Funktion der Temperatur bei verschiedenen Drücken (nach HAUSEN).

und kaum durch eine einfache Formel darstellbar. Man erkennt aus den Darstellungen, daß δ_i bei unterkritischen Drücken ($p < 38,4$ ata) mit sinkender Temperatur bis zum Beginn der Verflüssigung ständig zunimmt. Bei überkritischen Drucken wächst δ_i mit sinkender Temperatur zunächst bis zu einem Höchstwert an und fällt dann um so steiler ab, je weniger sich der Druck vom kritischen unterscheidet. Bei sehr tiefen Temperaturen, hauptsächlich im Gebiet der flüssigen Luft, hat HAUSEN eine schwache Erwärmung bei der Drosselung gemessen. Seine Inversionspunkte waren bereits in Abb. 71 eingetragen.

Umfangreiche Messungen des elementaren Kühleffekts von Luft hat ferner ROEBUCK bei Temperaturen von 0 bis 280° C und bei Drücken von 1 bis 230 ata durchgeführt[1].

---

[1] ROEBUCK, J. R.: Proc. Amer. Acad. Arts Sci. Bd. 60 (1925) S. 537.

Es ist wichtig, festzustellen, daß das allgemeine Verhalten des elementaren Kühleffekts durch die van der Waalssche Zustandsgleichung qualitativ richtig wiedergegeben wird und daß selbst die zahlenmäßige Übereinstimmung bei nicht

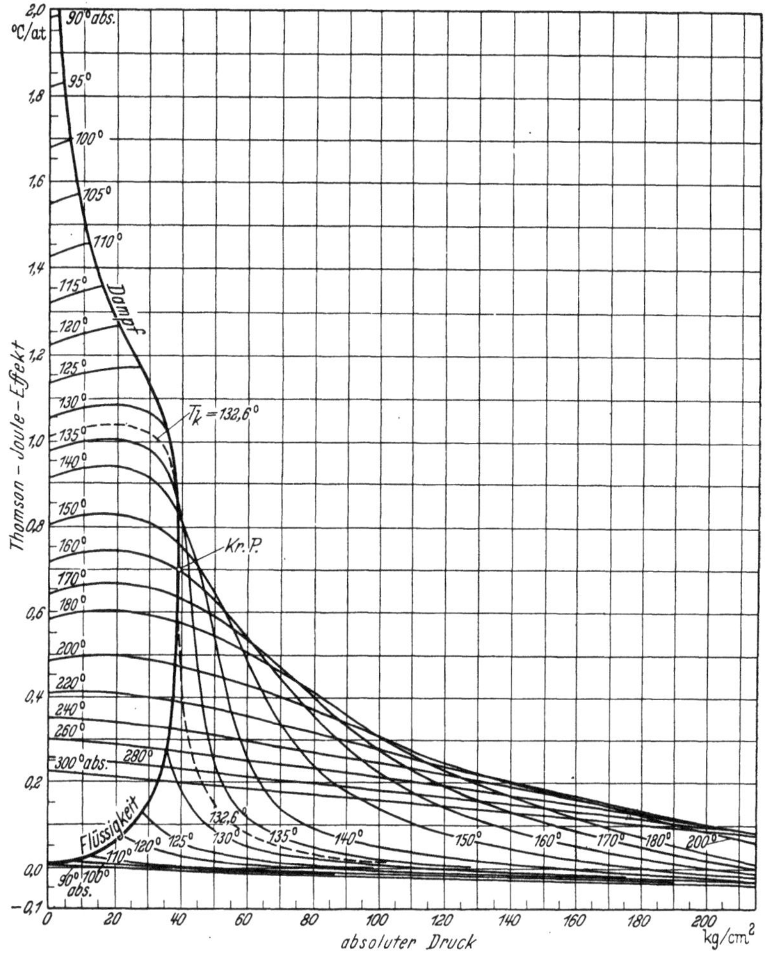

Abb. 75. Werte des elementaren Thomson-Joule-Effektes als Funktion des Drucks bei verschiedenen Temperaturen (nach Hausen).

zu hohen Drücken befriedigend ist, worauf besonders Schüle hingewiesen hat[1]. Wir wollen diese Zusammenhänge hier kurz erwähnen. Aus Gl. (257a) folgt

$$\left(\frac{\partial v}{\partial T}\right)_P = \frac{v - b}{T - \dfrac{2a(v-b)^2}{R\,v^3}}$$

oder in reduzierten Koordinaten mit $a = \dfrac{27}{8}\,R\,b\,T_k = \dfrac{9}{8}\,R\,T_k\,v_k$ [vgl. Gl. (204)]

$$\left(\frac{\partial \varphi}{\partial \vartheta}\right)_\pi = \frac{1}{3}\,\frac{(3\varphi - 1)}{\vartheta - \dfrac{1}{4}\dfrac{(3\varphi - 1)^2}{\varphi^3}}\,. \tag{270}$$

---

[1] Schüle, W.: Techn. Thermodynamik, 2. Aufl., Bd. II, S. 61. Berlin: Springer 1914.

Daher wird

$$\vartheta\left(\frac{\partial\varphi}{\partial\vartheta}\right)_\pi - \varphi = -\frac{1}{3}\frac{\vartheta - \frac{3}{4}\left(3 - \frac{1}{\varphi}\right)^2}{\vartheta - \frac{1}{4\varphi}\left(3 - \frac{1}{\varphi}\right)^2}. \tag{270a}$$

Nun folgt aus Gl. (254a):

$$\delta_i = \left(\frac{\partial T}{\partial P}\right)_i = \frac{A\,v_k}{c_p}\left[\vartheta\left(\frac{\partial\varphi}{\partial\vartheta}\right)_\pi - \varphi\right]$$

und daher

$$\left(\frac{\partial\vartheta}{\partial\pi}\right)_i = \frac{A}{c_p}\frac{P_k v_k}{T_k}\left[\vartheta\left(\frac{\partial\varphi}{\partial\vartheta}\right)_\pi - \varphi\right].$$

Für die VAN DER WAALSsche Zustandsgleichung ist aber nach Gl. (204a) $P_k v_k/T_k = 3\,R/8$ und daher mit Gl. (270a)

$$\left(\frac{\partial\vartheta}{\partial\pi}\right)_i = \delta_i\frac{P_k}{T_k} = -\frac{1}{8}\frac{A\,R}{c_p}\frac{\vartheta - \frac{3}{4}\left(3 - \frac{1}{\varphi}\right)^2}{\vartheta - \frac{1}{4\varphi}\left(3 - \frac{1}{\varphi}\right)^2}. \tag{271}$$

Im Bereich nicht zu hoher Drücke sind die Gesetze idealer Gase nahezu erfüllt; c_p ist unabhängig vom Druck, und es kann $c_p - c_v = A\,R$ gesetzt werden. Dann ist in Gl. (271)

$$\frac{A\,R}{c_p} = \frac{\varkappa_0 - 1}{\varkappa_0}, \tag{271a}$$

wobei sich $\varkappa_0 = c_p/c_v$ auf den idealen Gaszustand bezieht.

Für Luft ist $\varkappa_0 = 1{,}4$, $p_k = 38{,}4$ ata und $T_k = 132{,}6°$. Bei geringen Dichten ist ferner angenähert $\varphi = 8\,\vartheta/3\,\pi$. Es soll nun beispielsweise der elementare Kühleffekt bei $p = 6$ ata und $t = 0°$ C berechnet werden. Mit $\pi = \dfrac{6}{38{,}4} = 0{,}156$ und $\vartheta = \dfrac{273}{132{,}6} = 2{,}06$ wird $\varphi = \dfrac{8}{3}\dfrac{2{,}06}{0{,}156} = 35{,}2$. Mit den Gl. (271) und (271a) findet man

$$\delta_i = -\frac{132{,}6}{38.4}\frac{1}{8}\frac{0{,}4}{1.4}\frac{[2{,}06 - 0{,}75\,(3 - 0{,}0284)^2]}{[2{,}06 - 0{,}25\cdot0{,}0284\,(3 - 0{,}0284)^2]} = 0{,}281° \text{ C/ata.}$$

Gemessen wurde von THOMSON und JOULE $\delta_i = 0{,}267$ und von NOELL $\delta_i = 0{,}272$.

Bei so großen Werten von φ läßt sich Gl. (271) noch wesentlich vereinfachen, da man $1/\varphi$ gegen 3 vernachlässigen kann. Es gilt dann angenähert

$$\delta_i = \frac{1}{8}\frac{\varkappa_0 - 1}{\varkappa_0}\frac{T_k}{p_k}\left(\frac{27}{4\,\vartheta} - 1\right) \tag{272}$$

Mit den Zahlen des gewählten Beispiels findet man dabei den gleichen Wert $\delta_i = 0{,}281$ wie oben. Gl. (272) kann man offenbar in der Form

$$\delta_i = \frac{\alpha}{T} - \beta \tag{272a}$$

schreiben, wobei α und β für jeden Stoff individuelle Konstanten sind. Es ist interessant, festzustellen, daß nach ROSE-INNES[1] die Messungen von THOMSON und JOULE an Luft, CO_2 und H_2 sich durch eine Gleichung von der Form (272a) zum Teil noch besser darstellen lassen als durch Gl. (269).

Bei hohen Drücken gilt Gl. (271a) nicht mehr, und an die Stelle von $c_p - c_v = A\,R$ tritt Gl. (193)

$$c_p - c_v = A\,T\left(\frac{\partial P}{\partial T}\right)_v\left(\frac{\partial v}{\partial T}\right)_P,$$

---

[1] ROSE-INNES: Phil. Mag. (5) Bd. 45 (1898) S. 227.

wobei c_p jetzt sowohl von T wie auch von P abhängt. Dagegen haben wir nachgewiesen (s. S. 162), daß die VAN DER WAALSsche Gleichung zu dem (praktisch nicht zutreffenden) Ergebnis führt, daß c_v nur von T abhängt und daher stets den Wert c_{v_0} behält, den es im idealen Gaszustand hat.

In reduzierten Koordinaten wird daher

$$c_p - c_{v_0} = \frac{3}{8} A R \vartheta \left(\frac{\partial \pi}{\partial \vartheta}\right)_\varphi \left(\frac{\partial \varphi}{\partial \vartheta}\right)_\pi .$$

Mit Gl. (270) und $\left(\dfrac{\partial \pi}{\partial \vartheta}\right)_\varphi = \dfrac{8}{3\varphi - 1}$ wird

$$c_p - c_{v_0} = A R \frac{\vartheta}{\vartheta - \dfrac{1}{4} \dfrac{(3\varphi - 1)^2}{\varphi^3}} .$$

Zieht man hiervon die Gleichung

$$c_{p_0} - c_{v_0} = A R$$

ab, dann wird

$$c_p - c_{p_0} = A R \frac{\dfrac{1}{4} \dfrac{(3\varphi - 1)^2}{\varphi^3}}{\vartheta - \dfrac{1}{4} \dfrac{(3\varphi - 1)^2}{\varphi^3}} \tag{273}$$

und

$$\frac{c_p}{c_{p_0}} = 1 + \frac{\varkappa_0 - 1}{\varkappa_0} \frac{\dfrac{1}{4} \dfrac{(3\varphi - 1)^2}{\varphi^3}}{\vartheta - \dfrac{1}{4} \dfrac{(3\varphi - 1)^2}{\varphi^3}} \tag{273a}$$

In der allgemeingültigen Gl. (271) wird jetzt

$$\frac{A R}{c_p} = \frac{A R}{c_{p_0}} \frac{c_{p_0}}{c_p} = \frac{\varkappa_0 - 1}{\varkappa_0} \frac{c_{p_0}}{c_p} .$$

Setzt man diesen Wert unter Beachtung von Gl. (273a) in Gl. (271) ein, dann erhält man nach einigen Umformungen

$$\delta_i = -\frac{1}{8} \frac{\varkappa_0 - 1}{\varkappa_0} \frac{T_k}{p_k} \frac{\vartheta - \dfrac{3}{4}\left(3 - \dfrac{1}{\varphi}\right)^2}{\vartheta - \dfrac{1}{4\varkappa_0\varphi}\left(3 - \dfrac{1}{\varphi}\right)^2} . \tag{274}$$

Das ist der allgemeingültige Ausdruck für δ_i, auf den die VAN DER WAALSsche Gleichung führt. W. SCHÜLE[1] hat durch graphische Darstellungen gezeigt, daß Gl. (274) die später auf experimentellem Wege gefundenen Gesetzmäßigkeiten für $\delta_i = f(P, T)$ qualitativ richtig wiedergibt. Der Verlauf der Isobaren und Isothermen von δ_i ist dem in den Abb. 74 und 75 dargestellten durchaus ähnlich.

Eine zahlenmäßig befriedigende Übereinstimmung mit den gemessenen Werten von δ_i erhält man in recht weiten Gebieten mit Hilfe der Zustandsgleichung (241) von BEATTIE-BRIDGEMAN. Für die Ableitung der Formeln sei auf die Arbeiten von BRIDGEMAN[2] und BEATTIE[3] verwiesen. Mit denselben Bezeichnungen wie in den Gl. (241), (241a) und (242a) findet man

$$\delta_i \frac{c_p}{A} = T \left(\frac{\partial v}{\partial T}\right)_P - v$$

$$= \frac{(-B_0 + 2A_0/RT + 4c/T^3) + (2B_0 b - 3A_0 a/RT + 5B_0 c/T^3) v - 6B_0 c/T^3 v^2}{1 + 2\beta/RT v + 3\gamma/RT v^2 + 4\delta/RT v^3} \tag{275}$$

[1] a. a. O. S. 70 und 72 (Fig. 29 und 30).

[2] BRIDGEMAN, O.: Phys. Rev. Bd. 34 (1929) S. 527.

[3] BEATTIE, J. A.: J. Math. Phys. Bd. 9 (1930) Nr. 1 S. 11 — Phys. Rev. Bd. 35 (1930) S. 643.

dabei ist

$$c_p = c_{p_0} - A R + \frac{A R c}{v\, T^3} \left(6 + \frac{3 B_0}{v} - \frac{2 B_0\, b}{v^2} \right) +$$
$$+ \frac{A R [1 + (B_0 + 2 c/T^3)/v + (- B_0\, b + 2 B_0\, c/T^3)/v^2 - 2 B_0\, b\, c/T^3\, v^3]^2}{1 + 2\beta/R\,T\,v + 3\gamma/R\,T\,v^2 + 4\delta/R\,T\,v^3} \qquad (276)$$

Aus diesen beiden Formeln kann δ_i berechnet werden. Die Rechnung wurde von BRIDGEMAN für Luft und von BEATTIE für NH_3 durchgeführt. Für Ammoniak haben die Konstanten folgende Werte, wenn man den Druck in Atm (760 Torr), das Volum in l/kg und die Temperatur in °K mißt[1]:

$$R = 4{,}81824; \qquad A_0 = 3000; \qquad a = 51{,}5,$$
$$B_0 = 0{,}45; \qquad b = 131; \qquad c = 360 \cdot 10^6.$$

Die Werte von β, γ und δ sind nach den Gl. (242a) zu berechnen.

Die berechneten Werte von δ_i sind in Tab. 25 mit den Meßwerten des Bureau of Standards für Ammoniak[2] verglichen.

Tabelle 25. *Elementarer* JOULE-THOMSON-*Effekt für* NH_3. *Vergleich gemessener Werte mit berechneten nach Gl. (275) und (276).*

Temperatur °C	Druck ata	δ_i in °C/ata		Abweichung in %
		berechnet	gemessen	
144,95	1,02	0,92	0,95	3,2
144,95	3,16	0,91	0,94	3,2
110,05	2,05	1,26	1,235	− 2,0
110,05	14,2	1,25	1,185	− 5,5
52,50	1,73	1,98	2,05	3,5
52,50	3,14	2,04	2,03	− 0,5
30,15	2,08	2,49	2,54	2,0
30,15	9,68	2,63	2,41	− 8,4
− 5,00	0,53	3,96	3,75	− 5,2
− 5,00	3,38	4,02	3,63	− 9,5
−18,22	0,53	5,01	4,36	−13,0

Bei Temperaturen unter 30° ist die Übereinstimmung nicht mehr befriedigend.

Geht man nicht von der ursprünglichen Zustandsgleichung (241) von BEATTIE und BRIDGEMAN aus, sondern von der angenäherten Gl. (252), die in die Form $v = \psi(P, T)$ gebracht wurde, dann erhält man an Stelle der Gl. (275) und (276) folgende Ausdrücke:

$$\frac{\delta_i c_p}{A} = \left[- B_0 + \frac{2 A_0}{R T} + \frac{4 c}{T^3} \right] + \left[\frac{2 B_0\, b}{R T} - \frac{3 A_0\, a}{R^2\, T^2} + \frac{5 B_0\, c}{R T^4} \right] p -$$
$$- \left[\frac{6 B_0\, b\, c}{R^2\, T^5} \right] p^2 \qquad (275\,a)$$

und

$$c_p = c_{p_0} + \left[\frac{2 A_0}{R\, T^2} + \frac{12 c}{T^4} \right] p + \left[\frac{B_0\, b}{R\, T^2} - \frac{3 A_0\, a}{R^2\, T^3} + \frac{10 B_0\, c}{R\, T^5} \right] p^2 -$$
$$- \left[\frac{10 B_0\, b\, c}{R^2\, T^6} \right] p^3 . \qquad (276\,a)$$

Bei nicht sehr hohen Drücken können in diesen beiden Gleichungen die Glieder mit p^2 und p^3 vernachlässigt werden. Man bekommt dabei immer noch

---

[1] Die Werte der Konstanten sind hierbei von den in Tab. 21 verschieden, weil dort das Volum in Litern je Mol eingesetzt wurde.

[2] OSBORNE, STIMSON, SLIGH u. CRAGOE: Sci. Pap. Bur. Stand. Bd. 20 (1924/26) S. 65. — Vgl. auch CRAGOE: Refrig. Engng. Bd. 12 (1925) S. 131.

eine befriedigende Übereinstimmung mit den Versuchswerten für Luft und NH_3[1]. Nach Gl. (275a) ohne das Glied mit p^2 lautet die Gleichung der Inversionskurve ($\delta_i = 0$)

$$p = \frac{-B_0 + 2A_0/R\,T + 4c/T^3}{2B_0\,b/R\,T - 3A_0\,a/R^2\,T^2 + 5B_0\,c/R\,T^4}\;.$$

Die Inversionstemperatur für den Druck $p = 0$ folgt dann aus der Gleichung

$$-B_0 + \frac{2A_0}{R\,T} + \frac{4c}{T^3} = 0\,.$$

Beattie zeigte[1], daß die so berechnete Inversionskurve die Versuchsergebnisse von Roebuck für Luft recht gut wiedergibt.

3. Der isotherme Drosseleffekt.

An Stelle des elementaren Joule-Thomson-Effekts δ_i wurde verschiedentlich der sog. *isotherme Drosseleffekt* gemessen. Man versteht darunter die Wärmemenge, die an der Drosselstelle zugeführt werden muß, um den durch die Drosselung bedingten Kühleffekt gerade aufzuheben.

Da die Enthalpie bei der Drosselung konstant bleibt, so bedeutet die zur Aufrechterhaltung der Temperatur zugeführte Wärmemenge offenbar den isothermen Zuwachs an Enthalpie Δi_T hinter der Drosselstelle, den man nach Meissner[2] als *isothermen Drosseleffekt* bezeichnet. Wir wollen ihn genauer den *integralen* isothermen Drosseleffekt nennen. Dieser Zuwachs ist offenbar nur durch den Druckabfall ΔP bei der Drosselung bedingt. Der Versuch liefert daher auch die Größe $-\left(\dfrac{\Delta i}{\Delta P}\right)_T$ oder im Grenzfall $\varepsilon = -\left(\dfrac{\partial i}{\partial P}\right)_T$. Diese Größe wollen wir als den *elementaren* isothermen Drosseleffekt bezeichnen. Da $\left(\dfrac{\partial i}{\partial T}\right)_P = c_p$ immer positiv ist, so folgt aus Gl. (254), daß ε stets das gleiche und $\left(\dfrac{\partial i}{\partial P}\right)_T$ stets das entgegengesetzte Vorzeichen hat wie δ_i. Der Zusammenhang lautet dann

$$\varepsilon = c_p\,\delta_i. \tag{277}$$

Ist also die Drosselung mit einer Abkühlung verbunden, was in der Regel der Fall ist, dann ist δ_i positiv, und es muß daher $\left(\dfrac{\partial i}{\partial P}\right)_T$ negativ sein; es nimmt also die Enthalpie bei konstanter Temperatur in der Regel mit dem Druck ab. In denjenigen Zustandsgebieten aber, wo bei der Drosselung eine Erwärmung auftritt, nimmt die Enthalpie auf einer Isotherme mit wachsendem Druck zu. Aus Gl. (254) erkennt man ferner, daß, wenn $\delta_i = 0$ wird, auch $\left(\dfrac{\partial i}{\partial P}\right)_T = 0$ werden muß. Die Inversionskurve des elementaren Joule-Thomson-Effekts fällt also mit der Inversionskurve des isothermen Drosseleffekts zusammen.

Diese Verhältnisse übersieht man am besten in einem Mollier-i, P-Diagramm (s. S. 137). Ein solches ist für Luft in Abb. 76 wiedergegeben[3]. Wie man aus dem Verlauf der Isothermen erkennt, ist die Enthalpie im Gasgebiet bei niedrigen

---

[1] Beattie, J. A.: Phys. Rev. Bd. 35 (1930) S. 643.

[2] Meissner, W.: Handbuch d. Physik, hrsg. von Geiger u. Scheel, Bd. 11, S. 300. Berlin: Springer 1926.

[3] Seligmann, A.: Z. ges. Kälteind. Bd. 29 (1922) S. 78 Bild 40. Die experimentellen Unterlagen, die dem Entwurf dieses Diagramms zugrunde lagen, entsprechen nicht mehr dem neuesten Stand. An dem allgemeinen Verlauf der Kurven und den daraus gezogenen Schlüssen ändert das aber nichts.

Drücken praktisch unabhängig vom Druck. Mit wachsendem Druck nimmt die Enthalpie dann zunächst ab, erreicht ein Minimum, für welches $\left(\dfrac{\partial i}{\partial P}\right)_T = 0$

ist, und nimmt dann bei weiterem Druckanstieg zu. Die Minimalpunkte, in denen die Isothermen eine senkrechte Tangente haben, sind Inversionspunkte, und die punktierte Verbindungslinie aller dieser Punkte ist die elementare Inversionskurve.

BUCKINGHAM hat als einer der ersten auf die Wichtigkeit der Messung des isothermen Drosseleffekts hingewiesen[1]. DOUGLAS und RUDGE haben diesen Effekt bei CO_2 gemessen, wobei sie von flüssiger Kohlensäure ausgingen[2]. MEISSNER machte zuerst darauf aufmerksam, daß der isotherme Drosseleffekt für die Leistung des LINDEschen Gasverflüssigungsverfahrens maßgebend ist[3], worauf wir zurückkommen werden (s. S. 219). Eine Apparatur zur Messung des isothermen

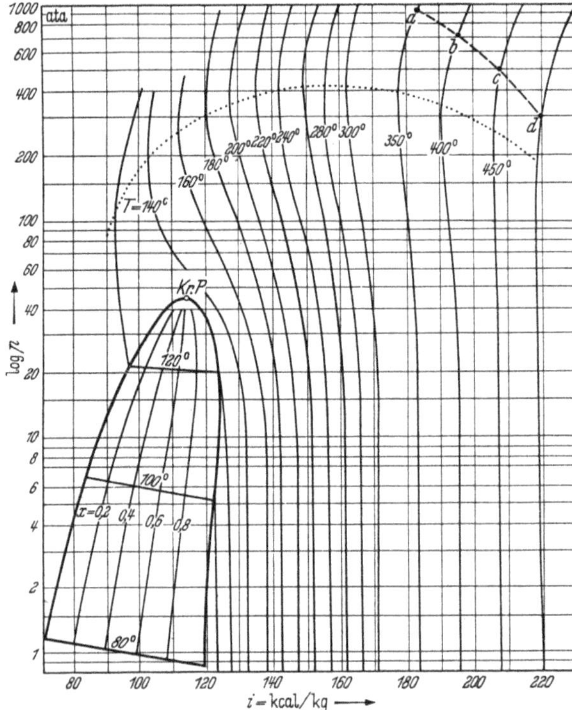

Abb. 76. Verlauf der Isothermen für Luft im $i, \log p$-Diagramm (nach SELIGMANN). Elementare Inversionskurve punktiert, integrale Inversionskurve gestrichelt.

Drosseleffekts wurde von EUCKEN und BERGER entwickelt und durch Messungen an Methan erprobt[4].

4. Die Abkühlung verdichteter Gase durch Leistung innerer oder äußerer Arbeit.

Bei der Entspannung verdichteter Gase tritt im allgemeinen eine Abkühlung auf[5]. Die Entspannung kann auf verschiedene Weise vorgenommen werden, wobei eine Wärmeeinwirkung von außen ausgeschlossen sein möge, der Prozeß also adiabat geführt werde. Wenn bei der Entspannung die größtmögliche Arbeit gewonnen werden soll, dann muß der Prozeß isentrop, d. h. längs einer umkehrbaren Adiabate verlaufen. Den anderen Grenzfall bildet der völlige Verzicht auf eine Nutzarbeit, wir haben dann den Fall der Drosselung. Die

---

[1] BUCKINGHAM: Phil. Mag. (6) Bd. 6 (1903) S. 518.

[2] DOUGLAS u. RUDGE: Phil. Mag. (6) Bd. 18 (1909) S. 159.

[3] MEISSNER, W.: Handbuch d. Physik, hrsg. von GEIGER u. SCHEEL, B. 11, S. 300. Berlin: Springer 1926 — Z. Phys. Bd. 18 (1923) S. 12.

[4] EUCKEN, A., u. W. BERGER: Z. techn. Phys. Bd. 13 (1932) S. 267; Bd. 15 (1934) — Z. ges. Kälteind. Bd. 41 (1934) S. 145.

[5] Diejenigen Fälle, in denen bei der Drosselung eine Erwärmung auftritt, lassen wir hier außer Betracht, da sie technisch belanglos sind.

Abkühlung ist dann eine Folge der Leistung innerer Arbeit für die Überwindung der VAN DER WAALSschen Kohäsionskräfte zwischen den Molekülen. Neben dieser inneren Arbeit wird bei der Drosselung allerdings noch eine äußere Verschiebungsarbeit von der Größe $P_1 v_1 - P_2 v_2$ geleistet, wobei sich die Indizes 1 und 2 auf die Zustände vor und nach der Drosselung beziehen.

Die technische Gasverflüssigung macht von diesen beiden Verfahren Gebrauch. Die umkehrbare adiabate Expansion liegt dem Verfahren von G. CLAUDE zugrunde, die nichtumkehrbare Drosselung dem Verfahren von C. VON LINDE und HAMPSON. Diese beiden Verfahren werden im Band VIII dieses Handbuchs eingehend behandelt werden. An dieser Stelle begnügen wir uns mit der Klärung der thermodynamischen Zusammenhänge.

Man ist von vornherein geneigt, der umkehrbaren adiabaten Expansion den Vorzug zu geben, weil hierbei nicht nur ein stärkerer Kühleffekt auftritt, sondern auch die Verwertung der geleisteten Arbeit möglich ist. Wird z. B. Luft von 2 ata und Zimmertemperatur auf 1 ata entspannt, dann erhält man bei umkehrbarer adiabater Expansion eine Abkühlung um $54\,°$C und gewinnt eine Arbeit von 3950 mkg je kg Luft. Im Falle der Drosselung dagegen beträgt die Abkühlung nur rund $^1/_4\,°$C, und ein Arbeitsgewinn ist überhaupt nicht vorhanden.

Daß das LINDE-Verfahren trotz dieser ungünstigen Vergleichszahlen hinter demjenigen von CLAUDE in keiner Weise zurücksteht, liegt daran, daß sich die Verhältnisse bei hohen Drücken und tiefen Temperaturen vollkommen ändern.

Wir bezeichneten mit $\delta_i = \left(\dfrac{\partial T}{\partial P}\right)_i$ den elementaren Kühleffekt bei der Drosselung und wollen in gleicher Weise mit

$$\delta_s = \left(\frac{\partial T}{\partial P}\right)_s$$

den elementaren Kühleffekt bei isentropischer Expansion bezeichnen[1].

Die THOMSONsche Gleichung (254a) lautete

$$\delta_i = \frac{A}{c_p}\left[T\left(\frac{\partial v}{\partial T}\right)_P - v\right]$$

Für δ_s kann man ebenfalls einen Ausdruck finden, in den die spezifische Wärme c_p und die Zustandsgleichung eingehen. Es ist

$$\delta_s = \left(\frac{\partial T}{\partial P}\right)_s = -\,\frac{\left(\dfrac{\partial s}{\partial P}\right)_T}{\left(\dfrac{\partial s}{\partial T}\right)_P}\,. \tag{278}$$

Dabei ist $\left(\dfrac{\partial s}{\partial T}\right)_P = \dfrac{c_p}{T}$ und nach Gl. (178) $\left(\dfrac{\partial s}{\partial P}\right)_T = -A\left(\dfrac{\partial v}{\partial T}\right)_P$. Daher wird

$$\delta_s = \frac{A}{c_p}\,T\left(\frac{\partial v}{\partial T}\right)_P\,. \tag{278a}$$

Für ein ideales Gas ist $c_p = c_{p_0}$ und $\left(\dfrac{\partial v}{\partial T}\right)_P = \dfrac{R}{P}$, es wird daher nach Gl. (278a):

$$(\delta_s)_{\text{id}} = \frac{AR}{c_{p_0}}\,\frac{T}{P} = \frac{\varkappa_0 - 1}{\varkappa_0}\,\frac{T}{P}\,, \tag{278b}$$

während $(\delta_i)_{\text{id}} = 0$ ist. Aus Gl. (278b) erkennt man bereits, daß δ_s mit wachsendem Druck und sinkender Temperatur abnimmt.

---

[1] Die folgende Darstellung findet man ausführlicher bei R. PLANK: Phys. Z. Bd. 21 (1920) S. 150.

Vergleicht man die Gl. (254a) und (278a), dann erhält man den gewünschten Zusammenhang zwischen δ_i und δ_s in der einfachen Beziehung

$$\delta_s = \delta_i + \frac{A\,v}{c_p}\,. \tag{278c}$$

Aus dieser Beziehung ist zu erkennen, daß der Unterschied zwischen δ_s und δ_i bei hohen Drücken und tiefen Temperaturen immer kleiner wird, weil dabei einerseits v sinkt und andererseits c_p zunimmt (s. S. 308). Das Verhältnis δ_i/δ_s nähert sich daher bei tiefen Temperaturen und hohen Drücken dem Wert 1. Eine genaue rechnerische Verfolgung dieser Aufgabe an Hand einer zuverlässigen Zustandsgleichung lehrt allerdings, daß der Ausdruck δ_i/δ_s für jede Temperatur bei einem bestimmten Druck ein Maximum besitzt. Das Ergebnis der Rechnung ist in Abb. 77 veranschaulicht[1]

Wie stark das Verhältnis δ_i/δ_s mit sinkender Temperatur bei konstantem Druck zunimmt, kann man für den Bereich niedriger Drücke aus den einfachen Gl. (269) und (278b) ersehen; es folgt daraus

$$\frac{\delta_i}{\delta_s} = \frac{a\,\varkappa_0}{\varkappa_0 - 1}\,\frac{P}{T^3}\,.$$

Aus Abb. 77 erkennt man, daß bei 273° K der Wert von δ_i im besten Falle, und zwar bei 150 ata, den vierten Teil desjenigen von δ_s erreicht. Bei 200° K ist es aber schon die Hälfte, bei 175° K über zwei Drittel und bei 150° K rund 87%. Da man bei Anwendung eines Expansionszylinders (CLAUDE) niemals wirklich isentrop expandieren kann und die thermischen Verluste in einer solchen Maschine bedeutend größer sind als in einem einfachen Drosselventil (LINDE), so kann man sagen, daß in dem Bereich der bei Luftverflüssigungsmaschinen üblichen Betriebsdrücke und Temperaturen beide Verfahren praktisch gleichwertig sind.

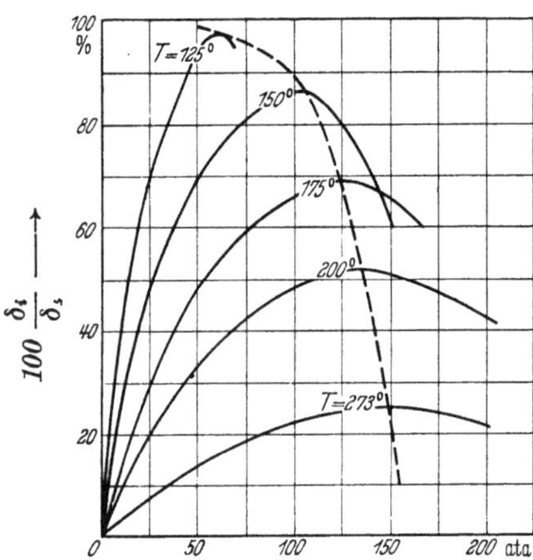

Abb. 77. Verhältnis der elementaren Kühleffekte bei Drosselung und bei adiabater Expansion als Funktion vom Druck bei verschiedenen Temperaturen.

In Gl. (211a) hatten wir schon nachgewiesen, daß im kritischen Punkt $(\partial P/\partial T)$ für jede beliebige Zustandsänderung, also für jede konstant gehaltene Zustandsgröße, den gleichen Wert hat. Es ist infolgedessen

$$[\delta_s]_k = [\delta_i]_k\,. \tag{278d}$$

Diese Beziehung folgt auch aus Gl. (278c), da im kritischen Punkt $c_p = \infty$ wird, während v durchaus endlich bleibt[2].

5. Der Zusammenhang des elementaren JOULE-THOMSON-Effekts mit der spezifischen Wärme und der Zustandsgleichung.

α) **Spezifische Wärme.** Durch partielle Differentiation von Gl. (254a) nach T erhält man

$$\begin{aligned}
\left(\frac{\partial \delta_i}{\partial T}\right)_P &= \frac{A\,T}{c_p}\left(\frac{\partial^2 v}{\partial T^2}\right)_P - \frac{A}{c_p^2}\left(\frac{\partial c_p}{\partial T}\right)_P\left[T\left(\frac{\partial v}{\partial T}\right)_P - v\right] \\
&= \frac{A\,T}{c_p}\left(\frac{\partial^2 v}{\partial T^2}\right)_P - \frac{1}{c_p}\left(\frac{\partial c_p}{\partial T}\right)_P\left(\frac{\partial T}{\partial P}\right)_i\,.
\end{aligned}$$

---

[1] PLANK, R.: Phys. Z. Bd. 21 (1920) S. 150. Als Zustandsgleichung diente für die Berechnung die Gl. (306b) von M. JAKOB: Ann. Phys. (4) Bd. 55 (1918) Heft 7 S. 527 — Forsch.-Arb. Ing.-Wes. Heft 202. Berlin: VDI-Verlag 1917. Wir behandeln diese Gleichung auf S. 216.

[2] Vgl. hierzu auch H. HAUSEN: Z. techn. Phys. Bd. 7 (1926) S. 371.

Mit den Gl. (176) und (185) wird daraus

$$\left(\frac{\partial \delta_i}{\partial T}\right)_P = -\frac{1}{c_p}\left[\left(\frac{\partial c_p}{\partial P}\right)_T + \left(\frac{\partial c_p}{\partial T}\right)_P\left(\frac{\partial T}{\partial P}\right)_i\right] = -\frac{1}{c_p}\left(\frac{\partial c_p}{\partial P}\right)_i, \qquad (279)$$

das bedeutet, daß die Änderung der spezifischen Wärme mit dem Druck bei konstanter Enthalpie zugleich die Temperaturabhängigkeit des elementaren Kühleffekts längs der betreffenden Isobare liefert.

Die Integration dieser Gleichung ergibt

$$\ln\frac{c_p}{c_{p_0}} = -\int_{P_0}^{P}\left(\frac{\partial \delta_i}{\partial T}\right)_P dP, \qquad (279\,\mathrm{a})$$

wobei im Integral i konstant zu halten ist. Die Gl. (279) wurde zuerst von Linde abgeleitet[1]; die daraus folgende Gl. (279a) wurde von Davis mit Erfolg für die Berechnung der spezifischen Wärme des Wasserdampfes aus Drosselversuchen verwendet[2]. Die Bildung der Integralwerte ist aber sehr umständlich und muß im allgemeinen auf graphischem Wege erfolgen.

Aus Gl. (279) folgt ferner mit Gl. (277)

$$\left(\frac{\partial c_p}{\partial P}\right)_T = -c_p\left(\frac{\partial \delta_i}{\partial T}\right)_P - \delta_i\left(\frac{\partial c_p}{\partial T}\right)_P = -\left(\frac{\partial(\delta_i c_p)}{\partial T}\right)_P = -\left(\frac{\partial \varepsilon}{\partial T}\right)_P. \qquad (279\,\mathrm{b})$$

Diese Beziehung ist zuerst von Grindley abgeleitet worden[3]; sie wurde dann von Griessmann zur Diskussion seiner Drosselversuche mit Wasserdampf herangezogen[4].

Als Beispiel für die Berechnung von c_p aus Drosselversuchen wollen wir annehmen, daß sich die Versuchsergebnisse in gewissen Zustandsbereichen durch eine verallgemeinerte Gleichung der Form (269a), nämlich

$$\delta_i = \frac{\varphi(P)}{T^n} \qquad (280)$$

darstellen lassen. Aus Gründen, die sofort einzusehen sein werden, setzen wir

$$\varphi(P) = \frac{df(P)}{dP} = f'(P),$$

also

$$\delta_i = \frac{f'(P)}{T^n}. \qquad (280\,\mathrm{a})$$

Aus Gl. (254a) folgt dann

$$A\left[T\left(\frac{\partial v}{\partial T}\right)_P - v\right] = \frac{c_p f'(P)}{T^n}.$$

Durch partielle Differentiation nach der Temperatur erhält man

$$A T\left(\frac{\partial^2 v}{\partial T^2}\right)_P = \frac{f'(P)}{T^n}\left(\frac{\partial c_p}{\partial T}\right)_P - \frac{n f'(P)}{T^{n+1}}c_p.$$

Mit Gl. (185) wird daher

$$\left(\frac{\partial c_p}{\partial P}\right)_T + \frac{f'(P)}{T^n}\left(\frac{\partial c_p}{\partial T}\right)_P - \frac{n f'(P)}{T^{n+1}}c_p = 0. \qquad (281)$$

Für die Lösung dieser partiellen Differentialgleichung macht man von der Substitution $x = c_p/T^n$ Gebrauch. Die Lösung lautet dann[5]

$$c_p = T^n F\{T^{n+1} - (n+1)[f(P) - f(o)]\}.$$

[1] Linde, C.: Ber. Bayr. Akad., Math.-Phys. Klasse Bd. 27 (1897) Heft 3.
[2] Davis, H. N.: Proc. Amer. Acad. Arts Sci. Bd. 45 (1910) S. 267.
[3] Grindley: Phil. Trans. roy. Soc. Lond. (A) Bd. 194 (1900) S. 31.
[4] Griessmann: Forsch.-Arb. Ing.-Wes. Nr. 13, S. 48. Berlin: VDI-Verlag 1904.
[5] Von der Richtigkeit der Lösung kann man sich dadurch überzeugen, daß man die partiellen Differentialquotienten bildet und in Gl. (281) einsetzt.

Die noch unbekannte Funktion F bestimmt sich daraus, daß im Grenzfall für $P \to 0$ die spezifische Wärme den Wert c_{p_0} annimmt. Betrachten wir der Einfachheit halber c_{p_0} als temperaturunabhängig, dann wird

$$c_{p_0} = T^n F(T^{n+1})$$

und daraus

$$F(T^{n+1}) = c_{p_0}(T^{n+1})^{-\frac{n}{n+1}} .$$

Es ist also

$$c_p = c_{p_0} T^n \left\{ T^{n+1} - (n+1)[f(P) - f(o)] \right\}^{-\frac{n}{n+1}}$$

$$= c_{p_0} \left\{ 1 - \frac{n+1}{T^{n+1}} [f(P) - f(o)] \right\}^{-\frac{n}{n+1}} \tag{281a}$$

Neben diesem genauen Wert von c_p wird für mäßige Drücke und in genügender Entfernung von der Grenzkurve der Näherungswert

$$c_p = c_{p_0} \left\{ 1 + \frac{n}{T^{n+1}} [f(P) - f(o)] \right\} \tag{281b}$$

genügen[1], den man nach dem Schema $(1 + x)^m \approx 1 + m x$ erhält.

β) **Zustandsgleichung.** Aus Gl. (254a) folgt

$$\left(\frac{\partial (v/T)}{\partial T} \right)_P = \frac{\delta_i c_p}{A T^2} ,$$

und daher

$$\frac{v}{T} = \frac{1}{A} \int \frac{\delta_i c_p}{T^2} dT + \psi(P) , \tag{282}$$

wobei im Integral P als konstant zu betrachten ist. Wenn also aus Drosselversuchen δ_i als Funktion von P und T bekannt ist, dann kann man aus Gl. (282) die Zustandsgleichung herleiten. Wir wollen uns hier auf ein einfaches Beispiel beschränken, indem wir durch Verallgemeinerung des Ansatzes von THOMSON und JOULE nach Gl. (269) setzen

$$\delta_i = \frac{a}{T^n} . \tag{283}$$

Betrachten wir zuerst c_p als konstant, dann folgt aus Gl. (282)

$$\frac{v}{T} = \frac{a c_p}{A} \int \frac{dT}{T^{n+2}} + \psi(P) = \psi(P) - \frac{a c_p}{(n+1) A T^{n+1}} .$$

Im idealen Gaszustand ist einerseits $\delta_i = 0$ und andererseits $v/T = R/P$. Aus Gl. (282) folgt daher $\psi(P) = R/P$. Die Zustandsgleichung lautet also

$$v = \frac{R T}{P} - \frac{a c_p}{(n+1) A} \frac{1}{T^n} . \tag{284}$$

Setzt man $a c_p/(n+1) A = C$, dann entspricht Gl. (284) genau der Zustandsgleichung (248) von CALLENDAR. Die Konstante C in dieser Gleichung ist also durch die Konstante a und den Exponenten n des Drosselgesetzes gegeben.

Wenn man in einem etwas weiteren Druckbereich c_p nicht mehr als konstant ansehen darf, dann wird die Rechnung, die vom Drosselgesetz zur Zustandsgleichung führt, etwas verwickelter. Nehmen wir zunächst $n = 2$ an, dann folgt aus Gl. (254a)

$$A \left[T \left(\frac{\partial v}{\partial T} \right)_P - v \right] = c_p \frac{a}{T^2} . \tag{285}$$

---

[1] Eine Verallgemeinerung dieser Betrachtung findet man bei R. PLANK: Phys. Z. Bd. 15 (1914) S. 904.

Die partielle Differentiation nach T liefert

$$A\,T\left(\frac{\partial^2 v}{\partial T^2}\right)_P = \frac{a}{T^2}\left(\frac{\partial c_p}{\partial T}\right)_P - \frac{2\,a\,c_p}{T^3}$$

oder mit Gl. (185)

$$\left(\frac{\partial c_p}{\partial P}\right)_T + \frac{a}{T^2}\left(\frac{\partial c_p}{\partial T}\right)_P - \frac{2\,a}{T^3}\,c_p = 0 \,.$$

Diese partielle Differentialgleichung ist aber offenbar nur ein Sonderfall der Gl. (281). Die Lösung lautet dementsprechend

$$c_p = T^2\,F(T^3 - 3\,a\,P) = c_{p_0}\left(1 - \frac{3\,a\,P}{T^3}\right)^{-2/3} . \tag{286}$$

Setzen wir diesen Wert von c_p in Gl. (285) ein, dann erhalten wir

$$A\left[T\left(\frac{\partial v}{\partial T}\right)_P - v\right] = A\,T^2\left(\frac{\partial(v/T)}{\partial T}\right)_P = \frac{a\,c_{p_0}}{T^2}\left(1 - \frac{3\,a\,P}{T^3}\right)^{-2/3}$$

und daraus

$$\frac{v}{T} = \psi(P) + \frac{a\,c_{p_0}}{A}\int\left(1 - \frac{3\,a\,P}{T^3}\right)^{-2/3}\frac{d\,T}{T^4} \,.$$

Mit der Substitution $x = 1/T^3$ läßt sich die Integration geschlossen durchführen, und es wird

$$\frac{v}{T} = \psi(P) + \frac{c_{p_0}}{3\,A\,P}\left(1 - \frac{3\,a\,P}{T^3}\right)^{1/3} .$$

Für ein ideales Gas muß in Gl. (283) $a = 0$ gesetzt werden, und es ist

$$\frac{v}{T} = \frac{R}{P} = \psi(P) + \frac{c_{p_0}}{3\,A\,P} \,.$$

Daher wird allgemein

$$v = \frac{R\,T}{P} - \frac{c_{p_0}\,T}{3\,A\,P}\left[1 - \left(1 - \frac{3\,a\,P}{T^3}\right)^{1/3}\right] . \tag{287}$$

Für niedrige Drücke kann $\left(1 - \dfrac{3\,a\,P}{T^3}\right)^{1/3}$ in einer Reihe entwickelt werden, die schon beim ersten Glied abgebrochen wird

$$\left(1 - \frac{3\,a\,P}{T^3}\right)^{1/3} \approx 1 - \frac{a\,P}{T^3} \,.$$

Setzt man diesen Näherungswert in Gl. (287) ein, dann gelangt man wieder zu der Gl (284) mit $n = 2$.

Legt man an Stelle von Gl. (283) mit $n = 2$ jetzt das allgemeinere Drosselgesetz nach Gl. (280a) zugrunde, dann findet man für die Zustandsgleichung die Form[1]

$$v = \frac{R\,T}{P} - \frac{c_{p_0}}{(n+1)\,A}\ \frac{T f'(P)}{[f(P) - f(o)]}\left[1 - \left\{1 - \frac{n+1}{T^{n+1}}[f(P) - f(o)]\right\}^{\frac{1}{n+1}}\right] . \tag{287a}$$

Auch hier läßt sich die Potenz des in der geschwungenen Klammer stehenden Ausdrucks in eine Reihe entwickeln, welche lautet

$$1 - \frac{[f(P) - f(o)]}{T^{n+1}} - \frac{n}{2}\ \frac{[f(P) - f(o)]^2}{T^{2n+2}} - \cdots$$

Für die Zustandsgleichung erhält man damit eine Form, die sich in die allgemeine Gl. (249) einreihen läßt.

---

[1] Plank, R.: Phys. Z. Bd. 15 (1914) S. 904.

X. Der integrale Joule-Thomson-Effekt.

1. Das i, T-Diagramm.

Die Vorgänge bei der Drosselung lassen sich durch die Zustandsgrößen P, T und i sowie durch deren partielle Ableitungen, wie $\left(\dfrac{\partial i}{\partial T}\right)_P = c_p$, $\left(\dfrac{\partial T}{\partial P}\right)_i = \delta_i$ und $-\left(\dfrac{\partial i}{\partial P}\right)_T = \varepsilon$ sehr vollständig darstellen. Es ist daher klar, daß man durch eine Isothermenschar im i, P-Diagramm eine anschauliche Darstellung erzielen

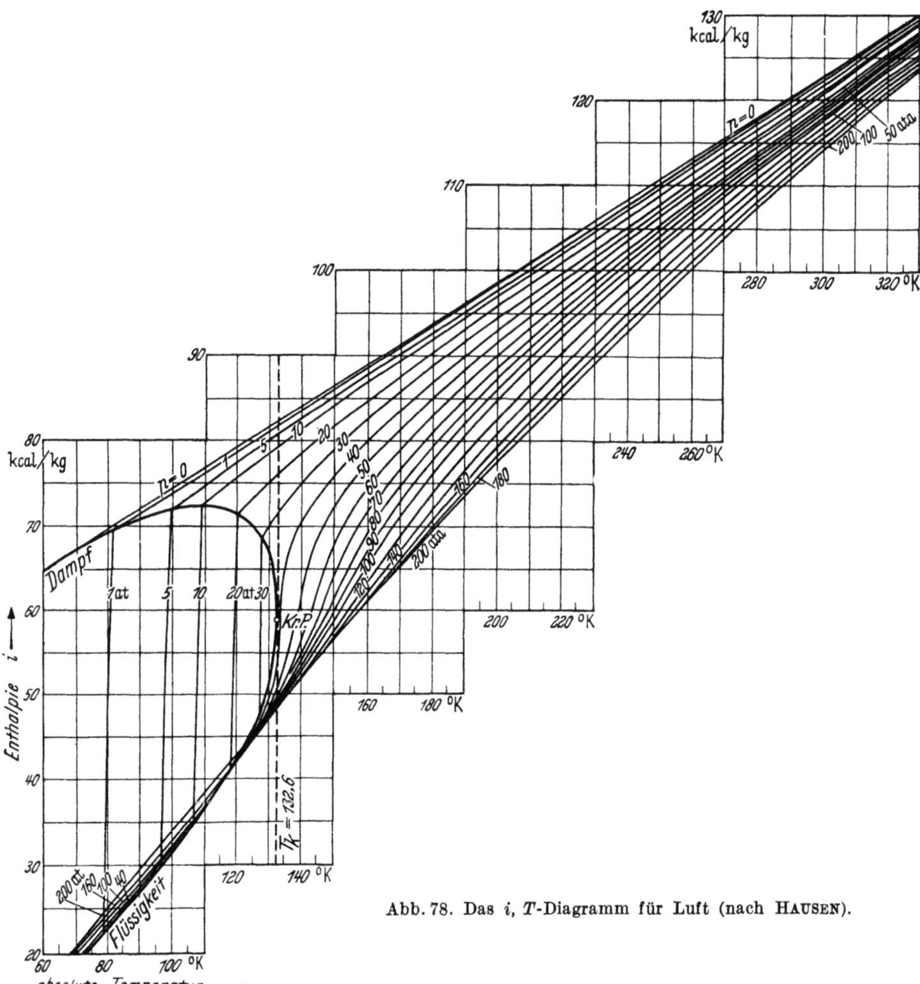

Abb. 78. Das i, T-Diagramm für Luft (nach Hausen).

kann (vgl. die Abb. 62 u. 76). Noch anschaulicher werden die Vorgänge, wenn man ein i, T-Diagramm entwirft und darin eine Schar von Isobaren einzeichnet. Ein solches Diagramm, das für Luft von Hausen[1] entworfen wurde, ist in Abb. 78 dargestellt. Für Methan wurde dieses Diagramm von Eucken und Berger[2] aufgestellt.

---

[1] Hausen, H.: Forsch.-Arb. Ing.-Wes. Nr. 274. Berlin: VDI-Verlag 1926.
[2] Vgl. Fußnote 4 auf S. 202.

In Abb. 78 ist zunächst die Grenzkurve mit dem kritischen Punkt eingetragen. Der kritische Punkt von Luft liegt bei $p_k = 38{,}4$ ata und $T_k = 132{,}6\,°\,\mathrm{K}$. Die Isobaren fallen im Naßdampfgebiet nicht genau mit den Isothermen zusammen, da Luft kein einheitlicher Körper, sondern ein Gemisch ist. Es verdampft dabei zunächst vorzugsweise Stickstoff, und mit der Anreicherung des flüssigen Restes an Sauerstoff steigt die Verdampfungstemperatur an, da O_2 schwerer siedet als N_2 (s. S. 311). Für sehr niedrige Drücke verlaufen die Isobaren außerhalb der Grenzkurven praktisch geradlinig, bei höheren Drücken erhält man aber in der Nähe der Grenzkurve deutliche Krümmungen. Die kritische Isobare hat am kritischen Punkt eine vertikale Wendetangente. Die überkritischen Isobaren überschneiden sich bei den tieferen Temperaturen. In den Schnittpunkten zweier benachbarter Isobaren wird offenbar $\left(\dfrac{\partial i}{\partial P}\right)_T = 0$, die Schnittpunkte sind also elementare Inversionspunkte.

Da die Enthalpie eine willkürliche Konstante enthält, so muß diese festgelegt werden, wenn für i bestimmte Zahlenwerte resultieren sollen. In Abb. 78 wurde für $p = 0$ (im idealen Gaszustand)

$$i = c_{p_0} T + \text{konst.} \tag{288}$$

gesetzt. Dabei ist für Luft in dem betrachteten Temperaturbereich von 60 bis $330°$ K $c_{p_0} = 0{,}241$ kcal/kg$°$ C. Für die Konstante wurde willkürlich der Wert 50 gesetzt, damit auch im flüssigen Zustand keine negativen Werte von i erhalten werden.

Die Tangenten an die Isobaren in Abb. 78 bilden an jeder Stelle mit der T-Achse einen Winkel α, der durch die Gleichung

$$\operatorname{tg}\alpha = \left(\frac{\partial i}{\partial T}\right)_P = c_p \tag{289}$$

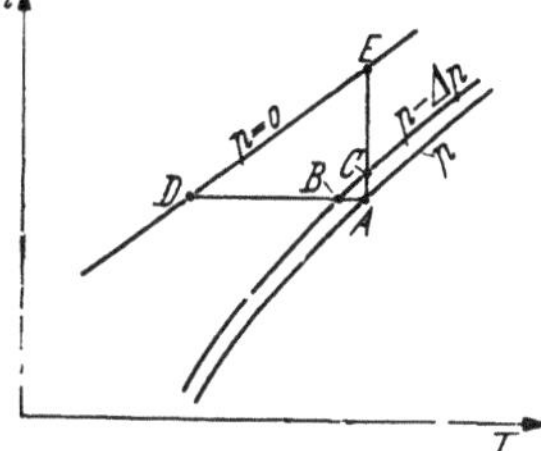

Abb. 79.
Der Zusammenhang zwischen dem isothermen Drosseleffekt, dem JOULE-THOMSON-Effekt und der spezifischen Wärme.

gegeben ist. Zeichnen wir nun in Abb. 79 die Isobare $p = 0$ und dazu noch zwei weitere Isobaren mit dem Parameter p und $p - \Delta p$, dann stellt AB einen elementaren Drosselprozeß dar, bei dem die Strecke $\overline{AB} = -(\Delta T)_i$ zu setzen ist, weil die Temperatur dabei sinkt. Die Strecke AC dagegen stellt den isothermen Drosseleffekt dar $\overline{AC} = (\Delta i)_T$, wobei die Enthalpie zunimmt.

Aus dem Dreieck ABC folgt dann

$$\overline{AC} = \overline{AB}\,\operatorname{tg}\alpha$$

oder

$$-(\Delta T)_i = \frac{(\Delta i)_T}{c_p},$$

und nach Division mit $-\Delta p$ auf beiden Seiten

$$\left(\frac{\Delta T}{\Delta p}\right)_i = -\frac{1}{c_p}\left(\frac{\Delta i}{\Delta p}\right)_T .$$

Der Grenzübergang führt dann zur Gl. (254), die wir jetzt mit den Bezeichnungen der Gl. (277) schreiben

$$\delta_i = \frac{\varepsilon}{c_p} . \tag{290}$$

2. Der Zusammenhang zwischen dem elementaren und dem integralen JOULE-THOMSON-Effekt[1].

Unter dem integralen JOULE-THOMSON-Effekt versteht man die endliche Abkühlung $\Delta_i = T - T_{0i}$ bei der Drosselung von einem Anfangszustand (p, T)

---

[1] PLANK, R.: Phys. Z. Bd. 17 (1916) S. 521; Bd. 21 (1920) S. 150.

auf einen bestimmten Enddruck p_0. Wir wollen $p_0 = 0$ setzen, also bis zum idealen Gaszustand abdrosseln. Den dabei auftretenden integralen Kühleffekt bezeichnen wir mit $(\Delta_0)_i$. Praktisch wird aber nur auf $p_1 = 1$ ata gedrosselt und man erhält dann den integralen Kühleffekt $(\Delta_1)_i$. Bei hohen Anfangsdrücken ist jedoch $(\Delta_1)_i$ von $(\Delta_0)_i$ nur wenig verschieden. Ebenso ist es möglich, den Unterschied von c_{p_0} und c_{p_1} zu vernachlässigen[1]. Aus

$$(\Delta_0)_i = T - T_{0i}$$

folgt durch partielle Differentiation nach dem Druck bei konstanter Enthalpie (also auf einer Drosselkurve)

$$\left(\frac{\partial (\Delta_0)_i}{\partial P}\right)_i = \left(\frac{\partial T}{\partial P}\right)_i - \left(\frac{\partial T_{0i}}{\partial P}\right)_i = \delta_i - \left(\frac{\partial T_{0i}}{\partial P}\right)_i . \tag{291}$$

Man kann leicht nachweisen, daß der letzte Ausdruck auf der rechten Seite dieser Gleichung verschwinden muß; denn wenn man von verschiedenen Drücken ausgehend immer auf denselben Druck $P_0 = 0$ abdrosselt, dann ist auf ein und derselben Isenthalpe die Endtemperatur T_{0i} stets dieselbe, wovon man sich durch einen Blick auf Abb. 78 überzeugen kann. Es ist also $\left(\frac{\partial T_{0i}}{\partial P}\right)_i = 0$.

Nach Gl. (176) ist ferner mit Gl. (291)

$$\left(\frac{\partial (\Delta_0)_i}{\partial P}\right)_i = \delta_i = \left(\frac{\partial (\Delta_0)_i}{\partial P}\right)_T + \left(\frac{\partial (\Delta_0)_i}{\partial T}\right)_P \left(\frac{\partial T}{\partial P}\right)_i$$

und daher

$$\delta_i = \left(\frac{\partial T}{\partial P}\right)_i = \frac{\left(\frac{\partial (\Delta_0)_i}{\partial P}\right)_T}{1 - \left(\frac{\partial (\Delta_0)_i}{\partial T}\right)_P} . \tag{292}$$

Diese Gleichung ermöglicht die Berechnung der elementaren Abkühlung δ_i, wenn die endliche Abkühlung $(\Delta_0)_i$ als Funktion des Druckes und der Temperatur ermittelt ist. Es ist daher zweckmäßiger, experimentell ein System von $(\Delta_0)_i$-Werten und nicht von δ_i-Werten zu ermitteln. Denn wenn $(\Delta_0)_i$ als Funktion von P und T vorliegt, dann kann man δ_i nach Gl. (292) immer leicht finden. Dagegen erfordert die Berechnung von $(\Delta_0)_i$ aus einem System von δ_i-Werte stets die Durchführung einer Integration, die in geschlossener Form kaum möglich sein dürfte, da der funktionale Zusammenhang zwischen δ_i, P und T bei Erfassung größerer Zustandsbereiche sehr verwickelt ist. Nur bei den einfachsten Ansätzen für enge Bereiche gelingt die Trennung der Variablen. So erhält man z. B. aus der Gl. (269a) von VOGEL

$$T^2 \, dT = a \, dP - b \, P \, dP$$

und daher für ein beliebig großes Drosselgefälle von P_1 bis P_2 durch Integration

$$\frac{1}{3}(T_1^3 - T_2^3) = a(P_1 - P_2) - \frac{b}{2}(P_1^2 - P_2^2) .$$

Die endliche Abkühlung ist daher

$$\left| \Delta_i \right|_{P_1}^{P_2} = T_1 - T_2 = T_1 - \sqrt[3]{T_1^3 - 3a(P_1 - P_2) + \frac{3b}{2}(P_1^2 - P_2^2)} . \tag{293}$$

Setzt man $b = 0$, dann erhält man die dem Ansatz von THOMSON und JOULE [Gl. (269)] entsprechende endliche Abkühlung.

---

[1] Auch der integrale JOULE-THOMSON-Effekt kann negativ werden, also zu einer Erwärmung führen, was durch die Existenz einer integralen Inversionskurve evident ist (s. S. 213).

Betrachten wir nun den Drosselvorgang AD mit endlichem Druckgefälle im i, T-Diagramm (Abb. 79), dann ist $\overline{AD} = (\Delta_0)_i$ der integrale JOULE-THOMSON-Effekt und $\overline{AE} = i_0 - i = (\Delta i)_T$ der integrale isotherme Drosseleffekt. Da die Gerade $DE\,(p = 0)$ unter einem Winkel α_0 geneigt ist, der der Gleichung $\operatorname{tg}\alpha_0 = c_{p_0}$ genügt, so erhält man aus dem Dreieck ADE

$$(\Delta_0)_i = \frac{(\Delta i)_T}{c_{p_0}}\,. \tag{294}$$

Vergleicht man diese Gleichung mit (290), dann erkennt man, daß zur Berechnung von δ_i die Kenntnis der spezifischen Wärme c_p des realen Gases (im Zustand vor der Drosselung) erforderlich ist, während zur Berechnung von $(\Delta_0)_i$ nur die Kenntnis von c_{p_0} im idealen Gaszustand vorausgesetzt wird. Das ist ein weiterer Vorteil von $(\Delta_0)_i$ vor δ_i.

3. Der Zusammenhang des integralen JOULE-THOMSON-Effekts mit der spezifischen Wärme und der Zustandsgleichung.

Aus Gl. (294) erhält man durch partielle Differentiation nach P

$$\left(\frac{\partial(\Delta_0)_i}{\partial P}\right)_T = \frac{1}{c_{p_0}}\left(\frac{\partial \Delta i}{\partial P}\right)_T = -\frac{1}{c_{p_0}}\left(\frac{\partial i}{\partial P}\right)_T = \frac{\varepsilon}{c_{p_0}}\,.$$

Der letzte Schluß folgt aus der Tatsache, daß $(\Delta i)_T = i_0 - i$ ist, wobei i_0 als konstant anzusehen ist, da es die Enthalpie beim Druck $P = 0$ und bei der konstant gehaltenen Temperatur T darstellt. In Abb. 79 ist $\left(\dfrac{\partial \Delta i}{\partial P}\right)_T$ die Änderung der Strecke EA, durch Verschiebung des Punktes A bei festgehaltenem Punkt E.

Aus der letzten Gleichung folgt ferner mit Gl. (290)

$$\left(\frac{\partial(\Delta_0)_i}{\partial P}\right)_T = \frac{c_p}{c_{p_0}}\,\delta_i\,. \tag{295}$$

Macht man noch von Gl. (292) Gebrauch, dann folgt

$$c_p = c_{p_0}\left[1 - \left(\frac{\partial(\Delta_0)_i}{\partial T}\right)_P\right]\,. \tag{296}$$

Ist also $(\Delta_0)_i$ als Funktion von P und T gegeben, dann läßt sich die spezifische Wärme c_p des realen Gases aus dem Wert c_{p_0} des idealen Gases nach Gl. (296) leicht berechnen. Diese Gleichung wurde zuerst von LINDE abgeleitet[1]; sie eignet sich viel besser als die Gl. (278a) für die Berechnung der c_p-Werte. Es ist also wesentlicher, über ein System gemessener $(\Delta_0)_i$-Werte als über ein solches von δ_i-Werten zu verfügen.

Um nun aus gemessenen Werten von $(\Delta_0)_i$ zu der Zustandsgleichung zu gelangen, brauchen wir nur noch die beiden Gl. (254a) und (295) zu kombinieren. Es folgt daraus

$$A\,T^2\left(\frac{\partial(v/T)}{\partial T}\right)_P = c_{p_0}\left(\frac{\partial(\Delta_0)_i}{\partial P}\right)_T\,.$$

Die Integration dieser Gleichung liefert

$$\frac{v}{T} = \psi(P) + \frac{1}{A}\int \frac{c_{p_0}}{T^2}\left(\frac{\partial(\Delta_0)_i}{\partial P}\right)_T dT\,. \tag{297}$$

In nicht sehr weiten Temperaturgrenzen wird man dabei c_{p_0} als konstant ansehen können oder dafür einen konstanten Mittelwert einsetzen dürfen.

---

[1] LINDE, C.: Ber. Bayr. Akad., Math.-Phys. Klasse Bd. 27 (1897) Heft 3.

Es bleibt noch übrig, in Gl. (297) die Funktion $\psi(P)$ zu bestimmen. Man ist geneigt, $\psi(P) = R/P$ zu setzen, weil für ein ideales Gas der Integralwert verschwindet. JAKOB hat jedoch nachgewiesen[1], daß dieser Ansatz nicht allgemein zulässig ist, weil das Verschwinden des Integralwertes wohl eine notwendige, aber noch keine ausreichende Bedingung dafür ist, daß sich der Stoff wie ein ideales Gas verhält. Der Ansatz $\psi(P) = R/P$ ist nur dann berechtigt, wenn das Verschwinden des Integralwertes, der eine Funktion von P und T ist, auf die Gleichung der *Idealkurve* führt. Es müßte, mit anderen Worten, die Größe $(\varDelta_0)_i$ als empirische Funktion von P und T so definiert sein, daß die Gleichung

$$\int \frac{c_{p_0}}{T^2} \left(\frac{\partial (\varDelta_0)_i}{\partial P} \right)_T dT = 0$$

identisch wäre mit der Gleichung der Idealkurve. Ist das nicht der Fall, dann muß man zur Ermittlung von $\psi(P)$ den Verlauf einer Isotherme kennen, d. h. v als Funktion des Druckes bei einer Temperatur gemessen haben. Wir werden auf S. 216 zeigen, wie man die Funktion $\psi(P)$ ermittelt hat.

4. Die Messungen des integralen JOULE-THOMSON-Effekts und die integrale Inversionskurve.

Die ersten umfangreicheren Messungen der Temperaturänderung bei plötzlichem Druckabfall und großen Druckdifferenzen führte OLSZEWSKI mit Wasserstoff[2] sowie mit Luft 'und Sauerstoff[3] durch. Er arbeitete mit Anfangsdrücken bis 170 ata und mit Anfangstemperaturen von -85 bis $300°$ C. Bei H_2 fand er für die Anfangswerte von 113 ata und $-80,5°$ C bei Entspannung auf 1 ata den integralen Effekt gleich Null, während sich bei höheren Anfangstemperaturen eine Erwärmung zeigte. Damit war der Beweis für die Existenz integraler Inversionspunkte erbracht. Die Lage solcher Inversionspunkte ist aus Abb. 76 deutlich erkennbar. Überall dort, wo die Isothermen im i, p-Diagramm bei hohen Drücken wieder denselben Enthalpiewert erreichen, der ihnen bei tiefen Drücken ($P \to 0$) entsprach, liegt ein integraler Inversionspunkt. Solche Punkte sind in Abb. 76 auf den Isothermen $T = 350, 400, 450$ und $500°$ mit a, b, c und d bezeichnet. Ihre Verbindungslinie stellt einen Teil der integralen Inversionskurve dar.

Sehr umfangreiche Versuche mit Luft wurden von BRADLEY und HALE durchgeführt[4], wobei der höchste Anfangsdruck bei 210 ata lag und stets auf Atmosphärendruck entspannt wurde; die Anfangstemperatur wurde zwischen $+20$ und $-115°$ C variiert.

JENKIN und PYE haben Drosselversuche mit flüssigem Kohlendioxyd zwischen $+15$ und $-55°$ C durchgeführt[5]; der Anfangsdruck lag bei 45 bis 60 ata, es wurde aber nicht auf Atmosphärendruck entspannt (weil CO_2 dabei in den festen Zustand übergehen würde), sondern nur bis in die Nähe des Sättigungsdruckes. Bei $-25°$ C wurde eine Inversion und darunter eine Erwärmung bei der Drosselung festgestellt.

---

[1] JAKOB, M.: Phys. Z. Bd. 18 (1917) S. 421 — Forsch.-Arb. Ing. Wes. Heft 202, S. 19. Berlin: VDI-Verlag.

[2] OLSZEWSKI, K.: Ann. Phys. Bd. 7 (1902) S. 818.

[3] OLSZEWSKI, K.: Anz. Akad. Krakau 1906, S. 792.

[4] BRADLEY, W. P., u. C. F. HALE: Phys. Rev. Bd. 29 (1909) S. 582 — Vgl. auch Z. kompr. flüss. Gase Bd. 12 (1909) S. 147.

[5] JENKIN, C. F., u. D. R. PYE: Phil. Trans. roy. Soc. Lond. (A) Bd. 213 (1914) S. 67; Bd. 215 (1915) S. 353.

Drosselversuche mit Wasserdampf wurden von GRINDLEY[1], GRIESSMANN[2], PEAKE[3] und DODGE[4] durchgeführt; dabei wurde bei konstantem Anfangsdruck (bis 16 ata) und konstanter Anfangstemperatur (bis 320°) der Enddruck verändert, so daß vollständige Drosselkurven (i = konst.) aufgenommen wurden. Ähnliche Versuche wurden von BURNETT[5] mit CO_2 bei Anfangsdrücken bis 75 ata und Temperaturen von -24 bis $120°$ C durchgeführt.

Die Gleichung der integralen Inversionskurve im P, T-Diagramm lautet

$$(\varDelta_0)_i = 0, \tag{298}$$

wobei angenommen ist, daß $(\varDelta_0)_i$ als Funktion von P und T empirisch gegeben ist. An Stelle der Definition (298) kann man für die integrale Inversionskurve auch schreiben

$$\int\limits_0^P \left(\frac{\partial (\varDelta_0)_i}{\partial P}\right)_T dP = 0 . \tag{298a}$$

Für jede gegebene Anfangstemperatur erhält man die größtmögliche endliche Abkühlung aus der Bedingung

$$\left(\frac{\partial (\varDelta_0)_i}{\partial P}\right)_T = 0 . \tag{298b}$$

Nach Gl. (292) lautet diese Bedingung auch

$$\delta_i = 0 . \tag{298c}$$

Man muß also, um die maximale endliche Abkühlung zu erzielen, von Punkten der elementaren Inversionskurve ausgehen.

Für die integrale Inversionskurve verschiedener Stoffe fand SCHAMES in reduzierten Koordinaten die lineare Gleichung[6]

$$\sigma \vartheta = 16,2 - 0,267 \pi \tag{299}$$

oder für Luft mit

$$\sigma = \frac{R T_k}{P_k v_k} = \frac{27}{8}, \qquad p_k = 38,4 \text{ ata} \quad \text{und} \quad T_k = 132,6° \text{K},$$

$$p = 2330 - 3,66 T . \tag{299a}$$

JAKOB[7] hat aus den Versuchen von AMAGAT mit Luft zwei Punkte der integralen Inversionskurve ermittelt und fand folgende Wertepaare:

$$T = 280,8° \text{K}, \qquad p = 1337 \text{ ata}$$

und

$$T = 422,9° \text{K}, \qquad p = 776 \text{ ata}.$$

Bei diesen beiden Temperaturen liefert Gl. (299a) die Drücke 1330 bzw. 780 ata. Die aus den Versuchen ermittelten Inversionspunkte liegen also fast genau auf der Inversionsgeraden von SCHAMES.

5. Zahlenbeispiel.

α) **Die Ausgangsgleichung.** Wir wollen nun an Hand der Arbeit von JAKOB ein *Zahlenbeispiel* für den Zusammenhang zwischen $(\varDelta_0)_i$, δ_i, c_p und der Zustandsgleichung anführen. Fußend auf den Versuchswerten für Luft von BRAD-

[1] GRINDLEY, J. H.: Phil. Trans. roy. Soc. Lond. Bd. 194 (1900) S. 1.
[2] GRIESSMANN, A.: Forsch.-Arb. Ing.-Wes. Nr. 13, S. 1. Berlin: VDI-Verlag 1904.
[3] PEAKE: Proc. roy. Soc., Lond. (A) Bd. 76 (1905) S. 185.
[4] DODGE, J. Amer. Soc. Mech. Eng. Bd. 28 (1907) S. 1265; Bd. 30 (1908) S. 1227.
[5] BURNETT, E. S.: Phys. Rev. Bd. 22 (1923) S. 590.
[6] SCHAMES, L.: Phys. Z. Bd. 18 (1917) S. 30.
[7] JAKOB, M.: Forsch.-Arb. Ing.-Wes. Nr. 202, S. 32. Berlin: VDI-Verlag 1917.

LEY und HALE sowie von NOELL, auf den gemessenen Inversionspunkten des elementaren Kühleffekts und den δ_i-Werten für $p = 0$, hat JAKOB[1] durch graphische Differentiation eine Gleichung für $\left(\dfrac{\partial(\varDelta_i)_0}{\partial P}\right)_T = f(P, T)$ aufgestellt, die den Ausgangspunkt seiner Überlegungen bildet. Diese Gleichung lautet

$$\left(\frac{\partial(\varDelta_0)_i}{\partial p}\right)_T = A\,\frac{p^3}{10^6} + B\,\frac{p^2}{10^4} + C\,\frac{p}{10^2} + D, \tag{300}$$

dabei sind A, B, C und D Funktionen von T, und zwar:

$$A = a\,\frac{10^{16}}{T^8},$$

$$B = b\,\frac{10^{16}}{T^8},$$

$$C = c\,\frac{10^8}{T^4} + d\,\frac{10^6}{T^3} + e\,\frac{10^4}{T^2} + f\,\frac{10^2}{T} + g,$$

$$D = h\,\frac{10^8}{T^4} + i\,\frac{10^6}{T^3} + j\,\frac{10^4}{T^2} + k\,\frac{10^2}{T} + l.$$

Für die Konstanten wurden folgende Zahlenwerte gefunden:

$$a = 8,5; \qquad b = -52; \qquad c = 98,062; \qquad d = -108,739;$$
$$e = 44,281; \qquad f = -8,0313; \qquad g = 0,53021; \qquad h = 0,9287;$$
$$i = -3,972; \qquad j = 4,300; \qquad k = -0,1742; \qquad l = -0,06379.$$

Die Ausgangsgleichung (300) hat zwar 12 Glieder, sie ist aber einfach aufgebaut und für Zahlenrechnungen bequem zu handhaben.

Für $p = 0$ wird nach Gl. (300) $\left(\dfrac{(\partial\varDelta_0)_i}{\partial p}\right)_T = D$. Da aber in diesem Fall bei jeder Temperatur $(\varDelta_0)_i = 0$ sein muß, so ist auch $\left(\dfrac{\partial(\varDelta_0)_i}{\partial T}\right)_p = 0$ und daher nach Gl. (292) $\delta_i = \left(\dfrac{\partial(\varDelta_0)_i}{\partial p}\right)_T = D$.

Die dieser Gleichung entsprechende Kurve ist in Abb. 80 dargestellt. Ihre Schnittpunkte mit der Abszissenachse liefern die beiden dem Druck $p = 0$ entsprechenden Inversionstemperaturen $T_{01} = 53°$ und $T_{02} = 636°$ K ($\vartheta_{02} = 4,8$).

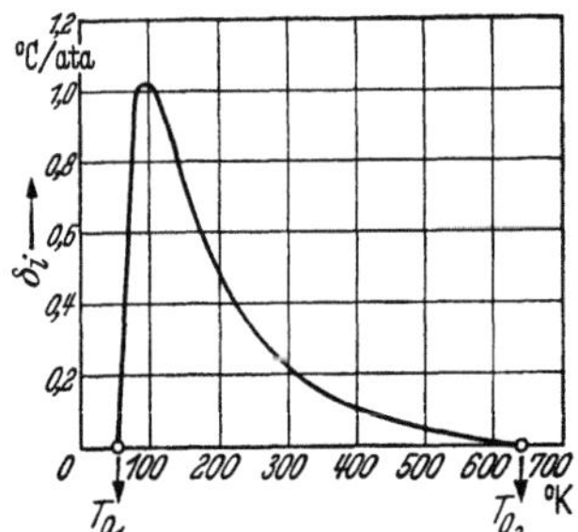

Abb. 80. Elementarer Kühleffekt der Luft beim Druck $p = 0$ für verschiedene Temperaturen (nach JAKOB).

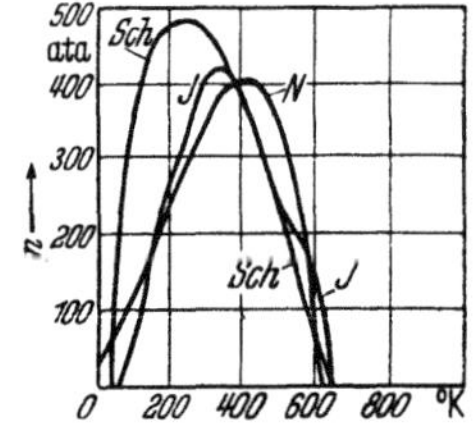

Abb. 81. Elementare Inversionskurve für Luft nach JAKOB (J), NOELL (N) und SCHAMES (Sch).

β) Die elementare Inversionskurve. Die Gleichung der ganzen elementaren *Inversionskurve* im P, T-Diagramm lautet nach den Gl. (292) und (300)

$$A\,\frac{p^3}{10^6} + B\,\frac{p^2}{10^4} + C\,\frac{p}{10^2} + D = 0. \tag{301}$$

Diese Kurve ist in Abb. 81 mit J bezeichnet, daneben sind noch die Inversionskurven nach Versuchen von NOELL (extrapoliert) (N) und nach Berechnungen von SCHAMES (Sch) eingetragen.

---

[1] Siehe Fußnote 7 auf S. 213.

γ) **Der integrale Joule-Thomson-Effekt.** Aus Gl. (300) erhält man durch Integration den *integralen* Joule-Thomson-*Effekt*

$$(\varDelta_0)_i = \int\limits_0^p \left(\frac{\partial(\varDelta_0)_i}{\partial p}\right)_T dp = \frac{A}{4}\,\frac{p^4}{10^6} + \frac{B}{3}\,\frac{p^3}{10^4} + \frac{C}{2}\,\frac{p^2}{10^2} + D\,p\,. \qquad (302)$$

Die Versuche von Bradley und Hale liefern den integralen Effekt $(\varDelta_1)_i$, also die Abkühlung bei Drosselung auf Atmosphärendruck. Beim Vergleich der nach Gl. (302) berechneten Werte mit den Versuchswerten muß daher in Gl. (302) zwischen den Grenzen $p = 1$ und $p = p$ integriert werden. Es wird dann

$$(\varDelta_1)_i = \frac{A}{4}\,\frac{(p^4-1)}{10^6} + \frac{B}{3}\,\frac{(p^3-1)}{10^4} + \frac{C}{2}\,\frac{(p^2-1)}{10^2} + D\,(p-1)\,. \qquad (302\,\mathrm{a})$$

Die Unterschiede zwischen $(\varDelta_0)_i$ und $(\varDelta_1)_i$ sind bei hohen Anfangsdrücken und -temperaturen unwesentlich. Die nach Gl. (302a) berechneten Werte weichen von den Meßwerten nur im Rahmen der Versuchsgenauigkeit ab.

Die Gleichung der *integralen Inversionskurve* lautet nach Gl. (302)

$$\frac{A}{4}\,\frac{p^3}{10^6} + \frac{B}{3}\,\frac{p^2}{10^4} + \frac{C}{2}\,\frac{p}{10^2} + D = 0\,. \qquad (303)$$

Der Verlauf dieser Inversionskurve (J) weicht, wie Abb. 82 zeigt, nicht sehr wesentlich von der geradlinigen Inversionskurve (Sch) nach Schames ab, die durch die Gl. (299a) dargestellt war.

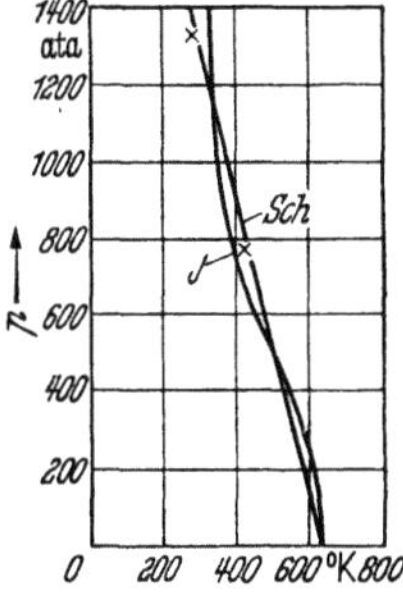

Abb. 82. Integrale Inversionskurve für Luft nach Jakob (J) und Schames (Sch).

δ) **Der elementare Kühleffekt.** Aus den Gl. (300) und (302a) läßt sich nun mit Gl. (292) der *elementare Kühleffekt* δ_i berechnen. Es wird

$$\delta_i = \frac{A\,\dfrac{p^3}{10^6} + B\,\dfrac{p^2}{10^4} + C\,\dfrac{p}{10^2} + D}{1 - \left[\dfrac{1}{4}\,\dfrac{dA}{dT}\,\dfrac{(p^4-1)}{10^6} + \dfrac{1}{3}\,\dfrac{dB}{dT}\,\dfrac{(p^3-1)}{10^4} + \dfrac{1}{2}\,\dfrac{dC}{dT}\,\dfrac{(p^2-1)}{10^2} + \dfrac{dD}{dT}\,(p-1)\right]} \qquad (304)$$

dabei ist

$$\frac{dA}{dT} = -\frac{1}{T}\left(8a\,\frac{10^{16}}{T^8}\right) = -\frac{8A}{T}\,,$$

$$\frac{dB}{dT} = -\frac{1}{T}\left(8b\,\frac{10^{16}}{T^8}\right) = -\frac{8B}{T}\,,$$

$$\frac{dC}{dT} = -\frac{1}{T}\left(4c\,\frac{10^8}{T^4} + 3d\,\frac{10^6}{T^3} + 2e\,\frac{10^4}{T^2} + f\,\frac{10^2}{T}\right),$$

$$\frac{dD}{dT} = -\frac{1}{T}\left(4h\,\frac{10^8}{T^4} + 3i\,\frac{10^6}{T^3} + 2j\,\frac{10^4}{T^2} + k\,\frac{10^2}{T}\right).$$

In Tab. 26 sind die nach Gl. (304) berechneten Werte von δ_i verglichen mit den Meßwerten von Noell, die er durch seine Gl. (269b) dargestellt hat. Da die Versuche von Noell sich nur auf Drücke von 25 bis 150 ata und Temperaturen über 218° K erstrecken, und da manche seiner Meßwerte von den Werten nach Gl. 269b) um 0,02° C/at abweichen, so kann die Übereinstimmung als befriedigend bezeichnet werden.

Die Gleichung der elementaren Inversionskurve haben wir bereits durch Gl. (301) ausgedrückt.

Tabelle 26.

Vergleich der nach Gl. (304) berechneten δ_i-Werte mit den Messungen von NOELL nach Gl. (269b).

T	p	$\delta_i \,°C/at$	
°K	ata	nach Gl. (269b)	nach Gl. (304)
200	1	0,543	0,487
	20	0,500	0,459
	100	0,316	0,269
	200	0,086	0,090
300	1	0,223	0,220
	20	0,210	0,205
	100	0,159	0,147
	200	0,095	0,088
500	1	0,040	0,043
	20	0,038	0,039
	100	0,029	0,024
	200	0,017	0,007

ε) **Die spezifische Wärme.** Gl. (296) kann mit $(\varDelta_1)_i$ statt $(\varDelta_0)_i$ wie folgt geschrieben werden

$$c_p = c_{p_1}\left[1 - \left(\frac{\partial(\varDelta_1)_i}{\partial T}\right)_P\right],$$

wobei c_{p_1} die spezifische Wärme beim Druck $p = 1$ ata bedeutet.

Mit Gl. (302a) wird

$$c_p = c_{p_1}\left\{1 - \left[\frac{1}{4}\frac{dA}{dT}\frac{(p^4-1)}{10^6} + \frac{1}{3}\frac{dB}{dT}\frac{(p^3-1)}{10^4} + \right.\right.$$
$$\left.\left. + \frac{1}{2}\frac{dC}{dT}\frac{(p^2-1)}{10^2} + \frac{dD}{dT}(p-1)\right]\right\}. \tag{305}$$

Um die damit berechneten Werte von c_p mit Versuchszahlen zu vergleichen, ziehen wir die Messungen von HOLBORN und JAKOB an Luft heran[1], die bei $T = 333°$ K und bei Drücken bis 300 ata durchgeführt wurden. Diese Meßwerte ließen sich durch die Interpolationsformel

$$c_p = 0{,}2414 + 0{,}0286\,\frac{p}{10^2} + 0{,}0005\,\frac{p^2}{10^4} - 0{,}00106\,\frac{p^3}{10^6}$$

darstellen. Die Ergebnisse des Vergleiches sind aus Tab. 27 zu ersehen.

Die Übereinstimmung kann als recht vollkommen bezeichnet werden.

ζ) **Die Zustandsgleichung.** Mit der Ausgangsgleichung (300) kann jetzt die Zustandsgleichung mit Hilfe der Gl. (297) aufgestellt werden. Man findet mit

$$\frac{c_{p_0}}{10^4\,A_m} = 0{,}0103\,*,$$

$$v = \psi(p)\cdot T + 0{,}0103\left[\left(l + \frac{k\,10^2}{2\,T} + \frac{j\,10^4}{3\,T^2} + \frac{i\,10^6}{4\,T^3} + \frac{h\,10^8}{5\,T^4}\right) + \right.$$
$$+ \left(g + \frac{f\,10^2}{2\,T} + \frac{e\,10^4}{3\,T^2} + \frac{d\,10^6}{4\,T^3} + \frac{c\,10^8}{5\,T^4}\right)\frac{p}{10^2} + \tag{306}$$
$$\left. + \frac{b\,10^{16}}{9\,T^8}\frac{p^2}{10^4} + \frac{a\,10^{16}}{9\,T^8}\frac{p^3}{10^6}\right].$$

---

[1] HOLBORN, L., u. M. JAKOB: VDI-Forsch.-Heft Nr. 187 u. 188, S. 1. Berlin 1916.

* Zum Unterschied von der Temperaturfunktion A in Gl. (300) bezeichneten wir hier das mechanische Wärmeäquivalent mit $A_m = 1/427$ kcal/mkg.

Tabelle 27. *Vergleich der nach Gl. (305) berechneten c_p-Werte für Luft mit den Messungen von* HOLBORN *und* JAKOB.

$\dfrac{p}{\text{ata}}$	1	25	50	100	200	300	400
c_p gemessen (interpoliert) . .	0,2417	0,2486	0,2557	0,2694	0,2921	0,3031	0,2960
c_p berechnet nach Gl. (305) . .	0,2417	0,2489	0,2561	0,2693	0,2896	0,3010	0,3041

Für die Funktion $\psi(p)$ findet JAKOB aus den Volummessungen von HOLBORN und SCHULTZE längs der Isotherme $T = 273°$ K bis zu Drücken von 100 ata und von AMAGAT bis zu sehr hohen Drücken den Ausdruck

$$\psi(p) = \frac{R}{10^4\,p} + \left(q'\,\frac{p}{10^4} + n'\,\frac{p^2}{10^6} + m'\,\frac{p^3}{10^8}\right) \qquad (306\,\text{a})$$

mit $R = 29{,}26$, $q' = 0{,}0003106$, $n' = -0{,}00000645$ und $m' = 0{,}00000035$. Die beiden letzten Glieder sind nur kleine Korrekturgrößen und könnten für $p < 1000$ ata vernachlässigt werden. Bequemer schreiben sich Gl. (306) mit (306a) in folgender Form

$$v = \frac{R\,T}{10^4\,p} + A'\,\frac{p^3}{10^6} + B'\,\frac{p^2}{10^4} + C'\,\frac{p}{10^2} + D' + E'\,\frac{T}{10^2}\,, \qquad (306\,\text{b})$$

wobei A', B', C' und D' Funktionen von T sind, während E' eine Funktion von p ist, und zwar gilt

$$A' = a'\,\frac{10^{16}}{T^8}\,, \qquad B' = b'\,\frac{10^{16}}{T^8}\,,$$

$$C' = c'\,\frac{10^8}{T^4} + d'\,\frac{10^6}{T^3} + e'\,\frac{10^4}{T^2} + f'\,\frac{10^2}{T} + g'\,,$$

$$D' = h'\,\frac{10^8}{T^4} + i'\,\frac{10^6}{T^3} + j'\,\frac{10^4}{T^2} + k'\,\frac{10^2}{T} + l'\,,$$

$$E' = m'\,\frac{p^3}{10^6} + n'\,\frac{p^2}{10^4} + q'\,\frac{p}{10^2}\,.$$

Die Konstanten haben folgende Zahlenwerte:

$R = 29{,}26$; $\qquad a' = -0{,}0097274$; $\quad b' = 0{,}059509$; $\qquad c' = -0{,}20201$;

$d' = 0{,}28000$; $\qquad e' = -0{,}15203$; $\quad f' = 0{,}041361$; $\qquad g' = -0{,}0054611$;

$h' = -0{,}0019131$; $\quad i' = 0{,}010229$; $\qquad j' = -0{,}014762$; $\quad k' = 0{,}0008973$;

$l' = 0{,}00065708$; $\quad m' = 0{,}00000035$; $\quad n' = -0{,}00000645$; $\quad q' = 0{,}0003106$.

Tab. 28 gibt den Vergleich der nach Gl. (306b) berechneten Volume mit den besten gemessenen Werten.

Tabelle 28. *Vergleich der nach Gl. (306 b) berechneten spezifischen Volume $10^6\,v$ von Luft mit den besten Meßwerten; v in m^3/kg.*

p	Temperatur $T °$ K							
	169,5°		273°		373°		473°	
ata	gemessen	berechnet	gemessen	berechnet	gemessen	berechnet	gemessen	berechnet
1,36	362600	362700	587000	587000	802700	802700	1018100	1017950
101,97	3047	3094	7601	7576	11000	10920	14120	14030
206,65			3901	3871	5676	5654	7279	7274
413,33			2353	2369	3216	3226	4044	4050
619,95			1893	1937	2458	2477	2998	2971
826,61					2084	2142	2486	2448

Die Übereinstimmung muß auch hier als sehr befriedigend bezeichnet werden.

Es zeigt sich ferner, daß die Zustandsgleichung (306 b) auch zu einer BOYLE-Kurve und zu einer Idealkurve führt, die mit der Erfahrung gut vereinbar sind.

6. Das Gasverflüssigungsverfahren nach LINDE.

Auf der Abkühlung der Luft bei der Drosselung beruht das von C. VON LINDE angegebene Verflüssigungsverfahren[1]. Er begann 1894 das Gebiet der tiefsten Temperaturen zu bearbeiten und dachte zunächst daran, die Abkühlung der Luft durch Expansion unter Leistung äußerer Arbeit zu bewirken und die aufeinanderfolgenden Abkühlungen in ihrer Wirkung zu summieren; das durch Expansion bereits abgekühlte Gas sollte im Gegenstrom zu der Gasmenge geführt werden, deren Expansion noch bevorstand. Das 1857 von Sir WILIAM SIEMENS angegebene Regenerativverfahren sollte auch bei der Gasverflüssigung eine maßgebende Rolle spielen. LINDE erkannte aber bald die Schwierigkeiten, die der Betrieb des Expansionszylinders bei sehr tiefen Temperaturen bereitet und faßte den Entschluß, auf die äußere Arbeit bei der Expansion zu verzichten und die verdichtete Luft einfach abzudrosseln.

Die bereits erwähnten, im Jahre 1862 abgeschlossenen Drosselversuche von THOMSON und JOULE hatten ergeben (s. S. 195), daß Luft von Zimmertemperatur sich je Atmosphäre Druckabfall um etwa $1/4$° C abkühlt. Vor LINDE hatte niemand vermutet, daß sich dieser unscheinbare Effekt praktisch ausnutzen ließe, obwohl schon THOMSON und JOULE gezeigt hatten, daß die elementare Abkühlung etwa umgekehrt proportional der absoluten Temperatur ist [Gl. (269)]. Andererseits erkannte LINDE, daß die zur Verdichtung der Luft notwendige Arbeit mit dem Druck*verhältnis* wächst, während der integrale Kühleffekt in erster Annäherung proportional der Druck*differenz* erscheint. Durch Vorkühlung der Luft einerseits und durch einen relativ hohen Enddruck der Entspannung andererseits gelang es LINDE, den Kühleffekt so zu steigern und den Arbeitsaufwand so zu verringern, daß die Luftverflüssigung in durchaus wirtschaftlicher Weise möglich wurde.

Das Schema einer Luftverflüssigungsmaschine ist in Abb. 83 dargestellt. Ein mehrstufiger Verdichter *a* liefert Druckluft von etwa 200 ata, die zuerst im Kühler *b* mit Kühlwasser auf Zimmertemperatur abgekühlt wird. Sie gelangt nun in das Innenrohr des Gegenstromapparates *c* und wird dann im Drosselventil *d* auf den Druck von 1 ata abgedrosselt, wobei sie sich stark abkühlt. Diese kalte Luft wird nun im Gegenstrom durch das Außenrohr des Apparates *c*

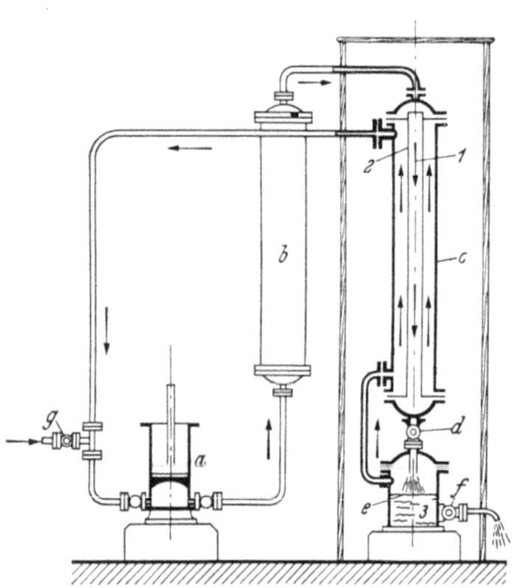

Abb. 83. Schema einer Luftverflüssigungsmaschine nach LINDE.

zurückgeführt, wobei sie sich wieder nahezu auf Zimmertemperatur erwärmt und dann vom Verdichter *a* erneut angesaugt wird. Durch die Rückführung der abgekühlten entspannten Luft wird die nachströmende Hochdruckluft vor der Drosselstelle bereits stark vorgekühlt, so daß die erneute Drosselung zu entsprechend tieferen Temperaturen führt, um so mehr, als der JOULE-THOMSON-

---

[1] SCHRÖTER, M.: Z. VDI Bd. 39 (1895) S. 2257. — C. LINDE: Z. ges. Kälteind. Bd. 4 (1897) S. 23 — DRP. 88824 (1895). — Vgl. auch Bd. I dieses Handbuchs, Abschnitt Geschichtliche Entwicklung.

Effekt mit sinkender Temperatur stark zunimmt. Nach einer gewissen Betriebs-
dauer ist die Luft vor der Drosselstelle so kalt, daß bei der Entspannung eine
teilweise Verflüssigung eintritt. Die flüssige Luft sammelt sich im Gefäß e und
kann durch das Ventil f entnommen werden. Eine gleich große Menge neuer
gasförmiger Luft wird durch das Ventil g vom Verdichter angesaugt.

Eine genauere Prüfung dieser Vorgänge lehrt, daß die Wirkungsweise einer
solchen Anlage nicht eigentlich auf dem elementaren Kühleffekt δ_i oder dem
integralen Kühleffekt $(\varDelta)_i$ beruht, sondern letzten Endes auf dem *integralen
isothermen Drosseleffekt* $(\varDelta i)_T$. Durch den Gegenstromapparat wird ja die ge-
drosselte Luft wieder auf die Anfangstemperatur erwärmt, so daß sich die Zustände im Gegenstromapparat beim Eintritt und Austritt nur durch die Höhe
des Druckes unterscheiden. Die Enthalpie i_0 der austretenden entspannten Luft
an der Stelle *2* ist um den Betrag $(\varDelta i)_T$ größer als die Enthalpie i der eintretenden
Hochdruckluft an der Stelle *1*

$$i_0 - i = (\varDelta i)_T.$$

Dabei ist $(\varDelta i)_T$ der integrale isotherme Drosseleffekt. Stellt man nun für den
Gegenstromapparat eine Wärmebilanz auf, dann findet man, daß ihm je kg
Druckluft die Enthalpie i zugeführt wird (Zustand *1*); abgeführt wird je kg der
Bruchteil ω in Gestalt flüssiger Luft mit der Enthalpie i' (Zustand *3*), und der
Bruchteil $1 - \omega$ in Gestalt gasförmiger Luft mit der Enthalpie i_0 (Zustand *2*).
Die Wärmebilanz lautet also

$$i = \omega i' + (1 - \omega)\, i_0.$$

Der Bruchteil der Luft, der verflüssigt werden kann, ist daher

$$\omega = \frac{i_0 - i}{i_0 - i'} = \frac{(\varDelta i)_T}{i_0 - i}. \tag{307}$$

Dieser Bruchteil ist also dem integralen isothermen Drosseleffekt proportional.

Auf diese Zusammenhänge hat zuerst MEISSNER hingewiesen[1]. Da in Gl. (307)
der Nenner $i_0 - i'$ vom Anfangsdruck p unabhängig ist, so wird ω offenbar
bei demjenigen Druck ein Maximum, für den $(\varDelta i)_T$ den Größtwert erreicht.
Nach Gl. (294) fällt aber dieser Größtwert mit demjenigen des integralen Drosseleffekts $(\varDelta_0)_i$ zusammen, und dieser tritt nach den Gl. (298a) und (298b) dann
ein, wenn $\delta_i = 0$ ist. Der verflüssigte Bruchteil ω wird also am größten, wenn
man die Anfangswerte p und T so wählt, daß sie einem Punkt der Inversionskurve des elementaren JOULE-THOMSON-Effekts entsprechen.

Auf die Theorie des LINDEschen Gasverflüssigungsverfahrens wird in
Band VIII dieses Handbuchs ausführlich eingegangen werden. Hier sei nur noch
betont, daß die Verflüssigung von Wasserstoff, Neon und Helium durch Drosselung nur möglich ist, wenn man diese Gase vorher unter ihre dem Anfangsdruck entsprechende Inversionstemperatur abkühlt. Bei Zimmertemperatur tritt
bei der Drosselung dieser Gase eine Erwärmung auf.

XI. Die spezifische Wärme realer Gase.

In den Abschnitten B IX u. X wurde gezeigt, wie man, ausgehend von Messungen des differentiellen oder des integralen JOULE-THOMSON-Effekts, zu entsprechenden Ausdrücken für die spezifische Wärme und die Zustandsgleichung
gelangen kann. Wir wollen jetzt nachweisen, daß man ebensogut von Messungen
der spezifischen Wärme ausgehen kann, und dieser Weg ist in der Tat in vielen

---

[1] MEISSNER, W.: Z. Phys. Bd. 18 (1923) S. 12 — Handbuch d. Physik von GEIGER
und SCHEEL, Bd. XI, Kap. 7, S. 299. 1926.

Fällen beschritten worden. Den Ausgangspunkt unserer Betrachtungen bildet die Gl. (185), die wir jetzt in der Form

$$\left(\frac{\partial^2 v}{\partial T^2}\right)_P = -\frac{1}{AT}\left(\frac{\partial c_p}{\partial P}\right)_T \qquad (308)$$

schreiben wollen. Ist c_p als Funktion von P und T gegeben, dann kann man durch zweifache Integration zur thermischen Zustandsgleichung $v = \psi(P, T)$ gelangen. Bei jeder Integration der partiellen Differentialgleichung (308) treten allerdings zunächst willkürliche Funktionen von P auf, die so gewählt werden müssen, daß sie entweder bestimmten Randbedingungen genügen oder die gemessenen Volumwerte in einem möglichst weiten Zustandsgebiet richtig wiedergeben.

Sehr umfangreiche und genaue Messungen der spezifischen Wärme c_p von *Wasserdampf* wurden im Münchner Laboratorium für technische Physik von O. KNOBLAUCH und seinen Mitarbeitern durchgeführt[1]. Die Ergebnisse sind in Abb. 84 für Drücke von 0 bis $p_k = 120$ ata und für Temperaturen von 0 bis 500° C dargestellt. Wie man sieht, nimmt c_p bei konstantem Druck, ausgehend von der (dick ausgezogenen) Grenzkurve zunächst stark ab, um dann bei hohen Überhitzungstemperaturen wieder langsam zuzunehmen. Die spezifische Wärme nähert sich dabei dem Wert c_{p_0} für $p = 0$, der mit wachsender Temperatur leicht ansteigt. Für konstante Temperatur nimmt c_p mit wachsendem Druck stark zu. Für sehr hohe (überkritische) Drücke ist der Verlauf der c_p-Werte in Abb. 85 dargestellt.

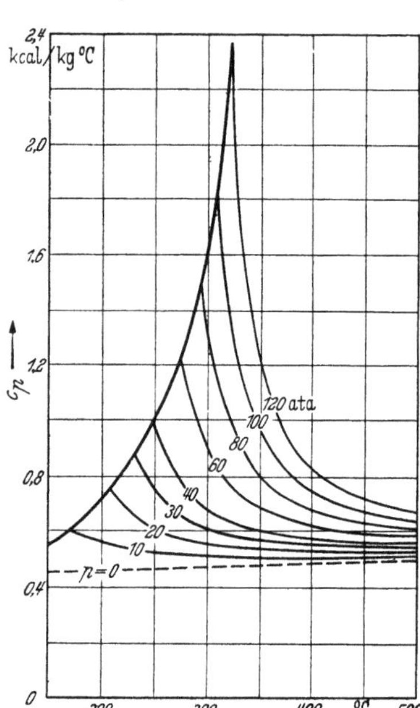

Abb. 84. Spezifische Wärme c_p des Wasserdampfes als Funktion der Temperatur bei verschiedenen Drücken.

Es fragt sich, wie das starke Anwachsen von c_p auf einer Isobare bei Annäherung an die Sättigungsgrenze gedeutet werden kann. Der trocken gesättigte Dampf weicht am stärksten von der Zustandsgleichung idealer Gase ab; er besitzt bei gegebenem Druck das kleinste spezifische Volum v, und daher sind die VAN DER WAALSschen Kräfte zwischen den Molekülen a/v^2 in diesem Zustand am größten (s. S. 155). Diese Kräfte müssen bei der Wärmezufuhr unter konstantem Druck überwunden werden, da sich der Dampf um den Betrag Δv je Grad dabei ausdehnt; es muß also neben der Wärmemenge, die je Grad zur Erhöhung der inneren Energie erforderlich ist, auch noch die der Ausdehnungsarbeit $(P + a/v^2)\,\Delta v$ äquivalente Wärmemenge je Grad Temperaturerhöhung zugeführt werden. Ist die Überhitzungstemperatur höher angestiegen und das spezifische Volum größer geworden, dann befinden sich die Moleküle schon in größerem Abstand von-

[1] KNOBLAUCH, O., u. M. JAKOB (bis 8 ata und 350° C): Forsch.-Arb. Ing.-Wes. Heft 35/36, S. 109. Berlin: VDI-Verlag 1906 — Z. VDI Bd. 51 (1907) S. 81. — O. KNOBLAUCH u. H. MOLLIER (bis 8 ata und 550° C): Forsch.-Arb. Ing.-Wes. Heft 108/109, S. 79. Berlin: VDI-Verlag 1911 — Z. VDI Bd. 55 (1911) S. 665. — O. KNOBLAUCH u. A. WINKHAUS (bis 20 ata und 380° C): Forsch.-Arb. Ing.-Wes. Heft 195, S. 3. Berlin: VDI-Verlag 1917 — Z. VDI Bd. 59 (1915) S. 376. — O. KNOBLAUCH u. E. RAISCH (bis 30 ata und 350° C): Z. VDI Bd. 66 (1922) S. 418. — O. KNOBLAUCH u. W. KOCH (bis 120 ata und 500° C): Z. VDI. Bd. 72 (1928) S. 1733.

einander und die Anziehungskräfte a/v^2 sind kleiner geworden. Es ist dann
weniger Energie für die Erreichung einer weiteren Ausdehnung bei konstantem
Druck erforderlich. Bei sehr hoher Temperatur wird das spezifische Volum so
groß, daß die Anziehungskräfte zu vernachlässigen sind und die Zustandsgleichung idealer Gase praktisch erfüllt ist. Dann ist je Grad Temperaturerhöhung nur noch die Wärmemenge c_{p_0} zuzuführen.

Bei assoziierenden Stoffen, wie es Wasserdampf ist, ist der starke Anstieg
von c_p längs der Isobaren bei Annäherung an die Sättigungskurve auch noch
durch die Tatsache der Bildung von Molekülkomplexen bedingt. Je mehr man

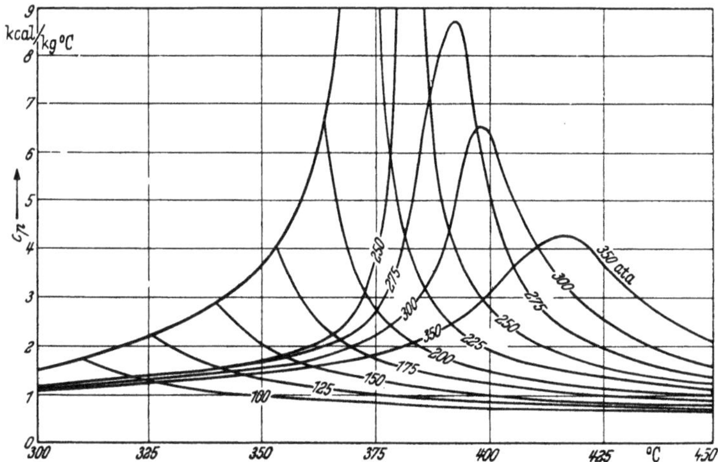

Abb. 85. Spezifische Wärme des Wasserdampfes bei sehr hohen und auch überkritischen Drücken.

sich von der Sättigung entfernt, um so stärker sind diese Molekülkomplexe in
einfache H_2O-Moleküle zerfallen. Die Spaltung der Komplexe erfordert aber
zusätzliche Energiebeträge.

JAKOB hat als erster nachgewiesen, daß man, ausgehend von einem der
Abb. 84 entsprechenden System von c_p-Werten, auf graphischem Wege mit
Hilfe der Gl. (308) zu richtigen Volumwerten gelangen kann[1]. Der Nachweis
läßt sich aber auch auf analytischem Wege führen, wenn man c_p als Funktion
von p und T ausdrückt. Wie aus Abb. 84 zu ersehen ist, haben die Isobaren
einen hyperbelförmigen Verlauf; sie lassen sich bis zum Druck von 20 ata und
bis zu Temperaturen von 550° C durch die Gleichung

$$c_p = c_{p_0} + \frac{f_1(p)}{T - f_2(p)} \tag{309}$$

darstellen[2]. Dabei ist

$$f_1(p) = \frac{16,24\,p}{p + 20}$$

und

$$f_2(p) = 192\,\lg\frac{10\,p(p+5,6)}{p + 0,1}.$$

Von einem ähnlichen Ansatz machten KNOBLAUCH, RAISCH und HAUSEN Gebrauch, indem sie für Drücke bis zu 30 ata setzten[3]

$$c_p = f(T) + \frac{C}{T - \varphi(p)}. \tag{310}$$

<hr>

[1] JAKOB, M.: Z. VDI Bd. 56 (1912) S. 1980.
[2] PLANK, R.: Z. VDI Bd. 60 (1916) S. 187.
[3] KNOBLAUCH, O.. E. RAISCH u. H. HAUSEN: Tabellen und Diagramme für Wasserdampf. München: Oldenbourg 1923.

Die Funktionen $f(T)$ und $\varphi(p)$ und die Konstante C wurden so gewählt, daß nicht nur die Versuchswerte bis 30 ata richtig wiedergegeben werden, sondern auch im kritischen Punkt ($p_k = 225$ ata, $t_k = 374°$ C) der Wert $c_p = \infty$ wird. Außerdem wird für $p = 0$ der Wert $c_p = c_{p_0}$ erhalten. Dafür wird gesetzt

$$C = 20{,}33$$

und

$$\varphi(p) = 588{,}97 + 0{,}373\,54\,p - \frac{6310{,}3}{18{,}165 + p}\,.$$

Für die Funktion $f(T)$ in Gl. (310) konnte nicht im ganzen Temperaturbereich der gleiche Ausdruck benutzt werden. Für $t > 100°$ C und auch anwendbar zwischen 50 und 100° C gilt

$$f(T) = 0{,}3391 + 0{,}000\,197\,T - \frac{12{,}8}{T - 256{,}4}$$

und für $t < 100°$ C

$$f(T) = 0{,}4575 - \frac{20{,}33}{T - 241{,}58}\,.$$

Beide Formeln schließen sich gut einander an.

Geht man von der verallgemeinerten VAN DER WAALSschen Zustandsgleichung aus

$$\left(P + \frac{a}{T^n v^2}\right)(v - b) = R\,T,$$

dann läßt sich nachweisen, daß $c_p - c_{p_0}$ für nicht zu hohe Drücke nur von der zusammengesetzten Zustandsgröße $v\,T^{n+1}$ abhängt[1]. Für Wasserdampf findet man bis 30 ata eine gute Übereinstimmung mit den Versuchswerten durch die Annahme $n = 3$ und durch den Ansatz

$$c_p = c_{p_0} + \frac{C_1}{v\,T^4 - C_2}\,, \tag{311}$$

wobei $C_1 = 8{,}5 \cdot 10^8$ und $C_2 = 26{,}5 \cdot 10^8$, wenn man v in m³/kg einsetzt. In Gl. (311) läßt sich v durch P ersetzen und man erhält in erster Annäherung[1]

$$c_p = c_{p_0} + \frac{C_1\,P}{R\,T^{n+2} - C_3\,P}\,, \tag{311a}$$

wobei $C_3 = 33 \cdot 10^8$ ist, wenn P in kg/m² eingesetzt wird.

Die Gl. (309), (310) und (311a) führen zwar mit Gl. (308) zu richtigen Werten von v, die entsprechenden Zustandsgleichungen werden aber sehr unbequem, so daß wir auf deren Wiedergabe verzichten.

Es ist aber KNOBLAUCH, RAISCH, HAUSEN und KOCH gelungen, einen Ansatz für c_p zu finden, der die Versuchswerte für Wasserdampf bis 120 ata und 500° C sehr gut wiedergibt und zu einer bequemen Zustandsgleichung führt. Dieser Ansatz lautet[2]:

$$c_p = c_{p_0} + C_1\,\frac{\pi^{m_1}}{\vartheta^{n_1}} + C_2\,\frac{\pi^{m_2}}{\vartheta^{n_2}} + c_3\,\frac{\pi^{m_3}}{\vartheta^{n_3}}\,, \tag{312}$$

dabei ist $p_k = 225{,}05$ ata und $T_k = 647{,}2°$ K gesetzt. Die Konstanten haben folgende Werte:

$$
\begin{aligned}
C_1 &= 0{,}5311, & m_1 &= 1, & n_1 &= 3{,}5, \\
C_2 &= 1{,}1991, & m_2 &= 3, & n_2 &= 18, \\
C_3 &= 8{,}3054, & m_3 &= 12, & n_3 &= 60.
\end{aligned}
$$

---

[1] PLANK, R.: Z. techn. Phys. Bd. 5 (1924) S. 397.
[2] KNOBLAUCH, O., E. RAISCH, H. HAUSEN u. W. KOCH: Tabellen und Diagramme für Wasserdampf. München: R. Oldenbourg 1932.

Für c_{p_0} wird ein quantentheoretisch begründeter Ausdruck ermittelt, der sich aber zwischen 0 und 600° C auch durch die einfache empirische Formel

$$c_{p_0} = 0{,}3613 + 0{,}000\,173\,6\,T + \frac{9{,}0}{T} \tag{313}$$

ersetzen läßt. Zu fast genau denselben Werten im genannten Temperaturbereich führt eine Formel von GORDON[1]

$$c_{p_0} = 0{,}352 + 0{,}000\,180\,6\,T + \frac{11{,}43}{T}\,. \tag{313a}$$

Aus Gl. (312) erhält man durch partielle Differentiation mit $m_1 = 1$

$$\left(\frac{\partial c_p}{\partial P}\right)_T = \frac{C_1}{P_k\,\vartheta^{n_1}} + \frac{m_2\,C_2}{P_k}\,\frac{\pi^{m_2-1}}{\vartheta^{n_2}} + \frac{m_3\,C_3}{P_k}\,\frac{\pi^{m_3-1}}{\vartheta^{n_3}}$$

und daher mit Gl. (308)

$$A\left(\frac{\partial^2 v}{\partial T^2}\right)_P = -\frac{C_1}{P_k\,T_k\,\vartheta^{n_1+1}} - \frac{m_2\,C_2}{P_k\,T_k}\,\frac{\pi^{m_2-1}}{\vartheta^{n_2+1}} - \frac{m_3\,C_3}{P_k\,T_k}\,\frac{\pi^{m_3-1}}{\vartheta^{n_3+1}}\,.$$

Die erste Integration liefert

$$A\left(\frac{\partial v}{\partial T}\right)_P = \frac{C_1}{n_1\,P_k\,\vartheta^{n_1}} + \frac{m_2\,C_2}{n_2\,P_k}\,\frac{\pi^{m_2-1}}{\vartheta^{n_2}} + \frac{m_3\,C_3}{n_3\,P_k}\,\frac{\pi^{m_3-1}}{\vartheta^{n_3}} + A\,f_1(P)\,,$$

wobei $f_1(P)$ eine zunächst willkürliche Funktion von P bedeutet. Eine nochmalige Integration führt dann zu der Zustandsgleichung

$$\begin{aligned}
A\,v = &-\frac{C_1\,T_k}{n_1(n_1-1)\,P_k\,\vartheta^{n-1}} - \frac{m_2\,C_2\,T_k}{n_2(n_2-1)\,P_k}\,\frac{\pi^{m_2-1}}{\vartheta^{n_2-1}} -\\
&-\frac{m_3\,C_3\,T_k}{n_3(n_3-1)\,P_k}\,\frac{\pi^{m_3-1}}{\vartheta^{n_3-1}} + A\,T\,f_1(P) + A\,f_2(P)\,,
\end{aligned} \tag{314}$$

in der $f_2(P)$ eine zweite zunächst willkürliche Druckfunktion ist. Diese beiden Funktionen müssen nun so gewählt werden, daß sowohl für das Volum v wie auch für die Enthalpie i [die mit Hilfe der Gl. (184) berechnet wird] Werte erhalten werden, die mit den besten Messungen übereinstimmen.

KNOBLAUCH, RAISCH und HAUSEN fanden die gewünschte Übereinstimmung durch folgende empirische Ansätze:

$$f_1(P) = \frac{R}{P} + \left[0{,}0233 - \frac{0{,}0652}{10^{-4}\,P + 1} - 0{,}1520\left(\frac{P_k}{P_k+P}\right)^2\right]10^{-4} \tag{315}$$

und

$$f_2(P) = 0{,}011\,48\left(\frac{P_k}{P_k+P}\right)^2\,. \tag{316}$$

Nähert sich P dem Wert Null, dann werden alle Glieder im Vergleich mit RT/P vernachlässigbar klein und der Wasserdampf verhält sich dann wie ein ideales Gas. Für höhere Drücke bis 120 ata liefert die Zustandsgleichung (314) mit den Gl. (315) und (316) richtige Werte für das spezifische Volum von trocken gesättigtem und überhitztem Dampf bis $t = 550°$ C. Auch die aus ihr abgeleiteten Werte der Enthalpie stimmen mit der Erfahrung sehr gut überein. Damit ist der Nachweis erbracht, daß ein System richtiger c_p-Werte sehr wohl als Grundlage für die Aufstellung einer Zustandsgleichung dienen kann.

Über 120 ata ergaben spätere Messungen von WE. KOCH[2] in der Nähe der Sättigung gewisse Abweichungen von den nach Gl. (312) berechneten Werten; die berechneten Werte werden dabei zu groß. In Tab. 29 sind die Werte der

---

[1] GORDON, A. R.: J. chem. Phys. Bd. 2 (1934) S. 65. Die Formel wurde von int. joule/g°C in kcal/kg°C umgerechnet.

[2] KOCH, WE.: Forsch.-Arb. Ing.-Wes. Bd. 3 (1932) S. 1; Bd. 5 (1934) S. 138.

Tabelle 29. *Spezifische Wärme c_p von Wasserdampf in kcal/kg° C nach* WE. KOCH.

p (ata) Sätt.-Temp. ° C	1 99,09	5 151,11	10 179,04	20 211,38	40 249,18	60 274,29	80 293,62	100 309,53	120 323,15	140 335,09	160 345,74	180 355,35	200 364,08
bei Sätt.-Temp.	0,487	0,546	0,610	0,705	0,895	1,10	1,35	1,66	2,03	2,63	3,42	4,64	6,6
$t = 100$°C	0,487	—	—	—	—	—	—	—	—	—	—	—	—
120	0,480	—	—	—	—	—	—	—	—	—	—	—	—
140	0,474	—	—	—	—	—	—	—	—	—	—	—	—
160	0,471	0,537	—	—	—	—	—	—	—	—	—	—	—
180	0,470	0,520	0,607	—	—	—	—	—	—	—	—	—	—
200	0,470	0,508	0,571	—	—	—	—	—	—	—	—	—	—
220	0,470	0,498	0,546	0,682	—	—	—	—	—	—	—	—	—
240	0,472	0,496	0,532	0,629	—	—	—	—	—	—	—	—	—
260	0,474	0,494	0,522	0,592	0,819	—	—	—	—	—	—	—	—
280	0,476	0,494	0,516	0,568	0,724	1,04	—	—	—	—	—	—	—
300	0,479	0,493	0,513	0,544	0,667	0,873	1,23	—	—	—	—	—	—
340	0,484	0,495	0,509	0,538	0,605	0,700	0,836	1,05	1,41	2,14	—	—	—
380	0,490	0,498	0,507	0,529	0,574	0,627	0,695	0,784	0,907	1,06	1,29	1,63	2,24
420	0,495	0,501	0,508	0,522	0,555	0,594	0,639	0,691	0,754	0,829	0,913	1,02	1,16
460	0,501	0,506	0,512	0,523	0,548	0,576	0,607	0,643	0,684	0,729	0,778	0,831	0,894
500	0,508	0,511	0,516	0,524	0,544	0,565	0,589	0,616	0,644	0,674	0,706	0,740	0,776
550	0,516	0,521	0,521	0,527	0,542	0,559	0,578	0,599	—	—	—	—	—

spezifischen Wärme von Wasserdampf nach WE. KOCH in einem weiten Druck-
und Temperaturbereich eingetragen. Abb. 84 zeigt den Verlauf von Isobaren
der spezifischen Wärme über der Temperatur bis $p = 120$ ata. Für höhere, auch
überkritische Drücke ist der Verlauf dieser Isobaren in Abb. 85 dargestellt.
Für den kritischen Druck hat die c_p-Isobare bei der kritischen Temperatur von
$t_k = 374,1$° eine vertikale Asymptote, da im kritischen Punkt $c_p = \infty$ wird.
Für überkritische Drücke besitzen die c_p-Isobaren ein Maximum, und es treten
Überschneidungen auf, wobei c_p bei sehr hohen Temperaturen mit wachsendem
Druck zunimmt, dagegen bei tieferen Temperaturen mit wachsendem Druck
abnimmt.

Die Lage der Maxima erhält man aus der Bedingung $\left(\dfrac{\partial c_p}{\partial T}\right)_P = 0$ oder
$\left(\dfrac{\partial^2 i}{\partial T^2}\right)_P = 0$. Sie treten also dort auf, wo die Isobaren in einem i, T-Diagramm
einen Wendepunkt haben. Daß solche Wendepunkte vorhanden sind, ist aus
Abb. 78 für überkritische Drücke (von Luft) zu ersehen. Man kann daraus auch
schon erkennen, daß sich die überkritischen Isobaren im c_p, T-Diagramm
überschneiden müssen, denn in Abb. 78 stellt die Neigung der Isobaren die
spezifische Wärme dar; diese Neigung ist bei hohen Temperaturen um so steiler,
je höher der Druck, bei tieferen Temperaturen ist aber der Einfluß des Druckes
ein entgegengesetzter. Die Abhängigkeit der spezifischen Wärme von P und T
ist also sehr verwickelt.

Es gibt sehr wenige Stoffe, für welche diese Abhängigkeit in weiteren Bereichen experimentell ermittelt wurde. Neben Wasserdampf ist noch *Ammoniak*
zu nennen[1]. Die Versuchsergebnisse aus dem Bureau of Standards in Washington
lassen sich dafür durch folgende empirische Formel wiedergeben:

$$c_p = 1,1255 + 0,00238\,T + \frac{76,8}{T} + \frac{5,45 \cdot 10^8\,p}{T^4} +$$

$$+ \frac{p(6,5 + 3,8\,p)\,10^{27}}{T^{12}} + \frac{2,37 \cdot 10^{42}\,p^6}{T^{20}},$$

[1] OSBORNE, N. S., H. F. STIMSON, T. S. SLIGH jun. u. C. S. CRAGOE: Refrig. Engng.
Bd. 10 (1923) S. 145 — vgl. Z. ges. Kälteind. Bd. 31 (1924) S. 30, 44 u. 59.

wobei p in Metern QS und T in ° K einzusetzen sind, und c_p in Joule/g ° C erhalten wird. Die c_p-Werte sind in Tab. 30 auf kcal/kg ° C umgerechnet. Der Verlauf der c_p-Isobaren über der Temperatur ist hier ganz ähnlich wie beim Wasserdampf, die Sättigungswerte steigen mit wachsendem Druck rasch an. Die gemessenen c_p-Werte lassen sich auch bei Ammoniak durch eine Gleichung von der Form (311) befriedigend wiedergeben, doch muß man hier für den Exponenten an Stelle von $n = 4$ den Wert $n = 4,6$ setzen[1]. Die übrigen Konstanten haben folgende Werte:

$$C_1 = 63,0 \cdot 10^8 \quad \text{und} \quad C_2 = 65,8 \cdot 10^8.$$

Für v sind dabei die Werte des Bureau of Standards einzusetzen[2] und für c_{p_0} genügt zwischen -50 und $+200°$ C der lineare Ansatz

$$c_{p_0} = 0,491 + 0,00036\, t.$$

XII. Die Aufstellung vollständiger Dampftafeln und der Entwurf thermodynamischer Diagramme

1. Allgemeine Bemerkungen.

Für die Berechnung von Wärmekraft- und Kälteanlagen müssen die thermischen Eigenschaften der verwendeten Arbeitsmittel möglichst genau bekannt sein. Die Ergebnisse der Messungen thermischer und kalorischer Größen werden zu diesem Zweck in die Form übersichtlicher Dampftafeln gebracht, in welche die verschiedenen Größen für runde Werte des Drucks oder der Temperatur in dem ganzen technisch interessierenden Bereich eingetragen werden. Solche Dampftafeln hat zuerst G. ZEUNER für Wasserdampf aufgestellt, wobei er sich auf die klassischen Versuche von REGNAULT stützte.

Als Basis dienen in der Regel gemessene Volumwerte bei verschiedenen Drücken und Temperaturen, die man zu einer Zustandsgleichung vereinigt. Daneben müssen die spezifische Wärme c_{p_0} im Gaszustand bei starker Verdünnung sowie die spezifische

[1] PLANK, R.: Z. techn. Phys. Bd. 5 (1924) S. 397.
[2] Tables of thermodynamic properties of Ammonia. Circ. Bur. Stand., No. 142. Washington 1923.

Tabelle 30. *Spezifische Wärme c_p von Ammoniak in kcal/kg ° C nach Messungen des Bureau of Standards.*

p (Atm.)	0	1	2	4	6	8	10	12	14	16	18	20
Sätt.-Temp. ° C	—	-33,35	-18,57	-1,54	+9,67	+18,27	+25,34	+31,40	+36,74	+41,52	+45,88	+49,89
bei Sätt.-Temp.	—	0,5593	0,5935	0,6457	0,6877	0,7242	0,7575	0,7890	0,8199	0,8513	0,8839	0,9186
$t = -30$° C	0,4829	0,5513	—	—	—	—	—	—	—	—	—	—
-20	0,4856	0,5344	—	—	—	—	—	—	—	—	—	—
-10	0,4885	0,5247	0,5704	—	—	—	—	—	—	—	—	—
-0	0,4917	0,5194	0,5532	0,6392	—	—	—	—	—	—	—	—
+20	0,4985	0,5161	0,5364	0,5848	0,6438	0,7142	—	—	—	—	—	—
40	0,5058	0,5181	0,5315	0,5619	0,5970	0,6371	0,6826	0,7346	0,7946	—	—	—
60	0,5137	0,5227	0,5322	0,5529	0,5759	0,6012	0,6290	0,6595	0,6932	0,7310	0,7741	0,8244
80	0,5220	0,5288	0,5359	0,5510	0,5671	0,5844	0,6029	0,6227	0,6438	0,6667	0,6916	0,7192
100	0,5306	0,5359	0,5414	0,5528	0,5648	0,5774	0,5905	0,6043	0,6188	0,6341	0,6502	0,6674
120	0,5394	0,5437	0,5481	0,5570	0,5662	0,5758	0,5856	0,5958	0,6064	0,6173	0,6286	0,6404
150	0,5532	0,5563	0,5595	0,5660	0,5725	0,5792	0,5860	0,5930	0,6001	0,6073	0,6147	0,6223

Wärme und das spezifische Volum der Flüssigkeit als Funktion der Temperatur bekannt sein. Auch muß die Dampfdruckkurve experimentell festliegen. Obwohl sich aus diesen Größen die Verdampfungswärme bei verschiedenen Temperaturen nach der Gl. (133) von CLAUSIUS-CLAPEYRON berechnen läßt, so ist es doch sicherer, wenn man auch noch über Meßwerte der Verdampfungswärme verfügt, weil sich dann Genauigkeitskontrollen durchführen lassen und man prüfen kann, ob alle Meßwerte miteinander vereinbar sind. Aus der Zustandsgleichung lassen sich dann mit den entwickelten Formeln die Werte für die Entropie, die Enthalpie und die spezifische Wärme im Dampfzustand berechnen (s. S. 143 ff.). Alle berechneten Werte werden dann in Dampftafeln vereinigt und in Diagrammen dargestellt, wobei sich neben dem T, s-Diagramm besonders die MOLLIER-Diagramme (s. S. 134) eingebürgert haben.

In Band IV dieses Handbuches werden Dampftafeln und Diagramme für zahlreiche in der Kältetechnik verwendete Arbeitsmittel wiedergegeben werden. Wir wollen hier an einigen wenigen Beispielen den Gang der oft sehr umfangreichen und zeitraubenden Berechnungen solcher Tafeln und Diagramme erläutern.

2. Die Berechnung von Dampftafeln für mäßige Drücke.

Wie aus den Abschnitten B VII u. VIII zu ersehen war, wird die Zustandsgleichung um so verwickelter, je höher das spezifische Gewicht der Gase wird und je mehr man sich dem kritischen Zustand nähert. In vielen Fällen genügt es, den Druckbereich mit 0,1 oder 0,2 p_k ($\pi = 0,1$ bis 0,2) zu begrenzen. Die Abweichungen vom idealen Gasgesetz lassen sich dann durch ein einfaches Zusatzglied $\mathfrak{B}$ berücksichtigen, das entweder nur von der Temperatur oder allenfalls auch noch vom Druck abhängt. Eine solche Zustandsgleichung (248), die von CALLENDAR vorgeschlagen wurde, haben wir kennengelernt (s. S. 183). MOLLIER benutzte sie für *Wasserdampf* bis zu 20 ata ($\pi = 0,09$) in der Form[1]

$$v - v' = \frac{R\,T}{P} - C\left(\frac{273}{T}\right)^n \tag{317}$$

mit $v' = 0,001$ m³/kg, $R = 47,00$, $C = 0,075$ und $n = 10/3$; dabei entspricht v' dem Volum des flüssigen Wassers bei Zimmertemperatur; man kann es für alle praktischen Rechnungen vernachlässigen.

Für den Grenzwert der spezifischen Wärme des Wasserdampfes im vollkommenen Gaszustand nahm CALLENDAR den konstanten Wert $c_{p_0} = 0,477$ kcal/kg °C an. Wir wissen heute, daß dieser Wert für den technisch wichtigen Bereich zwischen 100 und 500° als Mittelwert ungefähr stimmt, daß aber c_{p_0} nicht konstant ist, sondern mit der Temperatur ansteigt. Mit dem von CALLENDAR gewählten Wert von c_{p_0} und den Zahlenwerten der Konstanten in Gl. (317) ergibt sich folgender Zusammenhang:

$$\left.\begin{aligned} c_{p_0} &= (n+1)\,A\,R = \frac{13}{3}\,0,11 = 0,477\,, \\[2mm] \frac{c_{p_0}}{c_{v_0}} &= \varkappa = \frac{n+1}{n} = 1,3 \\[2mm] n + 1 &= \frac{\varkappa}{\varkappa - 1}\,. \end{aligned}\right\} \tag{318}$$

und

Für die Dampfdruckkurve und die Enthalpie der Flüssigkeit i' stützte sich MOLLIER auf die damals genauesten Werte von REGNAULT, während er für v' den konstanten Wert 0,001 m³/kg setzte[2].

---

[1] MOLLIER, R.: Neue Tabellen und Diagramme für Wasserdampf. Berlin: Springer 1906.
[2] Bei $p = 20$ ata und $t = 211°$ C wird $v' = 0,001\,175$, doch ist die Veränderlichkeit von v' für die hier folgenden Berechnungen belanglos.

Es sollen nun die Gleichungen für die Enthalpie und die Entropie des Wasserdampfes aufgestellt werden. Aus Gl. (184) auf S. 153 folgt mit Gl. (317):

$$i = c_{p_0} T - (n + 1) A C \left(\frac{273}{T}\right)^n P + A v' P + \text{konst.} \tag{319}$$

Mit der äußeren Verdampfungswärme $\psi = A P (v - v')$ und der ersten Gl. (318) kann man auch schreiben:

$$i = (n + 1)\, \psi + A v' P + \text{konst.} \tag{319a}$$

In gleicher Weise folgt aus Gl. (181) auf S. 152:

$$s = c_{p_0} \ln T - A R \ln P - n A C \left(\frac{273}{T}\right)^n \frac{P}{T} + \text{konst.} \tag{320}$$

oder mit der ersten Gl. (318):

$$s = \text{konst.} - A R \ln \left(\frac{P}{T^{n+1}}\right) - n A C\, 273^n \left(\frac{P}{T^{n+1}}\right). \tag{320a}$$

Aus dieser Form der Gleichung für die Entropie erkennt man die Zweckmäßigkeit der Ansätze (318), denn man erhält aus Gl. (320a) für die Adiabaten $s = \text{konst.}$ die Bedingung:

$$\frac{P}{T^{n+1}} = \frac{P}{T^{\frac{\varkappa}{\varkappa-1}}} = \text{konst.}, \tag{321}$$

genau wie bei idealen Gasen.

Da sich die Zustandsgleichung (317) auch in der Form schreiben läßt:

$$\frac{P(v - v')}{T} = R - C\, 273^n \frac{P}{T^{n+1}},$$

so gelten für die Adiabaten auch noch die Beziehungen:

$$\text{und} \qquad \left.\begin{aligned} P(v - v')^{\frac{n+1}{n}} &= P(v - v')^{\varkappa} = \text{konst.} \\ T(v - v')^{1/n} &= T(v - v')^{\varkappa-1} = \text{konst.} \end{aligned}\right\} \tag{321a}$$

so daß auch hier bei Vernachlässigung der sehr kleinen Größe v' die Gleichungen dieselbe Gestalt haben wie bei idealen Gasen.

Für die spezifische Wärme des überhitzten Dampfes erhält man aus Gl. (186) mit Gl. (317) (s. S. 153):

$$c_p = c_{p_0} + n(n + 1) A C \left(\frac{273}{T}\right)^n \frac{P}{T} \tag{322}$$

und ersieht daraus, daß die spezifische Wärme mit dem Druck wächst und mit der Temperatur abnimmt, was mit den Messungen in nicht zu großer Entfernung von der rechten Grenzkurve übereinstimmt (vgl. Tab. 29)[1].

Sehr leicht läßt sich aus der Zustandsgleichung (317) auch noch der elementare JOULE-THOMSON-Effekt nach Gl. (254a) berechnen. Es wird

$$\delta_i = \left(\frac{\partial T}{\partial P}\right)_i = \frac{A}{c_p} \left[(n + 1) C \left(\frac{273}{T}\right)^n - v'\right]. \tag{323}$$

Setzt man in die Gl. (319) und (320) für P und T Werte nach der Dampfdruckkurve ein, so erhält man die Enthalpie i'' und die Entropie s'' des trocken gesättigten Dampfes. Für siedendes flüssiges Wasser kann man im betrachteten engen Temperaturbereich für v' den konstanten Wert $0{,}001$ m³/kg setzen.

Für die spezifische Wärme c von flüssigem Wasser fand REGNAULT[2]:

$$c = 1 + 0{,}00004\, t + 0{,}0000009\, t^2.$$

---

[1] Der Anstieg von c_p mit der Temperatur bei hohen Überhitzungen hängt nur mit dem Anwachsen von c_{p_0} zusammen.

[2] REGNAULT, V.: Ann. chim. phys. (2) Bd. 73 (1840) S. 35 — Mém. l'Acad. Bd. 21 (1847) S. 730.

Es ist daher die Wärmemenge q, die notwendig ist, um 1 kg Wasser von 0 auf t° zu erhitzen,

$$q = \int\limits_0^t c\,dt = t + 0,00002\,t^2 + 0,0000003\,t^3.$$

Nach Gl. (34) ist für siedende Flüssigkeit $dq = di' - Av'\,dP$. Setzt man bei $t = 0^\circ$ willkürlich $i' = 0$ und auch $s' = 0$, und vernachlässigt man den sehr geringen Dampfdruck des Wassers bei 0°, dann ist:

$$i' = q + APv' \tag{324}$$

und

$$s' = \int\limits_0^t \frac{dq}{T} = 2{,}431\,889\,\lg\frac{T}{273} - 0{,}000\,206\,t + 0{,}000\,000\,45\,t^2. \tag{325}$$

Die noch unbestimmt gebliebenen Konstanten in den Gl. (319) und (320) ergeben sich aus gemessenen Werten der Verdampfungswärme r, denn es ist einerseits

und andererseits
$$\left.\begin{aligned} i'' &= i' + r \\ s'' &= s' + \frac{r}{T}. \end{aligned}\right\} \tag{326}$$

Man kann z. B. die Konstanten dadurch bestimmen, daß man die beiden letzten Gleichungen für $t = 0^\circ$ und den zugehörigen Sättigungsdruck

$$P = 63\ \text{kg/m}^2 \quad \text{oder} \quad p = 0{,}0063\ \text{ata}$$

anwendet und den entsprechenden Versuchswert von $r = r_0$ einsetzt. Man kann weiterhin prüfen, ob mit den so gefundenen Konstanten sich auch bei anderen Temperaturen Werte von r ergeben, die mit den Meßwerten übereinstimmen. Die aus den Gl. (326) folgende Beziehung

$$i'' - i' = T\,(s'' - s')$$

stellt letzten Endes eine Gleichung zwischen Sättigungsdruck und Sättigungstemperatur dar, sie ist also die Gleichung der Dampfdruckkurve, und man kann prüfen, ob sie mit der experimentellen Dampfdruckkurve übereinstimmt. Das ist, wie MOLLIER gezeigt hat, hier tatsächlich der Fall (verglichen mit der Dampfdruckkurve von REGNAULT); die Übereinstimmung ist am besten, wenn man in Gl. (319) für die Konstante den Wert 594,735 und in Gl. (320) für die Konstante den Wert 1,0544 setzt.

Mit den Abkürzungen (Temperaturfunktionen)

$$0{,}075\left(\frac{273}{T}\right)^{10/3} = \mathfrak{B}; \quad \frac{10000}{427}\left(\frac{13}{3}\cdot\mathfrak{B} - 0{,}001\right) = \mathfrak{J}$$

und
$$\frac{10000}{427}\,\frac{10}{3}\,\frac{\mathfrak{B}}{T} = \mathfrak{S}$$

erhält man dann folgende Gleichungen:

$$\left.\begin{aligned} v &= 47\,\frac{T}{P} - \mathfrak{B} + 0{,}001\,, \\ i &= 0{,}477\,t - \mathfrak{J}\,p + 594{,}735\,, \\ s &= 0{,}477\ln T - 0{,}11\ln p - \mathfrak{S}\,p - 1{,}0544\,, \\ c_p &= 0{,}477 + \frac{13}{3}\,\mathfrak{S}\,p. \\ \delta &= \left(\frac{\partial T}{\partial P}\right)_i = \frac{\mathfrak{J}}{c_p}. \end{aligned}\right\} \tag{327}$$

Mit den Gl. (323) bis (327) kann man eine vollständige Dampftafel für das Sättigungsgebiet berechnen und ein thermodynamisches Diagramm entwerfen, das auch das Überhitzungsgebiet umfaßt.

Nach diesem Schema wurden auch Dampftafeln für zahlreiche Niederdruck-kältemittel berechnet. Die Ergebnisse sollen in Band IV dieses Handbuchs zusammengestellt werden.

3. Die Berechnung von Dampftafeln für hohe Drücke.

Will man einen größeren Druckbereich umfassen, etwa bis $0,5\,p_k$, dann kommt man mit der einfachen Zustandsgleichung (317) nicht mehr aus. Der einfachste Weg besteht dann darin, daß man die Konstante C als Druckfunktion betrachtet und nötigenfalls noch weitere Korrekturglieder auf der rechten Seite hinzufügt.

So gibt für *Kohlendioxyd* die Zustandsgleichung (P in kg/m², v in m³/kg)

$$v = \frac{R\,T}{P} - \frac{0,0825 + 1,225\cdot10^{-7}\,P}{(T/100)^{10/3}} \tag{328}$$

mit $R = 19,273$ die Volumwerte bis 40 ata selbst noch an der rechten Grenz-kurve sehr genau wieder[1]. Der kritische Druck beträgt $p_k = 74,96$ ata.

Für *Äthan* kann man das Volum von gesättigtem und überhitztem Dampf bis 28 ata ($p_k = 50,3$ ata) durch die Gleichung

$$v = \frac{R\,T}{P} - \frac{0,0890}{(T/100)^{2,4}} - \frac{0,0279\cdot10^{-8}\,P^2}{(T/100)^9} \tag{329}$$

ausgezeichnet wiedergeben[2]. Dabei ist $R = 28,22$.

Wie bereits früher betont wurde, können Zustandsgleichungen, die das Volum nur in erster Potenz enthalten, den kritischen Punkt und den Zustand in dessen Umgebung nicht richtig wiedergeben. Will man dieses Gebiet in die Dampftafel aufnehmen, dann muß man eine Reihe empirischer Gesetzmäßig-keiten zu Hilfe nehmen (s. S. 130) und von graphischen Verfahren (Extra-polationen) Gebrauch machen. So kann man für CO_2 bei Drücken über 40 ata die gemessenen Werte von $\gamma' = 1/v'$ und $\gamma'' = 1/v''$ durch die Gl. (117) darstellen und daraus für die „gerade Mittellinie" die Gl. (118)

$$\frac{\gamma' + \gamma''}{2} = 468,3 + 1,442\,(t_k - t) \tag{330}$$

ableiten, wobei γ in kg/m³ einzusetzen ist. Noch etwas besser entspricht allen Beobachtungen an CO_2 die Gleichung

$$\frac{\gamma' + \gamma''}{2} = 463,9 + 1,506\,(t_k - t)\,. \tag{331}$$

Aus der Dampfdruckkurve und den orthobaren Volumen kann man mit Hilfe der CLAUSIUS-CLAPEYRONschen Gl. (133) die Verdampfungswärme be-rechnen. Die so gefundenen Werte lassen sich für CO_2 recht gut durch die empirische Gl. (136) darstellen:

$$r = 15,2\,(304,1 - T)^{0,38},$$

worin $T_k = 304,1°$ K ist.

---

[1] Vgl. R. PLANK u. J. KUPRIANOFF: Beihefte zur Z. ges. Kälteind. Reihe 1 (1929) Heft 1. — SWEIGERT, WEBER u. ALLEN: Industr. Engng. Chem. Bd. 38 (1946) S. 185, haben gezeigt, daß diese Gleichung auch die neueren Volummessungen in folgenden Bereichen mit einem Fehler unterhalb 1% wiedergibt: zwischen 0 und 1000° C für alle Drücke bis 53 ata, über 425° C für alle Drücke bis 105 ata, über 540° C für alle Drücke bis 210 ata.

[2] PLANK, R., u. J. KAMBEITZ: Z. ges. Kälteind. Bd. 43 (1936) S. 209.

Die Enthalpie i'' des trocken gesättigten Dampfes kann im Bereich der Gültigkeit einer Zustandsgleichung nach dem angegebenen Verfahren berechnet werden (s. S. 153), woraus man dann die Enthalpie i' der siedenden Flüssigkeit aus der Gleichung $i' = i'' - r$ erhält. Ist die spezifische Wärme der Flüssigkeit als Funktion der Temperatur bekannt, dann liefert sie die Möglichkeit einer Kontrolle der i'-Werte. Für sehr hohe Drücke (etwa $\pi > 0{,}8$) verlieren Zustandsgleichungen vom Typ der Gl. (328) und (329) in der Nähe der Sättigungsgrenze auch bei Hinzufügung weiterer Korrektionsglieder ihre Gültigkeit, so daß die Berechnung von i''-Werten aus ihnen nicht mehr zulässig ist. In gewissen Bereichen lassen sich die i'- und i''-Werte, wenn man sie über der Temperatur aufträgt, graphisch extrapolieren. Empfehlenswerter ist es, die Mittellinie $(i' + i'')/2$ zu extrapolieren, die nur schwach gekrümmt ist und bei t_k den Wert i_k liefert, bei dem dann die i'- und i''-Kurven zusammenfließen und eine senkrechte Tangente haben. Zu beachten ist dabei, daß die i''-Kurve bei $\vartheta = T/T_k = 0{,}8$ bis $0{,}9$ ein Maximum aufweisen muß (s. S. 136).

Der gleiche Weg kann für die Ermittlung der Entropiewerte s' und s'' beschritten werden, wobei stets $s'' - s' = r/T$ sein muß. Auch hier ist darauf zu achten, daß die Kurven für die über der Temperatur aufgetragenen Werte von s', s'' und $(s' + s'')/2$ keine Knicke erleiden.

XIII. Der feste Zustand.

1. Schmelzen und Erstarren.

Auf S. 1 wurde bereits hervorgehoben, daß die Materie in drei Aggregatzuständen auftritt: dem festen, dem flüssigen und dem gasförmigen. In den bisherigen Betrachtungen wurde im wesentlichen der gas- oder dampfförmige Zustand behandelt. Beginnend mit S. 98 wurden aber auch siedende Flüssigkeiten mit in die Betrachtungen einbezogen, die man erhält, wenn ein Dampf unter dem gegebenen Druck bis zu seiner Sättigungs- oder Kondensationstemperatur abgekühlt wird. Insbesondere wurden auch die Gleichgewichtszustände zwischen gesättigten Dämpfen und siedenden Flüssigkeiten untersucht, die in der Dampfdruckkurve ihren Ausdruck fanden (s. S. 103).

Wird einer siedenden Flüssigkeit Wärme entzogen, dann kann das in verschiedener Weise geschehen: wird der Druck über der Flüssigkeit konstant gehalten, dann hört das Sieden sofort auf, die Flüssigkeit kühlt sich ab und ihr Dampfdruck (Partialdruck) sinkt. Der Zustand liegt dann in Abb. 48 und 54 links von der linken Grenzkurve. Der Druck über der Flüssigkeit kann daher nur dann konstant gehalten werden, wenn über ihr außer dem eigenen Dampf noch ein anderes Gas, z. B. Luft, vorhanden ist. Man kann aber auch das siedende Wasser in der Weise abkühlen, daß man die gebildeten gesättigten Dämpfe durch eine Pumpe absaugt; dann nimmt mit sinkendem Druck auch die Temperatur des Wassers ab, da die zur Verdampfung notwendige Wärme dem flüssig bleibenden Wasser entzogen wird. Das Wasser verbleibt dabei dauernd im Siedezustand, Druck und Temperatur entsprechen also stets der Dampfdruckkurve. Auf diese Weise kann das Wasser leicht bis auf $0°$ abgekühlt werden, und es siedet dann unter einem Druck von 4,579 mm QS.

Wird die Flüssigkeit genügend tief abgekühlt, dann erreicht sie schließlich ihren Erstarrungspunkt t_f und geht bei weiterem Wärmeentzug in den festen, kristallinen Zustand über. Bei vorsichtiger Abkühlung kann der flüssige Zustand aber auch unterhalb t_f erhalten bleiben; man bezeichnet dann die Flüssigkeit als *unterkühlt*. Es handelt sich hierbei, ähnlich wie bei überhitzten Flüssigkeiten und unterkühlten Dämpfen (s. S. 158), nicht mehr um stabile Gleichgewichtszustände, sondern um ein durchaus labiles Verhalten. FAHRENHEIT war wohl der erste, der im Jahre 1724 bemerkt hatte, daß Wasser unterhalb 0° C flüssig bleiben kann[1]. GAY-LUSSAC konnte eine Unterkühlung des Wassers bis $-12°$ erreichen, indem er die Wasseroberfläche mit einer Ölschicht bedeckte[2]. DESPRETZ konnte in Kapillaren sogar Unterkühlungen des Wassers bis $-20°$ erreichen[3]. Die Unterkühlung wird sofort aufgehoben, wenn die Kristallisation z. B. durch Einwerfen eines kleinen Kristalls desselben Stoffes oder durch kräftiges Schütteln oder Rühren ausgelöst wird. Die Temperatur steigt dann sprunghaft auf die dem Gleichgewicht entsprechende Erstarrungstemperatur unter Bildung einer der Unterkühlung äquivalenten Eismenge. TAMMANN hat in umfangreichen Untersuchungen (seit 1897) die Vorgänge beim Kristallisieren und Schmelzen untersucht und insbesondere die Frage des Kristallwachstums und der Gefriergeschwindigkeit geklärt. Er zeigte, daß beide Größen vom Grade der Unterkühlung abhängen[4].

Einen ganz anderen Verlauf erhält man jedoch, wenn der Übergang in den festen Zustand nicht mit einer Kristallbildung verbunden ist, sondern wenn es sich um den amorphen oder glasigen Zustand handelt. Als Beispiele kann man flüssiges Glas oder Glyzerin nennen. In einem solchen Fall ist der Übergang aus dem flüssigen in den festen Zustand stetig. Mit sinkender Temperatur nimmt die Zähigkeit der Flüssigkeit stark zu und erreicht schließlich so hohe Werte, daß eine freie Beweglichkeit der Moleküle nicht mehr besteht; der Körper erhärtet und weist dann alle Merkmale des festen Zustandes auf. Auch der Übergang in den amorphen Zustand wurde von TAMMANN eingehend untersucht[5]. Er konnte zeigen, daß das Temperaturintervall ΔT, in dem der Übergang vom noch einwandfrei zähflüssigen in den spröden Zustand vor sich geht, verhältnismäßig klein ist und nur wenige Grade umfaßt. In diesem kleinen Intervall ändern sich aber verschiedene physikalische Eigenschaften sehr stark, z. B. der thermische Ausdehnungskoeffizient α, die spezifische Wärme und die Dielektrizitätskonstante, so daß man

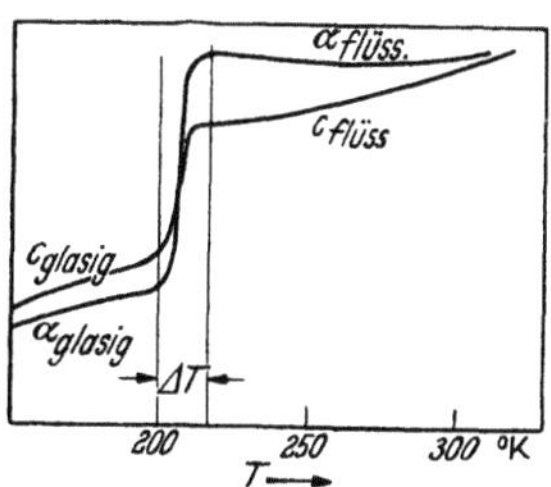

Abb. 86. Verlauf des thermischen Ausdehnungskoeffizienten α und der spezifischen Wärme c beim Übergang einer Füssgikeit in den glasigen Zustand.

den Eindruck gewinnt, daß es sich hier um Phasenumwandlungen höherer Art handelt (s. S. 240). Abb. 86, die dieses Verhalten schematisch zeigt, ist hier nach EUCKEN wiedergegeben[6].

Interessant ist ferner die Tatsache, daß es gelingt, Stoffe, die normalerweise in Kristallform fest werden, auch in den amorphen festen Zustand überzuführen, wenn man sie in Gestalt feiner Tröpfchen sehr rasch erstarren läßt. So gelang es LUYET, glasartig erstarrtes Wasser zu erhalten[7].

Im folgenden soll vorwiegend der kristalline feste Zustand betrachtet werden. Der Schmelzvorgang ist die Umkehrung des Erstarrungsvorgangs, und die Schmelztemperatur unterscheidet sich (bei gleichem Druck) in der Regel nicht von der Erstarrungstemperatur t_f.

[1] FAHRENHEIT, G. D.: Phil. Trans. roy. Soc. Lond. Bd. 38 (1724) S. 78.
[2] GAY-LUSSAC, J. L.: Ann. chim. phys. (2) Bd. 63 (1836) S. 363.
[3] DESPRETZ: C. R. Acad. Sci., Paris Bd. 5 (1837) S. 19.
[4] TAMMANN, G.: Kristallisieren und Schmelzen. Leipzig: A. Barth 1903.
[5] TAMMANN, G.: In der Monographie Der Glaszustand. Leipzig 1933.
[6] EUCKEN, A.: Lehrbuch der Chemischen Physik, Bd. II, 2, S. 816. Leipzig: Akad. Verl.-Anst. 1944.
[7] LUYET, B. J.: Phys. Rev. Bd. 56 (1939) S. 1244 — Biodynamica (St. Louis, Mo.) Bd. 1 (1937) Nr. 29; Bd. 2 (1938) Nr. 42; Bd. 3 (1939) Nr. 75; Bd. 6 (1947) Nr. 110 u. 114.

Es soll nun der Einfluß des Druckes auf die Erstarrungstemperatur t_f [also der Verlauf der Gleichgewichtskurve $p = f(t_f)$] sowie die mit dem Erstarrungsvorgang verbundene Volumänderung und Wärmemenge untersucht werden. Auf S. 122 wurde schon betont, daß die CLAUSIUS-CLAPEYRONsche Gl. (133) nicht nur für den Verdampfungsvorgang gilt, sondern auch für jede andere Phasenumwandlung. In diesem Sinne bezog sich Gl. (133a) bereits auf den Schmelz- oder Erstarrungsvorgang. Aus dieser Gleichung

$$r_f = A\,T\,(v' - v_f)\left(\frac{dP}{dT}\right)_f \qquad (133\,\mathrm{a})$$

war zu ersehen, daß $\left(\frac{dP}{dT}\right)_f$ positiv sein muß, wenn das spezifische Volum v' der Flüssigkeit größer ist als das der festen Phase v_f (da die Schmelzwärme r_f *stets* positiv ist). Das ist der normale Fall. Die Zunahme der Schmelztemperatur mit wachsendem Druck war schon in Abb. 51 (s. S. 104) für CO_2 dargestellt. In der Nähe des Tripelpunktes beträgt die Drucksteigerung rd. 52 ata, wenn die Schmelztemperatur um 1° steigen soll. Die Schmelzkurve von CO_2 wurde von TAMMANN bis 4900 ata und von BRIDGEMAN bis 12000 ata untersucht[1]. Dabei wurden folgende Wertepaare gemessen:

p (ata):	5,28	1000	2000	4000	6000	8000	10000	12000
t °C:	−56,6	−37,3	−20,5	+8,5	+33,1	+55,2	+75,4	+93,5

Wie man sieht, liegt bei sehr hohen Drücken die Schmelztemperatur erheblich über der kritischen Temperatur (+31,0). Man kann also gasförmige Kohlensäure von überkritischer Temperatur durch entsprechende Drucksteigerung verfestigen. BRIDGEMAN fand, daß die Schmelzwärme von festem Kohlendioxyd mit wachsendem Druck zunimmt. Nach seinen Messungen wird

bei $p =$	3000	4000	6000	8000	10000	12000 ata
$r_f =$	46,7	48,6	51,0	51,2	51,7	52,8 kcal/kg.

Die Versuchspunkte ergeben keine glatte Kurve.

In einigen Ausnahmefällen ist jedoch das spezifische Volum der festen Phase größer als das der Flüssigkeit, und dann muß notwendig die Schmelztemperatur mit wachsendem Druck sinken. Dieser Fall tritt z. B. bei Wasser ein (Abb. 51), doch bedarf es sehr bedeutender Druckänderungen, um die Schmelztemperatur von Wasser um 1° zu senken: mit $r_f = 79,5$ kcal/kg, $v' = 0,001\,000$ m³/kg, $v_f = 0,000\,910$ m³/kg, $T = 273,16$ erhält man aus Gl. (133a)

$$\left(\frac{dP}{dT}\right)_f - 138,5 \cdot 10^{-4}\,\frac{\mathrm{kg}}{\mathrm{m^2\,°C}} \qquad \text{oder} \qquad \left(\frac{dp}{dT}\right)_f = 138,5 \;\mathrm{ata/°C}.$$

Bei höheren Drücken sinkt die Temperatur etwas stärker. Man findet:

bei $p =$	1	590	1090	1540	1910 ata
$t_f =$	0	−5,0	−10,0	−15,0	−20,0°C

Ein ähnliches Verhalten wie bei Wasser wurde auch bei Gallium, Wismut, Antimon und einigen anderen Stoffen gefunden.

Die Frage, ob es für die Phasenumwandlung fest—flüssig einen kritischen Punkt im Sinne der Vorgänge bei der flüssig—dampfförmigen Umwandlung gibt (s. S. 99), ist noch unentschieden. Während TAMMANN einen stetigen Übergang fest—flüssig für ausgeschlossen hielt, weil die Flüssigkeit isotrop, der Kristall dagegen anisotrop ist, hat M. PLANCK auch für diese Phasenumwandlung die

---

[1] TAMMANN, G.: Wied. Ann. Bd. 68 (1899) S. 572 — Aggregatzustände, 2. Aufl., S. 102. Leipzig: Leopold Voss 1923. — P. W. BRIDGEMAN: Phys. Rev. Bd. 3 (1914) S. 127.

Existenz eines kritischen Punktes vermutet[1]. Die experimentelle Bestätigung dieses Befundes ist sehr schwer zu erbringen, da der Schmelzdruck mit veränderlicher Temperatur außerordentlich rasch ansteigt. Man kann die Gleichgewichtskurve fest—flüssig daher fast immer nur in einem kleinen Temperaturbereich experimentell ermitteln. Selbst mit den höchsten herstellbaren Drücken läßt sich die Schmelzkurve nur wenig über die reduzierte Temperatur $\vartheta = 1$ verfolgen, die dem kritischen Punkt flüssig—dampfförmig entspricht. Nur bei Stoffen mit sehr tiefem Siedepunkt kann man den Verlauf der Schmelzkurve in viel weiteren Bereichen der reduzierten Temperatur bestimmen, worauf SIMON erstmalig hingewiesen hat. Insbesondere bietet Helium, dessen normaler Siedepunkt bei $-268,9°$ und dessen kritische Temperatur bei $-267,9°$ liegt, ein günstiges Objekt für derartige Messungen. In der Tat gelang es SIMON und seinen Mitarbeitern, die Schmelzkurve des Heliums fast bis zur zehnfachen kritischen Temperatur zu verfolgen[2], wobei folgende Wertepaare gefunden wurden:

Temperatur °K:	5	10	15	20	25	30	35	40	45	50
Schmelzdruck in Atm.:	187	580	1110	1740	2470	3280	4170	5140	6170	7270

Ein kritischer Punkt fest—flüssig konnte in diesem Druckbereich nicht festgestellt werden; es ist jedoch beabsichtigt, den Druckbereich noch weiter auszudehnen.

In einer anderen Untersuchung haben SIMON und SWENSON den Verlauf der Schmelzkurve von Helium bei Annäherung an den absoluten Nullpunkt gemessen und die Ergebnisse an Hand der Gl. (133a) diskutiert. Im tiefsten Temperaturbereich kann die Schmelzkurve durch die Gleichung

$$p = 25{,}00 + 0{,}053\, T^8 \qquad (332)$$

dargestellt werden (p in Atm), so daß man findet

$$\frac{dp}{dT} = 0{,}424\, T^7 . \qquad (332\,a)$$

Beim absoluten Nullpunkt wird also $dp/dT = 0$, und eine Reihe höherer Differentialquotienten verschwindet ebenfalls, worin man einen schlagenden Beweis für die Richtigkeit des NERNSTschen Wärmetheorems (s. S. 248) erblicken kann. SIMON und SWENSON fanden ferner für die Schmelzwärme des Heliums den Ausdruck

$$r_f = 0{,}021\, T^8 \qquad (332\,b)$$

in Kalorien je Mol., so daß die Schmelzwärme bei Annäherung an den absoluten Nullpunkt sehr schnell verschwindet. Dagegen nimmt die Volumdifferenz $\Delta v = v' - v_f$ mit sinkender Temperatur sogar zu, behält dann aber unterhalb $1{,}4°$ K den konstanten Wert $\Delta v = 2{,}08$ cm³ je g-Mol oder $0{,}52$ l/kg. Die Entropiedifferenz $\Delta s = s' - s_f$ verschwindet im absoluten Nullpunkt, was man erkennen kann, wenn man die CLAUSIUS-CLAPEYRONsche Gl. (133a) in der Form

$$s' - s_f = A\,(v' - v_f)\,\frac{dP}{dT}$$

schreibt.

---

[1] PLANCK, M.: Vorles. über Thermodynamik, 5. Aufl., S. 165, Fig. 4. 1917. — Den gleichen Standpunkt vertraten: J. H. POYNTING: Phil. Mag. (5) Bd. 12 (1881) S. 32. — W. OSTWALD: Lehrbuch d. allg. Chemie, Bd. II, 2, S. 389. 1902.

[2] HOLLAND, F. A., HUGGILL, JONES u. SIMON: Nature, Lond. Bd. 165, Jan. 1950, S. 147.

2. Sublimieren.

Wie schon bemerkt wurde (s. S. 103), besitzen auch feste Körper einen Dampfdruck, der allerdings in vielen Fällen unmeßbar klein wird. Die Dampfdrücke über Wassereis zwischen 0 und $-40°$ waren dort schon in Tab. 10 wiedergegeben; sie sind zwar niedrig, aber noch gut meßbar. Die Verdampfung eines festen Körpers bezeichnet man als *Sublimation* und benutzt diesen Ausdruck vielfach auch für den entgegengesetzten Vorgang. Die Wertepaare von Druck und Temperatur, die dem Gleichgewicht zwischen dem festen und dem dampfförmigen Zustand entsprechen, liefern die Sublimationskurve, die man neben der Verdampfungskurve und der Schmelzkurve in einem p, t-Diagramm einzeichnen kann. Das ist für H_2O und CO_2 schon in Abb. 51 geschehen. Den Schnittpunkt von drei Gleichgewichtskurven bezeichnet man als *Tripelpunkt*. In diesem Tripelpunkt können z. B. Eis, flüssiges Wasser und Wasserdampf im Gleichgewicht dauernd nebeneinander bestehen, was für keinen anderen Zustandspunkt der Fall ist. Wir werden sehen (s. S. 239), daß es noch Tripelpunkte anderer Art gibt.

Für Wasser liegt der Tripelpunkt in unmittelbarer Nähe des normalen Erstarrungspunktes (bei $+0,0098°$ C und $0,00623$ ata). Das hängt damit zusammen, daß sich die Erstarrungstemperatur des Wassers mit dem Druck nur sehr wenig ändert, sie ist bei $0,00623$ ata fast ebenso groß wie bei 1 Atm.

Ganz anders liegen die Verhältnisse bei CO_2. Hier findet man den Tripelpunkt bei $-56,6°$ C und einem Druck von $5,28$ ata. Unterhalb dieser Temperatur ist flüssiges Kohlendioxyd nicht mehr existenzfähig. Wir haben es also hier mit dem seltenen Fall zu tun, daß ein fester Körper (den man im vorliegenden Fall als *Trockeneis* bezeichnet) einen Dampfdruck von mehreren Atmosphären besitzt. Erst bei $-78,5°$ C sinkt der Dampfdruck auf 1 Atm., so daß der Begriff des „normalen Siedepunktes" hier auf den festen Zustand anzuwenden ist; genauer sollte man hier von dem „normalen Sublimationspunkt" sprechen.

Die Dampfdruckkurve von festem Kohlendioxyd ist, ausgehend vom Tripelpunkt, bis zu sehr tiefen Temperaturen gemessen worden. PLANK und KUPRIANOFF konnten die vorhandenen Meßwerte bis herunter auf $-135°$ C durch eine viergliedrige Formel vom Typ der Gl. (111) wiedergeben. Sie lautet[1]

$$\lg p = 58,36100 - \frac{2206,455}{T} - 21,431 \lg T + 0,02527\,T, \tag{333}$$

wobei p in mm QS. erhalten wird. Bei der tiefsten Temperatur von $-135°$ C beträgt der Dampfdruck nur noch rd. 1 mm QS. KAMERLINGH-ONNES hat die Dampfdrücke von festem CO_2 bis zu noch tieferen Temperaturen gemessen und fand bei $-175,38°$ C nur noch einen Druck von $0,0000796$ mm QS[2]. Ferner gab das amerikanische Bureau of Standards eine Formel bekannt, die vom Tripelpunkt bis $-183°$ C gilt und folgende Gestalt hat[3]:

$$\lg \frac{p}{p_{tr}} = -\frac{1}{T}\left[a(T_{tr} - T) + b(T_{tr} - T)^2 + c(T_{tr} - T)^3 + d(T_{tr} - T)^4\right].$$

Sie entspricht also dem Typ der Gl. (114).

---

[1] PLANK, R., u. J. KUPRIANOFF: Beihefte zur Z. ges. Kälteind. Reihe 1 (1929) Heft 1 S. 14.
[2] KAMERLINGH-ONNES, H., u. WEBER: Commun. phys. Lab. Univ. Leiden 137b und c, 1913.
[3] Vgl. Refrig. Engng. Bd. 17 (1929) Nr. 1 S. 25.

Die Sublimationswärme r_{sb} kann mit Hilfe der auch hier geltenden CLAUSIUS-CLAPEYRONschen Gleichung

$$r_{sb} = A\,T\,(v'' - v_f)\,\frac{dP}{dT}$$

berechnet werden, wenn man dP/dT aus der Sublimationskurve berechnet. Für CO_2 findet man z. B. aus Gl. (333)

$$\frac{dP}{dT} = \frac{P}{T^2}\,(5081{,}466 - 21{,}431\,T + 0{,}058\,197\,T^2),$$

wobei P in kg/m^2 einzusetzen ist. Werte des spezifischen Volums v_f von CO_2 im festen Zustand können aus den Messungen von MAAS und BARNES entnommen werden[1]. Auf diesem Wege findet man folgende Werte:

$$t = -56{,}6 \quad -60 \quad -70 \quad -80 \quad -90 \quad -100\ ^\circ C$$
$$r_{sb} = 129{,}88 \quad 131{,}35 \quad 134{,}93 \quad 137{,}08 \quad 138{,}57 \quad 139{,}77\ kcal/kg$$

Die Sublimationswärme nimmt also, ebenso wie die Verdampfungswärme, mit sinkender Temperatur zu.

3. Das Tripelgebiet.

Die auf S. 234 eingeführte Bezeichnung „Tripelpunkt"[2] führt leicht zu der falschen Vorstellung, es handle sich hierbei um einen einzigen Zustandspunkt der Materie, wie er in Abb. 51 (s. S. 104) zum Ausdruck kam. Indessen ist zu überlegen, daß im „Tripelpunkt" die drei Phasen dampfförmig, flüssig und fest nebeneinander bestehen und daß deren spezifische Anteile x, y und z in der Gewichtseinheit bei unveränderlichen Werten von P und T sehr verschiedene Werte annehmen können, die nur der Bedingung

$$x + y + z = 1$$

genügen müssen. Je nach den gewählten Koordinaten erhält man in den graphischen Darstellungen der Zustandsgebiete entweder einen Tripel*punkt* oder eine Tripellinie oder eine Tripelfläche. Mit P und T als Koordinaten ergibt sich in Abb. 51 ein Tripelpunkt. Dieser kann leicht in eine Linie auseinandergezogen werden, wenn man als Koordinaten z. B. die Temperatur T und die Entropie s wählt. Von anderen gebräuchlichen Darstellungen seien die Wertepaare i und s oder i und p genannt. In Abb. 87 ist beispielsweise das T, s-Diagramm dargestellt. Die horizontale Tripellinie $A\,C$ ($p = 5{,}28$ ata, $t = -56{,}6^\circ$ C) trennt dabei das Gebiet

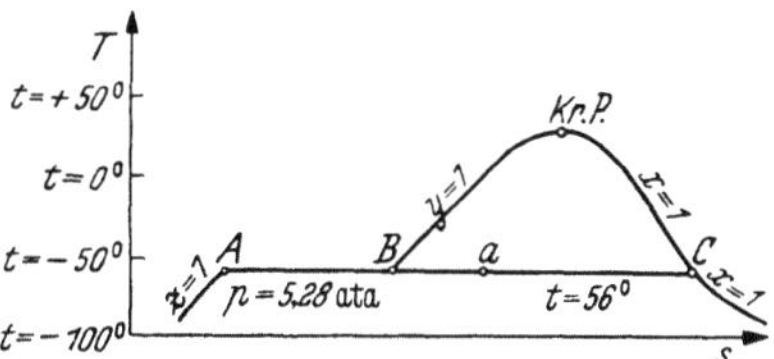

Abb. 87. Temperatur-Entropie-Diagramm für Kohlendioxyd unter Einschluß der festen Phase.

flüssig—dampfförmig (oben) von dem Gebiet fest—dampfförmig (unten). Die Tripellinie zerfällt aber in drei Linien AB, BC und AC, die in dieser Darstellung (und ebenso auch in den i, s- und i, p-Diagrammen) zusammenfallen. Die Linie AB bezieht sich auf das Gemisch fest—flüssig (Schmelz- oder Erstarrungsvorgang); in A ist $y = 0$ und $z = 1$, in B ist $y = 1$ und $z = 0$. Dazwischen können y und z alle Werte von 0 bis 1 annehmen, wobei jedoch stets $y + z = 1$ sein muß. Die Linie BC bezieht sich ganz analog auf das Gemisch flüssig—dampfförmig (Verdampfungs- oder Verflüssigungsvorgang); auf ihr können x und y alle Werte zwischen 0 und 1 annehmen, wobei $x + y = 1$

---

[1] MAAS u. BARNES: Proc. roy. Soc., Lond. Ser. A Bd. 111 (1926) S. 224. — Siehe auch PLANK u. KUPRIANOFF: Beihefte zur Z. ges. Kälteind. Reihe 1 (1929) Heft 1 S. 30.

[2] M. PLANCK bezeichnet diesen Punkt als „Fundamentalpunkt".

sein muß; im Punkt C ist $x = 1$. Ebenso bezieht sich die Linie AC auf das Gemisch fest—dampfförmig (Sublimationsvorgang), auf ihr können x und z alle Werte zwischen 0 und 1 annehmen, wobei $x + z = 1$ sein muß.

Man erkennt daraus, daß ein Zustandspunkt auf der Tripellinie, z. B. der Punkt a in Abb. 87, zweideutig ist: wird er von oben her erreicht, dann stellt er ein Gemisch von Flüssigkeit und Dampf dar, wobei $x_a = \overline{Ba}/\overline{BC}$ und $y_a = \overline{aC}/\overline{BC}$ ist; wird er dagegen von unten erreicht, dann hat man ein Gemisch von festem Körper mit Dampf, wobei $x_a = \overline{Aa}/\overline{AC}$ und $z_a = \overline{aC}/\overline{AC}$ wird.

Eine eindeutige graphische Darstellung der verschiedenen möglichen Mischzustände $(x + y + z)$ erhält man nur dann, wenn man weder P noch T als eine der Koordinaten wählt, denn hierbei fallen die drei Punkte $x = 1$, $y = 1$ und $z = 1$ für den Tripelzustand stets auf eine Gerade. Aber auch in einem i,s-Diagramm erhält man für die Tripelzustände nur *eine* (geneigte) Gerade, was aus der Beziehung

$$\frac{i_x - i_y}{s_x - s_y} = \frac{i_x - i_z}{s_x - s_z} = \frac{i_y - i_z}{s_y - s_z} = T_{\mathrm{tr}}$$

zu ersehen ist, in der i_x, i_y, i_z sowie s_x, s_y, s_z die Enthalpien und Entropien der respektiven Punkte $x = 1$, $y = 1$ und $z = 1$ im Tripelzustand bedeuten.

Um alle möglichen Tripelzustände in einer Fläche darzustellen, empfiehlt sich beispielsweise ein von M. PLANCK vorgeschlagenes Diagramm, in welchem die innere Energie u über dem Volum v aufgetragen wird[1]. Für den technischen Gebrauch ist es noch zweckmäßiger, die Enthalpie i über v aufzutragen[2]. Wählt man für beide Koordinaten lineare Maßstäbe (Abb. 88), so kann man leicht nachweisen, daß die isotherm-isobaren Zustandsänderungen innerhalb der Grenzkurven gerade Linien werden.

Das Tripelgebiet erscheint daher in diesem Diagramm in der Gestalt einer Dreiecksfläche ABC. Die Eckpunkte A, B, C entsprechen den respektiven Zuständen

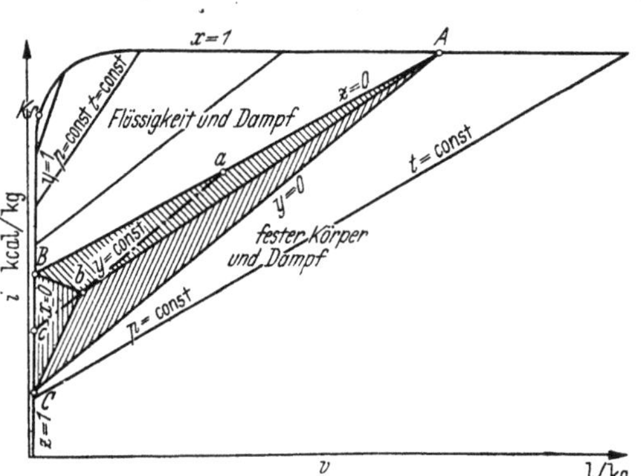

Abb. 88. Enthalpie-Volum-Diagramm für Kohlendioxyd unter Einschluß der festen Phase.

$x = 1$, $y = 1$ und $z = 1$. Die Koordinaten dieser drei Punkte seien (v_x, i_x), (v_y, i_y) und (v_z, i_z). Abb. 88 soll für CO_2 gelten, doch ist sie nicht genau maßstäblich gezeichnet; die Volume v_y und v_z unterscheiden sich in Wirklichkeit noch weniger[3]. Es sollen an Hand dieser Abbildung nur einige grundsätzliche Fragen geklärt werden:

Punkte auf den Geraden AB, AC und BC stellen Mischzustände von jeweils nur zwei Phasen (Aggregatzuständen) dar. So ist auf der Geraden AB stets $z = 0$, auf der Geraden AC ist $y = 0$ und auf der Geraden BC ist $x = 0$. In jedem Zustandspunkt b, der im Inneren des Dreiecks ABC liegt, mit den Koordinaten (v, i) sind aber alle drei Phasen vorhanden, und es kommt jetzt darauf an, die Mengenanteile x, y und z für diesen Zustandspunkt zu bestimmen.

---

[1] PLANCK, M.: Vorles. über Thermodynamik, 5. Aufl., S. 165. Leipzig: Veit & Co. 1917.
[2] PLANK, R.: Z. ges. Kälteind. Bd. 48 (1941) S. 1.
[3] Für CO_2 ist $v_y > v_z$, für Wasser dagegen ist $v_y < v_z$.

Es gelten die drei Gleichungen

$$x + y + z = 1,$$
$$x\,v_x + y\,v_y + z\,v_z = v,$$
$$x\,i_x + y\,i_y + z\,i_z = i.$$

Aus diesen drei linearen Gleichungen folgt:

$$x : y : z : 1 = \begin{vmatrix} 1 & 1 & 1 \\ v & v_y & v_z \\ i & i_y & i_z \end{vmatrix} : \begin{vmatrix} 1 & 1 & 1 \\ v & v_z & v_x \\ i & i_z & i_x \end{vmatrix} : \begin{vmatrix} 1 & 1 & 1 \\ v & v_x & v_y \\ i & i_x & i_y \end{vmatrix} : \begin{vmatrix} 1 & 1 & 1 \\ v_x & v_y & v_z \\ i_x & i_y & i_z \end{vmatrix}.$$

Bezeichnet man die vier Determinanten auf der rechten Seite mit D_x, D_y, D_z und D, dann ist also

$$x = \frac{D_x}{D}, \qquad y = \frac{D_y}{D} \quad \text{und} \quad z = \frac{D_z}{D}.$$

Erinnert man sich ferner[1], daß die Flächeninhalte von Dreiecken sich durch solche Determinanten darstellen lassen, so findet man

$$\text{Fläche } ABC = D/2, \qquad \text{Fläche } bAC = D_y/2,$$
$$\text{Fläche } bBC = D_x/2, \qquad \text{Fläche } bAB = D_z/2.$$

Die schraffierten Flächen innerhalb des Dreiecks ABC in Abb. 88 stellen also die jeweiligen Anteile x, y, z dar. Wird nun der Punkt b beispielsweise längs der Linie ac, parallel zur Linie AC, verschoben, so bleibt dabei die Fläche des Dreiecks bAC konstant. Auf der Linie ac hat also y einen bestimmten konstanten Wert. Jeder anderen dazu parallelen Geraden entspricht ein anderer konstanter Wert von y. Aus dem gleichen Grunde ist auf allen zu BC parallelen Geraden x konstant und auf allen zu AB parallelen Geraden z konstant.

Um eine klare, maßstäblich genaue Darstellung zu erhalten, empfiehlt es sich, die Enthalpie i über dem Logarithmus des Volums aufzutragen. Ein solches $i, \log v$-Diagramm für CO_2 zeigt Abb. 89. Dabei geht allerdings der Vorteil verloren, daß die isotherm-isobaren Zustandsänderungen innerhalb der Grenzkurven geradlinig verlaufen. Das Tripelgebiet erscheint in der Gestalt eines Kurvendreiecks; es lassen sich aber in ein solches Dreieck auch die Kurvenscharen $x =$ konst., $y =$ konst. und $z =$ konst. einzeichnen. Es zeigt sich, daß die Linien $x =$ konst. fast geradlinig verlaufen; für höhere Werte von x verlaufen diese Geraden sogar praktisch senkrecht. Die Größe des Tripelgebiets tritt hier sehr repräsentativ in Erscheinung.

Das ganze Tripelgebiet ist ein stabiles isotherm-isobares Gleichgewichtsgebiet. Nach Gl. (165) gilt also für dieses Gebiet die Bedingung $d\varphi = d(i - Ts) = 0$ (s. S. 144). Daher wird

und

$$dQ = di = T_{tr}\,ds$$
$$Q = i_2 - i_1 = T_{tr}(s_2 - s_1).$$

Man erkennt daraus, daß in diesem Gebiet die Isenthalpe $i =$ konst. mit der Isentrope (Adiabate) $s =$ konst. zusammenfällt. In Abb. 89 ist der Verlauf einiger Linien $s =$ konst. dargestellt, und man erkennt, daß sie im Tripelgebiet waagerecht verlaufen.

---

[1] Vgl. z. B. „Hütte", 27. Aufl., Bd. I, S. 211. 1948.

Beispiele: α) Will man im Tripelgebiet von CO_2 von einem Anfangszustand, $x_1 = 0{,}212$, $y_1 = 0$, $z_1 = 0{,}788$, bei dem nach Abb. 89 $s_1 = 0{,}800$ kcal/kg °K ist, zu einem Endzustand $x_2 = 0{,}400$, $y_2 = 0{,}400$, $z_2 = 0{,}200$ mit $s_2 = 1{,}000$ gelangen, dann muß man die Wärmemenge

$$Q = 216{,}56\,(1{,}000 - 0{,}800) = 43{,}31 \text{ kcal/kg}$$

zuführen. Das spezifische Volum wächst dabei von $v_1 = 15{,}7$ auf $v_2 = 29{,}5$ l/kg. Es ist $T_{tr} = 216{,}56°$ K.

β) Hat man in einem Behälter flüssiges Kohlendioxyd bei $T = T_{tr}\,(x_1 = 0$, $y_1 = 1$, $z_1 = 0$, $v_1 = 0{,}849$ l/kg) und vergrößert man das Volum langsam ohne Wärmezufuhr oder

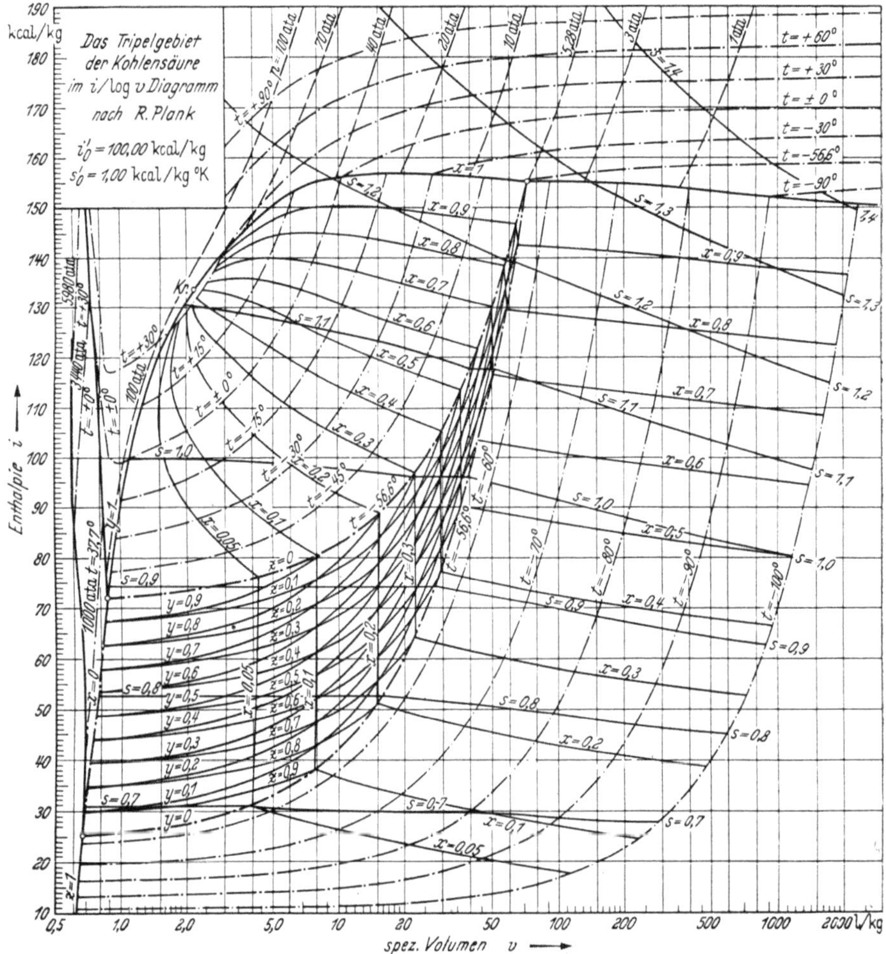

Abb. 89. i, $\log v$-Diagramm für festes, flüssiges und dampfförmiges Kohlendioxyd.

-abfuhr, dann tritt Verdampfung und Eisbildung ein. Der Zustand ändert sich in Abb. 89 auf einer waagrechten Linie. Um die ganze Flüssigkeit zu verdampfen, muß das spezifische Volum auf $v_2 = 26{,}5$ l/kg vergrößert werden. Im Endzustand ist dann $x_2 = 0{,}36$, $y_2 = 0$ und $z_2 = 0{,}64$; es sind also dabei 64% festen Kohlendioxyds von der Temperatur T_{tr} gebildet worden.

γ) Wenn man einem Dreiphasengemenge von CO_2 im Tripelgebiet bei konstantem Volum Wärme zu- oder abführt, dann bleibt der Dampfgehalt x praktisch unverändert. Es ist also $y_1 + z_1 = y_2 + z_2$. Geht man von Zuständen $z_1 = 0$ aus und endet unter Wärmeentziehung bei Zuständen $y_2 = 0$, dann ist $y_1 = z_2$. Kühlt man z. B. ein Gemenge $x_1 = 0{,}3$, $y_1 = 0{,}7$, $z_1 = 0$ bei (nahezu) konstantem Volum ab, bis alle Flüssigkeit verschwindet, dann wird $x_2 = 0,3$, $y_2 = 0$ und $z_2 = 0,7$, es entstehen also 70% festen CO_2. Die Entropie ist dabei am Anfang[1]

$$s_1 = s_y + x_1(s_x - s_y) = 0,8885 + 0,3 \cdot 0,3839 = 1,0037$$

und am Ende

$$s_2 = s_z + x_2(s_x - s_z) = 0,6725 + 0,3 \cdot 0,5999 = 0,8525.$$

Die abzuführende Wärme beträgt also

$$Q = 216,56(1,0037 - 0,8525) = 32,74 \text{ kcal/kg}.$$

Wie die angeführten Beispiele zeigen, lassen sich mit Hilfe des $i, \log v$-Diagramms die Vorgänge im Tripelgebiet gut übersehen.

4. Allotrope und polymorphe Umwandlungen.

Neben den bisher behandelten Aggregatzustandsänderungen gibt es im festen Zustand noch Umwandlungen, die mit latenten Wärmen und Volumänderungen verbunden sind und die somit alle Merkmale einer echten Phasenumwandlung besitzen. Bei chemischen Elementen bezeichnet man eine solche Umwandlung als allotrope Modifikation. Das bekannteste Beispiel ist die Umwandlung des rhombischen Schwefels in monoklinen, die unter dem Druck von 1 Atm bei Erreichung einer Temperatur von rd. 96° C eintritt. Dabei beträgt je kg die Umwandlungswärme $r_u = 2,52$ kcal und die Volumänderung $0,0126$ l. Auch auf diese Umwandlungen läßt sich die Gl. (133) anwenden, und man kann berechnen, daß im vorliegenden Fall die Umwandlungstemperatur um $0,045^\circ$ C steigt, wenn der Druck um 1 Atm zunimmt. Dieser Wert hat eine gute experimentelle Bestätigung durch REICHER gefunden[2]. Es gibt beim Schwefel drei verschiedene Tripelpunkte, und zwar:

1. rhombisch, monoklin, Dampf bei 96° C,
2. monoklin, flüssig, Dampf bei 119° C,
3. rhombisch, monoklin, flüssig bei 155° C und etwa 1500 Atm.

Im allgemeinen bezeichnet man derartige Umwandlungen als polymorph. Am interessantesten sind in diesem Zusammenhang die Beobachtungen von TAMMANN und BRIDGEMAN an Wassereis[3]. Sie fanden, daß es neben dem gewöhnlichen Eis I noch fünf andere polymorphe Modifikationen gibt, von denen vier mit flüssigem Wasser im Gleichgewicht sein können. Während Eis I aus flüssigem Wasser unter Volumausdehnung entsteht und daher seine Schmelztemperatur mit wachsendem Druck sinkt, kristallisieren die anderen Modifikationen unter Volumkontraktion, so daß $dp/dT > 0$ wird. Beim Eis I nimmt ferner die Volumänderung beim Schmelzen mit dem Druck zu, während sie bei den Eisarten III, V und VI abnimmt; die Schmelzwärmen ändern sich in entgegengesetzter Weise. Unter dem Druck von 2200 ata sinkt der Schmelzpunkt von Eis I auf -22°. Bei höheren Drücken ist flüssiges Wasser mit Eis III im Gleichgewicht. Die genannten Werte von p und t entsprechen also einem Tripelpunkt, bei dem die flüssige Phase mit Eis I und III im Gleichgewicht ist. Es gibt noch mehrere andere Tripelpunkte dieser Art. Bei der Abkühlung

---

[1] Die Entropiewerte im Tripelzustand sind

$$s_x = 1,2724, \quad s_y = 0,8885 \quad \text{und} \quad s_z = 0,6725 \text{ kcal/kg}^\circ \text{ K}.$$

Vgl. z. B. J. KUPRIANOFF: Die feste Kohlensäure, S. 12. Stuttgart: Ferd. Enke 1939.

[2] REICHER: Z. phys. Chem. Bd. 1 (1888) S. 221.

[3] TAMMANN, G.: Kristallisieren und Schmelzen. Leipzig: A. Barth 1903. — P. W. BRIDGEMAN: Proc. Amer. Acad. Bd. 47 (1912) S. 441, 524 u. 526.

von Wasser unter hohem Druck entsteht allerdings nicht immer die Eisart, die dem stabilen Gleichgewicht entspricht.

Oberhalb 3000 ata und $-17,3°$ C ist Eis V mit flüssigem Wasser im Gleichgewicht. Bei weiterer Druck- und Temperatursteigerung entsteht oberhalb 6000 ata und etwa $0°$ C die Form Eis VI, deren Schmelzkurve BRIDGEMAN bis 20670 ata entsprechend einer Schmelztemperatur von $+76,35°$ C verfolgt hat.

Die Umwandlungskurve Eis I — Eis III ist dadurch beachtenswert, daß auf ihr die Umwandlungswärme ihr Vorzeichen wechselt, und zwar bei $-40°$ und 2255 ata (nach TAMMANN). Da aber die Volumänderung stets endlich bleibt, so muß bei dem angegebenen Wertepaar nach Gl. (133) $dp/dT = 0$ werden, also ebenfalls sein Vorzeichen wechseln.

XIV. Umwandlungen höherer Ordnung.

1. Umwandlungen zweiter Ordnung.

Alle auf den S. 230 bis 240 behandelten Umwandlungen, seien es Aggregatzustandsänderungen oder allotrope bzw. polymorphe Modifikationen, verlaufen isotherm-isobar bei bestimmten Wertepaaren von Druck und Temperatur, wobei die sich berührenden Phasen miteinander im Gleichgewicht sind, also koexistieren können.

Diese Umwandlungen sind dadurch gekennzeichnet, daß sie mit latenten Umwandlungswärmen, also mit Entropieänderungen $s_2 - s_1$ und mit Volumänderungen $v_2 - v_1$, verbunden sind. Den Zusammenhang dieser beiden Änderungen mit den Gleichgewichtstemperaturen und den zugehörigen Gleichgewichtsdrücken vermittelt dabei die CLAUSIUS-CLAPEYRONsche Gl. (133), die wir jetzt in der Form

$$\frac{dP}{dT} = \frac{s_2 - s_1}{A\,(v_2 - v_1)} \tag{333}$$

schreiben wollen, wobei sich die Indizes 1 und 2 auf die beiden in der Umwandlung begriffenen Phasen beziehen und dP/dT der Differentialquotient der betreffenden Gleichgewichtskurve $P = f(T)$ ist.

Die Existenz eines kritischen Punktes bei der Phasenumwandlung flüssig — dampfförmig, in dem ein stetiger Übergang ohne Entropie- und Volumänderung beobachtet wird, liefert bereits ein Beispiel dafür, daß in Gl. (333) dP/dT zunächst den unbestimmten Wert 0/0 erhält. Da das Experiment uns lehrt, daß die Dampfdruckkurve am kritischen Punkt für jeden Stoff eine ganz bestimmte endliche Neigung hat, bedeutet der unbestimmte Ausdruck nur, daß die eigentliche Dampfdruckkurve hier ein Ende hat, was auch durchaus verständlich ist, wenn man sich vergegenwärtigt, daß sie als Projektion einer räumlichen Grenzkurve im $P - v - T$-Raum auf die $P - T$-Ebene aufzufassen ist und daher in sich selbst zurückläuft. Trotzdem werden wir sehen, daß von einer Fortsetzung der Dampfdruckkurve über den kritischen Punkt hinaus sinnvoll gesprochen werden kann.

Zunächst wollen wir uns aber mit einer sonderbaren Klasse von Umwandlungen in festen und flüssigen Körpern beschäftigen, die ohne Änderung des Aggregatzustandes vor sich gehen und bei denen weder latente Wärmemengen noch Volumänderungen auftreten, also $s_2 = s_1$ und $v_2 = v_1$ wird. Da solche Umwandlungen auch bei bestimmten Wertepaaren von P und T vor sich gehen, deren geometrischer Ort eine Umwandlungskurve $P = f(T)$ bildet, so erhält man nach Gl. (333) für jeden Punkt dieser Kurve $dP/dT = 0/0$. Der unbestimmte

Ausdruck kann dadurch gelöst werden, daß man Zähler und Nenner der rechten Seite in Gl. (333) nach T oder nach P partiell differenziert. Man findet dann

$$\frac{dP}{dT} = \frac{\left(\frac{\partial s}{\partial T}\right)_2 - \left(\frac{\partial s}{\partial T}\right)_1}{A\left[\left(\frac{\partial v}{\partial T}\right)_2 - \left(\frac{\partial v}{\partial T}\right)_1\right]} \qquad (334)$$

und

$$\frac{dP}{dT} = \frac{\left(\frac{\partial s}{\partial P}\right)_2 - \left(\frac{\partial s}{\partial P}\right)_1}{A\left[\left(\frac{\partial v}{\partial P}\right)_2 - \left(\frac{\partial v}{\partial P}\right)_1\right]}. \qquad (335)$$

Mit

$$\frac{\partial s}{\partial T} = \frac{c_p}{T}, \qquad \frac{\partial s}{\partial P} = -A\,\frac{\partial v}{\partial T}, \qquad \frac{\partial v}{\partial T} = \alpha\,v \quad \text{und} \quad \frac{\partial v}{\partial P} = -\chi\,v$$

(s. S. 7 u. 8) erhalten die obigen Gleichungen die Form

$$\frac{dP}{dT} = \frac{1}{A\,T\,v}\,\frac{c_{p2} - c_{p1}}{\alpha_2 - \alpha_1} \qquad (334a)$$

und

$$\frac{dP}{dT} = \frac{\alpha_2 - \alpha_1}{\chi_2 - \chi_1}. \qquad (335a)$$

Bei den durch diese Gleichungen gekennzeichneten Umwandlungen treten also Sprünge der spezifischen Wärme c_p, des thermischen Ausdehnungskoeffizienten α und des Kompressibilitätskoeffizienten χ auf. Man bezeichnet sie als *Umwandlungen zweiter Ordnung*. Die drei unstetigen Änderungen sind offenbar durch die Beziehung

$$(c_{p_2} - c_{p_1})(\chi_2 - \chi_1) = A\,T\,v\,(\alpha_2 - \alpha_1)^2 \qquad (336)$$

miteinander verbunden. Da die rechte Seite dieser Gleichung stets positiv ist, müssen die Änderungen von c_p und von χ stets das gleiche Vorzeichen haben.

Solche Umwandlungen zweiter Ordnung sind tatsächlich bekanntgeworden. In Flüssigkeiten kennt man nur die Umwandlung von Helium I in Helium II, die von Kamerling-Onnes und Boks[1] sowie von W. H. Keesom, Wolfke und A. P. Keesom entdeckt wurde[2] und an deren Ergebnissen Ehrenfest seine thermodynamische Theorie der Umwandlungen höherer Art aufstellte[3]. Abb. 90 zeigt den Verlauf der spezifischen Wärme von flüssigem Helium; bei $T = 2,186°$ K und einem Siededruck von rund 38,5 Torr findet man einen Sprung von 1,8 kcal/kg Grad, und zwar in

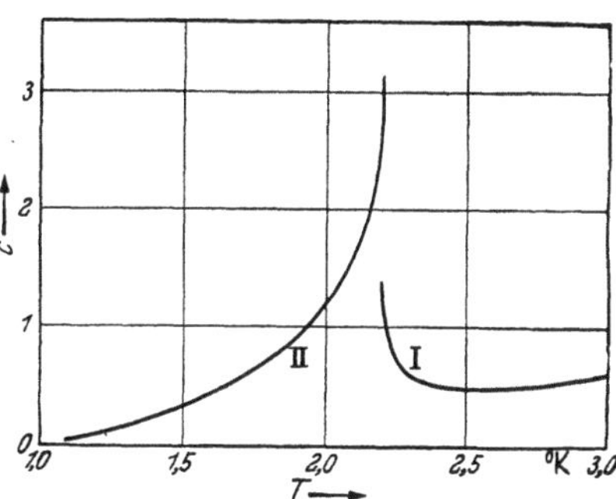

Abb. 90. Verlauf der spezifischen Wärme von flüssigem Helium am Lambda-Punkt.

einem Temperaturintervall von nicht mehr als 0,002°. Die Kurvenzüge in Abb. 90 erinnern an den griechischen Buchstaben λ, weshalb man diesen Umwandlungspunkt als Lambda-Punkt bezeichnet hat. Abb. 91 zeigt den Verlauf

[1] Kamerlingh-Onnes, H., u. J. D. A. Boks: Commun. phys. Lab Univ Leiden 170b, 1924 — Ber. d. IV. Intern. Kältekongr., Bd. 1, S. 189a. London 1924.

[2] Keesom, W. H., u. M. Wolfke: Commun. phys. Lab. Univ. Leiden 190b, 1927. — W. H. Keesom u. Miss A. P. Keesom: Commun. phys. Lab. Univ. Leiden 221d, 1932; 224d und e, 1933; 235d, 1935.

[3] Ehrenfest, P.: Commun. phys. Lab. Univ. Leiden Suppl. 75b, 1933. Ehrenfest sprach dabei von „Phasenumwandlungen" höherer Art, doch ist der Begriff der Phase hier kaum anwendbar (s. S. 247).

des spezifischen Gewichts $\gamma = 1/v$ von flüssigem Helium, aus dem ein Sprung des Ausdehnungskoeffizienten bei der gleichen Temperatur zu erkennen ist. Es konnte auch gezeigt werden, daß die Umwandlungstemperatur mit wachsendem Druck sinkt, so daß man eine Umwandlungskurve erhält, die als λ-Kurve bezeichnet wird. Sie läßt sich, wie Abb. 92 zeigt[1], bis zur Erstarrungskurve des Heliums verlängern und erreicht diese bei 1,76° K und einem Druck von rund 30 Atm. Der Differentialquotient der Umwandlungskurve ist also negativ (wie bei Eis) und beträgt bei $T = 2,186°\text{K}$ $-80,8$ Atm/Grad. Die spezifische Wärme nimmt beim Übergang von Helium I in Helium II um 1,8 kcal/kg Grad zu; der Ausdehnungskoeffizient von Helium I ist positiv und beträgt 0,0222 Grad^{-1}, der von Helium II aber

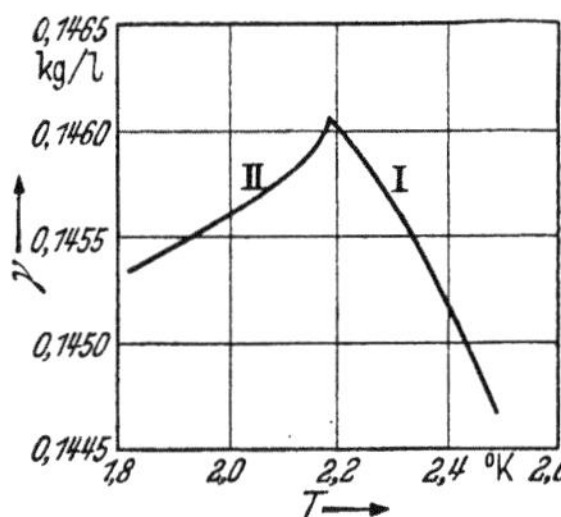

Abb. 91. Verlauf des spezifischen Gewichts von flüssigem Helium am Lambda-Punkt.

ist negativ, und zwar $-0,0426$ Grad^{-1}. KEESOM konnte nachweisen, daß diese Meßwerte die Richtigkeit der Gl. (334a) bestätigen[2].

In Abb. 92 ist noch eine Schar von Isochoren bzw. von Linien gleichen

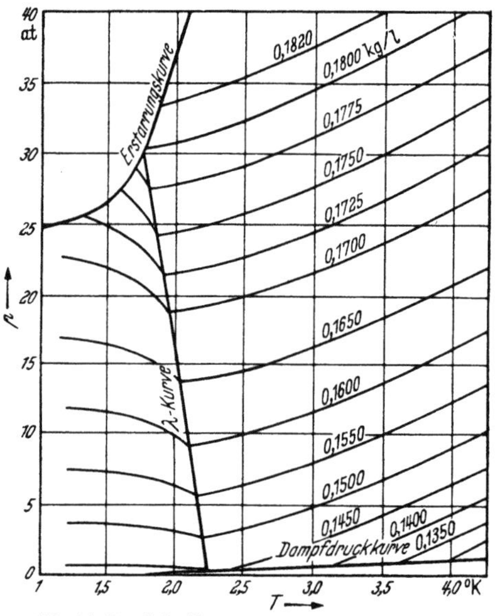

Abb. 92. Lambda-Kurve, Erstarrungskurve und eine Schar von Kurven konstanten spezifischen Gewichts von flüssigem Helium.

spezifischen Gewichts eingetragen, die an der λ-Kurve den für die Umwandlung zweiter Art charakteristischen Knick zeigen; außerdem ist in der Abbildung noch die Dampfdruckkurve angedeutet. Die λ-Kurve und die Erstarrungskurve trennen das Zustandsfeld in die Gebiete: flüssiges Helium I, flüssiges Helium II und festes Helium. Letzteres existiert nur bei Drücken oberhalb 25 Atm. Der Verlauf der Erstarrungskurve von Helium konnte in jüngster Zeit bis zu sehr hohen Drücken verfolgt werden (s. S. 233).

Am λ-Punkt wurden ferner Sprünge der Dielektrizitätskonstante, der Oberflächenspannung, der Schallgeschwindigkeit, der Wärmeleitzahl und der Viskosität gefunden. Von allen bekannten Stoffen hat Helium II die größte Wärmeleitzahl und die geringste Zähigkeit. Während die Wärmeleitzahl von Helium I von der gleichen Größe ist wie bei Gasen von gewöhnlicher Temperatur, wird sie bei Helium II um etwa $3 \cdot 10^6$ mal größer und damit um etwa 200 mal größer

---

[1] Nach W. H. KEESOM u. Miss A. P. KEESOM: Commun. phys. Lab. Univ. Leiden Suppl. 76b und c, 1933. — W. H. KEESOM: Commun. phys. Lab. Univ. Leiden Suppl. 80b, 1936 — Ber. d. VII. Intern. Kältekongr., Nr. 16. Den Haag 1936.

[2] KEESOM, W. H.: Commun. phys. Lab. Univ. Leiden Suppl. 75a, 1933. KEESOM hat später Berechnungen dieser Art keine große Bedeutung beigemessen, da die Temperaturschwankungen im flüssigen Helium die Grenze zwischen Helium I und Helium II beim λ-Punkt verwischen, und die Größen der Sprünge der spezifischen Wärme und des Ausdehnungskoeffizienten daher nur unscharf gemessen werden können.

als von Kupfer bei Zimmertemperatur. Das erinnert an den Übergang eines Metalls in den Zustand der elektrischen Supraleitfähigkeit, und man hat daher auch Helium II als thermischen Supraleiter bezeichnet.

Die Dampfdruckkurve und die Verdampfungswärme von Helium, aufgetragen über der Temperatur, zeigen einen Knick beim λ-Punkt.

Ähnliche Umwandlungen wurden in mehreren Fällen bei festen Körpern beobachtet. So zeigten CLUSIUS und PERLICK[1], daß festes Methan bei $20,4°$ K einen Sprung in der spezifischen Wärme von ganz ähnlicher Gestalt zeigt, wie er später bei Helium gefunden wurde. Den korrespondierenden Knick im Verlauf des Volums als Funktion der Temperatur, also einen Sprung im Ausdehnungskoeffizienten des Methans, fand HEUSE ebenfalls bei $20,4°$ K[2]. Für die Umwandlungskurve fanden CLUSIUS und PERLICK[3] die Gleichung

$$T = 20,39 + 5,34 \cdot 10^{-3}\, p - 2,02 \cdot 10^{-6}\, p^2.$$

Weitere Beispiele von Umwandlungen zweiter Ordnung bieten die Halogenide des Ammoniums und die Halogenwasserstoffsäuren[3].

2. Umwandlungen dritter Ordnung.

Die bisherigen Betrachtungen können nunmehr auf Umwandlungen von noch höherer Ordnung ausgedehnt werden. Wenn bei einer Umwandlung von einem Zustand *1* in einen Zustand *2* nicht nur $s_2 = s_1$ und $v_2 = v_1$ wird, sondern auch

$$c_{p_2} = c_{p_1}, \qquad \left(\frac{\partial v}{\partial T}\right)_2 = \left(\frac{\partial v}{\partial T}\right)_1 \quad \text{und} \quad \left(\frac{\partial v}{\partial P}\right)_2 = \left(\frac{\partial v}{\partial P}\right)_1,$$

dann behält in den Gl. (334) bis (335a) dP/dT immer noch den unbestimmten Ausdruck $0/0$, und es müssen Zähler und Nenner noch einmal partiell nach T oder nach P differenziert werden. Man überzeugt sich leicht, daß man dann zu den drei Gleichungen gelangt:

$$\frac{dP}{dT} = \frac{\left(\frac{\partial c_p}{\partial T}\right)_2 - \left(\frac{\partial c_p}{\partial T}\right)_1}{A\,T\left[\left(\frac{\partial^2 v}{\partial T^2}\right)_2 - \left(\frac{\partial^2 v}{\partial T^2}\right)_1\right]} = \frac{\left(\frac{\partial c_p}{\partial T}\right)_2 - \left(\frac{\partial c_p}{\partial T}\right)_1}{\left(\frac{\partial c_p}{\partial P}\right)_1 - \left(\frac{\partial c_p}{\partial P}\right)_2}, \tag{337}$$

$$\frac{dP}{dT} = \frac{\left(\frac{\partial^2 v}{\partial T^2}\right)_2 - \left(\frac{\partial^2 v}{\partial T^2}\right)_1}{\left(\frac{\partial^2 v}{\partial P\, \partial T}\right)_2 - \left(\frac{\partial^2 v}{\partial P\, \partial T}\right)_1} = \frac{\left(\frac{\partial c_p}{\partial P}\right)_1 - \left(\frac{\partial c_p}{\partial P}\right)_2}{A\,T\left[\left(\frac{\partial^2 v}{\partial P\, \partial T}\right)_2 - \left(\frac{\partial^2 v}{\partial P\, \partial T}\right)_1\right]}, \tag{337a}$$

$$\frac{dP}{dT} = -\,\frac{\left(\frac{\partial^2 v}{\partial P\, \partial T}\right)_2 - \left(\frac{\partial^2 v}{\partial P\, \partial T}\right)_1}{\left(\frac{\partial^2 v}{\partial P^2}\right)_2 - \left(\frac{\partial^2 v}{\partial P^2}\right)_1}, \tag{337b}$$

wobei von der Gl. (185) Gebrauch gemacht wurde (s. S. 153).

Bei der durch diese drei Gleichungen gekennzeichneten Umwandlung *dritter Ordnung* treten also Sprünge in den Ableitungen der spezifischen Wärme und in den zweiten Ableitungen des Volums auf. Beispiele für solche Umwandlungen sind in den Abb. 93 bis 96 dargestellt. In Abb. 93 ist im Umwandlungspunkt a

$$c_{p_2} = c_{p_1}, \quad \text{aber} \quad \left(\frac{\partial c_p}{\partial T}\right)_2 \neq \left(\frac{\partial c_p}{\partial T}\right)_1; \quad \text{Abb. 94 zeigt, daß dabei } \frac{\partial c_p}{\partial T} \text{ am Um-}$$

---

[1] CLUSIUS, K.: Z. phys. Chem. Abt. B Bd. 3 (1929) S. 41. — K. CLUSIUS u. A. PERLICK: Z. phys. Chem. Abt. B Bd. 24 (1934) S. 313.

[2] HEUSE, W.: Z. phys. Chem. Abt. A Bd. 147 (1930) S. 282.

[3] Weitere Beispiele und eine Zusammenstellung des experimentellen Materials findet man bei J. JAFFRAY: Ann. Phys. (12) Bd. 3 (1948) S. 5. — Vgl. auch Changement des Phases, Ber. der II. Jahrestagung der Soc. de Chimie Physique, Paris, 1952.

wandlungspunkt sein Vorzeichen wechselt. In Abb. 95 ist im Punkt a $v_2 = v_1$ und $\left(\frac{\partial v}{\partial T}\right)_2 = \left(\frac{\partial v}{\partial T}\right)_1$, aber es tritt ein Sprung in der Krümmung der Kurve auf und sie steigt rechts von a geradlinig auf. Dementsprechend tritt in Abb. 96 ein Knick in der α-Kurve auf, und rechts von a bleibt α konstant.

Es kann oft schwer entschieden werden, ob eine Umwandlung zweiter oder dritter Ordnung vorliegt, wie aus dem Vergleich der Abb. 90 und 93 hervorgeht,

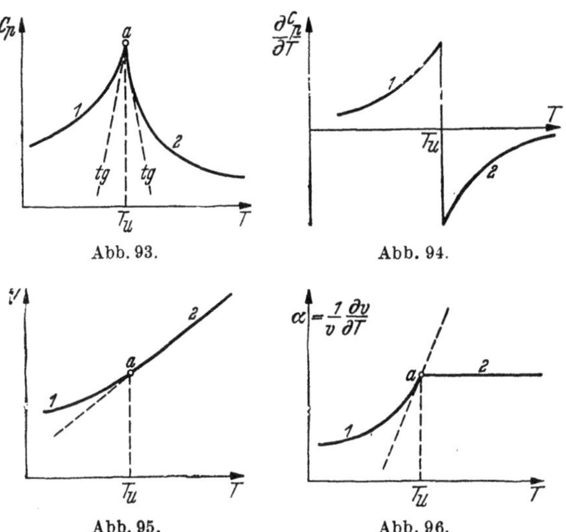

Abb. 93.

Abb. 94.

Abb. 95.

Abb. 96.

Abb. 93 bis 96. Umwandlungen 3. Ordnung, gekennzeichnet durch sprunghafte Änderungen in der ersten Ableitung der spezifischen Wärme und in der zweiten Ableitung des Volums.

und es bedarf großer experimenteller Genauigkeit, um mit Sicherheit sagen zu können, ob der Sprung in der spezifischen Wärme bei einer ganz bestimmten Temperatur erfolgt oder in einem sehr kleinen Temperaturintervall. Bei Helium konnte sich KEESOM auch nur dafür verbürgen, daß das Intervall nicht größer ist als 0,002°. Die Unschärfe der Umwandlungen wächst jedenfalls mit ihrer Ordnung. Solche unscharfen Umwandlungen höherer Ordnung kann man z. B. im überkritischen Gebiet annehmen. Dabei wird man Umwandlungen zweiter Ordnung ausschließen, da Sprünge von c_p, von $\partial v/\partial T$ oder von $\partial v/\partial P$

in diesem Gebiet nie beobachtet wurden. Dagegen treten unmittelbar oberhalb des kritischen Punktes auf den Isobaren sehr spitze Maxima von c_p in dem c_p, T-Diagramm auf, wie aus Abb. 97 zu ersehen ist, das die Messungen von TIMROTH und VARGAFTIK an Wasserdampf wiedergibt[1]. EUCKEN erscheint es berechtigt, die sehr steilen Maxima von c_p, die man in Abb. 97 z. B. bei den Isobaren von 230, 240, 250 und auch noch 260 ata findet, als Spitzen zu deuten und somit eine Diskontinuität von $\partial c_p/\partial T$ anzunehmen[2]. Trägt man c_p über dem Druck auf und zeichnet man in diesem Diagramm Isothermen von c_p ein, so erhält man dicht oberhalb des kritischen Punktes ebenfalls steile Maxima, die man als Spitzen deuten kann, so daß auch Diskontinuitäten von $\partial c_p/\partial P$ angenommen werden können. Man kann daher im Verhalten der Materie in diesem Gebiet Umwandlungen dritter Ordnung erkennen, die der Gl. (337) genügen müßten. JAKOB konnte in der Tat nachweisen[3], daß die aus den c_p-Messungen an Wasserdampf von HAVLIČEK und MIŠLOVSKY[4] im oberkritischen Gebiet nach Gl. (337) berechneten Werte von dp/dT sehr befriedigend mit den Werten übereinstimmen, die sich aus einer glatten Verlängerung der Dampf-

[1] TIMROTH, D. L., u. N. B. VARGAFTIK: Ber. z. IV. Weltkraftkonferenz in London, S. 9, hrsg. vom Komitee zur Teilnahme d. UdSSR an internationalen energetischen Tagungen. Moskau 1950. — Vgl. das Referat von S. TRAUTSEL in Brennstoff, Wärme, Kraft Bd. 3 (1951) S. 121. — Vgl. auch L. ZIEGLER: Diss. T. H. Karlsruhe 1953. — Ein ähnliches Diagramm für Luft hat H. HAUSEN (VDI-Forsch.-Heft 274. Berlin: VDI-Verlag 1926) veröffentlicht.

[2] EUCKEN, A.: Phys. Z. Bd. 35 (1934) S. 954.

[3] JAKOB, M.: Phys. Z. Bd. 36 (1935) S. 413.

[4] HAVLIČEK, J., u. L. MIŠLOVSKY: Helv. phys. Acta Bd. 9 (1936) S. 161.

druckkurve des Wassers ergeben. Eine noch bessere Übereinstimmung fand
BAEHR[1] bei Benutzung der Meßwerte von TIMROTH und VARGAFTIK, deren
gemessene c_p-Isobaren in wesentlich kleineren Abständen verlaufen.

Man könnte nun daran denken, die den erwähnten Maximalwerten von
c_p zugeordneten P- und T-Werte in der Nähe des kritischen Punktes als „Fort-

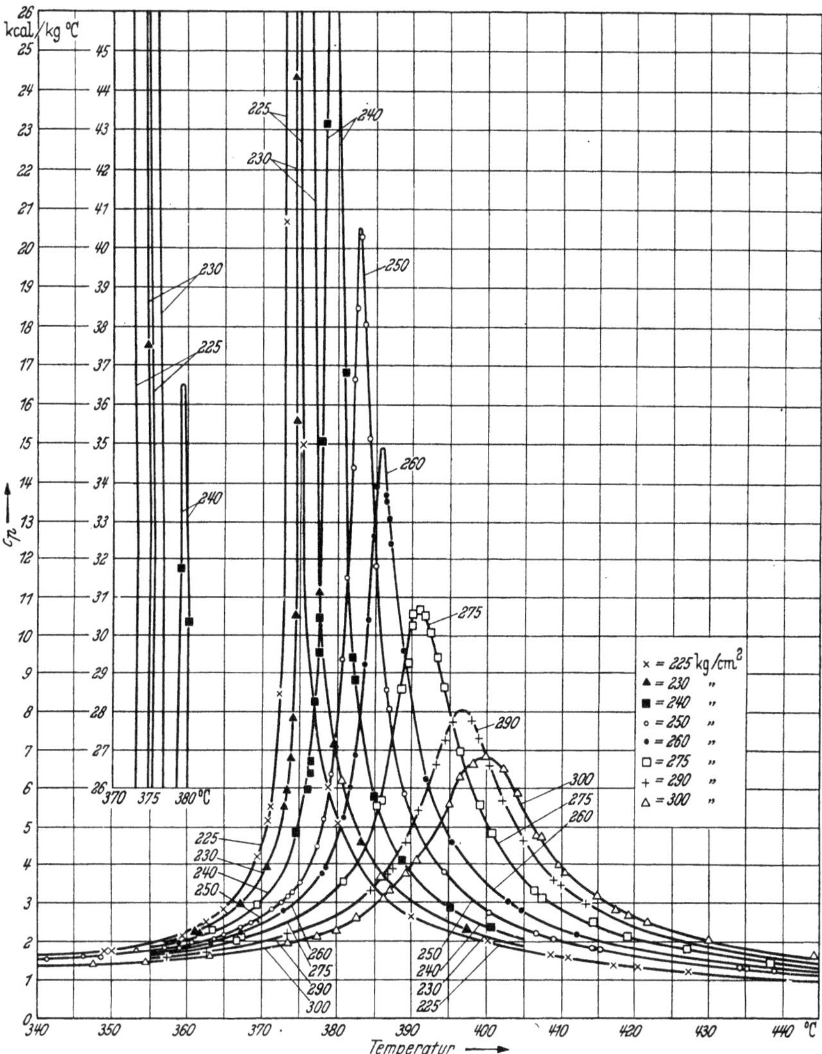

Abb. 97. Isobaren der spezifischen Wärme von Wasserdampf im überkritischen Gebiet nach TIMROT und
VARGAFTIK. Die Drücke sind in kg/cm² angegeben. Der aus dem Rahmen fallende Teil im Gebiet von
370 bis 380° C ist links abgebildet.

setzung der Dampfdruckkurve" zu betrachten. Diese Fortsetzung hätte dann
den Charakter einer Umwandlungskurve dritter Ordnung. Dabei hat man noch
die Wahl zwischen der Kurve $\partial c_p/\partial P = 0$ oder $\partial c_p/\partial T = 0$. Die erstere ist
nach Gl. (185) identisch mit $\left(\dfrac{\partial^2 v}{\partial T^2}\right)_p = 0$, also mit dem geometrischen Ort

[1] BAEHR, H. D.: Abh. Akad. Wiss. u. Lit., Mainz, Math.-Nat. Klasse 1952, Nr. 5.

der Wendepunkte der Isobaren in einem v, T-Diagramm. Diese Kurve läßt sich bis zu beliebig hohen Drücken fortsetzen und hat den Nachteil, daß ihre Krümmung derjenigen entgegengesetzt ist, welche die Dampfdruckkurve unterhalb des kritischen Punktes aufweist. Der zweite Differentialquotient erleidet also im kritischen Punkt eine Unstetigkeit. Die Bedingung $\partial c_p/\partial T = 0$ ist von diesem Nachteil frei; sie wurde erstmalig von JAKOB als Fortsetzung der Dampfdruckkurve vorgeschlagen. Weitere Überlegungen dieser Art an Hand der VAN DER WAALSschen Zustandsgleichung wurden von PLANK[1] und von BAEHR[2] angestellt.

Eine Umwandlungskurve dritter Art gestattet bei Wasserdampf die Dampfdruckkurve vom kritischen Punkt (374,2° C; 225,6 ata) bis etwa 386° C und 260 ata zu verfolgen. Darüber hinaus müßten Umwandlungen von noch höherer Ordnung in Betracht gezogen werden, bei denen die Diskontinuitäten in immer höheren Ableitungen der thermischen und kalorischen Größen auftreten, die sich naturgemäß immer weniger bemerkbar machen und experimentell immer schwerer nachzuweisen sind. Eine weitere Fortsetzung der Dampfdruckkurve wird dann bedeutungslos.

3. Das Verhalten der freien Enthalpie bei Umwandlungen höherer Ordnung.

Um diese Betrachtungen abzuschließen, soll nur noch kurz auf das Verhalten der freien Enthalpie $\varphi = i - Ts$ bei den Umwandlungen höherer Ordnung eingegangen werden. Da beim Gleichgewicht zwischen zwei Phasen, also z. B. bei jeder Aggregatzustandsänderung, der Druck und die Temperatur in beiden

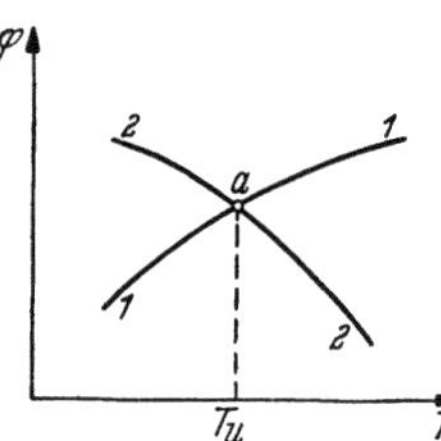

Abb. 98. Verlauf der freien Enthalpie bei einer Umwandlung 1. Ordnung zwischen zwei Phasen.

Phasen gleich groß und unveränderlich sind, so folgt aus Gl. (165) (s. S. 144), daß φ dabei einen Minimalwert annimmt und daß es in beiden Phasen gleich groß sein muß, also $\varphi_1 = \varphi_2$. Nach den Gl. (165a) und (165b) sind aber die Entropie s und das Volum v partielle Ableitungen von φ, und diese Größen erleiden bei solchen Phasenumwandlungen (erster Ordnung) sprunghafte Änderungen. In Abb. 98 ist für einen bestimmten Druck der mögliche Verlauf der freien Enthalpie für beide Phasen über der Temperatur aufgetragen. Bei der dem Druck entsprechenden Gleichgewichtstemperatur T_u sind beide Phasen im Gleichgewicht. Unterhalb T_u ist Phase *1* stabil, oberhalb T_u dagegen Phase *2*, da das stabile Gleichgewicht stets der Phase zukommt, für die φ den kleineren Wert hat. Im Falle von Flüssigkeit (*1*) und Dampf (*2*) wäre also die Flüssigkeit bei $T > T_u$ nur noch in einem metastabilen oder labilen (überhitzten) Zustand denkbar, und das gleiche gilt für den unterkühlten Dampf bei $T < T_u$. Hier hat man es mit echten Phasen im GIBBSschen Sinne zu tun (s. S. 263). M. PLANCK bezeichnet als „Phase" jeden verschiedenartigen räumlich aneinandergrenzenden Teil eines Systems[3]. HERZFELD spricht nur dann von einer neuen „Phase", wenn durch ihr Hinzufügen zu einem System eine neue Bedingungsgleichung auftritt; das bedeutet, daß bei Gleichheit von Druck und Temperatur die freie Enthalpie nicht bei allen Zuständen, sondern nur bei bestimmten P-T-Kombinationen in beiden Teilen des Systems gleich ist[4].

---

[1] PLANK, R.: Forsch. Ing.-Wes. Bd. 7 (1936) S. 161.
[2] Vgl. Fußnote 1 auf S. 245.
[3] PLANCK, M.: Vorlesungen über Thermodynamik, 5. Aufl., S. 179. Leipzig: Veit & Co. 1917.
[4] HERZFELD, K. F.: Klassische Thermodynamik, im Handbuch der Physik, hrsg. von H. GEIGER und K. SCHEEL, Bd. IX, S. 109. Berlin: Springer 1926.

Betrachten wir nun eine Umwandlung zweiter Ordnung dann ist für diese nicht nur $\varphi_1 = \varphi_2$, sondern nach den Gl. (165a) und (165b) werden auch

$$\left(\frac{\partial \varphi}{\partial T}\right)_1 = \left(\frac{\partial \varphi}{\partial T}\right)_2 \quad \text{und} \quad \left(\frac{\partial \varphi}{\partial P}\right)_1 = \left(\frac{\partial \varphi}{\partial P}\right)_2.$$

Die beiden φ-Kurven müssen sich also nach Abb. 99 in einem Punkt a berühren, und die Kurve φ_2 verläuft z. B. stets oberhalb von φ_1. Hier setzt ein Einwand von JUSTI und VON LAUE gegen die Existenzmöglichkeit von Umwandlungen zweiter Ordnung und allgemein von gerader Ordnung ein[1]: da im stabilen Gleichgewicht φ stets den kleinsten möglichen Wert hat, so wäre nach Abb. 99 Phase *1* sowohl unterhalb als auch oberhalb der Umwandlungstemperatur T_u die stabilere, und Phase *2* könnte sich überhaupt nicht ausbilden. JUSTI und VON LAUE halten daher die Umwandlung von Helium I und II ineinander für eine solche dritte Ordnung. Indessen muß betont werden, daß bei Umwandlungen höherer Ordnung weder von „Phasen" noch von Gleichgewichten gesprochen werden kann. So gibt es z. B. keine Koexistenz von Helium I und Helium II bei der Umwandlungs-
temperatur, sondern es ist nur die eine oder die andere Form vorhanden. Daher ist es falsch, in Abb. 92 den

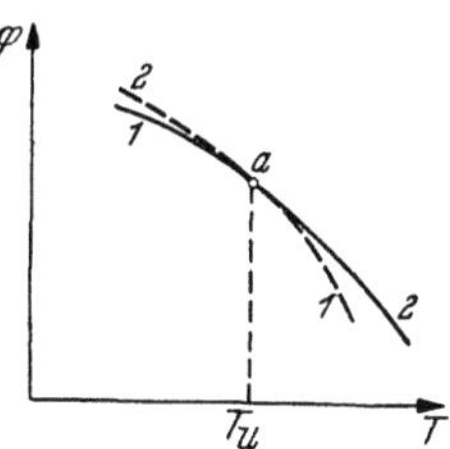

Abb. 99. Verlauf der freien Enthalpie bei einer Umwandlung 2. Ordnung.

Schnittpunkt der Lambda-Kurve von Helium mit der Erstarrungskurve als Tripel-
punkt zu bezeichnen, wie es vielfach geschehen ist. Denn festes Helium kann nur mit flüssigem Helium I *oder* Helium II im Gleichgewicht sein. Man kann Helium I und II auch nicht als verschiedene Phasen bezeichnen, denn die Bedingung $\varphi_1 = \varphi_2$ oder $i_1 - Ts_1 = i_2 - Ts_2$ artet hier wegen $i_1 = i_2$ und $s_1 = s_2$ in eine Identität aus. Metastabile Zustände sind hier nicht möglich, und der Ver-
längerung der Kurve φ_1 in Abb. 99 in Bereiche von $T > T_u$ oder der Kurve φ_2 in Bereiche von $T < T_u$ entspricht keine physikalische Realität. Dann können aber die gestrichelten Äste der Kurven unberücksichtigt bleiben, und die Form 2 kann für $T > T_u$ sehr wohl stabil sein. Wenn es also auch keine Gleichgewichte zweiter Ordnung zwischen zwei Phasen geben kann, so sind doch Umwandlungen[2] zweiter Ordnung innerhalb einer Phase durchaus denkbar. KEESOM[3] hält daher auch an der Auffassung fest, daß beim Helium eine Umwandlung zweiter Ordnung vorliegt; er gibt allerdings zu, daß wegen lokaler Temperaturschwankungen im Versuchsgefäß gewisser Partien des flüssigen Heliums sich oberhalb und andere unterhalb des λ-Punktes befinden können, wodurch die Diskontinuitäten in c_p und α verwischt werden und die genaue Messung der Sprunggrößen außerordentlich erschwert wird.

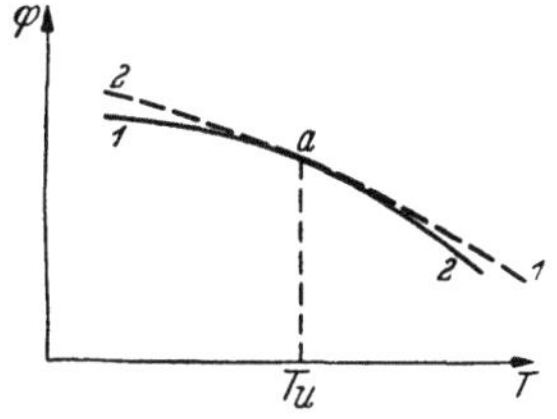

Abb. 100. Verlauf der freien Enthalpie bei einer Umwandlung 3. Ordnung.

Bei Umwandlungen dritter Ordnung werden auch die zweiten partiellen Differentialquotienten $\partial^2 \varphi / \partial T^2$, $\partial^2 \varphi / \partial T\, \partial P$ und $\partial^2 \varphi / \partial P^2$ für beide Zustandsformen einander gleich. Die beiden φ-Kurven in Abb. 100 haben also am Berührungspunkt a eine gemeinsame Krümmung und können einander durchdringen, so daß auf der einen Seite von T_u φ_1 und auf der anderen Seite φ_2 den kleineren Wert hat und daher dem stabilen Zustand entspricht.

---

[1] JUSTI, E., u. M. v. LAUE: Berl. Akad. Ber. Bd. 99 (1934) — Phys. Z. Bd. 35 (1934) S. 945 — Z. techn. Phys. Bd. 15 (1934) S. 521.
[2] Der englische Ausdruck für „Umwandlung" ist „Transition".
[3] KEESOM, W. H.: Commun. phys. Lab. Univ. Leiden Suppl. 80b, 1936.

In diesem Sinne fortlaufend, kann man bis zu Umwandlungen n-ter Ordnung fortschreiten, für die alle Ableitungen von φ_1 und φ_2 bis zur $(n-1)$-ten Ordnung einander gleich sein müssen. Indessen sind Umwandlungen von so hoher Ordnung praktisch gegenstandslos.

XV. Die Annäherung an den absoluten Nullpunkt der Temperatur und das Nernstsche Wärmetheorem.

1. Das Verhalten der Materie bei sehr tiefen Temperaturen.

In den beiden letzten Abschnitten wurde bei der Behandlung des Verhaltens von flüssigem und festem Helium schon wiederholt der Bereich sehr tiefer absoluter Temperaturen in die Betrachtungen einbezogen. Der Weg, den die Kältephysik und Kältetechnik in Richtung auf den absoluten Nullpunkt der Temperatur gegangen sind, wird in der im Band I dieses Handbuchs enthaltenen geschichtlichen Darstellung des näheren erläutert. Er führt über die Verflüssigung der früher als „permanent" bezeichneten Gase, wie O_2, N_2, CO, H_2 bis zum Helium. Dieser Weg ist mit den Namen der Physiker Olszewski, Wroblewski, Cailletet, Pictet, Dewar, Kamerlingh-Onnes, Meissner und Simon, sowie der Ingenieure Linde, Claude und Hampson verbunden. Der letzte Schritt — die Methode der adiabatischen Entmagnetisierung — führte *scheinbar* unmittelbar an den absoluten Nullpunkt heran, wurden doch Temperaturen von nur noch wenigen tausendstel Grad Kelvin erreicht.

Indessen wissen wir, daß sich schon in einer gewissen Entfernung vom absoluten Nullpunkt ein sehr sonderbares Verhalten der Materie bemerkbar macht: verschiedene Metalle und Metallegierungen besitzen keinen elektrischen Widerstand mehr und werden „supraleitend"[1]; die spezifische Wärme fester Körper nimmt nach einem von P. Debye aufgestellten Gesetz mit der dritten Potenz der absoluten Temperatur ab und nähert sich für $T \to 0$ dem Werte Null; im magnetischen Verhalten zeigen sich zahlreiche Anomalien, und Helium II, das unterhalb $T = 2,186°$ K entsteht, besitzt in seinem superfluiden Zustand und seiner ungeheuer hohen Wärmeleitzahl noch merkwürdigere physikalische Eigenschaften.

Wenn auch noch nicht alle Mittel für eine weitere Annäherung an den absoluten Nullpunkt erschöpft sein dürften und man in der Entmagnetisierung der Atomkerne noch weitere Möglichkeiten sieht[2], so ist man sich doch darüber klar, daß jeder weitere Schritt mit außerordentlichen Schwierigkeiten verbunden ist und daß sich die Natur gegen die Erreichung des absoluten Nullpunktes sträubt. Die beiden Hauptsätze der Thermodynamik sind aber nicht in der Lage, dieses Verhalten zu begründen. Es bedarf offenbar eines neuen Prinzips, um hier weiterzukommen.

2. Das Nernstsche Wärmetheorem.

Dieses neue Prinzip fand seinen Ausdruck in einem glücklichen und fruchtbaren Gedanken, auf den W. Nernst im Jahre 1906 gekommen ist[3]. Nernst

---

[1] Diese Erscheinung wurde erstmalig im Jahre 1911 von Kamerlingh-Onnes an Quecksilber beobachtet, das bei rd. $4,2°$ K in den supraleitenden Zustand überging. Vgl. Commun. phys. Lab. Univ. Leiden 122 b und 124 c, 1911.

[2] Gorter, C. G.: Einige gegenwärtige Probleme des Paramagnetismus. Experientia (Schweiz) Bd. 4 (1948) S. 453.

[3] Nernst, W.: Nachr. Ges. Wiss. Göttingen, Math.-Phys. Klasse Heft 1 (1906) S. 1 — Sitzgsber. Preuß. Akad. Wiss. v. 20. Dez. 1906 — Die theoretischen und experimentellen Grundlagen des neuen Wärmesatzes. Halle: W. Knapp 1918.

war bemüht, die Gleichgewichte chemischer Reaktionen ohne Zuhilfenahme chemischer Analysen allein aus thermischen Daten zu berechnen. Wir wissen aber, daß die Werte der inneren Energie u, der Enthalpie i und der Enthropie s nur bis auf eine willkürliche Konstante bekannt sind [vgl. die Gl. (16a), (36), (37) und (55a bis c)], so daß für diese Größen keine absoluten Werte angegeben werden konnten. Das gleiche gilt dann natürlich auch für zusammengesetzte Größen, wie die freie Energie $f = u - Ts$ nach Gl. (162) und die freie Enthalpie $\varphi = i - Ts$ nach Gl. (162a).

Auf S. 148 war in den Gl. (170) und (170a) schon zum Ausdruck gebracht worden, daß die maximale Arbeit bei umkehrbaren isothermen Prozessen durch die Abnahme der freien Enthalpie gegeben ist: $AL_t = \varphi_1 - \varphi_2$. Dieses Ergebnis bleibt auch für den Fall gültig, daß bei den Prozessen chemische Umwandlungen stattfinden. Bei diesen ist die Differenz der Enthalpien vor und nach der Reaktion gleich der Wärmetönung H bei konstantem Druck, die man bei Verbrennungsvorgängen auch als Heizwert bezeichnet: $H = i_1 - i_2$. Für die maximale Arbeit einer chemischen Reaktion $\varphi_1 - \varphi_2$ wird auch der Ausdruck Affinität benutzt.

Gl. (170a) erhält dann die Form

$$A L_t - H = -T(s_1 - s_2) \tag{338}$$

oder mit Gl. (165b)

$$A L_t - H = A T \left(\frac{\partial L_t}{\partial T}\right)_P. \tag{338a}$$

Diese fundamentale Beziehung bezeichnet man als die GIBBS-HELMHOLTZsche Gleichung.

Die Lösung dieser Differentialgleichung und die Berechnung der maximalen Arbeit gelingt nun wie folgt: Beachtet man, daß $L_t - T \left(\frac{\partial L_t}{\partial T}\right)_P = -T^2 \frac{\partial}{\partial T}\left(\frac{L_t}{T}\right)$ ist, dann erhält man aus Gl. (338a) durch Integration

$$\frac{A L_t}{T} = C - \int^T H \frac{dT}{T^2}$$

und nach partieller Integration

$$A L_t = H - T \int^T \frac{dH}{T} + C T, \tag{339}[1]$$

wobei C eine noch unbestimmte Integrationskonstante ist, die vor der Bekanntgabe des NERNSTschen Wärmetheorems durch eine Messung der maximalen Arbeit oder des chemischen Gleichgewichts bei einer bestimmten Temperatur ermittelt werden mußte. Messungen dieser Art sind aber schwierig und nicht immer durchführbar. Es dürfte klargeworden sein, daß die unbestimmte Konstante in Gl. (339) mit derjenigen in dem Ausdruck für die Entropie unmittelbar zusammenhängt.

Da nun $\partial L_t/\partial T$ beim absoluten Nullpunkt sicher nicht unendlich groß werden kann, so muß nach Gl. (338a) für $T = 0$ $AL_t = H$ werden. Nach NERNST werden aber diese beiden Größen nicht erst beim absoluten Nullpunkt, sondern schon in seiner unmittelbaren Umgebung einander gleich, so daß also bei $T = 0$ auch $A(dL_t/dT) = dH/dT$ gesetzt werden muß. Das bedeutet, daß L_t und H, über T aufgetragen, Kurven ergeben, die bei $T = 0$ eine gemeinsame

---

[1] Die Schreibweise $\int^x y\,dx$ soll besagen, daß unbestimmt zu integrieren ist und in das Ergebnis die obere Grenze einzusetzen ist. Diese Schreibweise benutzen sowohl NERNST als auch M. PLANCK.

Tangente haben. Die Neigung dieser Tangente kann nun leicht bestimmt werden. Aus Gl. (338a) folgt

$$\lim_{T \to 0} \left(A \frac{\partial L_t}{\partial T}\right) = \lim_{T \to 0} \frac{A L_t - H}{T} = \frac{0}{0} = \frac{A \dfrac{dL_t}{dT} - \dfrac{dH}{dT}}{1} = 0.$$

Nach NERNST muß dann auch $\lim\limits_{T \to 0} dH/dT = 0$ sein, die gemeinsame Tangente an die obenerwähnten Kurven verläuft also horizontal. Der Inhalt des NERNSTschen Wärmetheorems lautet also

$$A \left(\frac{dL_t}{dT}\right)_{T=0} = \left(\frac{dH}{dT}\right)_{T=0} = 0. \tag{340}$$

Aus ihm wurden so weitgehende Schlüsse gezogen, daß man dieses Theorem auch als den *dritten Hauptsatz der Thermodynamik* bezeichnet findet.

Das NERNSTsche Wärmetheorem gestattet nun, die unbestimmte Konstante C in Gl. (339) zu berechnen und die maximale Arbeit allein aus thermischen Daten (und zwar aus der Wärmetönung und deren Temperaturabhängigkeit) zu berechnen. Aus den Gl. (338a) und (339) folgt

$$A \left(\frac{dL_t}{dT}\right) = C - \int^{T} \frac{dH}{T}.$$

Für $T = 0$ wird also mit Gl. (340)

$$C = \int^{0} \frac{dH}{T}, \tag{341}$$

womit die Integrationskonstante bestimmt werden kann, wenn die Wärmetönung als Funktion der Temperatur bekannt ist. Aus Gl. (339) folgt dann

$$A L_t = H - T \int_{0}^{T} \frac{dH}{T}. \tag{342}$$

Wir wollen die vorstehende Berechnung durch ein Beispiel erläutern. Es möge H durch eine nach ganzen Potenzen von T fortschreitende Reihe ausgedrückt werden:

$$H = H_0 + \alpha T + \beta T^2 + \gamma T^3 + \delta T^4 + \cdots \tag{343}$$

Dann wird

$$\frac{dH}{dT} = \alpha + 2\beta T + 3\gamma T^2 + 4\delta T^3 + \cdots \tag{343a}$$

Nach dem NERNSTschen Wärmetheorem, Gl. (340) muß nun $\alpha = 0$ sein. Aus Gl. (343a) erhält man daher

$$\frac{dH}{T} = 2\beta \, dT + 3\gamma T \, dT + 4\delta T^2 \, dT + \cdots$$

und

$$\int^{T} \frac{dH}{T} = 2\beta T + \frac{3}{2}\gamma T^2 + \frac{4}{3}\delta T^3 + \cdots,$$

so daß nach Gl. (341) $C = 0$ wird.

Jetzt kann man aus Gl. (339) oder (342) $A L_t$ berechnen. Es wird

$$\begin{aligned} A L_t &= H_0 + \beta T^2 + \gamma T^3 + \delta T^4 + \cdots \\ &\quad - 2\beta T^2 - \tfrac{3}{2}\gamma T^3 - \tfrac{4}{3}\delta T^4 - \cdots \\ &= H_0 - \beta T^2 - \tfrac{1}{2}\gamma T^3 - \tfrac{1}{3}\delta T^4 - \cdots, \end{aligned} \tag{344}$$

womit die maximale Arbeit als Funktion von T gefunden ist. Man überzeugt sich leicht, daß mit dieser Gleichung bei $T = 0$ sowohl $AL_t = H_0$ wird, wie auch die Gl. (340) erfüllt ist.

Einschränkend muß bemerkt werden, daß NERNST sein Theorem zunächst nur auf sog. kondensierte Systeme angewendet wissen wollte, also auf Systeme, in denen nur feste oder flüssige Phasen vorkommen, „weil wir keine Vorstellung darüber besäßen, was aus einem Gase wird, wenn wir es kontinuierlich, d. h. unter Vermeidung von Kondensation, bis zum absoluten Nullpunkt abkühlen"[1].

Aus dem Vergleich der Gl. (338) und (338a) folgt, daß im absoluten Nullpunkt $s_1 = s_2$ sein muß. Es tritt also dann bei Vorgängen in kondensierten Systemen keine Entropieänderung auf. Wendet man diesen Satz auf den einfachsten Fall, nämlich auf Phasenumwandlungen chemisch homogener Körper an, deren Umwandlungswärme $r = T(s_1 - s_2)$ ist, so erkennt man, daß diese Umwandlungswärmen verschwinden müssen. Das gilt ebenso für den Schmelzvorgang wie auch für allotrope Modifikationen und folgt bereits aus der CLAUSIUS-CLAPEYRONschen Gl. (133a), da für diese Fälle die Volumänderung $v_1 - v_2$ unter allen Umständen bestehenbleibt. Für den Verdampfungsvorgang gilt diese Schlußfolgerung jedoch nicht, da $s_1 - s_2$ und $v_1 - v_2$ auch unendlich große Werte annehmen könnten.

3. Die Erweiterung des NERNSTschen Wärmetheorems durch MAX PLANCK. Absolutwerte der Entropie.

Während NERNST sich mit der Behauptung begnügt hat, daß die Entropiedifferenz zweier Modifikationen eines chemisch homogenen Körpers von endlicher Dichte beim absoluten Nullpunkt gleich Null wird, ist M. PLANCK einen wesentlichen Schritt weitergegangen, indem er postulierte, daß die Entropie eines solchen Körpers bei $T = 0$ den Wert Null hat[2]. Er hält diese Verallgemeinerung für zulässig, da der Wert der Entropie eine willkürliche additive Konstante enthält, über die durch die gemachte Annahme in allen Zuständen solcher Körper eindeutig verfügt ist. In diesem Sinne kann man jetzt von einem Absolutwert der Entropie sprechen. Mit den unabhängigen Veränderlichen P und T wird nun

$$s = \int_0^T \frac{c_p}{T} \, dT. \tag{345}$$

Das ist der mathematische Ausdruck für die weitergehende Fassung des NERNSTschen Theorems.

Treten bei einer Temperatur T_1 zwischen 0 und $T°$ K irgendwelche Umwandlungen auf, die mit einer Umwandlungswärme r verbunden sind, dann wird, wenn c_{p_I} und $c_{p_{II}}$ die spezifischen Wärmen vor und nach der Umwandlung bedeuten

$$s = \int_0^{T_1} \frac{c_{p_I}}{T} \, dT + \frac{r}{T_1} + \int_{T_1}^{T} \frac{c_{p_{II}}}{T} \, dT. \tag{345a}$$

Diese Gleichung ist sinngemäß zu erweitern, wenn mehrere Umwandlungswärmen bei verschiedenen Temperaturen $T_1, T_2, \ldots$ auftreten.

Aus Gl. (345) folgt, daß die spezifische Wärme fester oder flüssiger Körper sich bei Annäherung an den absoluten Nullpunkt dem Werte Null nähern

---

[1] NERNST, W.: Die theor. u. exper. Grundlagen d. neuen Wärmesatzes, S. 11. Halle 1918.

[2] PLANCK, M.: Thermodynamik. Erstmals in der dritten Auflage, S. 269. Leipzig: Veit & Co. 1911.

muß, da sonst die Entropie bei endlichen Temperaturen unendlich groß werden müßte. Diese Folgerung ist in der Tat durch Versuche bestätigt worden und findet in einem von DEBYE aufgestellten Gesetz bei dessen Anwendung auf sehr tiefe Temperaturen ihren Ausdruck[1]. Die spezifische Wärme ist danach im tiefsten Temperaturbereich der dritten Potenz von T proportional.

Für die Berechnung der Entropie nach Gl. (345) ist die genaue Kenntnis der Abhängigkeit der spezifischen Wärme c_p von der Temperatur erforderlich. Man verfährt dabei in der Regel so, daß man bis herunter auf $T = 10°$ K von Meßwerten Gebrauch macht und zwischen 10° K und dem absoluten Nullpunkt das DEBYEsche T^3-Gesetz als gültig annimmt. Dieses Verfahren ist in vielen Fällen zulässig, doch gibt es zahlreiche Ausnahmen. So fand man z. B. beim Wasserstoff unterhalb 10° K einen stark ausgeprägten Buckel im Verlauf der c_p-Kurve, der mit dem Vorkommen der Modifikationen Ortho-Wasserstoff und Para-Wasserstoff zusammenhängt[2].

Deutliche Anomalien im Verlauf der spezifischen Wärme c fanden PARKINSON, SIMON und SPEDDING bei den seltenen Erden[3]: Lanthan zeigt einen Sprung in der spezifischen Wärme bei 4,37° K und geht bei dieser Temperatur in den supraleitenden Zustand über; bei weiterer Temperatursenkung fällt c proportional T^3. Cer hat einen Buckel in der c-Kurve bei 12° K und bei einer gewissen Struktur auch noch zwischen 120 und 180° K, wobei Hysteresis-Effekte auftreten. Praseodym hat ein schwach ausgeprägtes Maximum bei 65° K und Neodym — zwei spitze Maxima bei 7,5 und 19° K.

Eine noch ausgesprochenere Anomalie im Verlauf der spezifischen Wärme in viel tieferem Temperaturbereich fanden KÜRTI, LAINÉ und SIMON beim Eisen-Ammonium-Alaun. Unterhalb 0,05° K (erreicht durch adiabatische Demagnetisierung, vgl. Bd. VIII dieses Handbuchs) wurde ein äußerst steiler Anstieg der Molwärme von einem Wert, der kleiner ist als 1, auf über 8 cal/Mol Grad beobachtet; bei weiterer Temperatursenkung tritt ein ebenso steiler Abfall auf. Man könnte hier eine Umwandlung dritter Ordnung annehmen (s. S. 243).

Die Anwendung des T^3-Gesetzes für Temperaturen unterhalb 10° K führt in solchen Fällen zu falschen Entropiewerten und zu der fehlerhaften Behauptung, daß Wasserstoff wegen des Auftretens der beiden Modifikationen dem NERNSTschen Theorem nicht genüge.

Trotzdem scheint es gelegentlich wirkliche Ausnahmen von diesem Theorem z. B. bei Kristallen mit einer ungeordneten Orientierung der Moleküle bei $T = 0$ und daher mit einer endlichen Nullpunktsentropie zu geben (CO, N_2O), worauf aber hier nicht näher eingegangen werden kann[4].

Aus Gl. (345) läßt sich noch ein weiterer Schluß ziehen, wenn man von den Gl. (178) und (185) Gebrauch macht; man erhält dann

$$\left(\frac{\partial v}{\partial T}\right)_P = -\frac{1}{A}\left(\frac{\partial s}{\partial P}\right)_T = -\frac{1}{A}\int_0^T \frac{1}{T}\left(\frac{\partial c_p}{\partial P}\right)_T dT = \int_0^T \left(\frac{\partial^2 v}{\partial T^2}\right)_P dT$$

$$= \left(\frac{\partial v}{\partial T}\right)_P - \left[\left(\frac{\partial v}{\partial T}\right)_P\right]_0,$$

<hr>

[1] DEBYE, P.: Ann. Phys. Bd. 39 (1912) S. 789. — Ableitungen des DEBYEschen Gesetzes für die spez. Wärme fester Körper findet man bei A. EUCKEN, in W. WIEN u. F. HARMS: Handbuch der Experimentalphysik, Bd. 8, 1. Teil, S. 228. — K. SCHÄFER: Physikalische Chemie, S. 104. Berlin/Göttingen/Heidelberg: Springer 1951.

[2] Vgl. z. B. K. SCHÄFER: Physikalische Chemie, S. 172. Berlin/Göttingen/Heidelberg: Springer 1951.

[3] PARKINSON, D. H., F. SIMON u. F. H. SPEDDING: Proc. roy. Soc., Lond. A Bd. 207 (1951) S. 137.

[4] SCHÄFER, K.: Physikalische Chemie, S. 170. Berlin/Göttingen/Heidelberg: 1951.

woraus geschlossen werden muß, daß der thermische Ausdehnungskoeffizient $\left[\left(\frac{\partial v}{\partial T}\right)_P\right]_0$ bei $T = 0$ den Wert Null haben muß, was durch die Erfahrung bestätigt wird.

Auf dem gleichen Wege läßt sich auch beweisen, daß der Spannungskoeffizient $\left[\left(\frac{\partial P}{\partial T}\right)_v\right]_0$ bei $T = 0$ den Wert Null haben muß; denn mit v und T als unabhängigen Veränderlichen wird an Stelle von Gl. (345) $s = \int\limits_0^T \frac{c_v}{T}\, dT$ und daher mit den Gl. (187) und (191)

$$\left(\frac{\partial P}{\partial T}\right)_v = \frac{1}{A}\left(\frac{\partial s}{\partial v}\right)_T = \frac{1}{A}\int\limits_0^T \frac{1}{T}\left(\frac{\partial c_v}{\partial v}\right)_T dT = \int\limits_0^T \left(\frac{\partial^2 P}{\partial T^2}\right)_v dT = \left(\frac{\partial P}{\partial T}\right)_v - \left[\left(\frac{\partial P}{\partial T}\right)_v\right]_0.$$

Daraus folgt sofort

$$\left[\left(\frac{\partial P}{\partial T}\right)_v\right]_0 = 0. \tag{346}$$

Es wurde bereits betont, daß das NERNSTsche Wärmetheorem zunächst nur für kondensierte Systeme gilt, und diese Einschränkung bleibt natürlich auch für die ihm von M. PLANCK gegebene Fassung [Gl. (345)] bestehen. Auf ideale Gase ist das Theorem nicht unmittelbar anwendbar, weil diese beim absoluten Nullpunkt keine endliche Dichte haben. Es besteht trotzdem die Möglichkeit, auch über die Entropie idealer Gase bei sehr tiefen Temperaturen eine Aussage zu machen und die unbestimmte Integrationskonstante in den Gl. (55a bis c) zu ermitteln. Wir wählen hier die Gl. (55b) und setzen für ein ideales Gas

$$s = c_p \ln T - AR \ln P + a, \tag{347}$$

wobei wir die Entropiekonstante mit a bezeichnen. Dabei ist zu beachten, daß der Gaszustand bei einer Temperatur T nur möglich ist, wenn der Druck P kleiner ist als der Sättigungsdruck P_s, der bei sehr tiefen Temperaturen außerordentlich niedrige Werte besitzt. Zur Bestimmung von a denken wir uns das Gas bzw. den Dampf beim Sättigungswert P_s im Gleichgewicht mit einer kondensierten Phase und erinnern uns, daß dann die freie Enthalpie in beiden Phasen denselben Wert haben muß (s. S. 144). Versehen wir alle Größen in der kondensierten Phase mit dem Zeichen $'$ und in der Gasphase mit $''$, dann ist $\varphi' = \varphi''$. Da nach unserer Definition $\varphi = i - Ts$ ist, so wird mit Gl. (345)

$$\varphi' = i' - T\int\limits_0^T \frac{c_p'}{T}\, dT.$$

Ferner ist mit Gl. (347)

$$\varphi'' = i'' - T c_p'' \ln T + ART \ln P_s - aT.$$

Durch Gleichsetzen dieser beiden Werte und mit der Verdampfungs- oder Sublimationswärme $r = i' - i''$ erhält man

$$\ln P_s = \frac{c_p''}{AR}\ln T - \frac{r}{ART} + \frac{a}{AR} - \frac{1}{AR}\int\limits_0^T \frac{c_p'}{T}\, dT. \tag{348}$$

Man erkennt, daß die willkürliche Konstante, die in den Werten der Enthalpien i' und i'' enthalten ist, hier gar nicht in Erscheinung tritt, da sie in der Differenz $i'' - i'$ verschwindet. Für sehr tiefe Temperaturen kann man in dieser Gleichung das letzte Glied auf der rechten Seite vernachlässigen und für r den Wert r_0 setzen, den die Verdampfungswärme im absoluten Nullpunkt erreicht. Aus

Gl. (348) ist zu ersehen, daß man aus Dampfdruckmessungen bei sehr tiefen Temperaturen die Entropiekonstante a berechnen kann; es wird

$$a = A R \ln P_s - c_p'' \ln T + \frac{r_0}{T}. \tag{349}$$

Setzt man den Wert von a nach Gl. (349) in Gl. (347) ein, dann ersieht man, daß die Entropie eines *idealen* Gases beim absoluten Nullpunkt einen unendlich großen Wert annimmt.

4. Die Gasentartung.

Auf S. 20 und 24 wurde gezeigt, daß die spezifische Molwärme μc_v für einatomige ideale Gase, die drei translatorische Freiheitsgrade haben, den Wert $\mu c_v = \frac{3}{2}\Re$ besitzt ($\Re = A R \mu = 1{,}986$). Für zweiatomige Gase, bei denen noch zwei rotatorische Freiheitsgrade hinzukommen, wird $\mu c_v = \frac{5}{2}\Re$. Das gleiche gilt für mehratomige Gase mit gestreckten Molekülen. Bei mehratomigen gewinkelten Molekülen gelangt noch der dritte rotatorische Freiheitsgrad zur Auswirkung, und es wird $\mu c_v = \frac{6}{2}\Re$. Die Zunahme der spezifischen Wärme der Gase bei hohen Temperaturen hängt mit der Anregung von Schwingungen der Atome im Molekül zusammen (s. S. 25), die natürlich bei einatomigen Gasen nicht vorhanden sein können. Aber auch die Anregung der Rotationsfreiheitsgrade tritt erst bei Überschreitung einer bestimmten Temperatur auf und erfaßt mit steigender Temperatur eine immer größere Zahl von Molekülen. Die Grenztemperatur, bei der die Rotationsfreiheitsgrade voll angeregt sind, liegt um so höher, je kleiner das Trägheitsmoment der Moleküle ist. Bei Wasserstoff liegt diese Grenze erst bei Zimmertemperatur, so daß unterhalb 300° K die spezifische Wärme $\mu c_v < \frac{5}{2}\Re$, also kleiner als 5 wird. A. EUCKEN fand folgende auf den -dealen Gaszustand reduzierte Werte:

$$
\begin{array}{llllll}
T = & 35 & 50 & 80 & 100 & 273°\,\text{K}\\
\mu c_v = & 2{,}98 & 3{,}01 & 3{,}14 & 3{,}42 & 4{,}84
\end{array}
$$

Bei 35° K hat Wasserstoff also bereits eine spezifische Wärme, die derjenigen einatomiger Gase entspricht, woraus geschlossen werden kann, daß die Moleküle nicht mehr rotieren.

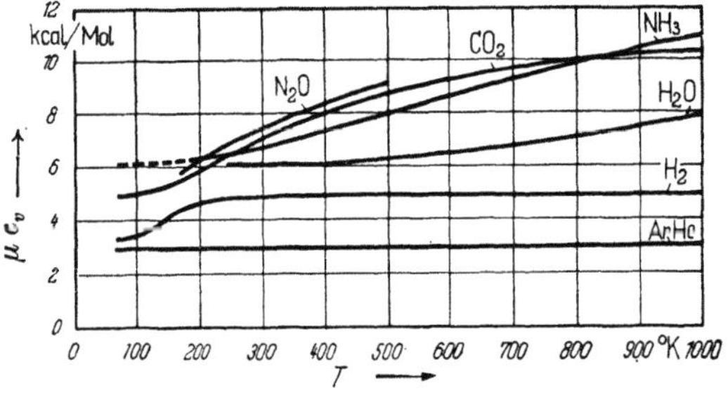

Abb. 101. Verlauf der Molwärme μc_v über der Temperatur für verschiedene Gase.

In Abb. 101 ist der Verlauf von μc_v über der Temperatur für Ar, He, H₂, H₂O, NH₃, CO₂ und N₂O dargestellt. Es wird heute nicht daran gezweifelt, daß alle Gase mit sinkender Temperatur ihre Rotationsfreiheitsgrade einbüßen und bei genügend tiefen Temperaturen nur noch die spezifische Wärme $\frac{3}{2}\Re$ haben. Im Gebiet tiefster Temperaturen genügt es daher, das Verhalten einatomiger Gase zu studieren. Es fragt sich ferner, ob die Vorstellungen, die wir uns bisher von einem idealen Gas gebildet haben und die in der einfachen Zustandsgleichung $P v = R T$ ihren Ausdruck fanden, auch in der Nähe des absoluten Nullpunkts aufrechterhalten werden können.

Die Gültigkeit des NERNSTschen Wärmetheorems blieb zunächst auf den festen und flüssigen Aggregatzustand beschränkt. Für ideale Gase wurde bei $T = 0$ die Entropie nicht gleich Null, wie es das Theorem verlangt, sondern sogar $+\infty$. Die maximale Arbeit bei der isothermen Ausdehnung eines idealen Gases ist $L_t = \int_{v_1}^{v_2} v\, dP = R\,T \ln \dfrac{v_2}{v_1}$, daher wird $\dfrac{dL_t}{dT} = R \ln \dfrac{v_2}{v_1}$. Für $T = 0$ wird dieser Ausdruck nicht gleich Null, wie es das NERNSTsche Theorem nach Gl. (340) fordert. Die spezifische Wärme idealer Gase sinkt zwar bei tiefen Temperaturen auf den Wert, der einatomigen Gasen zukommt, bleibt aber dann bis zum absoluten Nullpunkt endlich. Das Theorem ließ sich trotzdem auf den idealen Gaszustand mit Nutzen anwenden und gestattete die Berechnung der Entropiekonstanten [vgl. Gl. (349)]. Solange aber dieses Theorem Einschränkungen unterworfen war, konnte es nicht den Anspruch auf ein allgemeines Naturgesetz erheben und als „dritter Hauptsatz der Thermodynamik" proklamiert werden.

Es ist daher verständlich, daß man sich die Frage gestellt hat, ob die Gase sich in der Umgebung des absoluten Nullpunktes wirklich noch „ideal" verhalten. Die Antwort hierauf liefert die Theorie der *Gasentartung*, mit der sich namhafte Physiker, wie TETRODE, SACKUR, KEESOM, SOMMERFELD, M. PLANCK u. a., befaßt haben, und zu der auch NERNST selbst wesentliche Beiträge lieferte[1]. Er ging dabei von folgenden Annahmen aus:

α) Jedes Gas, das bei konstantem Volum unter Ausschluß von Kondensation abgekühlt wird, gelangt schließlich in einen Zustand von verschwindend kleiner spezifischer Wärme.

β) Dieser Abfall der spezifischen Wärme eines Gases erfolgt um so früher, je größer seine Dichte ist. Experimentell wurde eine geringe Absenkung von μc_v unter den Wert $\tfrac{3}{2}\Re = 2{,}98$ erstmalig von EUCKEN bei Helium beobachtet. Bei einer Dichte von 30 Mol je Liter fand er folgende Werte[2]:

$$T = \quad 18 \qquad 22 \qquad 26 \qquad 30^\circ\,\mathrm{K}$$
$$\mu c_v = 2{,}90 \qquad 3{,}00 \qquad 3{,}10 \qquad 3{,}10$$

Die Dichte des Heliums war dabei allerdings so groß, daß sie fast derjenigen des flüssigen Heliums gleichkam.

Die Gasentartung müßte vor allem zur Folge haben, daß das ideale Gasgesetz $P = (R/v)\,T$ bei sehr tiefen Temperaturen nicht mehr anwendbar ist. Es müßte also für Gase eine andere Zustandsgleichung gefunden werden, die zwar für höhere Temperaturen in das ideale Gasgesetz übergeht, aber bei Annäherung an den absoluten Nullpunkt dem NERNSTschen Theorem genügt. Hierfür liegen verschiedene Vorschläge vor.

NERNST selbst[3] entwickelte eine Zustandsgleichung mit dem quantentheoretischen Ansatz

$$P = \frac{R}{v} - \frac{\beta v}{1 - e^{-\frac{\beta v}{T}}} \; . \tag{350}$$

Darin ist v eine Frequenz, wobei sich NERNST vorgestellt hat[4], daß am Nullpunkt die Gasmoleküle um gleichmäßig im Raum verteilte Gleichgewichtslagen mit konstanter Geschwindigkeit rotieren. Die Frequenz v hat NERNST umgekehrt proportional zu $v^{2/3}$ angenommen. Ferner ist $\beta = h/k$, wobei

$$h = 6{,}626 \cdot 10^{-27}\ \text{erg sec}$$

[1] NERNST, W.: Z. Elektrochem. Bd. 20 (1914) S. 357 — Vgl. auch: Die theor. u. exper. Grundlagen d. neuen Wärmesatzes, S. 157 ff. Halle 1918.

[2] EUCKEN, A.: Verh. dtsch. phys. Ges. Bd. 17 (1916) S. 1.

[3] NERNST, W.: Die theor. u. exper. Grundlagen d. neuen Wärmesatzes, S. 167. Halle 1918.

[4] NERNST, W.: Verh. d. dtsch. phys. Ges. Bd. 18 (1916) S. 83.

das PLANCKsche Wirkungsquantum und $k = 1,3807 \cdot 10^{-16}$ erg/Grad die BOLTZ-MANNsche Konstante (s. S. 24 u. 25) bedeuten; es ist also $\beta = 4,8 \cdot 10^{-11}$ Grad sec und βv hat die Dimension einer Temperatur.

Während das ideale Gasgesetz bei $T = 0$ den Wert $Pv = 0$ liefert, erhält man aus Gl. (350) für entartete Gase $Pv = R\beta v$. Nach dem NERNSTschen Theorem müßte ferner bei $T = 0$ auch $\left(\dfrac{\partial P}{\partial T}\right)_v = 0$ werden [vgl. Gl. (346)]. Es soll geprüft werden, ob das für Gl. (350) zutrifft. Durch partielle Differentiation dieser Gleichung findet man

$$\left(\frac{\partial P}{\partial T}\right)_v = \frac{R}{v}\left(\frac{\beta v}{T}\right)^2 \frac{e^{-\frac{\beta v}{T}}}{\left(1 - e^{-\frac{\beta v}{T}}\right)^2} \cdot \tag{350a}$$

Für $T = 0$ erhält man einen unbestimmten Ausdruck $0/0$, der sich am einfachsten lösen läßt, wenn man eine neue Veränderliche $x = \beta v/T$ einführt und x gegen ∞ wachsen läßt. Dann wird

$$\lim_{T \to 0}\left(\frac{\partial P}{\partial T}\right)_v = \frac{R}{v}\lim_{x \to \infty}\frac{x^2 e^{-x}}{(1 + e^{-x})^2} = \frac{R}{v}\lim_{x \to \infty}\frac{x^2}{e^x - 2 + e^{-x}} \cdot$$

Der sich nunmehr ergebende unbestimmte Ausdruck ∞/∞ erhält nach zweimaliger Differentiation von Zähler und Nenner den Wert Null, so daß Gl. (346) jetzt auch für Gase erfüllt wird.

Man kann leicht nachweisen, daß die NERNSTsche Zustandsgleichung (350) für hohe Temperaturen in das ideale Gasgesetz übergeht; man erhält durch Reihenentwicklung

$$1 - e^{-x} = 1 - \left(1 - x + \frac{x^2}{2!} - \frac{x^3}{3!} + \cdots\right) = x - \frac{x^2}{2!} + \frac{x^3}{3!} - \cdots$$

Daher wird aus Gl. (350) mit $x = \beta v/T$

$$Pv = R\frac{\beta v}{\dfrac{\beta v}{T} - \dfrac{1}{2!}\left(\dfrac{\beta v}{T}\right)^2 + \dfrac{1}{3!}\left(\dfrac{\beta v}{T}\right)^3 - \cdots} = \frac{RT}{1 - \dfrac{1}{2!}\dfrac{\beta v}{T} + \dfrac{1}{3!}\left(\dfrac{\beta v}{T}\right)^2 - \cdots}$$

oder angenähert

$$Pv = RT\left[1 + \frac{1}{2!}\frac{\beta v}{T} - \frac{1}{3!}\left(\frac{\beta v}{T}\right)^2 + \cdots\right].$$

Für hohe Werte von T wird der Ausdruck in der eckigen Klammer gleich 1, so daß das ideale Gasgesetz erfüllt ist.

Einen allgemeineren Weg für die Aufstellung einer Zustandsgleichung von Gasen, die auch das Gebiet der Entartung einschließt, hat BENNEWITZ vorgeschlagen[1]. Er geht dabei aus von der aus der kinetischen Gastheorie bekannten Formel[2]

$$APv = \tfrac{2}{3}u,$$

worin u die kinetische Energie der molekularen Bewegung darstellt, die der inneren Energie von Gasen (auch im Entartungszustand) entspricht. BENNE-WITZ macht für die Zustandsgleichung den Ansatz

$$Pv = R\varphi(T, v), \tag{351}$$

wobei φ hier ein Funktionszeichen ist.

[1] BENNEWITZ, K.: Z. phys. Chem. Bd. 110 (1924) S. 725 — Handbuch d. Physik, hrsg. von H. GEIGER und K. SCHEEL, Bd. IX, Kap. 2, S. 166. Berlin: Springer 1926.

[2] Die Ableitung dieser Formel findet man in fast jedem Lehrbuch der Physik oder der kinetischen Gastheorie. An Originalquellen seien genannt: CLAUSIUS, R.: Die kinetische Theorie der Gase, S. 32. Braunschweig: F. Vieweg 1889—1891. — J. C. MAXWELL: Theorie der Wärme. Braunschweig: F. Vieweg 1878.

Daher wird

$$u = \tfrac{3}{2}\, A R\, \varphi(T,\, v). \tag{352}$$

Da hier T und v als unabhängige Veränderliche gewählt sind, während wir bisher, wie es in der technischen Thermodynamik üblich ist, T und P gewählt hatten, müssen wir Gl. (338a) etwas anders schreiben; für umkehrbare isotherme Vorgänge wird nach Gl. (168) die maximale Arbeit $AL = f_1 - f_2$ und die Wärmetönung $H = u_1 - u_2$, so daß man mit Gl. (164b) schreiben kann

$$A L - H = A T \left(\frac{\partial L}{\partial T} \right)_v \tag{353}$$

an Stelle von Gl. (338a). Wir hatten aber schon die bei der Differentiation konstant gehaltene Zustandsgröße bald fortgelassen und sie auch bei L und H nicht vermerkt (s. S. 249, weil die Überlegungen sowohl für isobare als auch für isochore Vorgänge gelten.

Betrachtet man nunmehr die isotherme Ausdehnung eines Gases von einem Anfangsvolum v_1 bis v, dann wird die Arbeit

$$L = \int_{v_1}^{v} P\, dv = R \int_{v_1}^{v} \frac{\varphi(T, v)}{v}\, dv$$

und

$$\left(\frac{\partial L}{\partial T} \right)_v = R \int_{v_1}^{v} \left(\frac{\partial \varphi}{\partial T} \right)_v \frac{dv}{v}. \tag{354}$$

Ferner erhält man aus Gl. (352) $H = u_1 - u = \tfrac{3}{2}\, A R\, (\varphi_1 - \varphi)$. Setzt man diese drei Werte in Gl. (353) ein, dann wird

$$\int_{v_1}^{v} \frac{\varphi}{v}\, dv + \frac{3}{2}\, (\varphi - \varphi_1) = T \int_{v_1}^{v} \left(\frac{\partial \varphi}{\partial T} \right)_v \frac{dv}{v}.$$

Differentiiert man diese Gleichung bei konstanter Temperatur nach der oberen Integralgrenze, dann erhält man

$$\varphi + \frac{3}{2}\, v \left(\frac{\partial \varphi}{\partial v} \right)_T = T \left(\frac{\partial \varphi}{\partial T} \right)_v. \tag{355}$$

Die Lösung dieser linearen Differentialgleichung lautet

$$\varphi = T\, \psi \left(\frac{C}{T\, v^{2/3}} \right), \tag{356}$$

worin C eine Konstante und ψ eine willkürliche Funktion bedeutet. In der Tat erhält man aus (356)

$$\left(\frac{\partial \varphi}{\partial v} \right)_T = - \frac{2}{3}\, \frac{C\, \psi'}{v^{5/3}} \quad \text{und} \quad \left(\frac{\partial \varphi}{\partial T} \right)_v = \psi - \frac{C\, \psi'}{T\, v^{2/3}}. \tag{357}$$

Durch Einsetzen dieser Werte wird Gl. (355) erfüllt. Aus Gl. (354) folgt nun mit (356)

$$\left(\frac{\partial L}{\partial T} \right)_v = R \int_{v_1}^{v} \left[\psi + T \left(\frac{\partial \psi}{\partial T} \right)_v \right] \frac{dv}{v}.$$

Wenn die gesuchte Zustandsgleichung mit dem NERNSTschen Theorem im Einklang stehen soll, dann muß für $T = 0$ nach Gl. (340) auch $\partial L/\partial T$ Null werden. Daher muß die willkürliche Funktion ψ bei $T = 0$ die Bedingung

$$\psi + T \left(\frac{\partial \psi}{\partial T} \right)_v = 0. \tag{358}$$

erfüllen. Die Zustandsgleichung (351) lautet nun

$$P v = R T \psi\left(\frac{C}{T\,v^{2/3}}\right). \qquad (359)^1$$

Selbstverständlich muß die Funktion ψ auch noch die Bedingung erfüllen, daß sie für sehr große Werte von T oder v sich dem Werte 1 nähert; es muß also $\psi(0) = 1$ werden.

Jede Zustandsgleichung, die der Form (359) genügt, erfüllt im Bereich der Gasentartung das NERNSTsche Theorem. Die Funktion ψ und die Konstante C können aber nur durch spezielle quantentheoretische Ansätze gefunden werden, und darin weichen die Ansichten der verschiedenen Physiker voneinander ab.

Wir wollen hier nur noch prüfen, ob der Vorschlag von NERNST [Gl. (350)] den BENNEWITZschen Bedingungen [Gl. (358) und (359)] genügt. Gl. (350) kann geschrieben werden

$$P v = R T \frac{\beta\,v/T}{1 - e^{-\beta v/T}}. \qquad (360)$$

Wie schon erwähnt wurde, nahm NERNST (lange vor der Untersuchung von BENNEWITZ) an, daß v umgekehrt proportional zu $v^{2/3}$ ist; daher ist Gl. (360) mit (359) durchaus im Einklang, und die Funktion ψ erhält die Form

$$\psi = \frac{\dfrac{C}{T\,v^{2/3}}}{1 - e^{-\frac{C}{T\,v^{2/3}}}}.$$

Daraus folgt

$$\left(\frac{\partial \psi}{\partial T}\right)_v = \frac{C}{T^2 v^{2/3}}\,\frac{\left[e^{-\frac{C}{T v^{2/3}}}\left(1 + \frac{C}{T\,v^{2/3}}\right) - 1\right]}{\left(1 - e^{-\frac{C}{T v^{2/3}}}\right)^2}.$$

Nach einigen Umformungen findet man

$$\psi + T\left(\frac{\partial \psi}{\partial T}\right)_v = \left(\frac{C}{T\,v^{2/3}}\right)^2 \frac{e^{-\frac{C}{T v^{2/3}}}}{\left(1 - e^{-\frac{C}{T v^{2/3}}}\right)^2}.$$

Der Ausdruck auf der rechten Seite entspricht aber in der Form vollständig demjenigen in Gl. (350a), für den wir dort bereits bewiesen haben, daß er für $T = 0$ den Wert Null besitzt. Somit erfüllt Gl. (360) auch die Bedingung (358).

Das Gebiet der Gasentartung ist experimentell noch kaum untersucht, und seine Erforschung dürfte auch sehr große Schwierigkeiten bereiten, da die Gase offenbar erst in unmittelbarer Nähe des absoluten Nullpunktes zu entarten beginnen. Andererseits ist eine merkliche Entartung bei sehr hohen Drücken zu erwarten, wie sie neben sehr hohen Temperaturen im Innern von Sternen vorkommen. Vollständige Entartung findet man bei einem Gas aus freien Elektronen, wie man es z. B. in metallischem Silber bei Zimmertemperatur annehmen kann. Die Gasentartung wird aber von der Quantentheorie eindeutig gefordert. Entartete Gase besitzen, im Gegensatz zu idealen Gasen, auch bei $T = 0$ noch einen endlichen Druck und also auch eine endliche Dichte[2].

---

[1] Man kann leicht nachweisen, daß die vom NERNSTschen Theorem geforderte Bedingung $\left(\frac{\partial P}{\partial T}\right)_v = 0$ für $T = 0$ ebenfalls auf die Gl. (358) führt.

[2] Über die quantenstatistische Behandlung der Gasentartung kann man sich beispielsweise im Buch von H. ZEISE orientieren: Thermodynamik auf den Grundlagen der Quantentheorie. Quantenstatistik und Spektroskopie, Bd. I, Kap. II, 6. Leipzig: S. Hirzel 1944.

5. Die Unerreichbarkeit des absoluten Nullpunktes und die logarithmische Temperaturskala.

NERNST hat die Behauptung aufgestellt, daß es keinen in endlichen Dimensionen verlaufenden Prozeß geben kann, mit Hilfe dessen ein Körper bis zum absoluten Nullpunkt abgekühlt werden kann. Dieses ,,Prinzip der Unerreichbarkeit des absoluten Nullpunktes'' bezeichnete er als die wahrscheinlich allgemeinste Fassung seines Wärmesatzes[1]. Alle drei Hauptsätze der Thermodynamik würden danach als ,,Unmöglichkeitsprinzipien'' aufzufassen sein:

Erster Hauptsatz: ein Perpetuum mobile erster Art ist nicht möglich;

Zweiter Hauptsatz: ein Perpetuum mobile zweiter Art ist nicht möglich;

Dritter Hauptsatz: die Erreichung des absoluten Nullpunkts der Temperatur ist nicht möglich.

NERNST hat die Unerreichbarkeit des absoluten Nullpunkts dadurch zu beweisen versucht, daß er einen CARNOTschen Kreisprozeß untersuchte, dessen untere Isotherme bei $T = 0$ verläuft. Da bei einem solchen Kreisprozeß weder auf den Adiabaten noch auf der unteren Isotherme Wärme abgeführt werden kann, so würde sich die ganze auf der oberen Isotherme zugeführte Wärme in Arbeit verwandeln lassen. NERNST sieht darin einen Widerspruch zum zweiten Hauptsatz. Aber ganz abgesehen davon, daß beim Vorhandensein eines wirklichen Widerspruchs das Prinzip der Unerreichbarkeit des absoluten Nullpunkts schon aus dem zweiten Hauptsatz abzuleiten wäre, ist die NERNSTsche Schlußfolgerung offenbar nicht haltbar. Der thermische Wirkungsgrad eines CARNOT-Prozesses ist nach Gl. (42) (s. S. 39)

$$\eta_t = \frac{AL}{Q} = \frac{T - T_0}{T} = 1 - \frac{T_0}{T}\,.$$

Danach läßt sich die zugeführte Wärme vollständig in Arbeit verwandeln, wenn entweder $T = \infty$ ist, was offenbar nicht realisierbar ist, oder wenn $T_0 = 0$ ist. Die Nichtrealisierbarkeit dieses Falles ist aber mit dem zweiten Hauptsatz nicht beweisbar, und es bedarf dazu offenbar eines neuen Prinzips.

Dagegen lassen sich mit Hilfe des NERNSTschen Theorems andere Beweise für die Unerreichbarkeit des absoluten Nullpunkts erbringen:

α) Ein Beweis fußt auf der experimentell bestätigten Tatsache, daß die spezifische Wärme eines Körpers bei $T = 0$ und auch schon in seiner Nachbarschaft verschwindet. Bei einem Körper, den es gelingen würde, auf die Temperatur $T = 0$ abzukühlen, genügte die Zufuhr einer beliebig kleinen Wärmemenge aus seiner wärmeren Umgebung, um seine Temperatur um einen endlichen Betrag zu erhöhen. Eine solche Wärmezufuhr läßt sich naturgemäß nie ganz verhindern, und es ist daher unmöglich, einen Körper bei $T = 0$ zu halten und ihn überhaupt auf diese Temperatur zu bringen.

β) Jede Temperaturmessung beruht auf der Messung irgendeiner Eigenschaft der Materie, die sich erfahrungsgemäß mit der Temperatur stetig verändert. Beim absoluten Nullpunkt und schon in dessen Nähe verschwinden aber diese Veränderungen oder es werden die Eigenschaften selbst gleich Null. Das wurde in den vorangehenden Betrachtungen auf S. 250 für die maximale Arbeit L_t, die Wärmetönung H, den thermischen Ausdehnungskoeffizienten, den Kompressibilitätskoeffizienten und die spezifische Wärme nachgewiesen. Das gleiche gilt auch für andere Eigenschaften, die hier nicht behandelt wurden, wie z. B. die Wärmeleitzahl, die magnetische Suszeptibilität, die thermoelektrische Kraft u. a.

---

[1] NERNST, W.: Sitzgsber. Preuß. Akad. Wiss., Berlin vom 1. Febr. 1912, S. 134 — Vgl. auch Die theoret. u. exper. Grundlagen d. neuen Wärmesatzes, S. 72—77. Halle: 1918.

Bei der spezifischen Wärme verschwinden nach dem DEBYEschen T^3-Gesetz sogar die erste und die zweite Ableitung. Wenn aber damit jede Meßmöglichkeit der Temperatur bei $T = 0$ in Frage gestellt wird, dann verliert der Temperaturbegriff seinen Sinn und seine exakte Definition ist auch nicht mehr möglich.

Interessante Überlegungen zu dieser Frage hat neuerdings GRASSMANN angestellt[1].

Weiter unten soll gezeigt werden, daß die Unerreichbarkeit des absoluten Nullpunkts sich ohne Bezugnahme auf das NERNSTsche Theorem von selbst ergibt, wenn man die übliche Temperaturskala verläßt, die bei sehr tiefen Temperaturen ohnehin recht ungeeignet ist.

Verfolgt man die Bemühungen der Physiker auf dem Wege zu immer tieferen Temperaturen, so erkennt man, daß die Schwierigkeiten um so größer werden, je tiefer man kommt. Im Jahre 1908 gelang KAMERLINGH-ONNES die Verflüssigung des Heliums; damit wurde das Temperaturgebiet bis herunter auf etwa 1° K erschlossen. Die tiefste Temperatur mit Helium, und zwar $0,71^\circ$ K, erreichte KEESOM, indem er flüssiges Helium unter einem Druck von $0,0036$ mm QS sieden ließ. Ein weiterer Erfolg wurde erst durch die Entdeckung des magnetokalorischen Effektes oder der adiabatischen Demagnetisierung paramagnetischer Salze durch DEBYE in Berlin und GIAUQUE in Berkeley im Jahre 1926 möglich[2] (vgl. Band VIII dieses Handbuchs). GIAUQUE erreichte 1933 mit Gadoliniumsulfat eine Temperatur von $0,25^\circ$ K. W. DE HAAS in Leiden konnte im gleichen Jahr mit Ceriumfluorid etwa $0,13^\circ$ K und 1935 mit Kaliumchromalaun sogar $0,0044^\circ$ K erreichen. Die tiefste bisher erreichte Temperatur beträgt $0,0014^\circ$ K (1950). Dabei wurden bereits magnetische Feldstärken von $30\,000$ Gauß verwendet[3]. Durch Demagnetisierung der Atomkerne hofft man auf Temperaturen in der Größenordnung von 10^{-5} bis $10^{-6\,\circ}$ K zu kommen. Wege zur weiteren Annäherung an $T = 0$ sind zur Zeit nicht erkennbar[4].

Die Frage ist naheliegend, warum diese scheinbar so kleinen Schritte mit so enormen Schwierigkeiten verbunden sind, die es in der Tat glaubwürdig erscheinen lassen, daß der absolute Nullpunkt nicht erreicht werden kann. Lassen sich dafür noch weitere Gründe angeben? Liegt diese Unerreichbarkeit nicht vielleicht in unserer Definition der Temperaturskala?

Das sonderbare Zusammenschrumpfen der Temperaturskala in der Nähe des absoluten „Nullpunktes" ist tatsächlich eine Folge willkürlicher und bei sehr tiefen Temperaturen unzweckmäßiger Annahmen und Definitionen. Das letzte Intervall zwischen 1 und 0° K ist offenbar ein ungeheuer ausgedehntes Temperaturgebiet, in dem man sich dem tiefsten Endpunkt nur asymptotisch nähern kann. Zweifel an der Zweckmäßigkeit der allgemein üblichen, auf GALILEI und GAY-LUSSAC zurückgehenden Temperaturskala wurden schon oft geäußert. Hiervon abweichende Vorschläge machte wohl zuerst DALTON, sie finden sich aber auch in Gedankengängen Lord KELVINS (s. S. 54). Später hat sich K. SCHREBER[5] eindringlich für eine neue Temperaturskala eingesetzt, ohne indessen Gehör zu finden. Die praktischen Nachteile der geltenden Skala machten sich damals auch noch nicht so stark bemerkbar, da man noch verhältnismäßig

---

[1] GRASSMANN, P.: Kältetechnik, Bd. 5 (1953) S. 2.

[2] DEBYE, P.: Ann. Phys. Bd. 81 (1926) S. 1154. — W. F. GIAUQUE: J. Amer. chem. Soc. Bd. 49 (1927) S. 1864 u. 1870. GIAUQUES Methode wurde durch W. M. LATIMER der Amer. Chem. Society (California Section) am 9. April 1926 vorgelegt.

[3] Vgl. z. B. P. GRASSMANN: Kältetechnik, Bd. 3, S. 16. 1951.

[4] GORTER, C. J.: Phys. Z. Bd. 35 (1934) S. 923. — N. KÜRTI u. F. SIMON: Proc. roy. Soc., Lond. A Bd. 149 (1935) S. 152.

[5] SCHREBER, K.: Wied. Ann. Bd. 64 (1898) S. 163 — Vgl. auch: Die Grundlagen und Grundbegriffe der Physik der Vorgänge, S. 181ff. Leipzig 1933.

weit vom absoluten Nullpunkt entfernt blieb. Die inzwischen erzielte Annäherung an diesen Nullpunkt legt es aber nahe, solche Überlegungen erneut anzustellen und einen geeigneten Ausweg zu suchen[1].

Der gebräuchlichen Temperaturskala liegen willkürliche Fixpunkte und eine willkürliche Gradteilung zugrunde. Als Fixpunkte wurden der Schmelzpunkt des Eises ($t = 0°$) und der Siedepunkt des Wassers bei normalem Atmosphärendruck ($t = +100°$) gewählt. Die Gradteilung hängt mit der Fassung des GAY-LUSSACschen Gesetzes für ein ideales Gas bei konstantem Druck zusammen:

$$v = v_0(1 + \alpha t). \tag{361}$$

Danach wird das Volum v bei einer Temperatur t stets auf das *konstante Anfangsvolum* v_0 bei $t = 0°$ bezogen. Zwischen dem Volum und der so definierten Temperatur besteht also ein *linearer* Zusammenhang. Aus Gl. (361) findet man für den thermischen Ausdehnungskoeffizienten

$$\alpha = \frac{v - v_0}{v_0\, t} = \frac{1}{v_0}\left(\frac{\partial v}{\partial t}\right)_P = \frac{1}{273,16} = 0,003\,660\,9\,. \tag{362}$$

Da das Volum nicht negativ werden kann, liegt die untere Temperaturgrenze der so definierten Skala bei $t = -273,16°$. Das ist der „absolute Nullpunkt" der Temperatur.

Einer Temperaturerhöhung um $1°$ entspricht nach Gl. (361) die isobare Ausdehnung eines idealen Gases um den 273,16-ten Teil seines Volums bei $0°$, also um den festen Betrag αv_0. Bei hohen Temperaturen, bei denen das Volum schon sehr groß ist, bedeutet der Betrag αv_0 sehr wenig. Bei sehr tiefen Temperaturen dagegen fällt er immer schwerer ins Gewicht. Daraus erkennt man bereits, daß eine Temperaturdifferenz von $1°$ in verschiedenen Bereichen der üblichen Skala nicht gleichwertig ist.

Dieser Nachteil wird vermieden, wenn man die Gradzählung so wählt, daß sich das Gas bei der isobaren Temperaturerhöhung um $1°$ stets um einen festen Bruchteil β seines *jeweiligen* Volums v ausdehnt. Bezeichnen wir die so definierten Temperaturzahlen mit ϑ, dann müssen wir Gl. (362) ersetzen durch

$$\beta = \frac{1}{v}\left(\frac{\partial v}{\partial \vartheta}\right)_P\,. \tag{363}$$

Durch Integration erhält man

$$\ln\left(\frac{v}{v_0}\right) = \beta(\vartheta - \vartheta_0)\,.$$

Dabei kann man, wie oben, die Bezugstemperatur ϑ_0 und die Größe von β noch völlig frei wählen. Wir gehen wieder vom Schmelzpunkt des Eises aus und setzen dafür $\vartheta_0 = 0$. Die Größe von β wählen wir so, daß $\beta = \alpha = 1/273,16$ wird. Es ist dann

$$\ln\left(\frac{v}{v_0}\right) = \alpha\,\vartheta\,. \tag{364}$$

Andererseits erhält man aus Gl. (361) $v/v_0 = 1 + \alpha t = \alpha T$. Eliminiert man aus diesen beiden Gleichungen v/v_0, dann findet man für die Umrechnung der beiden Skalen ineinander die Beziehungen

$$\vartheta = \frac{1}{\alpha}\ln(\alpha\, T) \quad \text{und} \quad T = \frac{1}{\alpha}\,e^{\alpha\,\vartheta}\,. \tag{365}$$

Die durch Gl. (364) und (365) definierte Skala ist die *logarithmische Temperaturskala* und die entsprechenden Grade sind *logarithmische Grade.*

---

[1] PLANK, R.: Forsch. Ing.-Wes. Bd. 4 (1933) S. 262.

Tabelle 30a. *Zugehörige Werte von T, t, ϑ*[1].

T	t	ϑ	T	t	ϑ
$+\infty$	$+\infty$	$+\infty$	100,0	− 173,15	− 274
100000	+99 726,9	+1612	10,0	− 263,15	− 903
10000	+ 9 726,9	+ 984	1,0	− 272,15	−1532
1000	+ 726,9	+ 354,5	0,10	− 273,05	−2161
373,15	+ 100,0	+ 71,4	0,01	− 273,14	−2790
274,15	+ 1,0	+ 1,0	0,001	− 273,149	−3419
273,15	± 0,0	± 0,0	0	− 273,15	− ∞

Die getroffene Vereinbarung, daß beide Skalen (t und ϑ) den gleichen Nullpunkt und den gleichen Ausdehnungskoeffizienten haben, bedeutet nichts anderes, als daß in unmittelbarer Nähe von $t = \vartheta = 0°$ das bisher übliche Gradintervall praktisch beibehalten wird. In der Tat entspricht nach Gl. (365) der üblichen Temperatur $t = +1°$ die logarithmische Temperatur $\vartheta = +0{,}997\,96°$. Nimmt T gegen $0°$ ab, so nähert sich ϑ logarithmisch dem Wert $-\infty$. Einen „absoluten Nullpunkt" der Temperatur gibt es also nicht mehr, und der Satz von der Unerreichbarkeit einer $T = 0°$ entsprechenden Temperatur artet in eine Trivialität aus. Diese Fassung des NERNSTschen Wärmesatzes erscheint hier selbstverständlich. Die vorerwähnten, scheinbar so kleinen, aber doch so mühsam erkauften Temperatursenkungen in der Nähe von $T = 0$ erweisen sich nun als weite Intervalle. Der Schritt von $t = 0{,}001$ bis $t = 0{,}0001$ ist vergleichbar mit dem Schritt von 1000 auf 10000 Grad. Andererseits schrumpft das Gebiet hoher Temperaturen bedeutend zusammen, weil man sich einem unendlich hohen Wert nicht mehr linear, sondern ebenfalls logarithmisch nähert. In Tab. 30a sind zugehörige Wertepaare von T, t und ϑ nach den Gl. (365) berechnet.

Die Größe der von KAMERLINGH-ONNES, KEESOM, GIAUQUE und W. DE HAAS gemachten Schritte wird jetzt sehr deutlich; zugleich aber erkennt man, daß der Weg nach unten unbegrenzt ist.

Bei gewöhnlichen Temperaturen hat die übliche lineare t-Skala den Vorteil, daß die spezifische Wärme c der Körper in ziemlich weiten Temperaturgrenzen nur wenig veränderlich ist. Das gleiche gilt auch für die Wärmeleitzahl λ. Dagegen nimmt sowohl c als auch λ in der ϑ-Skala mit wachsender Temperatur sehr rasch zu. Dieser Vorteil der linearen Skala besteht aber bei tiefen Temperaturen nicht mehr, da die spezifische Wärme und die Wärmeleitzahl in diesem Bereich sehr stark temperaturabhängig werden.

Für den thermischen Wirkungsgrad eines CARNOT-Prozesses gilt in der linearen Skala der Ausdruck $\eta_t = (T - T_0)/T$. Bei gegebener Temperaturdifferenz wird also der Wirkungsgrad um so kleiner, je höher die Temperatur T der warmen Quelle ist. In der logarithmischen Skala ist

$$\eta = \frac{e^{\alpha\vartheta} - e^{\alpha\vartheta_0}}{e^{\alpha\vartheta}} = 1 - e^{-\alpha(\vartheta-\vartheta_0)}\,. \tag{366}$$

Hier hängt also der Wirkungsgrad nur von der Temperaturdifferenz ab; er ist demnach bei gleichem $\vartheta - \vartheta_0$ von der absoluten Höhe der Temperatur unabhängig. Es hat also 1 Grad der logarithmischen Skala im ganzen Temperaturbereich von $-\infty$ bis $+\infty$ thermodynamisch denselben Wert. Mit $\vartheta - \vartheta_0 = 1$ wird nach Gl. (366)

$$\eta = \frac{AL}{Q} = 1 - e^{-\alpha} \approx \alpha\,.$$

---

[1] Tabelle 30a ist noch mit $\alpha = 1/273{,}15$ gerechnet, während $1/273{,}16$ der genauere Wert ist. Unterschiede in ϑ machen sich nur bei den tiefsten Temperaturen bemerkbar.

Für jede Kalorie zugeführter Wärme erhält man also dann $\alpha = 0{,}003\,66$ Kalorien Arbeit. Der thermische Wirkungsgrad ist aber in der logarithmischen Skala nicht mehr der Temperaturdifferenz proportional.

C. Zweistoffgemische.

I. Das Gibbssche Phasengesetz.

Es soll zunächst der Begriff *Phase* genauer präzisiert werden; es gibt dafür verschiedene Definitionen. M. Planck bezeichnet als Phasen die verschiedenartigen, räumlich aneinandergrenzenden homogenen Teile eines Systems[1]. Gibbs, auf den die Prägung des Begriffs *Phase* zurückgeht, verstand darunter die mechanisch voneinander trennbaren homogenen Teile eines Systems[2]. E. Schmidt versteht unter Phasen die durch sprunghafte Änderungen der Eigenschaften unterscheidbaren Zustandsgebiete eines Körpers, die alle gleichen Druck und gleiche Temperatur besitzen, also im thermodynamischen Gleichgewicht stehen[3]. Die Zahl der festen und flüssigen Phasen kann in einem System beliebig groß sein, dagegen kann es nur *eine Gasphase* geben, da verschiedene räumlich aneinandergrenzende Gase im Gleichgewichtszustand ein homogenes Gemisch bilden. Eine Phase muß also nicht immer aus nur einem chemischen Stoff bestehen; auch eine flüssige Lösung oder ein Mischkristall bilden eine Phase, wenn sie in allen Teilen homogen sind. Dagegen enthält ein System, das aus einer Flüssigkeit und deren Dampf besteht, zwei Phasen. Das gleiche ist bei zwei miteinander nicht mischbaren Flüssigkeiten oder bei einer gesättigten flüssigen Lösung mit einem Überschuß an gelöstem Stoff der Fall. Eis, Wasser und Wasserdampf bilden im Gleichgewichtszustand drei Phasen. Es soll die Zahl der Phasen mit N_p bezeichnet werden.

Einen weiteren wichtigen Begriff bildet die Zahl der *Komponenten* oder der *unabhängigen Bestandteile* in einem System. Nach M. Planck erhält man diese Zahl, wenn man von der Zahl der in einem System vorhandenen chemischen Elemente die Zahl derjenigen Elemente abzieht, deren Menge in jeder Phase durch die Menge der anderen Elemente in dieser Phase bereits mitbestimmt ist[4]. Dabei ist es gleichgültig, welche Stoffe man als unabhängige und welche man als abhängige Bestandteile ansehen will, denn es kommt nur auf die Anzahl der unabhängigen Bestandteile an, die wir mit N_k bezeichnen wollen. So bildet z. B. eine Lösung von NH_3 in H_2O ein System von drei Elementen: N, H und O, aber nur von zwei unabhängigen Bestandteilen, da die Menge von H durch diejenige von N und O in jeder Phase, sei sie fest, flüssig oder gasförmig, bereits mitbestimmt ist. Die Zahl der Komponenten ändert sich auch dann nicht, wenn sich in der Lösung Molekülkomplexe oder Hydrate bilden.

Neben den bereits erläuterten Begriffen der Phasen und der Komponenten eines Systems müssen wir jetzt noch den Begriff der „Freiheitsgrade“ erläutern. Zur Beschreibung des inneren Zustandes eines Systems, das aus N_p Phasen und N_k Komponenten besteht, sind neben dem Druck P und der Temperatur T, die dem ganzen System gemeinsam sind, noch die Gewichtsanteile (Konzen-

---

[1] Planck, M.: Thermodynamik, 5. Aufl., S. 179. Leipzig: Veit & Co. 1917.
[2] Gibbs, J. W.: Trans. Connecticut Acad. Bd. 3 (1876) S. 152.
[3] Schmidt, E.:Einführg. in d. Techn. Thermodynamik, 4. Aufl., S. 147. Springer 1950. — Die gleiche Definition der Phase findet sich auch bei F. Bošniaković: Techn. Thermodynamik, Bd. II, S. 196. Dresden: Th. Steinkopff 1937.
[4] F. Bošniaković hat sich dieser Definition voll angeschlossen.

trationen) aller Komponenten in den verschiedenen Phasen zu nennen. Die Zahl dieser Anteile, die auch in Molenbrüchen angegeben werden können, ist in jeder Phase gleich $N_k - 1$, da die Summe der Molenbrüche stets 1 ergeben muß. Bei N_p Phasen haben wir also unter Einschluß von P und T im ganzen $N_p(N_k - 1) + 2$ unabhängige Veränderliche. Von diesen sind aber durchaus nicht alle frei wählbar, denn die verschiedenen Phasen sollen ja miteinander im Gleichgewicht sein. Es muß also nach Gl. (165) auf S. 144 die freie Enthalpie Φ ein Minimum besitzen, d. h. $d\Phi = 0$ sein. Bei konstanten Werten von P und T kann man sich offenbar noch Zustandsänderungen des Systems vorstellen, bei denen die Bestandteile zwischen den einzelnen Phasen ausgetauscht werden. Ein einfaches Beispiel dieser Art wurde bei der Behandlung der möglichen Zustandsänderungen im Tripelgebiet erläutert (s. S. 235). Es soll nun untersucht werden, welche Bedingungen bei solchen virtuellen Übergängen von Stoffmengen aus einer Phase in eine andere bei Erhaltung des thermodynamischen Gleichgewichts zu erfüllen sind. Geht z. B. die Menge δG_1 der ersten Komponente aus der Phase ' in die Phase '' über, dann beträgt der Stoffumsatz $-\delta G_1' = \delta G_1''$. Die freie Enthalpie der Phase I ändert sich dabei um $-\dfrac{\partial \Phi'}{\partial G_1'}\,\delta G_1'$ und die der Phase II um $\dfrac{\partial \Phi''}{\partial G_1''}\,\delta G_1''$. Da das Gleichgewicht erhalten bleiben soll, muß die Gesamtänderung der freien Enthalpie verschwinden, also

$$\frac{\partial \Phi'}{\partial G_1'} = \frac{\partial \Phi''}{\partial G_1''} \tag{367}$$

sein. Diese Differentialquotienten bezeichnete GIBBS als *chemische Potentiale*, man nennt sie auch partielle freie Enthalpien. Gl. (367) sagt also aus, daß das chemische Potential einer jeden Komponente in allen Phasen den gleichen Zahlenwert hat. Bei N_k Komponenten sind also N_k Gleichgewichtsbedingungen der Form (367) für den Übergang aus Phase I in Phase II zu erfüllen. Bei N_p Phasen wächst die Zahl dieser Bedingungen auf $N_k(N_p - 1)$. Die oben abgeleitete Zahl $N_p(N_k - 1) + 2$ der unabhängigen Veränderlichen muß also um die Zahl der Bedingungen (367) verringert werden. Die Zahl N_f der frei wählbaren Veränderlichen beträgt also nur noch

$$N_f = N_p(N_k - 1) + 2 - N_k(N_p - 1) = N_k + 2 - N_p. \tag{368}$$

Man nennt N_f die Zahl der Freiheitsgrade. Gl. (368) ist der Ausdruck des GIBBSschen *Phasengesetzes*. Es wurde im Jahre 1876 von GIBBS angegeben[1] und erhielt seine experimentelle Bestätigung durch die umfangreichen Untersuchungen von BAKHUIS ROOZEBOOM[2].

Wir wollen das Phasengesetz an Hand einiger Beispiele erläutern:

Das System möge nur aus einem Stoff bestehen; dann ist $N_k = 1$ und $N_f = 3 - N_p$. Dieser Fall umfaßt alles, was in den vorangehenden Kapiteln behandelt wurde:

Beim Vorhandensein nur einer Phase ($N_p = 1$) gibt es dann zwei Freiheitsgrade, es können also zwei Veränderliche, in diesem Fall Druck und Temperatur, willkürlich gewählt werden. Aus der Zustandsgleichung kann dann die Dichte (bzw. das spezifische Volum) berechnet werden. Sind zwei Phasen miteinander

---

[1] GIBBS, J. W.: Trans. Connecticut Acad. Bd. 3 (1876) S. 152. — Siehe auch Thermodynamische Studien, hrsg. von W. OSTWALD. Leipzig 1892. — Eine einfache Ableitung dieses Gesetzes findet man bei K. SCHÄFER: Physikalische Chemie, S. 127. Berlin: Springer 1951.

[2] ROOZEBOOM, B.: Rec. Trav. chim. Pays-Bas Bd. 5 (1886) S. 335; Bd. 6 (1887) S. 266 u. 304 — Z. phys. Chem. Bd. 2 (1888); Bd. 8 (1891) S. 521 — Die heterogenen Gleichgewichte vom Standpunkt der Phasenlehre. Braunschweig: Vieweg & Sohn 1904.

im Gleichgewicht ($N_p = 2$), z. B. Flüssigkeit und Dampf, dann kann nur der Druck *oder* die Temperatur frei gewählt werden, denn zwischen beiden besteht das Gesetz der Dampfdruckkurve $p = f(t)$. Das gleiche gilt natürlich für ein Gleichgewicht zwischen dem festen Zustand und der Flüssigkeit (Erstarren, Schmelzen) oder zwischen dem festen und dem dampfförmigen Zustand (Sublimieren). Hier gibt es also nur noch einen Freiheitsgrad. Sind drei Phasen im Gleichgewicht, dann entspricht der Zustand dem Tripelpunkt, bei dem Druck und Temperatur eindeutig festgelegt sind, so daß nichts mehr frei gewählt werden kann, $N_f = 0$. In diesem Zustand besitzen die Flüssigkeit und der feste Körper den gleichen Dampfdruck.

Wir wenden uns jetzt dem eigentlichen Gegenstand dieses Teiles unserer Betrachtungen zu — den *Zweistoffgemischen*. Hier ist also $N_k = 2$, und man kann bei nur einer Phase über drei Freiheitsgrade verfügen, also z. B. den Druck, die Temperatur und die Zusammensetzung frei wählen. Die Zusammensetzung kann man z. B. durch die Konzentration des einen Stoffes im Gemisch ausdrücken. Als Beispiel sei die feuchte Luft angeführt, ein Gemisch aus trockener Luft und Wasserdampf. Bei gegebenen P und T kann man bekanntlich die relative Feuchtigkeit der Luft in ziemlich weiten Grenzen verändern, ohne daß eine neue Phase entsteht (Kondensation von Wasserdampf).

Als zweites Beispiel wählen wir eine Lösung eines Salzes in Wasser. Beschränken wir uns auf nur eine Phase, z. B. die flüssige, so können Druck, Temperatur und Salzkonzentration frei gewählt werden; man hat also drei Freiheitsgrade. Tritt die Dampfphase hinzu, so liegt bei gegebener Temperatur und Konzentration der Dampfdruck fest. Es gibt also nur noch zwei Freiheitsgrade. Scheidet sich noch Eis (bei geringer Konzentration) oder Salz (bei hoher Konzentration) aus, so hat man drei Phasen, und es kann nur noch die Konzentration oder die Temperatur frei gewählt werden ($N_f = 1$). Schließlich scheidet sich bei einer ganz bestimmten Konzentration und Temperatur ein feinkörniges Gemenge von Salz- *und* Eiskristallen[1] aus der Lösung aus, so daß man nunmehr vier Phasen hat und nichts mehr frei wählen kann ($N_f = 0$). Diesen Quadrupelpunkt bezeichnet man als den *eutektischen* oder *kryohydratischen* Punkt (vgl. S. 304).

Eine homogene Mischung zweier Flüssigkeiten, z. B. von Wasser und Alkohol, die sich durch Absetzen, Zentrifugieren oder sonstige mechanische Mittel nicht trennen lassen, bezeichnet man als eine Lösung; sie muß als nur *eine* Phase angesehen werden.

Dagegen bilden zwei nicht (oder fast nicht) mischbare Flüssigkeiten, z. B. Wasser und Benzol, zwei Phasen, da sich die beiden Flüssigkeiten auch nach gutem Durchmischen wieder von selbst trennen. Es kann sogar vorkommen, daß zwei Flüssigkeiten, z. B. Wasser und Äther, zwei miteinander im Gleichgewicht stehende Phasen bilden, von denen die eine wasserreich und die andere ätherreich ist.

Selbstverständlich gilt das Phasengesetz auch für Systeme, die aus mehr als zwei Komponenten bestehen (Mehrstoffgemische). Als Beispiel für ein Dreistoffgemisch (ternäres Gemisch) kann Luft genannt werden, die im wesentlichen aus Sauerstoff, Stickstoff und Argon besteht. In der Theorie der Rektifikation von flüssiger Luft spielen die thermodynamischen Gesetze solcher Gemische eine wichtige Rolle (vgl. Band VIII dieses Handbuchs). Ein anderes Beispiel stellt das Gemisch Wasser—Ammoniak—Wasserstoff dar, von dem in bewegungs-

---

[1] Dieses Gemenge macht fast den Eindruck einer einheitlichen Phase, man erkennt aber unter dem Mikroskop, daß es aus zwei festen Phasen — Eis und Salz — besteht.

losen Absorptions-Kältemaschinen nach VON PLATEN und MUNTERS (Elektrolux) Gebrauch gemacht wird (vgl. Band VII dieses Handbuchs).

Indessen soll an dieser Stelle nur auf Zweistoffgemische näher eingegangen werden.

II. Gemische von Gasen und Dämpfen.

1. Definitionen der Zusammensetzung von Gemischen.

Der Zustand eines Gemisches hängt nicht nur vom Druck und der Temperatur, sondern auch von der Zusammensetzung ab. Die Zusammensetzung kann auf verschiedene Weise angegeben werden, wobei wir uns auf Zweistoffgemische beschränken wollen:

α) Das Gemisch bestehe aus G_1 kg des ersten Stoffes[1] mit dem Molekulargewicht μ_1 und aus G_2 kg des zweiten Stoffes mit dem Molekulargewicht μ_2. Es sei $G = G_1 + G_2$. Dann versteht man unter dem *Gewichtsanteil* ξ des zweiten Stoffes *im Gemisch* die dimensionslose Größe

$$\xi = \frac{G_2}{G_1 + G_2} = \frac{G_2}{G} . \tag{367}$$

Der Gewichtsanteil des ersten Stoffes ist dann

$$1 - \xi = \frac{G_1}{G_1 + G_2} = \frac{G_1}{G} . \tag{367a}$$

Mit 100 multipliziert, stellen diese beiden Größen Gewichtsprozente in der Mischung dar. Für den ersten Stoff im reinen Zustand ist also $\xi = 0$ und für den zweiten $\xi = 1$.

An Stelle der Gewichtsmengen werden manchmal (besonders in der physikalischen Chemie) die Molmengen (Molzahlen) n_1 und n_2 der beiden Bestandteile angegeben, wobei für das Gemisch $n_1 + n_2 = n$ gesetzt werde. Dabei sind

$$n_1 = \frac{G_1}{\mu_1} \quad \text{und} \quad n_2 = \frac{G_2}{\mu_2} .$$

Die Größen

$$\xi_M = \frac{n_2}{n_1 + n_2} \quad \text{und} \quad 1 - \xi_M = \frac{n_1}{n_1 + n_2} \tag{368}$$

bezeichnet man als *Molanteile* oder Molenbrüche (englisch: mole fraction). Multipliziert man mit 100, so stellen diese Größen Molprozente dar. Nach dem AVOGADROschen Gesetz (s. S. 16) ist für ideale Gasgemische die Angabe der Zusammensetzung in Molanteilen identisch mit derjenigen in Volumanteilen. Nach dem DALTONschen Gesetz (s. S. 94) sind ferner die Volumanteile den Partialdrücken proportional.

Für die Umrechnung von Gewichtsanteilen in Molanteile und umgekehrt erhält man aus (367) und (368):

$$\xi_M = \frac{\xi}{\dfrac{\mu_2}{\mu_1}(1 - \xi) + \xi} \quad \text{und} \quad \xi = \frac{\xi_M}{\dfrac{\mu_1}{\mu_2}(1 - \xi_M) + \xi_M} . \tag{369}$$

Nicht selten ist es vorteilhaft, die Menge G_2 des zweiten Bestandteils eines Gemisches auf die Menge G_1 des ersten Bestandteils und nicht auf die Gesamtmenge G zu beziehen. Dieses dimensionslose Gewichtsverhältnis bezeichnen wir mit

$$x = \frac{G_2}{G_1} . \tag{370}$$

Für den ersten Stoff im reinen Zustand wird $x = 0$ und für den zweiten $x = \infty$.

---

[1] Der erste Stoff bilde sozusagen den Grundstoff und der zweite Stoff die Beimengung, die jedoch mengenmäßig auch einen sehr erheblichen Anteil ausmachen kann.

Daneben könnte man auch von dem Molverhältnis

$$x_M = \frac{n_2}{n_1}$$

Gebrauch machen.

In der physikalischen Chemie wird außerdem noch mit *Gewichtskonzentrationen* C und Molkonzentrationen C_M gerechnet, die z. B. für den zweiten Stoff wie folgt definiert werden:

$$C = \frac{G_2}{V} \; [\text{kg/m}^3] \quad \text{und} \quad C_M = \frac{n_2}{V} \; [\text{Mol/m}^3], \tag{371}$$

wobei $V\,[\text{m}^3]$ das Volum des Gemisches bedeutet. Es ist $C = \mu_2\,C_M$, ferner wird

$$\left.\begin{aligned} \xi &= v\,C \quad \text{und} \quad \xi_M = \frac{\mu_1\,C_M}{\gamma + (\mu_1 - \mu_2)\,C_M}, \\ C &= \xi\,\gamma, \qquad\quad C_M = \frac{\gamma\,\xi_M}{\mu_1\,(1 - \xi_M) + \mu_2\,\xi_M}, \end{aligned}\right\} \tag{372}$$

wobei $v = V/G$ das spezifische Volum und $\gamma = 1/v$ das spezifische Gewicht bedeutet.

Der Vollständigkeit halber sei daran erinnert, daß bei Gasen auch mit den Volumen V_1 und V_2 der Bestandteile, bezogen auf den Druck und die Temperatur der Mischung, gerechnet wird, wobei $V = V_1 + V_2$ ist. Dann versteht man unter Raumanteilen die Größen $\mathfrak{v} = V_2/V$ und $1 - \mathfrak{v} = V_1/V$ (s. S. 95).

Für G kg eines *Mehrstoffgemisches* wird sinngemäß der Gewichtsanteil eines beliebigen i-ten Bestandteils

$$\xi_i = \frac{G_i}{\sum G_i} = \frac{G_i}{G} \tag{373}$$

und der Molanteil

$$\xi_{Mi} = \frac{G_i/\mu_i}{\sum (G_i/\mu_i)} = \frac{n_i}{\sum n_i}. \tag{373a}$$

2. Gemische realer Gase und Abweichungen vom DALTONschen Gesetz.

Auf S. 93 haben wir bereits das allgemeine Verhalten von Gasgemischen behandelt, wobei angenommen war, daß sich die einzelnen Bestandteile und das Gemisch wie ideale Gase verhalten, also dem Gesetz $Pv = RT$ folgen. Mit dieser Annahme konnte die Gültigkeit des DALTONschen Gesetzes [Gl. (95)] behauptet werden, wonach der Gesamtdruck P einer Gasmischung gleich ist der Summe der Partialdrücke ihrer Bestandteile. Bei einem idealen Gas gibt es weder Anziehungs- noch Abstoßungskräfte zwischen den Molekülen. Ein solches kräftefreies Gas existiert in Wirklichkeit nicht, wenn sich auch einige Gase bei niedrigen Drücken dem Verhalten idealer Gase sehr weitgehend nähern. Bei Gemischen realer Gase und solcher Gase mit Dämpfen sind von vornherein gewisse Abweichungen vom DALTONschen Gesetz, das im Jahre 1802 erstmalig ausgesprochen wurde zu erwarten. Diese Abweichungen können, wie gezeigt werden soll, bei hohen Drücken sehr erhebliche Werte erreichen.

Nachdem zunächst HENRY[1] und GAY-LUSSAC[2] die Richtigkeit des DALTONschen Gesetzes bestätigt hatten, befaßte sich REGNAULT[3] sehr eingehend mit

---

[1] HENRY, J.: Nicholsons Journ. Bd. 8 (1804) S. 297 — Gilb. Ann. Bd. 21 (1805) S. 393.
[2] GAY-LUSSAC, J. L.: Ann. chim. phys. Bd. 95 (1815) S. 314.
[3] REGNAULT, H. V.: Ann. chim. phys. (3) Bd. 15 (1845) S. 129; (4) Bd. 26 (1862) S. 679 — Pogg. Ann. Bd. 65 (1845) S. 135 u. 321.

dieser Frage und stellte gewisse Abweichungen von dem Gesetz fest. Mit diesen Abweichungen beschäftigten sich ferner GIBBS[1], ANDREWS[2], CAILLETET[3], SCHILLER[4] u. a. SCHILLER stellte 1896 fest, daß die Verdampfung einer Flüssigkeit wesentlich verstärkt werden kann, wenn auf ihr zusätzlich der Druck eines indifferenten Gases lastet. Bei einer gegebenen Temperatur bildete sich in einem gegebenen Dampfraum über der Flüssigkeit bei einem Luftdruck von 115 Atm die 2,9fache Menge an Ätherdämpfen und die 2,4fache Menge an Chloroformdämpfen als beim Luftdruck von 1 Atm. Es ist, als wenn sich ein Teil der Flüssigkeit in den verdichteten Gasen löst (s. S. 272).

Das Problem ist in neuerer Zeit dadurch aktuell geworden, daß in der chemischen Technik die Trennung von Gasgemischen bei hohen Drücken und tiefen Temperaturen durch Auskondensieren verflüssigbarer Bestandteile bei Erreichung ihres Kondensations-Partialdrucks vorgenommen wird. Von den zahlreichen neueren Untersuchungen seien genannt die Arbeiten von POLLITZER und STREBEL[5], JAKOB[6], JUSTI und KOHLER[7], GILLESPIE[8] und eine zusammenfassende Darstellung von BEATTIE[9]. Zuletzt hat sich WEBSTER[10] mit diesen Fragen beschäftigt im Zusammenhang mit der Ausscheidung von CO_2 aus atmosphärischer Luft.

Für ein reales Gas, bei dem zwischen den Molekülen Kräfte wirksam sind, müssen an der Zustandsgleichung idealer Gase Korrekturen angebracht werden. VAN DER WAALS setzte

$$P = \frac{RT}{v-b} - \frac{a}{v^2}, \tag{374}$$

[s. S. 156, Gl. (197a)], worin a und b für jeden Stoff verschiedene Werte haben. Für eine Gasmischung als Ganzes werden a und b Funktionen der Gewichtsanteile ξ oder der Molanteile ξ_M. Wir wollen diese Größen dann mit a_ξ und b_ξ bezeichnen und uns der Einfachheit halber auf ein Gemisch von nur zwei realen Gasen mit den Gewichtsanteilen ξ und $1 - \xi$ beschränken. Nach der kinetischen Gastheorie sind die Größen a_ξ und b_ξ im allgemeinen nicht lineare, sondern quadratische Funktionen der Gewichtsanteile[11], wobei man zu setzen hat:

$$a_\xi = a_1(1 - \xi)^2 + 2a_{12}\,\xi(1 - \xi) + a_2\,\xi^2, \tag{375}$$

$$b_\xi = b_1(1 - \xi)^2 + 2b_{12}\,\xi(1 - \xi) + b_2\,\xi^2, \tag{375a}$$

worin a_1 und b_1 die Wechselwirkungen gleichartiger Moleküle des ersten Bestandteils, a_2 und b_2, — die des zweiten Bestandteils und a_{12}, b_{12} — die der ungleichartigen Moleküle berücksichtigen[12]. BERTHELOT hatte angenommen,

---

[1] GIBBS, J. W.: Scientific Papers, Bd. I, S. 155. New York: Longmans, Green & Co. 1906.

[2] ANDREWS, TH.: Phil. Mag. (5) Bd 1 (1876) S. 84.

[3] CAILLETET, L.: J. de Phys. (1) Bd. 9 (1880) S. 192.

[4] SCHILLER, N. N.: J. russ. phys.-chem. Ges. Bd. 29 (1897) S. 29; Bd. 30 (1899) S. 79, 159, 175 — Wied. Ann. Bd. 53 (1894) S. 396; Bd. 60 (1897) S. 755; Bd. 67 (1899) S. 291.

[5] POLLITZER, F., u. E. STREBEL: Z. phys. Chem. Bd. 110 (1924) S. 768.

[6] JAKOB, M.: Z. Phys. Bd. 41 (1927) S. 737 u. 739.

[7] JUSTI, E., u. M. KOHLER: Feuerungstechn. Bd. 27 (1939) Heft 1 S. 5.

[8] GILLESPIE, L. J.: J. Amer. chem. Soc. Bd. 47 (1925) S. 305 — Phys. Rev. Bd. 36 (1930) S. 121.

[9] BEATTIE, J. A.: Chem. Rev. Bd. 44 (1949) Nr. 1 S. 141—192, mit zahlreichen Literaturangaben.

[10] WEBSTER, T. J.: Ber. d. VIII. Intern. Kältekongr., S. 201. London 1951.

[11] Vgl. z. B. J. E. LENNARD-JONES u. W. R. COOK: Proc. roy. Soc. Lond. (A) Bd. 115 1927) S. 334.

[12] VAN DER WAALS, J. D.: Z. phys. Chem. Bd. 5 (1889) S. 133.

daß $a_{12} = \sqrt{a_1 a_2}$ ist[1], doch hat sich diese Beziehung nicht immer bewährt. KOHNSTAMM nimmt auf Grund von Versuchen an, daß $a_{12} \leqq \dfrac{a_1 + a_2}{2}$ ist.

Für nicht sehr hohe Drücke kann man in der Zustandsgleichung (245) von KAMERLINGH-ONNES (s. S. 181) die Glieder mit höheren Potenzen von v vernachlässigen und setzen $P = \dfrac{RT}{v} + \dfrac{BRT}{v^2}$. Schreibt man diese Gleichung für 1 Mol des realen Gases und ist V das Volum von n Molen, dann wird

$$P = \frac{n\,\mathfrak{R}\,T}{V} + \frac{n^2\,\mathfrak{R}\,T}{V^2}\,B, \tag{376}$$

worin B der zweite Virialkoeffizient und $\mathfrak{R} = \mu R$ die universelle Gaskonstante ist. Sind n_1 Mole des einen Gases mit dem Virialkoeffizienten B_1 und n_2 Mole eines zweiten Gases mit dem Virialkoeffizienten B_2 vorhanden, dann erhält man für die Drücke der reinen Gase im Volumen V vor der Mischung die Werte

$$P_1 = \frac{n_1\,\mathfrak{R}\,T}{V} + \frac{n_1^2\,\mathfrak{R}\,T}{V^2}\,B_1 \quad \text{und} \quad P_2 = \frac{n_2\,\mathfrak{R}\,T}{V} + \frac{n_2^2\,\mathfrak{R}\,T}{V^2}\,B_2 \tag{377}$$

Nach der Mischung beider Gase wird der Druck im Volum V

$$P = \frac{(n_1 + n_2)\,\mathfrak{R}\,T}{V} + \frac{(n_1 + n_2)^2\,\mathfrak{R}\,T}{V^2}\,B, \tag{378}$$

dabei ist, analog der Gl. (375),

$$B = B_1(1 - \xi_M)^2 + 2B_{12}(1 - \xi_M)\,\xi_M + B_2\xi_M^2, \tag{379}$$

wobei ξ_M nach der Gl. (368) definiert ist und B_{12} die Wechselwirkungen der ungleichartigen Moleküle berücksichtigt.

Die Richtigkeit dieser Beziehungen ist experimentell wiederholt geprüft[2]. Es ist also

$$B = B_1\frac{n_1^2}{(n_1 + n_2)^2} + 2B_{12}\frac{n_1 n_2}{(n_1 + n_2)^2} + B_2\frac{n_2^2}{(n_1 + n_2)^2}. \tag{379a}$$

Nach dem DALTONschen Gesetz würde man jetzt $P = P_1 + P_2$ erwarten. Aus (377) und (378) findet man aber

$$P - (P_1 + P_2) = \Delta P = [(n_1 + n_2)^2\,B - n_1^2\,B_1 - n_2^2\,B_2]\frac{\mathfrak{R}\,T}{V^2},$$

und nach Einsetzen von B nach Gl. (379a)

$$\Delta P = 2\,B_{12}\,n_1\,n_2\,\frac{\mathfrak{R}\,T}{V^2}. \tag{380}^3$$

Die Abweichung ΔP, bezogen auf den Idealdruck der Mischung $P = (n_1 + n_2)\dfrac{\mathfrak{R}\,T}{V}$, wird

$$\frac{\Delta P}{P} = 2\,B_{12}\frac{n_1 n_2}{n_1 + n_2}\frac{1}{V}.$$

Diese Gleichung gilt auch wieder für 1 Mol des Gemiches, es ist also $n_1 + n_2 = 1$, und daher wird

$$\frac{\Delta P}{P} = 2\,B_{12}\,\xi_M(1 - \xi_M)\frac{1}{V}. \tag{381}$$

Aus den Gl. (380) und (381) erkennt man, daß Abweichungen vom DALTONschen Gesetz stets vorhanden sein müssen und daß sie nur von der Wechsel-

---

[1] BERTHELOT, D.: C. R. Acad. Sci., Paris Bd. 126 (1898) S. 218 u. 338. — Wegen einer Verallgemeinerung dieser Beziehung vgl. M. TRAUTZ u. M. GÜRSCHNING: Z. anorg. allg. Chem. Bd. 179 (1929) Heft 1/3 S. 1.

[2] Vgl. z. B. E. JUSTI: Spezifische Wärme, Enthalpie, Entropie und Dissoziation technischer Gase, § 21. Berlin: Springer 1938.

[3] Die hier gegebene Ableitung stammt von E. JUSTI u. M. KOHLER: Feuerungstechn. Bd. 27 (1939) Heft 1 S. 5.

wirkung ungleichartiger Moleküle herrühren. B_{12} und damit auch ΔP können positive oder negative Werte annehmen, aber es dürfte kaum zwei Gase geben, für die $B_{12} = 0$ wird. JUSTI hat die Werte von B_1, B_2 und B_{12} für verschiedene Gaspaare nach Berechnungen durch verschiedene Autoren zusammengestellt; einige dieser Werte sind in Tab. 31 enthalten.

Tabelle 31. *Die Virialkoeffizienten einer Gasmischung nach* JUSTI *[vgl. Gl. (379)]*.

Gemisch	$t\,^\circ C$	$10^3\,B_1$	$10^3\,B_2$	$2\cdot10^3\,B_{12}$
$H_2 + N_2$	0	0,6224	$-0,4903$	1,1171
	20	0,6461	$-0,2755$	1,2194
$H_2 + He$	25	0,656	0,510	1,398
$H_2 + CO$	25	0,6511	$-0,4393$	1,09
$O_2 + C_2H_4$	25	0,72	$-6,4$	$-3,12$
$Ar + C_2H_4$	25	$-0,70$	$-6,4$	$-3,2$
$He + Ar$	25	0,515	$-0,730$	1,641
	50	0,508	$-0,513$	1,676
	100	0,498	$-0,183$	1,757
	150	0,485	0,097	1,839
$H_2 + Ar$	25	0,656	$-0,730$	0,708
	50	0,680	$-0,513$	0,830
	100	0,697	$-0,183$	1,118
	150	0,711	0,097	1,328
$N_2 + O_2$	20	$-0,35$	$-0,71$	$-0,53$

Die B-Werte in dieser Tabelle sind in sog. „Amagat-Einheiten" ausgedrückt, wobei das Volum bei 0° und 1 Atm (also das Normalvolum, s. S. 16) gleich 1 gesetzt wurde. Multipliziert man die Werte mit 22,415, dann stellen die $10^3\,B$-Werte die Abweichungen des Realvolums in Liter je Kilo-Mol vom Idealvolum 22,415 Nm³ dar. In Gl. (381) muß daher auch V in Amagat-Einheiten ausgedrückt werden. Nun ist im Bereiche mäßiger Drücke $V = V_{0^\circ;\,1\text{Atm}}\dfrac{T}{273}\dfrac{1}{P}$. Mit $V_{0^\circ;\,1\text{Atm}} = 1$ wird daher

$$\frac{\Delta P}{P} = 2\,B_{12}\,\xi_M\,(1 - \xi_M)\,\frac{273}{T}\,P. \tag{381a}$$

Der zweite Virialkoeffizient B der Gasmischung in Gl. (379) kann auch in der Form

$$B = B_1(1 - \xi_M) + B_2\,\xi_M + (2\,B_{12} - B_1 - B_2)\,\xi_M(1 - \xi_M) \tag{379a}$$

geschrieben werden. Man erkennt daraus, daß B sich nur dann additiv und linear aus den anteiligen Werten von B_1 und B_2 zusammensetzt, wenn

$$2\,B_{12} - B_1 - B_2 = 0$$

wird, wenn also B_{12} gleich dem arithmetischen Mittel von B_1 und B_2 wird. Das ist verständlich und wird erfüllt, wenn die beiden Molekülarten sehr ähnlich sind, wie z. B. N_2 und O_2 (letzte Zeile in Tab. 31). Für Gemische dieser beiden Gase sind die Abweichungen vom DALTONschen Gesetz nur sehr gering: bei 1 Atm und 20° C beträgt die Abweichung für ein äquimolares Gemisch ($n_1 = n_2$) nach Gl. (381a) mit $B_{12} = -0,53$

$$\Delta P = -2\cdot0,53\cdot10^{-3}\cdot0,5\cdot0,5\cdot\frac{273}{293} = 0,000\,25\;\text{Atm},$$

also nur 0,25 Promille. Bei $P = 10$ Atm wird die Abweichung aber schon 2,5 Promille betragen. Für äquimolare Gemische von O_2 und C_2H_4 sind die Abweichungen nach Tab. 31 etwa 6mal größer.

Für Gemische von mehr als zwei Gasen kann Gl. (379) mit Gl. (373a) sinngemäß erweitert werden. So kann man für ein ternäres Gemisch setzen

$$B = B_1 \xi_{M1}^2 + B_2 \xi_{M2}^2 + B_3 \xi_{M3}^2 + 2B_{12} \xi_{M1} \xi_{M2} + 2B_{13} \xi_{M1} \xi_{M3} + 2B_{23} \xi_{M2} \xi_{M3}$$

und erhält für die relative Abweichung vom DALTONschen Gesetz an Stelle von (381a) die Formel

$$\frac{\Delta P}{P} = 2 \left(B_{12} \xi_{M1} \xi_{M2} + B_{13} \xi_{M1} \xi_{M3} + B_{23} \xi_{M2} \xi_{M3} \right) \frac{273}{T} P.$$

3. Der Dampfdruck von Flüssigkeiten in Anwesenheit von Fremdgasen.

Wir wollen jetzt auf das bereits auf S. 268 erwähnte Problem zurückkommen und den Dampfdruck einer Flüssigkeit ermitteln, auf deren Oberfläche der Druck eines indifferenten Fremdgases lastet. Der Dampfdruck kann dann erheblich größer sein als der Sättigungsdruck in Abwesenheit des Fremdgases.

Aus einem Gemisch von $H_2 + N_2$ soll z. B. durch Anwendung hoher Drücke und tiefer Temperaturen der Stickstoff durch Kondensation ausgeschieden werden. Ohne gegenseitige Beeinflussung sollen n_1 Mole H_2 und n_2 Mole N_2 im Gasraum vorhanden sein, wobei dann n_2 dem Sättigungsdruck P_s des N_2 bei der betrachteten Temperatur entspricht.

Der Molanteil des Stickstoffs $\xi_M = n_2/(n_1 + n_2)$ könnte dann bei Gültigkeit des idealen Gasgesetzes auch durch das Verhältnis des Sättigungsdrucks p_s zum Gesamtdruck p dargestellt werden, $\xi_M = p_s/p$.

Mit

$$\log \xi_M = \log p_s - \log p$$

erhält man im doppelt logarithmischen Diagramm (Abb. 102) die gestrichelte gerade Linie, wenn man den Molanteil ξ_M des Stickstoffs in Prozenten über dem Gesamtdruck p aufträgt. Aus Versuchen findet man dagegen die ausgezogene Kurve[1], aus der zu ersehen ist, daß der Molanteil des Stickstoffs immer größer ist, als ohne gegenseitige Beeinflussung erwartet wurde. Bei niedrigen Drücken sind die Unterschiede gering, und der gemessene Molgehalt nimmt mit wachsendem Druck ab. Bei etwa 35 ata erreicht aber der Molgehalt ein Minimum und nimmt bei weiterer

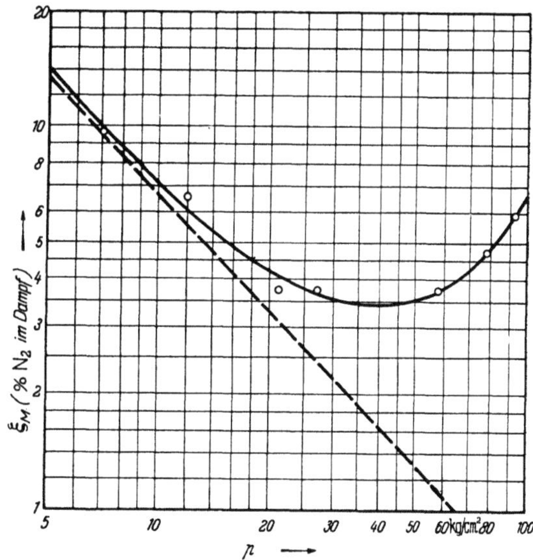

Abb. 102. Molanteil an N_2 in Gemischen von $H_2 + N_2$ bei verschiedenen Gesamtdrücken (nach POLLITZER und STREBEL).

Drucksteigerung zu. Bei hohen Drücken erreicht somit der Dampfdruck ein Vielfaches des Sättigungsdruckes ohne Fremdgas. Ähnliche Erscheinungen wurden auch bei der Ausscheidung von CO aus Wassergas beobachtet (bei dem technischen Verfahren der Gewinnung von H_2 aus Wassergas).

---

[1] POLLITZER, F., u. E. STREBEL: Z. phys. Chem. Bd. 110 (1924) S. 768.

POLLITZER und STREBEL[1] unterscheiden zwei prinzipiell verschiedene Einflüsse, die eine Steigerung des Dampfdrucks bei Anwesenheit eines Fremdgases bewirken, und zwar:

α) den Einfluß der Pressung selbst, der unabhängig von der Natur des Fremdgases ist,

β) die individuelle Wirkung des Fremdgases auf den Dampf bzw. die Flüssigkeit, die man als Löslichkeit des Dampfes im Fremdgas bezeichnen kann.

Zu α) Die Wirkung einer Pressung auf den Sättigungsdruck verdampfender Flüssigkeiten haben J. J. THOMSON[2], LE CHÂTELIER[3] und SCHILLER[4] berechnet. POLLITZER und STREBEL geben folgende einfache Ableitung an Hand eines Kreisprozesses:

In einem abgeschlossenen Behälter I (Abb. 103) stehe eine Flüssigkeit im Gleichgewicht mit ihrem Dampf bei Abwesenheit anderer Gase, wobei der Druck p_s sein möge. In dem Behälter II werde auf die gleiche Flüssigkeit der Gesamtdruck p ausgeübt; der Partialdruck des Dampfes sei dabei p'_s und der eines indifferenten Fremdgases $p - p'_s$. Aus dem Behälter I werde 1 Mol des Dampfes vom Druck p_s entnommen, auf den Druck p'_s verdichtet und mittels einer halbdurchlässigen Wand (s. S. 293) in den Behälter II eingebracht. Gleichzeitig möge unter Leistung äußerer Arbeit ein Mol der Flüssigkeit aus dem Behälter II entnommen werden und nach erfolgter Entspannung dem Behälter I zufließen. Wird die Temperatur während des Ablaufs dieser umkehrbaren Vorgänge konstant gehalten, dann muß nach dem zweiten Hauptsatz die geleistete Arbeit gleich Null sein. Die technische Arbeit für die isotherme Kompression von 1 Mol Dampf wird durch $\int_{p_s}^{p'_s} V\,dp$ ausgedrückt, und bei der Expansion von 1 Mol Flüssigkeit mit dem konstanten Volum v wird die Arbeit $v(p - p_s)$ geleistet. Es ist also

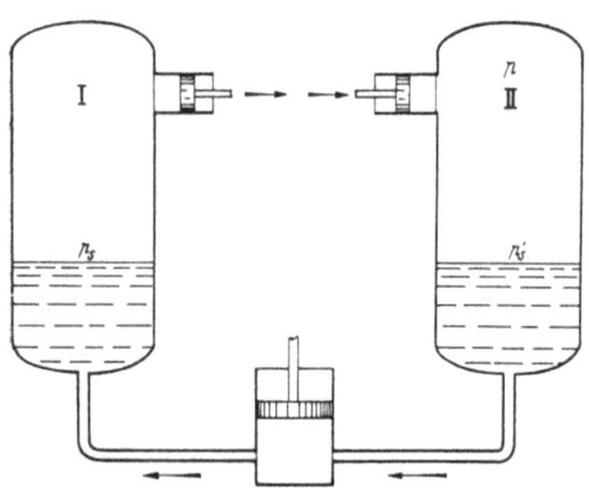

Abb. 103. Zur Ableitung des Gesetzes nach Gl. (383) (POLLITZER und STREBEL).

$$\int_{p_s}^{p'_s} V\,dp = v\,(p - p_s)\,. \tag{382}$$

Aus dieser Gleichung ist der gesuchte Wert p'_s zu berechnen. Verhält sich der Dampf wie ein ideales Gas, so ist

$$\int_{p_s}^{p'_s} V\,dp = \Re\,T \ln \frac{p'_s}{p_s},$$

---

[1] Siehe Fußnote auf S. 271.

[2] THOMSON, J. J.: Anwendung der Dynamik auf Physik und Chemie, S. 201. Leipzig 1890 — Phil. Mag. (5) Bd. 36 (1893) S. 313.

[3] LE CHÂTELIER, H.: Z. phys. Chem. Bd. 9 (1892) S. 335.

[4] SCHILLER, N. N.: Siehe Fußnote auf S. 268.

und man erhält aus Gl. (382)

$$\ln \frac{p_s'}{p_s} = \frac{(p - p_s)\,v}{10^{-4} \cdot 848\,T} = 11{,}8\,\frac{(p - p_s)\,v}{T}\,, \tag{383}$$

wenn die Drücke in at (kg/cm²) gemessen werden. Bei kleinen Dampfdruckänderungen wird

$$\ln \frac{p_s'}{p_s} \approx 2\,\frac{\dfrac{p_s'}{p_s} - 1}{\dfrac{p_s'}{p_s} + 1} = 2\,\frac{p_s' - p_s}{p_s' + p_s} \approx \frac{p_s' - p_s}{p_s}$$

und damit

$$\frac{p_s' - p_s}{p_s} = 11{,}8\,\frac{(p - p_s)\,v}{T}\,. \tag{383a}$$

Bei hohen Sättigungsdrücken ist das ideale Gasgesetz nicht mehr anwendbar. Es ist auch zu beachten, daß man bei der isothermen Kompression von trocken gesättigtem Dampf in das metastabile Gebiet (auf der VAN DER WAALSschen Schleife) gelangt, das also durch die Anwesenheit des Fremdgases realisierbar wird. SCHILLER hat vorgeschlagen, das Integral $\int\limits_{p_s}^{p_s'} V\,dp$ aus dem Verlauf einer VAN DER WAALSschen Isotherme graphisch auszuwerten und mit dem mittleren Volum V_m zu rechnen, das aus der Gleichung

$$\int\limits_{p_s}^{p_s'} V\,dp = V_m (p_s' - p_s)$$

erhalten wird. Es ist dann nach Gl. (382)

$$p_s' - p_s = (p - p_s)\,\frac{v}{V_m}\,.$$

Zu β) Das verdichtete Fremdgas übt auf den Dampf bzw. auf die Flüssigkeit eine lösende Wirkung aus. Solche Lösungserscheinungen von Flüssigkeiten

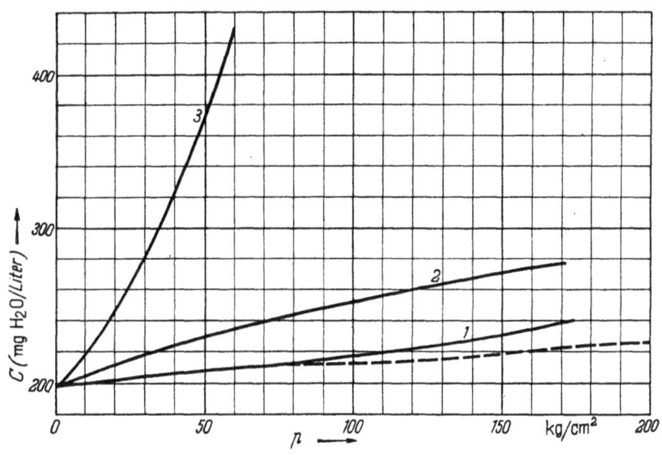

Abb. 104. Dampfkonzentration über flüssigem Wasser von 70° in Anwesenheit von Fremdgasen, und zwar 1. Wasserstoff, 2. Luft, 3. Kohlendioxyd.

(und auch von festen Körpern) in verdichteten Gasen wurden schon früher von HANNAY und HOGARTH[1], CAILLETET[2] und VILLARD[3] beobachtet.

---

[1] HANNAY u. HOGARTH: Proc. roy. Soc., Lond. Bd. 30 (1880) S. 178.
[2] CAILLETET, L.: J. de Phys. (1) Bd. 9 (1880) S. 193.
[3] VILLARD, P.: J. de Phys. (3) (1896) S. 453.

POLLITZER und STREBEL haben zahlreiche Messungen der Dampfkonzentration über der Flüssigkeit in Anwesenheit verschiedener Fremdgase bei Gesamtdrücken bis zu 200 Atm durchgeführt[1]. Als Flüssigkeiten wurden Wasser und Kohlendioxyd, als Fremdgase bei Wasser Luft, H_2 und CO_2, bei Kohlendioxyd H_2 und N_2 gewählt. In Abb. 104 sind beispielsweise die Ergebnisse mit Wasser bei 70° C dargestellt. Ohne Fremdgas beträgt die Gewichtskonzentration [Gl. (371)] $C = 198$ mg/l. Die gestrichelte Linie zeigt den Zuwachs der Konzentration, der auf den Einfluß der Pressung zurückzuführen ist und der hier nach Gl. (383) berechnet werden kann. Der darüber hinausgehende Zuwachs ist auf die lösende Wirkung der verdichteten Gase zurückzuführen. Diese lösende Wirkung ist bei H_2 verhältnismäßig schwach, bei Luft wesentlich stärker und bei CO_2 noch sehr viel stärker. Bei einem CO_2-Druck von 55 ata wird die Wasserdampfkonzentration gegenüber derjenigen ohne Fremdgas verdoppelt.

III. Feuchte Luft.

1. Allgemeine Gesetzmäßigkeiten. Relative Feuchtigkeit.

Feuchte Luft ist ein Gemisch von reiner trockener Luft und Wasserdampf. Wir betrachten dieses Gemisch in Druck- und Temperaturbereichen, bei denen die Luft nur im gasförmigen Zustand vorkommt und ihre Zusammensetzung nicht ändert, während Wasser in allen drei Aggregatzuständen vorkommen kann. Im Rahmen der Genauigkeit unserer Betrachtungen sollen die trockene Luft, die feuchte Luft und der Wasserdampf als ideale Gase angesehen werden, auch soll die geringe Löslichkeit von Luft in flüssigem Wasser unbeachtet bleiben. Es wird ferner die Gültigkeit des DALTONschen Gesetzes vorausgesetzt.

In der Kältetechnik spielt feuchte Luft überall dort eine Rolle, wo sie für die Übertragung von Wärmemengen verwendet wird, z. B. in Luftkühlern oder Verdunstungskondensatoren. Eine besonders wichtige Rolle spielt sie ferner bei den Vorgängen der Trocknung und der Klimatisierung (Band XII dieses Handbuchs) sowie in der Meteorologie (Band I dieses Handbuchs).

Während Gase in beliebigen Verhältnissen mischbar sind, ist die Aufnahme von Wasserdampf in Luft dadurch begrenzt, daß der Partialdruck p_w des Wasserdampfs im Gemisch den Sättigungsdruck p_s bei der betreffenden Temperatur nicht überschreiten kann, weil dann eine Kondensation des Dampfes einsetzt. In Tab. 10 (s. S. 105) waren einige Werte des Sättigungsdrucks h_s in Torr über flüssigem Wasser und über Eis angegeben. In Tab. 32 sind für den Temperaturbereich der Klimatechnik einige Werte wiederholt und auch in ata ausgedrückt (p_s). Außerdem sind darin die spezifischen Gewichte γ_s des gesättigten Wasserdampfes in g/m³ angegeben, die zugleich die höchstmöglichen Konzentrationen

Tabelle 32. *Dampfdrücke p_s (h_s), spezifische Gewichte des Dampfes γ_s und Dampfgehalte x_s in gesättigter Luft bei verschiedenen Temperaturen t[2].*

t	°C	−10	0	+10	20	30	40
p_s	ata	0,00265*	0,0062	0,0125	0,0238	0,0433	0,0752
h_s	Torr	1,95*	4,58	9,21	17,54	31,82	55,32
γ	g/m³	2,14	4,84	9,40	17,30	30,40	51,10
x_s	g/kg	1,650	3,90	7,88	15,19	28,14	50,6

* Über Eis.

---

[1] Ausführlich bei E. STREBEL: Diss. Univ. Bonn 1924.
[2] Weitere zusammengehörige Werte von t, h und x_s können aus Abb. 106 entnommen werden.

des Wasserdampfs in Dampf-Luft-Gemischen darstellen. Ferner enthält die Tabelle die Mengen Wasserdampf in g je kg trockener Luft, die wir mit x und im Zustand der Sättigung mit x_s bezeichnen.

Bei Überschreitung des Partialdrucks p_s tritt nicht immer ein Niederschlag in kompakter Form ein. Die kleinen Flüssigkeitströpfchen oder Eiskristalle können sich auch im Schwebezustand in der Luftmasse halten, wie man es von der Nebel- oder Wolkenbildung kennt.

Das spezifische Gewicht γ_w des Wasserdampfs beim Partialdruck p_w errechnet sich nach der Zustandsgleichung idealer Gase

$$\gamma_w = \frac{10^4\,p_w}{47,06\,T} = \frac{10^4\,h_w}{735,5\cdot 47,06\,T} = 0,289\,\frac{h_w}{T}\,[\text{kg/m}^3] = 289\,\frac{h_w}{T}\,[\text{g/m}^3], \qquad (384)$$

wobei $R_w = 47,06$ die Gaskonstante des Wasserdampfs ist. Im Sättigungszustand wird $\gamma_s = 289\,h_s/T\,[\text{g/m}^3]$.

Die Größe γ_w bezeichnet man auch als absolute Feuchtigkeit und das Verhältnis

$$\varphi = \frac{\gamma_w}{\gamma_s} = \frac{p_w}{p_s} = \frac{h_w}{h_s} \qquad (385)$$

als *relative Feuchtigkeit* der Luft.

Bezeichnet man den Gesamtdruck der feuchten Luft mit p in ata oder mit h in Torr, dann ist nach DALTON der Partialdruck der trockenen Luft $p_L = p - p_w$ und deren spezifisches Gewicht

$$\gamma_L = \frac{10^4\,(p - p_w)}{29,27\,T} = \frac{10^4\,(h - h_w)}{735,5\cdot 29,27\,T} = 0,465\,\frac{h - h_w}{T}\,[\text{kg/m}^3]$$

$$= 465\,\frac{h - h_w}{T}\,[\text{g/m}^3]\,, \qquad (386)$$

wobei $R_L = 848/\mu_L = 29,27$ die Gaskonstante und $\mu_L = 28,95$ das scheinbare Molekulargewicht der trockenen Luft bedeuten. Aus den Gl. (384) und (386) berechnet sich das spezifische Gewicht der feuchten Luft

$$\gamma = \gamma_L + \gamma_w = 465\,\frac{h - h_w}{T} + 289\,\frac{h_w}{T} = 465\,\frac{h}{T} - 176\,\frac{h_w}{T}\,[\text{g/m}^3].$$

Feuchte Luft ist also immer leichter als trockene Luft.

Die vorstehenden Formeln lassen sich leicht auswerten, wenn man den Partialdruck h_w des Wasserdampfs kennt. Dieser läßt sich auf folgenden Wegen ermitteln:

α) Mit Hilfe des *Taupunkthygrometers.*

Man läßt die Luft über eine Spiegelfläche streichen, deren Temperatur langsam gesenkt wird, und liest die Temperatur τ ab, bei der sich auf dem Spiegel die ersten Spuren eines Niederschlages zeigen (Taupunkt). Bei dieser Temperatur hat der Partialdruck des Dampfes seinen Sättigungswert $(p_s)_\tau$ erreicht, den man einer Dampftafel entnehmen kann. War die ursprüngliche Temperatur der feuchten Luft gleich t, dann ist

$$(p_w)_t = (p_s)_\tau.$$

Das Taupunktsverfahren wurde erstmalig von CHARLES LE ROY (1771) vorgeschlagen[1]. Es wurde später von DANIELL[2] und von REGNAULT[3] verfeinert.

[1] LE ROY, CHARLES: Mélanges de Physique et de Médicine. Montpellier 1771.
[2] DANIELL, J. F.: Gilb. Ann. Bd. 65 (1820) S. 169 — Essays and Observations, S. 139. London 1827.
[3] REGNAULT, H. V.: Ann. chim. phys. (3) Bd. 15 (1845) S. 129.

β) Mit Hilfe des *Psychrometers*[1].

Dieses besteht aus einem trockenen und einem feuchten Thermometer, wobei die Quecksilberkugel des letzteren mit einem angefeuchteten Mulläppchen umwickelt ist. Das trockene Thermometer zeigt die Temperatur der umgebenden feuchten Luft an, während das feuchte Thermometer infolge der Verdunstung des Wassers am Läppchen eine tiefere Temperatur t' anzeigt (Kühlgrenze). Die Verdunstungsgeschwindigkeit und damit auch die psychrometrische Differenz $t - t'$ ist um so größer, je trockener die Luft ist. Sind h_s bzw. h'_s die Sättigungsdrücke des Wasserdampfs bei den Temperaturen t bzw. t', dann berechnet sich der Partialdruck h_w nach der SPRUNGschen Formel

$$h_w = h'_s - f(w)\,(t - t')\,\frac{h}{760}\,,$$

und die relative Feuchtigkeit ist

$$\varphi = \frac{h_w}{h_s} = \frac{h'_s - f(w)\,(t - t')\,h/760}{h_s}\,. \tag{387}$$

Darin bedeutet $f(w)$ eine Funktion der Geschwindigkeit, mit der die umgebende Luft am feuchten Thermometer vorbeistreicht. Für $w \geqq 2$ m/sec erhält $f(w)$ den Wert 0,5. Sinkt t' unter $0°$ C und ist das Wasser am Läppchen zu Eis erstarrt, dann muß für h'_s in Gl. (387) der Dampfdruck über Eis eingesetzt werden, und es wird empfohlen, den Wert $f(w)$ auf 0,445 herabzusetzen[2]. Die Berechnung von φ aus gemessenen Werten von t und t' kann auch graphisch mit Hilfe des i, x-Diagramms erfolgen (s. S. 283).

Die Idee des Psychometers wurde erstmalig von LESLIE (1810) ausgesprochen[3]. Seine heutige Gestalt stammt von AUGUST (1825)[4] und die moderne Bauart von ASSMANN.

Verschiedenen psychrometrischen Differenzen entsprechen bei verschiedenen Temperaturen der Luft die in Tab. 33 enthaltenen runden Werte der relativen Feuchtigkeit.

Tabelle 33. *Werte der relativen Feuchtigkeit φ in % bei verschiedenen Temperaturen t der Luft und verschiedenen psychrometrischen Differenzen $t - t'$.*

$t - t'$ $°C \rightarrow$	1	2	3
Lufttemperatur t in $°$ C			
$-\ 2$	80%	60%	40%
0	81	63	45
$+\ 2$	82	65	50
6	86	73	60
10	88	76	65
20	91	83	74
30	93	86	79

Bei Temperaturen von -10 bis $-30°$, wie sie in den Gefrierräumen der Kühlhäuser üblich sind, wird die psychrometrische Differenz sehr klein und daher die Messung der relativen Feuchtigkeit ungenau. Von H. GLASER und L. PRINS einerseits und von P. LAINÉ und A. GAC andererseits sind neuerdings Hygrometer entwickelt worden, die auch in Gefrierräumen eine genügend genaue Messung der relativen Feuchtigkeit auszuführen gestatten[5].

Bei geringeren Ansprüchen an die Genauigkeit benutzt man oberhalb und unterhalb $0°$ einfache Haarhygrometer, die jedoch von Zeit zu Zeit nachgeeicht werden müssen.

---

[1] Über die Theorie des Psychrometers vgl. z. B. J. H. ARNOLD: Physics Bd. 4 (1933) S. 255 u. 334.

[2] Hütte, Bd. I, 27. Aufl., S. 1083. 1948.

[3] LESLIE, J.: Nicholsons Journ. Bd. 3 (1810) S. 461.

[4] AUGUST: Pogg. Ann. Bd. 5 (1825) S. 69.

[5] Vgl. Ber. d. VIII. Intern. Kältekongr., S. 295 u. 293. London 1951.

Die spezifische Wärme feuchter Luft errechnet sich aus den betreffenden Werten der trockenen Luft c_{p_L} und des Wasserdampfs c_{p_w}. Im Temperaturbereich der Klimatechnik ist $c_{p_L} = 0{,}240$ und $c_{p_w} = 0{,}46$ kcal/kg° C. Für 1 m³ feuchter Luft ist daher mit Gl. (384) und (386):

$$C_p = c_{p_L}\,\gamma_L + c_{p_w}\,\gamma_w = 0{,}240 \cdot 0{,}465\,\frac{h - h_w}{T'} + 0{,}46 \cdot 0{,}289\,\frac{h_w}{T}\,.$$

$$= 0{,}111\,\frac{h}{T} + 0{,}022\,\frac{h_w}{T}\,. \tag{388}$$

Die spezifische Wärme ist also immer etwas größer als bei trockener Luft, doch ist der Unterschied meist zu vernachlässigen. Scheidet sich aber bei der Zustandsänderung (Abkühlung) ein Teil des Wassers in kondensierter Form aus, dann muß dessen spezifische Wärme mit berücksichtigt werden.

Bei der Abkühlung feuchter Luft von t_1 auf t_2 bei konstantem Druck ist die ausgeschiedene Kondensatmenge

$$W = \gamma_{w_1} - \gamma_{w_2} = 0{,}289 \left(\frac{h_{w_1}}{T_1} - \frac{h_{w_2}}{T_2} \right) [\text{kg/m}^3]\,. \tag{389}$$

Da Kondensation nur eintritt, wenn die Luft am Ende der Abkühlung gesättigt ist, so muß $\gamma_{w_2} = \gamma_{s_2}$ und $h_{w_2} = h_{s_2}$ werden. Die hierbei abzuführende Wärme ist $Q = W\,r$, wobei im Falle eines flüssigen Kondensats $r = 597$ kcal/kg und im Falle eines festen Kondensats $r = 677$ kcal/kg zu setzen ist.

Die Enthalpie von 1 m³ feuchter Luft ist

$$I = \gamma_L\,i_L + \gamma_w\,i_w + W\,t\ [\text{kcal/m}^3]\,, \tag{390}$$

wenn i_L bzw. i_w die Enthalpien von 1 kg trockener Luft bzw. Wasserdampf sind. Ist dabei W nicht gleich Null, dann muß die Luft gesättigt sein, und es ist $\gamma_w = \gamma_s$, also $\varphi = 1$. Die Enthalpie der trockenen Luft rechnet man von $0°$ ab, es ist also $i_L = c_{p_L} t = 0{,}240\,t$. Die Enthalpie des Wasserdampfs aber rechnet man von flüssigem Wasser von $0°$ ab, es ist also

$$i_w = c_{p_w} t + r_0 = 0{,}46\,t + 597\,.$$

Mit diesen Werten erhält man aus den Gl. (388) und (390) bei einem flüssigen Kondensat

$$I = c_{p_L}\,\gamma_L\,t + c_{p_w}\,\gamma_w\,t + 597\,\gamma_w + W\,t = C_p\,t + 597\,\gamma_w + W\,t\,. \tag{391}$$

Man kann nun leicht berechnen, welche Wärmemenge Q abgeführt werden muß, wenn man 1 m³ Luft von t_1 und γ_{w_1} mit $W = 0$ auf $t_2 < t_1$ und $\gamma_{w_2} = \gamma_{s_2}$ mit $W = \gamma_{w_1} - \gamma_{w_2}$ (in flüssiger Form) abkühlen will (Abkühlung mit Kondensatausscheidung).

Es wird nach Gl. (391)

$$Q = I_1 - I_2 = (C_{p_1} t_1 + 597\,\gamma_{w_1}) - (C_{p_2} t_2 + 597\,\gamma_{w_2} + W\,t_2)$$

oder bei Vernachlässigung des Unterschieds von C_{p_1} und C_{p_2}

$$Q = C_p\,(t_1 - t_2) + (597 - t_2)\,W\,. \tag{392}$$

Scheidet sich bei der Abkühlung das Kondensat in fester Form ab, dann muß man für I_2 an Stelle der Gl. (391) die Form

$$I_2 = C_p\,t_2 + 597\,\gamma_{w_2} + W\,0{,}5\,t_2 - W\,80$$

benutzen, wobei nun t_2 negativ wird; 0,5 ist die spezifische Wärme des Eises und 80 die Erstarrungswärme je kg. Dann wird an Stelle von Gl. (392)

$$Q = I_1 - I_2 = C_p\,(t_1 - t_2) + (677 - 0{,}5\,t_2)\,W\,. \tag{393}$$

In (392) und (393) entspricht das erste Glied der reinen Abkühlung und das zweite Glied der Trocknung.

2. Das i, x-Diagramm von Mollier.

Da sich bei den Zustandsänderungen der feuchten Luft die Menge des trockenen Luftanteils nicht ändert, während sich der Wasseranteil in der Luft infolge von Kondensationsvorgängen verändern kann, so empfiehlt es sich, die Wasserdampfmenge nicht auf das Gemisch, sondern auf die trockene Luft zu beziehen, was von Mollier[1] ausdrücklich vorgeschlagen wurde. Bezug nehmend auf die festgelegten Bezeichnungen (s. S. 266) verstehen wir also fortan unter dem Wassergehalt der Luft die Größe

$$x = \frac{G_w}{G_L}\,[\mathrm{kg/kg}],$$

wobei auf G_L kg trockener Luft G_w kg Wasser bzw. Wasserdampf entfallen. Die Größe x stellt also die Wassermenge in $(1 + x)$ kg feuchter Luft dar. In ganz trockener Luft ist $x = 0$, während für reines Wasser $x = \infty$ wird.

Da die trockene Luft und der Wasserdampf das gleiche Volum einnehmen und die gleiche Temperatur haben, so folgt aus der Zustandsgleichung idealer Gase

$$x = \frac{R_L}{R_w}\,\frac{p_w}{p - p_w} = 0{,}622\,\frac{p_w}{p - p_w}, \qquad (394)$$

wenn $R_L = 29{,}27$ die Gaskonstante der Luft und $R_w = 47{,}06$ die Gaskonstante des Wasserdampfs in mkg/kg° C bedeuten.

Für gesättigte Luft beim Wasserdampfteildruck p_s bezeichnet man den Wassergehalt mit

$$x_s = 0{,}622\,\frac{p_s}{p - p_s}. \qquad (394\,\mathrm{a})$$

An Stelle der relativen Feuchtigkeit $\varphi = p_w/p_s$ nach Gl. (385) rechnen wir jetzt mit dem *Sättigungsgrad*

$$\psi = \frac{x}{x_s} = \varphi\,\frac{p - p_s}{p - p_w}.$$

Solange p_s gegen p klein ist, was z. B. bei Zimmertemperatur der Fall ist, besteht zwischen ψ und φ kein nennenswerter Unterschied.

Die Enthalpie von $(1 + x)$ kg feuchter Luft ist, wenn das Wasser nur in Dampfform vorhanden ist,

$$i_{1+x} = c_{p_L} t + x(c_{p_w} t + r_0) = 0{,}24\,t + x(0{,}46\,t + 597). \qquad (395)$$

Bei Erreichung des Sättigungszustandes ist für x der Wert x_s zu setzen. Scheidet sich bei Erreichung von x_s ein Teil x_{fl} in Form von Tröpfchen aus, dann ist die Enthalpie des Gemisches

$$i_{1+x_s+x_{\mathrm{fl}}} = 0{,}24\,t + x_s(0{,}46\,t + 597) + x_{\mathrm{fl}}\,t. \qquad (396)$$

Scheidet sich dagegen ein Teil x_{Eis} in fester Form aus, dann ist

$$i_{1+x_s+x_{\mathrm{Eis}}} = 0{,}24\,t + x_s(0{,}46\,t + 597) - x_{\mathrm{Eis}}(80 - 0{,}5\,t). \qquad (396\,\mathrm{a})$$

Mollier hat vorgeschlagen, die Zustandsänderungen von feuchter Luft (und auch von sonstigen Dampf-Luft-Gemischen) in einem Diagramm zu verfolgen, bei dem die Enthalpie von $(1 + x)$ kg feuchter Luft über dem Wassergehalt x aufgetragen wird. Aus Gl. (395) erkennt man, daß in einem solchen

---

[1] Mollier, R.: Ein neues Diagramm für Dampf-Luft-Gemische. Z. VDI Bd. 67 (1923) S. 869; Bd. 73 (1929) S. 1009.

Diagramm die Isothermen geradlinig verlaufen müssen, und zwar um so steiler, je höher die Temperatur ist; denn aus Gl. (395) erhält man für die Neigung der Isothermen

$$\frac{d\,i_{1+x}}{d\,x} = 0{,}46\,t + 597\,. \tag{397}$$

Auf jeder Isotherme kann zu dem Wert x_s nach Gl. (394a) der zugehörige Wert von i_{1+x_s} nach Gl. (395) gefunden und im Diagramm eingetragen werden (Taupunkt). Der so gebildete geometrische Ort aller Taupunkte stellt die Sättigungslinie im i,x-Diagramm für einen bestimmten Gesamtdruck p (z. B. für 1 ata) dar.

In rechtwinkligen Koordinaten schrumpft dabei das ungesättigte Gebiet zu einem schmalen Streifen zusammen, in welchem die Isothermen steil ansteigen. Die Isotherme $t = 0^\circ\,\mathrm{C}$ erhält dabei nach Gl. (396) die Neigung $d i_{1+x}/dx = 597$. MOLLIER hat daher vorgeschlagen, ein schiefwinkliges Koordinatensystem zu wählen, bei dem die Neigung der Abszissenachse den Wert -597 erhält, wobei dann die Isotherme $t = 0$ horizontal verläuft. Den Aufbau eines solchen Diagramms an Hand der Gl. (395) erläutert Abb. 105. Für einen bestimmten Wert von x, den man auf der horizontalen Achse durch den Koordinatenanfangspunkt 0 abgreift (Punkt A), wird senkrecht nach unten der Wert $597\,x$ aufgetragen und der so gewonnene Endpunkt B mit dem Punkt O verbunden. Man erhält damit die Neigung der Abszissenachse. Vom Punkt A nach oben wird zunächst der Wert $0{,}24\,t$ für die gesuchte Isotherme $t = $ const (Punkt C) und anschließend der Wert $0{,}46\,tx$ aufgetragen (Punkt D). So findet man die schwach ansteigenden Isothermen für $t > 0^\circ$, während die Isothermen für $t < 0^\circ$ schwach nach unten geneigt sind.

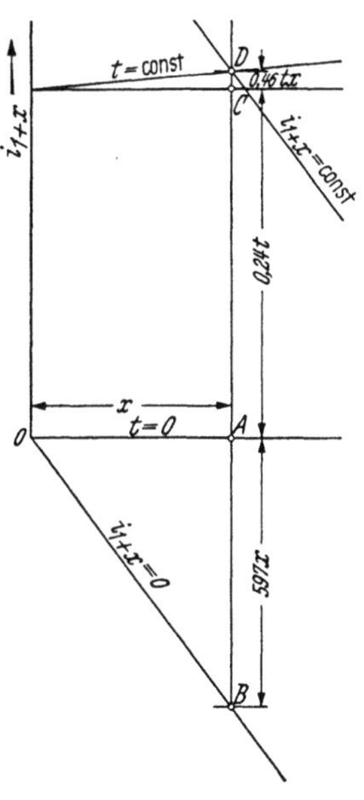

Abb. 105.
Aufbau des i, x-Diagramms für feuchte Luft nach MOLLIER.

Abb. 106 stellt ein solches schiefwinkliges i,x-Diagramm dar[1], in dem die Linien konstanten Wassergehaltes x senkrecht verlaufen und die Linien konstanter Enthalpie zu der schräg nach unten geneigten Achse parallel sind. Durch den Koordinatenanfangspunkt ($x = 0$) verläuft die Linie $t = 0$ horizontal und die Linie $i = 0$ schräg nach unten. Entsprechend den Bedürfnissen der Kältetechnik ist das Diagramm von $t = -30^\circ$ bis $t = +40^\circ$ ausgedehnt. In das Diagramm, das für einen Gesamtdruck von $p = 1$ ata ($h = 735{,}5$ Torr) gezeichnet ist, sind die Sättigungslinie ($\varphi = 1$ oder $\psi = 1$) und eine Schar von Linien konstanter relativer Feuchtigkeit φ eingetragen. Die Sättigungslinie hat bei $t = 0^\circ$ einen schwach erkennbaren Knick, weil für $t < 0^\circ$ die Dampfdrücke über Eis gelten.

In Abb. 106 sind im unteren Teil über den x-Werten noch die Dampfdruckwerte von Wasser in Torr aufgetragen. Die fast geradlinig verlaufende Kurve gibt zugehörige Wertepaare von x und h_w; handelt es sich um einen Sättigungswert x_s, dann ist der zugehörige Dampfdruck h_s (vgl. Tab. 32). Die relative Feuchtigkeit φ für irgendeinen Zustandspunkt (t, x) im ungesättigten Gebiet kann dann sehr einfach dadurch ermittelt werden, daß man aus dem unteren Teil des Diagramms den zu x gehörigen Wert h_w abgreift und mit dem zu t ge-

---

[1] Aus W. TAMM: Grundlagen der Raumkühlung. Berlin: Springer 1938.

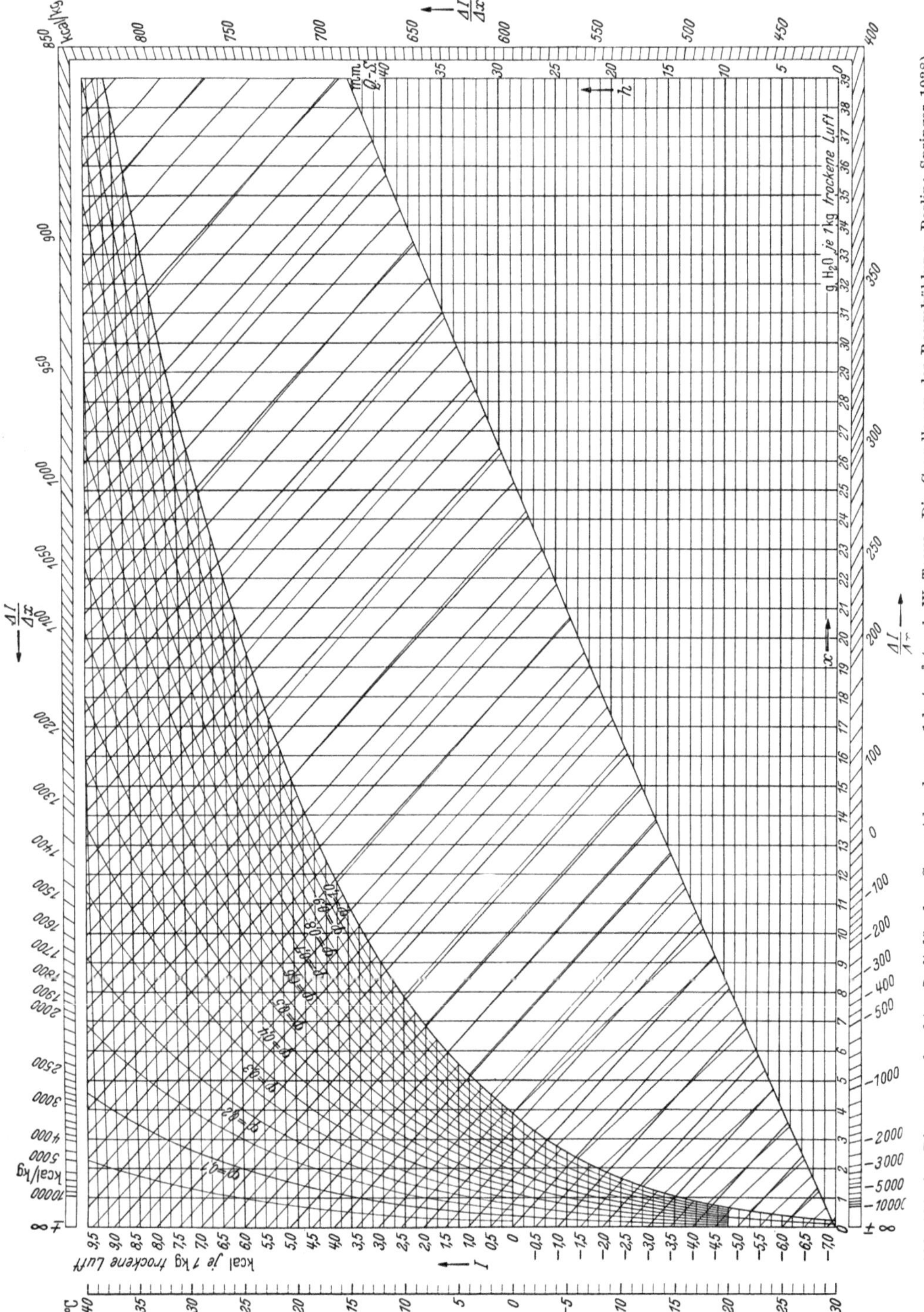

Abb. 106. i, x-Diagramm feuchter Luft für den Gesamtdruck von 1 kg/cm² (nach W. Tamm: Die Grundlagen der Raumkühlung. Berlin: Springer 1938).

hörigen Wert x_s (bei $\varphi = 1$) auch noch den Wert h_s abgreift. Es ist dann nach Gl. (385) $\varphi = h_w/h_s$.

Rechts von der Sättigungslinie in Abb. 106 liegt das Gebiet der Übersättigung oder das Nebelgebiet. Für die Enthalpie der Dampf-Luft-Gemische gelten in diesem Gebiet die Gl. (396) bzw. (396a), je nachdem, ob sich die Feuchtigkeit in Form von Tropfen oder von Eisnadeln (Reif) ausscheidet. Die Neigung der Isothermen für $t > 0°$ berechnet sich in diesem Gebiet nach Gl. (396), wobei zu beachten ist, daß für $t = $ const auch x_s konstant wird. Daher ist

$$\left(\frac{\partial i}{\partial x}\right)_t = t \, .$$

Die Nebelisotherme $t = 0$ verläuft also bei Tropfenausscheidung parallel zu den Linien $i = $ const; aber auch für höhere Temperaturen verlaufen die Nebelisothermen nur wenig flacher. Die Eisnebelisotherme bei $t = 0°$ verläuft nach Gl. (396a) steiler als die Isenthalpen, und für $t < 0°$ verlaufen diese Isothermen noch steiler.

Will man das Diagramm für einen anderen Gesamtdruck als $p = 1$ ata zeichnen, so bleiben die Isothermen im ungesättigten Gebiet unverändert, da die Enthalpie der feuchten Luft vom Druck unabhängig ist. Dagegen nehmen nach Gl. (394a) die Sättigungswerte x_s mit wachsendem Druck p ab, die Sättigungskurve und alle Kurven $\varphi = $ const verschieben sich also nach links. B. KOCH hat verschiedene Diagrammformen angegeben, die Ablesungen für verschiedene Gesamtdrucke gestatten[1].

Wir wollen nun im i, x-Diagramm einige Vorgänge in Dampf-Luft-Gemischen betrachten:

α) Verfolgt man in Abb. 107 die *Abkühlung von* $(1 + x)$ *kg feuchter Luft* von $20°$ C und $\varphi = 0{,}6$ (Punkt A), dann ändert sich der Zustand bei konstantem $x = 0{,}0090$ kg/kg, bis im Punkt B bei $t = 12°$ die Sättigungslinie und damit der Taupunkt erreicht ist. Bei weiterer Abkühlung beginnt Wasser sich in flüssiger Form auszuscheiden, und es tritt im allgemeinen eine Trennung der beiden Phasen ein. Der gasförmige Teil des Gemisches ändert dann seinen Zustand längs der Sättigungslinie $\varphi = 1$, wobei immer mehr flüssiges Wasser ausgeschieden wird. Die Abkühlung möge im Punkt C bei $t = 4°$ beendet sein; dann sind in der gesättigten Luft noch $x = 0{,}0052$ kg Wasserdampf je kg trockene Luft enthalten. Es haben sich also $\varDelta x = 0{,}0090 - 0{,}0052 = 0{,}0038$ kg Wasser ausgeschieden. Erwärmt man die auf diese Weise getrocknete Luft bei konstantem x wieder auf die Anfangstemperatur von $20°$ (Punkt D), dann hat sie

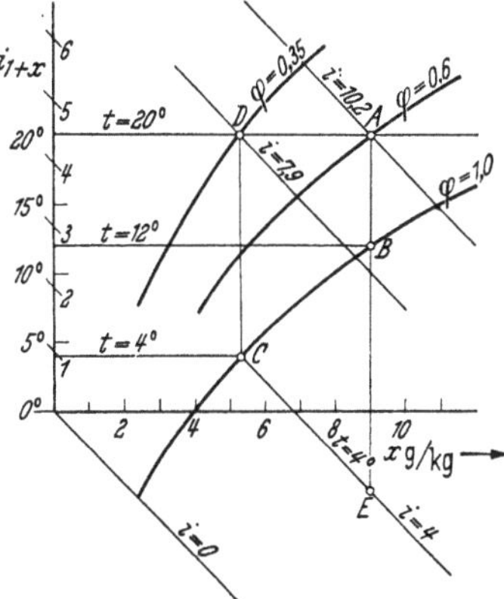

Abb. 107. Abkühlung von feuchter Luft, dargestellt im i, x-Diagramm.

nur noch eine relative Feuchtigkeit von $\varphi = 0{,}35$. Die mit den Zustandsänderungen verbundenen Wärmemengen können als Enthalpiedifferenzen zwischen den einzelnen Punkten abgegriffen werden. Das Gemisch von feuchter Luft und ausgeschiedenem Wasser am Ende der Abkühlung wird im Nebelgebiet durch den Punkt E auf der Nebelisotherme $t = 4°$ dargestellt. Dieses Gemisch von zusammen $1{,}0090$ kg besteht aus $1{,}0052$ kg feuchter Luft vom

---

[1] KOCH, B.: Wärme- und Kältetechn. Bd. 41 (1939) S. 52.

Zustand C und aus 0,0038 kg reinem flüssigem Wasser, dessen Zustandspunkt auf der Linie $t = 4°$ im Unendlichen liegt ($x = \infty$).

β) Beim *Mischen von zwei Luftströmen* mit den Trockenluftmengen L_1 bzw. L_2 kg/h, deren Zustände durch (t_1, x_1, i_{1+x_1}) (Punkt *1*) bzw. (t_2, x_2, i_{1+x_2}) (Punkt *2*) gegeben sind, kann der Mischzustand (t_m, x_m, i_{1+x_m}) (Punkt M) im i, x-Diagramm leicht ermittelt werden (Abb. 108). Die Menge der Mischluft ist $L_m = L_1 + L_2$. Die Wasserbilanz lautet

$$L_1 x_1 + L_2 x_2 = (L_1 + L_2)\, x_m$$

oder

$$L_1 (x_1 - x_m) = L_2 (x_m - x_2). \tag{398}$$

Die Wärmebilanz lautet (wenn keine Wärme zu- oder abgeführt wird):

$$L_1 i_{1+x_1} + L_2 i_{1+x_2} = (L_1 + L_2)\, i_{1+x_m}$$

oder

$$L_1 (i_{1+x_1} - i_{1+x_m}) = L_2 (i_{1+x_m} - i_{1+x_2}). \tag{399}$$

Aus den Gl. (398) und (399) folgt

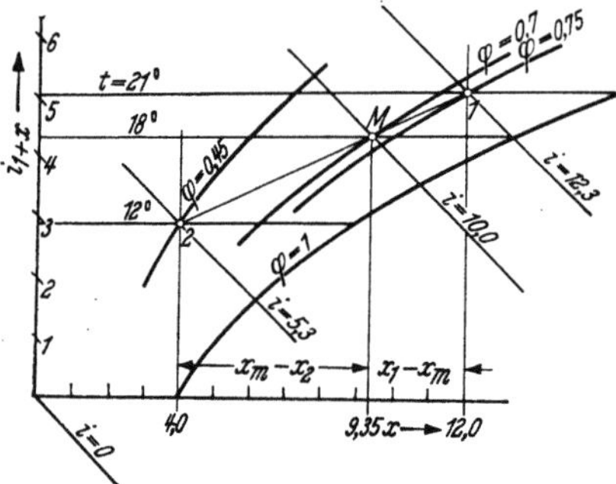

Abb. 108. Mischen von 2 Strömen feuchter Luft, dargestellt im i, x-Diagramm.

$$\frac{i_{1+x_1} - i_{1+x_m}}{x_1 - x_m} = \frac{i_{1+x_m} - i_{1+x_2}}{x_m - x_2}. \tag{400}$$

Das ist aber die Gleichung einer geraden Linie durch die Punkte 1 (i_{1+x_1}, x_1) und 2 (i_{1+x_2}, x_2) im i, x-Diagramm. Jeder Mischpunkt $M (i_{1+x_m}, x_m)$ liegt auf dieser Verbindungsgeraden. Aus Abb. 108 folgt ferner mit Gl. (398)

$$\frac{x_m - x_2}{x_1 - x_m} = \frac{L_1}{L_2} = \frac{\overline{M\,2}}{\overline{M\,1}}. \tag{400a}$$

Danach kann der Punkt M nach dem Hebelgesetz bestimmt werden. Mischt man z. B. eine Luftmenge vom Zustand $t_1 = 21°$ und $\varphi_1 = 0,75$, entsprechend $x_1 = 12$ g/kg und $i_{1+x_1} = 12,3$ kcal/kg Trockenluft, wobei die Trockenluftmenge $L_1 = 6,7$ kg betragen möge, mit einer zweiten Luftmenge von $t_2 = 12°$, $\varphi_2 = 0,45$, $x_2 = 4$ g/kg, $i_{1+x_2} = 5,3$ und $L_2 = 3,3$ kg, dann erhält man $L_m = 10$ kg Mischluft von $t_m = 18°$, $\varphi_m = 0,70$, $x_m = 0,35$ g/kg und $i_{1+x_m} = 10$ kcal/kg trockene luft (Abb. 108).

Die vorstehenden Überlegungen gelten auch dann, wenn die Mischungsgerade die Sättigungskurve $\varphi = 1$ schneidet und der Mischpunkt in das Nebelgebiet fällt. Bei der Mischung gesättigter Luftmengen von verschiedener Temperatur entsteht immer Nebel.

γ) Ein Sonderfall der Mischung liegt dann vor, wenn *einer Menge feuchter Luft $L(1 + x_1)$ eine Menge Wasser oder Wasserdampf W* mit der Enthalpie i_w zugesetzt wird. Der Mischzustand (i_{1+x_m}, x_m) ergibt sich dann aus den Bilanzgleichungen

$$L x_m = L x_1 + W$$

und

$$L i_{1+x_m} = L i_{1+x_1} + W i_w.$$

Aus diesen beiden Gleichungen folgt

$$\frac{i_{1+x_m} - i_{1+x_1}}{x_m - x_1} = \frac{\Delta i_{1+x}}{\Delta x} = i_w. \tag{401}$$

Die Mischgerade durch einen Punkt *1* (z. B. $t = 10°$, $\varphi = 0,6$) in Abb. 109 ist also so zu ziehen, daß ihr Neigungskoeffizient der Enthalpie des beigemischten Wassers (oder Wasserdampfs) entspricht. Um das zu erleichtern, hat MOLLIER in sein Diagramm den Randmaßstab eingeführt, der auch in Abb. 109 angedeutet ist. Vom Koordinatenanfangspunkt O werden Strahlen unter verschiedenen Neigungswinkeln gezogen, und die Neigung wird jeweils am Randmaßstab vermerkt. Da die Achse $i = 0$ die Neigung -597 hatte, so ist es klar, daß der Horizontalen die Neigung 597 zukommt. Sie entspricht der Richtung der Zustandsänderung, wenn feuchter Luft Dampf von $0°$ zugesetzt wird. Durch

den Ausgangspunkt 1 muß stets eine Parallele zu derjenigen Geraden durch den Koordinatenanfangspunkt O gezogen werden, die dem jeweiligen Neigungskoeffizienten i_w entspricht. Wird z. B. in die Luft fein zerstäubtes Wasser von $20°$ gespritzt, dann verläuft die Mischgerade in Abb. 109 in Richtung $1 - 1'$ fast parallel zu den Linien $i = $ const. Man erkennt, daß die Luft sich dabei abkühlt, selbst dann, wenn das eingespritzte Wasser wärmer ist als die Luft, weil die Verdunstungswärme der Luft entzogen werden muß. Das dauert so lange, bis die Luft mit Wasserdampf gesättigt ist; darüber hinaus bleibt die Temperatur praktisch konstant. Wird dagegen der feuchten Luft Wasserdampf, z. B. mit der Enthalpie von 700 kcal/kg, zugesetzt, so ändert

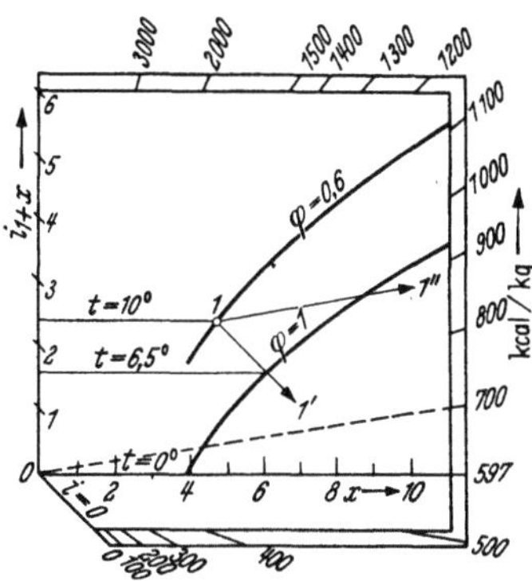

Abb. 109. Zusatz von Wasser oder Wasserdampf zu feuchter Luft dargestellt im i, x-Diagramm.

sich der Zustand in Richtung $1 - 1''$, parallel zu der gestrichelten Linie vom Punkt O nach 700 an der Randskala. Dabei tritt bei genügendem Dampfzusatz nach Überschneidung der Sättigungslinie Nebelbildung ein.

Das vollständige i, x-Diagramm (Abb. 106) enthält ebenfalls den Randmaßstab.

δ) *Läßt man feuchte Luft über eine Wasseroberfläche oder eine Eisoberfläche streichen*, so läßt sich die Temperatur, der die Wasseroberfläche zustrebt, aus dem i, x-Diagramm ermitteln. Man bezeichnet diese Temperaturen als *Kühlgrenze*:

Ein übersättigtes Gemisch von feuchter Luft und flüssigem Wasser im Zustand 1 (Abb. 110) kann sich in Berührung mit ungesättigter Luft sowohl abkühlen als auch erwärmen. Das hängt nur davon ab, ob der Zustand der ungesättigten Luft links (bei $2'$) oder rechts (bei $2''$) von der verlängerten Nebelisotherme durch den Zustandspunkt 1 liegt. Denn der Zustand 1 verändert sich stets in Richtung der Verbindungsgeraden von 1 nach 2. Die Temperatur des Wassers im Gemisch 1 bleibt nur dann unverändert, wenn der Zustand der mit ihr in Berührung gebrachten Luft auf der nach oben verlängerten Nebelisotherme liegt.

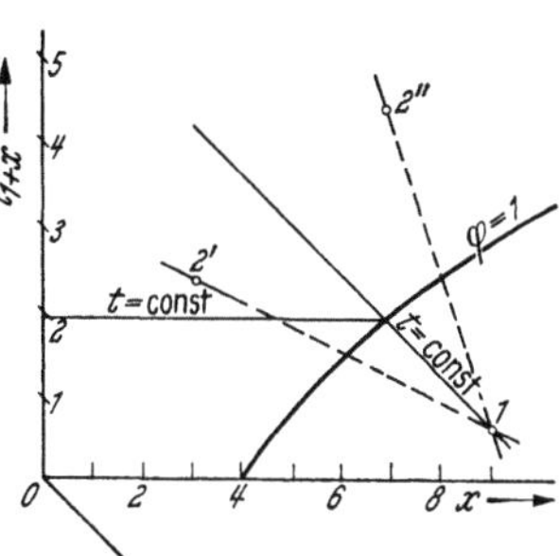

Abb. 110. Zustandsänderung von feuchter Luft beim Streichen über eine Wasser- oder Eisoberfläche.

Läßt man daher Luft über eine Wasseroberfläche streichen, so wird sich die Wassertemperatur so lange ändern, bis sie auf derjenigen Nebelisotherme liegt, die in ihrer Verlängerung den Zustandspunkt der Luft trifft. Dann ist die Kühlgrenze erreicht.

Auf Grund dieser Überlegung kann man aus der Ablesung t' am feuchten Thermometer und t am trockenen Thermometer eines *Psychrometers* (s. S. 276) die relative Feuchtigkeit aus dem i, x-Diagramm entnehmen (Abb. 111). Mißt man z. B. $t = 7°$ und $t' = 4°$, dann sucht man zuerst den Schnittpunkt B der Isotherme von $4°$ mit der Sättigungskurve $\varphi = 1$. An dieser Stelle hat die

Isotherme einen Knick und verläuft von da schräg nach unten rechts in das Nebelgebiet. Verlängert man diese Nebelisotherme nach oben, dann schneidet sie im Punkt A die Isotherme von 7° (trockenes Thermometer). Dem Punkt A entspricht dann die gesuchte relative Feuchtigkeit, hier $\varphi = 0,62$[1].

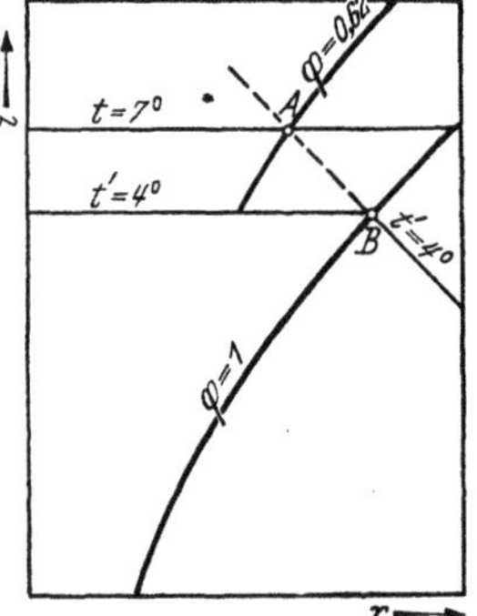

Abb. 111. Ermittlung der relativen Feuchtigkeit im i, x-Diagramm aus den Temperaturen am trockenen und feuchten Thermometer.

Bevor wir unsere Betrachtungen über das i, x-Diagramm abschließen, seien noch einige kurze Hinweise gegeben:

In der Kältetechnik haben wir es häufig nicht mit Wasser, sondern mit Salzlösungen zu tun, so z. B. in Naßluftkühlern. Der Dampfdruck über Salzlösungen ist aber bei derselben Temperatur kleiner als über Wasser (s. S. 295), und zwar um so kleiner, je höher die Konzentration oder je tiefer der Gefrierpunkt der Lösung ist. Lösungen von gleichem Gefrierpunkt haben aber, unabhängig von der Natur des gelösten Salzes, nahezu die gleiche Dampfdruckerniedrigung gegenüber Wasser. Dem niedrigeren Dampfdruck entspricht natürlich auch ein geringerer Wasserdampfgehalt der Luft bei der Sättigung. Luft, die über einer Salzlösung gesättigt ist, besitzt also, bezogen auf reines Wasser, eine relative Feuchtigkeit $\varphi < 1,0$. Diese Höchstwerte von φ, die sich bei verschiedenen Temperaturen t unterhalb 0° C über Salzlösungen von verschiedenen Gefrierpunkten t_g einstellen, sind in Abb. 112 dargestellt[2]. K. LINGE hat ein i, x-Diagramm für den kältetechnisch wichtigen Temperaturbereich entworfen, in dem die Sättigungskurven

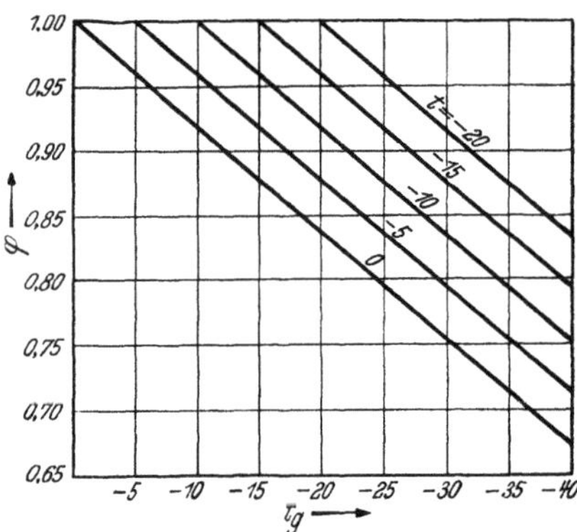

Abb. 112. Höchstwerte der relativen Feuchtigkeit über wäßrigen Salzlösungen mit verschiedenen Gefrierpunkten für Temperaturen von 0 bis −20°.

für Luft über Salzlösungen mit Gefrierpunkten von −5 bis −40° C eingetragen sind[2].

Während sich das i, x-Diagramm in der Darstellung von MOLLIER in der Klimatechnik in Deutschland durchaus eingebürgert hat, fand es in der Trockentechnik nicht die ihm gebührende Anerkennung. E. KIRSCHBAUM sieht die Ursache für diese Zurückhaltung in der Anwendung schiefwinkliger Koordinaten, die den Praktikern nicht geläufig sind. Er hat daher ein neues i, x-Diagramm in rechtwinkligen Koordinaten entworfen[3], wobei ihm eine gute Ausnutzung des Diagrammfeldes dadurch gelang, daß er die Enthalpie des Wassers nicht auf flüssiges Wasser von 0°, sondern auf Dampf von 0° bezogen hat. Über Einzelheiten sei auf die Originalarbeit verwiesen.

In Amerika wird an Stelle des i, x-Diagramms vorzugsweise ein t, x-Diagramm benutzt, von dem es mehrere Ausführungen gibt, die sich nur in Einzelheiten unterscheiden. Erwähnt seien insbesondere die Diagramme der *Carrier*

[1] Vgl. Kältemaschinen-Regeln, 4. Aufl., S. 21. Karlsruhe: C. F. Müller 1950.

[2] LINGE, K.: Die Beherrschung des Luftzustandes in gekühlten Räumen. Beihefte zur Z. ges. Kälteind. Reihe 2, Heft 7. Berlin: Ges. f. Kältewesen 1933.

[3] KIRSCHBAUM, E.: Chemie-Ing.-Techn. Bd. 23 (1951) S. 129. — M. GRUBENMANN: I, x-Diagramm feuchter Luft, 3. Aufl. Berlin/Göttingen/Heidelberg: J. Springer 1952.

Corporation und der *General Electric Company.* Diese Diagramme werden als „Psychrometric Chart" bezeichnet; sie sind den meisten Werken über Klimaanlagen („Air Conditioning") beigefügt[1]. Auch in diesen Diagrammen sind der Wasserdampfgehalt x und die Enthalpie i_{1+x} auf die Gewichtseinheit trockener Luft bezogen. Die Temperaturen des trockenen Thermometers sind als Abszissen, die x-Werte als Ordinaten aufgetragen (Abb. 113). Die Linien konstanter

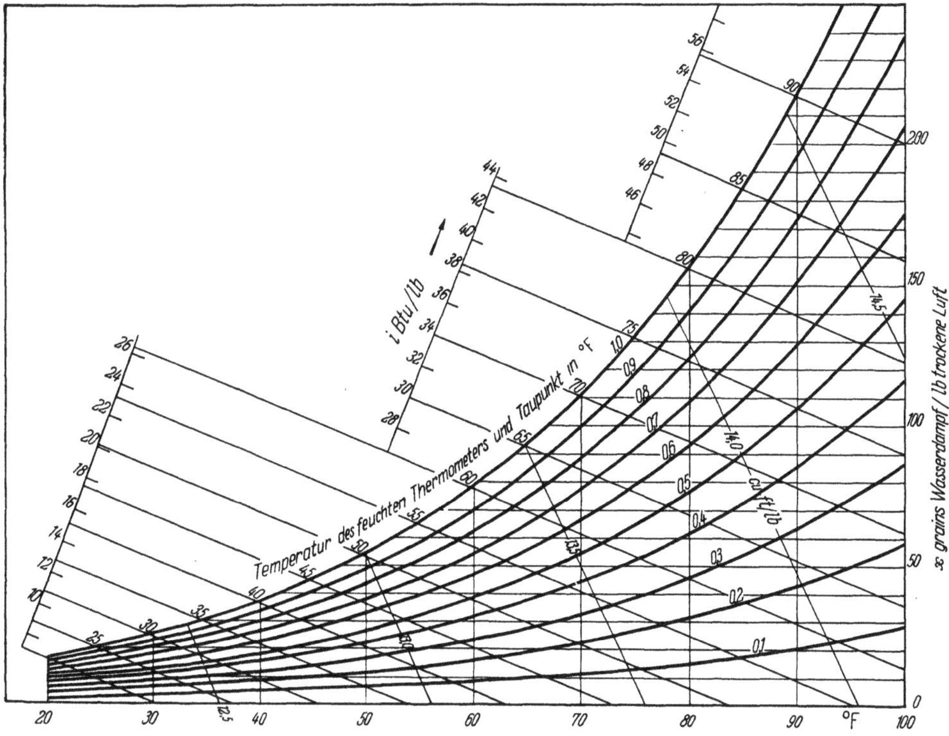

Abb. 113. t, x-Diagramm für feuchte Luft in englischen Einheiten.

Enthalpie verlaufen geradlinig und durchkreuzen das Diagramm von links oben nach rechts unten. Es wird angenommen, daß diese Linien mit den Linien konstanter Temperatur am feuchten Thermometer (also mit Linien konstanter Kühlgrenze bzw. verlängerten Nebelisothermen) zusammenfallen, was bekanntlich nicht ganz genau zutrifft (vgl. Abb. 106). In das Diagramm sind ferner die Sättigungslinie $\varphi = 1$ und Linien $\varphi = $ const eingezeichnet, die gekrümmt verlaufen. Häufig findet man auch noch Linien für konstantes spezifisches Volum v_{1+x}. Die Zahlenwerte in Abb. 113 sind in englischen Einheiten angegeben. Auch in einem solchen Diagramm können Zustandsänderungen feuchter Luft bequem verfolgt werden.

IV. Die Lösungswärmen und das i, ξ-Diagramm.

1. Die Lösungswärmen.

Wir wollen uns auch in diesem Abschnitt auf Zweistoffsysteme beschränken, bestehend aus G_1 kg des Lösungsmittels und G_2 kg des gelösten Stoffes. Dann

---

[1] Jennings, B. H., u. S. R. Lewis: Air Conditioning and Refrigeration. International Textbook Comp. Scranton, Penn., 1947. — Ch. A. Fuller: Air Conditioning. New York: The Norman W. Henley Publishing Comp. 1938.

ist nach Gl. (367) und (367a) $\xi = G_2/(G_1 + G_2)$ der Gewichtsanteil des gelösten Stoffes und $1 - \xi = G_1/(G_1 + G_2)$ der Gewichtsanteil des Lösungsmittels (siehe S. 266). Waren die beiden Stoffe ursprünglich getrennt und besaßen sie die gleiche Temperatur, so beobachtet man beim Vermischen im allgemeinen eine Temperaturänderung, wobei sowohl ein Anstieg wie auch ein Abfall der Temperatur eintreten kann. Nur in Sonderfällen — bei idealen Gasen und bei sog. idealen Mischungen — tritt keine Temperaturänderung auf. Will man die Temperatur nach der Mischung wieder auf den Anfangswert der beiden Bestandteile bringen, dann muß man für jedes Kilogramm des erzeugten Gemisches eine bestimmte Wärmemenge abführen oder zuführen, die von der Zusammensetzung und auch von der Temperatur t abhängt. Man nennt diese Wärmemenge die *integrale* oder *totale Lösungswärme*. Wir wollen sie mit $^i\!\Lambda$ bezeichnen. Wenn beim Vermischen die Temperatur steigt, so daß zur Konstanthaltung der Temperatur Wärme abzuführen ist, dann sei $^i\!\Lambda$ negativ, im anderen Fall sei es positiv[1]. $^i\!\Lambda$ kann mit Änderung der Temperatur sein Vorzeichen wechseln; es kann auch für ein und dieselbe Temperatur bei verschiedenen Zusammensetzungen verschiedene Vorzeichen haben (z. B. bei Gemischen von Wasser und Äthylalkohol).

Während sich die integrale Lösungswärme $^i\!\Lambda$ auf 1 kg *des Gemisches* bezieht, findet man im Schrifttum oft Werte, die sich auf 1 kg des gelösten Stoffes beziehen und die wir mit $^i\!\Lambda_2$ bezeichnen wollen, oder solche, die sich auf 1 kg des Lösungsmittels beziehen und die mit $^i\!\Lambda_1$ bezeichnet werden sollen. Es gelten offenbar die Beziehungen

$$^i\!\Lambda_2 = \frac{1}{\xi}\,^i\!\Lambda \tag{402}$$

und

$$^i\!\Lambda_1 = \frac{1}{1 - \xi}\,^i\!\Lambda. \tag{402a}$$

Da der Lösungsvorgang in der Technik fast stets bei konstantem Druck vor sich geht, läßt sich die Lösungswärme als Enthalpiedifferenz für die Zustände vor und nach der Lösung darstellen. Haben wir G_1 kg Lösungsmittel mit der Enthalpie i_1 [kcal/kg] und G_2 kg des zu lösenden Stoffes mit der Enthalpie i_2 [kcal/kg], dann ist die Enthalpie für die Summe der reinen Stoffe *vor* der Vermischung

$$I_v = G_1\,i_1 + G_2\,i_2. \tag{403}$$

Nach der Vermischung setzt sie sich aber nicht mehr additiv zusammen; sie besitzt vielmehr einen Wert I, der sich von I_v um den Betrag der integralen Lösungswärme von $(G_1 + G_2)$ kg Lösung unterscheidet. Es ist also

$$\Delta I = I - I_v = (G_1 + G_2)\,^i\!\Lambda. \tag{403a}$$

Die bei der Vermischung entstehende Lösung hat die Zusammensetzung $\xi = \dfrac{G_2}{G_1 + G_2}$. Es ist klar, daß für $\xi = 0$ und für $\xi = 1$ die Lösungswärme $^i\!\Lambda = 0$ sein muß. Da sie aber für $0 < \xi < 1$ endliche Werte annimmt, so muß sie in diesem Bereich bei konstanter Temperatur mindestens *einen* Extremwert besitzen, bei dem dann $\left(\dfrac{\partial\,^i\!\Lambda}{\partial\,\xi}\right)_T = 0$ sein muß. Wird $^i\!\Lambda$ auch noch für einen anderen Wert von ξ zwischen 0 und 1 gleich Null (was z. B. bei Äthylalkohol-Wasser-Gemischen von 50° C bei $\xi = 0{,}7$ und bei Gemischen von 80° C bei $\xi = 0{,}35$ der Fall ist), dann erhält man bei konstanter Temperatur sowohl ein

---

[1] Diese Festsetzung ist willkürlich und im Schrifttum keinesfalls einheitlich; sie muß nur konsequent durchgeführt werden.

Maximum als auch ein Minimum von $^i\Lambda$ als Funktion von ξ. Zwischen diesen beiden Extremwerten hat die Kurve einen Wendepunkt.

Die integrale Lösungswärme $^i\Lambda$ erhält man bei der Vermischung der reinen Bestandteile 1 und 2. Setzt man dagegen einer großen Menge Lösung von der Zusammensetzung ξ eine kleine Menge dG_2 des gelösten Stoffes zu, wobei also die Menge des Lösungsmittels G_1 unverändert bleibt, dann ändert sich die Konzentration kaum merklich. Die dabei auftretende Wärmemenge bezeichnet man als *differentielle Lösungswärme*. Sie ergibt sich offenbar aus der partiellen Ableitung der Enthalpiedifferenz ΔI in Gl. (403a) nach G_2 bei konstantem G_1 und soll mit $^d\Lambda_2$ bezeichnet werden.

Aus Gl. (403a) folgt:

$$^d\Lambda_2 = \left(\frac{\partial \Delta I}{\partial G_2}\right)_{G_1} = {}^i\Lambda + (G_1 + G_2)\left(\frac{\partial \, ^i\Lambda}{\partial G_2}\right)_{G_1}$$

oder

$$^d\Lambda_2 = {}^i\Lambda + (G_1 + G_2)\frac{d \, ^i\Lambda}{d\xi}\left(\frac{\partial \xi}{\partial G_2}\right)_{G_1}.$$

Mit

$$\xi = \frac{G_2}{G_1 + G_2} \quad \text{folgt aber} \quad \left(\frac{\partial \xi}{\partial G_2}\right)_{G_1} = \frac{G_1}{(G_1 + G_2)^2},$$

und daher wird

$$^d\Lambda_2 = {}^i\Lambda + \frac{G_1}{G_1 + G_2}\frac{d \, ^i\Lambda}{d\xi} = {}^i\Lambda + (1 - \xi)\frac{d \, ^i\Lambda}{d\xi}. \tag{404}$$

Diese differentielle Lösungswärme bezieht sich auf 1 kg des gelösten Stoffes.

Die gleiche Überlegung läßt sich auch auf den Fall anwenden, daß einer großen Menge Lösung von der Zusammensetzung ξ eine kleine Menge dG_1 des Lösungsmittels zugesetzt wird, wobei G_2 konstant bleibt. Die dabei entwickelte Wärmemenge bezeichnet man als *differentielle Verdünnungswärme* $^d\Lambda_1$. Man findet dafür aus Gl. (403a) und mit $\left(\frac{\partial \xi}{\partial G_1}\right)_{G_2} = -\frac{G_2}{(G_1 + G_2)^2}$

$$^d\Lambda_1 = \left(\frac{\partial \Delta I}{\partial G_1}\right)_{G_2} = {}^i\Lambda - \xi\frac{d \, ^i\Lambda}{d\xi} \tag{404a}$$

$^d\Lambda_1$ bezieht sich auf 1 kg des Lösungsmittels.

Die Gl. (404) und (404a) erfüllen die selbstverständlichen Forderungen, daß für $\xi = 0$ $^d\Lambda_1 = 0$ wird und für $\xi = 1$ $^d\Lambda_2 = 0$ wird. Durch Differentiation dieser beiden Gleichungen und unter Berücksichtigung des Umstandes, daß $d^2 \, ^i\Lambda/d\xi^2$ im allgemeinen nicht unendlich groß wird, findet man ferner, daß für $\xi = 0$ auch $d \, ^d\Lambda_1/d\xi = 0$ wird und für $\xi = 1$ auch $d \, ^d\Lambda_2/d\xi = 0$ wird. Alle diese Gesetzmäßigkeiten sind z. B. aus Abb. 115 zu erkennen.

Eliminiert man die Ableitung $d \, ^i\Lambda/d\xi$ aus den Gl. (404) und (404a), so erhält man eine sehr einfache Beziehung für den Zusammenhang zwischen den verschiedenen bei Lösungsvorgängen auftretenden Wärmemengen. Es wird

$$^i\Lambda = (1 - \xi)\, ^d\Lambda_1 + \xi \, ^d\Lambda_2. \tag{405}$$

Ist $^i\Lambda$ als Funktion von ξ bekannt, so kann man aus den Gl. (404) und (404a) $^d\Lambda_1$ und $^d\Lambda_2$ für jeden Wert von ξ berechnen. Liegt der Zusammenhang zwischen $^i\Lambda$ und ξ nur graphisch vor, dann erhält man die beiden differentiellen Wärmen nach MERKEL und BOŠNJAKOVIĆ[1] aus der in Abb. 114 dargestellten Konstruktion. Darin ist der Verlauf der $^i\Lambda$-Kurve verzeichnet, so daß man z. B. im Punkt I bei der Zusammensetzung ξ_I sowohl den Wert von $^i\Lambda$ wie auch die

---

[1] MERKEL, F., u. F. BOŠNJAKOVIĆ: Diagramme und Tabellen zur Berechnung der Absorptions-Kältemaschinen, S. 31. Berlin: Springer 1929. — F. BOŠNJAKOVIĆ: Technische Thermodynamik. Zweiter Teil, S. 71. Dresden u. Leipzig: Th. Steinkopff 1937.

Neigung der Tangente CD kennt. Diese Tangente schneidet dann auf den Ordinaten $\xi = 0$ und $\xi = 1$ Strecken ab, die den Wärmen ${}^{d}\!\varLambda_1$ und ${}^{d}\!\varLambda_2$ entsprechen, denn es ist $\overline{AC} = \xi_I \dfrac{d\,{}^{i}\!\varLambda}{d\xi}$ und $\overline{BD} = (1 - \xi_I) \dfrac{d\,{}^{i}\!\varLambda}{d\xi}$; die Gl. (404)

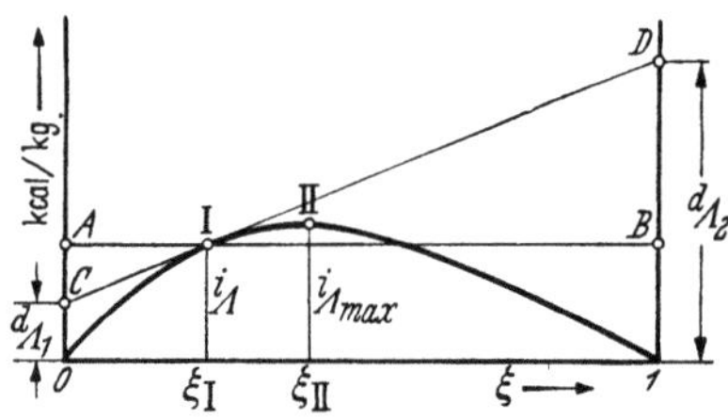

Abb. 114. Ermittlung der differentiellen Lösungswärmen aus dem Verlauf der integralen Lösungswärme über der Zusammensetzung (nach MERKEL und BOSNJAKOVIĆ).

und (404a) sind demnach erfüllt. Aus Abb. 114 ist auch zu ersehen, daß bei bekannten Werten von ${}^{d}\!\varLambda_1$ und ${}^{d}\!\varLambda_2$ für einen bestimmten Wert von ξ der Wert von ${}^{i}\!\varLambda$ sofort gefunden werden kann.

Aus den beiden Gleichungen und aus Abb. 114 ist ferner zu erkennen, daß an der Stelle II, an der ${}^{i}\!\varLambda$ einen Extremwert erreicht,

$${}^{i}\!\varLambda = {}^{d}\!\varLambda_1 = {}^{d}\!\varLambda_2 \qquad (406)$$

wird.

Sehr einfache Zusammenhänge bestehen auch zwischen den durch die Gl. (402) und (402a) definierten Lösungswärmen ${}^{i}\!\varLambda_1$ und ${}^{i}\!\varLambda_2$ und den differentiellen Wärmen. Aus Gl. (402a) folgt mit Gl. (404)

also

$$\frac{d\,{}^{i}\!\varLambda_1}{d\xi} = \frac{(1 - \xi)\dfrac{d\,{}^{i}\!\varLambda}{d\xi} + {}^{i}\!\varLambda}{(1 - \xi)^2} = \frac{{}^{d}\!\varLambda_2}{(1 - \xi)^2} \, ,$$

$${}^{d}\!\varLambda_2 = (1 - \xi)^2 \frac{d\,{}^{i}\!\varLambda_1}{d\xi} \, . \qquad (407)$$

Auf dem gleichen Wege erhält man aus den Gl. (402) und (404a)

$${}^{d}\!\varLambda_1 = - \xi^2 \frac{d\,{}^{i}\!\varLambda_2}{d\xi} \, . \qquad (407a)$$

Schließlich läßt sich noch leicht nachweisen, daß, wenn in Gl. (404) nach Gl. (402) ${}^{i}\!\varLambda = \xi\,{}^{i}\!\varLambda_2$ gesetzt wird, man für $\xi = 0$ findet

$${}^{d}\!\varLambda_2 = {}^{i}\!\varLambda_2 = \frac{d\,{}^{i}\!\varLambda}{d\xi} \, . \qquad (408)$$

Ebenso findet man aus den Gl. (404a) und (402a) für $\xi = 1$

$${}^{d}\!\varLambda_1 = {}^{i}\!\varLambda_1 = - \frac{d\,{}^{i}\!\varLambda}{d\xi} \, . \qquad (408a)$$

Die hier abgeleiteten Zusammenhänge sollen an Hand einiger Beispiele erläutert werden. Dabei ist noch zu bemerken, daß alle Formeln in diesem Kapitel auch dann bestehen bleiben, wenn man nicht mit Kilogrammen, sondern mit Molen rechnet, wobei dann an die Stelle von G_1 und G_2 die Molzahlen n_1 und n_2, und an die Stelle der Gewichtsanteile ξ des gelösten Stoffes die Molanteile ξ_M nach Gl. (368) treten.

Tabelle 34.

Integrale und differentielle Lösungswärmen für das System $H_2O + H_2SO_4$ in kcal/Mol.

ξ_M	${}^{i}\!\varLambda$	${}^{i}\!\varLambda_1$	${}^{i}\!\varLambda_2$	${}^{d}\!\varLambda_1$	${}^{d}\!\varLambda_2$
0	0	0	$-17\,500$	0	$-17\,500$
0,2	-2530	-3160	$-12\,600$	-920	-9000
0,4	-3470	-5785	-8670	-3080	-4050
0,42	-3480	-6000	-8280	-3480	-3480
0,6	-2900	-7250	-4840	-6200	-700
0,8	-1580	-7900	-1970	-7500	-100
1,0	0	-8100	0	-8100	0

1. Als *erstes Beispiel* sind in Tab. 34 und in Abb. 115[1] für das System $H_2O + H_2SO_4$ die integralen Lösungswärmen $^i\Lambda$, $^i\Lambda_1$ und $^i\Lambda_2$ für 1 Mol des Gemisches, 1 Mol Wasser bzw. 1 Mol Schwefelsäure, ferner die differentielle Verdünnungswärme $^d\Lambda_1$ für 1 Mol Schwefelsäure eingetragen. Hier ist

$$\xi_M = \frac{n_{H_2SO_4}}{n_{H_2O} + n_{H_2SO_4}}.$$

Die Lösungswärmen sind alle negativ, weil beim Vermischen von Wasser mit Schwefelsäure die Temperatur steigt. Die integrale Lösungswärme $^i\Lambda$ erreicht bei $\xi_M = 0,42$ den höchsten negativen Wert. Bei diesem Molgehalt schneiden sich die drei Kurven $^i\Lambda$, $^d\Lambda_1$ und $^d\Lambda_2$.

2. Betrachten wir jetzt Flüssigkeitsgemische von *Wasser und Ammoniak*, die das meistverwendete Stoffpaar in Absorptions-Kältemaschinen bilden. Die differentielle Lösungswärme dieses Systems wurde erstmalig von HILDE MOLLIER bei 13° C gemessen, wobei Werte gefunden wurden, die sich durch die Gleichung

$$^d\Lambda_2 = -193 + 195\,\xi + 2{,}20\,\xi^2 \text{ [kcal/kg NH}_3\text{]}$$

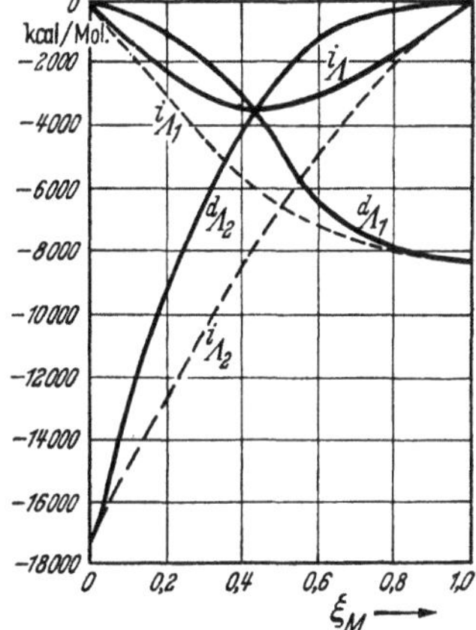

Abb. 115. Integrale und differentielle Lösungswärmen für das System Wasser + Schwefelsäure (nach G. KORTÜM, Einführung in die chemische Thermodynamik).

darstellen ließen. Die Lösungswärme ist negativ, da beim Vermischen eine Erwärmung eintritt[2]. Dabei ist $\xi = \dfrac{G_{NH_3}}{G_{HO_2} + G_{NH_3}}$. Diese Gleichung ergibt bei $\xi = 0$ den Wert $^d\Lambda_2 = -193$ und läßt eine Annäherung der Lösungswärme an den Wert Null bei $\xi = 0,593$ erkennen. Für höhere Werte von ξ würden sich positive Werte ergeben, was H. MOLLIER selbst als unwahrscheinlich bezeichnet.

Später haben BAUD und GAY[3] sowie ZINNER[4] die integrale Lösungswärme bei 12 bzw. 10° C gemessen, wobei ZINNER etwa folgende Werte fand:

für $\xi = 0$	0,1	0,2	0,3	0,4	0,465	0,6	0,7	0,8	0,9	1,0
$^i\Lambda = 0$	$-19,0$	$-36,3$	$-51,0$	$-59,9$	$-61,5$	$-56,0$	$-46,5$	$-33,3$	$-18,0$	0

Diese Werte und die daraus nach den Gl. (404) und (404a) errechneten differentiellen Lösungswärmen $^d\Lambda_1$ und $^d\Lambda_2$ sind in Abb. 116 wiedergegeben. Die so erhaltenen absoluten Werte von $^d\Lambda_2$ sind zum Teil wesentlich höher als die nach der Gleichung von H. MOLLIER berechneten, sie sind immer negativ und erreichen den Wert Null erst bei $\xi = 1$[5]. Bei $\xi = 0,465$ erreicht $^i\Lambda$ den Extremwert von $-61,5$ kcal je kg Gemisch. In diesem Punkt schneiden sich wieder die drei Kurven in Abb. 116 (wie das auch in Abb. 115 der Fall war).

---

[1] Nach G. KORTÜM: Einführung in die Chemische Thermodynamik, S. 89. Göttingen: Vandenhoek & Ruprecht 1949.

[2] MOLLIER, H.: Mitt. Forsch.-Arb. Heft 63 u. 64, hrsg. vom VDI, Berlin 1909, S. 107. Die Werte von $^d\Lambda_2$ sind in dieser Arbeit positiv gerechnet.

[3] BAUD, E., u. L. GAY: C. R. Acad. Sci., Paris Bd. 148 (1909) S. 1327.

[4] ZINNER, K.: Z. ges. Kälteind. Bd. 41 (1934) S. 21.

[5] Dadurch erfährt die Tab. 8 auf S. 173 im Buch von K. NESSELMANN (Grundlagen der angewandten Thermodynamik. Springer 1950) entsprechende Änderungen. Die Umrechnung von $^d\Lambda_2$ auf verschiedene Temperaturen wurde in diesem Buch nach der Methode von R. PLANK [Z. ges. Kälteind. Bd. 17 (1910) S. 1] durchgeführt.

Die integrale Lösungswärme ist von der Temperatur nur wenig abhängig; zwischen 0 und 50° macht sich diese Abhängigkeit kaum bemerkbar, wie man

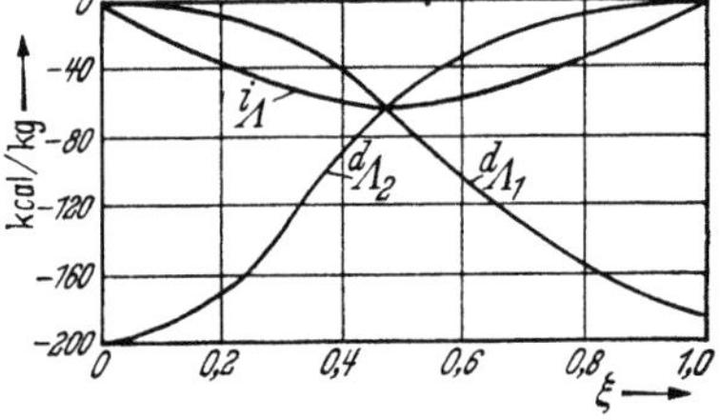

Abb. 116. Integrale und differentielle Lösungswärmen für das System Wasser + Ammoniak (nach ZINNER).

aus dem Verlauf der Isothermen in Abb. 118 schließen kann[1].

3. Für das *letzte Beispiel* wählen wir *wässerige Lösungen von Lithiumbromid*. Dieses Zweistoffsystem hat in Amerika in Absorptions-Kältemaschinen weite Verbreitung gefunden[2]. Die integrale Lösungswärme $^i\Lambda$ und die differentiellen Wärmen $^d\Lambda_1$ und $^d\Lambda_2$ wurden bei 25° C für Zusammensetzungen von $\xi = 0{,}3$ bis 0,6 von LANGE und SCHWARTZ gemessen[3]. Diese Werte sind in Tab. 35 wiedergegeben. Aus ihnen wurden $^i\Lambda_1$ und $^i\Lambda_2$ berechnet. Ferner wurde in der letzten Kolonne aus den gemessenen Werten von $^d\Lambda_1$ und $^d\Lambda_2$ nach Gl. (405) $^i\Lambda$ berechnet und mit den gemessenen Werten (in der zweiten Kolonne) verglichen. Wie man sieht, ist die Übereinstimmung recht befriedigend. Die Lösungswärmen sind hier positiv, weil bei der Auflösung des Salzes in Wasser eine Abkühlung eintritt. Das Maximum von $^i\Lambda$ liegt hier bei rd. $\xi = 0{,}55$.

Kennt man die integrale Lösungswärme $^i\Lambda$ bei verschiedenen Temperaturen und Zusammensetzungen, ist also mit anderen Worten die Funktion $^i\Lambda = f(t, \xi)$ bekannt, dann kann man auch die *spezifische Wärme* c_{12} der Lösung aus den spezifischen Wärmen c_1 und c_2 der reinen Bestandteile berechnen, wobei wir auch hier konstanten Druck voraussetzen. Wir gehen von den Gl. (403) und (403a) aus: die Enthalpie von $(G_1 + G_2)$ kg Lösung ist

$$I = G_1 i_1 + G_2 i_2 + (G_1 + G_2)\,^i\Lambda$$

oder für 1 kg Lösung

$$i = (1 - \xi)\,i_1 + \xi\,i_2 + \,^i\Lambda. \tag{409}$$

Nun ist definitionsgemäß: $c_{12} = \left(\dfrac{\partial i}{\partial t}\right)_\xi$, $c_1 = \dfrac{d i_1}{d t}$ und $c_2 = \dfrac{d i_2}{d t}$. Man erhält also durch Differentiation von Gl. (409) bei konstantem ξ

$$c_{12} = (1 - \xi)\,c_1 + \xi\,c_2 + \left(\frac{\partial\,^i\Lambda}{\partial t}\right)_\xi. \tag{410}$$

Tabelle 35.

Integrale und differentielle Lösungswärme für das System $H_2O + LiBr$ bei $t = 25°$ C in kcal/kg.

ξ	$^i\Lambda$ gemessen	$^i\Lambda_1$	$^i\Lambda_2$	$^d\Lambda_1$ gemessen	$^d\Lambda_2$ gemessen	$^i\Lambda$ berechnet nach Gl. (405)
0,3	37,4	53,4	124,5	3,0	118,8	37,7
0,35	42,9	66,0	122,6	5,5	113,0	43,1
0,4	48,2	80,3	120,5	9,4	106,0	48,0
0,45	52,6	95,7	116,8	15,0	96,0	51,5
0,5	55,7	111,5	111,5	32,4	79,4	55,9
0,55	57,0	126,5	103,7	57,2	56,5	56,9
0,6	55,8	139,5	93,0	88,0	34,5	55,9

[1] Diese Schlußfolgerung wurde aus der Analyse des i, ξ-Diagramms im Diagramm-Band von F. BOŠNJAKOVIĆ, Technische Thermodynamik II, gezogen, wo dieses Diagramm in großem Maßstab enthalten ist.

[2] PLANK, R.: Amerikanische Kältetechnik, Dritter Bericht, S. 77. Düsseldorf: Dt. Ingenieur-Verlag 1950.

[3] LANGE, E., u. E. SCHWARTZ: Z. phys. Chem. Bd. 133 (1928) S. 129.

Die spezifische Wärme $c_{1\,2}$ darf also nicht, wie bei idealen Gasen, nach der Mischungsregel berechnet werden, es sei denn, daß die Lösungswärme sehr klein oder temperaturunabhängig ist. Das letzte Glied in Gl. (410) kann sowohl positiv als auch negativ sein.

2. Das i, ξ-Diagramm[1].

Während wir für Gemische aus Gasen und Dämpfen, insbesondere für feuchte Luft (s. S. 274), dem i, x-Diagramm den Vorzug geben mußten, ist bei Flüssigkeitsgemischen und auch bei Lösungen fester Körper (z. B. von Salzen) in Flüssigkeiten das i, ξ-Diagramm besser geeignet. Seine Verwendung wurde besonders von MERKEL empfohlen. Um den Aufbau dieses Diagramms zu erläutern, gehen wir von Gl. (409) aus und setzen voraus, daß uns die Enthalpien i_1 und i_2 der beiden reinen Bestandteile bei der Temperatur t bekannt sind. Wir können dann in Abb. 117 i_1 bei $\xi = 0$ und i_2 bei $\xi = 1$ als Ordinaten auftragen. Die gestrichelten Geraden DF und OE stellen dann die Anteile $(1 - \xi)\, i_1$ und ξi_2 dar. Wäre die Lösungswärme Null, dann würde die Gerade DE die Enthalpie der Lösung

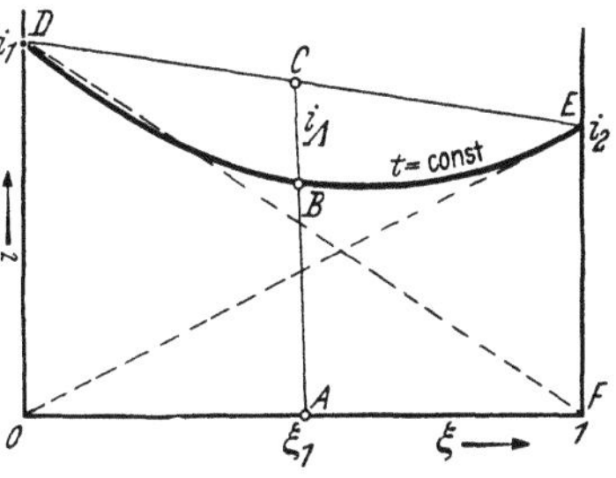

Abb. 117. Aufbau des i, ξ-Diagramms nach MERKEL.

darstellen. Je nach dem Vorzeichen von $^{i}\!\varLambda$ muß für jeden Wert von ξ die Lösungswärme von der Geraden DE nach unten oder nach oben abgetragen werden. In Abb. 117 ist eine negative Lösungswärme angenommen, wie sie dem Beispiel $H_2O + NH_3$ entspricht. Bei $\xi = \xi_1$ ist dann $\overline{BC} = {}^{i}\!\varLambda$, und $\overline{AB}$ entspricht der Enthalpie der Lösung. Die Kurve DBE ergibt dann den Verlauf der Lösungsenthalpie für eine konstante Temperatur t.

In dieser Weise ist in Abb. 118 für flüssige Gemische von Wasser und Ammoniak eine Schar von Isothermen von $t = -60$ bis $t = 140°$ C maßstäblich eingetragen. Dabei ist sowohl für reines Wasser als auch für reines flüssiges

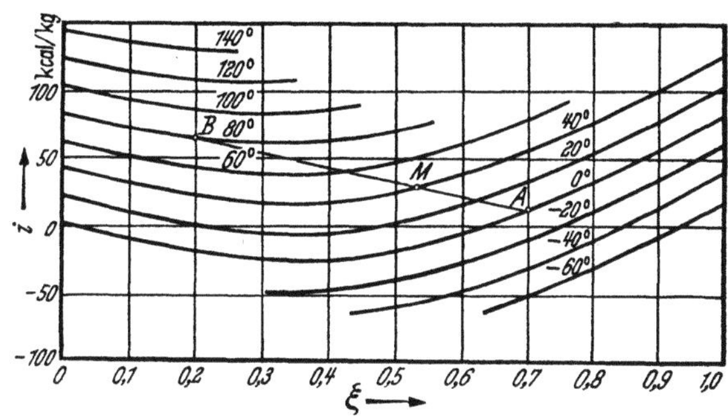

Abb. 118. Isothermenschar für das System Wasser + Ammoniak im i, ξ-Diagramm.

Ammoniak der Nullpunkt der Enthalpie beim betreffenden Erstarrungspunkt angenommen. Damit ist dann auch der Nullpunkt der Lösungen für jeden Wert von ξ zwangsläufig festgelegt; für $\xi = 0,2$ liegt er z. B. bei $20°$ C.

Auf S. 282 wurde nachgewiesen, daß beim Mischen von zwei Mengen feuchter Luft ohne Wärmezu- oder -abfuhr der Mischzustand im i, x-Diagramm (Abb. 108) stets auf der Verbindungsgeraden der beiden Luftzustände liegt und nach dem Hebelgesetz [Gl. (400a)] gefunden werden kann. Das gleiche gilt nun auch für die Mischung zweier Lösungen, wenn man den Mischzustand aus den beiden Anfangszuständen im i, ξ-Diagramm ermitteln will. Der Beweis für diese Behauptung wird mit Hilfe der Mengen- und Enthalpiebilanz genau so geführt wie auf S. 282 und braucht daher hier nicht wiederholt zu werden. Mischt

---

[1] MERKEL, F.: Z. VDI. Bd. 72 (1928) S. 109. — F. MERKEL u. F. BOŠNJAKOVIĆ: vgl. Fußnote 1 auf S. 287.

man z. B. 2 kg einer wässerigen Ammoniaklösung von $0°$ C und $\xi = 0{,}70$ (Punkt A in Abb. 118) mit 1 kg einer Lösung von $80°$ C und $\xi = 0{,}20$ (Punkt B), dann erhält man 3 kg Gemisch von $40°$ C und $\xi = 0{,}535$ (Punkt M). Dabei verhalten sich die Strecken $\overline{MB}$ zu $\overline{MA}$ wie 2 zu 1. Aus Abb. 118 können auch die Enthalpien der Anfangslösungen und des Gemisches abgelesen werden.

Diese Mischungsregel gilt nicht nur für Flüssigkeitsgemische, sondern für alle Aggregatzustände, also z. B. auch für Lösungen von Salzen in Flüssigkeiten. Die Nützlichkeit des i, ξ-Diagramms ist allein damit eindeutig erwiesen.

3. Volumänderungen bei der Mischung.

Bei der isothermen Mischung von idealen Gasen, die alle unter dem gleichen Druck stehen, tritt keine Änderung des Volums ein; das Volum der Mischung entspricht der Summe der Volume der Bestandteile. In diesem Fall ist auch im gegebenen Volum der Gesamtdruck gleich der Summe der Partialdrucke der Bestandteile (DALTONsches Gesetz). Daß bei Gültigkeit des DALTONschen Gesetzes das Volum bei der Vermischung idealer Gase konstant bleibt, folgt unmittelbar aus Gl. (95) (s. S. 94), denn danach ist $V = \dfrac{T}{P} \sum G_i R_i$. Da andererseits $G_i v_i = \dfrac{T}{P} G_i R_i$ ist, so wird $V = \sum G_i v_i$.

Auf S. 267 wurde schon gezeigt, daß in realen Gasen Abweichungen vom DALTONschen Gesetz auftreten. Es ist klar, daß dann auch eine Konstanz des Volums bei isobarer Vermischung nicht mehr erwartet werden kann. Reagieren die Gase chemisch miteinander, dann können sogar sehr erhebliche Volumänderungen eintreten. Doch sollen diese Fälle hier nicht behandelt werden.

Auch bei der isothermen Mischung von Flüssigkeiten bleibt das Volum im allgemeinen nicht konstant. Es kann sowohl eine Volumabnahme (Kontraktion) als auch eine Volumzunahme eintreten. Die Volumänderung Δv hängt von der Temperatur und von der Zusammensetzung ab, $\Delta v = f(t, \xi)$, und es gibt sogar Gemische, bei denen in gewissen Konzentrationsbereichen Volumzunahme und in anderen Volumabnahme eintritt.

Wir wollen hier als Beispiel wieder das kältetechnisch wichtige Gemisch von Wasser und Ammoniak betrachten. BAUD und GAY[1] haben die Volumänderungen dieses Gemisches in einem weiten Konzentrationsbereich untersucht und fanden Kontraktionen bis zu 9%. Für verschiedene Molgehalte ξ_M ergaben sich bei $12°$ C folgende Werte der Volum*abnahme* Δv:

$\xi_M = 0$	0,2361	0,3864	0,4592	0,4992	0,5062	0,5454	0,7664	1,0000
Spez. Gewicht $\gamma = 1{,}0000$	0,9147	0,8707	0,8473	0,8334	0,8312	0,8164	0,7262	0,6189
(bei $15°$)								
$\Delta v \% = 0$	4,76	7,79	8,69	8,96	9,03	9,06	6,89	0

Das Maximum der Kontraktion liegt bei etwa $\xi_M = 0{,}525$, entsprechend einer Zusammensetzung von etwa 1 Mol $NH_3 + 0{,}90$ Mol H_2O. Dagegen hatte die integrale Lösungswärme nach ZINNER einen Extremwert bei $\xi = 0{,}465$ oder $\xi_M = 0{,}479$, während BAUD und GAY ihn bei $\xi_M = 0{,}46$ fanden; diesem Wert entspricht eine Zusammensetzung von 1 Mol $HN_3 + 1{,}17$ Mol H_2O.

Es gibt Fälle, in denen das Volum der Lösung sogar kleiner wird als das Volum des Lösungsmittels, z. B. bei der Auflösung von $MgSO_4$ in Wasser im Bereich kleiner Konzentrationen. Die Erklärung hierfür wird darin gesucht, daß die Verkleinerung des Wasservolums bei Auflösung des Salzes durch die Hydratbildung hervorgerufen wird, wobei die Ionen die lockere Struktur des reinen Wassers in eine dichtere Packung der Moleküle verwandeln.

---

[1] BAUD, E., u. L. GAY: vgl. Fußnote 3 auf S. 289.

V. Lösungen fester Körper in Flüssigkeiten.

Bei der Darstellung des thermischen Verhaltens von Gemischen sollen zunächst solche Gemische untersucht werden, bei denen nur eine Komponente einen meßbaren Dampfdruck besitzt, während der Dampfdruck der anderen Komponente vernachlässigbar klein ist. Das ist z. B. bei Lösungen fester Stoffe in Flüssigkeiten der Fall.

1. Der osmotische Druck.

Befindet sich im Gefäß A, dessen Boden durch eine halbdurchlässige (semipermeable) Membran verschlossen ist, eine wässerige Lösung eines Salzes oder von Zucker, und wird dieses Gefäß in einen Behälter B mit reinem Wasser versenkt (Abb. 119), dann beginnt das Wasser aus B in A einzudringen, wodurch in A ein Überdruck entsteht, dessen Größe am Manometer abgelesen werden kann und der bei Erreichung einer bestimmten Höhe ein weiteres Eindringen von Wasser verhindert. Die halbdurchlässige Membran, die aus einer tierischen Blase, aus Pergament oder aus Ton bestehen kann, läßt im wesentlichen nur die kleinen Wassermoleküle, nicht aber die großen Salz- oder Zuckermoleküle hindurch. Man bezeichnet diese Erscheinung als *Osmose*; sie spielt in tierischen und pflanzlichen Organismen eine wichtige Rolle. Den im Gefäß A entstehenden Überdruck bezeichnet man als *osmotischen Druck*.

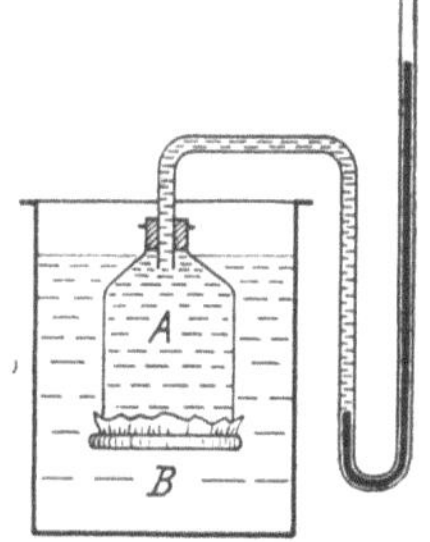

Abb. 119. Zur Ausbildung des osmotischen Druckes.

Die osmotische Wirkung wurde 1748 von dem Abbé NOLLET entdeckt[1], der ein mit einer halbdurchlässigen Membran verschlossenes Gefäß mit Alkohol in einen Behälter mit Wasser versenkte und dabei ein Aufblähen der Membran beobachtete. Wurden beide Flüssigkeiten verwechselt, so wurde die Membran eingedrückt. Systematische Beobachtungen dieser Erscheinung führte zuerst DUTROCHET durch[2], welcher nachwies, daß der Stoffaustausch hierbei um so rascher vor sich geht, je größer der Konzentrationsunterschied in den beiden Gefäßen ist. Später hat sich der Botaniker PFEFFER mit diesem Problem beschäftigt[3]. Er stellte halbdurchlässige Wände aus Ton her, die er zuerst mit einer Lösung von $CuSO_4$ und dann mit einer solchen aus Eisenzyankali tränkte, wobei sich ein Belag von $Fe(CN)_6Cu_2$ bildete.

Zur Erklärung der Entstehung und der Gesetze des osmotischen Drucks haben VAN'T HOFF, OSTWALD, ARRHENIUS, RAOULT u. a. beigetragen. Man kann sich behelfsmäßig vorstellen, daß in den Lösungen, wie in Gasgemischen, beide Bestandteile Teildrücke ausüben, die sich durch Stöße der Moleküle auf die halbdurchlässige Wand auswirken. Da bei anfänglich gleichem Gesamtdruck in den Behältern A und B (Abb. 119) das Wasser in Gefäß B einen höheren Teildruck besitzt als in A, so werden Wassermoleküle in den Raum B eindringen und dort den Gesamtdruck so lange erhöhen, bis auf beiden Seiten der gleiche Wasserteildruck herrscht. Es ist klar, daß der am Manometer abzulesende Überdruck dann dem Teildruck des in A gelösten Stoffes entspricht, der also dem osmotischen Druck gleichkommt. Man erkennt, daß diese Anschauungen auf eine Analogie zwischen den Gesetzmäßigkeiten im Verhalten von Lösungen und von Gasen hinauslaufen. In der Tat hat VAN'T HOFF, auf den Beobachtungen

---

[1] NOLLET, JEAN-ANTOINE: Histoire de l'Académie des Sciences, S. 101. 1748.

[2] DUTROCHET: Ann. chim. phys. (2) Bd. 35, S. 393; Bd. 37, S. 191; Bd. 49, S. 411; Bd. 51, S. 159; Bd. 60, S. 337 in den Jahren 1827 bis 1835.

[3] PFEFFER, W.: Osmotische Untersuchungen. Leipzig 1877.

von PFEFFER aufbauend, eine Theorie verdünnter Lösungen entwickelt, in der die Gesetze idealer Gase gelten, wenn man den Gasdruck P durch den osmotischen Druck π ersetzt[1]. Es muß jedoch betont werden, daß es sich hierbei nur um eine formale Ähnlichkeit handelt. Für den osmotischen Druck verdünnter Lösungen gilt daher nach VAN'T HOFF die Beziehung

$$\pi = \frac{G_2 R_2 T}{V} = \frac{G_2}{\mu_2} \frac{\Re T}{V} = \frac{n_2}{V} \Re T = C_M \Re T, \qquad (411)$$

in der G_2 bzw. n_2 das Gewicht bzw. die Molzahl des gelösten Stoffes bedeutet, R_2 seine Gaskonstante, $\Re = 848$ die universelle Gaskonstante und C_M die Molkonzentration nach Gl. (371). Der osmotische Druck ist danach der Molkonzentration des gelösten Stoffes proportional; er hängt aber weder von der Natur des Lösungsmittels noch von der Natur des gelösten Stoffes ab. Zwei Lösungen von gleicher Molkonzentration, die also den gleichen osmotischen Druck ausüben, bezeichnet man als *isotonisch*.

Tab. 36 zeigt, inwieweit Gl. (411) für Rohrzuckerlösungen mit den Messungen des osmotischen Drucks übereinstimmt. Für Rohrzucker $C_{12}H_{22}O_{11}$ ist $\mu_2 = 342,3$.

Tabelle 36[2]. *Vergleich beobachteter Werte des osmotischen Drucks von Rohrzucker bei $0°\,C$ mit den nach Gl. (411) berechneten.*

C_M in kmol/m³	C in kg/m³	π Atm. berechnet nach Gl. (411)	π Atm. beobachtet	$\dfrac{\pi}{C_M}$
0,0292	10,0	0,655	0,65	22,3
0,0584	20,0	1,310	1,27	21,7
0,0970	33,2	2,18	2,23	23,0
0,1315	44,0	2,95	2,91	22,2
0,2739	93,8	6,14	6,23	22,8
0,4406	151,0	9,88	11,8	26,8
0,5328	182,5	11,95	14,2	26,7
0,7540	258,0	16,91	21,9	29,1
0,8183	280,0	18,31	24,5	30,0
0,8766	300,0	19,7	26,8	30,6

Die Zahlen der letzten Kolonne sollten bei strenger Gültigkeit von Gl. (411) den theoretischen Wert des normalen Molvolums, also 22,4, ergeben [vgl. Gl. (13a) (s. S. 16)]. Wie man aus dem Vergleich der berechneten und beobachteten Werte von π ersieht, ist Gl. (411) bei kleinen Konzentrationen recht gut erfüllt; bei größeren Werten von C_M treten aber erhebliche Abweichungen auf. Dies ist nicht weiter verwunderlich, denn bei Drücken von über 5 Atm weichen auch Gase schon erheblich vom idealen Verhalten ab.

K. SCHÄFER bemerkt[3], daß Gl. (411) bei wässerigen Lösungen eine bessere Übereinstimmung mit der Erfahrung liefert, wenn man darin die Volumkonzentration C_M durch die Molzahl in der Gewichtseinheit der Lösung ersetzt. Die damit verbundenen Differenzen kompensieren bei höheren Konzentrationen *zufällig* die Abweichungen des wirklichen osmotischen Drucks von dem Idealwert.

Das durch Gl. (411) ausgedrückte Gesetz bedarf einer Korrektur, wenn sich der gelöste Stoff teilweise in Ionen aufspaltet, also dissoziiert, was bei allen

---

[1] VAN'T HOFF, J. H.: Arch. Néeerland. Sci. exact. nat. Bd. 20 (1885) S. 239 — Z. phys. Chem. Bd. 1 (1887) S. 481 — Phil. Mag. (5) Bd. 26 (1888) S. 81.
[2] Nach H. ULICH: Kurzes Lehrbuch der physikalischen Chemie, S. 144. Dresden u. Leipzig: Th. Steinkopff 1941.
[3] SCHÄFER, K.: Physikalische Chemie, S. 27. Springer 1951.

Elektrolyten der Fall ist. ARRHENIUS[1] zeigte, daß dann die Zahl der gelösten Moleküle durch die Zahl der gesamten selbständigen Teilchen zu ersetzen ist. Bezeichnet man das Verhältnis beider durch i, dann ist bei teilweiser Dissoziation stets $i > 1$. Gl. (411) ist dann zu ersetzen durch

$$\pi = i \, C_M \, \Re \, T.$$

(411a)

Ist von N_0 Molekülen der Anteil α zerfallen, so bezeichnet man α als Dissoziationsgrad. Es sind dann $(1 - \alpha) \, N_0$ Moleküle nicht dissoziiert, während $\alpha \, N_0$ Moleküle in je k Ionen gespalten wurden, so daß sich dabei $k \, \alpha \, N_0$ Teilchen bilden. Die Gesamtzahl der gelösten Teilchen ist also

$$N = (1 - \alpha) \, N_0 + k \alpha \, N_0 = [1 + (k - 1) \, \alpha] \, N_0 .$$

Daraus findet man

$$i = \frac{N}{N_0} = 1 + (k - 1) \, \alpha .$$

(412)

Die Zahl k der bei der Dissoziation eines gelösten Stoffes gebildeten Ione ist verschieden; so erhält man z. B. bei NaCl, HCl oder NaOH $k = 2$, bei $BaCl_2$, K_2SO_4 u. a. $k = 3$. In sehr verdünnten Lösungen tritt fast vollständige Dissoziation auf ($\alpha \to 1$), und i nähert sich dann dem Wert k.

Über den osmotischen Druck in kolloidalen Lösungen vgl. Band IX dieses Handbuchs, Artikel von F. F. NORD und M. BIER, S. 98.

2. Dampfdruckerniedrigung und Siedepunktserhöhung in Lösungen.

Es sei noch einmal daran erinnert, daß wir in diesem Kapitel angenommen haben, der Dampfdruck des gelösten festen Stoffes habe den Wert Null, so daß der Dampf über einer Lösung nur aus dem Lösungsmittel besteht.

Nun wissen wir aus der Erfahrung, daß bei einer gegebenen Temperatur t_0 der Dampfdruck P_L über einer Lösung niedriger ist als der Dampfdruck P_0 des reinen Lösungsmittels. Die Temperatur der Lösung müßte von t_0 auf t_L erhöht werden, wenn ihr Dampfdruck den Wert P_0 erreichen soll, den das reine Lösungsmittel bei der Temperatur t_0 besitzt. Die Dampfdruckerniedrigung $\Delta P = P_0 - P_L$ hängt also mit der Siedepunktserhöhung $\Delta t = t_L - t_0$ aufs engste zusammen. Diese Tatsachen waren schon FARADAY bekannt[2]; sie wurden aber wohl zuerst von v. BABO eingehender untersucht. Er fand[3], daß die relative Dampfdruckerniedrigung $\Delta P / P_0$ einer Lösung von bestimmter Konzentration unabhängig ist von ihrer Temperatur. Dieser Befund wurde von WUELLNER für verschiedene Lösungen bestätigt; es wurden aber auch gewisse Abweichungen festgestellt[4]. Das Gesetz gilt am besten für verdünnte Lösungen. Bei allen diesen Untersuchungen wurde als Lösungsmittel Wasser verwendet, während die gelösten Stoffe Elektrolyte waren (Salze, Säuren), die bei der Auflösung in Wasser dissoziierten.

Zur Formulierung einfacher Gesetze über die Dampfdruckerniedrigung von Lösungen gelangte zuerst RAOULT[5]. Er benutzte als Lösungsmittel neben Wasser verschiedene organische Flüssigkeiten und löste darin ebenfalls organische Stoffe, wie z. B. Zucker, die keine Elektrolyte sind. Er bestätigte zunächst die

---

[1] ARRHENIUS, S.: Z. phys. Chem. Bd. 3 (1889) S. 115; Bd. 10 (1892) S. 51.

[2] FARADAY, M.: Ann. chim. phys. Bd. 20 (1822) S. 324.

[3] v. BABO, L.: Über die Spannkraft des Wasserdampfes in Salzlösungen. Freiburg 1847.

[4] WUELLNER: Pogg. Ann. Bd. 103 (1858) S. 529; Bd. 105 (1858) S. 85; Bd. 110 (1860) S. 564.

[5] RAOULT, F. M.: C. R. Acad. Sci., Paris Bd. 103 (1886) S. 1125; Bd. 104 (1887) S. 976 u. 1430; Bd. 107 (1888) S. 442 — Z. phys. Chem. Bd. 2 (1888) S. 353 — Ann. chim. phys. (6) Bd. 15 (1888) S. 375.

Richtigkeit des Gesetzes von BABO und fand ferner, daß die relative Dampf-druckerniedrigung dem Molanteil ξ_M des gelösten Stoffes gleich ist und von der Natur dieses Stoffes unabhängig ist. Dieses Gesetz läßt sich mit Gl. (368) durch die Formel

$$\frac{P_0 - P_L}{P_0} = \xi_M = \frac{n_2}{n_1 + n_2} \tag{413}$$

ausdrücken. RAOULT gab z. B. für verschiedene Lösungsmittel die in Tab. 37 enthaltenen Werte der relativen Dampfdruckerniedrigung durch 1 Mol des gelösten Stoffes auf 100 Mol Lösungsmittel an.

Tabelle 37.

Lösungsmittel	Molekulargewicht μ_1 des Lösungsmittels	$\dfrac{\Delta P}{P_0}$
Wasser	18	0,0102
Schwefelkohlenstoff	76	0,0105
Tetrachlorkohlenstoff	154	0,0105
Chloroform	119,5	0,0109
Benzol	78	0,0106
Äther	74	0,0096
Methanol	32	0,0103

Man erkennt aus diesen Werten, die später etwas korrigiert wurden, daß $\Delta P/P_0$ auch vom Lösungsmittel nicht sehr stark abhängt. Man muß aber im Auge behalten, daß das RAOULTsche Gesetz nur für schwache Konzentrationen gilt, bei Zuckerlösungen z. B. nur bis etwa $\xi_M = 0{,}022$, entsprechend $\xi = 0{,}3$, d. h. bis zu 30 Gewichtsprozenten Zucker in der Lösung. Für höhere Zucker-gehalte hat $\Delta P/P_0$ niedrigere Werte und ist z. B. für $\xi_M = 0{,}2$, entsprechend $\xi = 0{,}827$, nur noch etwa halb so groß, wie nach Gl. (413) berechnet wird.

Für Elektrolyte, die bei der Auflösung in Ionen zerfallen, muß im RAOULT-schen Gesetz die gleiche Korrektur angebracht werden, die wir schon beim osmotischen Druck in Gl. (411a) angegeben haben. Statt Gl. (413) gilt dann

$$\frac{P_0 - P_L}{P_0} = i\,\xi_M . \tag{413a}$$

Das RAOULTsche Gesetz läßt sich für verdünnte Lösungen aus der allgemeinen thermodynamischen Theorie der Gleichgewichte mit Hilfe der freien Enthalpie ableiten[1]. Man kann den Beweis auch an Hand eines reversiblen Kreisprozesses führen[2]. Wir wollen hier der Beweisführung folgen, die von VAN'T HOFF[3] und ARRHENIUS[4] stammt und die den Zusammenhang der Dampfdruckerniedrigung mit dem osmotischen Druck erkennen läßt:

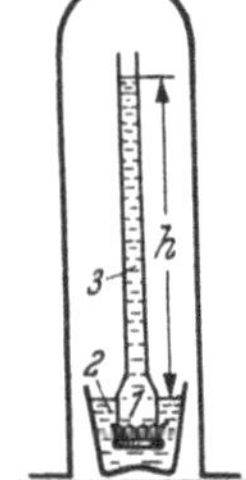

Abb. 120. Zur Ableitung des RAOULTschen Gesetzes.

Die Lösung befinde sich im Behälter *1* (Abb. 120) und sei vom reinen Lösungsmittel im Behälter *2* durch eine halbdurchlässige Membran getrennt. Nach der Lehre über den osmotischen Druck (s. S. 293, vgl. auch Abb. 119) wird die Lösung im Rohr *3* hochsteigen, und zwar bis zu einer Höhe h [m], die sich aus der Gleichung

$$\pi = \gamma' h \tag{414}$$

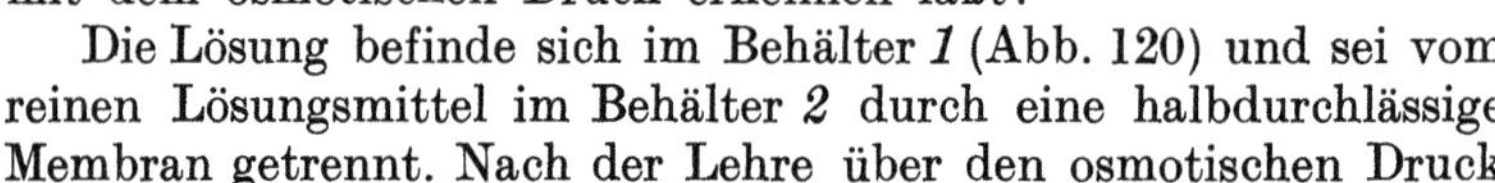

[1] Für eine exakte Theorie verdünnter Lösungen vgl. z. B. M. PLANCK: Thermodynamik, 5. Aufl., S. 229. Leipzig: Veit & Co. 1917.

[2] Diesen Weg schlägt z. B. K. NESSELMANN ein: Angewandte Thermodynamik, S. 145. Berlin/Göttingen/Heidelberg: Springer 1950.

[3] VAN'T HOFF, J. H.: Z. phys. Chem. Bd. 1 (1887) S. 481.

[4] ARRHENIUS, S.: Z. phys. Chem. Bd. 3 (1889) S. 115.

berechnen läßt; hierin ist π [kg/m²] der osmotische Druck und γ' [kg/m³] das spezifische Gewicht der verdünnten Lösung, das sich von demjenigen des reinen Lösungsmittels nur wenig unterscheidet. An der Oberfläche des Lösungsmittels in Behälter 2 herrscht der Dampfdruck P_0, an der Oberfläche der Lösung im Rohr aber nur der kleinere Druck P_L. In dem das Steigrohr umgebenden Raum muß also der Dampfdruck mit der Höhe x, gemessen von der Oberfläche des Behälters 2, vom Wert P_0 bei $x = 0$ bis zum Wert P_L bei $x = h$ sinken. Ist γ'' das veränderliche spezifische Gewicht des Dampfes und P der veränderliche Dampfdruck, so ist

$$dP = -\gamma'' \, dx. \tag{415}$$

Ist ferner μ_1 das Molekulargewicht des Lösungsmittels und $\mathfrak{v}$ das Molvolum des Dampfes, dann ist $\gamma'' = \mu_1/\mathfrak{v}$. Nehmen wir an, daß der Dampf den idealen Gasgesetzen folgt, so gilt $P\mathfrak{v} = \Re T$, und Gl. (415) erhält die Form

$$\frac{dP}{P} = -\frac{\mu_1}{\Re T} \, dx.$$

Die Integration von P_0 bis P_L links bzw. von 0 bis h rechts liefert

$$\ln \frac{P_0}{P_L} = \frac{\mu_1 h}{\Re T}.$$

Für geringe Druckunterschiede ist

$$\ln \frac{P_0}{P_L} = \ln \left(1 + \frac{P_0 - P_L}{P_L}\right) \approx \frac{P_0 - P_L}{P_L}$$

und daher

$$\frac{P_0 - P_L}{P_L} = \frac{\mu_1 h}{\Re T}. \tag{416}$$

Die Lösung im Behälter 1 enthalte n_1 Mole Lösungsmittel und n_2 Mole des gelösten Stoffes. Das Volum dieser Lösung ist $V = n_1 \mu_1/\gamma'$, und in diesem Volum sind n_2 Mole des gelösten Stoffes enthalten. Nach Gl. (411) wird daher

$$\pi = \frac{n_2}{V} \Re T = \frac{n_2}{n_1} \frac{\gamma'}{\mu_1} \Re T. \tag{417}$$

Aus dem Vergleich von (414) mit (417) folgt

$$h = \frac{n_2}{n_1} \frac{\Re T}{\mu_1} \quad \text{oder} \quad \frac{\mu_1 h}{\Re T} = \frac{n_2}{n_1}.$$

Setzt man diesen Ausdruck in Gl. (416) ein, so erhält man

$$\frac{P_0 - P_L}{P_L} = \frac{n_2}{n_1} \tag{416a}$$

oder

$$\frac{P_0 - P_L}{P_0} = \frac{n_2}{n_1 + n_2} = \xi_M,$$

was mit dem RAOULTschen Gesetz (413) übereinstimmt. Dieses Gesetz kann offenbar auch durch die Formel

$$P_L = P_0(1 - \xi_M) \tag{418}$$

ausgedrückt werden.

Aus den Werten P_0 und P_L läßt sich sofort die *Siedepunktserhöhung* $\Delta t = t_L - t_0$ berechnen, denn t_L bzw. t_0 sind die Siedepunkte des Lösungsmittels bei den Drücken P_0 bzw. P_L, und sie können daher aus einer Dampftafel entnommen werden. Für verdünnte Lösungen ($n_1 \gg n_2$) sind folgende Annäherungen zulässig:

Nach Gl. (416a) ist

$$P_0 - P_L = P_0 \frac{n_2}{n_1} = P_0 \frac{G_2}{G_1} \frac{\mu_1}{\mu_2},$$

und man kann setzen

$$\frac{P_0 - P_L}{t_L - t_0} = \frac{\Delta P}{\Delta t} = \frac{dP}{dT}.$$

Aus diesen beiden Gleichungen folgt

$$\Delta t = \frac{P_0 - P_L}{dP/dT} = \frac{G_2}{G_1} \frac{\mu_1}{\mu_2} \frac{P_0}{dP/dT}. \tag{419}$$

Nun läßt sich der Differentialquotient der Dampfdruckkurve dP/dT aus der CLAUSIUS-CLAPEYRONschen Gl. (133) berechnen (s. S. 122), wobei wir mit den dort angedeuteten Vereinfachungen für einen engeren Temperaturbereich setzen können

$$\frac{dP}{dT} = \frac{r}{A R T^2} P_0. \tag{420}$$

Darin ist r die Verdampfungswärme des Lösungsmittels. Setzen wir diesen Wert von dP/dT in Gl. (419) ein, dann wird

$$\Delta t = \frac{A R T^2}{r} \frac{G_2}{G_1} \frac{\mu_1}{\mu_2}.$$

Mit $AR\mu_1 \approx 2$ nach Gl. (14a) wird

$$\Delta t = \frac{2 G_2 T^2}{\mu_2 G_1 r} = \frac{2 n_2 T^2}{G_1 r}. \tag{421}$$

Bezeichnen wir ferner mit $(\Delta t)_1$ die Siedepunktserhöhung, die bei der Auflösung von 1 Mol eines Stoffes in $G_1 = 1000$ kg Lösungsmittel eintritt, dann ist

$$(\Delta t)_1 = \frac{0,002\, T^2}{r}. \tag{422}$$

Diese Größe bezeichnet man als *molare Siedepunktserhöhung*. Sie ist vom gelösten Stoff unabhängig und kann ein für alle Male für verschiedene Lösungsmittel berechnet werden; dabei ist r in kcal/kg einzusetzen, und man erhält beim normalen Siedepunkt (1 Atm) folgende runde Werte:

Lösungsmittel	Wasser	Äthylalkohol	Benzol	Äthyläther	Chloroform
$(\Delta t)_1$:	0,516	1,22	2,64	2,20	3,78

Sind G_2 kg in 1000 kg Lösungsmittel aufgelöst, so erhält man aus (421) und (422)

$$\Delta t = (\Delta t)_1 \frac{G_2}{\mu_2}$$

oder

$$\mu_2 = \frac{(\Delta t)_1}{\Delta t} G_2. \tag{423}$$

Von dieser Beziehung wird in der Chemie Gebrauch gemacht, um das Molekulargewicht verschiedener Stoffe zu bestimmen. Noch besser eignet sich hierfür jedoch die Messung der Gefrierpunktserniedrigung von Lösungen, die wir im folgenden Abschnitt behandeln werden.

Das durch Gl. (421) ausgedrückte Gesetz, wonach die Siedepunktserhöhung der Molzahl des gelösten Stoffes proportional ist, bezeichnet man als das zweite RAOULTsche Gesetz oder auch als das Gesetz von VAN'T HOFF. Zerfällt der gelöste Stoff bei der Auflösung in Ionen, dann muß auf der rechten Seite von Gl. (421) noch der Faktor i hinzugefügt werden, wie das auch in den Gl. (411a) und (413a) geschehen ist.

Bei höheren Konzentrationen gilt Gl. (421) nicht mehr; die tatsächliche Siedepunktserhöhung ist dann kleiner, als nach diesem Gesetz zu erwarten wäre.

3. Gefrierpunktserniedrigung in Lösungen.

In Abb. 51 (s. S. 104) wurde bereits der Verlauf der Dampfdruckkurve (flüssig—dampfförmig) und der Sublimationskurve (fest—dampfförmig) wiedergegeben, wobei der Logarithmus des Dampfdruckes über der Temperatur aufgetragen wurde. Abb. 121 veranschaulicht schematisch den Verlauf dieser beiden Kurven, wenn man den Druck linear aufträgt. Dabei sei $A - B$ die Dampfdruckkurve und $A - C$ die Sublimationskurve eines reinen Lösungsmittels (z. B. Wasser), so daß A den Gefrierpunkt t_{g_0} (bzw. den Tripelpunkt) darstellt. Nach den Erörterungen auf S. 295 liegt die Dampfdruckkurve $C - E$ einer Lösung von bestimmter Konzentration unterhalb derjenigen des reinen Lösungsmittels. Die Strecke $\overline{AF}$ stellt die Dampfdruckerniedrigung beim Gefrierpunkt und die Strecke $\overline{BD}$ diejenige beim normalen Siedepunkt dar. Nach v. Babo sollte $\Delta P/P_0$ von der Temperatur unabhängig sein. Die Dampfdruckkurve CE der Lösung schneidet die Sublimationskurve im Punkt $C-$ dem Gefrierpunkt t_{g_L} der Lösung, bei dem sich aus der Lösung das reine Lösungsmittel in fester Form (z. B. Eis) ausscheidet. Die flüssig bleibende Lösung hat bei dieser Temperatur den gleichen Dampfdruck wie das reine feste Lösungsmittel, so daß diese beiden Phasen koexistieren können.

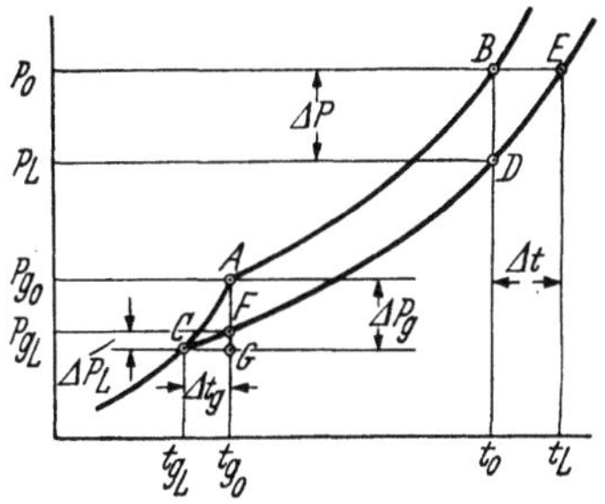

Abb. 121.
Dampfdruckkurven von Wasser $(A—B)$ und einer Salzlösung $(C—E)$, sowie Sublimationskurve von Wasser $(A—C)$.

In Abb. 121 stellt die Strecke $\overline{BD} = \Delta P = P_0 - P_L$ die Dampfdruckerniedrigung am Siedepunkt und die Strecke $\overline{BE} = \Delta t = t_L - t_0$ die Siedepunktserhöhung der Lösung dar. Als weitere kennzeichnende Größen erscheinen in Abb. 121 die Gefrierpunktserniedrigung

$$\overline{CG} = \Delta t_g = t_{g_0} - t_{g_L}$$

und die zugehörige Dampfdruckänderung längs der Sublimationskurve

$$\overline{AG} = \Delta P_g = P_{g_0} - P_{g_L}.$$

Wendet man die Clausius-Clapeyronsche Gl. (133) auf den Sublimationsvorgang in der Nachbarschaft des Gefrierpunktes an, und macht man dabei von den gleichen Vereinfachungen Gebrauch wie in Gl. (420), dann wird angenähert

$$\frac{\Delta P_g}{\Delta t_g} \approx \frac{dP_g}{dT_g} = \frac{(r + r_f) P_{g_L}}{A R T_{g_0}^2}, \tag{424}$$

wobei r_f die Schmelzwärme und $r + r_f$ die Sublimationswärme des Lösungsmittels bedeutet.

Auf der Dampfdruckkurve CE der Lösung entspricht der Temperatursenkung Δt_g die Drucksenkung $\overline{FG} = \Delta P_L$. Daher wird

$$\frac{\Delta P_L}{\Delta t_g} \approx \frac{dP_L}{dT_g} = \frac{r_L P_{g_L}}{A R T_{g_0}^2}, \tag{425}$$

wobei r_L die Verdampfungswärme der Lösung bei konstanter Konzentration ist, die sich von der Verdampfungswärme r des reinen Lösungsmittels um den Betrag der differentiellen Lösungswärme unterscheidet (s. S. 301). Setzt man bei verdünnter Lösung $r_L \approx r$ und zieht man Gl. (425) von Gl. (424) ab, so erhält man

$$\frac{\Delta P_g - \Delta P_L}{\Delta t_g} = \frac{r_f P_{g_L}}{A R T_{g_0}^2}.$$

Aber

$$\Delta P_g - \Delta P_L = \overline{AG} - \overline{FG} = \overline{AF} = P_{g_0} - P_{g_L}$$

stellt die Dampfdruckerniedrigung der Lösung am Gefrierpunkt dar; daher wird die Gefrierpunktserniedrigung der Lösung

$$\Delta t_g = \frac{P_{g_0} - P_{g_L}}{P_{g_L}} \, \frac{A R T_{g_0}^2}{r_f}$$

Nach v. Babo ist aber die relative Dampfdruckerniedrigung unabhängig von der Temperatur, so daß man mit Gl. (416a) erhält:

$$\frac{P_{g_0} - P_{g_L}}{P_{g_L}} = \frac{P_0 - P_L}{P_L} = \frac{n_2}{n_1} = \frac{G_2}{G_1} \, \frac{\mu_1}{\mu_2}.$$

Da $A R \mu_1 \approx 2$ ist, so wird schließlich

$$\Delta t_g = \frac{2 G_2 T_{g_0}^2}{\mu_2 G_1 r_f} = \frac{2 n_2 T_{g_0}^2}{G_1 r_f}. \tag{426}$$

Diese Gleichung entspricht vollkommen der Gl. (421) für die Siedepunktserhöhung, nur daß im Nenner von (426) die Schmelzwärme an Stelle der Verdampfungswärme steht. Bei der Auflösung von 1 Mol eines Stoffes in $G_1 = 1000$ kg Lösungsmittel erhält man die *molare Gefrierpunktserniedrigung*

$$(\Delta t_g)_1 = \frac{0,002 \, T_{g_0}^2}{r_f}, \tag{427}$$

die vom gelösten Stoff unabhängig ist.

Für Wasser wird z. B. mit $T_{g_0} = 273,16°$ K und $r_f = 79,7$ kcal/kg $(\Delta t_g)_1 = 1,860°$. Dieser Wert ist 3,6mal größer als die molare Siedepunktserhöhung wässeriger Lösungen. Für die Bestimmung des Molekulargewichts nach dem durch Gl. (423) angedeuteten Verfahren ist daher die Messung der Gefrierpunktserniedrigung noch besser geeignet. Bei Elektrolyten ist auf der rechten Seite der Gl. (426) wieder der Faktor i hinzuzufügen.

Aus den Gl. (421) und (426) kann man noch den Schluß ziehen, daß verschiedene Stoffe, die im gleichen Lösungsmittel dieselbe molare Gefrierpunktserniedrigung zeigen, auch dieselbe molare Siedepunktserhöhung besitzen müssen.

4. Abhängigkeit der Löslichkeit von der Temperatur.

Die Clausius-Clapeyronsche Gl. (133) haben wir beim Verdampfungsvorgang schon oft in der Näherungsform

$$\frac{d \ln P}{d T} = \frac{r}{A R T^2}$$

benutzt, wobei angenommen wurde, daß sich der Dampf wie ein ideales Gas verhält. Wendet man mit le Chatelier[1] und van't Hoff[2] diese Gleichung auf verdünnte Lösungen an, so muß der Dampfdruck P durch den osmotischen Druck π und die Verdampfungswärme r durch die Lösungswärme $^i\Lambda$ ersetzt werden. Die Gleichung lautet dann

$$\frac{d \ln \pi}{d T} = \frac{^i\Lambda}{A R T^2}. \tag{428}$$

---

[1] le Chatelier, H.: C. R. Acad. Sci., Paris Bd. 100 (1885) S. 441.
[2] van't Hoff, J. H.: Arch. Néerland. Sci. exact. nat. Bd. 20 (1886) S. 53.

Dabei kann π offenbar als Maß für die Löslichkeit, also für die Menge des gelösten Stoffes, angesehen werden, die in der Volumeinheit des Lösungsmittels verteilt ist. Die Größen $^i\Lambda$ und $d\pi/dT$ müssen stets das gleiche Vorzeichen haben.

Hieraus folgt, daß die Löslichkeit mit wachsender Temperatur zunehmen muß, wenn $^i\Lambda$ positiv ist, wenn also die Temperatur beim Lösungsvorgang sinkt, so daß Wärme zugeführt werden muß, um die Temperatur konstant zu halten. Das trifft z. B. bei der Auflösung von Salzen oder von Zucker in Wasser zu.

Umgekehrt wird die Löslichkeit mit wachsender Temperatur abnehmen, wenn $^i\Lambda$ negativ ist, was z. B. bei der Auflösung von Ammoniak in Wasser der Fall ist.

5. Ausdampfungswärme.

Es ist oft von Interesse zu wissen, welche Wärmemenge Q_a aufgewendet werden muß, um 1 kg Lösungsmittel aus einer großen Menge Lösung zu verdampfen, wobei angenommen werden kann, daß sich die Konzentration dabei nicht nennenswert ändert. Diese Wärmemenge ist offenbar derjenigen gleich und entgegengesetzt, die frei wird, wenn 1 kg des dampfförmigen Lösungsmittels in einer großen Menge Lösung niedergeschlagen wird; man bezeichnet diese Wärmemenge als *Absorptionswärme*. Einen Weg für die Berechnung dieser Wärmemenge durch Zerlegung des Vorganges in Teilprozesse hat HILDE MOLLIER[1] am Beispiel der Ausdampfung von Ammoniak aus einer wässerigen Lösung angegeben. Dabei konnte angenommen werden, daß das Wasser, das hier die Rolle des gelösten Stoffes spielt, an der Verdampfung nicht teilnimmt.

Wir wollen diesen Gedankengang am Beispiel einer Lösung von LiBr in Wasser verfolgen: Das dampfförmige Lösungsmittel (H_2O) besitzt über der Lösung die Temperatur t_L der Lösung (Abb. 121a), es hat aber nur einen Druck P_0 (Punkt A), dem beim reinen Lösungsmittel eine Temperatur $t_0 < t_L$ (Punkt B) entsprechen würde. Der Dampf über der Lösung ist also überhitzt. Wir kühlen diesen Dampf bei konstantem Druck P_0 zunächst bis auf die Sättigungstemperatur t_0 ab. Dazu müssen wir je Kilogramm die Wärmemenge $c_p\,(t_L - t_0)$ *abführen*. Nun wird der gesättigte Dampf bei t_0 kondensiert, wobei die Verflüssigungswärme r *abgeführt* wird. Danach erwärmen wir das gebildete Wasser wieder von t_0 auf t_L (Punkt C), wobei je Kilogramm die Wärmemenge $c_{fl}\,(t_L - t_0)$ *zugeführt* werden muß. Lösen wir jetzt das auf

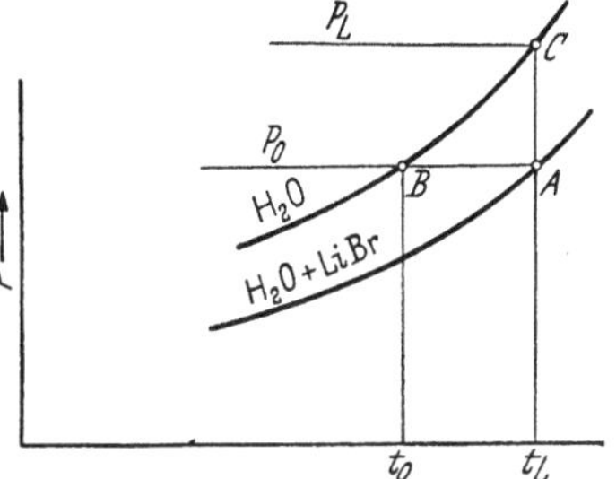

Abb. 121a. Bestimmung der Ausdampfungswärme am Beispiel von wäßrigen Lithiumbromidlösungen.

t_L erwärmte Wasser isotherm in einer großen Menge Lösung von gleicher Temperatur auf, dann ist die differentielle Lösungswärme (Verdünnungswärme) $^d\Lambda_1$ *zuzuführen*, die im vorliegenden Falle positiv ist[2]. Die algebraische Summe dieser vier Wärmemengen stellt die bei diesen Vorgängen frei werdende Absorptionswärme des dampfförmigen Wassers dar, die sich nur durch das Vorzeichen von der Ausdampfungswärme Q_a unterscheidet. Es wird also

$$Q_a = r - {}^d\Lambda_1 - (c_{fl} - c_p)\,(t_L - t_0)\,. \tag{429}$$

Sind die Temperaturen t_L und t_0 nur wenig verschieden, was bei verdünnten Lösungen der Fall ist, so gilt annähernd

$$Q_a = r - {}^d\Lambda_1\,. \tag{429a}$$

---

[1] MOLLIER, H.: VDI-Forsch.-Heft 63/64 (1909) S. 107.
[2] Für die Absorption von Ammoniak in Wasser wäre $^d\Lambda_1$ negativ einzusetzen.

Ist auch die Lösungswärme klein, wie z. B. bei der Auflösung verschiedener Salze oder von Zucker in Wasser, dann unterscheidet sich Q_a nur unwesentlich von der Verdampfungswärme r des Lösungsmittels.

6. Die Kirchhoffschen Formeln für die Lösungswärme.

An Hand einfacher isothermer Kreisprozesse hat Kirchhoff Gleichungen für die Berechnung verschiedener Lösungswärmen entwickelt[1].

α) Integrale Lösungswärme bei der Bildung einer *gesättigten* Lösung.

Dabei ist also z. B. der Menge $G_1 = 1$ kg Wasser eine solche Menge G_2 eines Salzes zuzusetzen, daß die Lösung gerade mit Salz gesättigt wird. Man erhält hierbei $(1 + G_2)$ kg Gemisch. In unserer Bezeichnungsweise (s. S. 286) ist dann die Lösungswärme $(1 + G_2)\,{}^i\!\varLambda_s$, wobei der Index s die Sättigung andeutet. Die Gewichtsanteile sind: $\xi_s = \dfrac{G_2}{1 + G_2}$ und $1 - \xi_s = \dfrac{1}{1 + G_2}$. Die Lösungswärme kann dann nach Gl. (402a) auch durch ${}^i\!\varLambda_{1s}$ ausgedrückt werden.

Wir denken uns einen isothermen Kreisprozeß, der aus folgenden vier Teilprozessen besteht, für die wir jeweils die dabei auftretenden Wärmemengen und mechanischen Arbeiten vermerken. Die algebraische Summe der Wärmemengen muß aber nach Gl. (38) (s. S. 37) der gesamten mechanischen Arbeit gleich sein.

Teilprozeß	Zugeführte Wärme Q	Geleistete Arbeit L
1. Verdampfung von 1 kg Wasser (wobei G_2 kg Salz ausfallen)	$A T (v''_{Ls} - v') \dfrac{d P_{Ls}}{d T}$	$P_{Ls}(v''_{Ls} - v')$
2. Isotherme Verdichtung des gebildeten Dampfes vom Druck P_{Ls} auf den Sättigungsdruck P_0	$- A \Re T \ln \dfrac{P_0}{P_{Ls}}$	$- \Re T \ln \dfrac{P_0}{P_{Ls}}$
3. Kondensation des gesättigten Wasserdampfes	$- A T (v''_0 - v') \dfrac{d P_0}{d T}$	$- P_0 (v''_0 - v')$
4. Auflösung des Salzes im gebildeten Wasser	${}^i\!\varLambda_{1s}$	≈ 0

Hierin sind P_{Ls} und v''_{Ls} der Dampfdruck und das spezifische Dampfvolum über der gesättigten Lösung, während sich P_0 und v_0 auf reines Wasser beziehen. Der Zusammenhang $\sum Q = A L$ liefert bei Vernachlässigung von v'

$$A T \left(v''_{Ls} \frac{d P_{Ls}}{d T} - v''_0 \frac{d P_0}{d T} \right) + {}^i\!\varLambda_{1s} = A (P_{Ls}\, v''_{Ls} - P_0\, v''_0).$$

Nimmt man an, daß sich der Dampf wie ein ideales Gas verhält, so ist $P_{Ls} v''_{Ls} = P_0 v''_0 = R T$. Daher wird

$$ {}^i\!\varLambda_{1s} = A R T^2 \frac{d}{d T} \left(\ln \frac{P_0}{P_{Ls}} \right). \tag{430}$$

Es ist zu beachten, daß P_{Ls} nur eine Funktion der Temperatur ist, weil der Gewichtsanteil ξ_s der gesättigten Lösung ebenfalls von der Temperatur abhängt. Betrachten wir das hier behandelte System vom Standpunkt des Gibbsschen Phasengesetzes (s. S. 263), so haben wir es mit zwei Komponenten (Wasser und Salz) und mit drei Phasen (flüssige Lösung, Wasserdampf und festes Salz) zu tun. In Gl. (368) ist also $N_k = 2$ und $N_p = 3$; daher wird die Zahl der frei wählbaren Veränderlichen $N_f = 1$. Es kann also z. B. nur die Temperatur als unabhängige Veränderliche auftreten, und es gibt daher keine partiellen Ableitungen.

---

[1] Kirchhoff, W.: Pogg. Ann. Bd. 103 (1858) S. 177; Bd. 104 (1858) S. 612 — Ges. Abh. S. 454. — Vorles. über mathem. Physik, Bd. 4, S. 109. hrsg. von M. Planck. Leipzig: B. G. Teubner 1894.

β) Durch die Betrachtung eines ähnlichen isothermen Kreisprozesses hat KIRCHHOFF auch eine Formel für die Verdünnungswärme $^{d}\Lambda_1$ abgeleitet, also für die Wärme, die in Erscheinung tritt, wenn 1 kg Lösungsmittel (z. B. Wasser) einer sehr großen Menge Lösung zugesetzt wird, wobei sich die Zusammensetzung praktisch nicht ändert. Es wird[1]

$$^{d}\Lambda_1 = A R T^2 \frac{\partial}{\partial T}\left(\ln\frac{P_0}{P_L}\right)_\xi.\tag{431}$$

Diese Formel sieht der Gl. (430) äußerlich sehr ähnlich. Der grundlegende Unterschied besteht jedoch darin, daß es sich in Gl. (431) um Lösungen von ganz beliebigen Zusammensetzungen handelt, so daß bei der Bildung des partiellen Differentialquotienten der Gewichtsanteil ξ konstant zu halten ist; P_L ist hier eine Funktion von zwei unabhängigen Veränderlichen T und ξ. Im Gegensatz zu dem unter α) behandelten Fall treten die zwei Komponenten (Wasser und Salz) hier nur in zwei Phasen auf (flüssige Lösung und Wasserdampf), daher haben wir nach Gl. (368) hier zwei Freiheitsgrade, und es kann sowohl die Temperatur als auch die Zusammensetzung frei gewählt werden.

Da nach dem Gesetz von v. BABO (s. S. 295) P_0/P_L bei verdünnten Lösungen nahezu unabhängig von der Temperatur ist, so hängt auch die Verdünnungswärme einer verdünnten Lösung von bestimmter Zusammensetzung von der Temperatur nur wenig ab. Die Gl. (430) und (431) sind aber auch für konzentrierte Lösungen gültig.

VI. Zweiphasen-Gleichgewichte in binären Gemischen mit nur einer Komponente in einer der Phasen.

1. Das t, ξ-Diagramm erstarrender Salzlösungen.

So wie wir bisher nur solche binären Lösungen behandelt haben, aus denen lediglich das Lösungsmittel verdampft, deren Dampf also nur aus einer Komponente besteht, so wollen wir auch jetzt annehmen, daß sich beim Erstarren der betrachteten Lösungen entweder nur Kristalle des Lösungsmittels oder nur solche des gelösten Stoffes ausscheiden, so daß die feste Phase nur aus einer Komponente besteht. Die beiden Kristallarten sollen praktisch nicht mischbar sein.

Als Beispiel wählen wir eine wässerige Kochsalzlösung und verfolgen die Zustandsänderungen bei konstantem Druck ($p = 1$ Atm) in einem t, ξ-Diagramm (Abb. 122). Ausgehend vom Zustand im Punkt A, werde die flüssige Lösung von der Zusammensetzung $\xi = \xi_A$ und der Temperatur t_A abgekühlt. Wir beobachten dabei, daß sie bei 0° C noch keinesfalls zu erstarren beginnt, sondern daß sich erst bei einer tieferen Temperatur, im Punkt H, die ersten reinen Wassereiskristalle bilden. Dadurch, daß ein Teil des Wassers nunmehr in die feste Form übergeht und sich damit von der flüssigen Lösung trennt, steigt die Konzentration der Restlösung, und damit beginnt ihr Gefrierpunkt

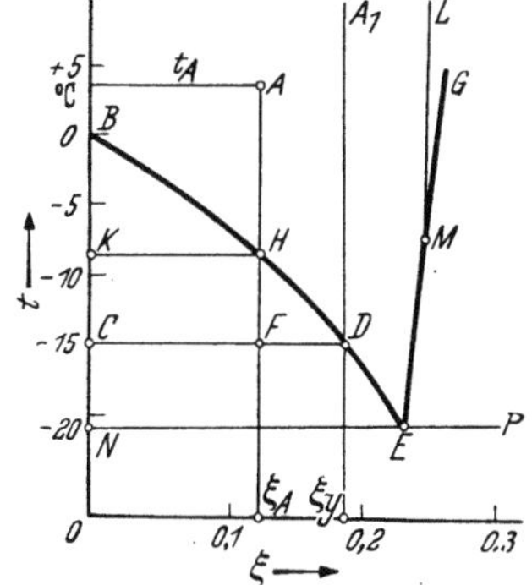

Abb. 122. t, ξ-Diagramm wäßriger Kochsalzlösungen.

weiter abzusinken. Im Punkt H besteht Gleichgewicht zwischen der flüssigen Lösung von der Zusammensetzung ξ_A und den ersten Spuren von reinem Eis

---

[1] Die Ableitung der Gl. (431) findet man z. B. bei M. PLANCK: Thermodynamik, 5. Aufl., S. 205. Leipzig: Veit & Co. 1917.

($\xi = 0$), so daß beide nicht nur dieselbe Temperatur, sondern auch den gleichen Dampfdruck besitzen. Es kann diesem Gemisch aber beliebig viel reines Eis von der gleichen Temperatur zugesetzt werden, ohne daß das Gleichgewicht gestört wird; der Zustand des Gemisches verschiebt sich dann nur immer mehr von H nach K. Sehen wir aber von einem Eiszusatz von außen ab, und kühlen wir das Gemisch weiter bis zum Punkt F ab, so scheidet sich neues reines Eis aus, während sich der flüssige Teil weiter konzentriert und den Zustand D erreicht, in welchem die Lösung wieder mit dem gebildeten Eis bei einer nunmehr tieferen Temperatur im Gleichgewicht ist. Der geometrische Ort aller Gleichgewichtspunkte ist die Kurve $B-H-D-E$, die man als *Gleichgewichtskurve* oder (im vorliegenden Fall) als *Eiskurve* bezeichnet. Den Punkt D hätten wir auch erreichen können, wenn wir von einer Lösung im Zustand A_1 mit einer entsprechend höheren Konzentration ausgegangen wären.

Bleiben wir jedoch bei der ursprünglichen Lösung mit der Zusammensetzung ξ_A, so entsteht die Frage, wieviel reines Eis sich bei Erreichung des Punktes F aus der Lösung herauskristallisiert hat. Hatten wir anfänglich 1 kg Lösung von der Zusammensetzung ξ, und bezeichnen wir den flüssig verbleibenden Gewichtsanteil mit y und den ausgeschiedenen festen Gewichtsanteil mit z, dann ist

$$y + z = 1. \tag{432}$$

Die Zusammensetzung der flüssigen Phase im Punkt D wollen wir nun mit ξ_y und die der festen Phase mit ξ_z bezeichnen; da die gebildeten Kristalle aus reinem Wassereis bestehen, ist in unserem Falle $\xi_z = 0$. Es gilt für den gelösten Stoff die Bilanz

$$\xi\,1 = \xi_y\,y + \xi_z\,z. \tag{433}$$

Aus den beiden letzten Gleichungen findet man

$$y = \frac{\xi - \xi_z}{\xi_y - \xi_z} \quad \text{und} \quad z = \frac{\xi_y - \xi}{\xi_y - \xi_z} \tag{434}$$

und mit $\xi_z = 0$

$$y = \frac{\xi}{\xi_y} \quad \text{und} \quad z = \frac{\xi_y - \xi}{\xi_y} \tag{434a}$$

Es wird daher in Abb. 122

$$\frac{y}{z} = \frac{\xi}{\xi_y - \xi} = \frac{\overline{CF}}{\overline{FD}}. \tag{435}$$

Kühlt man die Lösung nach Erreichung des Punktes D weiter ab, so gelangt man schließlich zu einem Punkt E mit der Zusammensetzung ξ_E und der Temperatur t_E, den man als den *eutektischen* oder den *kryohydratischen* Punkt bezeichnet. Die Lösung erstarrt in diesem Punkt als Ganzes. Jedoch bilden sich keine Mischkristalle aus NaCl und H_2O, sondern es entsteht ein feinfügiges Gemenge von Salz- und Eiskristallen, wovon man sich bei Betrachtung unter dem Mikroskop überzeugen kann. Das Eutektikum ist daher im Sinne der Phasenregel ein Gemenge, das aus zwei Phasen besteht (s. S. 263). Für wässerige Kochsalzlösungen ist $\xi_E = 0{,}231$ und $t_E = -21{,}2°$ C.

In Tab. 38 sind die eutektischen Zusammensetzungen, die Temperaturen und die Schmelzwärmen für wässerige Lösungen einiger Stoffe in der Reihenfolge sinkender Temperaturen angegeben.

Geht man etwa bei Zimmertemperatur von einer Kochsalzlösung aus, deren Zusammensetzung $\xi > \xi_E$ ist (Punkt L), so scheiden sich bei der Abkühlung im Punkt M reine Salzkristalle aus, und die Restlösung wird verdünnter. Bei weiterer Abkühlung ändert sich der Zustand der Restlösung längs der Kurve $M-E$, wobei immer mehr Salzkristalle ausgeschieden werden, bis schließlich

Tabelle 38. *Kryohydrate*[1].

Stoff	ξ_E	t_E °C	Schmelzwärme kcal/kg
K_2SO_4	0,068	− 1,52	
KNO_3	0,109	− 2,9	
$BaCl_2 \cdot 2\,H_2O$ . .	0,264	− 7,8	
KCl	0,197	−10,7	
NH_4Cl	0,186 (0,197)	−15,8 (−15,36)	73,8
NH_4NO_3	0,310 (0,427)	−16,7 (−17,46)	68,4
$NaNO_3$	0,369 (0,384)	−18,5	57,5
$NaCl$	0,231	−21,2	56,4
$MgCl_2$	0,206 (0,218)	−33,6	
$CaCl_2$	0,299 (0,324)	−55,0 (−51,0)	50,8
$CaCl_2 \cdot 6\,H_2O$ . .	0,588	− 55,0	

im eutektischen Punkt die Lösung wieder als Ganzes erstarrt. Der geometrische Ort $E-M-G$, auf dem sich je nach der Zusammensetzung der Lösung Salzkristalle auszuscheiden beginnen, bildet den zweiten Ast der *Gleichgewichtskurve*. Alle Punkte dieses Astes entsprechen gesättigten Lösungen, man bezeichnet diesen Ast daher auch als *Sättigungskurve*.

Oberhalb der Gleichgewichtskurve $B-E-G$ liegt das Gebiet der nur flüssigen Lösungen; unterhalb dieser Kurve bis zur Isotherme t_E (Linie $N-E-P$) haben wir es mit einem Gemisch aus flüssigen und festen Bestandteilen zu tun, das man als *Schmelze* bezeichnet. Unterhalb $N-E-P$ ist nur noch der feste Zustand möglich, der natürlich auch auf der Linie $B-N$ bei $\xi = 0$ (reines Eis) besteht[2].

2. Das Verhalten von Hydraten.

Obwohl wir zunächst noch den Fall ausschließen wollen, daß die beiden Komponenten einer Lösung auch im festen Zustand vollkommen ineinander löslich sind und sog. Mischkristalle bilden, so müssen wir doch die besonderen Fälle betrachten, in denen sich flüssige oder gasförmige Bestandteile in gewissen chemischen Proportionen, die sich mit den Konzentrationsbereichen der Lösung ändern, an die festen Stoffe bei deren Ausscheidung anlagern. So können sich z. B. aus wässerigen Lösungen von Kalziumchlorid bei Erreichung der Sättigungsgrenze in verschiedenen Temperatur- und Konzentrationsbereichen *Hydrate* von der Zusammensetzung $CaCl_2 \cdot 6\,H_2O$, $CaCl_2 \cdot 4\,H_2O$, $CaCl_2 \cdot 2\,H_2O$ und $CaCl_2 \cdot 1\,H_2O$ ausscheiden (Abb. 123). Die Bildung solcher Hydrate aus deren Bestandteilen ist oft mit der Entwicklung erheblicher Wärmemengen verbunden. Beim Übergang von einer Hydratstufe in die nächsthöhere treten entsprechende Teilbildungswärmen auf. Man kann die Hydrate auch als chemische Verbindungen ansehen, bei denen die Salze ihre Nebenvalenzen absättigen. Neben den Hydraten gehören in diese Kategorie auch die Ammoniakate (z. B. $CaCl_2 \cdot 8\,NH_3$), die Aminate, die Alkoholate u. a., mit denen wir uns im folgenden Unterabschnitt befassen werden.

Abb. 123 läßt erkennen, in welchen Temperatur- und Konzentrationsbereichen die verschiedenen Hydrate des Kalziumchlorids aus wässerigen Lösungen als

---

[1] Werte von ξ_E und t_E nach J. D'Ans u. E. Lax: Taschenbuch für Chemiker und Physiker, S. 1525. Berlin: Springer 1943. — Eingeklammerte Werte nach W. H. Rodebusch: J. Amer. chem. Soc. Bd. 40 Nr. 8 (1918) S. 1204.

[2] Einen zahlenmäßig genauen Verlauf der Gleichgewichtskurve für Kochsalzlösungen und andere kältetechnisch wichtige Salzlösungen mit Werten der spezifischen Wärme, der Zähigkeit und der Wärmeleitzahl bei verschiedenen Konzentrationen und Temperaturen findet man in den Kältemaschinen-Regeln, 4. Aufl., S. 54ff. Karlsruhe: C. F. Müller 1950.

Bodenkörper auszufallen beginnen[1]. Die gebrochene Linie $A-E-B-C-D-F$ stellt die Gleichgewichtskurve dar. Bei der Abkühlung von Lösungen, deren Zusammensetzung $\xi < \xi_E$ ist, scheidet sich bei Erreichung der Kurve $A-E$ reines Eis aus. E ist der eutektische Punkt, der hier bei $t_E = -55°$ C und $\xi_E = 0{,}299$ liegt. Bei höheren Ausgangskonzentrationen scheidet sich längs des Astes $E-B$ das Hexahydrat $CaCl_2 \cdot 6\,H_2O$ aus, längs $B-C-$ das Tetrahydrat $CaCl_2 \cdot 4\,H_2O$, längs $C-D-$ das Dihydrat $CaCl_2 \cdot 2\,H_2O$ und längs $D-F-$ das Monohydrat $CaCl_2 \cdot 1\,H_2O$. Der obere Teil dieses Astes ist etwas unsicher. Trockenes $CaCl_2$ scheidet sich erst bei sehr hohen Temperaturen aus. Man muß sich vorstellen, daß das Wasser in allen diesen Hydraten in fester Form gebunden ist.

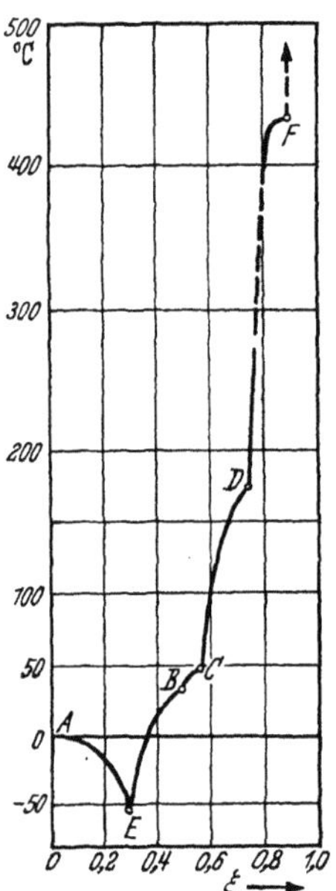

Abb. 123.
Hydrate des Kalziumchlorids. E-eutektischer Punkt, $E-B$-Hexahydrat, $B-C$-Tetrahydrat, $C-D$-Dihydrat, $D-E$-Monohydrat.

3. Das Verhalten von Ammoniakaten.

Wir haben es hier mit festen Lösungen zu tun, die recht erhebliche Dampfdrücke besitzen können, und die bei der Erwärmung unter konstantem Druck einen Teil der an einen festen Stoff angelagerten zweiten Komponente in Gas- bzw. Dampfform abspalten. Das charakteristische Kennzeichen dieser komplexen Verbindungen ist, daß zwischen zwei Abbaustufen bei konstantem Druck auch die Temperatur konstant bleibt, so daß der Verdampfungsvorgang so verläuft wie bei einem Einkomponentensystem. Erst beim Übergang in eine weitere Abbaustufe ist zur Aufrechterhaltung der Dampfabgabe eine Temperatursteigerung erforderlich.

Als Beispiele für solche komplexen Verbindungen wählen wir die Ammoniakate der Halogenverbindungen von Alkalimetallen und Erdalkalien, die als Stoffpaare in trockenen Absorptions-Kältemaschinen Verwendung gefunden haben[2]. So kann 1 Mol Kalziumchlorid bis zu 8 Molen Ammoniak anlagern, wobei sich das Oktoammoniakat $CaCl_2 \cdot 8\,NH_3$ unter starker Wärmeentwicklung bildet. Bei 1 Atm spaltet diese höchste Sättigungsstufe bei Erreichung einer Temperatur von 32° C 4 Mole Ammoniak ab und geht damit nach der Reaktionsgleichung

$$CaCl_2 \cdot 8\,NH_3 \;\rightarrow\; CaCl_2 \cdot 4\,NH_3 + 4\,NH_3$$

in das Tetraammoniakat über. Will man eine weitere Ammoniakabspaltung erreichen, dann muß man die komplexe Verbindung bei gleichem Druck von 1 Atm auf 42° C erhitzen, wobei sie dann zwei weitere Mole Ammoniak abgibt und sich in das Diammoniakat verwandelt. Ein weiteres Mol NH_3 wird erst bei einer viel höheren Temperatur, und das letzte Mol bei einer noch höheren Temperatur abgespalten, die man in der Kältetechnik vermeidet, um der Gefahr von Ammoniakzersetzungen zu entgehen. In Tab. 39 sind nach LINGE Wertepaare von Druck und Temperatur für die zwei Stufen $CaCl_2 \cdot 8\,NH_3$ bis $4\,NH_3$

---

[1] Nach F. BOŠNJAKOVIĆ: Technische Thermodynamik, S. 89, zweiter Teil. Dresden: Th. Steinkopff 1937 (Neudruck 1950). — H. ULICH: Lehrbuch der physikal. Chemie, S. 152. Dresden: Th. Steinkopff 1941.

[2] PLANK, R., u. J. KUPRIANOFF: Die Kleinkältemaschine, S. 232ff. Berlin: Springer 1948. — LINGE, K.: Über periodische Absorptionsmaschinen. Dissertation T. H. Karlsruhe. Beihefte zur Z. ges. Kälteind., Reihe 2, Heft 1. Berlin 1929. — NIEBERGALL, W.: Arbeitsstoffpaare für Absorptionskälteanlagen. Mühlhausen/Thür.: Verl. f. Fachliteratur 1949.

und $CaCl_2 \cdot 4\,NH_3$ bis $2\,NH_3$ angegeben. Wie man sieht, besitzt jede Abbaustufe eine eigene Dampfdruckkurve $p = f(t)$, die hier auch als Dissoziationsdruckkurve bezeichnet wird.

Die in Tab. 39 enthaltenen Druckwerte sind nach folgenden empirischen Formeln berechnet:

und

$$\left|\lg p\right|_4^8 = 17{,}253\,36 - \frac{2489{,}4}{T} - 2{,}5\lg T \tag{436}$$

$$\left|\lg p\right|_2^4 = 17{,}257\,50 - \frac{2559{,}5}{T} - 2{,}5\lg T. \tag{436a}$$

Diese Formeln geben die Meßwerte von LINGE sehr genau wieder. In Abb. 124 sind diese beiden Dampfdruckkurven neben derjenigen von reinem Ammoniak wiedergegeben.

In Abb. 125 sind zwei Isothermen, $t = 18°$ und $t = 32°$, eingetragen, die den treppenförmigen Verlauf des Dampfdrucks über der Molzahl NH_3 veranschaulichen. Nach Überschreitung von 8 Molen NH_3 steigt der Dampfdruck auf den Wert des reinen Ammoniaks bei der betreffenden Temperatur.

Tabelle 39.
Dampfdrücke von Ammoniakaten (nach K. LINGE).

$CaCl_2 \cdot 8\,NH_3$ bis $4\,NH_3$		$CaCl_2 \cdot 4\,NH_3$ bis $2\,NH_3$	
Temperatur °C	Dampfdruck Torr	Temperatur °C	Dampfdruck Torr
0	110,7	0	61,9
14	272,1	14	156,5
20	389,0	18	200,5
32	759,7	26,4	329,7
39	1094,3	33,0	477,3
46,2	1564,4	37,0	592,4
55,1	2377,0	42,0	769,7
63,9	3511,4	46,0	943,0
74,4	5438,5	56,7	1581,5
81,5	7195,0	59,0	1760,0
95,0	11805	70,0	2865,4
		82,4	4775,0
		95,0	7722,0

Der Aufbau der Ammoniakate aus $CaCl_2$ und NH_3 ist mit erheblichen Wärmetönungen verbunden, die man als *Bildungswärmen* bezeichnet, die aber sinngemäß

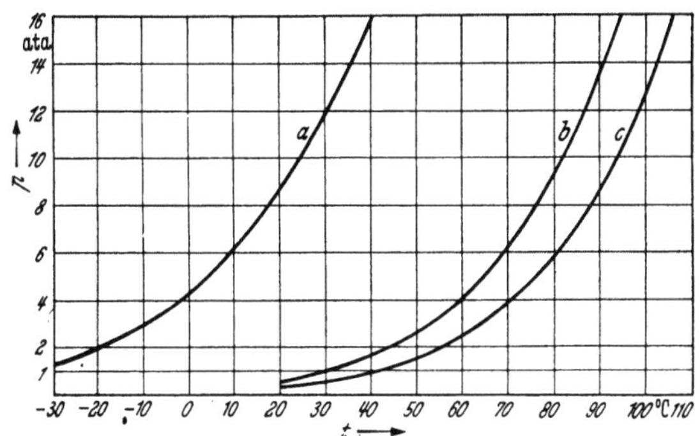
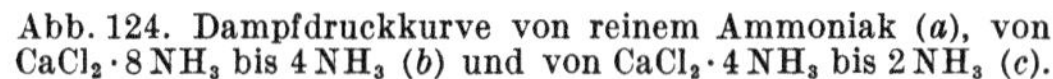

Abb. 124. Dampfdruckkurve von reinem Ammoniak (a), von $CaCl_2 \cdot 8\,NH_3$ bis $4\,NH_3$ (b) und von $CaCl_2 \cdot 4\,NH_3$ bis $2\,NH_3$ (c).

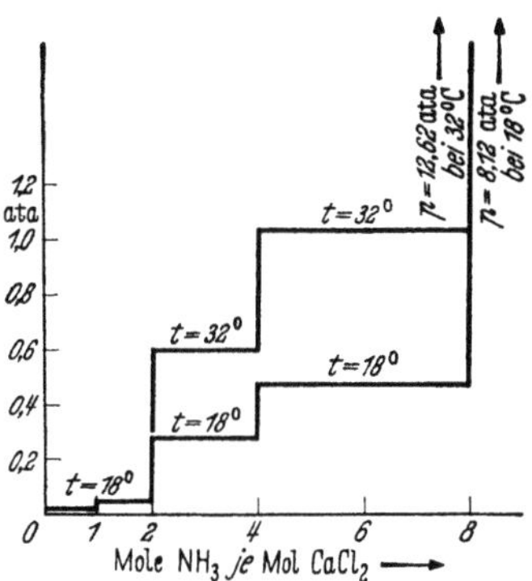

Abb. 125. Isothermen von Kalziumchlorid-Ammoniakaten im p, ξ_M-Diagramm.

auch als Lösungswärmen eines Gases in einem festen Stoff angesehen werden können. Dabei unterscheidet man Gesamtbildungswärmen, die bei einer Reaktion vom Typ

$$CaCl_2 + m\,NH_3 \rightarrow CaCl_2 \cdot m\,NH_3 \tag{437}$$

auftreten und *Teilbildungswärmen*, die beim Übergang von einer Ammoniakatstufe zur nächst anderen frei werden, also in Reaktionen vom Typ

$$CaCl_2 \cdot m\,NH_3 + n\,NH_3 \rightarrow CaCl_2 \cdot (m+n)\,NH_3. \tag{437a}$$

Wir wollen die Gesamtbildungswärme je Mol gasförmiges NH_3 mit $|A|_C^m$ und die Teilbildungswärme je Mol NH_3 mit $|A|_m^{m+n}$ bezeichnen. LINGE[1] hat die Gesamtbildungswärme von drei Ammoniakaten bei $t = 20°$ C gemessen und folgende Werte erhalten, die mit älteren Messungen von BILTZ[2] und ISAMBERT[3] gut übereinstimmen:

$$m = 2 \quad |A|_0^2 = -15\,100 \text{ kcal/kMol } NH_3,$$
$$m = 4 \quad |A|_0^4 = -12\,650 \text{ kcal/kMol } NH_3,$$
$$m = 8 \quad |A|_0^8 = -11\,250 \text{ kcal/kMol } NH_3.$$

Da bei der Reaktion (Lösung) Wärme frei wird, die abgeführt werden muß, wenn die Temperatur dabei konstant bleiben soll, so zählen wir diese Wärme gemäß den Festlegungen negativ (s. S. 286).

Aus diesen Werten können die Teilbildungswärmen bei $t = 20°$ C folgendermaßen berechnet werden:

Bei den Reaktionen nach Gl. (437) mit $m = 2$ werden $2 \times 15\,100 = 30\,200$ kcal frei, und mit $m = 4$ werden $4 \times 12\,650 = 50\,600$ kcal frei. Daraus folgt, daß bei der Reaktion nach Gl. (437a) mit $m = 2$ und $n = 2$ eine Wärmemenge im Betrage von

$$50\,600 - 30\,200 = 20\,400 \text{ kcal}$$

frei wird, so daß die Teilbildungswärme $|A|_2^4 = -10\,200$ kcal je Mol gasförmigen Ammoniaks beträgt. Auf dem gleichen Wege findet man $|A|_4^8 = -9850$ kcal/Mol.

In trockenen Absorptions-Kältemaschinen haben wir es nur mit Reaktionen nach Gl. (437a) zu tun, so daß uns dort nur die Teilbildungswärmen interessieren. Diese können aber auch mit Hilfe der CLAUSIUS-CLAPEYRONschen Gl. (133) berechnet werden, die hier in der Gestalt

$$|A|_m^{m+n} = A\,T\,(v_{kond} - v_{dampf}) \left|\frac{dP}{dT}\right|_m^{m+n} \tag{438}$$

erscheint. Dabei ist $\left|\dfrac{dP}{dT}\right|_m^{m+n}$ nach den Gl. (436) bzw. (436a) zu berechnen, wobei man erhält

$$\left|\frac{dP}{dT}\right|_2^4 = \left(\frac{5887}{T^2} - \frac{2,5}{T}\right) P$$

und

$$\left|\frac{dP}{dT}\right|_4^8 = \left(\frac{5726}{T^2} - \frac{2,5}{T}\right) P.$$

Hier ist P in kg/m^2 einzusetzen. In Gl. (438) kann das spezifische Volum v_{kond} des im Kalziumchlorid kondensierten Ammoniaks gegenüber v_{Dampf} vernachlässigt werden. Die so berechneten Teilbildungswärmen, die nach Gl. (438) aber nicht mehr für 1 Mol, sondern für 1 kg NH_3 erhalten werden, stimmen bei $t = 20°$ C mit den gemessenen Werten gut überein. Schließt man daraus, daß Gl. (438) auch bei anderen Temperaturen richtige Werte liefert, so findet man die in Tab. 40 wiedergegebenen Werte.

Zu bemerken ist noch, daß $CaCl_2$ und andere Salze bei der Anlagerung von Ammoniak stark quellen, worauf

Tabelle 40.
Teilbildungswärmen von Ammoniakaten (nach K. LINGE), berechnet nach Gl. (438).

Temperatur °C	$\|A\|_2^4$ kcal/kg HN_3	$\|A\|_4^8$ kcal/kg NH_3
0	−588	−608
20	−581	−601
40	−570	−593
60	−555	−586
80	−537	−570
100	−517	−550

---

[1] LINGE, K.: vgl. Fußnote 2 auf S. 306.
[2] BILTZ: Z. anorg. allg. Chem. Bd. 130 (1923) S. 93.
[3] ISAMBERT: C. R. Acad. Sci., Paris Bd. 66 (1868) S. 1260; Bd. 86 (1878) S. 968.

bei der Bauweise der Apparate zu achten ist, damit hohe Quellungsdrücke vermieden werden.

Neben $CaCl_2$ kommt für Absorptionsmaschinen auch noch $SrCl_2$ in Betracht, dessen höchste Sättigungsstufe der Verbindung $SrCl_2 \cdot 8\,NH_3$ entspricht und das in einer Stufe bis auf $SrCl_2 \cdot 1\,NH_3$ abgebaut werden kann.

Neben den Ammoniakaten kommen auch die Aminate in Betracht, so z. B. die Methylaminate des Magnesiumchlorids mit der höchsten Sättigung $MgCl_2 \cdot 8\,CH_3NH_2$, wobei in einer Stufe 4 Mole Methylamin abgebaut werden. Weiterhin seien noch die Alkoholate genannt. Für weitere Einzelheiten muß auf den Band VII dieses Handbuches verwiesen werden.

Es sei hier nur noch erwähnt, daß außer der Absättigung von Nebenvalenzen, die man noch als chemische Bindungen ansieht und die in die Klasse der *Absorptionsvorgänge* eingereiht werden, oft nur Oberflächenkräfte im Spiel sind; man spricht dann von *Adsorptionsvorgängen*. So werden Wasserdampf und Schwefeldioxyd in großen Mengen von kolloidaler Kieselsäure (SiO_2), die unter dem Namen Silica-Gel bekannt ist, adsorbiert. Ebenso werden z. B. Alkoholdämpfe und Dämpfe vieler anderer organischer Flüssigkeiten von aktiven Kohlen adsorbiert. Die dabei auftretenden Wärmemengen sind meistens geringer als bei der Absorption.

4. Kältemischungen und das i, ξ-Diagramm im Erstarrungsgebiet.

Es ist bekannt, daß man durch Mischungen von Wassereis oder Schnee mit verschiedenen Salzen Temperaturen weit unter $0°$ C erreichen kann. Die Vorgänge lassen sich nach Bošnjaković am besten in einem i, ξ-Diagramm verfolgen (Abb. 126). Darin sind $A-E$ bzw. $B-E$ die Gleichgewichtskurven der Lösung, auf denen sich Eiskristalle bzw. Salzkristalle abzuscheiden beginnen. Ihr Schnittpunkt E entspricht wieder dem eutektischen Punkt. Während aber im t, ξ-Diagramm (Abb. 122) der Punkt B sowohl flüssiges Wasser von $0°$ als auch Eis von $0°$ ($\xi = 0$) darstellte (s. S. 303), stellt der Punkt A in Abb. 126 nur flüssiges Wasser von $0°$ dar. Man muß von A die Strecke $\overline{Aa} = r_{f_1}$, die der Erstarrungswärme des Wassers entspricht, nach unten abtragen, und erst der Punkt a entspricht dann dem Zustand des Eises von $0°$. Das gleiche gilt für Salz an der Ordinate $\xi = 1$; Punkt B entspricht flüssigem und Punkt b festem Salz

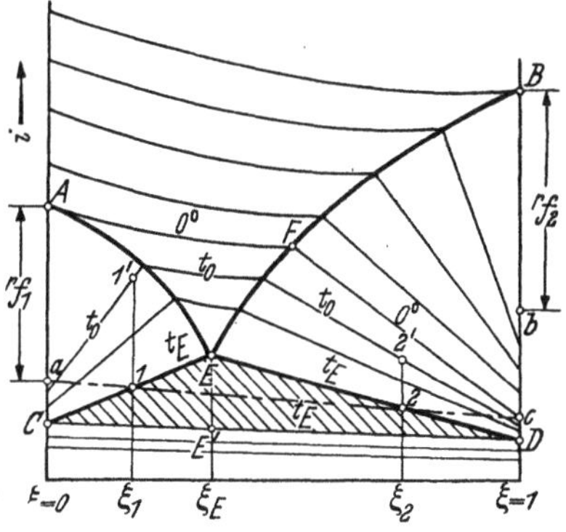

Abb. 126. i, ξ-Diagramm für Mischungen von Wassereis oder Schnee mit verschiedenen Salzen.

bei der Schmelztemperatur, $\overline{Bb} = r_{f_2}$ ist die Erstarrungswärme des Salzes. Die Isotherme $t = 0°$ hat den Verlauf $a-A-F-c$.

Kühlt man reines Eis ($\xi = 0$) bzw. reines Salz ($\xi = 1$) bis zur eutektischen Temperatur ab, dann gelangt man zu den Punkten C bzw. D. Im ganzen schraffierten Zustandsgebiet $C-E-D$ herrscht die konstante Temperatur t_E*. Im Punkt E ist das Eutektikum noch flüssig. Um es vollständig zum Erstarren zu bringen, muß eine Wärmemenge abgeführt werden, die durch die Strecke $\overline{EE'}$ dargestellt wird. Auf der Linie $C-E'-D$ ist alles fest geworden.

---

* Es liegt hier der gleiche Fall vor wie im Tripelgebiet (s. S. 236 und Abb. 88 u. 89), indem drei Phasen, hier flüssige Lösung, Eis und Salz, koexistent werden. Da außerdem auch noch Wasserdampf vorhanden ist, haben wir bei zwei Komponenten vier Phasen und verfügen daher über keinen Freiheitsgrad mehr.

In Abb. 126 sind mit dünneren Strichen Isothermen eingezeichnet; ihr Verlauf im Gebiet flüssiger Lösungen, oberhalb der Linie $A-E-B$, wird in der gleichen Weise ermittelt, wie es für Gemische von H_2O und NH_3 erläutert worden ist (s. S. 291). Unterhalb $A-E-B$ haben wir es mit erstarrenden Flüssigkeiten (Schmelzen) zu tun, und es kann gezeigt werden, daß in diesen Gebieten die Isothermen geradlinig verlaufen müssen:

In der Tat, betrachten wir 1 kg eines flüssig—festen Gemisches im Gleichgewichtszustand, bei dem also beide Anteile G_{fl} und G_f die gleiche Temperatur haben, dann ist zunächst

$$G_{fl} + G_f = 1. \tag{439}$$

Hat der flüssige Anteil G_{fl} die Zusammensetzung ξ_{fl} sowie die Enthalpie i_{fl} [kcal/kg], und der feste Anteil G_f die entsprechenden Werte ξ_f und i_f, so ist im Gemisch die Konzentration

$$\xi = G_{fl}\,\xi_{fl} + G_f\,\xi_f \tag{440}$$

und die Enthalpie

$$i = G_{fl}\,i_{fl} + G_f\,i_f. \tag{441}$$

Aus (439) und (440) folgt

$$G_{fl} = \frac{\xi_f - \xi}{\xi_f - \xi_{fl}} \quad \text{und} \quad G_f = \frac{\xi - \xi_{fl}}{\xi_f - \xi_{fl}}.$$

Setzt man diese Werte in Gl. (441) ein, dann wird

$$i = \frac{\xi_f - \xi}{\xi_f - \xi_{fl}}\,i_{fl} + \frac{\xi - \xi_{fl}}{\xi_f - \xi_{fl}}\,i_f. \tag{442}$$

Für das Zustandsgebiet $A-E-C$ besteht die feste Phase aus reinem Eis; hier ist also $\xi_f = 0$; für das Gebiet $B-E-D$ besteht sie aus reinem Salz; hier ist also $\xi_f = 1$. Für eine bestimmte Temperatur hat ξ_{fl} in jedem der beiden Gebiete einen bestimmten Wert, und dasselbe gilt auch für i_{fl} und i_f. Dagegen entsprechen i und ξ in Gl. (442) irgendwelchen Mischzuständen auf einer Isotherme; da nun zwischen i und ξ ein linearer Zusammenhang besteht, müssen die Isothermen in den Schmelzgebieten geradlinig verlaufen. Diese Überlegung gilt offenbar auch für andere Aggregatzustandsänderungen, also z. B. auch für den Verdampfungsvorgang von Lösungen.

Unterhalb $C-D$, also im festen Zustand, verlaufen die Isothermen ebenfalls geradlinig, was aus Gl. (409) folgt, wenn man sich daran erinnert, daß nach unseren Voraussetzungen die beiden Kristallarten nicht mischbar sein sollten, so daß auch keine Lösungswärmen auftreten können. Im Gemisch der Kristalle besteht also zwischen i und ξ ein linearer Zusammenhang.

Es soll jetzt aus Abb. 126 entnommen werden, welche Temperatursenkungen durch Mischungen von Eis und Salz erzielt werden können und welche Kälteleistungen Δi in kcal verfügbar sind, wenn irgendein Körper auf eine Temperatur t_0 abgekühlt werden soll. Beide Werte hängen von der Zusammensetzung des Gemisches und von der Anfangstemperatur beider Komponenten ab.

Nehmen wir an, daß wir nullgrädiges Eis (Punkt a) mit nullgrädigem Salz (Punkt c) mischen. Nach dem oben Gesagten müssen alle Mischzustände auf der Verbindungslinie ac liegen. Bei der Zusammensetzung $\xi_1 < \xi_E$ erreicht man im Punkt 1 die tiefstmögliche eutektische Temperatur t_E, und man verfügt je kg Lösung über die Kälteleistung $\Delta i = \overline{1'1}$. Dieselbe tiefste Temperatur könnte man auch mit einer viel größeren Salzmenge, die der Zusammensetzung $\xi_2 > \xi_E$ entspricht, erreichen. Die verfügbare Kälteleistung $\Delta i = \overline{22'}$ wäre dabei aber erheblich kleiner, so daß die erste Mischung in jeder Beziehung vorteilhafter ist.

BOŠNJAKOVIĆ hat aus einem maßstäblich richtigen i, ξ-Diagramm für wässerige Kalziumchloridlösungen für verschiedene Zusammensetzungen die tiefsten erreichbaren Temperaturen bei Mischungen von nullgrädigem Eis und Salz ermittelt (Abb. 127[1]). Auch hat er die verfügbare Kälteleistung $\varDelta i$ je kg

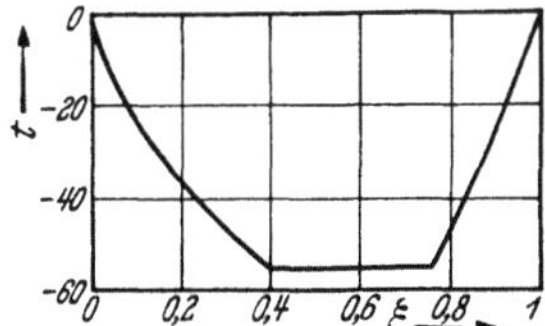

Abb. 127. Tiefste erreichbare Temperaturen bei Mischungen von Eis mit Kalziumchlorid von je 0 ° C.

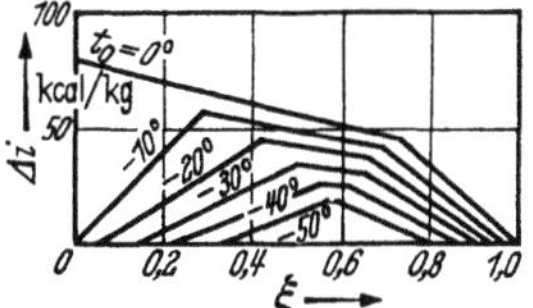

Abb. 128. Verfügbare Kälteleistung je kg Lösung von Eis und Kalziumchlorid für verschiedene Erwärmungstemperaturen t_0.

Lösung für verschiedene Erwärmungstemperaturen t_0 bestimmt (Abb. 128[1]). In diesen Abbildungen bezieht sich ξ auf den Gewichtsanteil von käuflichem Hexahydrat $CaCl_2 \cdot 6\,H_2O$ und nicht auf wasserfreies Kalziumchlorid.

VII. Verdampfen und Kondensieren von binären Gemischen mit zwei Komponenten in beiden Phasen.

1. Verdampfen und Kondensieren von Gemischen ohne azeotropen Punkt.

Wir haben bisher solche binären Systeme betrachtet, bei denen nur eine Mischphase vorhanden war, so daß die zweite Phase lediglich eine der beiden Komponenten enthielt. Wir wollen jetzt die Betrachtungen dahingehend erweitern, daß wir Systeme mit zwei Mischphasen betrachten. Beispiele dafür bilden die Systeme Wasser und Alkohol oder Wasser und Ammoniak, bei denen beide Bestandteile sowohl in der Flüssigkeit als auch im Dampf enthalten sind. Wir setzen zunächst vollkommene Mischbarkeit der beiden flüssigen Bestandteile voraus.

Die *Dampfdruckkurve* eines reinen einheitlichen Stoffes kann in der Form

$$p = f(t)$$

geschrieben werden. Auf S. 291 haben wir verschiedene Gleichungen angegeben, die sich zur Darstellung der Dampfdruckkurve eignen, von denen Gl. (109)

$$\lg p = a - \frac{b}{T} \tag{443}$$

mit nur zwei Konstanten in nicht zu weiten Temperaturbereichen den Vorzug größter Einfachheit bei hinreichender Genauigkeit besaß. Sie ließ sich außerdem aus der CLAUSIUS-CLAPEYRONschen Gl. (133) durch ein einfaches Näherungsverfahren ableiten [s. S. 126, Gl. (138a)].

Trägt man in einem Diagramm $\log p$ über $1/T$ auf, so erhält man eine gerade Linie.

Bei der Verdampfung von Gemischen erhält man für jede Zusammensetzung ξ eine andere Dampfdruckkurve. Es ist dann

$$p = f(t, \xi). \tag{444}$$

---

[1] BOŠNJAKOVIĆ, F.: Techn. Thermodynamik, 2. Teil, S. 92 und 93. Dresden: Th. Steinkopff 1937.

Behält man die Gleichungsform (443) der einheitlichen Stoffe bei, so werden jetzt a und b Funktionen von ξ. So konnte HILDE MOLLIER ihre Messung der Dampfdrücke von Gemischen von Wasser und Ammoniak durch die Gleichung

$$\lg p = 7{,}973 - \frac{1220}{0{,}00466\,\xi + 0{,}656}\cdot\frac{1}{T}$$

darstellen, und zwar in den Grenzen von $\xi = 0{,}12$ bis $0{,}5$, $p = 1$ bis 10 ata und $t = 20$ bis $150°$. Dabei ist

$$\xi = \frac{G_{\mathrm{NH_3}}}{G_{\mathrm{H_2O}} + G_{\mathrm{NH_3}}}.$$

In dieser Gleichung bleibt also a unabhängig von ξ, während b mit wachsendem ξ sinkt. Diese Abhängigkeit ist leicht einzusehen, weil in Gl. (443) nach dem S. 126 zur Gl. (138a) Gesagten $b = r/AR$ ist, wobei r die Verdampfungswärme bedeutet[1]. In dem $\lg p$, $1/T$-Diagramm (Abb. 129) ist b der Tangens des Neigungswinkels der Dampfdruckgeraden, deren Parameter ξ ist. Da reines Amoniak ($\xi = 1$) eine kleinere Verdampfungswärme besitzt als reines Wasser ($\xi = 0$), verlaufen die Dampfdruckgeraden mit abnehmendem ξ steiler. Auf der Abszissenachse ist $1/T$ von rechts nach links linear aufgetragen. Der Maßstab für $t°$ C (von links nach rechts) ist dann natürlich nicht mehr linear. Die ganze Schar der Dampfdrucklinien bezeichnet man als das Lösungsfeld.

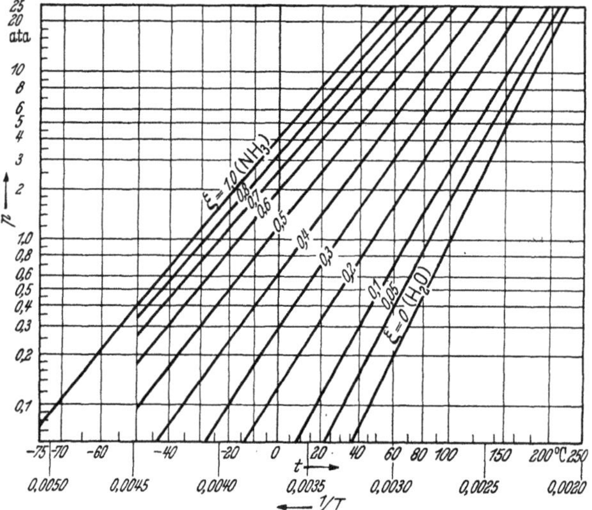

Abb. 129. $\log p$, $1/T$-Diagramm für Gemische von Wasser und Ammoniak.

Für Gemische von Benzol und Tuluol fand v. HUHN[2]

$$\lg p = \left(4{,}492 - \frac{1573}{T}\right) - \left(0{,}126 + \frac{36}{T}\right)\xi + \left(0{,}179 - \frac{122}{T}\right)\xi^3.$$

Eine ebenso gebaute Gleichung hat er auch für Gemische von Benzol und Xylol angegeben. Hier bezieht sich ξ auf die Zusammensetzung der Flüssigkeit.

Bei der Verdampfung eines homogenen Flüssigkeitsgemisches, bestehend aus einem schwerer siedenden Bestandteil *1* und einem leichter siedenden Bestandteil *2*, verdampft vorwiegend der leichter siedende, der in reinem Zustand bei gegebenem Druck schon bei einer tieferen Temperatur siedet oder bei gegebener Temperatur den höheren Dampfdruck besitzt. Beziehen wir die Zusammensetzung ξ auf den leichter siedenden Bestandteil *2* (bei obigem Beispiel also auf NH_3), dann ist ξ' für die siedende flüssige Phase kleiner als ξ'' für die damit im Gleichgewicht stehende trocken gesättigte Dampfphase.

Für die Darstellung der Verdampfungs- und Kondensationsvorgänge solcher Gemische eignet sich das t, ξ- oder das p, ξ-Diagramm.

---

[1] Bei Lösungen tritt an die Stelle der Verdampfungswärme reiner Stoffe die Ausdampfungswärme, in der nach Gl. (429a) auch noch die Lösungswärme enthalten ist.

[2] v. HUHN, W.: Forschung, Bd. 2 (1931), S. 109 und 129.

In Abb. 130 ist ein t, ξ-Diagramm für einen konstanten Druck p dargestellt, das z. B. für Gemische $O_2 + N_2$ gelten könnte.

Gehen wir von einem nichtsiedenden Flüssigkeitsgemisch im Punkt a aus, dessen Zustand durch ξ_a und t_a gegeben ist, und erwärmen wir dieses Gemisch bei konstantem Druck in einem durch einen beweglichen Kolben dicht verschlossenen Gefäß, dann beginnt es im Punkt b bei der Temperatur t_b zu sieden. Der erste dabei gebildete Dampf hat einen höheren ξ-Wert als $\xi_a = \xi_b'$, und zwar die Zusammensetzung ξ_c'', aber es ist $t_b = t_c$, da Dampf und Flüssigkeit miteinander im Gleichgewicht sind. Die Zusammensetzung der flüssigen Phase bezeichnen wir hier mit ξ' und die der Dampfphase mit ξ''. Da nun vorzugsweise der leichter siedende Stoff verdampft, beginnt die Zusammensetzung ξ' der siedenden Restflüssigkeit zu sinken, so daß bei weiterer Wärmezufuhr die Temperatur des Gemisches wachsen kann. Ist im Punkt d die Temperatur t_d erreicht, so hat die Flüssigkeit die Zusammensetzung ξ_e', und aus ihr entweicht ein Dampf von ξ_f'', wobei $t_d = t_e = t_f$ ist. Wird die Erwärmung noch weiter fortgesetzt, so ist schließlich bei der

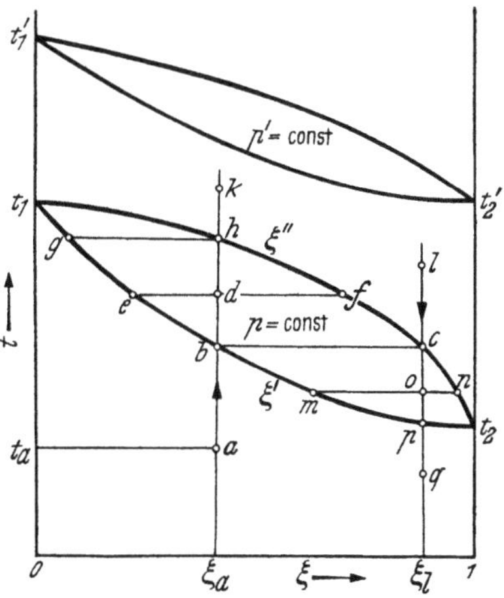

Abb. 130. Siedelinie und Taulinie eines binären Gemisches im t, ξ-Diagramm bei 2 verschiedenen Drücken p und p'.

Temperatur t_h die ganze Flüssigkeit in trocken gesättigten Dampf verwandelt, dessen Konzentration ξ_h'' natürlich der Anfangskonzentration ξ_a entspricht, da aus dem verschlossenen Gefäß nichts entweichen konnte. Der letzte Flüssigkeitstropfen hatte die Zusammensetzung ξ_g'. Bei weiterer Erwärmung bis t_k wird das Dampfgemisch überhitzt.

Die gleiche Überlegung, die wir auf S. 304 für ein fest—flüssiges Gemisch angestellt haben und die in den Gl. (432) bis (435) ihren Ausdruck fand, führt auch hier zu der Erkenntnis, daß sich im Punkt d für 1 kg Gemisch der flüssige Anteil y und der dampfförmige Anteil x verhalten müssen wie

$$\frac{y}{x} = \frac{\xi_f'' - \xi_a}{\xi_a - \xi_e'} = \frac{\overline{d\,f}}{\overline{e\,d}}\,; \tag{445}$$

und da $x + y = 1$, so folgt

$$x = \frac{\overline{e\,d}}{\overline{e\,f}} \quad \text{und} \quad y = \frac{\overline{d\,f}}{\overline{e\,f}}. \tag{445a}$$

Ist das Verdampfungsgefäß offen, so können die einzelnen Dampf-Fraktionen getrennt aufgefangen werden, wodurch, wie man leicht einsieht, das Ausgangsgemisch in einen mit dem Stoff *1* und einen anderen mit dem Stoff *2* angereicherten Teil zerlegt werden kann. Je weiter die Siedepunkte t_1 und t_2 der Bestandteile auseinanderliegen, um so weitergehend gelingt die Trennung bei der Durchführung dieser sog. *fraktionierten Destillation*[1].

---

[1] Eine praktisch vollständige Trennung ist aber nur durch Anwendung der *Rektifikation* möglich, auf die in Band VIII bei der Zerlegung von Gasgemischen und in Band VII bei der Theorie der Absorptions-Kältemaschinen eingegangen wird. Auch sei verwiesen auf das Buch von E. Kirschbaum (Destillier- und Rektifiziertechnik, 2. Aufl. Berlin: Springer 1950) und auf den Artikel von W. Hausen: Materialtrennung durch Destillation und Rektifikation (Der Chemie-Ingenieur, herausgeg. v. A. Eucken und M. Jakob, Bd, I. 3. Teil, Kap. XV. Leipzig: Akad. Verl.-Ges. 1933).

Für einen durch p, t und ξ' gegebenen Siedezustand kann der zugehörige Wert von ξ'' im allgemeinen rechnerisch nicht ermittelt werden; er bedarf vielmehr einer experimentellen Bestimmung. In Tab. 41 sind für verschiedene Drücke und Temperaturen zugehörige Wertepaare von ξ' und ξ'' für das System $H_2O + NH_3$ zusammengestellt [1].

Tabelle 41. *Zugehörige Zusammensetzungen von siedenden Flüssigkeits- und Dampfgemischen für das Stoffpaar $H_2O + NH_3$.*

Temperatur °C	$p = 1$ ata		$p = 2$ ata		$p = 4$ ata		$p = 8$ ata		$p = 12$ ata	
	ξ'	ξ''	ξ'	ξ''	ξ'	ξ''	ξ'	ξ''	ξ'	ξ''
− 30	0,8560	1,0000	—	—	—	—	—	—	—	—
− 20	0,6155	1,0000	—	—	—	—	—	—	—	—
− 10	0,5120	0,9988	0,7010	0,9998	—	—	—	—	—	—
0	0,4380	0,9960	0,5660	0,9990	0,9300	1,0000	—	—	—	—
+ 10	0,3780	0,9926	0,4830	0,9966	0,6560	0,9994	—	—	—	—
+ 20	0,3255	0,9850	0,4185	0,9930	0,5470	0,9970	0,9350	0,9998	—	—
+ 30	0,2755	0,9700	0,3630	0,9870	0,4735	0,9940	0,6700	0,9980	—	—
+ 40	0,2280	0,9430	0,3140	0,9755	0,4145	0,9892	0,5600	0,9958	0,7270	0,9986
+ 50	0,1830	0,8992	0,2690	0,9558	0,3640	0,9808	0,4875	0,9918	0,5935	0,9956
+ 60	0,1400	0,8250	0,2250	0,9232	0,3185	0,9662	0,4295	0,9860	0,5150	0,9920
+ 70	0,0995	0,7062	0,1820	0,8710	0,2755	0,9425	0,3800	0,9754	0,4550	0,9858
+ 80	0,0620	0,5305	0,1410	0,7882	0,2345	0,9060	0,3365	0,9588	0,4045	0,9758
+ 90	—	—	0,1020	0,6618	0,1940	0,8482	0,2960	0,9326	0,3600	0,9594
+100	—	—	—	—	0,1545	0,7638	0,2575	0,8936	0,3195	0,9340
+120	—	—	—	—	—	—	0,1825	0,7540	0,2450	0,8418
+140	—	—	—	—	—	—	0,1085	0,5202	0,1735	0,6720

Aus diesen Zahlenwerten ersieht man, daß aus einem flüssigen Gemisch, das je zur Hälfte aus H_2O und NH_3 besteht ($\xi' = 0{,}50$), ein Dampfgemisch entweicht, das fast nur aus NH_3 besteht ($\xi'' > 0{,}99$).

In Abb. 130 können auch die Vorgänge bei der Kondensation eines Dampfgemisches in einem geschlossenen Behälter verfolgt werden. Gehen wir von überhitztem Dampf im Punkt l aus (ξ_l, t_l), so wird sich bei Wärmeentzug mit Erreichung der Temperatur t_c der erste Tropfen bilden, der die Zusammensetzung $\xi'_b < \xi_l$ hat, also den schwerer siedenden Stoff in höherem Maße enthält, als dies im Dampf der Fall ist. Dadurch reichert sich der Dampf an leichter siedendem Stoff an, und sein Zustand bewegt sich mit fortschreitender Abkühlung von c nach n. Hat das Gemisch den Zustand o erreicht, dann hat der Dampf die Zusammensetzung ξ''_n und die Flüssigkeit ξ'_m. Die Mengen von Flüssigkeit und Dampf verhalten sich wie $y/x = \overline{on}/\overline{mo}$. Bei weiterer Abkühlung erhält man in p nur siedende Flüssigkeit, deren Temperatur dann weiter gesenkt werden kann (Punkt q).

Den geometrischen Ort $g-p$ bezeichnet man als *Siedelinie* und den Ort $h-n$ als *Taulinie*; beide haben den Charakter von Grenzkurven, denn unterhalb der Siedelinie liegt das Gebiet nichtsiedender Flüssigkeit und oberhalb der Taulinie das Gebiet überhitzter Dämpfe; zwischen beiden Grenzkurven haben wir es stets mit einem Gleichgewichtsgemisch von Flüssigkeit und Dampf zu tun.

Während die beiden Grenzkurven $g-p$ und $h-n$ in Abb. 130 für einen bestimmten konstanten Druck p galten, erhält man für einen anderen Druck

---

[1] MERKEL, F., u. F. BOŠNJAKOVIĆ: Diagramme und Tabellen zur Berechnung der Absorptions-Kältemaschinen. Berlin: Springer 1929.

$p' > p$ das obere Grenzkurvenpaar. Die Siedetemperaturen der reinen Komponenten sind dabei von t_1 bzw. t_2 auf t_1' bzw. t_2' gestiegen.

Statt t über ξ bei konstantem Druck aufzutragen, kann man auch p über ξ bei konstanter Temperatur zur Darstellung bringen, wobei dann dem Diagramm nach Abb. 130 ein solches nach Abb. 131 entspricht. Hier liegen die Siedelinien ξ' über den Taulinien ξ''. Auf den Ordinaten $\xi = 0$ und $\xi = 1$ sind jetzt die Dampfdrücke der reinen Komponenten aufgetragen, wobei $p_1 < p_2$ ist. Betrachten wir zunächst das untere Grenzkurvenpaar, das einer Temperatur $t = \text{const}$ entspricht, die unterhalb der kritischen Temperatur der beiden reinen Komponenten liegt. Ein Flüssigkeitsgemisch im Zustand a bei der Zusammensetzung ξ_a und dem Druck p_a wird bei Drucksenkung in einem geschlossenen Ge-

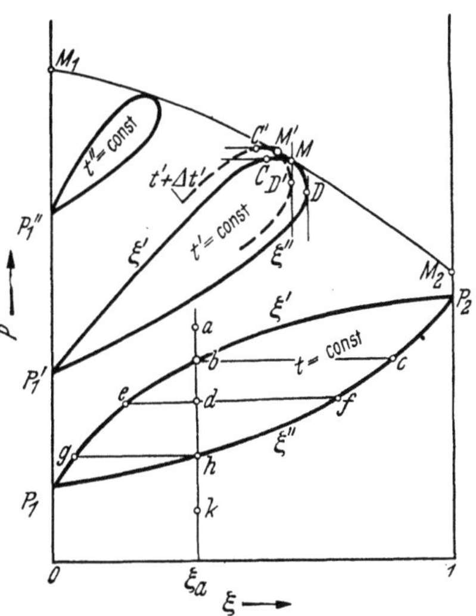

Abb. 131. Siede- und Taulinien eines binären Gemisches im p, ξ-Diagramm bei unter- und überkritischer Temperatur.

fäß nach Erreichung des Drucks p_b anfangen zu verdampfen und dabei einen Dampf von der Zusammensetzung ξ_c'' bilden. Senkt man den Druck weiter bis p_d, dann besteht das Gemisch aus y Teilen Flüssigkeit von ξ_e' und x Teilen Dampf von ξ_f'', wobei $y/x = \overline{df}/\overline{ed}$ ist. Im Punkt h ist alle Flüssigkeit verdampft, und in k ist der Dampf überhitzt.

Liegt die Temperatur t' des flüssigen Gemisches über der kritischen Temperatur t_{k_2} des leichter siedenden Bestandteils, so löst sich das Grenzkurvenpaar von der Ordinate $\xi = 1$ ab und nimmt die Gestalt der mittleren Kurven in Abb. 131 an[1]. Den höchsten Punkt C dieser Kurve bezeichnet man als den *ersten kritischen Punkt* des Gemisches; in ihm geht die Siedelinie ξ' in die Taulinie ξ'' über. Flüssigkeit und Dampf haben hier die gleiche Zusammensetzung. Der geometrische Ort aller C-Punkte für verschiedene Temperaturen liefert die erste kritische Kurve.

Bei noch höheren Temperaturen t'' schrumpfen die Grenzkurven immer mehr zusammen, um bei der kritischen Temperatur t_{k_1} des schwerer siedenden Bestandteils ganz zu verschwinden. Die Kurve $M_1 M_2$, die alle Grenzkurvenpaare umhüllt, nennt man die *kritische Umhüllende*. In den Berührungspunkten M erreicht der Druck für ein gegebenes ξ den möglichen Höchstwert; für das gleiche ξ wird aber die höchstmögliche Temperatur $t' + \Delta t'$ in einem Punkt D' erreicht, in dem das dieser Temperatur entsprechende Grenzkurvenpaar eine vertikale Tangente besitzt. Man bezeichnet den Punkt D' als den *zweiten kritischen Punkt* und den geometrischen Ort aller D-Punkte als die zweite kritische Kurve. In Abb. 131 sind die Punkte C, M, D für die ausgezogene Isotherme t' und die Punkte C', M', D' für die gestrichelte Isotherme $t' + \Delta t'$ markiert.

Die gegenseitige Lage der Punkte C, M und D auf einer isothermen Grenzkurve hängt von deren Verlauf ab, der von demjenigen in Abb. 131 auch wesentlich abweichen kann, worauf wir S. 319 näher eingehen werden (vgl. Abb. 139).

Wir wollen noch auf zwei Eigentümlichkeiten aufmerksam machen, durch die sich ein binäres Gemisch in seinem Verhalten wesentlich von einem einheitlichen Stoff unterscheidet:

---

[1] KUENEN, J. P.: Z. phys. Chem. Bd. 24 (1897) S. 690.

α) Erhöht man bei konstantem Druck im ersten kritischen Punkt C die Temperatur von t' auf $t' + \Delta t'$ (wobei sich die Lage des Zustandspunktes in Abb. 131 nicht ändert), dann gelangt man nicht etwa in das überkritische Gebiet, sondern befindet sich wieder im Naßdampfgebiet, bezogen auf die gestrichelte Isotherme $t' + \Delta t'$. Das überkritische Gebiet wird erst jenseits der kritischen Umhüllenden $M_1 M_2$ erreicht.

β) Betrachtet man die Kondensation eines Dampfgemisches bei einer Zusammensetzung, die kleiner ist als ξ_C, also für Zustände links vom Punkt C, dann nimmt mit wachsendem Druck die Menge des Kondensats dauernd zu, bis schließlich das ganze Gemisch verflüssigt ist. Rechts von C, also für $\xi > \xi_C$, beginnt ein Dampfgemisch bei wachsendem Druck ebenfalls zu kondensieren, sobald man nach Überschreitung der Taulinie das Naßdampfgebiet betritt. Bei weiterer Drucksteigerung verdampft aber die gebildete Flüssigkeit wieder vollständig, da rechts von C wieder die Taulinie ξ'' erreicht wird. Diese Erscheinung bezeichnete KUENEN als *retrograde Kondensation*[1].

Wir müssen noch einmal zu den Dampfdruckkurven von Gemischen zurückkehren, die wir beispielsweise in Abb. 129 in einem p, t-Diagramm mit ξ als Parameter dargestellt hatten. Es kann verwundern, daß wir im t, ξ- und im p, ξ-Diagramm (Abb. 130 u. 131) stets zwei Äste, in Abb. 129 dagegen nur einen Ast verzeichnet haben. Das hängt damit zusammen, daß sich die Linien in Abb. 129 nur auf die Zusammensetzung ξ' der flüssigen Phase beziehen; die Kurven geben also an, bei welchen Wertepaaren von p und t ein flüssiges Gemisch von der Zusammensetzung ξ' zu sieden beginnt. Ein solches Gemisch bildet einen Dampf von $\xi'' > \xi'$. Man erhält nun die fehlenden zweiten Äste der Dampfdruckkurven, wenn man die Wertepaare von p und t aufsucht, bei denen ein dampfförmiges Gemisch zu kondensieren beginnt.

In Abb. 132 ist das vollständige p, t-Diagramm für eine Schar von Kurven $\xi =$ konst. dargestellt, und zwar für das Stoffpaar $C_4H_{10} + CO_2$[2]. Dabei ist $\xi = \dfrac{G_{CO_2}}{G_{C_4H_{10}} + G_{CO_2}}$. Für die einheitlichen Komponenten C_4H_{10} ($\xi = 0$) und CO_2 ($\xi = 1$) erhält man je eine einfache Dampfdruckkurve. Gemische von gegebenem ξ haben aber bei jeder Temperatur zwei Dampfdrücke, den einen (höheren), bei dem die Flüssigkeit zu verdampfen beginnt, und den anderen (niedrigeren), bei dem der Dampf zu kondensieren beginnt. Jede Dampfdruckkurve besteht daher aus zwei Ästen, von denen der linke in Abb. 132 der verdampfenden Flüssigkeit (ξ') und der rechte dem kondensierenden Dampf (ξ'') zugeordnet ist. Auf jeder Dampfdruckkurve findet man auch die drei charakteristischen Punkte C, M und D von Abb. 131: der erste kritische Punkt C ist der Berührungspunkt der Dampfdruckkurve mit der umhüllenden kritischen Kurve $K_1 K_2$, die auch die kritischen Punkte der beiden reinen Komponenten enthält; die Punkte C geben die Höchstdrücke bei gegebener Temperatur an. Die Punkte M liegen beim höchsten Druck für eine bestimmte Zusammensetzung des Gemisches, während die Punkte D der maximalen Temperatur des jeweiligen Gemisches entsprechen.

Die Schnittpunkte zweier verschiedener Dampfdruckkurven in Abb. 132 (z. B. Punkt A), in denen der ξ'-Ast einer Kurve den ξ''-Ast einer anderen

---

[1] KUENEN, J. P.: Dissertation Leiden 1892 — Z. phys. Chem. Bd. 11 (1893) S. 38.
[2] POETTMANN, F. H., u. D. L. KATZ: Industr. Engng. Chem. Bd. 37 (1945) S. 847. In der gleichen Arbeit sind auch die Dampfdruckkurven sowie die t, ξ- und p, ξ-Diagramme der Gemische $C_3H_8 + CO_2$ und $C_5H_{10} + CO_2$ enthalten, während das Gemisch $C_2H_6 + CO_2$ schon viel früher von J. P. KUENEN [Phil. Mag. Bd. 44 (1897) S. 174 — Z. phys. Chem. Bd. 24 (1897) S. 667] untersucht worden war.

Kurve schneidet, liefern koexistente Zusammensetzungen von Flüssigkeits- und Dampfgemischen.

CAUBET hat die Dampfdruckkurven der Gemische von SO_2 und CO_2 untersucht[1], die seinerzeit von R. PICTET als Kältemittel vorgeschlagen wurden, da sie besonders günstige thermische Eigenschaften besitzen sollten, was sich jedoch nicht bestätigt hat.

Das Verhalten von binären Gemischen bei der Verdampfung und Kondensation wird gelegentlich auch noch in der Weise dargestellt, daß man für einen bestimmten Druck die Zusammensetzungen ξ'' der Dampfphase über den Zusammensetzungen ξ' der flüssigen Phase aufträgt. Für Gemische der bisher behandelten Art erhält man Kurven der Gestalt 1 in Abb. 133. Diese Kurve gilt hier für $O_2 + N_2$-Gemische, wobei

$$\xi = \frac{G_{N_2}}{G_{O_2} + G_{N_2}}$$

ist. Hätten Flüssigkeit und

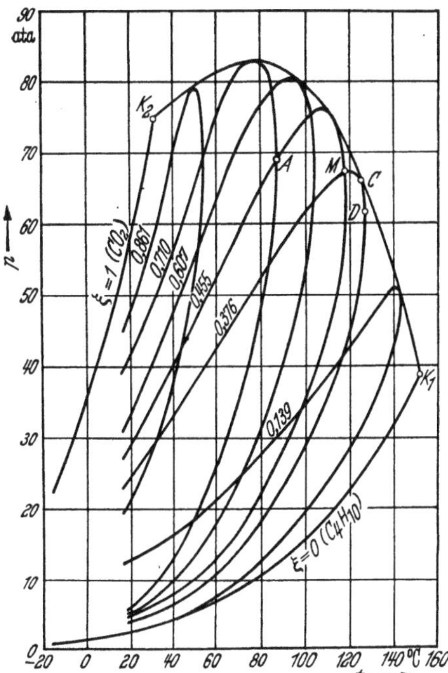

Abb. 132. Dampfdruckkurven für Gemische von $C_4H_{10} + CO_2$ von verschiedener Zusammensetzung im p, t-Diagramm.

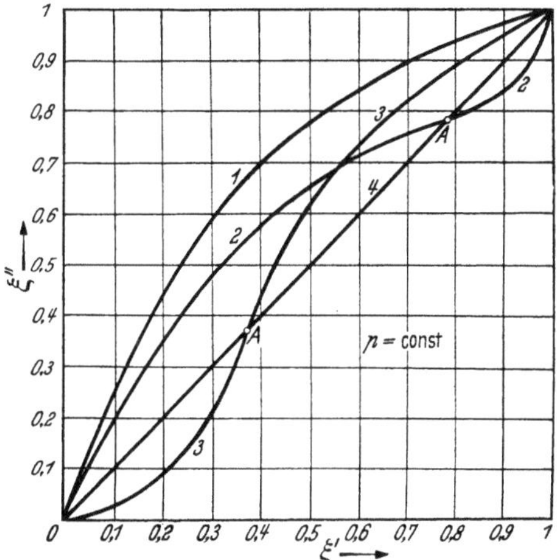

Abb. 133. BALY-Kurven (ξ', ξ'') für binäre Gemische. Kurve 1 gilt für $O_2 + N_2$-Gemische, Kurve 2 für ein Gemisch mit Temperaturminimum, Kurve 3 für ein Gemisch mit Temperaturmaximum, Kurve 4: $\xi' = \xi''$.

Dampf stets die gleiche Zusammensetzung, so erhielte man eine gerade Linie unter 45° (Linie 4). Auf den Verlauf der Kurven 2 und 3 kommen wir im nächsten Unterabschnitt zu sprechen. Man bezeichnet solche Kurven oft als BALY-Kurven, weil BALY sie zur Darstellung des Verhaltens von verdampfenden Stickstoff-Sauerstoff-Gemischen benutzt hat[2].

2. Verdampfen und Kondensieren von Gemischen mit azeotropem Punkt.

Nur in den einfachsten Fällen, die allerdings recht zahlreich sind, zeigen die Siede- und Taulinien von Gemischen den in Abb. 130 bzw. 131 gezeigten Verlauf. Als Beispiele seien genannt: Wasser und Methylalkohol, Wasser und

---

[1] CAUBET, F.: Liquéfaction des mélanges gazeux. Paris 1901. Deutsche Übersetzung in Z. phys. Chem. Bd. 40 (1902) S. 284. — Vgl. auch J. P. KUENEN: Verdampfung und Verflüssigung von Gemischen. Handbuch der angew. phys. Chemie, Bd. 4, S. 78. Leipzig: J. A. Barth 1906.

[2] BALY: Phil. Mag. Bd. 18 (1900) S. 517. — Vgl. auch C. LINDE: Sitzgsber. Bayer. Akad. Wiss. März 1899, S. 65.

Glyzerin, Wasser und Azeton, Äthylalkohol und Methylalkohol, Äthylalkohol
und Äther, Äthylalkohol und Schwefelkohlenstoff, Schwefelkohlenstoff und
Benzol, Schwefelkohlenstoff und Tetrachlorkohlenstoff, Tetrachlorkohlenstoff
und Benzol, Freon 22 (CHF_2Cl) und Freon 114 ($C_2F_4Cl_2$), Kohlendioxyd mit
Propan, Butan oder Pentan u. a. Das Kennzeichen dieser einfachen Fälle ist,
daß bei gegebenem Druck die Siedetemperatur der Gemische diejenige des
schwerer siedenden Bestandteils nicht überschreitet und diejenige des leichter

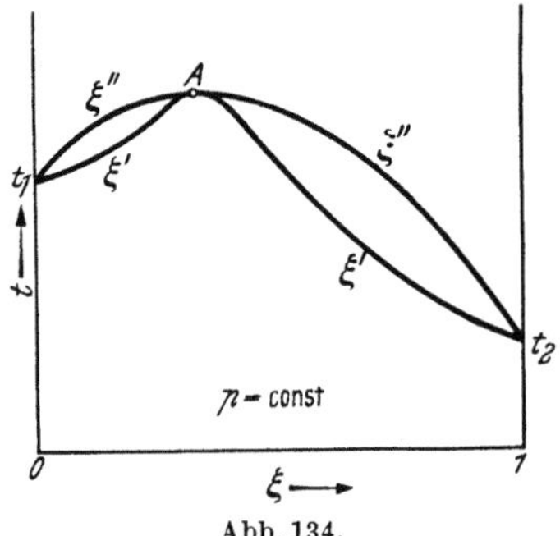

Abb. 134.

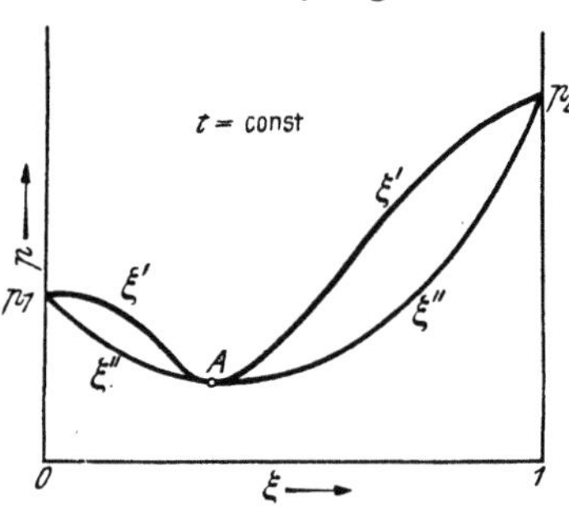

Abb. 135.

Abb. 134/135. Siede- und Taulinien von azeotropen Gemischen mit Temperaturmaximum und Druckminimum.

siedenden nicht unterschreitet; dann überschreitet bei konstanter Temperatur
auch der Siededruck der Gemische niemals den Druck des leichter siedenden
Bestandteils und unterschreitet niemals den Druck des schwerer siedenden.

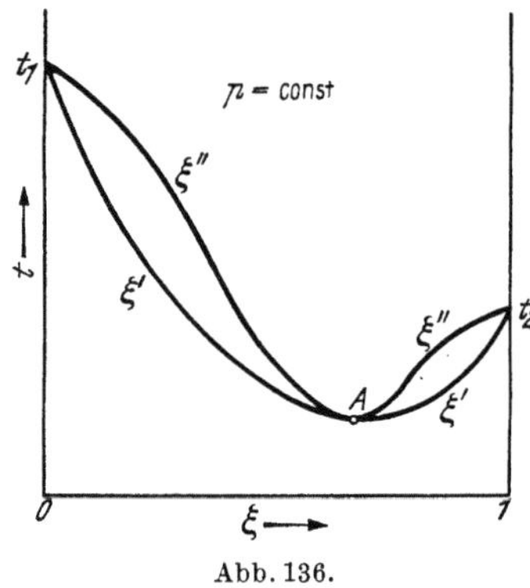

Abb. 136.

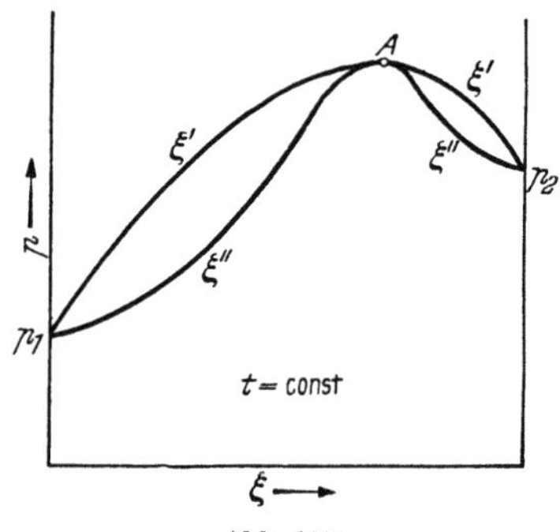

Abb. 137.

Abb. 136/137. Siede- und Taulinien azeotroper Gemische mit Temperaturminimum und Druckmaximum.

Häufig zeigen aber die Siede- und Taulinien von Gemischen Extremwerte
des Drucks oder der Temperatur, wobei einem Temperaturmaximum stets ein
Druckminimum (Abb. 134 u. 135) und einem Temperaturminimum stets ein
Druckmaximum (Abb. 136 u. 137) entsprechen.

Den in Abb. 134 und 135 gezeigten Verlauf erhält man z. B. bei Gemischen
von Azeton + Chloroform, Wasser + Propylalkohol, Wasser + Salzsäure,
Äthylalkohol + Chloroform, Äthylalkohol + Tetrachlorkohlenstoff, u. a.

Den Verlauf nach Abb. 136 und 137 zeigen z. B. Wasser + Äthylalkohol,
Wasser + Schwefelsäure, Azeton + Chloroform, Schwefelkohlenstoff + Azeton,
Äthylalkohol + Benzol, Äthylalkohol + Trichloräthylen u. a.

An der Stelle A, an der die Temperatur oder der Druck einen Extremwert
erreicht, haben beide Phasen die gleiche Zusammensetzung ξ_A*. Solche Ge-

____

* Der Beweis hierfür wird auf S. 338 erbracht werden.

mische verdampfen und kondensieren daher wie einheitliche Stoffe. Man bezeichnet den Punkt A als den *azeotropen* (oder den *ausgezeichneten*) Punkt.

Für Gemische ohne azeotropen Punkt war in koexistenten Phasen stets $\xi'' > \xi'$, der Dampf war also an leichter siedendem Bestandteil stets reicher als die Flüssigkeit. Für Gemische nach Abb. 134 und 135 trifft das nur noch bei $\xi > \xi_A$ zu, während bei $\xi < \xi_A$ jetzt $\xi' > \xi''$ wird. Für Gemische nach Abb. 136 und 137 trifft das Umgekehrte zu.

In den BALY-Kurven (Abb. 133) macht sich ein azeotroper Punkt A dadurch bemerkbar, daß die Kurven *2* und *3* die Diagonale schneiden. Kurve *2* entspricht hier einem Gemisch mit Temperaturminimum nach Abb. 136 und 137, denn für $\xi < \xi_A$ ist $\xi' < \xi''$ und für $\xi > \xi_A$ ist $\xi' > \xi''$. Kurve *3* gilt für ein Gemisch mit Temperaturmaximum.

Die Lage des azeotropen Punktes in den Abb. 133 bis 137 verändert sich, wenn der Siededruck bzw. die Siedetemperatur geändert werden. Die Verschiebung kann bis an die Grenzen $\xi = 0$ oder $\xi = 1$ gehen, womit der azeotrope Punkt verschwindet. So liegt bei Gemischen von Wasser und Äthylalkohol der azeotrope Punkt, als Temperaturminimum, für Atmosphärendruck bei $\xi_A = 0,956$ und $t = 78,15°$ C; mit sinkendem Druck verschiebt er sich in Richtung größerer ξ-Werte und erreicht beim absoluten Druck von 70 Torr den Grenzwert $\xi_A = 1$ bei der Temperatur des reinen Alkohols von $27,96°$ C[1].

Von den in der Kältetechnik verwendeten Kältemitteln bildet Freon 12 (CF_2Cl_2) mit Freon 152 ($C_2H_4F_2$) ein azeotropes Gemisch bei der Zusammensetzung von 0,742 Gewichtsteilen Freon 12 mit 0,258 Teilen Freon 152[2] bei $0°$ C. Das p, ξ-Diagramm dieser Gemische bei $t = 0°$ C zeigt Abb. 138; es weist

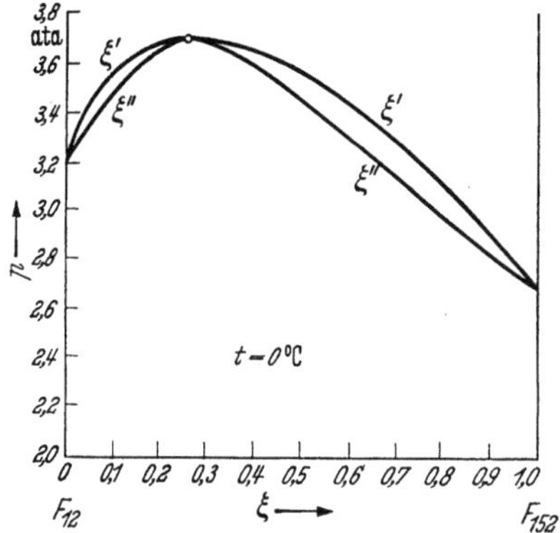

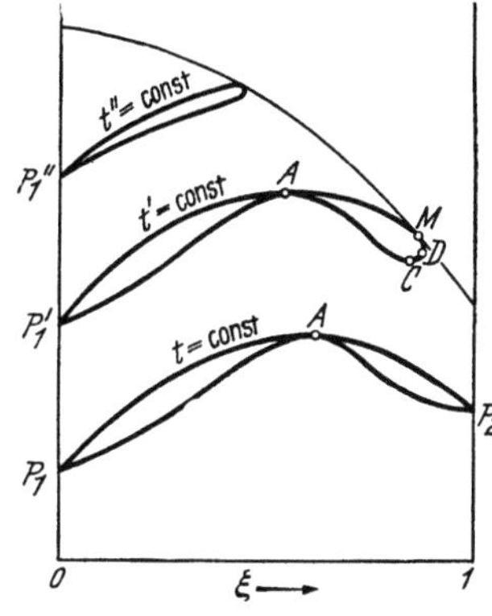

Abb. 138. p, ξ-Diagramm für das azeotrope binäre Gemisch $CF_2Cl_2 + C_2H_4F_2$.

Abb. 139. Isothermen azeotroper Gemische im kritischen Gebiet, dargestellt im p, ξ-Diagramm.

ein Druckmaximum von 3,71 ata auf. Von dem Stoff $C_2H_4F_2$ gibt es zwei Isomere, das symmetrische $CH_2F—CH_2F$ und das unsymmetrische $CH_3—CHF_2$. Im vorliegenden Fall handelt es sich um das unsymmetrische Isomere[3]. Der normale Siedepunkt (760 Torr) des azeotropen Gemisches liegt bei $-33,3°$ C.

Das Verhalten von Gemischen mit Extremwerten von Druck und Temperatur im kritischen Gebiet zeigt Abb. 139. Bei der kritischen Temperatur t_{k_2} des leichter

---

[1] KIRSCHBAUM, E.: Z. VDI, Beihefte Verfahrenstechnik Nr. 1 (1939) S. 10.

[2] ASHLEY, C. M.: Refrig. Engng. Bd. 58 (1950) S. 553 — U. S. Patent 2479259 (W. A. PENNINGTON u. W. H. REED: Carrier Corp. Syracuse, N. Y.).

[3] Das unsymmetrische $C_2H_4F_2$ führt den Handelsnamen *Genetron-100* und das azeotrope Gemisch den Namen *Carrene-7*.

siedenden Bestandteils löst sich auch hier, wie in Abb. 131, das Grenzkurvenpaar von der Ordinate $\xi = 1$ ab. Der erste kritische Punkt C ist aber jetzt
ein Punkt kleinsten Druckes, und die gegenseitige Lage der Punkte C, M und D
ist von derjenigen in Abb. 131 verschieden. Bei hohen Temperaturen, die nahe
bei t_{k_1} liegen, kann der azeotrope Punkt ganz verschwinden.

3. Verdampfen und Kondensieren von Gemischen mit Mischungslücke.

Bisher haben wir nur solche Flüssigkeitsgemische betrachtet, die, wie z. B.
Wasser und Alkohol, in jedem Verhältnis miteinander vollständig mischbar
sind und deren Mischung daher als homogen angesehen werden kann. Im Sinne
der Phasenlehre (s. S. 263) bilden die beiden Flüssigkeiten dann nur *eine* Phase.

Es gibt jedoch zahlreiche Fälle, in denen zwei Flüssigkeiten nur beschränkt
mischbar sind, und die Grenzen der Mischbarkeit sind manchmal sehr eng.
So ist z. B. Wasser mit Benzol, Äther oder den Freonen nur in kleinsten Mengen
mischbar. Beim Zusammenbringen zweier solcher Stoffe, z. B. Wasser und
Äther, trennt sich die Flüssigkeit in zwei Schichten, von denen die schwerere
eine gesättigte Lösung von wenig Äther in Wasser darstellt und auf dem Gefäß-
boden zu liegen kommt, während die leichtere Schicht, eine gesättigte Lösung
von wenig Wasser in Äther, sich darüberlagert. Auch nach kräftigem Rühren
tritt wieder eine Trennung in diese beiden Schichten ein.

Die Grenzen der gegenseitigen Löslichkeit sind eine Funktion der Temperatur. Diejenigen Temperatur-Konzentrationsgebiete im t, ξ-Diagramm, in denen
zwei Flüssigkeiten nicht mischbar sind, bezeichnet
man als *Mischungslücken*. Diese können sehr verschiedene Gestalt haben: entweder sind es in sich
geschlossene Gebiete, wie z. B. im Falle von Nikotin
und Wasser, die nur unterhalb 61° und oberhalb
208° vollkommen mischbar sind; oder es wird die
vollkommene Mischbarkeit überhaupt nur unterhalb
einer bestimmten Temperatur (z. B. bei Phenol und
Wasser) oder nur oberhalb einer bestimmten Temperatur (z. B. Hexan und Anilin) erreicht. So bildet
dieses letzte Stoffpaar, wie Abb. 140 zeigt, erst oberhalb 60° C im ganzen Bereich der Zusammensetzungen homogene Gemische, während im schraffierten Teil ein Gemisch, das der Zusammensetzung des Punktes M entsprechen würde, von
selbst in die zwei gesättigten Gemische *1* und *2*

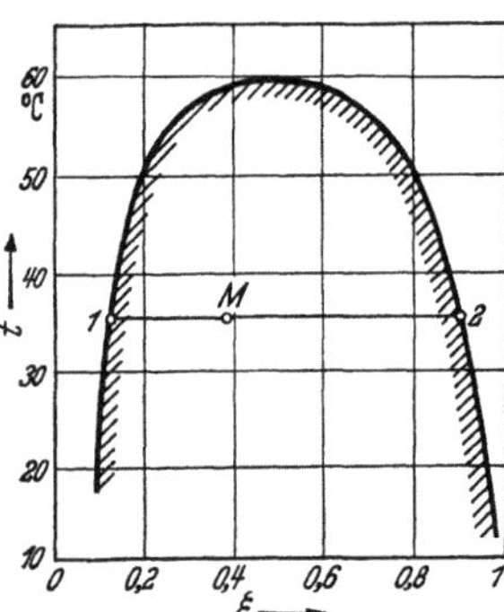

Abb. 140. Das binäre Gemisch
Hexan+Anilin mit Mischungslücke im t, ξ-Diagramm.

zerfällt, die bei gleicher Temperatur miteinander im Gleichgewicht sind.

Mischungslücken entstehen, wenn die Anziehungskräfte zwischen den gleichartigen Molekeln größer sind als zwischen den verschiedenartigen. Es treten
in solchen Fällen positive Mischungswärmen $^i\varLambda$ auf. Der Vorgang ist endotherm,
und zur Konstanthaltung der Temperatur muß Wärme von außen zugeführt
werden. Bei einem exothermen Vorgang mit negativer Lösungswärme $^i\varLambda$ ziehen
sich die verschiedenartigen Moleküle stärker an als die gleichartigen; in diesem
Fall treten keine Mischungslücken auf[1].

Beim Vorhandensein von Mischungslücken und einer Trennung in zwei
Schichten spricht man von *heterogenen Flüssigkeitsgemischen*; wir haben es dann

---

[1] Eine genauere Erklärung über die Entstehung der Mischungslücken findet man
z. B. bei G. KORTÜM: Einführung in die chemische Thermodynamik, S. 204. Göttingen:
Vandenhoek & Ruprecht 1949.

mit zwei flüssigen Phasen zu tun. Die Siede- und Taulinien eines solchen Gemisches für den konstanten Druck p_1 sind in einem t, ξ-Diagramm in Abb. 141 dargestellt. Außerhalb der Mischungslücke, deren Gebiet hier wieder schraffiert ist, ist das Verhalten solcher Gemische bei der Verdampfung und Kondensation das gleiche wie bei homogenen Gemischen (Abb. 136): links von der Mischungslücke bildet eine siedende Flüssigkeit von der Zusammensetzung ξ_a' einen Dampf von $\xi_b'' > \xi_a'$, und rechts davon ist die Flüssigkeit von ξ_c' mit einem Dampf von $\xi_d'' < \xi_c'$ koexistent. An der Mischungslücke sind die beiden flüssigen Phasen in den Punkten e und f miteinander im Gleichgewicht; sie müssen daher auch den gleichen Dampf von der Zusammensetzung ξ_g aussenden. Die beiden Taulinien müssen sich also im Punkt g auf der Isotherme $e\,f$ schneiden. Hier stehen

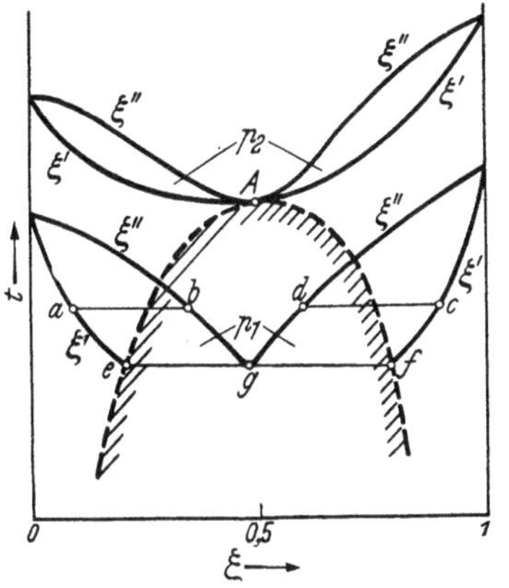

Abb. 141. Siede- und Taulinien eines heterogenen Flüssigkeitsgemisches bei 2 verschiedenen Drücken im t, ξ-Diagramm.

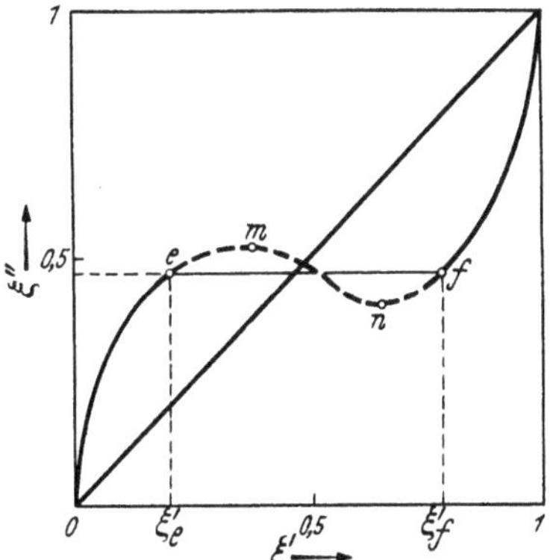

Abb. 142. BALY-Kurve für ein Gemisch mit Mischungslücke.

drei Phasen des binären Gemisches miteinander im Gleichgewicht. Das System hat also nach Gl. (368) nur einen Freiheitsgrad; bei gegebenem Druck ist auch die Temperatur festgelegt.

Mit wachsendem Druck ($p_2 > p_1$) rücken die Punkte e und f längs der Grenze der Mischungslücke näher aneinander, bis sie schließlich im Punkt A zusammenfallen. Oberhalb A wird das Gemisch im ganzen Gebiet homogen. Man erkennt, daß Punkt A ein azeotroper Punkt ist und daß man auch für $p > p_2$ azeotrope Punkte erhält.

Das hier beschriebene Verhalten gilt natürlich nur für Gemische, deren Mischungslücke sich, wie in Abb. 140, mit wachsender Temperatur schließt.

Das BALY-Diagramm eines Gemisches mit Mischungslücke ist in Abb. 142 dargestellt. Der Verlauf von ξ'' über ξ' ist gebrochen. Für ξ'-Werte zwischen ξ_e' und ξ_f' zerfällt das flüssige Gemisch in zwei Schichten mit den Zusammensetzungen ξ_e' und ξ_f', die beide die gleiche Dampfzusammensetzung haben. Der ungebrochene Verlauf über $e-m-n-f$ ist aus Stabilitätsgründen nicht möglich. Es kann nachgewiesen werden, daß $d\xi''/d\xi'$ stets größer als Null sein muß, so daß sich die Gehalte von Flüssigkeit und Dampf stets in demselben Sinne ändern; der Teil $m-n$ ist nicht realisierbar (Regel von KONOWALOW[1]). Der Ersatz der Schleife $e-m-n-f$ durch die Gerade $e-f$ bedeutet mehr als eine äußere Analogie zu der Schleife einer VAN DER WAALSschen Isotherme im Naßdampfgebiet (s. S. 157 und Abb. 68).

---

[1] Den Beweis findet man auf S. 339.

4. Die Partialdrücke verdampfender binärer Flüssigkeitsgemische[1].

Auf S. 296 hatten wir für verdünnte Lösungen eines festen Stoffes in einem flüssigen Lösungsmittel das RAOULTsche Gesetz gefunden, nach welchem der Dampfdruck über der Lösung sich nach der Gl. (418)

$$P = P_0(1 - \xi'_M)$$

berechnen läßt, in der P_0 den Dampfdruck über der reinen Lösung und $\xi'_M = \dfrac{n_2}{n_1 + n_2}$ den Molenbruch in der Flüssigkeit darstellt (n_2 Mole des festen Stoffes in n_1 Molen Lösungsmittel). Besitzen beide Bestandteile eines Flüssigkeitsgemisches mit den Molanteilen n_1 und n_2 endliche Partialdrücke P_1 und P_2 im Dampfgemisch, so daß der gesamte Dampfdruck $P = P_1 + P_2$ ist, dann kann man das RAOULTsche Gesetz sinngemäß durch das Gleichungspaar

$$P_1 = P_{1_0}(1 - \xi'_M) \quad \text{und} \quad P_2 = P_{2_0}\,\xi'_M \qquad (446)$$

darstellen, wobei P_{1_0} und P_{2_0} die Dampfdrücke der beiden reinen Bestandteile bei der gegebenen Temperatur sind. Dabei bedeutet $\xi'_M = 0$, daß nur der erste Bestandteil vorhanden ist, und $\xi'_M = 1$, daß wir es nur mit dem zweiten zu tun haben. Es sei ausdrücklich betont, daß in den Gl. (446) ξ'_M den Molenbruch der *flüssigen* Phase bedeutet.

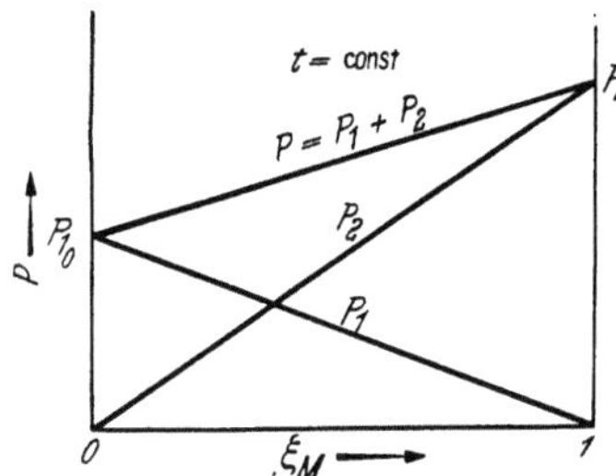

Abb. 143. Verlauf der Partialdrücke und Gesamtdrücke eines idealen binären Gemisches über der molaren Zusammensetzung.

Ein binäres Flüssigkeitsgemisch, das im ganzen Konzentrationsgebiet die Gl. (446) erfüllt und sich daher so verhält, wie in Abb. 143 dargestellt, bezeichnet man als ein *ideales Gemisch*. Dieses Verhalten ist in Gemischen von chemisch sehr ähnlichen Stoffen, z. B. Äthylenbromid und Propylenbromid, nahezu verwirklicht. Auch Gemische von $O_2 + N_2$ weichen hiervon nicht wesentlich ab. Als weitere Beispiele seien genannt: Benzol + Chloroform, Benzol + Äthylchlorid und von Kältemitteln Methylchlorid + Kohlendioxyd[2].

Eine wesentlich größere Zahl von Flüssigkeitsgemischen läßt sich jedoch erfassen, wenn man die Gl. (446) in der verallgemeinerten Form

$$P_1 = P_{1_0}(1 - \xi'_M)^\alpha \quad \text{und} \quad P_2 = P_{2_0}\xi'^\alpha_M \qquad (447)$$

schreibt. Mit $\alpha = 1$ erhält man wieder den Verlauf nach Abb. 143. Mit $\alpha > 1$ erhält man einen Druckverlauf nach Abb. 144 und mit $\alpha < 1$ einen solchen nach Abb. 145.

Es ist klar, daß durch Gl. (447) nicht alle möglichen Fälle erschöpft sind und daß es noch allgemeinere Gesetze für die Abhängigkeit der Partialdrücke im Dampf von der Zusammensetzung ξ'_M in der flüssigen Phase gibt. Wir brauchen dabei nur an die Maximum- und Minimumgemische mit azeotropem Punkt zu denken.

Es besteht nun in der Tat eine ganz allgemein gültige Differentialgleichung zwischen den Größen P_1, P_2 und ξ'_M, deren Lösung jedoch nicht allgemein

---

[1] Die geschichtliche Entwicklung der Lehre von den Dampfdrücken binärer Flüssigkeitsgemische findet man bei W. OSTWALD: Lehrbuch der allgem. Chemie, 2. Aufl., Bd. 1, S. 643 und Bd. 3, S. 687. — J. P. DALTON lieferte wohl die ersten experimentellen Beiträge zu dieser Lehre.

[2] Vgl. v. ZAWIDZKI: Z. phys. Chem. Bd. 35 (1900) S. 129. Es handelt sich hier durchweg um nichtassoziierende Stoffe. Anscheinend bedingt die Assoziation die Abweichungen vom geradlinigen Verlauf der Dampfdruckkurven.

angegeben werden kann. Diese zuerst von Duhem[1], dann von Margules[2] und Lehfeldt[3] angegebene Gleichung lautet

$$\frac{d\ln P_2}{d\ln P_1} = \frac{d\ln \xi'_M}{d\ln(1 - \xi'_M)} \,. \tag{448}$$

Sie kann auch in der Form

$$\frac{d\ln P_2}{d\ln P_1} = -\frac{1 - \xi'_M}{\xi'_M} \tag{448a}$$

geschrieben werden. Zu dieser Gleichung kann man auf verschiedene Weise gelangen, am einfachsten dadurch, daß man im Gedankenexperiment auf zwei

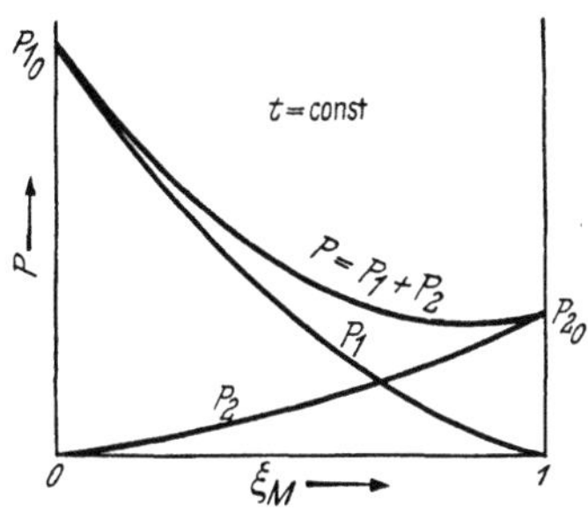

Abb. 144. Verlauf der Partialdrücke und Gesamtdrücke für binäre Flüssigkeitsgemische mit $\alpha > 1$ in Gl. (447).

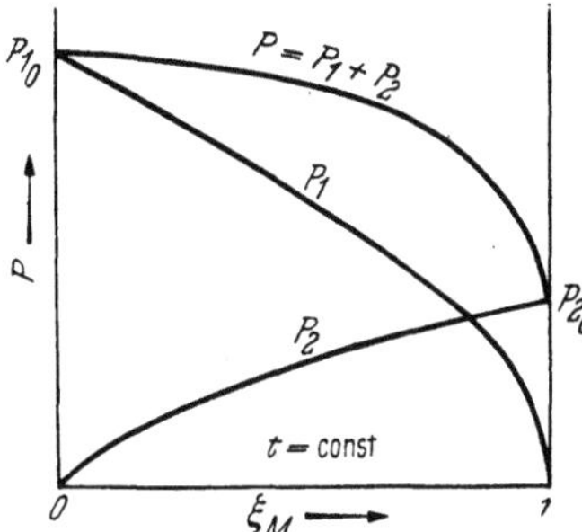

Abb. 145. Verlauf der Partialdrücke und Gesamtdrücke für binäre Flüssigkeitsgemische mit $\alpha < 1$ in Gl. (447).

verschiedenen Wegen einen isothermen, reversiblen Entmischungsvorgang durchführt und in beiden Fällen den Arbeitsaufwand berechnet. Dieser Arbeitsaufwand muß nach dem zweiten Hauptsatz der Thermodynamik in jedem der beiden Fälle gleich groß sein.

Wir betrachten ein flüssiges Gemisch, bestehend aus n_1 Molen des ersten und n_2 Molen des zweiten Bestandteils, und definieren die molare Zusammensetzung durch $\xi'_M = \dfrac{n_2}{n_1 + n_2}$. Nun verdampfen wir isotherm mit Hilfe einer halbdurchlässigen Wand eine unendlich kleine Menge dn_1 des ersten Bestandteils beim Partialdruck P_1. Bei Gültigkeit der Gesetze idealer Gase wird dabei die Arbeit $\Re T\, dn_1$ geleistet. Dann verdichten wir diesen Dampf isotherm bis zum Druck P_{1_0} des reinen ersten Bestandteils und wenden dafür die Arbeit

$$dL' = \Re T \ln\frac{P_{1_0}}{P_1}\, dn_1$$

auf. Schließlich verflüssigen wir den Dampf, wobei die gleiche Arbeit $\Re T\, dn_1$ aufzuwenden ist, die bei der Verdampfung geleistet wurde. Es bleibt also nur der Arbeitsbetrag dL' übrig.

Setzt man die Verdampfung des ersten Bestandteils fort, so sinkt bei konstantem n_2 mit dem Gehalt n_1 in der Flüssigkeit auch sein Partialdruck P_1, bis zuletzt bei vollendeter Entmischung n_1 und P_1 den Wert Null erreichen. Die gesamte aufzuwendende Entmischungsarbeit ist also

$$L' = \Re T \int_0^{n_1} \ln\frac{P_{1_0}}{P_1}\, dn_1 \,. \tag{449}$$

---

[1] Duhem, P.: C. R. Acad. Sci., Paris Bd. 102 (1886) S. 1449 — ausführlich in Bd. 4 der Mécanique Chimique. Paris 1889.

[2] Margules, M.: Sitzgsber. Wiener Akad. Wiss., Math.-Naturw. Kl. Abt. IIa Bd. 104 (1895) S. 1258.

[3] Lehfeldt: Phil. Mag. Bd. 40 (1895) S. 402.

Aus $\dfrac{n_1}{n_2} = \dfrac{1 - \xi'_M}{\xi'_M}$ findet man $n_1 = n_2 \dfrac{1 - \xi'_M}{\xi'_M}$ und daher bei konstantem n_2

$$d n_1 = - n_2 \frac{d \xi'_M}{\xi'^2_M}.$$

Setzt man diesen Ausdruck in Gl. (449) ein, dann wird

$$L' = - n_2 \Re T \int\limits_1^{\xi'_M} \ln \frac{P_{1_0}}{P_1} \frac{d \xi'_M}{\xi'^2_M}. \tag{449 a}$$

Die Entmischung kann aber auch auf anderem Wege erreicht werden, und zwar dadurch, daß wir mit Hilfe einer anderen halbdurchlässigen Wand in der oben beschriebenen Weise bei konstantem n_1 zuerst $d n_2$ Mole des zweiten Bestandteils beim Partialdruck P_2 isotherm verdampfen, diesen Dampf auf P_{2_0} verdichten und anschließend verflüssigen. Dabei wird die Arbeit

$$d L'' = \Re T \ln \frac{P_{2_0}}{P_2} d n_2$$

aufzuwenden sein. Setzen wir auch hier die Vorgänge so lange fort, bis die Entmischung vollendet ist, dann beträgt die gesamte aufgewendete Arbeit

$$L'' = \Re T \int\limits_0^{n_2} \ln \frac{P_{2_0}}{P_2} d n_2. \tag{450}$$

Mit

$$n_2 = n_1 \frac{\xi'_M}{1 - \xi'_M} \quad \text{wird} \quad d n_2 = n_1 \frac{d \xi'_M}{(1 - \xi'_M)^2}.$$

Damit geht Gl. (450) über in

$$L'' = n_1 \Re T \int\limits_0^{\xi'_M} \ln \frac{P_{2_0}}{P_2} \frac{d \xi'_M}{(1 - \xi'_M)^2}. \tag{450 a}$$

Mit der Bedingung $L' = L''$ erhalten wir aus (449a) und (450a)

$$- n_2 \int\limits_1^{\xi'_M} \ln \frac{P_{1_0}}{P_1} \frac{d \xi'_M}{\xi'^2_M} = n_1 \int\limits_0^{\xi'_M} \ln \frac{P_{2_0}}{P_2} \frac{d \xi'_M}{(1 - \xi'_M)^2}$$

oder nach Division mit $n_1 \mid n_2$

$$\xi'_M \int\limits_1^{\xi'_M} \ln \frac{P_{1_0}}{P_1} \frac{d \xi'_M}{\xi'^2_M} = -(1 - \xi'_M) \int\limits_0^{\xi'_M} \ln \frac{P_{2_0}}{P_2} \frac{d \xi'_M}{(1 - \xi'_M)^2}.$$

Die Differentiation dieser Gleichung nach ξ'_M liefert

$$\int\limits_1^{\xi'_M} \ln \frac{P_{1_0}}{P_1} \frac{d \xi'_M}{\xi'^2_M} + \frac{1}{\xi'_M} \ln \frac{P_{1_0}}{P_1} = \int\limits_0^{\xi'_M} \ln \frac{P_{2_0}}{P_2} \frac{d \xi'_M}{(1 - \xi'_M)^2} - \frac{1}{1 - \xi'_M} \ln \frac{P_{2_0}}{P_2}.$$

Eine nochmalige Differentiation nach ξ'_M ergibt

$$\frac{1}{\xi'_M} \frac{d \ln \dfrac{P_{1_0}}{P_1}}{d \xi'_M} = - \frac{1}{1 - \xi'_M} \frac{d \ln \dfrac{P_{2_0}}{P_2}}{d \xi'_M}$$

oder, da P_{1_0} und P_{2_0} von ξ_M' unabhängig sind:

$$\xi_M' \frac{d\ln P_2}{d\xi_M'} = -(1 - \xi_M') \frac{d\ln P_1}{d\xi_M'}. \tag{451}$$

Das ist aber die DUHEM-MARGULESsche Differentialgleichung (448a).

Man überzeugt sich leicht, daß die Ansätze nach Gl. (447) der Differentialgleichung (451) genügen, denn beide Seiten der Gleichung erhalten dabei den Wert α.

Man kann aber mit MARGULES noch andere Lösungen für P_1 und P_2 angeben, die zwar mehr Konstanten enthalten, aber die Messungen besser wiedergeben. Ein solches Lösungspaar ist

und
$$\left. \begin{array}{l} P_1 = P_{1_0}(1 - \xi_M')^{\alpha_0}\, e^{\alpha_1 \xi_M' + \frac{\alpha_2}{2}\xi_M'^2 + \frac{\alpha_3}{3}\xi_M'^3} \\[2mm] P_2 = P_{2_0}\,\xi_M'^{\beta_0}\, e^{\beta_1(1 - \xi_M') + \frac{\beta_2}{2}(1 - \xi_M')^2 + \frac{\beta_3}{3}(1 - \xi_M')^3} \end{array} \right\} \tag{452}$$

Aus diesen Gleichungen folgt

$$-(1 - \xi_M') \frac{d\ln P_1}{d\xi_M'} = \alpha_0 - \alpha_1(1 - \xi_M') - \alpha_2 \xi_M'(1 - \xi_M') - \alpha_3 \xi_M'^2(1 - \xi_M')$$

$$= (\alpha_0 - \alpha_1) + (\alpha_1 - \alpha_2)\xi_M' + (\alpha_2 - \alpha_3)\xi_M'^2 + \alpha_3 \xi_M'^3$$

und

$$\xi_M' \frac{d\ln P_2}{d\xi_M'} = \beta_0 - \beta_1 \xi_M' - \beta_2 \xi_M'(1 - \xi_M') - \beta_2 \xi_M'(1 - \xi_M')^2$$

$$= \beta_0 - (\beta_1 + \beta_2 + \beta_3)\xi_M' + (\beta_2 + 2\beta_3)\xi_M'^2 - \beta_3 \xi_M'^3.$$

Setzt man diese Werte in Gl. (451) ein, dann wird sie erfüllt, wenn zwischen den Koeffizienten folgende Zusammenhänge bestehen:

$$\left. \begin{array}{ll} \alpha_0 = \beta_0 - \beta_1, & \alpha_2 = \beta_2 + \beta_3, \\[2mm] \alpha_1 = -\beta_1, & \alpha_3 = -\beta_3. \end{array} \right\} \tag{453}$$

Die Reihen in den e-Potenzen könnten natürlich noch erweitert werden. v. ZAWIDZKI gibt aber an[1], daß für manche Stoffe die Meßwerte schon gut wiedergegeben werden, wenn man in Gl. (452)

$$\alpha_0 = \beta_0 = 1 \quad \text{und} \quad \alpha_1 = \beta_1 = 0$$

setzt, so daß nur noch vier Koeffizienten α_2, α_3, β_2 und β_3 übrigbleiben, zwischen denen nach Gl. (453) zwei Bedingungsgleichungen bestehen.

v. ZAWIDZKI gibt die Zahlenwerte der Koeffizienten für viele Stoffpaare an und findet gute Übereinstimmung der DUHEM-MARGULESschen Gleichung mit den Meßwerten.

Kennt man die Abhängigkeit der beiden Partialdampfdrücke von der Zusammensetzung der Flüssigkeit, dann kann man auch zu jedem Wert von ξ_M' die zugehörige Zusammensetzung ξ_M'' des Dampfes angeben. Für den einfachsten Fall einer idealen Lösung gelten die Gl. (446); aus der Zustandsgleichung idealer Gase folgt ferner $P_1/P_2 = n_1/n_2 = (1 - \xi_M'')/\xi_M''$. Daher wird

und damit
$$\frac{1 - \xi_M''}{\xi_M''} = \frac{P_{1_0}(1 - \xi_M')}{P_{2_0}\,\xi_M'}$$

und
$$\xi_M'' = \frac{P_{2_0}\,\xi_M'}{P_{1_0}(1 - \xi_M') + P_{2_0}\,\xi_M'} \tag{454}$$

$$\xi_M' = \frac{P_{1_0}\,\xi_M''}{P_{2_0}(1 - \xi_M'') + P_{1_0}\,\xi_M''}. \tag{455}$$

---

[1] v. ZAWIDZKI, J.: vgl. Fußnote 2 auf S. 322.

Nach Einsatz des Wertes von ξ'_M aus Gl. (455) in die Gl. (446) erhält man die Partialdrücke P_1 und P_2 als Funktionen von ξ''_M.

Aus Gl. (455) folgt ferner

$$\frac{\xi''_M}{\xi'_M} = \xi''_M + (1 - \xi''_M)\frac{P_{2_0}}{P_{1_0}}. \tag{456}$$

Ist $P_{2_0} > P_{1_0}$, dann wird die rechte Seite dieser Gleichung größer als 1; für ideale Lösungen muß daher auch stets $\xi''_M > \xi'_M$ sein. Damit ist bewiesen, daß der Dampf stets reicher an dem leichter siedenden Bestandteil ist.

5. Lösungen von Gasen in Flüssigkeiten.

Wir wollen zum Abschluß dieses Abschnittes noch das Gleichgewicht zwischen einer schwerflüchtigen Flüssigkeit und einem darüber befindlichen Gas betrachten, das sich teilweise in der Flüssigkeit löst. Der Dampfdruck der Flüssigkeit soll dabei gegenüber dem Gasdruck vernachlässigbar klein sein. Für verdünnte Lösungen (geringe Gasmengen in der Flüssigkeit) gilt dann ein einfaches Lösungsgesetz, das zuerst von HENRY[1] angegeben wurde. Es zeigt sich, daß die gelöste Gasmenge nur von der Gasart, der Flüssigkeitsart, der Temperatur und dem Druck in der Gasphase abhängt. Das HENRYsche Gesetz sagt aus, daß die Gewichtsmenge x eines bestimmten Gases, die sich in der Gewichtseinheit einer bestimmten Flüssigkeit löst, dem Dampfdruck P des ungelöst verbliebenen Gases proportional ist:

$$x = CP. \tag{457}$$

Man nennt C den Löslichkeits- oder Absorptionskoeffizienten der Flüssigkeit für das betreffende Gas; er ist temperaturabhängig.

DALTON hat das HENRYsche Gesetz auf die Löslichkeit von Gasmischungen in Flüssigkeiten verallgemeinert und betont, daß die Löslichkeit der einzelnen Bestandteile einer Gasmischung deren Partialdrücken in der Gasphase proportional ist. Natürlich besitzt jeder Bestandteil seinen eigenen Absorptionskoeffizienten. So löst sich z. B. Sauerstoff bei $20°$ C in Wasser nahezu doppelt so stark wie Stickstoff, was biologisch wichtig ist.

Bei hohen Drücken, für welche die Gasgesetze nicht mehr gelten, treten Abweichungen vom HENRYschen Gesetz auf; diese Abweichungen sind aber bei N_2 und O_2 selbst bei Drücken von 10 ata noch verhältnismäßig gering. Große Abweichungen treten auf, wenn die Gase bei der Lösung in der Flüssigkeit elektrolytisch dissoziieren (z. B. HCl in Wasser), oder wenn sich gar Moleküle des Lösungsmittels an die gebildeten Ionen anlagern — eine Erscheinung, die als *Solvatation*, oder beim Lösungsmittel Wasser als *Hydratation* bezeichnet wird. Solche Hydratationen treten z. B. bei der Lösung von NH_3 oder CO_2 auf.

Zu der hier besprochenen Kategorie von Lösungserscheinungen kann auch die *Adsorption* von Gasen an festen Oberflächen gerechnet werden (s. S. 309). Diese Erscheinungen werden durch das Gesetz von LANGMUIR[2] beherrscht. Ist a die je Oberflächeneinheit bzw. je Gewichtseinheit des festen Stoffes (z. B. Silica-Gel oder Aktivkohle) adsorbierte Gewichtsmenge eines Gases und P der Partialdruck des adsorptionsfähigen Gases in der angrenzenden Gasmischung, dann gilt für konstante Temperatur

$$a = \frac{AP}{P + B}, \tag{458}$$

---

[1] HENRY, L.: Phil. Trans. roy. Soc. Lond. Bd. 1 (1803) S. 29 — Gilb. Ann. Bd. 20 (1805).

[2] LANGMUIR, J.: J. Amer. chem. Soc. Bd. 40 (1918) S. 1361.

wobei A und B charakteristische Konstanten für jedes Stoffpaar sind. Bei kleinen Werten von P ist die adsorbierte Gasmenge ungefähr dem Gasdruck proportional, wie beim HENRYschen Gesetz nach Gl. (457). Für hohe Drücke wird aber B gegen P vernachlässigbar, und a nähert sich dann dem Sättigungsgrenzwert A. Dieser wird erreicht, wenn die (stark zerklüftete) Oberfläche des Adsorbens mit einer monomolekularen Schicht des Gases vollständig bedeckt ist.

Neben der LANGMUIRschen Isotherme, die durch das Gesetz nach Gl. (458) ausgedrückt ist, wird in der Praxis auch noch von der FREUNDLICHschen Isotherme[1] $a = A_1 P^{B_1}$ Gebrauch gemacht, in der A_1 und B_1 zwei neue charakteristische Konstanten sind.

VIII. Schmelzen und Erstarren von binären Gemischen mit zwei Komponenten in beiden Phasen.

Auf S. 303 wurde das Verhalten von Salzlösungen verfolgt, die beim Erstarren Kristalle bilden, welche nur aus dem reinen Lösungsmittel oder nur aus dem gelösten Salz bestehen. Das Erstarrungs- oder Schmelzdiagramm solcher Lösungen war in Abb. 122 dargestellt. Jetzt sollen die Fälle betrachtet werden, in denen sich beim Erstarren sog. *Mischkristalle* bilden, die als feste homogene Lösungen aufzufassen sind (was gleichen Gittertyp voraussetzt). Dabei können die Bestandteile entweder vollständig mischbar sein, so daß aus der Schmelze im ganzen Konzentrationsbereich Mischkristalle gebildet werden, oder es entstehen in der festen Phase wie in Flüssigkeitsgemischen Mischungslücken (s. S. 320), die sich mit sinkender Temperatur meistens verbreitern.

Das Schmelzen und Erstarren solcher Gemische, zu denen auch die Legierungen von Metallen gehören, spielt eine wichtige Rolle bei metallurgischen Prozessen und im Bereich hoher Temperaturen. Für die Kältetechnik sind diese Erscheinungen von geringerer Bedeutung, so daß wir hier nicht auf alle Einzelheiten einzugehen brauchen. Immerhin fand JUSTI ein Anwendungsgebiet im Bereich fest—flüssiger Gemische von Stickstoff und Sauerstoff unter Ausnutzung des Eutektikums in einem Kryostaten, der die Erreichung einer Temperatur von 50° K ohne Benutzung von flüssigem Wasserstoff ermöglicht[2].

Bei vollständiger Mischbarkeit erhält man ein Schmelzdiagramm (Abb. 146), das dem t, ξ-Diagramm der Verdampfung eines binären Flüssigkeitsgemisches (Abb. 130) sehr ähnlich ist. Als Beispiel wählen wir hier das System $Br_2 + Cl_2$[3]. Die Erstarrungstemperatur von reinem Brom liegt bei —7,3° C und die des reinen Chlors bei —102° C. Der Druck hat auf die Erstarrungspunkte nur geringen Einfluß, so daß die Druckabhängigkeit der Vorgänge hier nicht untersucht zu werden braucht. Wird ein flüssiges Gemisch vom Zustand a und der Zusammensetzung ξ_a abgekühlt, so beginnen sich bei der Temperatur t_b die ersten Kristalle auszuscheiden, deren Zusammensetzung $\xi_c < \xi_b$ ist, die also reicher an Brom sind als die Flüssigkeit. Bei weiterer Abkühlung bis zum Punkt f

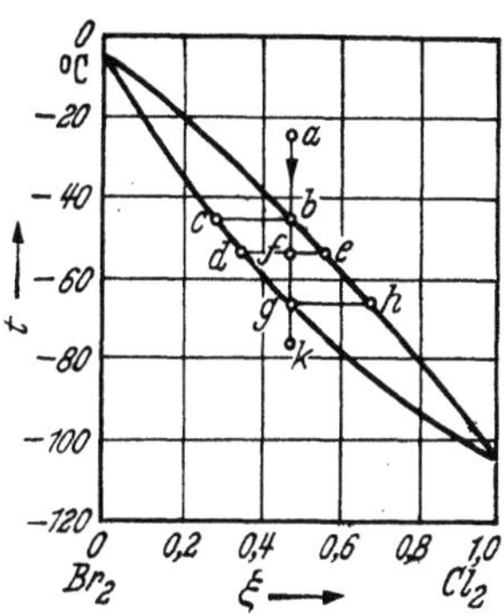

Abb. 146. Schmelzdiagramm des vollständig mischbaren binären Gemisches von Brom und Chlor (nach KORTÜM).

---

[1] FREUNDLICH, H.: Kapillarchemie, 4. Aufl., Bd. 1, S. 244. Leipzig 1930.

[2] JUSTI, E.: Z. f. Naturforschung, Bd. 7a (1952) S. 692.

[3] Nach F. KORTÜM: Einführung in die Chemische Thermodynamik, S. 207. Göttingen: Vandenhoek & Ruprecht 1949.

zerfällt das Gemisch in eine chlorreichere flüssige Phase von ξ_e und eine bromreichere feste Phase von ξ_d. Bei Erreichung des Punktes g ist alles erstarrt, und die letzten Flüssigkeitstropfen haben die Zusammensetzung ξ_h. Die gebildeten Mischkristalle haben dann die Zusammensetzung $\xi_g = \xi_a$ der Ausgangsflüssigkeit und können weiter, z. B. bis zum Punkt k, abgekühlt werden. Die ganze obere Gleichgewichtslinie $a{-}h$, längs der bei Abkühlung das Erstarren beginnt, bezeichnet man als *Liquiduslinie*, und entsprechend die Linie $c{-}g$, längs der bei Erwärmung das Schmelzen beginnt, als *Soliduslinie*. Die Schnittpunkte dieser beiden Grenzlinien mit den Isothermen geben die Zusammensetzungen der koexistierenden flüssigen und festen Phasen an. Oberhalb der Liquiduslinie ist die ganze Lösung flüssig, unterhalb der Soliduslinie ist sie vollkommen erstarrt. Zwischen diesen beiden Linien liegt das Schmelzgebiet.

Ganz anders sieht das Schmelzdiagramm eines Systems mit Mischungslücke aus (z. B. für Silber und Kupfer). Das Verhalten solcher Systeme ist in Abb. 147 dargestellt; es ist dem Verhalten von verdampfenden Flüssigkeitsgemischen mit Mischungslücke (Abb. 141) analog. Es muß aber betont werden, daß sich die Gleichgewichte in festen Phasen bedeutend langsamer einstellen als in Flüssigkeiten, da die Diffusionsgeschwindigkeit viel kleiner ist.

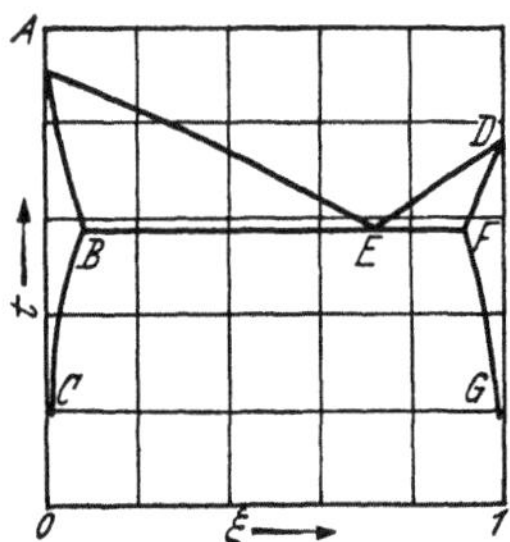

Abb. 147. Schmelzdiagramm eines binären Systems mit Mischungslücke.

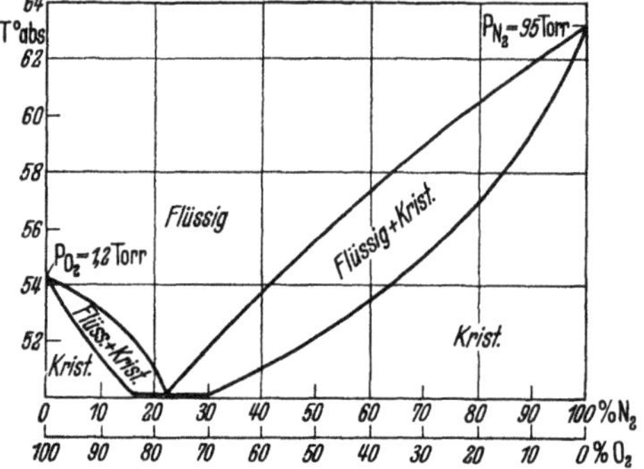

Abb. 147a. Zustandsdiagramm des Systems $N_2 + O_2$ (fest—flüssig) (nach RUHEMANN).

In Abb. 147 hat man oberhalb der Liquiduslinie $A{-}E{-}D$ ein reines Flüssigkeitsgemisch und dessen Dampf. Innerhalb der Gebiete $A{-}B{-}E$ und $D{-}F{-}E$ erhält man Mischkristalle, deren Zusammensetzung für jede Temperatur auf den Soliduslinien $A{-}B$ und $D{-}F$ liegt, zusammen mit koexistierenden Flüssigkeitsgemischen, deren Zusammensetzung auf den Liquiduslinien $A{-}E$ und $E{-}D$ liegt. In E wird der eutektische Punkt erreicht, der den tiefstmöglichen Schmelzpunkt des Systems besitzt. Hier sind zwei Arten von Mischkristallen der Zustände B und F miteinander und mit der Flüssigkeit im Zustand E im Gleichgewicht. In den Gebieten $A{-}B{-}C$ und $D{-}F{-}G$ hat man trockene homogene Mischkristalle, die entweder an der einen oder an der anderen Komponente reich sind. Im Gebiet unterhalb $C{-}B{-}E{-}F{-}G$ hat man ein heterogenes Gemisch von zwei Mischkristallarten, deren Zusammensetzungen im Gleichgewicht auf den Linien $B{-}C$ und $F{-}G$ liegen und die sich dementsprechend bei weiterer Abkühlung verändern. Diese Gleichgewichte stellen sich aber nur sehr langsam ein.

Werden die Bereiche, in denen sich Mischkristalle bilden, immer kleiner, so fallen bei den betreffenden Systemen schließlich die Linien $A{-}B$ und $D{-}F$ mit den Ordinaten zusammen, und die Mischungslücke unterhalb BF umfaßt praktisch den ganzen Bereich von $\xi = 0$ bis $\xi = 1$.

Abb. 147a zeigt das Schmelzdiagramm von Stickstoff-Sauerstoff-Gemischen, die ebenfalls einen eutektischen Punkt bei etwa $50°$ K besitzen[1].

Bei manchen Systemen treten Mischungslücken nur bei tieferen Temperaturen auf, während bei höheren Temperaturen im ganzen Konzentrationsgebiet homogene Mischkristalle entstehen. An der Entmischungsgrenze entsteht dann wie in den oberen Kurven von Abb. 141 ein Schmelzpunktminimum, in dem sich die Liquidus- und Soliduslinien berühren (azeotroper Punkt). Hier kristallisiert das Gemisch wie ein einheitlicher Stoff. Als Beispiel für solche Systeme sei das Gemisch KCl + NaCl genannt, das nur unterhalb $398°$ C eine Mischungslücke aufzuweisen beginnt. Ein anderes Beispiel dieser Art ist das System Gold + Nickel, das erst unterhalb $800°$ in zwei feste Phasen zerfällt.

Auf die noch verwickelteren Vorgänge bei manchen Legierungen, wie z. B. Eisen + Kohlenstoff, soll hier nicht näher eingegangen werden[2].

IX. Das vollständige i, ξ-Diagramm und seine Verwendung für kalorische Berechnungen.

1. Der Aufbau des Diagramms.

Auf S. 291 und Abb. 118 wurde bereits gezeigt, wie man den Verlauf von Isothermen für ein flüssiges Gemisch in einem i, ξ-Diagramm erhalten kann. Wäre die Lösungswärme gleich Null, so würden diese Isothermen nach Gl. (409) geradlinig verlaufen. Da bei der Mischung von Flüssigkeiten aber in der Regel Lösungswärmen in Erscheinung treten, sind die Isothermen gekrümmt, und zwar verlaufen sie konkav, wenn die Lösungswärme negativ ist (wie in Abb. 118 für das Gemisch $H_2O + NH_3$), oder konvex, wenn die Lösungswärme positiv ist (wie in Abb. 114). Da bei der Mischung von Gasen oder Dämpfen keine oder doch nur vernachlässigbar kleine Lösungswärmen auftreten, verlaufen die Isothermen von Gasgemischen oder von Gemischen überhitzter Dämpfe geradlinig.

In Abb. 148 ist für ein bestimmtes Gemisch je eine Schar von Flüssigkeits- und von Dampfisothermen gezeichnet. Der Abstand einer Dampfisotherme von der Flüssigkeitsisotherme gleicher Temperatur ist für die reinen Komponenten ($\xi = 0$ und $\xi = 1$) durch die Größe der Verdampfungswärmen gegeben. Für einen bestimmten Druck $P = $ konst., für den das Diagramm gezeichnet ist, kann mit Hilfe eines t, ξ-Diagramms (Abb. 130) die *Siedelinie $A-B$* in Abb. 148 eingetragen werden; dabei ist t_1 die Verdampfungstemperatur der ersten Komponente ($\xi = 0$) und t_2 die der zweiten Komponente ($\xi = 1$). Trägt man vom Punkt A nach oben die Verdampfungswärme $r_1 = \overline{AC}$ der ersten

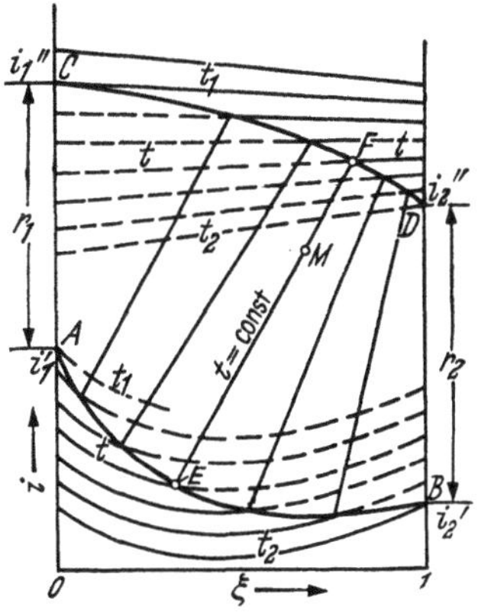

Abb. 148. Siedelinie, Taulinie sowie eine Schar von Isothermen im i, ξ-Diagramm.

Komponente auf, dann muß die Dampfisotherme $t_1 = $ konst. durch den Punkt C verlaufen. Die Punkte A und C stellen die Enthalpien i_1' und i_1'' von siedender Flüssigkeit und trocken gesättigtem Dampf der reinen ersten Komponente beim

[1] RUHEMANN, M., u. B.: Low Temperature Physics, S. 98, Cambridge (England): University Press 1937.

[2] Es sei verwiesen auf C. WAGNER: Thermodynamik metallischer Mehrstoffsysteme. Handbuch der Metallphysik, hrsg. von G. MASING, Bd. 1, 2. Teil. Leipzig 1940.

Druck P dar. Die Enthalpie des überhitzten Dampfes läßt sich dann aus der spezifischen Wärme des Dampfes leicht berechnen.

Genau so erhält man bei gleichem Druck für die zweite reine Komponente bei $\xi = 1$ durch Auftragen der Verdampfungswärme $r_2 = \overline{BD}$ den Punkt D, durch den die Dampfisotherme $t_2 = $ konst. gehen muß.

Wiederholt man dieses Verfahren für verschiedene Drücke, so kann man für jede geradlinige Dampfisotherme je einen Punkt auf den Achsen $\xi = 0$ und $\xi = 1$ und damit den Verlauf dieser Isothermen erhalten.

Die *Taulinie* $C-D$ wird in ihrem ganzen Verlauf aus dem t, ξ-Diagramm gewonnen.

Unterhalb der Siedelinie $A-B$ liegt das Gebiet nichtsiedender Flüssigkeiten, oberhalb der Taulinie $C-D$ das Gebiet überhitzter Dämpfe. Zwischen diesen beiden Grenzlinien liegen die Zustände nasser Dampfgemische; dabei verbindet eine Naßdampfisotherme $E-F$ den Schnittpunkt E der Flüssigkeitsisotherme t und der Siedelinie $A-B$ mit dem Schnittpunkt F der Dampfisotherme t und der Taulinie $C-D$. Man erkennt wieder, daß der mit der Flüssigkeit im Gleichgewicht stehende Dampf eine andere Zusammensetzung hat als die Flüssigkeit, und zwar ist er reicher an dem leichter siedenden Bestandteil ($\xi_F > \xi_E$). Da man auf Grund der Mengen- und Enthalpiebilanz beweisen kann, daß alle Mischzustände auf der Verbindungsgeraden der Zustände zweier gegebener Gemische liegen, so müssen die Naßdampfisothermen geradlinig verlaufen (s. S. 279). Nach der Mischungsregel verhält sich ferner in einem Zustandspunkt M der Flüssigkeitsanteil G_f zum Dampfanteil G_d wie die Strecke $\overline{MF}$ zu $\overline{ME}$.

In Abb. 148 sind mehrere Naßdampfisothermen eingezeichnet. Sie verlaufen um so steiler, je mehr sie sich den Zuständen der reinen Bestandteile nähern. Innerhalb des Naßdampfgebietes haben die Isothermen der reinen Flüssigkeits- oder Dampfgemische natürlich keinen Sinn; sie sind daher in Abb. 148 gestrichelt gezeichnet.

In das i, ξ-Diagramm kann man nun Siede- und Taulinien für verschiedene Drücke einzeichnen. Das ist in Abb. 149 für zwei Drücke P_1 und P_2 geschehen (dick ausgezogene Linien). Der Verlauf der Isothermen ist durch dünn ausgezogene Linien dargestellt. Man muß sich nun klarmachen, daß die einzelnen Zustandspunkte in Abb. 149 zweideutig geworden sind, je nachdem sie sich nämlich auf den niedrigeren Druck P_1 oder auf den höheren P_2 beziehen. So stellt z. B. der Punkt A, bezogen auf P_1, bereits nassen Dampf dar, bezogen auf P_2 aber nichtsiedende Flüssigkeit; und der Punkt B ist für P_1 überhitzter Dampf, für P_2 aber nasser Dampf.

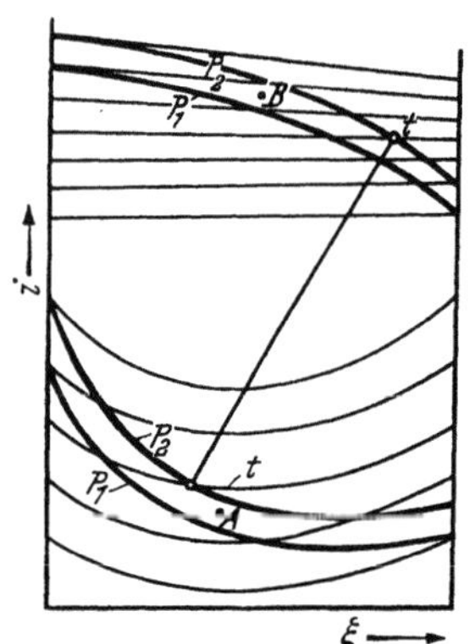

Abb. 149. Siede- und Taulinien für 2 verschiedene Drücke p_1 und p_2 (dick ausgezogen) sowie eine Schar von Isothermen (dünn ausgezogen) im i, ξ-Diagramm.

Während die Isothermen der Flüssigkeit praktisch vom Druck unabhängig sind und auch die Dampfisothermen in erster Annäherung als druckunabhängig angesehen werden können, verlaufen die Naßdampfisothermen, wie aus Abb. 149 zu ersehen ist, für jeden Druck verschieden.

In Abb. 150 ist maßstäblich ein i, ξ-Diagramm für Gemische von $H_2O + NH_3$ gezeichnet[1]. Darin sind mehrere Siede- und Taulinien eingetragen; dagegen ist

---

[1] Für den genauen Entwurf eines solchen Diagramms vgl. F. MERKEL und F. BoŠNJAKOVIĆ: Diagramme und Tabellen zur Berechnung von Absorptions-Kältemaschinen. Berlin: Springer 1929. — Das hier wiedergegebene Diagramm ist entnommen aus E. KIRSCHBAUM: Destillier- und Rektifiziertechnik, 2. Aufl. Berlin: Springer 1950.

eine Isothermenschar nur für das Flüssigkeitsgebiet enthalten (sie entsprechen den Isothermen in Abb. 118). Die dünn gezeichneten Hilfslinien dienen der Ermittlung koexistierender Zustände von siedender Flüssigkeit (z. B. im Punkt A) mit trocken gesättigtem Dampf (z. B. im Punkt C). Wie man sieht, muß man

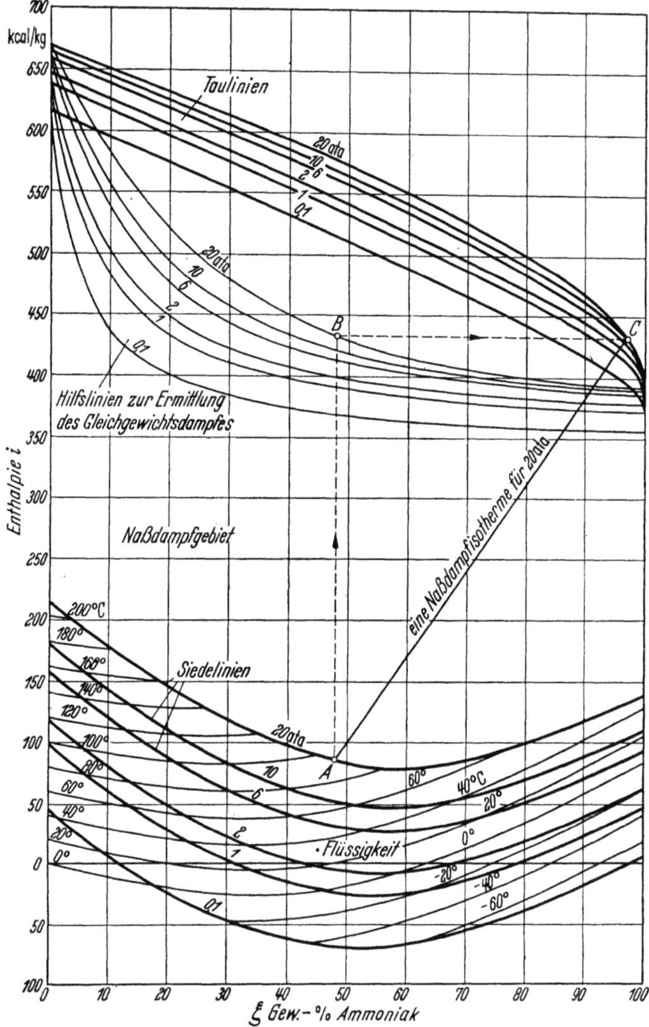

Abb. 150. i, ξ-Bild für Ammoniak-Wasser-Gemische (nach BošNJAKOVIĆ).

dazu von A senkrecht heraufgehen, bis die Hilfslinie für den gleichen Druck in B geschnitten wird, und von da waagrecht bis zum Schnitt mit der Taulinie fortschreiten.

2. Der Ausdampfungsvorgang von Zweistoffgemischen.

Während die rechnerische Behandlung wärmetechnischer Prozesse mit Gemischen nur angenähert möglich ist, weil einfache Gesetze nur für verdünnte Lösungen genau gelten, kann man in einem i, ξ-Diagramm, das auf Grund genauer Meßwerte der thermischen Eigenschaften der Bestandteile und der

Lösungswärmen entworfen wurde, solche Prozesse mit jedem Grad gewünschter Genauigkeit graphisch verfolgen. Allerdings muß zugegeben werden, das der Entwurf dieser Diagramme sehr mühsam ist und daß sie bisher nur für wenige Stoffpaare ausgearbeitet wurden[1].

Bošnjaković hat gezeigt, wie man verschiedene kalorische Vorgänge in dem von Merkel und ihm selbst geschaffenen i, ξ-Diagramm sehr elegant graphisch durchrechnen kann[2]. Wir wollen uns hier mit der Behandlung des Ausdampfungsvorganges begnügen; weitere Beispiele findet man in Band VII dieses Handbuchs bei der Berechnung der Vorgänge in Absorptions-Kältemaschinen.

Es sei die Heizwärme q_D zu berechnen, die notwendig ist, um 1 kg Dampf in einem Behälter zu erzeugen, dem dauernd F_r kg/h einer an leichtsiedendem Stoff reichen Lösung im Zustand (ξ_r, t_r, i_r) zufließen und von dem F_a kg/h armer Lösung im Zustand (ξ_a, t_a, i_a) abfließen. Der erzeugte trocken gesättigte Dampf im Betrage von D kg/h habe die mittlere Zusammensetzung ξ_d und die Enthalpie i_d. Der ganze Vorgang möge sich bei konstantem Druck abspielen (Abb. 151).

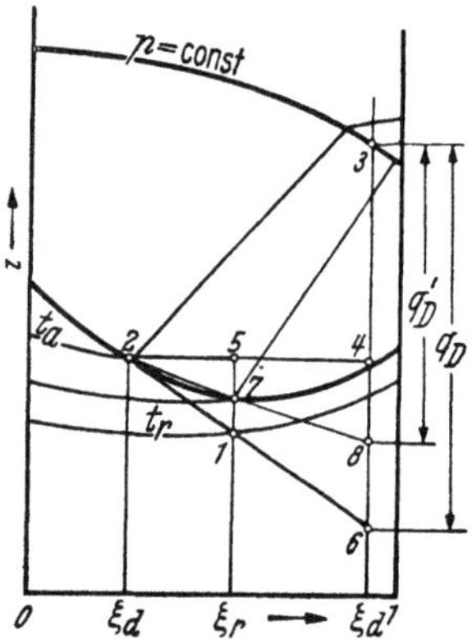

Die gesamte Stoffbilanz lautet

$$F_a = F_r - D. \tag{459}$$

Die Bilanz für den leichter siedenden Stoff ist

$$F_r \xi_r = F_a \xi_a + D \xi_d. \tag{460}$$

Bezieht man alles auf 1 kg Dampf und setzt $f_r = F_r/D$ und $f_a = F_a/D = f_r - 1$, dann findet man aus (459) und (460):

$$f_r = \frac{\xi_d - \xi_a}{\xi_r - \xi_a} \quad \text{und} \quad f_a = \frac{\xi_d - \xi_r}{\xi_r - \xi_a}. \tag{461}$$

Abb. 151. Ermittlung der Ausdampfungswärme mit dem i, ξ-Diagramm.

Die Differenz $\xi_r - \xi_a$ nennt man „Entgasungsbreite".

Die für das Ausdampfen von 1 kg Dampf notwendige Heizwärme ergibt sich aus der Wärmebilanz

$$q_D = i_d + f_a i_a - f_r i_r = i_d - i_a + f_r (i_a - i_r)$$

und mit Gl. (461)

$$q_D = i_d - i_a + \frac{\xi_d - \xi_a}{\xi_r - \xi_a} (i_a - i_r). \tag{462}$$

Dieser Ausdruck läßt sich im i, ξ-Diagramm leicht finden:

Stellt Punkt *1* den Zustand der dem Verdampfungsbehälter zufließenden nichtsiedenden reichen Lösung dar, Punkt *2* den Zustand der offenbar siedenden abfließenden armen Lösung, und Punkt *3* den Zustand des trocken gesättigt abziehenden Dampfes (auf der Taulinie), so stellt der vertikale Abstand der Punkte *2* und *3* den Betrag

$$i_d - i_a = i_3 - i_2 = \overline{34} \tag{463}$$

dar. Ferner stellt der vertikale Abstand der Punkte *1* und *2* den Betrag

$$i_a - i_r = i_2 - i_1 = \overline{51}$$

<hr>

[1] In dem Buch von J. H. Dannies (Die Absorptions-Kältemaschine. Hannover: Brücke-Verlag Kurt Schmersow 1951) findet man ein i, ξ-Diagramm für aromatische Kohlenwasserstoffe $+ SO_2$ und ein solches für $(50\% \text{ KOH} + 50\% \text{ NaOH}) + H_2O$.
[2] Bošnjaković, F.: Techn. Thermodynamik, Teil II, S. 97 ff. Dresden: Steinkopff 1937.

dar. Verlängert man die Gerade *1—2* bis zum Schnittpunkt *6* mit der ξ_d-Linie, dann folgt aus den ähnlichen Dreiecken *1 2 5* und *6 2 4*

$$\frac{\overline{4\,6}}{\overline{5\,1}} = \frac{\overline{4\,2}}{\overline{5\,2}}$$

oder

$$\overline{4\,6} = (i_a - i_r)\,\frac{\xi_d - \xi_a}{\xi_r - \xi_a}\,. \tag{464}$$

Aus den Gl. (462), (463) und (464) folgt

$$q_D = \overline{3\,4} + \overline{4\,6} = \overline{3\,6} = i_3 - i_6\,. \tag{465}$$

Wäre die reiche Lösung schon vor dem Eintritt in den Verdampfer bis zum Siedezustand (Punkt *7*) vorgewärmt worden, so würde sich die erforderliche Heizwärme im Verdampfer je kg reiche Lösung um den Betrag $\overline{7\,1} = i_7 - i_1$ und je kg Dampf um den Betrag $\overline{8\,6} = i_8 - i_6$ verringern, wobei der Punkt *8* auf der Verlängerung der Geraden *2—7* liegt. Die Heizwärme q'_D würde dann der Strecke $\overline{3\,8}$ entsprechen.

Der in diesem Beispiel behandelte Vorgang spielt sich im Austreiber einer Absorptions-Kältemaschine ab.

X. Gleichgewichts- und Stabilitätsbedingungen bei Gemischen[1].

1. Gleichgewichtsbedingungen.

Auf S. 144, Gl. (162a) wurde der Begriff der *freien Enthalpie* eingeführt, die für das Gewicht G durch $\Phi = I - TS$ und für 1 kg durch $\varphi = i - Ts$ definiert war. Aus Gl. (165) kann ferner geschlossen werden, daß im thermodynamischen Gleichgewicht zwischen zwei oder mehreren Phasen, also bei konstantem Druck und konstanter Temperatur, die freie Enthalpie einen Minimalwert haben muß ($d\Phi = 0$). Es sei ferner an die Gl. (165a) und (165b) erinnert, die auch in der Form

$$\left(\frac{\partial \Phi}{\partial P}\right)_T = A\,V; \qquad \left(\frac{\partial \Phi}{\partial T}\right)_P = -S \tag{466}$$

geschrieben werden können.

Wenn im Rahmen einer Phasenumwandlung eine kleine Menge dG_1 des ersten Bestandteils aus der Phase ' in die Phase '' übergeht, dann muß dabei

$$d\Phi = \frac{\partial \Phi'}{\partial G'_1}\,dG'_1 + \frac{\partial \Phi''}{\partial G''_1}\,dG''_1 = 0$$

sein, so daß mit $dG'_1 = -dG''_1$

$$\left(\frac{\partial \Phi}{\partial G_1}\right)' = \left(\frac{\partial \Phi}{\partial G_1}\right)'' \tag{467}$$

wird, wobei der Anteil des zweiten Bestandteils und auch P und T konstant gehalten werden [vgl. Gl. (367) S. 264].

Für binäre Gemische ist

$$\Phi = (G_1 + G_2)\,\varphi \quad \text{und} \quad \xi = \frac{G_2}{G_1 + G_2}\,. \tag{468}$$

[1] Gibbs, J. W.: Thermodynamische Studien (1876—1878). Deutsch von W. Ostwald. Leipzig 1892. — van der Waals-Kohnstamm: Lehrbuch der Thermodynamik, Teil I und II. Leipzig: J. A. Barth 1912 u. 1923. — P. Duhem: Dissolutions et Mélanges. Lille 1894 — Traité élém. de Chimie, Bd. IV. 1899. — J. P. Kuenen: Verdampfung und Verflüssigung von Gemischen. Leipzig: J. A. Barth 1906. — Wir folgen hier der Darstellung bei Kuenen.

Daraus folgt

$$\frac{\partial \Phi}{\partial G_1} = \varphi + (G_1 + G_2)\frac{\partial \varphi}{\partial G_1} = \varphi - \xi\,\frac{\partial \varphi}{\partial \xi} \qquad (469)$$

und

$$\frac{\partial \Phi}{\partial G_2} = \varphi + (G_1 + G_2)\frac{\partial \varphi}{\partial G_2} = \varphi + (1 - \xi)\,\frac{\partial \varphi}{\partial \xi}\,. \qquad (469\,\text{a})$$

Die Gleichgewichtsbedingung (467) erhält damit die Form

$$\varphi' - \xi'\left(\frac{\partial \varphi}{\partial \xi}\right)' = \varphi'' - \xi''\left(\frac{\partial \varphi}{\partial \xi}\right)'' \qquad (470)$$

und

$$\varphi' + (1 - \xi')\left(\frac{\partial \varphi}{\partial \xi}\right)' = \varphi'' + (1 - \xi'')\left(\frac{\partial \varphi}{\partial \xi}\right)'' \qquad (470\,\text{a})$$

oder, nach Subtraktion der beiden letzten Gleichungen voneinander, einfach

$$\left(\frac{\partial \varphi}{\partial \xi}\right)' = \left(\frac{\partial \varphi}{\partial \xi}\right)''\,. \qquad (471)$$

Dabei gelten noch die Bedingungen $P = $ konst. und $T = $ konst. Eine Gleichung der Form (471) gilt für jedes Paar der im Gemisch vorhandenen Phasen.

Die freie Enthalpie φ ist ebenso wie i und s eine Zustandsgröße; für einen einheitlichen Stoff kann sie daher als Funktion von P und T dargestellt werden.

Für ein binäres Gemisch kommt, wie in dessen Zustandsgleichung (s. S. 268), noch die Abhängigkeit von den Gewichtsanteilen hinzu, die am einfachsten durch die Zusammensetzung ξ (oder ξ_M) ausgedrückt werden kann. Es ist also $\varphi = f(P, T, \xi)$ und

$$d\varphi = \frac{\partial \varphi}{\partial P}\,dP + \frac{\partial \varphi}{\partial T}\,dT + \frac{\partial \varphi}{\partial \xi}\,d\xi\,. \qquad (472)$$

Die partiellen Ableitungen in den beiden Gl. (466) sind nun noch bei konstantem ξ zu bilden, und in $\partial \varphi/\partial \xi$ sind P und T konstant zu halten. Es wird somit

$$d\varphi' = A\,v'\,dP - s'\,dT + \left(\frac{\partial \varphi}{\partial \xi}\right)'\,d\xi' \qquad (473)$$

und

$$d\varphi'' = A\,v''\,dP - s''\,dT + \left(\frac{\partial \varphi}{\partial \xi}\right)''\,d\xi''\,. \qquad (473\,\text{a})$$

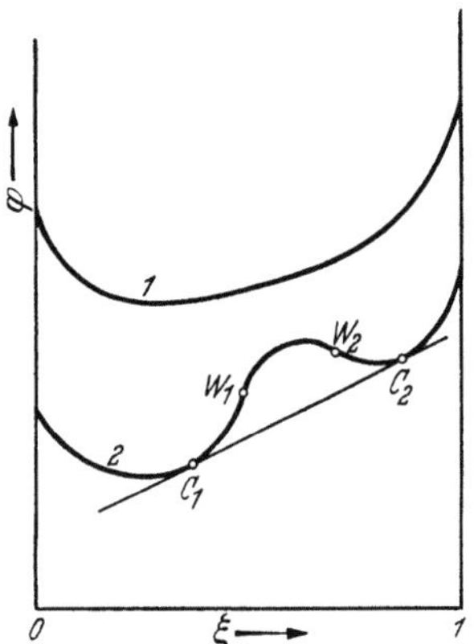

Abb. 152. Abhängigkeit der freien Enthalpie von der Konzentration bei konstantem Druck und konstanter Temperatur. Kurve *1:* wenn nur eine Phase stabil ist, Kurve *2:* beim Vorhandensein koexistierender Zustände.

In einem φ, ξ-Diagramm erhält man bei konstantem P und T Kurven der in Abb. 152 wiedergegebenen Gestalt; es können sich auch noch verwickeltere Kurven ergeben. Die beiden Gl. (470) und (471) können in diesem Diagramm geometrisch einfach gedeutet werden: sie sagen aus, daß die φ-Kurve in den Punkten, die koexistierende Phasen darstellen, eine gemeinsame Tangente hat. Auf der Kurve *1* sind nur homogene Zustände möglich, es ist nur eine Phase stabil, was z. B. oberhalb des kritischen Punktes der Fall ist. Auf der Kurve *2* stellen die Punkte C_1 und C_2 koexistierende Zustände dar, z. B. Flüssigkeit und Dampf.

2. Stabilitätsbedingungen.

Es soll nun untersucht werden, welchen Bedingungen die freie Enthalpie hinsichtlich ihrer Abhängigkeit von P, T und ξ genügen muß, damit ein Zustand als stabil angesehen werden kann.

Zunächst ist es klar, daß bei konstanter Temperatur und konstanter Zusammensetzung das Volum eines Gemisches nur abnehmen kann, wenn der

Druck zunimmt, und daß es nur zunehmen kann, wenn der Druck abnimmt. Es muß also $\left(\frac{\partial v}{\partial P}\right)_{T,\xi} < 0$ sein. Aus der ersten Gl. (466) folgt daher für die freie Enthalpie als *Stabilitätsbedingung gegen Druckänderungen*

$$\left(\frac{\partial^2 \varphi}{\partial P^2}\right)_{T,\xi} < 0 \,. \tag{474}$$

Aus Gl. (34a) S. 35 und Gl. (49) S. 48 folgt

$$T\,ds \geq di - A\,v\,dP \,,$$

wobei das Gleichheitszeichen nur für ideale umkehrbare Vorgänge gilt. Mit $di = c_p\,dT$ erhält man daher $\left(\frac{\partial s}{\partial T}\right)_P > \frac{c_p}{T}$, und da c_p stets positiv ist, wird $\left(\frac{\partial s}{\partial T}\right)_P > 0$. Aus der zweiten Gl. (466) folgt dann für ein Gemisch von konstanter Konzentration als *Stabilitätsbedingung gegen Temperaturänderungen*

$$\left(\frac{\partial^2 \varphi}{\partial T^2}\right)_{P,\xi} < 0 \,. \tag{475}$$

Man kann noch eine dritte Stabilitätsbedingung ableiten, die bei konstantem Druck und konstanter Temperatur gelten muß und die z. B. die Frage beantwortet, ob bei einem bestimmten Zustand des Gemisches ein Zerfall in zwei Phasen eintreten kann oder nicht. Betrachten wir im φ, ξ-Diagramm (Abb. 153) den durch den Punkt A gekennzeichneten Zustand einer einzigen Phase und fragen wir, ob eine Spaltung in zwei Phasen, die durch die benachbarten Zustände A' und A'' dargestellt sind, eintreten kann. Da sich φ und ξ additiv verhalten, so folgt aus den Gleichungen

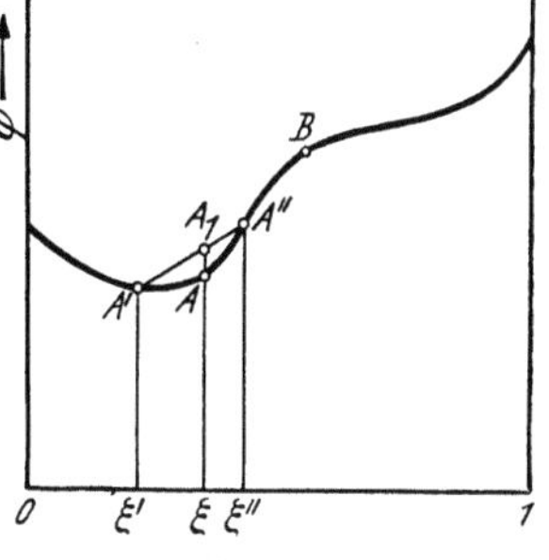

Abb. 153. Zur Ermittlung der Stabilitätsbedingung gegen die Aufspaltung eines Gemischzustandes in zwei Phasen.

$$(G' + G'')\,\varphi = G'\varphi' + G''\varphi''$$

und

$$(G' + G'')\,\xi = G'\xi' + G''\xi'' \,,$$

daß der Punkt A_1, der die Gesamtenthalpie φ des in zwei Phasen gespaltenen Gemisches angibt, auf der Verbindungsgeraden durch die Punkte A' und A'' liegen muß, und zwar bei dem gleichen Wert von ξ wie im Punkt A. Es herrscht also hier die gleiche Gesetzmäßigkeit, die wir im i, x- und im i, ξ-Diagramm kennengelernt haben.

Da dem stabilen Zustand der Kleinstwert der freien Enthalpie entspricht, so ist der Zustand A stabiler als A_1, und es wird daher der Zerfall in zwei Phasen hier nicht eintreten. Dagegen würde wohl mit einem Zerfall zu rechnen sein, wenn wir von einem Punkt B ausgegangen wären, weil dann der einem Zerfall in zwei Phasen entsprechende Punkt B_1 unterhalb von B zu liegen käme und daher einem kleineren Wert der freien Enthalpie entsprechen würde. Ganz allgemein kann gesagt werden, daß ein Zustand stabil ist, wenn er auf einem nach der positiven φ-Achse *konkaven* Ast der φ-Kurve liegt, was geometrisch durch die Bedingung

$$\left(\frac{\partial^2 \varphi}{\partial \xi^2}\right)_{P,T} > 0 \tag{476}$$

ausgedrückt werden kann, die demnach als *Stabilitätsbedingung gegen die Aufspaltung in zwei Phasen* zu gelten hat. Der Übergang zwischen stabilen und labilen Zuständen findet offenbar in den Wendepunkten W_1 und W_2 der φ-Kurve

(Abb. 152) statt, in denen $\left(\dfrac{\partial^2\varphi}{\partial\xi^2}\right)_{P,\,T}=0$ ist. Zwischen W_1 und W_2 ist also der Zustand labil. Zustände zwischen W_1 und C_1 einerseits und zwischen W_2 und C_2 andererseits sind aber, wie man aus Abb. 152 erkennt, zwar gegen benachbarte Aufspaltungen stabil, gegen entferntere dagegen (z. B. in die Phasen C_1 und C_2) labil. Man nennt solche Zustände nach W. Ostwald *metastabil*. Erst links von C_1 und rechts von C_2 sind die Zustände absolut stabil.

3. Die Clausius-Clapeyronsche Gleichung für binäre Gemische.

Aus den Gl. (470) und (471) S. 334 lassen sich weitere interessante Beziehungen ableiten, wenn wir diese Gleichungen auf zwei beliebig nahe Gleichgewichtszustände anwenden und die Gleichungen dann voneinander abziehen. Zu dem gleichen Ergebnis gelangen wir durch Differentiation der beiden erwähnten Gleichungen. Aus Gl. (470) folgt dann

$$d\varphi' - \xi'd\left(\frac{\partial\varphi}{\partial\xi}\right)' - \left(\frac{\partial\varphi}{\partial\xi}\right)'d\xi' = d\varphi'' - \xi''d\left(\frac{\partial\varphi}{\partial\xi}\right)'' - \left(\frac{\partial\varphi}{\partial\xi}\right)''d\xi'' \qquad (477)$$

und aus Gl. (471)

$$d\left(\frac{\partial\varphi}{\partial\xi}\right)' = d\left(\frac{\partial\varphi}{\partial\xi}\right)'' \qquad (478)$$

Setzt man die Gl. (473) und (473a) in Gl. (477) ein, so folgt

$$A\,v'\,dP - s'\,dT - \xi'd\left(\frac{\partial\varphi}{\partial\xi}\right)' = A\,v''\,dP - s''\,dT - \xi''\,d\left(\frac{\partial\varphi}{\partial\xi}\right)'', \qquad (479)$$

wobei zu beachten ist, daß nach Gl. (478) in den letzten Gliedern auf beiden Seiten das Differential auf die eine oder auf die andere Phase bezogen werden kann und man dafür einfach $d\dfrac{\partial\varphi}{\partial\xi}$ schreiben kann. Da $\dfrac{\partial\varphi}{\partial\xi}$ eine Funktion von P, T und ξ ist, wird z. B. für die erste Phase

$$d\left(\frac{\partial\varphi}{\partial\xi}\right)' = \frac{\partial^2\varphi'}{\partial P\,\partial\xi'}\,dP + \frac{\partial^2\varphi'}{\partial T\,\partial\xi'}\,dT + \frac{\partial^2\varphi'}{\partial\xi'^2}\,d\xi'. \qquad (480)$$

Aus den Gl. (466) folgt aber

$$\frac{\partial^2\varphi'}{\partial P\,\partial\xi'} = A\,\frac{\partial v'}{\partial\xi'} \quad \text{und} \quad \frac{\partial^2\varphi'}{\partial T\,\partial\xi'} = -\frac{\partial s'}{\partial\xi'}. \qquad (481)$$

Setzt man diese Ausdrücke in Gl. (480) ein und führt den so gewonnenen Ausdruck in beide Seiten der Gl. (479) ein, so erhält man schließlich für die erste Phase

$$A\left[v''-v'-(\xi''-\xi')\frac{\partial v'}{\partial\xi'}\right]dP - \left[s''-s'-(\xi''-\xi')\frac{\partial s'}{\partial\xi'}\right]dT -$$

$$- (\xi''-\xi')\frac{\partial^2\varphi'}{\partial\xi'^2}\,d\xi' = 0 \qquad (482)$$

und analog für die zweite Phase

$$A\left[v'-v''-(\xi'-\xi'')\frac{\partial v''}{\partial\xi''}\right]dP - \left[s'-s''-(\xi'-\xi'')\frac{\partial s''}{\partial\xi''}\right]dT -$$

$$- (\xi'-\xi'')\frac{\partial^2\varphi''}{\partial\xi''^2}\,d\xi'' = 0. \qquad (482\,a)$$

Aus diesen Gleichungen lassen sich durch Nullsetzen von dP, dT oder $d\xi$ die Werte der Differentialquotienten $\left(\dfrac{\partial P}{\partial T}\right)_\xi$, $\left(\dfrac{\partial P}{\partial\xi}\right)_T$ und $\left(\dfrac{\partial T}{\partial\xi}\right)_P$, also die Richtungen der Gleichgewichtskurven in den P,T-, P,ξ- und T,ξ-Diagrammen ermitteln.

Auf die unterschiedliche Anwendbarkeit der Gl. (482) und (482a) muß besonders hingewiesen werden. Um die Betrachtungen zu konkretisieren, denken wir uns beispielsweise, daß die Phase ' eine Flüssigkeit, die Phase '' den damit im Gleichgewicht stehenden Dampf bedeutet. Wir haben, wie zu Anfang dieses Unterabschnitts betont wurde, zwei benachbarte Gleichgewichtszustände betrachtet. Gl. (482) bezieht sich nun auf den Fall, daß eine sehr kleine Menge Dampf aus einer sehr großen Menge Flüssigkeit gebildet oder darin niedergeschlagen wird, wobei sich die Zusammensetzung der Flüssigkeit nur um $d\xi'$ ändert. Gl. (482a) gilt andererseits für den Fall, daß eine sehr kleine Flüssigkeitsmenge aus einer sehr großen Menge Dampf herauskondensiert oder in sie hineinverdampft, wobei sich die Zusammensetzung des Dampfes nur um $d\xi''$ verändert.

Die Ausdrücke in den eckigen Klammern in den Gl. (482) und (482a) können sehr anschaulich gedeutet werden:

Betrachten wir zunächst den Beiwert von dP in Gl. (482) und bezeichnen wir die Gewichtsanteile in beiden Phasen wieder mit G' und G'', wobei jetzt $G' \gg G''$. Die Zusammensetzungen der Phasen seien ξ' und ξ''. Wenn nun die Menge G'' bei konstantem P und T in G' aufgelöst wird (kondensiert), dann soll sich die Zusammensetzung der ersten Phase von ξ' auf ξ'_1 verändern; dabei gilt die Bilanzgleichung

$$(G' + G'')\, \xi'_1 = G'\xi' + G''\xi'',$$

aus der folgt

$$\xi'_1 - \xi' = \frac{G''}{G'+G''}\,(\xi'' - \xi'). \tag{483}$$

War das spezifische Volum der ersten Phase ursprünglich v', so hat es sich nach der Vermengung mit der zweiten Phase auf v'_1 verändert, und es wird nach der Taylorschen Formel

$$v'_1 = v' + (\xi'_1 - \xi')\frac{\partial v'}{\partial \xi'} + \cdots,$$

wobei die weiteren Glieder vernachlässigt werden können, da voraussetzungsgemäß $\xi'_1 - \xi'$ sehr klein ist. Mit Gl. (483) wird dann

$$v'_1 = v' + \frac{G''}{G'+G''}\,(\xi'' - \xi')\frac{\partial v'}{\partial \xi'}.$$

Das Gesamtvolum nach der Vermengung ist also

$$V'_1 = (G' + G'')\,v'_1 = (G' + G'')\,v' + G''(\xi'' - \xi')\frac{\partial v'}{\partial \xi'}.$$

Da das ursprüngliche Volum vor der Vermengung $G'v' + G''v''$ gewesen ist, beträgt die Volumänderung (hier Volumabnahme)

$$\Delta V = G'v' + G''v'' - (G' + G'')\,v' - G''(\xi'' - \xi')\frac{\partial v'}{\partial \xi'}$$
$$= G''(v'' - v') - G''(\xi'' - \xi')\frac{\partial v'}{\partial \xi'},$$

bezogen auf die Gewichtseinheit der zweiten Phase

$$\Delta v = \frac{\Delta V}{G''} = v'' - v' - (\xi'' - \xi')\frac{\partial v'}{\partial \xi'}. \tag{484}$$

Das ist aber gerade der Ausdruck in der eckigen Klammer zu dP in Gl. (482).

Auf dem gleichen Wege läßt sich nachweisen, daß

$$\Delta s = s'' - s' - (\xi'' - \xi')\frac{\partial s'}{\partial \xi'}$$

die Entropieänderung (Abnahme) bei der gedachten isothermen Auflösung von 1 kg der zweiten Phase ist. Diese ist aber das Verhältnis der latenten Wärme W zur absoluten Temperatur.

Wird G'' nicht in G' kondensiert, sondern daraus verdampft, so ändern Δv und Δs nur ihre Vorzeichen. VAN DER WAALS hat für diese Vorgänge folgende Symbole eingeführt: $\Delta v \equiv v_{21}$; $\Delta s = s_{21}$ und $T s_{21} = w_{21}$. Gl. (482) erhält dann die Form

$$A v_{21} dP - \frac{w_{21}}{T} dT - (\xi'' - \xi') \frac{\partial^2 \varphi'}{\partial \xi'^2} d\xi' = 0. \tag{485}$$

Betrachten wir jetzt den entgegengesetzten Fall, bei dem $G'' \gg G'$ ist, wobei also eine sehr kleine Flüssigkeitsmenge aus einer sehr großen Dampfmenge kondensiert oder in sie hinein verdampft wird, wobei sich die Zusammensetzung des Dampfes nur um $d\xi''$ ändert. Wenden wir auf diesen Fall die gleichen Überlegungen an, bezeichnen aber nunmehr nach VAN DER WAALS die Volumänderung mit v_{12}, die Entropieänderung mit s_{12} und die latente Wärme mit w_{12}, dann erhält Gl. (482a) die Gestalt

$$A v_{12} dP - \frac{w_{12}}{T} dT - (\xi' - \xi'') \frac{\partial^2 \varphi''}{\partial \xi''^2} d\xi'' = 0, \tag{485a}$$

wobei v_{12} bzw. w_{12} sehr verschieden von v_{21} und w_{21} sein können.

Die Gl. (485) und (485a) stellen die Erweiterung der CLAUSIUS-CLAPEYRON-schen Gl. (133), angewendet auf Gemische, dar. Denn für einheitliche Stoffe erhält man mit $\xi' = \xi''$ aus (485a) $w_{12} = A T v_{12} \frac{dP}{dT}$, wobei v_{12} die Volumänderung bei der Aggregatzustandsänderung und w_{12} die latente Wärme bedeutet.

4. Folgerungen und Anwendungen.

Wir wollen aus den letzten Gleichungen einige Schlüsse ziehen. Auf S. 318 hatten wir Flüssigkeitsgemische kennengelernt, die bei konstantem Druck im t, ξ-Diagramm ein Temperaturmaximum oder -minimum aufweisen. An diesen Stellen ist also neben $dP = 0$ auch noch $\left(\frac{\partial T}{\partial \xi'}\right)_P = 0$. Aus Gl. (485) findet man dann

$$\left(\frac{\partial T}{\partial \xi'}\right)_P = - (\xi'' - \xi') \frac{\partial^2 \varphi'}{\partial \xi'^2} \frac{T}{w_{21}} = 0, \tag{486}$$

was wegen Gl. (476) nur erfüllt werden kann, wenn $\xi'' = \xi'$ wird, wenn also im azeotropen Punkt beide Phasen die gleiche Zusammensetzung haben. Diese schon S. 318 stillschweigend angenommene Tatsache konnten wir erst jetzt einwandfrei beweisen.

In Abb. 133 haben wir den Verlauf der „BALY-Kurven" für verschiedene Gemische mit und ohne azeotropen Punkt kennengelernt. Es handelte sich um Isothermen in einem ξ', ξ''-Diagramm. Nun erhält man aus den Gl. (485) und (485a) mit $dT = 0$

$$A v_{21} dP = (\xi'' - \xi') \frac{\partial^2 \varphi'}{\partial \xi'^2} d\xi'$$

und

$$A v_{12} dP = - (\xi'' - \xi') \frac{\partial^2 \varphi''}{\partial \xi''^2} d\xi'' .$$

Dividiert man diese beiden Gleichungen durcheinander, dann erhält man

$$\left(\frac{\partial \xi''}{\partial \xi'}\right)_T = - \frac{v_{12}}{v_{21}} \frac{\dfrac{\partial^2 \varphi'}{\partial \xi'^2}}{\dfrac{\partial^2 \varphi''}{\partial \xi''^2}} . \tag{487}$$

Darin ist der letzte Bruch auf der rechten Seite wegen Gl. (476) stets positiv, während v_{12} und v_{21} (abgesehen von dem kleinen Gebiet der retrograden

Kondensation in der Nähe des kritischen Zustandes (s. S. 316) stets verschiedene Vorzeichen haben. Daher wird $\partial \xi''/\partial \xi' > 0$. Im Verlauf der BALY-Kurven kann es keine Teile geben, auf denen ξ'' mit wachsendem ξ' abnimmt; wo sich solche Tendenzen bemerkbar machen, entstehen Mischungslücken (s. S. 320). Diese Gesetzmäßigkeit bezeichnet man als die „erste Regel" von KONOWALOW[1]. Sie wird auch so ausgedrückt, daß sich die Zusammensetzungen von Flüssigkeit und Dampf immer in demselben Sinne ändern.

Eine „zweite Regel" von KONOWALOW[1] besagt: Ist $\xi'' > \xi'$, so ist $\left(\dfrac{\partial P}{\partial \xi}\right)_T > 0$, bei konstanter Temperatur nimmt also der Druck mit wachsendem ξ' (und also auch ξ'') zu. Für $\xi'' < \xi'$ gilt entsprechend $\left(\dfrac{\partial P}{\partial \xi}\right)_T < 0$. Diese Regel ist aus Gl. (485) mit $dT = 0$ unmittelbar abzulesen.

Aus den Überlegungen in diesem Abschnitt dürfte klargeworden sein, daß die zahlenmäßige Berechnung der freien Enthalpie für die quantitative Erfassung der Vorgänge in Gemischen von größter Wichtigkeit ist. Hierzu ist aber die genaue Kenntnis der thermodynamischen Eigenschaften der Bestandteile, der Zusammensetzungen koexistierender Phasen, der Mischungswärmen und der Volumkontraktion erforderlich, die nur aus sehr umfangreichen und mühsamen Messungen gewonnen werden kann. Es gibt nur sehr wenige Gemische, für die alle diese Voraussetzungen genügend genau erfüllt sind. Wir verfügen bei Gemischen auch nicht über eine quantitativ genaue Zustandsgleichung und müssen uns daher vielfach mit Näherungen und Annahmen behelfen, deren Zulässigkeit aus den Folgerungen geprüft werden muß.

Um aber wenigstens an einem einfachen Beispiel den Rechnungsgang zu erläutern, wollen wir für ein binäres Gemisch im Siedezustand die freie Enthalpie und deren Ableitungen berechnen. Da die siedende Flüssigkeit mit ihrem Dampf im thermodynamischen Gleichgewicht ist, so hat sie die gleiche freie Enthalpie wie der Dampf, und es genügt daher, diese Größe für die Dampfphase zu ermitteln. Im einfachsten Fall (bei niedrigen Drücken) kann man für das Dampfgemisch und für dessen Bestandteile die Gültigkeit des idealen Gasgesetzes annehmen, und auch stets das Fehlen einer Lösungswärme in der Dampfphase voraussetzen. Wir nehmen ferner an, daß für den Dampf das DALTONsche Gesetz gilt, so daß bei der molaren Zusammensetzung ξ''_M die Partialdrücke die Werte

$$P_1 = (1 - \xi''_M)\, P$$

und

$$P_2 = \xi''_M\, P$$

erhalten, und $P = P_1 + P_2$ ist.

Für 1 Mol des Gemisches ist die freie Enthalpie $\mu\varphi = \mu i - T\mu s$. Für die Enthalpie μi gilt die Gleichung

$$\mu i = (1 - \xi''_M)\,(\mu_1 c_{p_1} T + i_{01}) + \xi''_M (\mu_2 c_{p_2} T + i_{02}),$$

in der i_{01} und i_{02} die Enthalpiekonstanten der beiden Bestandteile sind.

Mit den soeben angegebenen Partialdrücken P_1 und P_2 in der Dampfphase erhält man für die molare Entropie des Gemisches den Ausdruck

$$\mu s = (1 - \xi''_M)\,\{\mu_1 c_{p_1} \log T - A\Re \log[(1 - \xi''_M)P] + s_{01}\} +$$
$$+ \xi''_M\,\{\mu_2 c_{p_2} \log T - A\Re \log(\xi''_M P) + s_{02}\}.$$

Damit wird

$$\mu\varphi = (1 - \xi''_M)\,\{\mu_1 c_{p_1} T (1 - \log T) + A\Re T \log[(1 - \xi''_M)P] - T s_{01} + i_{01}\}$$
$$+ \xi''_M\,\{\mu_2 c_{p_2} T (1 - \log T) + A\Re T \log(\xi''_M P) - T s_{02} + i_{02}\}.$$

---

[1] KONOWALOW, D.: Wied. Ann. Bd. 14 (1881) S. 48.

Die partielle Ableitung bei konstantem P und T wird

$$\mu \left(\frac{\partial \varphi}{\partial \xi_M''}\right)_{P,T} = -\{\mu_1 c_{p_1} T (1 - \lg T) + A \Re T \log[(1 - \xi_M'') P] - T s_{01} + i_{01}\} -$$

$$- A \Re T + \{\mu_2 c_{p_2} T (1 - \log T) + A \Re T \log (\xi_M'' P) - T s_{02} + i_{02}\} + A \Re T$$

und die zweite Ableitung, mit $A \Re = 1{,}987$

$$\mu \left(\frac{\partial^2 \varphi}{\partial \xi_M''^2}\right)_{P,T} = \frac{A \Re T}{1 - \xi_M''} + \frac{A \Re T}{\xi_M''} = \frac{1{,}987 \, T}{(1 - \xi_M'') \xi_M''}. \tag{488}$$

Von diesem Ausdruck kann in den Gleichgewichtsbedingungen (470) und (471) sowie in den verallgemeinerten CLAUSIUS-CLAPEYRONschen Gl. (485) und (485a) Gebrauch gemacht werden.

Bei konstantem Druck ($dP = 0$) erhält man z. B. aus der Gl. (485a), wenn man sie für 1 Mol anwendet,

$$\mu \, w_{12} = (\xi_M'' - \xi_M') \mu \left(\frac{\partial^2 \varphi}{\partial \xi_M''^2}\right)_{P,T} \left(\frac{\partial \xi_m''}{\partial T}\right)_P. \tag{488a}$$

Hier ist w_{12} in kcal/kg die Wärmemenge, die notwendig ist, um bei konstantem Druck und konstanter Temperatur aus einer großen Menge der Phase $''$ 1 kg der Phase $'$ zu erzeugen. In Gl. (488a) müssen die Gleichgewichtswerte ξ_M' und ξ_M'' durch Versuche ermittelt worden sein; sie können einem t, ξ_M-Diagramm entnommen werden[1]. Aus einem solchen Diagramm kann dann nach BOSNJAKOVIĆ auch der Wert $\left(\frac{\partial \xi_M''}{\partial T}\right)_P$ durch einfache Tangentenziehung an die Tau-Kurve ermittelt werden, ein Verfahren, dessen Genauigkeit allerdings nicht groß ist.

Für weitergehende Betrachtungen muß auf die Fachliteratur verwiesen werden[2].

D. Die strömende Bewegung von Gasen und Dämpfen.

I. Die allgemeinen Energiegleichungen.

Bei den bisherigen Betrachtungen traten als energetische Größen nur die Wärmemenge Q, die äußere Arbeit $L = \int P dV$ und die innere Energie U auf. Es wurden daraus weitere energetische Größen abgeleitet, wie die Verschiebungsarbeit PV, die technische Arbeit $\int V dP$ (s. S. 34), die Enthalpie $I = U + APV$ (s. S. 35), die technische Arbeitsfähigkeit $A L_f = I - I_0 - T(S - S_0)$ (s. S. 87), die freie Energie $F = U - TS$ und die freie Enthalpie $\Phi = I - TS$ (s. S. 144). Dagegen haben wir die kinetische Energie bisher vernachlässigt, was jedoch nur so lange zulässig ist, als die Geschwindigkeit oder die Geschwindigkeitsänderung strömender Gase gewisse Grenzen nicht überschreitet, so daß die kinetische Energie neben den anderen Energiearten unberücksichtigt bleiben kann [s. S. 89, Gl. (91) und (91a)].

Auf die Grundlagen und Erkenntnisse der Strömungslehre soll an dieser Stelle nicht eingegangen werden; es gibt über diesen Gegenstand in der deutschen und ausländischen Literatur zahlreiche ausgezeichnete Werke. Wir befassen uns mit den Strömungsvorgängen nur insoweit, als sie in kompressiblen Flüssigkeiten mit thermischen Vorgängen gekoppelt sind. Hohe Geschwindigkeiten, welche die Berücksichtigung der kinetischen Energie erfordern, treten in Strö-

---

[1] Es muß ausdrücklich ein t, ξ_M- und nicht ein t, ξ-Diagramm, wie in Abb. 130, verwendet werden.

[2] Vgl. Fußnote 1 auf S. 333.

mungsmaschinen auf, von denen uns hier Expansionsturbinen, Turbokompressoren und Strahlapparate interessieren. Bei den Strömungen in solchen Maschinen wird die Schallgeschwindigkeit nicht nur erreicht, sondern häufig weit überschritten.

Von den beiden bekannten Strömungsarten: der *laminaren* und der *turbulenten* Strömung interessiert uns an dieser Stelle nur die letztere, bei der sich die Teilchen des strömenden Mediums nicht nur in Richtung der Hauptströmung, sondern auch quer dazu bewegen, so daß sich die einzelnen Stromfäden vermischen. Die Definition der mittleren Geschwindigkeit an einer bestimmten Stelle und oft auch des Strömungsquerschnittes bereitet daher Schwierigkeiten; diese Größen können häufig nur angenähert bzw. konventionell angegeben werden.

Treten bei der Strömung nur sehr kleine Druckänderungen auf, was z. B. bei mäßigen Geschwindigkeiten in nicht sehr langen und nicht sehr engen Leitungen der Fall ist und was meist auch für den Betrieb von Ventilatoren zutrifft, dann kann mit einem konstanten mittleren spezifischen Volum oder spezifischen Gewicht des strömenden Gases gerechnet werden. In einem solchen Fall treten thermodynamische Betrachtungen in den Hintergrund, und man kann das strömende Medium als inkompressibel betrachten. Bei den weiter unten angestellten Überlegungen werden stets größere Druckunterschiede angenommen. Wir wollen uns jedoch im wesentlichen auf stationäre Strömungen beschränken.

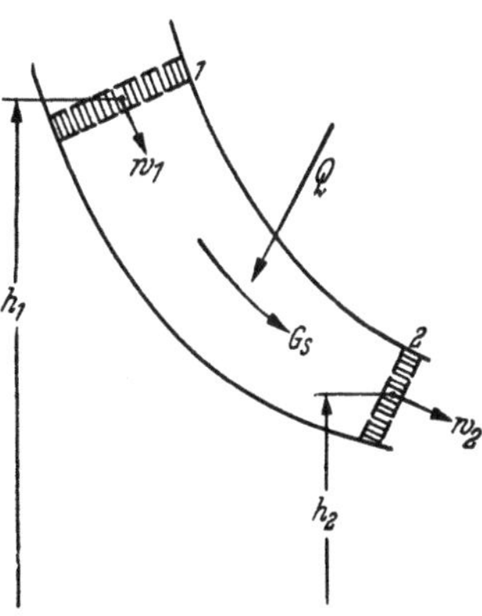

Abb. 154.
Zur Aufstellung der Energiegleichung bei der Strömung.

Mit der plausiblen Annahme, daß durch alle Querschnitte F eines Strömungsraumes (Abb. 154) in der Zeiteinheit das gleiche Gewicht G_s [kg/s] des strömenden Mittels hindurchfließt, erhält man die sog. *Kontinuitätsgleichung*

$$G_s = \frac{wF}{v} = \text{konst.} \qquad (489)$$

Diese Gleichung kann zur Definition der mittleren Geschwindigkeit w [m/s] in einem definierten Querschnitt F herangezogen werden; es wird

$$w = \frac{G_s v}{F} = \frac{V_s}{F},$$

worin V_s das sekundlich strömende Volum in m³/s darstellt und F in m² einzusetzen ist.

Gl. (489) kann auch in Differentialform geschrieben werden, sie lautet dann

$$\frac{dw}{w} + \frac{dF}{F} - \frac{dv}{v} = 0, \qquad (489a)$$

oder mit $\gamma = 1/v$ auch

$$\frac{dw}{w} + \frac{dF}{F} + \frac{d\gamma}{\gamma} = 0. \qquad (489b)$$

Sie liefert den Zusammenhang zwischen den relativen Änderungen der Geschwindigkeit, des Querschnitts und des spezifischen Volums bzw. des spezifischen Gewichts.

Betrachtet man zwei Querschnitte F_1 und F_2 eines Strömungsraumes (Abb. 154) und kennzeichnet man die Größen p, v, t, u, i und w in diesen Querschnitten durch die Indizes 1 bzw. 2, dann kann man das Gesetz der Erhaltung der Energie auf beide Querschnitte anwenden. Dabei sind für 1 kg des strömenden Mediums folgende Energieanteile zu berücksichtigen: die innere Energie u, die kinetische Energie $w^2/2g$, die potentielle Energie, die durch die Höhenlage h gegeben ist, und die Verdrängungsarbeit Pv, die durch das Einschieben des Volums v_1 beim Druck P_1 bzw. durch das Ausschieben des Volums v_2 beim Druck P_2 in Erscheinung tritt. Da außerdem auf dem Wege von 1 bis 2 die Wärmemenge Q_{1-2} [kcal/kg] mit der Umgebung ausgetauscht wird, so lautet die Energiegleichung

$$Q_{1-2} = (u_2 - u_1) + A\,\frac{w_2^2 - w_1^2}{2g} + A\,(h_2 - h_1) + A\,(P_2 v_2 - P_1 v_1). \qquad (490)$$

Führt man an Stelle der inneren Energie die Enthalpie $i = u + APv$ nach Gl. (33) ein, so erhält Gl. (490) die Form

$$Q_{1-2} = (i_2 - i_1) + A\,\frac{w_2^2 - w_1^2}{2g} + A\,(h_2 - h_1). \qquad (490\,\text{a})$$

Bei Strömungen von Gasen und Dämpfen kann die Energieänderung der Lage $(h_2 - h_1)$ meist vernachlässigt werden, wenn nicht gerade sehr große Höhenunterschiede vorliegen, oder wenn die Änderungen der übrigen Energiearten nicht auch sehr klein sind. Findet außerdem kein Wärmeaustausch mit der Umgebung statt $(Q_{1-2} = 0)$, dann erhält man aus Gl. (490a)

$$i_1 - i_2 = A\,\frac{w_2^2 - w_1^2}{2g}. \qquad (491)$$

Ein Enthalpiegefälle verwandelt sich also restlos in einen Zuwachs von kinetischer Energie, oder es entsteht eine Enthalpiezunahme auf Kosten einer Abnahme der kinetischen Energie[1].

Außer der Wärme Q_{1-2}, die von außen in den Strömungsraum einfallen oder aus ihm nach außen abgeführt werden kann, tritt aber noch eine andere Wärmemenge $Q_R = A L_R$ auf, die von der Reibung der Teilchen an der Wand und untereinander herrührt. Diese Reibungswärme ist in Gl. (490) explizite nicht in Erscheinung getreten, sie ist aber implizite darin enthalten und beeinflußt die Änderungen der einzelnen Energiearten: durch die Reibung verringert sich die bei reibungsloser Strömung zu erwartende Endgeschwindigkeit w_2 des strömenden Gases, und gleichzeitig wächst die Enthalpie i_2 im Querschnitt 2.

Auch Gl. (491) gilt sowohl für Vorgänge mit Reibung als auch für solche ohne Reibung. Sie ist uns schon auf S. 89 bei der Behandlung des Drosselvorgangs in Gestalt der Gl. (91) begegnet; dort waren die Reibungsverluste von ausschlaggebender Bedeutung.

Auf S. 35 wurde durch Gl. (34) der erste Hauptsatz mit Hilfe der Enthalpie für den Zustand im Innern eines Teilchens zum Ausdruck gebracht. Beachtet man nunmehr, daß neben der mit der Umgebung ausgetauschten Wärme Q_{1-2} auch noch die Reibungswärme $A L_R$ auftritt, so folgt aus Gl. (34)

$$Q_{1-2} + A L_R = i_2 - i_1 - A \int_1^2 v\,dP. \qquad (492)$$

Aus den Gl. (490a) und (492) kann man Q_{1-2} eliminieren und erhält dann

$$\frac{w_2^2 - w_1^2}{2g} + (h_2 - h_1) + L_R + \int_1^2 v\,dP = 0. \qquad (493)$$

---

[1] Dieser Satz wurde zuerst von W. Thomson und J. P. Joule (1856), später von F. Grashof und G. Zeuner abgeleitet.

Hierin ist die Reibungsarbeit L_R in mkg/kg angegeben; sie hat also die Dimension [m] und ist als Widerstandshöhe aufzufassen.

Vernachlässigt man auch hier den Höhenunterschied und sieht man auch von der Reibung ab, so erhält man

$$-\int_1^2 v\,dP = \frac{w_2^2 - w_1^2}{2g}.\tag{494}$$

Für reibungslose adiabate Strömung findet man daher mit

$$-A\int_1^2 v\,dP = i_1 - i_2$$

die Doppelgleichung

$$\underbrace{-A\int_1^2 v\,dP}_{\substack{\text{ideale Kolben-}\\\text{maschine}}} = \underbrace{i_1 - i_2}_{} = \underbrace{A\,\frac{w_2^2 - w_1^2}{2g}}_{\substack{\text{ideale}\\\text{Strömungsmaschine}}}.\tag{495}$$

Das Enthalpiegefälle kann also in einer idealen Kolbenmaschine ebenso vollkommen ausgenutzt werden wie in einer idealen Strömungsmaschine.

Die in den vorstehenden Energiegleichungen enthaltenen Zusammenhänge lassen sich nach ZEUNER[1] und STODOLA[2] wie folgt graphisch darstellen (Abb. 155):

Ein Gas oder Dampf vom Zustand p, v (Punkt *1*) und mit der Geschwindigkeit $w = 0$ möge ohne äußere Wärmezufuhr auf den tieferen Druck p_0 expandieren. Wir wollen zuerst annehmen, daß die Expansion reibungslos und daher adiabat (umkehrbar) vor sich geht, und diese Zustandsänderung möge durch die Linie *1—2* dargestellt werden. Hierbei kann die technische Arbeit

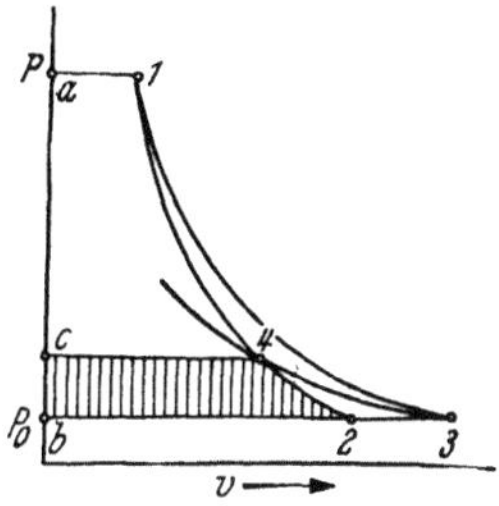

Abb. 155. Darstellung des Arbeitsverlustes und der Größe der Reibungsarbeit bei einer Strömung mit Reibung.

$$a\,1\,2\,b\,a = -\int_1^2 v\,dP$$

geleistet werden, wobei die Enthalpie von i_1 auf i_2 sinkt. Läßt man das ursprünglich ruhende Gas vom Anfangszustand *1* reibungsfrei ausströmen, so erreicht es beim Druck p_0 im Punkt *2* nach Gl. (491) die Geschwindigkeit

$$w_0' = \sqrt{\frac{2g(i_1 - i_2)}{A}} = 91{,}5\,\sqrt{i_1 - i_2}\,.$$

Verfolgt man den gleichen Vorgang mit Reibung, dann teilt sich die Reibungswärme Q_R dem Gas während der Expansion mit, die Expansionslinie in Abb. 155 verläuft flacher, und man kann sie durch eine nichtumkehrbare Polytrope *1—3* mit einem Exponenten $n < \varkappa$ darstellen; am Ende der Expansion ist dann die Enthalpie $i_3 > i_2$ und die Geschwindigkeit $w_0 < w_0'$; es wird

$$w_0 = \sqrt{\frac{2g(i_1 - i_3)}{A}}\,.$$

[1] ZEUNER, G.: Civilingenieur Bd. 17 (1871) S. 71.

[2] STODOLA, A.: Z. VDI Bd. 47 (1903) S. 1 — Dampf- und Gasturbinen, 6. Aufl., S. 42. Berlin: Springer 1924.

Legt man durch den Punkt *3* eine Linie konstanter Enthalpie (die für ideale Gase mit einer Isotherme zusammenfällt), dann schneidet diese Isenthalpe die Adiabate *1—2* im Punkt *4*, und es ist $i_4 = i_3$. Die erzielte Endgeschwindigkeit w_0 der reibungsbehafteten Strömung erhält man daher aus der Gleichung

$$\frac{w_0^2}{2g} = \frac{i_1 - i_4}{A} = -\int_1^4 v\,dP = a\,1\,4\,c\,a. \tag{496}$$

Unter dem Gütegrad der Umsetzung in Strömungsenergie versteht man die Größe

$$\eta_g = \frac{w_0^2}{w_0'^2} = \frac{i_1 - i_4}{i_1 - i_2} = \frac{\int_1^4 v\,dP}{\int_1^2 v\,dP}. \tag{497}$$

Der durch Reibung bedingte Verlust wird also

$$\frac{w_0'^2 - w_0^2}{2g} = \frac{i_4 - i_2}{A} = -\int_4^2 v\,dP = c\,4\,2\,b\,c.$$

Die den Verlust darstellende Fläche ist in Abb. 155 schraffiert. — Es ist wichtig, zu verstehen, daß der durch die Fläche *c 4 2 b* dargestellte Verlust kleiner ist als die bei dem Vorgang auftretende Reibung L_R. Diese erhält man aus Gl. (493), wobei der Höhenunterschied $h_2 - h_1$ vernachlässigt werden möge. Es wird

$$L_R = -\int_1^3 v\,dP - \frac{w_0^2}{2g} = a\,1\,3\,b - a\,1\,4\,c = 1\,3\,b\,c\,4\,1. \tag{498}$$

Die Tatsache, daß der Verlust um den Betrag *1 3 2 1* kleiner ist als die Reibung, ist dadurch zu erklären, daß die Reibungswärme die Temperatur bzw. die Enthalpie des strömenden Mediums während der Expansion erhöht und dadurch einen Beitrag zur Nutzarbeit bzw. zur kinetischen Energie liefern kann.

Es muß hier vor dem Irrtum gewarnt werden, die bei der reibungsbehafteten Strömung (von *1—3*) gewinnbare Arbeit in der Fläche *a 1 3 b* zu vermuten; denn die Linie *1—3* ist keine umkehrbare Polytrope. Es war aber S. 42 ausdrücklich betont, daß man die Arbeit nur dann aus $L = \int P\,dv$ bzw. $L_t = -\int v\,dP$ berechnen kann, wenn das expandierende Gas eine umkehrbare Zustandsänderung durchläuft. Beim Übergang von *1* nach *3* wird eben ein Teil der gewinnbaren Nutzarbeit durch Reibung aufgezehrt. Würde es sich um einen umkehrbaren Vorgang handeln, dann müßte bei einer Expansion, die flacher verläuft als die Adiabate, Wärme von außen zugeführt werden. In unserer Betrachtung handelt es sich aber nur um innere Reibungswärme.

Die hier besprochenen und in Abb. 155 dargestellten Vorgänge lassen sich in einem i, s-Diagramm (Abb. 156) besonders einfach veranschaulichen. Die den charakteristischen Punkten zugeordneten Zahlen sind darin die gleichen wie in Abb. 155. Die bei der adiabaten Expansion *1—2* erreichte kinetische Energie wird durch die Strecke $\overline{1\,2} = i_1 - i_2$ dargestellt. Bei der mit Reibung behafteten Expansion, deren Irreversibilität durch den Entropiezuwachs Δs zum Ausdruck kommt, sinkt aber die Enthalpie nur von i_1 auf $i_3 = i_4$. Die erreichte kinetische Energie wird daher durch die Strecke $\overline{1\,4} = i_1 - i_4$ dargestellt, und der Gütegrad ist $\eta_g = \overline{1\,4}/\overline{1\,2}$. Der Verlust wird offenbar um so größer, je flacher die Linie *1—3* verläuft. Im Grenzfall eines horizontalen Verlaufs von p bis p_0 bleibt die Enthalpie konstant, und es wird $\eta_g = 0$. Das ist der Fall der *Drosselung* (s. S. 88).

Aus dem Zusammenhang $\Delta i = A w_0^2/2g$ ersieht man, daß das Enthalpiegefälle ein direktes Maß der erzielbaren Strömungsgeschwindigkeit (aus dem Ruhezustand heraus) ist. Daher wird den i, s-Diagrammen häufig ein quadratischer Maßstab der Geschwindigkeit beigefügt, der es gestattet, aus der Strecke Δi sofort die Geschwindigkeit w_0 zu erhalten.

Es ist vielfach üblich, den Unterschied zwischen der wirklich erzielten Ausströmungsgeschwindigkeit w_0 und der bei reibungslosem Vorgang höchstmöglichen Geschwindigkeit w_0' durch einen Geschwindigkeitskoeffizienten

$$\varphi = \frac{w_0}{w_0'} \tag{499}$$

darzustellen, so daß $w_0 = \varphi\, w_0'$ wird. Aus Gl. (497) erhält man den Zusammenhang

$$\varphi = \sqrt{\eta_g}. \tag{500}$$

Bisher haben wir den Fall betrachtet, daß sich ein Gas oder ein Dampf während der Strömung ausdehnt, so daß es von einem höheren auf einen tieferen

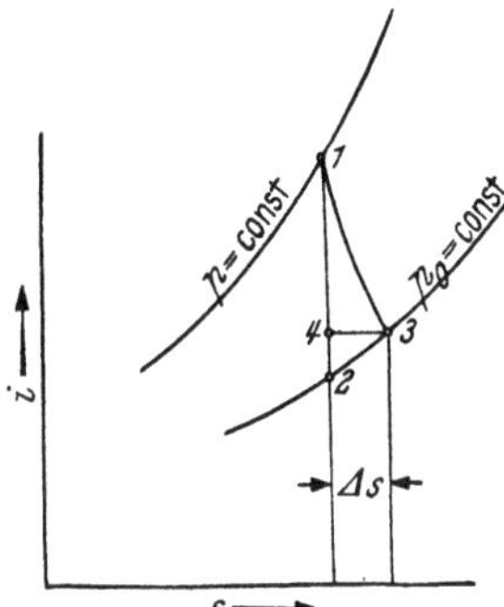

Abb. 156. Vergleich von Expansionsströmungen mit und ohne Reibung im i, s-Diagramm.

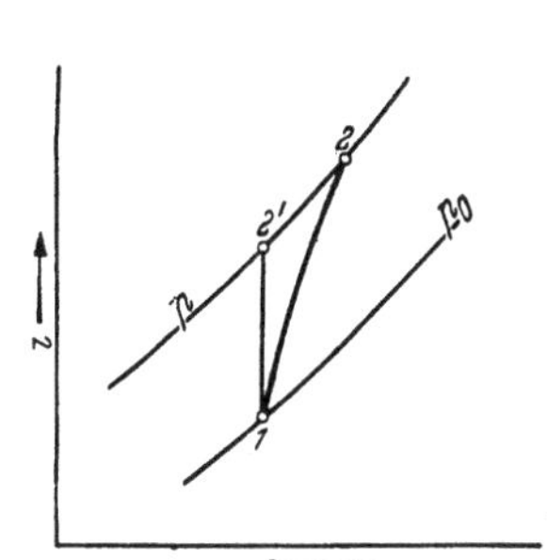

Abb. 157. Vergleich von Verdichtungsströmungen mit und ohne Reibung im i, s-Diagramm.

Druck gelangt. Handelt es sich dagegen um eine *Verdichtungsströmung*, z. B. in einem Turbokompressor oder in einem sog. *Diffusor*, so kann natürlich die Anfangsgeschwindigkeit nicht gleich Null sein; sie muß vielmehr einen endlichen Wert w_0' besitzen. Die Abnahme der kinetischen Energie wird hier zur Erzielung einer Drucksteigerung von p_0 auf p bzw. eines Enthalpiezuwachses $i' - i_0$ ausgenutzt. Gl. (495) erhält hier die Form

$$A \int_{p_0}^{p} v\, dP = i' - i_0 = A\, \frac{w_0'^2 - w'^2}{2g}.$$

In Abb. 157 ist ein solcher Vorgang im i, s-Diagramm dargestellt. Ausgehend vom Zustand *1* beim tieferen Druck p_0, wird das mit der Geschwindigkeit w_0' strömende Gas bei reibungsfreier Strömung längs der Adiabate *1—2'* auf den höheren Druck p verdichtet, wobei die Geschwindigkeit auf w' absinkt und die Enthalpie von i_0 auf i' steigt. Die Integration ist dann in der letzten Gleichung bei konstanter Entropie auszuführen. Ist Reibung vorhanden, so setzt sie sich während der Verdichtung in Wärme um, und die nichtumkehrbare Polytrope *1—2* hat einen Exponenten $m > \varkappa$. Zur Erreichung des gleichen Enddrucks p ist dann entsprechend dem höheren Enthalpiezuwachs $i - i_0$ eine größere Verdichtungsarbeit zu leisten, und die Geschwindigkeit sinkt auf einen Wert $w < w'$ herab. Der Gütegrad des Diffusors ist hier sinngemäß

$$\eta_g = \frac{i' - i_0}{i - i_0} = \frac{i_2' - i_1}{i_2 - i_1}. \tag{497a}$$

II. Die reibungsfreie Strömung durch Düsen.

1. Die Ausströmungsgeschwindigkeit und die Formgebung der Düsen.

Im letzten Abschnitt gelangten wir zu dem Ergebnis, daß bei reibungslosem (adiabatem) Ausströmen eines ursprünglich in Ruhe befindlichen Gases (oder Dampfes) aus einem Gefäß, in dem es den Druck p, die Temperatur T und die Enthalpie i besitzt, in einen Raum mit dem Druck p_0 eine Endgeschwindigkeit w_0' entsteht, die sich aus dem adiabaten Enthalpiegefälle $i - i_0'$ nach der Formel

$$w_0' = \sqrt{\frac{2g}{A}(i - i_0')} \tag{501}$$

berechnen läßt [s. Gl. (491)]. Für ideale Gase ist

$$i - i_0' = c_p(T - T_0') = c_p T\left(1 - \frac{T_0'}{T}\right),$$

wobei T_0' die Endtemperatur der adiabaten Expansion ist.

Aus der Zustandsgleichung idealer Gase folgt $T = Pv/R$ und aus den Gesetzen der Adiabate erhält man $T_0'/T = (p_0/p)^{\frac{\varkappa-1}{\varkappa}}$. Setzt man noch $c_p/AR = \varkappa/(\varkappa - 1)$, so folgt aus Gl. (501)

$$w_0' = \sqrt{2g\,\frac{\varkappa}{\varkappa - 1}\,Pv\left[1 - \left(\frac{p_0}{p}\right)^{\frac{\varkappa-1}{\varkappa}}\right]}. \tag{502}$$

Diese Grundgleichung wurde zuerst von DE SAINT-VENANT und WANTZEL abgeleitet[1]; sie geriet aber bald in Vergessenheit und wurde erst später von WEISBACH wiedergefunden[2].

Gl. (502) ist hier für ideale Gase abgeleitet worden. Sie gilt aber sehr angenähert auch für Dämpfe, wenn für $\varkappa$ der richtige Wert des Exponenten der Adiabate eingesetzt wird.

Aus den bisherigen Betrachtungen dürfte klar geworden sein, daß zwischen der Strömungsgeschwindigkeit w' und den Zustandsgrößen p, v, T eines kompressiblen Gases eindeutige Zusammenhänge bestehen. Dann gehört aber nach der Kontinuitätsgleichung (489) zu jedem Wert von w' und p bzw. v auch ein bestimmter Wert des für den Durchfluß eines gegebenen Stromes G_s erforderlichen Querschnitts F der Ausflußmündung. Mit anderen Worten: es ist damit die Formgebung dieser Mündung, die wir hier als *Düse* bezeichnen wollen, festgelegt.

Der Druck in der Düse wird bei reibungsloser Strömung adiabat von p auf p_0 längs der dünn ausgezogenen Kurve *1—2* in Abb. 158 sinken. Im Austrittsquerschnitt, in dem der Druck p_0 erreicht ist, sei das Volum v_0, die Ge-

---

¹ DE SAINT-VENANT, B., u. L. WANTZEL: Mémoires et expériences sur l'écoulement de l'air. J. l'Ecole Polytechnique Bd. 27 (1839) S. 85.
² WEISBACH, J.: Lehrbuch der Ingen.- und Maschinenmechanik, 3. Aufl., § 431. 1855.

schwindigkeit w_0' und der Querschnitt F_0. Bei irgendeinem Zwischendruck p_x bezeichnen wir diese Werte mit v_x, w_x' und F_x (vgl. Abb. 158). Nach der Kontinuitätsgleichung (489) gilt

$$G_s = \frac{w_x' F_x}{v_x} = \frac{w_0' F_0}{v_0} = \text{konst.} \tag{503}$$

Im Anfangszustand *1* (im Druckbehälter) möge die Geschwindigkeit ungefähr gleich Null sein; daraus würde folgen, daß F unendlich groß sein müßte. Praktisch bedeutet es aber nur, daß der Querschnitt des Druckbehälters sehr groß im Verhältnis zur Ausflußöffnung ist, und daß die Mündung am Behälter gut abgerundet ist (Abb. 159). Würde der Druck in der Düse bis zum absoluten Vakuum absinken ($p_0 = 0$), so würde nach Gl. (502) die Geschwindigkeit einen durchaus endlichen Höchstwert

$$w_{0\,\text{max}}' = \sqrt{2g\,\frac{\varkappa}{\varkappa - 1}\,P\,v} \tag{502a}$$

erreichen, das spezifische Volum würde aber einem unendlich großen Wert zustreben. Daher müßte auch der Querschnitt ins Unendliche wachsen. Wenn somit der Querschnitt der Düse sowohl beim Anfangsdruck p als auch bei einem

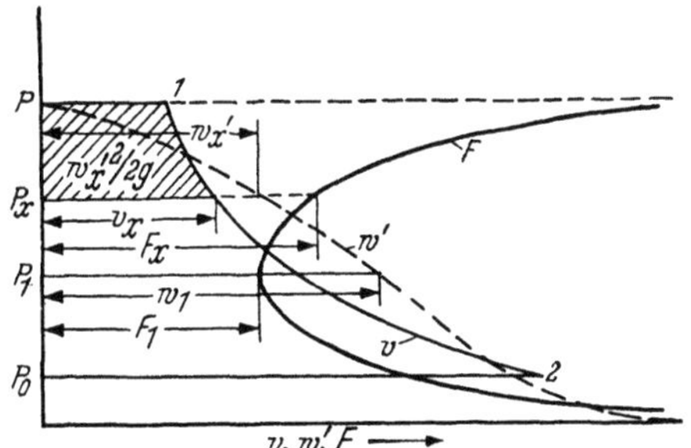

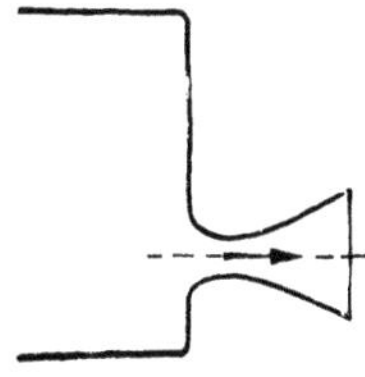

Abb. 158. Änderung des spezifischen Volums, der Geschwindigkeit und des Rohrquerschnitts bei der Expansionsströmung.

Abb. 159. Ausfluß aus einem Druckbehälter durch eine Düse.

Enddruck $p_0 = 0$ unendlich wird, dann muß er, um überhaupt ein endliches Gebilde zu ergeben, für die Zwischendrücke einen Verlauf nach Abb. 158 (dick ausgezogene Linie) aufweisen und somit an irgendeiner Stelle einen Minimalwert F_1 bei einem Druck p_1 besitzen. Die zunächst überraschende Tatsache, daß bei Senkung des Druckes unterhalb p_1 eine Geschwindigkeitserhöhung in einer Gasströmung nur durch eine Querschnittserweiterung erzielt werden kann, erklärt sich dadurch, daß bei niedrigen Drücken das spezifische Volum der Gase stärker zunimmt als die Strömungsgeschwindigkeit. Die zu F_1 gehörigen Werte des spezifischen Volums und der Geschwindigkeit seien v_1 und w_1. Aus Gl. (503) folgt

$$F_x = G_s\,\frac{v_x}{w_x'}\,.$$

Im engsten Querschnitt der Düse wird $dF_x = 0$, also

$$G_s\,\frac{w_x'\,dv_x - v_x\,dw_x'}{w_x'^2} = 0,$$

oder, da wir im engsten Querschnitt allen Größen den Index 1 erteilt haben,

$$w_1'\,dv_1 = v_1\,dw_1'. \tag{504}[1]$$

---

[1] Dieser Zusammenhang ergibt sich auch unmittelbar aus Gl. (489a), wenn man darin $dF = 0$ setzt.

Aus Gl. (495) folgt aber $\dfrac{w_x'^2}{2g} = -\displaystyle\int_p^{p_x} v\,dP$, woraus man durch Differentiation

findet $w_x'\,dw_x' = -g\,v_x\,dP_x$. Für den engsten Querschnitt wird daher

$$dw_1' = -g\,\frac{v_1}{w_1'}\,dP_1.$$

Setzen wir diesen Wert in Gl. (504) ein, dann wird

$$w_1'^2 = -g\,v_1^2\left(\frac{dP}{dv}\right)_1. \tag{505}$$

Da wir es mit einem adiabaten Expansionsvorgang zu tun haben, gilt mit $Pv^\varkappa = $ konst. nach Differentiation

$$\varkappa P\,dv + v\,dP = 0$$

und daher

$$\frac{dP}{dv} = -\varkappa\,\frac{P}{v}. \tag{506}$$

Setzt man diesen Wert für den engsten Querschnitt in Gl. (505) ein, so erhält man

$$w_1' = \sqrt{g\,\varkappa\,P_1\,v_1}. \tag{507}$$

Man kann leicht einsehen, daß w_1' der *Schallgeschwindigkeit* im engsten Querschnitt bei den dort herrschenden Bedingungen entspricht. Wie man aus jedem Lehrbuch der Physik entnehmen kann, erhält man für die Fortpflanzungsgeschwindigkeit des Schalls den allgemeinen Ausdruck

$$w_{\text{Schall}} = \sqrt{\frac{dP}{d\varrho}}, \tag{508}$$

wobei $\varrho = \gamma/g$ die Dichte des Mediums ist, in dem sich der Schall ausbreitet [1]. Da die Schallschwingungen so rasch verlaufen, daß die Kompressionen und Expansionen ohne Wärmeaustausch mit der Umgebung erfolgen, gilt zwischen P und ϱ das Gesetz der Adiabate, also mit Gl. (506)

$$\frac{dP}{d\varrho} = \varkappa\,\frac{P}{\varrho}.$$

Mit $1/\varrho = gv$ erhält man für die Schallgeschwindigkeit aus Gl. (508) sofort den in Gl. (507) ermittelten Ausdruck.

Es entsteht jetzt die Frage, welcher Druck P_1 sich im engsten Querschnitt einstellt und in welchem Verhältnis dieser Druck zum Anfangsdruck P im Druckbehälter steht. Es dürfte klar sein, daß bei richtiger Bemessung der Düse nach den in Abb. 158 entwickelten Gesichtspunkten die Geschwindigkeit w_x' in jedem Querschnitt F_x nach der Gl. (502) berechnet werden kann, wenn man für p_0 den entsprechenden Wert p_x einsetzt. Also gilt auch für den engsten Querschnitt

$$w_1' = \sqrt{2g\,\frac{\varkappa}{\varkappa-1}\,P\,v\left[1-\left(\frac{p_1}{p}\right)^{\frac{\varkappa-1}{\varkappa}}\right]}.$$

Vergleicht man diesen Ausdruck mit Gl. (507), dann erhält man mit $pv^\varkappa = p_1 v_1^\varkappa$

$$\frac{2}{\varkappa-1}\left[1-\left(\frac{p_1}{p}\right)^{\frac{\varkappa-1}{\varkappa}}\right] = \frac{p_1}{p}\,\frac{v_1}{v} = \left(\frac{p_1}{p}\right)^{\frac{\varkappa-1}{\varkappa}}$$

---

[1] Die Ableitung der Gl. (508) findet man auch bei E. SCHMIDT: Thermodynamik, 4. Aufl., S. 268. Berlin/Göttingen/Heidelberg: Springer 1950. Die Schallgeschwindigkeit wird in der Strömungslehre häufig mit a bezeichnet.

und daraus

$$\beta' = \frac{p_1}{p} = \left(\frac{2}{\varkappa + 1}\right)^{\frac{\varkappa}{\varkappa - 1}}. \tag{509}$$

Dieses Druckverhältnis β' bezeichnet man als das *kritische Druckverhältnis*; nach einem Vorschlag von E. Schmidt wollen wir es aber als das Laval-*Druckverhältnis* bezeichnen, da die in Abb. 159 dargestellte Düse mit einer engsten Stelle und einer anschließenden Querschnittserweiterung von dem schwedischen Ingenieur de Laval gebaut und in seinen Dampfturbinen verwendet wurde[1].

Wie man aus Gl. (509) erkennt, hängt das Laval-Druckverhältnis nur von der Größe des adiabaten Exponenten $\varkappa$ ab; die Formel ist aber so gebaut, daß sich die Werte von β selbst bei größeren Änderungen von $\varkappa$ nur wenig verändern. Einige Werte von β sind in Tab. 42 wiedergegeben. Für zweiatomige Gase und damit auch für Luft ist $\varkappa = 1{,}40$, für überhitzten Wasserdampf kann mit $\varkappa = 1{,}30$ und für trocken gesättigten Wasserdampf mit $\varkappa = 1{,}135$ gerechnet werden. Für überhitzte Dämpfe vielatomiger Kältemittel (z. B. der Freone) werden Werte von $\varkappa$ bis herunter auf etwa 1,1 angegeben (vgl. Bd. IV dieses Handbuchs). Mit sinkendem Wert von $\varkappa$ steigt β' langsam an. Man kann sich leicht davon überzeugen, daß der Grenzwert von β' für $\varkappa \to 1$, für den man zunächst einen unbestimmten Wert erhält, bei $\beta' = 0{,}6065$ liegt.

In Gl. (507) war die Geschwindigkeit im engsten Querschnitt durch die für diese Stelle gültigen Werte P_1 und v_1 ausgedrückt. Das Produkt $P_1 v_1$ kann aber nach Gl. (509) und mit

$$v_1 = v \left(\frac{P}{P_1}\right)^{\frac{1}{\varkappa}} = v \left(\frac{\varkappa + 1}{2}\right)^{\frac{1}{\varkappa - 1}}$$

auch wie folgt geschrieben werden:

$$P_1 v_1 = \frac{2}{\varkappa + 1} P v.$$

Setzt man diesen Ausdruck in Gl. (507) ein, dann wird

$$w_1' = \sqrt{2 g \frac{\varkappa}{\varkappa + 1} P v}, \tag{510}$$

womit die Geschwindigkeit im engsten Querschnitt durch die Ausgangswerte von Druck und Volum im Druckbehälter ausgedrückt ist.

Tabelle 42. *Werte des* Laval-*Druckverhältnisses β' und der zugehörigen Ausflußfunktion ψ_{max}.*

$\varkappa$	1,4	1,3	1,2	1,135	1,1	(1,0)
$\beta' = p_1/p$ [Gl. (509)]	0,530	0,546	0,564	0,577	0,585	(0,6065)
ψ_{max} [Gl. (514)]	0,484	0,473	0,459	0,450	0,444	(0,429)

Auf S. 345 sind wir noch kurz auf die Verdichtungsströmung in einem Diffusor eingegangen. Bei verlustloser, reibungsfreier Strömung stellen die Vorgänge im Diffusor die genaue Umkehrung derjenigen in der Laval-Düse dar. Ist die Anfangsgeschwindigkeit w_0' kleiner als die Schallgeschwindigkeit, dann müssen sich die Querschnitte des Diffusors in Strömungsrichtung stetig erweitern. Ist dagegen w_0' größer als die Schallgeschwindigkeit, dann müssen

---

[1] Carl Gustav Patrick de Laval, geb. 1845. Vgl. C. Matschoss: Die Entwicklung der Dampfturbine, Bd. II, S. 614. 1908.

die Querschnitte des Diffusors zuerst abnehmen, bis an der engsten Stelle die Schallgeschwindigkeit erreicht ist; erst im weiteren Verlauf der Strömung nehmen die Querschnitte zu. Hat die Endgeschwindigkeit beim Austritt aus dem Diffusor noch einen Wert w', so berechnet sich die Anfangsgeschwindigkeit w_0' in Anlehnung an Gl. (502) nach der Formel

$$w_0' = \sqrt{2g\,\frac{\varkappa}{\varkappa-1}\,P_0\,v_0\left[\left(\frac{p}{p_0}\right)^{\frac{\varkappa-1}{\varkappa}}-1\right]+w'^2},\qquad(511)$$

wobei P_0, v_0 die Anfangswerte darstellen und p den erreichten Enddruck bedeutet. Dieser ist bei gegebenem w_0' um so größer, je kleiner die Endgeschwindigkeit w' ist.

2. Die Ausflußmenge.

Es soll jetzt die aus einer Düse in der Zeiteinheit ausfließende Gasmenge, der sog. Mengenstrom, berechnet werden. Dabei wollen wir zunächst annehmen, daß die Schallgeschwindigkeit nicht überschritten wird, so daß wir mit Düsen auskommen, die sich in Richtung der Strömung verengen; der Austrittsquerschnitt F_0 ist dann auch der engste Querschnitt.

Nach Gl. (503) ist dann

$$G_s = F_0\,\frac{w_0'}{v_0}.$$

Setzt man in diese Gleichung für w_0' den Ausdruck nach Gl. (502) ein und beachtet man, daß bei der Expansion längs einer Adiabate $v_0 = v\,(p/p_0)^{1/\varkappa}$ ist, so erhält man

$$G_s = F_0\sqrt{2g\,\frac{\varkappa}{\varkappa-1}\,\frac{P}{v}\left[\left(\frac{p_0}{p}\right)^{\frac{2}{\varkappa}}-\left(\frac{p_0}{p}\right)^{\frac{\varkappa+1}{\varkappa}}\right]}.\qquad(512)$$

Wir wollen den Ausdruck unter der Wurzel in zwei Teile zerlegen, von denen der eine, nämlich $\sqrt{2g\,\dfrac{P}{v}}$, nur von dem Anfangszustand im Druckbehälter abhängt, während der zweite

$$\psi = \sqrt{\frac{\varkappa}{\varkappa-1}\left[\left(\frac{p_0}{p}\right)^{\frac{2}{\varkappa}}-\left(\frac{p_0}{p}\right)^{\frac{\varkappa+1}{\varkappa}}\right]}\qquad(513)$$

eine Funktion des Druckverhältnisses p/p_0 und von $\varkappa$ ist. Die Funktion ψ bezeichnen wir mit E. Schmidt als *Ausflußfunktion*, sie ist in Abb. 160 für zwei verschiedene Werte von $\varkappa$ über p_0/p dargestellt. Sowohl für $p_0/p = 0$ als auch für $p_0/p = 1$ wird $\psi = 0$; dazwischen erreicht ψ einen Höchstwert bei $p_0/p = p_1/p = \beta'$, also bei dem Laval-Druckverhältnis nach Gl. (509). Setzt man dieses Druckverhältnis in Gl. (513) ein, so erhält man

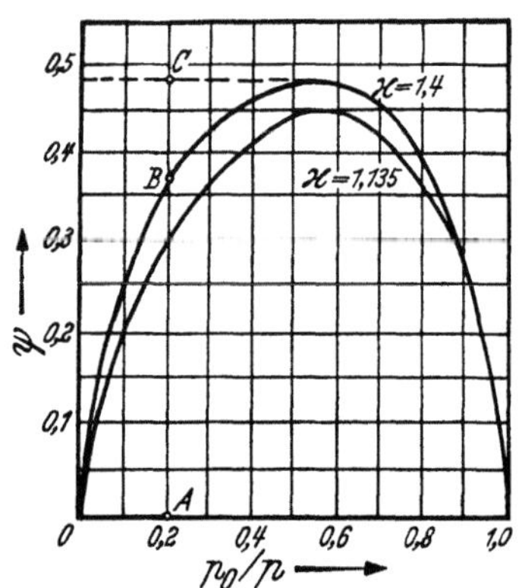

Abb. 160. Die Ausflußfunktion ψ als Funktion des Druckverhältnisses p_0/p für 2 verschiedene Werte von $\varkappa$.

$$\psi_{\max} = \sqrt{\frac{\varkappa}{\varkappa-1}\left[\left(\frac{2}{\varkappa+1}\right)^{\frac{2}{\varkappa-1}}-\left(\frac{2}{\varkappa+1}\right)^{\frac{\varkappa+1}{\varkappa-1}}\right]}.$$

Beachtet man, daß die Potenz $\dfrac{\varkappa+1}{\varkappa-1} = \dfrac{2}{\varkappa-1} + 1$ ist, dann wird mit

$$\left(\frac{2}{\varkappa+1}\right)^{\frac{\varkappa+1}{\varkappa-1}} = \frac{2}{\varkappa+1}\left(\frac{2}{\varkappa+1}\right)^{\frac{2}{\varkappa-1}}$$

$$\psi_{\max} = \sqrt{\frac{\varkappa}{\varkappa-1}\left(\frac{2}{\varkappa+1}\right)^{\frac{2}{\varkappa-1}}\left(1-\frac{2}{\varkappa+1}\right)} = \left(\frac{2}{\varkappa+1}\right)^{\frac{1}{\varkappa-1}}\sqrt{\frac{\varkappa}{\varkappa+1}}. \qquad (514)$$

Werte von $\psi_{\max}$ für verschiedene $\varkappa$ sind in Tab. 42 eingetragen.

Für die Ausflußmenge erhalten wir mit den Gl. (512) und (513) den Ausdruck

$$G_s = F_0\,\psi\,\sqrt{2g\,\frac{P}{v}}, \qquad (515)$$

der für ideale Gase auch in der Form

$$G_s = F_0\,\psi\,P\,\sqrt{\frac{2g}{RT}} \qquad (515\,\text{a})$$

geschrieben werden kann. Diese Gleichung kann mit einer gewissen Annäherung auch für Dämpfe verwendet werden.

Wie aus Abb. 160 zu ersehen ist, nimmt bei konstantem Anfangsdruck p die Ausflußfunktion ψ mit abnehmendem Druck p_0 im Endquerschnitt so lange zu, bis $p_0 = p_1$ wird, bis also das LAVAL-Druckverhältnis p_1/p erreicht ist. Solange nimmt dann nach Gl. (515) auch die Ausflußmenge G_s zu. Wird $p_0 < p_1$, dann nimmt ψ nach Abb. 158 wieder ab; es müßte also mit sinkendem Gegendruck auch die Ausflußmenge abnehmen. Da das nicht möglich ist, muß man schließen, daß sich im Endquerschnitt einer nichterweiterten Düse unabhängig vom Außendruck p_a kein kleinerer Druck als p_1 einstellen kann. Demnach kann in einer nichterweiterten Düse die Schallgeschwindigkeit nicht überschritten werden. Die maximale Ausflußmenge ist also

$$G_{s_{\max}} = F_1\,\psi_{\max}\,\sqrt{2g\,\frac{P}{v}}, \qquad (516)$$

wobei $\psi_{\max}$ nach Gl. (514) einzusetzen ist und F_1 den engsten Querschnitt bedeutet. Dabei ist es gleichgültig, ob F_1 den Endquerschnitt einer nichterweiterten Düse oder den engsten Querschnitt einer LAVAL-Düse (Abb. 159) bedeutet. Denn auch durch eine LAVAL-Düse mit dem erweiterten Endquerschnitt F_0 kann keine größere Menge G_s ausfließen; der Druck p_0 im Endquerschnitt kann dabei natürlich unter p_1 bis zum Außendruck p_a absinken, aber gleichzeitig sinkt nach Abb. 160 bzw. Gl. (513) auch der Wert von ψ. Für eine LAVAL-Düse erhalten wir, bezogen auf den Endquerschnitt, die Gl. (515):

$$G_s = F_0\,\psi\,\sqrt{2g\,\frac{P}{v}}.$$

Nach der Kontinuitätsgleichung (503) beträgt die *Querschnittserweiterung*

$$\frac{F_0}{F_1} = \frac{d_0^2}{d_1^2} = \frac{v_0}{v_1}\,\frac{w_1'}{w_0'}, \qquad (517)$$

wobei d_0 und d_1 die entsprechenden Durchmesser der Düse sind. Aus den Gl. (502) und (510) findet man

$$\frac{w_1'}{w_0'} = \sqrt{\frac{\varkappa-1}{\varkappa+1}\,\frac{1}{\left[1-\left(\dfrac{p_0}{p}\right)^{\frac{\varkappa-1}{\varkappa}}\right]}}. \qquad (518)$$

Mit

$$\frac{v_0}{v_1} = \left(\frac{p_1}{p_0}\right)^{\frac{1}{\varkappa}} = \left(\frac{p_1}{p}\right)^{\frac{1}{\varkappa}} \left(\frac{p}{p_0}\right)^{\frac{1}{\varkappa}} = \left(\frac{2}{\varkappa+1}\right)^{\frac{1}{\varkappa-1}} \left(\frac{p}{p_0}\right)^{\frac{1}{\varkappa}}$$

erhält man nach Einsetzen in Gl. (517)

$$\frac{F_0}{F_1} = \frac{d_0^2}{d_1^2} = \left(\frac{2}{\varkappa+1}\right)^{\frac{1}{\varkappa-1}} \sqrt{\frac{\varkappa-1}{\varkappa+1}} \left(\frac{p}{p_0}\right)^{\frac{1}{\varkappa}} \sqrt{\frac{1}{1-\left(\frac{p_0}{p}\right)^{\frac{\varkappa-1}{\varkappa}}}}. \tag{519}$$

Setzt man nun in Gl. (515) den sich aus Gl. (519) ergebenden Wert von F_0 und für ψ den Wert nach Gl. (513) ein, dann erhält man für die Ausflußmenge G_s wieder genau den gleichen Wert $G_{s_{max}}$ wie in Gl. (516). Damit ist erwiesen, daß auch durch eine richtig erweiterte LAVAL-Düse keine größere Menge ausfließen kann als durch eine gewöhnliche, nichterweiterte (konvergente) Mündung bei Erreichung des LAVAL-Druckverhältnisses.

Aus den Gl. (518) und (519) kann man berechnen, um wieviel der Endquerschnitt einer LAVAL-Düse über den engsten Querschnitt bei verschiedenen Werten von p/p_0 erweitert werden muß, und welches Vielfache der Schall-Geschwindigkeit im Endquerschnitt erreicht wird. Diese Werte sind in Tab. 43 für Luft mit $\varkappa = 1,4$ und für trocken gesättigten Wasserdampf mit $\varkappa = 1,135$ eingetragen.

Tabelle 43[1]. *Düsenerweiterung und Geschwindigkeitszunahme in LAVAL-Düsen.*

p/p_0	$\varkappa = 1,4$		$\varkappa = 1,135$	
	F_0/F_1	w_0'/w_1' *	F_0/F_1	w_0'/w_1' *
∞	∞	2,45	∞	3,98
100	8,13	2,10	13,80	2,58
80	7,04	2,07	11,56	2,54
60	5,82	2,03	9,16	2,47
40	4,46	1,98	6,75	2,37
20	2,90	1,86	3,97	2,18
10	1,94	1,72	2,44	1,92
8	1,70	1,64	2,07	1,86
6	1,47	1,55	1,72	1,74
4	1,21	1,40	1,35	1,55
2	1,02	1,04	1,02	1,12

Beim Ausströmen in das absolute Vakuum ($p_0 = 0$) wird nach Gl. (518)

$$w_0' = \sqrt{\frac{\varkappa+1}{\varkappa-1}}\, w_1'. \tag{520}$$

Dieser Wert ist von $\varkappa$ recht stark abhängig. Für $\varkappa = 1,4$ wächst die Geschwindigkeit auf das 2,45fache derjenigen im engsten Querschnitt, für $\varkappa = 1,135$ aber bereits fast auf das 4fache.

Die nach Gl. (519) erforderliche Querschnittserweiterung der LAVAL-Düse kann in Abb. 160 unmittelbar abgegriffen werden, denn aus den Gl. (515) und (516) folgt $F_0\psi = F_1\psi_{max}$, also

$$\frac{F_0}{F_1} = \frac{\psi_{max}}{\psi}.$$

In Abb. 160 ist z. B. für $\varkappa = 1,4$ und $p_0 = 0,2\,p$ der Wert $\psi = \overline{AB}$, während $\psi_{max} = \overline{AC}$ ist. Daher wird $F_0/F_1 = \overline{AC}/\overline{AB}$.

Ist der Außendruck $p_a > p_1$, wird also das LAVAL-Druckverhältnis p/p_1 nicht erreicht, dann tritt aus einer *konvergenten* Düse ein zylindrischer Parallel-

---

[1] Aus Hütte, 27. Aufl., Bd. 1, S. 585. 1948.
 * Eine Geschwindigkeit im Verhältnis zur Schallgeschwindigkeit bezeichnet man als „MACHsche Zahl".

strahl mit Unterschallgeschwindigkeit aus. Es stellt sich dann auch im Endquerschnitt der Mündung der Druck $p_0 = p_a$ ein.

Ist jedoch der Außendruck $p_a < p_1$, dann tritt der Strahl mit der Schallgeschwindigkeit w_1' aus, und im Endquerschnitt herrscht der höhere Druck $p_1 = \beta' p > p_a$. Es besteht also im austretenden Strahl ein endlicher Druckunterschied gegenüber dem Umgebungsdruck, und der Strahl dehnt sich sofort irreversibel aus, wodurch ein entsprechender Arbeitsverlust entsteht. Die Ausdehnung schießt dabei über die Gleichgewichtslage hinaus, so daß im Kern des fortschreitenden Strahles Unterdruck entsteht und der Strahl sich wieder zusammenzieht. Das wiederholt sich periodisch, so daß man in Schlierenaufnahmen stehende Schallwellen beobachten kann[1]. Sie machen sich als ein starkes Geräusch bemerkbar, wie man es z. B. beim Abblasen des Sicherheitsventils an einem Dampfkessel kennt.

Entspricht bei einer LAVAL-Düse die vorhandene Querschnittserweiterung nicht genau dem herrschenden Außendruck p_a, so ist zu unterscheiden, ob p_a größer oder kleiner als der Druck p_0 im Endquerschnitt ist. Ist $p_a < p_0$, dann ändern sich die Strömungsverhältnisse in der Düse nicht; jedoch tritt nach dem Austreten des Strahles eine gleiche irreversible Ausdehnung ein, wie sie bei der konvergenten Mündung im Falle $p_a < p_1$ beschrieben wurde. Ist dagegen $p_a > p_0$, so dringt der Außendruck als Druckwelle in das strömende Gas ein. Dabei steigt der Druck sehr rasch von p_0 auf p_a, so daß ein *Verdichtungsstoß* entsteht und die Geschwindigkeit auf Unterschallgeschwindigkeit sinkt. Die Schallgeschwindigkeit ist dann der geometrische Mittelwert aus den Geschwindigkeiten vor und nach dem geraden Verdichtungsstoß (s. S. 362). Bei großen Differenzen $p_a - p_0$ löst sich der Strahl in der Nähe des Düsenaustritts von der Düsenwand ab[2].

III. Die reibungsbehaftete Strömung durch Düsen.

1. Die Expansionsströmung.

Bei der Ableitung der allgemeinen Energiegleichung für strömende Gase und Dämpfe wurde auf S. 342 bereits die Reibungsarbeit L_R berücksichtigt [vgl. Gl. (493)]. Beim Ausströmungsvorgang aus einem Druckbehälter wurde ferner der Reibung durch Einführung eines Geschwindigkeitskoeffizienten φ in Gl. (499) Rechnung getragen. Bei reibungsfreier Ausströmung ergab sich für die Ausströmungsgeschwindigkeit w_0' der durch Gl. (502) dargestellte Ausdruck. Mit Reibung kann daher gesetzt werden

$$w_0 = \varphi \sqrt{2g \frac{\varkappa}{\varkappa - 1} P v \left[1 - \left(\frac{p_0}{p} \right)^{\frac{\varkappa - 1}{\varkappa}} \right]}. \tag{521}$$

Auf diese Weise wird die Reibung sozusagen summarisch berücksichtigt, indem man zunächst den verlustlosen reversiblen adiabaten Expansionsvorgang in der Düse betrachtet, der das größtmögliche Enthalpiegefälle liefert, und dann die durch Reibung verursachte Abnahme des Enthalpiegefälles durch einen Gütegrad η_g nach Gl. (497) berücksichtigt. Mit diesem Gütegrad hängt der

---

[1] Eine rechnerische Behandlung dieser Vorgänge findet sich in der Göttinger Dissertation von STEICHEN: Beiträge zur Theorie der zweidimensionalen Bewegungsvorgänge in einem Gas. Göttingen: Kaestner 1909.

[2] Näheres hierüber ist bei A. STODOLA (Dampf- und Gasturbinen, 6. Aufl., S. 69. Berlin: Springer 1924) und bei E. SCHMIDT (Einführung in die technische Thermodynamik, 4. Aufl., S. 276ff. Berlin/Göttingen/Heidelberg: Springer 1950) zu finden.

Geschwindigkeitskoeffizient durch die einfache Beziehung (500): $\varphi = \sqrt{\eta_\varrho}$ zusammen.

Man kann die Reibung aber auch in der in Abb. 155 dargestellten Weise dadurch berücksichtigen, daß man für die Expansion einen flacheren Verlauf als bei der Adiabate annimmt. Es wird zwar bei der Expansion keine Wärme von außen zugeführt, durch die die gewinnbare Arbeit vergrößert werden könnte, aber die Reibungswärme teilt sich doch dem expandierenden Gas mit, wenn sie auch einen Teil der gewinnbaren Arbeit aufzehrt. Wie bereits auf S. 344 ausdrücklich betont wurde, stellt die Expansion mit Reibung keine umkehrbare Polytrope dar; die Zwischenzustände können nicht angegeben werden, man kennt nur den Anfangs- und Endzustand, z. B. im i, s-Diagramm (Abb. 156) nur die Punkte *1* und *3*. Trotzdem kann man die nichtumkehrbare Polytrope *1—3* in Abb. 155 konventionell durch eine Gleichung von der Form

$$P v^m = \text{konst.} \tag{522}$$

ausdrücken, und man nennt m den *Ausflußexponenten*.

Man kann aber leicht einsehen, daß es falsch wäre, für die Berechnung der Ausflußgeschwindigkeit w_0 mit Reibung in Gl. (502) durchweg den adiabaten Exponenten $\varkappa$ durch m zu ersetzen. Ist das Enthalpiegefälle mit Reibung $i - i_0 = c_p(T - T_0) = c_p T [1 - (T_0/T)]$, dann wird mit $T = Pv/R$

$$w_0 = \sqrt{\frac{2g}{A}(i - i_0)} = \sqrt{2g \frac{c_p}{AR} P v \left(1 - \frac{T_0}{T}\right)}.$$

Für die Polytrope gilt jetzt $T_0/T = (p_0/p)^{\frac{m-1}{m}}$, aber für c_p/AR muß unverändert $\varkappa/(\varkappa - 1)$ gesetzt werden und nicht etwa $m/(m - 1)$. Man erhält daher

$$w_0 = \sqrt{2g \frac{\varkappa}{\varkappa - 1} P v \left[1 - \left(\frac{p_0}{p}\right)^{\frac{m-1}{m}}\right]}. \tag{523}[1]$$

Dagegen würde man bei einer umkehrbaren Polytrope $P v^n = \text{konst.}$ mit äußerer Wärmezufuhr, aber ohne Reibung, erhalten

$$w_0'' = \sqrt{2g \frac{n}{n - 1} P v \left[1 - \left(\frac{p_0}{p}\right)^{\frac{n-1}{n}}\right]} \tag{524}$$

Es verhält sich also mit $m = n$

$$\frac{w_0''}{w_0} = \sqrt{\frac{\varkappa - 1}{\varkappa} \frac{n}{n - 1}}. \tag{525}$$

Zu dem gleichen Ergebnis gelangt man auch auf folgendem Wege:

Aus Gl. (490a) erhält man mit $h_1 = h_2$ und $w_1 = 0$, sowie mit den Bezeichnungen $w_2 = w_0''$, $i_1 = i$ und $i_2 = i_0$

$$\frac{A w_0''^2}{2g} = i - i_0 + Q. \tag{526}$$

---

[1] Beim Ausfluß in einen Raum, in welchem das absolute Vakuum herrscht ($p_0 = 0$), liefert Gl. (523) $w_{0\max} = \sqrt{2g \frac{\varkappa}{\varkappa - 1} P v}$, also den gleichen Wert, den man in Gl. (502) für die reibungsfreie Strömung erhält. Dieses paradoxe Ergebnis kann wie folgt erklärt werden: Dem Druck $p_0 = 0$ entspricht bei jedem Anfangsdruck p sowohl auf der Adiabate wie auf der Polytrope die Temperatur $T = 0$. Mit Reibung kann aber infolge der Wärmeentwicklung bei der Strömung die Temperatur nie bis auf $T = 0$ fallen; folglich kann auch der Druck nicht auf $p = 0$ sinken, und die oben berechnete Grenzgeschwindigkeit $w_{0\max}$ kann nicht erreicht werden.

Dabei ist die auf der umkehrbaren reibungsfreien Polytrope zuzuführende Wärme $Q = c_n(T_0 - T)$ oder mit Gl. (29), S. 31

$$Q = c_v \frac{n - \varkappa}{n - 1} (T_0 - T) = c_v \frac{\varkappa - n}{n - 1} (T - T_0).$$

Da aber $i - i_0 = c_p(T - T_0)$, so wird

$$Q = \frac{1}{\varkappa} \frac{\varkappa - n}{n - 1} (i - i_0).$$

Setzt man diesen Ausdruck in Gl. (526) ein, so erhält man

$$\frac{A w_0''^2}{2g} = (i - i_0) \frac{\varkappa - 1}{\varkappa} \frac{n}{n - 1}. \tag{527}$$

Dagegen wird für die reibungsbehaftete irreversible Polytrope mit dem gleichen Exponenten $m = n$ und dem gleichen Enthalpiegefälle $i - i_0$, aber ohne äußere Wärmezufuhr ($Q = 0$)

$$\frac{A w_0^2}{2g} = i - i_0. \tag{528}$$

Aus den Gl. (527) und (528) folgt wieder die Gl. (525).

Tab. 44 zeigt an Hand eines Beispiels, um wieviel sich die Geschwindigkeiten in den drei besprochenen Fällen unterscheiden. Dabei wurde die Ausströmung von Luft ($\Re = 29{,}27$, $\varkappa = 1{,}4$) mit einer Anfangstemperatur von $T = 600°$ bei einem Druckverhältnis $p/p_0 = 10$ angenommen. Für die Polytrope wurde $m = n = 1{,}3$ gesetzt.

Tabelle 44. *Vergleich der Ausflußgeschwindigkeiten mit und ohne Reibung.*

	Ohne Reibung Adiabate	Ohne Reibung Polytrope	Mit Reibung Polytrope
p/p_0	10	10	10
Exponent	$\varkappa = 1{,}4$	$n = 1{,}3$	$m = 1{,}3$
T/T_0	1,931	1,701	1,701
$1 - T_0/T$	0,4822	0,4121	0,4121
w_0 [m/s]	$w_0' = 763$	$w_0'' = 785$	$w_0 = 705$
	[nach Gl. (503)]	[nach Gl. (524)]	[nach Gl. (523)]

Während also $w_0 < w_0'$ ist, wird $w_0'' > w_0'$.

Es ist nun leicht, einen Zusammenhang zwischen dem Geschwindigkeitskoeffizienten φ und dem Ausflußexponenten m herzustellen; man braucht nur die Ausdrücke für w_0 nach Gl. (502) und (523) miteinander zu vergleichen. Man erhält dann

$$\varphi^2 \left[1 - \left(\frac{p_0}{p}\right)^{\frac{\varkappa - 1}{\varkappa}}\right] = \left[1 - \left(\frac{p_0}{p}\right)^{\frac{m - 1}{m}}\right]. \tag{529}$$

φ ist also eine Funktion von m und p/p_0. Für den Grenzfall sehr kleiner Druckverhältnisse ($p/p_0 \to 1$) findet man nach Auflösung eines unbestimmten Ausdrucks

$$\varphi_0^2 = \frac{m - 1}{\varkappa - 1} \frac{\varkappa}{m}, \tag{529a}$$

wobei wir für diesen Fall den Geschwindigkeitskoeffizienten mit φ_0 bezeichnen.

Mit $\varkappa = 1{,}4$ für Luft und $\varkappa = 1{,}135$ für trocken gesättigten Wasserdampf erhält man für verschiedene m-Werte folgende Werte von φ_0:

	$\varkappa = 1{,}4$				$\varkappa = 1{,}135$			
$m =$	1,4	1,38	1,35	1,30	1,135	1,128	1,120	1,110
$\varphi_0 =$	1	0,982	0,953	0,898	1	0,976	0,949	0,913

Bei gegebenem Ausflußexponenten wird der Geschwindigkeitskoeffizient φ um so größer, je größer p/p_0.

Für richtig bemessene Düsen wurden aus Versuchen Werte von $\varphi = 0{,}95$ bis $0{,}98$ gefunden. Bei der Konstruktion von Strahlenapparaten werden aber meist niedrigere Werte für die Düsen zugrunde gelegt, und zwar $\varphi \approx 0{,}90$ bei kleinen Werten von p/p_0 und $\varphi \approx 0{,}85$ bei sehr großen Druckverhältnissen und dementsprechend großen Enthalpiedifferenzen, wie sie z. B. in *Strahlkältemaschinen* vorkommen.

Für den Gütegrad $r_g = \varphi^2$ nach den Gl. (497) und (500) wird in der Praxis von einer empirischen Formel von MARTIN Gebrauch gemacht. Diese Formel lautet

$$\eta_g = 1{,}027 - 0{,}00108\, \Delta i_{\mathrm{ad}},$$

worin Δi_{ad} das adiabate Enthalpiegefälle in kcal/kg darstellt[1]. Auch hier nimmt η_g und damit φ mit wachsender Enthalpiedifferenz ab. Man erhält folgende Werte:

Δi [kcal/kg] $=$	50	100	150	200
$\eta_g =$	0,973	0,919	0,865	0,811
$\varphi = \sqrt{\eta_g} =$	0,986	0,958	0,930	0,901

Diese Werte sind verhältnismäßig niedrig und dürften in den besten Ausführungen nicht selten überschritten werden. Die Versuchswerte streuen ziemlich stark und die Ergebnisse hängen offenbar auch von der Oberflächenrauhigkeit der Düsen ab.

Wir fragen uns jetzt, welche Geschwindigkeit w_1 und welcher Druck p_1 im engsten Querschnitt bei einer Strömung mit Reibung auftreten. Für diesen Querschnitt gilt die Bedingung $dF = 0$; man erhält daher aus Gl. (489a)

$$\left(\frac{dw}{w}\right)_1 = \left(\frac{dv}{v}\right)_1 \tag{530}$$

eine mit (504) identische Gleichung. Da ferner Gl. (491) auch für eine Strömung mit Reibung gültig bleibt, so folgt daraus nach Differentiation

$$w\,dw = -g\,\frac{di}{A} = -g\,\frac{c_p}{A}\,dT.$$

Nach der Zustandsgleichung für ideale Gase ist aber $dT = \dfrac{P\,dv + v\,dP}{R}$ und daher

$$w\,dw = -g\,\frac{c_p}{A\,R}\,(P\,dv + v\,dP) = -y\,\frac{\varkappa}{\varkappa - 1}\,(P\,dv + v\,dP).$$

Aus dem Gesetz der Polytrope $Pv^m = \mathrm{konst.}$ folgt ferner $v\,dP = -m\,P\,dv$, daher wird

$$w\,dw = g\,\frac{\varkappa}{\varkappa - 1}\,(m - 1)\,P\,dv.$$

Wendet man diese Gleichung auf den engsten Querschnitt an und kombiniert sie mit Gl. (530), so ergibt sich für die Geschwindigkeit im engsten Querschnitt

$$w_1 = \sqrt{g\varkappa\,\frac{m-1}{\varkappa - 1}\,P_1\,v_1}. \tag{531}$$

---

[1] Vgl. W. J. GOUDIE: Steam Turbines, S. 128. London 1917. — F. R. B. WATSON: Proc. Inst. Mech. Eng. 1933, S. 231. — R. ROYDS u. E. JOHNSON: Proc. Inst. Mech. Eng. Bd. 145 (1941) S. 193; Bd. 146 (1941) S. 223. — N. H. JOHANNESEN: Trans. Danish Acad. Techn. Sci. Nr. 1 (1951) S. 20.

Vergleicht man diesen Ausdruck mit Gl. (507), die für den reibungsfreien Fall gilt, und beachtet man, daß $m < \varkappa$ ist, dann erkennt man sofort, daß $w_1 < w_1'$, also kleiner als die Schallgeschwindigkeit wird.

Andererseits erhält man aus Gl. (523) für den engsten Querschnitt, in dem der Druck p_1 herrscht,

$$w_1 = \sqrt{2g\,\frac{\varkappa}{\varkappa - 1}\,Pv\left[1 - \left(\frac{p_1}{p}\right)^{\frac{m-1}{m}}\right]}. \tag{532}$$

Ein Vergleich von (531) mit (532) ergibt mit $\dfrac{P_1 v_1}{Pv} = \left(\dfrac{p_1}{p}\right)^{\frac{m-1}{m}}$ für das LAVAL-Druckverhältnis bei einer Strömung mit Reibung

$$\beta = \frac{p_1}{p} = \left(\frac{2}{m+1}\right)^{\frac{m}{m-1}}, \tag{533}$$

also den gleichen Ausdruck wie ohne Reibung [nach Gl. (509)], nur daß $\varkappa$ durch m ersetzt wird. Da m stets kleiner ist als $\varkappa$, wird $\beta > \beta'$.

Ersetzt man auch in Gl. (531) das Produkt $P_1 v_1$ durch den Wert Pv im Anfangszustand und macht man von Gl. (533) Gebrauch, so kann man die Geschwindigkeit im engsten Querschnitt auch in der Form

$$w_1 = \sqrt{2g\,\frac{\varkappa}{m+1}\,\frac{m-1}{\varkappa-1}\,Pv} \tag{534}$$

ausdrücken, die natürlich mit $m = \varkappa$ in die Gl. (510) übergehen muß.

Mit den gleichen Überlegungen wie auf S. 351 [vgl. die Gl. (517) bis (519)] wird die erforderliche Querschnittserweiterung einer LAVAL-Düse mit Reibung

$$\frac{F_0}{F_1} = \left(\frac{2}{m+1}\right)^{\frac{1}{m-1}} \sqrt{\frac{m-1}{m+1}} \left(\frac{p}{p_0}\right)^{\frac{1}{m}} \sqrt{\frac{1}{1 - \left(\frac{p_0}{p}\right)^{\frac{m-1}{m}}}}. \tag{535}$$

Für die *Ausflußmenge* in der Zeiteinheit erhält man *bei kleinen Druckverhältnissen* $\left(\dfrac{p}{p_0} < \dfrac{p}{p_1}\right)$ und *nichterweiterten* Düsen einen der Gl. (512) ähnlichen Ausdruck

$$G_s = F_0 \sqrt{2g\,\frac{\varkappa}{\varkappa-1}\,\frac{P}{v}\left[\left(\frac{p_0}{p}\right)^{\frac{2}{m}} - \left(\frac{p_0}{p}\right)^{\frac{m+1}{m}}\right]}. \tag{536}$$

Dabei ist jedoch zu beachten, daß bei nicht gut abgerundeten Mündungen eine Strahlkontraktion eintritt, so daß der Querschnitt F_0 nicht voll zur Auswirkung kommt. Man berücksichtigt diese Erscheinung durch eine Kontraktionszahl $\alpha < 1$, setzt also in Gl. (536) αF_0 an Stelle des Mündungsquerschnitts F_0. Bei scharfkantigen Mündungen (sog. *Blenden*) sinkt α bis auf etwa 0,65[1].

Für die Berechnung von G_s kann man auch von Gl. (512) Gebrauch machen, wenn man einen Geschwindigkeitskoeffizienten vor den Ausdruck auf der rechten Seite setzt. Mit der Ausflußzahl $\mu = \alpha \varphi$ erhält man dann

$$G_s = \mu F_0 \sqrt{2g\,\frac{\varkappa}{\varkappa-1}\,\frac{P}{v}\left[\left(\frac{p_0}{p}\right)^{\frac{2}{\varkappa}} - \left(\frac{p_0}{p}\right)^{\frac{\varkappa+1}{\varkappa}}\right]}. \tag{536a}$$

---

[1] Vgl. VDI-Durchflußmeßregeln, DIN 1952. Berlin 1949.

Bei großen Druckverhältnissen $\left(\dfrac{p}{p_0} > \dfrac{p}{p_1}\right)$ bezieht man die Ausflußmenge besser auf den engsten Querschnitt einer *erweiterten* LAVAL-Düse und erhält dann bei reibungsbehafteter Strömung nach der Kontinuitätsgleichung

$$G_s = \frac{F_1 \, w_1}{v_1}, \tag{537}$$

wobei hier $\alpha = 1$ gesetzt werden kann. Mit w_1 nach Gl. (534) wird

$$G_s = F_1 \sqrt{2g \frac{\varkappa}{m+1} \frac{m-1}{\varkappa-1} P \frac{v}{v_1^2}}$$

oder mit

$$\frac{v}{v_1^2} = \frac{1}{v} \left(\frac{v}{v_1}\right)^2 = \frac{1}{v} \left(\frac{p_1}{p}\right)^{\frac{2}{m}} = \frac{1}{v} \left(\frac{2}{m+1}\right)^{\frac{2}{m-1}},$$

$$G_s = F_1 \sqrt{2g \frac{P}{v}} \left(\frac{2}{m+1}\right)^{\frac{1}{m-1}} \sqrt{\frac{\varkappa}{m+1} \frac{m-1}{\varkappa-1}} . \tag{538}$$

Auch hier ist, wie in Gl. (516), die Ausflußmenge unabhängig vom Außendruck.

Für die Berechnung der Ausflußmenge ist es oft bequemer, von der Gl. (516) für reibungsfreie Strömung auszugehen und die Reibung durch einen Geschwindigkeitskoeffizienten zu berücksichtigen. Man erhält dann

$$G_s = \varphi \, F_1 \, \psi_{\max} \sqrt{2g \frac{P}{v}} . \tag{539}$$

Handelt es sich im Ausflußbehälter um *trocken gesättigte Dämpfe*, so ist $v = v''$ zu setzen. Die rechte Grenzkurve läßt sich oft durch eine empirische Gleichung von der Form $p^v v'' = $ konst. darstellen. So fand ZEUNER für Wasserdampf $p^{0,9393} v'' = 1{,}7021$. Daraus folgt $\sqrt{\dfrac{p}{v''}} = \dfrac{p^{0,97}}{1{,}305}$ und mit $P = 10^4 p$

$$\sqrt{\frac{P}{v''}} = \frac{p^{0,97}}{0{,}01305} .$$

Aus Tab. 42 auf S. 349 erhält man für trocken gesättigten Wasserdampf mit $\varkappa = 1{,}135$ den Wert $\psi_{\max} = 0{,}450$. Setzt man die gefundenen Werte in Gl. (539) ein, so wird

$$G_s = \varphi \, F_1 \, 0{,}450 \, \frac{\sqrt{2 \cdot 9{,}81}}{0{,}01305} \, p^{0,97} = 153 \, \varphi \, F_1 \, p^{0,97} .$$

Für	$p = $	2	4	6	8	10	12 ata
wird	$p^{0,97} = $	1,96	3,83	5,68	7,51	9,32	11,12.

Für *ideale Gase* folgt aus Gl. (539)

$$G_s = \varphi \, F_1 \, \psi_{\max} \sqrt{\frac{2g}{R}} \, \frac{P}{\sqrt{T}} . \tag{539a}$$

Man erhält z. B. für Luft mit $\varkappa = 1{,}4$; $\psi_{\max} = 0{,}484$; $R = 29{,}27$

$$G_s = 3970 \, \varphi \, F_1 \, \frac{p}{\sqrt{T}} .$$

2. Die FANNO-Linien.

Betrachten wir den Druckverlauf in einem isolierten *zylindrischen Rohr* $(Q = 0)$, das von einem Hochdruckbehälter ausgeht und in einen Raum mit niedrigem Druck mündet, und versuchen wir die Zustände in diesem Rohr an den verschiedenen Stellen zu verfolgen. Bezeichnen wir wieder die Werte im Druckbehälter mit P, v, w und i und an einer beliebigen Stelle x mit P_x, v_x, w_x und i_x, so gilt unabhängig davon, ob die Strömung mit oder ohne Reibung abläuft, nach Gl. (491)

$$\frac{A\,(w_x^2 - w^2)}{2\,g} = i - i_x.\tag{540}$$

Ist der Rohrquerschnitt F, wie hier angenommen wurde, konstant, dann ist nach Gl. (503) auch die Mengenstromdichte

$$\frac{G_s}{F} = \frac{w_x}{v_x} = \frac{w}{v}\tag{541}$$

unveränderlich und kann als Parameter gewählt werden. Berechnet man aus Gl. (541) w_x und setzt man den Wert in Gl. (540) ein, so erhält man

$$i_x + A\left(\frac{G_s}{F}\right)^2 \frac{v_x^2}{2\,g} = i + A\,\frac{w^2}{2\,g} = \text{konst.}\tag{542}$$

Da die rechte Seite dieser Gleichung durch den Ausgangszustand gegeben ist, kann jedem Wert von i_x ein bestimmter Wert von v_x zugeordnet werden. Man kann daher in einem T, s-Diagramm mit eingezeichneten Isochoren und Isenthalpen den Schnittpunkt der Isochore v_x mit der Isenthalpe i_x finden, der einen Zustandspunkt der Strömung im Rohr darstellt. Wiederholt man dieses Verfahren für verschiedene Stellen x, dann erhält man im T, s-Diagramm den geometrischen Ort aller möglichen Zustände im Rohr. Die so erhaltene Linie bezeichnet man als Fanno-*Linie*, da sie im Jahre 1904 von Fanno in einer Diplomarbeit an der Technischen Hochschule Zürich erstmalig angegeben wurde[1]. Jedem Wert des Parameters G_s/F entspricht eine andere Fanno-*Linie*; die ganze Schar geht durch den Punkt hindurch, der durch die Ausgangswerte i, w und v definiert ist.

Es ist noch zweckmäßiger, die Fanno-Linien nicht im T, s-, sondern im i, s-Diagramm darzustellen (Abb. 161). Ist der Ausgangszustand durch den Punkt A gegeben, so ist die Fanno-Linie für unendlich kleine Mengenstromdichte ($G_s/F = 0$) durch die gestrichelte Isenthalpe dargestellt. Für eine endliche Mengenstromdichte erstreckt sich die Fanno-Linie (z. B. Linie a) mit abnehmender Enthalpie in Richtung zunehmender Entropie; dabei erreicht die Entropie bei einem bestimmten Druck einen Höchstwert (Punkt m in Abb. 161) und würde bei weiterer Drucksenkung abnehmen. Da eine solche Abnahme dem zweiten Hauptsatz widerspricht, kann der Druck bei einer Strömung durch ein zylindrisches Rohr nicht unter den im Punkt m herrschenden Druck sinken. Ist der Druck in dem Raum, in den das Rohr mündet, kleiner als der Druck in m, so findet der Abfall vom Druck in m bis zum Außendruck außerhalb des Rohres statt.

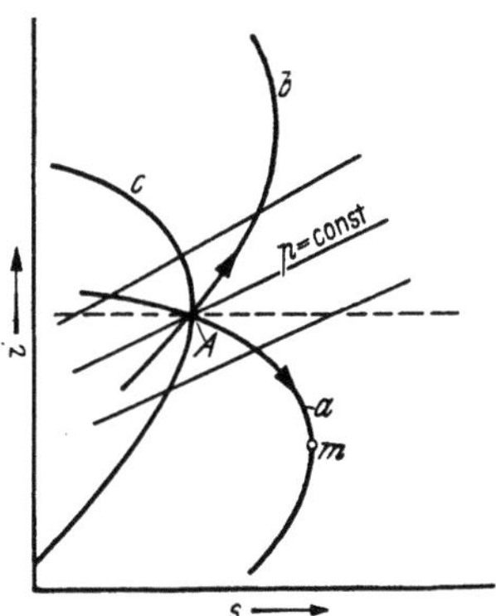

Abb. 161.
Fanno-Linien im i, s-Diagramm.

In unmittelbarer Umgebung des Punktes m ist $ds = 0$ und daher auch

$$T\,ds = di - A\,v\,dP = 0.$$

---

[1] Stodola, A.: Dampf- und Gasturbinen, 6. Aufl., S. 50. Berlin: Springer 1924.

Andererseits erhält man durch Differentiation der Gl. (542) der FANNO-Linie

$$di + \frac{A}{g}\left(\frac{G_s}{F}\right)^2 v\,dv = 0.$$

Eliminiert man di aus den beiden letzten Gleichungen, so findet man

$$\frac{dP}{dv} = -\frac{1}{g}\frac{w^2}{v^2}.$$

Ein Vergleich mit Gl. (505) zeigt sofort, daß die hieraus berechenbare Strömungsgeschwindigkeit w der Schallgeschwindigkeit entspricht. Man erkennt also, daß bei einer Expansionsströmung durch ein zylindrisches Rohr die Schallgeschwindigkeit nicht überschritten werden kann.

Zustände auf einer FANNO-Linie mit geringerer Enthalpie als beim Entropiemaximum, z. B. der Punkt A auf der Linie b, entsprechen einer Verdichtungsströmung mit Überschallgeschwindigkeit. Der Zustand ändert sich dann in Richtung zunehmender Enthalpie und zunehmenden Druckes, wobei auch die Entropie zunimmt. Die Geschwindigkeit sinkt dabei bis auf die Schallgeschwindigkeit ab. Ein weiteres Absinken, verbunden mit einer weiteren Druckzunahme, ist bei konstantem Querschnitt nicht möglich. Dort, wo die FANNO-Linien eine senkrechte Tangente haben, herrscht stets die Schallgeschwindigkeit. Einer Mengenstromdichte mit Schallgeschwindigkeit im Punkt A entspricht daher die FANNO-Linie c.

3. Der Verdichtungsstoß.

Wir wollen in diesem Abschnitt nur den geraden Verdichtungsstoß behandeln, bei dem eine Strömung in einem Kanal oder einer Düse senkrecht auf eine Stoßfront auftrifft[1]. Dabei erfährt das mit Überschallgeschwindigkeit strömende Gas eine plötzliche Drucksteigerung und fließt dann mit verminderter Geschwindigkeit in gleicher Richtung weiter. Da beim Stoß kein Energieaustausch mit der Umgebung stattfindet, gilt wieder Gl. (491), die wir jetzt in der Gestalt

$$i_a + A\frac{w_a^2}{2g} = i_e + \frac{A w_e^2}{2g} = i \tag{543}$$

schreiben wollen, wobei sich der Index a auf den Anfangszustand unmittelbar vor dem Stoß (P_a, v_a, w_a, i_a) und der Index e auf den Endzustand nach dem Stoß beziehen soll, während die Enthalpie i den Ausgangszustand in einem Druckbehälter kennzeichnen soll, bei dem $w = 0$ ist (Enthalpie der Ruhe). Da an der Stoßfront keine Querschnittsveränderung angenommen wird, gilt auch hier Gl. (541), und die Mengenstromdichte ändert sich nicht; es ist also

$$\frac{w_a}{v_a} = \frac{w_e}{v_e}. \tag{544}$$

Die Verbindung der beiden letzten Gleichungen liefert wieder die FANNO-Linie (s. S. 358); der Strömungszustand vor und nach dem Verdichtungsstoß liegt also auf der gleichen FANNO-Linie. Das gilt nicht nur für die Strömung in einem zylindrischen Rohr, sondern auch in Düsen.

Für den Stoßvorgang gilt ferner der Impulssatz, wonach die Änderung der Bewegungsgröße dem Kraftimpuls gleich ist. Die Bewegungsgröße ist das Produkt aus Masse m und Geschwindigkeit w, der Kraftimpuls — das Produkt

---

[1] Über den schrägen Verdichtungsstoß vgl. E. SCHMIDT: Einführung in die technische Thermodynamik, 4. Aufl., S. 286. Berlin/Göttingen/Heidelberg: Springer 1950. — BUSEMANN: Gasdynamik, im Handbuch der Experimentalphysik, Bd. IV. Leipzig: Akad. Verlagsges. 1930.

aus der Kraft $F\,(P_e - P_a)$ und ihrer Einwirkungszeit τ. Setzt man für den Mengenstrom $G_s = (mg)/\tau$, so lautet der Impulssatz

$$\frac{G_s}{g}\,(w_a - w_e) = F(P_e - P_a).\tag{545}$$

Nach Gl. (544) ist aber

$$\frac{w_a - w_e}{w_e} = \frac{v_a - v_e}{v_e}$$

oder

$$(w_a - w_e) = (v_a - v_e)\,\frac{w_e}{v_e} = (v_a - v_e)\,\frac{G_s}{F}\,.$$

Setzt man diesen Ausdruck in Gl. (545) ein und löst man nach P_e auf, so wird

$$P_e = P_a - \frac{1}{g}\left(\frac{G_s}{F}\right)^2 (v_e - v_a)\,.\tag{546}$$

Diese Gleichung liefert einen Zusammenhang zwischen P_e und v_e nach dem Druckstoß. Nach einem Vorschlag von STODOLA[1] bezeichnet man den der Gl. (546) entsprechenden geometrischen Ort als RAYLEIGH-*Linie*. Jedem Anfangszustand P_a, v_a und jeder Mengenstromdichte G_s/F ist eine RAYLEIGH-Linie zugeordnet, die man, ebenso wie die FANNO-Linie, in ein i, s-Diagramm einzeichnen kann (Abb. 162). Da der Endzustand e nach dem Stoß sowohl auf derjenigen FANNO-Linie als auch derjenigen RAYLEIGH-Linie liegen muß, die durch den Anfangszustand a hindurchgehen, so wird der Endzustand durch den zweiten Schnittpunkt dieser beiden Linien dargestellt. Welcher der beiden Schnittpunkte in Abb. 162 den Anfangszustand und welcher den Endzustand darstellt, entscheidet sich nach dem zweiten Hauptsatz dadurch, daß der Endzustand den höheren Entropiewert besitzen muß. Der höheren Entropie entspricht auch die höhere Enthalpie und der höhere Druck.

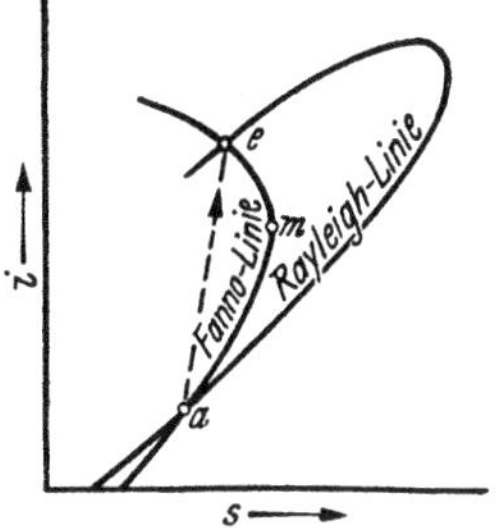

Abb. 162. Gegenseitige Lage einer FANNO-Linie und einer RAYLEIGH-Linie im i, s-Diagramm.

Nach Abb. 162 liegt der Endzustand e oberhalb des Punktes m, an dem die FANNO-Linie eine vertikale Tangente hat und wo daher die Schallgeschwindigkeit in der Strömung herrscht (s. S. 359). Während also im Anfangszustand a Überschallgeschwindigkeit herrschte, sinkt sie nach dem Druckstoß auf Unterschallgeschwindigkeit. Diese in Abb. 162 dargestellte Gesetzmäßigkeit kann wie folgt für den einfachsten Fall idealer Gase bewiesen werden[2]:

Setzt man für diesen Fall $P v = R T$ und

$$i = c_p T + \text{konst.} = \frac{\varkappa}{\varkappa - 1}\,A P v + \text{konst.},$$

so erhält man aus Gl. (543)

$$\frac{w_a^2}{2g} + \frac{\varkappa}{\varkappa - 1}\,P_a v_a = \frac{w_e^2}{2g} + \frac{\varkappa}{\varkappa - 1}\,P_e v_e$$

oder

$$\frac{w_a^2 - w_e^2}{2g} = \frac{\varkappa}{\varkappa - 1}\,(P_e v_e - P_a v_a)\,.\tag{547}$$

---

[1] STODOLA, A.: Dampf- und Gasturbinen, 6. Aufl., S. 69. Berlin: Springer 1924.
[2] Diesen Beweis lieferte L. PRANDTL: Z. ges. Turbinenw. Bd. 3 (1906) S. 241.

Aus dieser Gleichung sollen nun P_e und v_e eliminiert werden:
Aus Gl. (545) wird

$$P_e = P_a + \frac{G_s}{Fg}(w_a - w_e) = P_a + \frac{w_a}{v_a g}(w_a - w_e). \qquad (545\,\mathrm{a})$$

Mit Gl. (544) erhält man ferner

$$P_e v_e = P_e\left(v_a \frac{w_e}{w_a}\right) = P_a v_a \frac{w_e}{w_a} + \frac{w_e(w_a - w_e)}{g}.$$

Setzen wir diesen Ausdruck für $P_e v_e$ in Gl. (547) ein, so wird

$$\frac{w_a^2 - w_e^2}{2g} = \frac{\varkappa}{\varkappa - 1}(w_a - w_e)\left(\frac{w_e}{g} - \frac{P_a v_a}{w_a}\right)$$

oder nach Kürzung mit $(w_a - w_e)$

$$\frac{w_a + w_e}{2g} = \frac{\varkappa}{\varkappa - 1}\left(\frac{w_e}{g} - \frac{P_a v_a}{w_a}\right).$$

Durch Multiplikation mit w_a findet man

$$\frac{w_a^2}{2g} + \frac{w_a w_e}{2g} = \frac{\varkappa}{\varkappa - 1}\frac{w_a w_e}{g} - \frac{\varkappa}{\varkappa - 1}P_a v_a$$

oder

$$\frac{w_a w_e}{g}\frac{(\varkappa + 1)}{2(\varkappa - 1)} = \frac{w_a^2}{2g} + \frac{\varkappa}{\varkappa - 1}P_a v_a. \qquad (548)$$

Die rechte Seite dieser Gleichung stellt die Summe aus der kinetischen Energie und der Enthalpie im Anfangszustand vor dem Druckstoß dar. Nach Gl. (543), die ja nichts anderes ist als der Ausdruck des Gesetzes der Erhaltung der Energie, muß man die gleiche Gesamtenergie in allen denkbaren Zuständen der Strömung erhalten, also auch bei der Expansion ins absolute Vakuum, wobei sich die ganze Enthalpie in kinetische Energie umgewandelt hat und

nach Gl. (502a) die maximale Geschwindigkeit $w_{\max} = \sqrt{2g\,\dfrac{\varkappa}{\varkappa - 1}\,P\,v}$ erreicht

wird. Dabei sind P und v die Ausgangswerte im Druckkessel, die der Enthalpie i der Ruhe entsprechen. Gl. (548) kann also auch in der Form

$$\frac{w_a w_e}{g}\frac{(\varkappa + 1)}{2(\varkappa - 1)} = \frac{w_{\max}^2}{2g} = \frac{\varkappa}{\varkappa - 1}P v$$

oder

$$w_a w_e = 2g\,\frac{\varkappa}{\varkappa + 1}\,P v$$

geschrieben werden. Ein Vergleich mit Gl. (510) liefert dann sofort

$$w_a w_e = w_1'^2, \qquad (549)$$

wobei w_1' die Schallgeschwindigkeit ist.

Damit ist die auf S. 353 aufgestellte Behauptung bewiesen, und man erkennt zugleich, daß eine Strömung mit Überschallgeschwindigkeit w_a nach einem Druckstoß in eine Strömung mit Unterschallgeschwindigkeit w_e verwandelt wird, wobei w_e nach Gl. (549) berechnet werden kann. Hinter der Stoßstelle wirkt die erweiterte Düse als Diffusor; die Geschwindigkeit nimmt ab und der Druck wächst.

Nun läßt sich aus Gl. (545a) auch ein sehr einfacher Ausdruck für die Drucksteigerung $P_e - P_a$ beim Verdichtungsstoß ableiten. Es wird mit Gl. (544)

$$P_e - P_a = w_a \frac{w_a}{v_a g} - \frac{w_a w_e}{v_a g} = \frac{w_a w_e}{v_e g} - \frac{w_a w_e}{v_a g}$$

oder mit Gl. (549)

$$P_e - P_a = \frac{w_1'^2}{g}\left(\frac{1}{v_e} - \frac{1}{v_a}\right) = w_1'^2(\varrho_e - \varrho_a).$$ (550)

Bei realen Gasen sind die Zusammenhänge zwischen P, v und i verwickelter. Eine analytische Berechnung des Druckes und der Geschwindigkeit nach dem Stoß ist dann nicht mehr zweckmäßig. Man bedient sich dann einfacher eines MOLLIER-i, s-Diagramms (vgl. Abb. 162).

IV. Der Dampfstrahlapparat und die Strahl-Kältemaschine.

1. Die Verdichtungsströmung.

Bei reibungsfreier Strömung werden die Vorgänge in einem Diffusor als Umkehrung der Vorgänge in der LAVAL-Düse behandelt. Das Gas strömt mit Überschallgeschwindigkeit w_0' in den Diffusor ein, durchläuft den sich verengenden Teil des Diffusors und erreicht an der engsten Stelle die Schallgeschwindigkeit w_1'. In einem anschließenden erweiterten Teil sinkt die Geschwindigkeit weiter ab und erreicht beim Austritt einen Wert w', der bis auf Null absinken kann. Dabei nimmt der Druck mit sinkender Geschwindigkeit von einem Anfangswert p_0 bis auf einen Endwert p dauernd zu; im engsten Querschnitt ist der LAVAL-Druck $p_1 = \beta' p$ nach Gl. (509) erreicht. Die zur Erreichung des Druckes p, ausgehend von einem Druck p_0, erforderliche Anfangsgeschwindigkeit berechnet sich nach Gl. (511).

Bei einer Verdichtungsströmung mit Verlusten bedient man sich häufig des gleichen Verfahrens wie bei der Expansionsströmung [s. S. 345, Abb. 157 und Gl. (497a)].

Da bei einer Verdichtung mit Reibung die Reibungswärme dem Gas zugeführt wird, steigt der Exponent der nichtumkehrbaren Polytrope auf $m > \varkappa$. Die zur Erreichung eines bestimmten Enddruckes p bei gegebenem Anfangsdruck p_0 erforderliche Anfangsgeschwindigkeit wächst dann vom Wert w_0' nach Gl. (511) auf einen Wert

$$w_0 = \sqrt{2g\,\frac{\varkappa}{\varkappa - 1}\,P_0\,v_0\left[\left(\frac{p}{p_0}\right)^{\frac{m-1}{m}} - 1\right] + w^2}.$$ (551)

Die Behandlung der Vorgänge in einem Diffusor, als handle es sich um eine eindimensionale Strömung, beruht auf der Voraussetzung, daß die Geschwindigkeit, insbesondere auch im Bereich der Schallgeschwindigkeit, gleichmäßig und stoßfrei abnimmt. Eine solche stabile Strömung ist aber in einem wirklichen Diffusor nie beobachtet worden und dürfte auch kaum je zu verwirklichen sein; denn schon die Geschwindigkeits- und Druckverteilung beim Eintritt in den Diffusor (z. B. beim Dampfstrahlgebläse, s. S. 365) ist keinesfalls gleichförmig. Die Form des Diffusors weicht auch von der einer umgekehrten LAVAL-Düse praktisch insofern ab, als der engste Querschnitt ersetzt wird durch einen zylindrischen Engpaß vom Durchmesser d_1 und von durchaus endlicher Länge L_1 (Abb. 163), wobei erwiesen ist, daß diese Länge den Reibungsverlust nicht wesentlich beeinflußt. KANTROWITZ beschreibt den Strömungsvorgang im Diffusor eines Ejektors wie folgt[1]: Wenn die Strömung im Ejektor beginnt,

---

[1] KANTROWITZ, A.: The formation and stability of normal shock waves in channel flow. Nation. Advisory Committee for Aeronautics, Techn. Note No. 1225, 1948. — Vg. auch N. H. JOHANNESEN: Ejector Theory and Experiments. Trans. Danish Acad. Techn. Sci. Nr. 1 (1951) S. 77.

entsteht ein Druckstoß im konvergenten Diffusoreinlaß; bevor die optimalen Strömungsbedingungen erreicht sind, verlagert sich der Druckstoß plötzlich in den divergenten Diffusorauslaß; bei Annäherung an die optimalen Bedingungen wandert der Druckstoß stromaufwärts gegen den Engpaß und läßt an Intensität nach; er kann aber keinesfalls ganz zum Verschwinden gebracht werden, sondern verlagert sich plötzlich wieder in den Diffusoreinlaß, wonach das Spiel von neuem beginnt. NEUMANN und LUSTWERK stellten dagegen auch stabile Druckstöße im Engpaß fest[1].

Als Beispiel für den Verlauf des Druckanstiegs in den verschiedenen Teilen eines Diffusors geben wir in Abb. 164 den von JOHANNESEN[2] gemessenen Druckverlauf an einem seiner Versuchsdiffusoren mit folgenden Abmessungen wieder (vgl. Abb. 163):

$$L_e = 153 \text{ mm}, \qquad L_1 = 160 \text{ mm}, \qquad L_a = 100 \text{ mm},$$
$$d_e = 54{,}9 \text{ mm}, \qquad d_1 = 18 \text{ mm}, \qquad d_a = 32{,}1 \text{ mm},$$
$$\alpha = 13{,}8°, \qquad \beta = 8{,}0°.$$

Wie man aus Abb. 164 ersieht, treten im Engpaß des Diffusors mehrfach steile Druckanstiege auf, die auf Druckstöße hinweisen. Der Druckanstieg ist am Ende des Engpasses noch nicht abgeschlossen, sondern setzt sich im divergenten Auslaß fort.

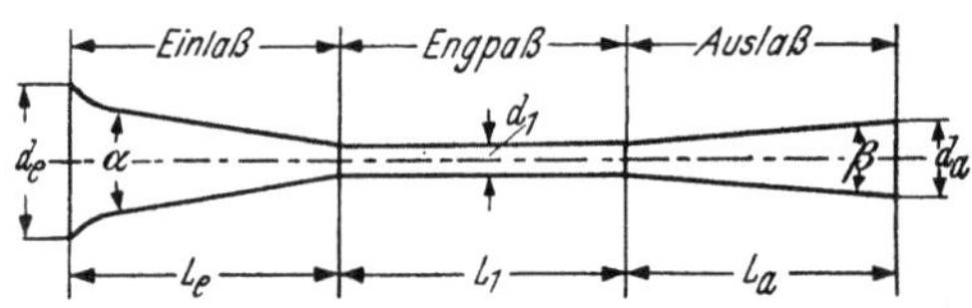

Abb. 163. Formgebung eines Diffusors.

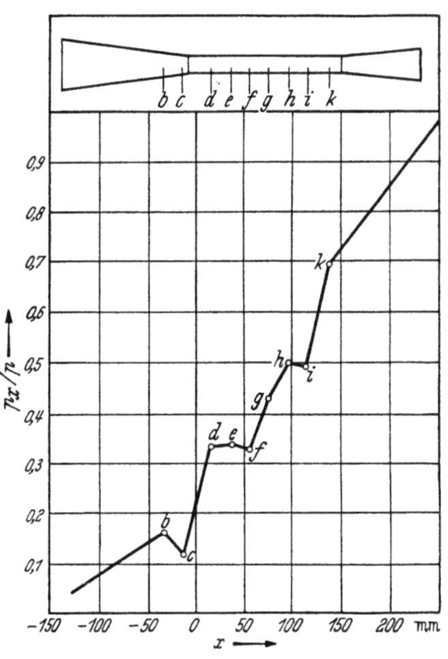

Abb. 164. Verlauf des Druckanstiegs in einem Diffusor (nach JOHANNESEN).

Konstruktiv ist der *Diffusoreinlaß* meist kegelförmig ausgebildet mit einem abgerundeten Einlaßstück[3]. Der Winkel α im Einlaßteil wird in der Literatur meist mit 20 bis 25° angegeben, doch empfiehlt WIEGAND bei Dampfstrahl-Kältemaschinen nur Werte von 6 bis 7°[4]. Der Übergang vom konvergenten Einlaßteil zum zylindrischen Engpaß muß sehr glatt sein.

Der *Engpaß* wird fast immer zylindrisch ausgeführt; manchmal ist der letzte Teil schwach konisch. Die Länge L_1 des Engpasses wird in den meisten Diffusoren zu kurz gewählt. KANTROWITZ[5] hat theoretisch nachgewiesen, daß ein langer Engpaß für die Stabilität der Strömung wesentlich ist. JOHANNESEN[6] betont,

[1] NEUMANN, E. P., u. F. LUSTWERK: Supersonic diffusers for wind tunnels. Trans. Amer. Soc. mech. Engrs. Bd. 71 (1949) S. A 195.

[2] JOHANNESEN, N. H.: vgl. Fußnote 1 auf S. 356.

[3] Verschiedene Profile wurden z. B. von F. R. B. WATSON untersucht: Proc. Instn. mech. Engrs., Lond. 1933, S. 231.

[4] WIEGAND, J.: Bemessung von Dampfstrahlverdichtern. VDI-Forsch.-Heft 401, 1940, im Auszug Z. VDI, Beiheft Verfahrenstechnik Nr. 2 (1940) S. 61.

[5] KANTROWITZ, A.: vgl. Fußnote 1, S. 363.

[6] JOHANNESEN, N. H.: vgl. Fußnote 1 auf S. 356.

daß, obwohl kein Verfahren für die Berechnung von L_1 bekannt ist, man doch aus der Literatur ersehen kann, daß eine gewisse Länge stromaufwärts von der Stelle des Druckstoßes erforderlich ist, und daß sich der Druckstoß selbst über eine Länge von mehreren Durchmessern d_1 verteilt. Eigene Versuche haben JOHANNESEN von der Richtigkeit dieser Auffassung überzeugt; optimale Strömungsbedingungen konnte er nur mit $L_1 \geqq 9\,d_1$ erreichen. Er verwendete bei seinen Versuchen unter anderen einen Diffusor, dessen Engpaßlänge durch zylindrische Einsatzstücke verändert werden konnte. Wenn L_1 groß genug gewählt wird, dann ist die Wahl von d_1 nicht mehr so wesentlich.

Der divergente *Diffusorauslaß* wird, wie der Einlaß, meist kegelförmig ausgebildet. Mit wachsendem Öffnungswinkel β (Abb. 163) nehmen zwar die Reibungsverluste ab, jedoch wächst die Gefahr der Strahlablösung von der Wand. Versuche deuten darauf hin, daß der Winkel $\beta = 6$ bis $8°$ gewählt werden sollte[1].

Der Gütegrad ausgeführter Diffusoren [nach Gl. (487a)] wird in der Literatur häufig mit $\eta_D = 0{,}70$ bis $0{,}75$ angegeben, jedoch handelt es sich dabei nicht um zuverlässige Meßwerte. Bei den Diffusoren von Dampfstrahl-Kältemaschinen dürfte ein Wert von $0{,}60$ selten überschritten worden sein. OSTERTAG[2] rechnet in einem Beispiel mit $0{,}66$. Die *Duisburger Kupferhütte* will an den von ihr betriebenen großen Dampfstrahl-Kältemaschinen nach Vornahme von Verbesserungen Diffusor-Gütegrade von $0{,}70$ und darüber erzielt haben[3].

2. Die Vorgänge im Mischraum.

Ein Dampfstrahlapparat (Abb. 165) besteht aus einer Düse a, einem Mischraum b und einem Diffusor c. Der Arbeitsdampf G_1 vom Druck p_1 (Frischdampf oder Abdampf) expandiert in der LAVAL-Düse und erreicht beim Austritt aus der Düse eine sehr hohe Geschwindigkeit (Überschallgeschwindigkeit). Er trifft beim Austritt, im Mischraum b, auf niedrig gespannten Dampf G_0 vom Druck p_0, mit dem er sich vermischt und den er in den Diffusor c mitreißt. Im Diffusor wird das Dampfgemisch $G = G_0 + G_1$ auf den Druck p verdichtet. Statt Niederdruckdampf kann der Arbeitsdampf auch ein Gas oder eine Flüssigkeit, z. B. Wasser, ansaugen, wie es in Injektoren für die Speisung von Dampfkesseln der Fall ist.

Wir können für diesen Vorgang von der Stoffbilanz

$$G = G_0 + G_1 \tag{552}$$

und von der Enthalpiebilanz

$$Gi = G_0 i_0 + G_1 i_1 \tag{553}$$

ausgehen, wobei auf die Bezeichnungen in Abb. 165 verwiesen wird. Aus diesen beiden Gleichungen erhält man

$$\frac{G_1}{G} = \frac{i - i_0}{i_1 - i_0} \quad \text{und} \quad \frac{G_0}{G} = \frac{i_1 - i}{i_1 - i_0} \tag{554}$$

und daraus

$$\frac{G_1}{G_0} = \frac{i - i_0}{i_1 - i}. \tag{554a}$$

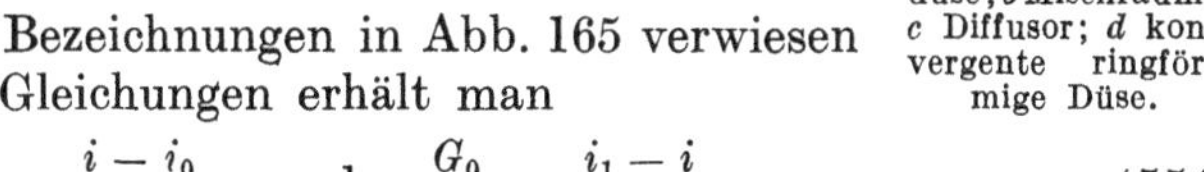

Abb. 165. Schema eines Dampfstrahlapparates, a Treibdüse; b Mischraum; c Diffusor; d konvergente ringförmige Düse.

---

[1] Vgl. z. B. G. N. PATTERSON: Modern diffuser design. Aircraft Engng. Bd. 10 (1938) S. 267.

[2] OSTERTAG, P.: Kälteprozesse, 2. Aufl., S. 105. Berlin: Springer 1933.

[3] HAMMER, H., T. MESSING u. H. SCHUNCK: Chemie-Ingenieur-Technik Bd. 23 (1951) Nr. 21 S. 513.

Wäre es möglich, den Vorgang der Mischung verlustlos (reversibel) durchzuführen, so müßte die Entropie vor und nach der Mischung gleich groß sein; es müßte also die Gleichung

$$Gs = G_0 s_0 + G_1 s_1 \tag{555}$$

erfüllt sein. Aus (552) und (555) würde dann folgen

$$\frac{G_1}{G} = \frac{s - s_0}{s_1 - s_0} \quad \text{und} \quad \frac{G_0}{G} = \frac{s_1 - s}{s_1 - s} . \tag{556}$$

Beide Ausdrücke für G_1/G in den Gl. (554) und (556) können nun gleichgesetzt werden, und man erhält

$$\frac{i - i_0}{i_1 - i_0} = \frac{s - s_0}{s_1 - s_0} . \tag{557}$$

Sind in einem i, s-Diagramm (Abb. 166) die beiden Zustände i_1, s_1 (Punkt a) und i_0, s_0 (Punkt b) gegeben, so liegt der Mischzustand c bei reversibler Mischung stets auf der Verbindungsgeraden $a\,b$, denn Gl. (557) stellt in i, s-Koordinaten eine Gerade durch die Punkte a und b dar. Man überzeugt sich ferner leicht, daß der Punkt c die Strecke $\overline{ab}$ im Verhältnis G_1 zu G_0 teilt, so daß $\overline{bc} : \overline{ac}$ $= G_1 : G_0$.

Treten bei der Mischung der beiden Ströme Verluste ein (was in Wirklichkeit stets der Fall ist), so ändert sich an den Stoff- und Enthalpiebilanzen [Gl. (552) und (553)] nichts, so daß auch die Enthalpie nach der Mischung den gleichen Wert behalten muß wie im Punkt c. Dagegen tritt bei irreversibler Mischung eine Entropiezunahme $\varDelta s$ auf, so daß Gl. (555) nicht mehr gilt. Die Größe von $\varDelta s$ hängt von der Größe der Verluste ab. Der Zustand nach der Mischung wird in Abb. 166 nunmehr durch einen Punkt d auf der Isenthalpe cd dargestellt.

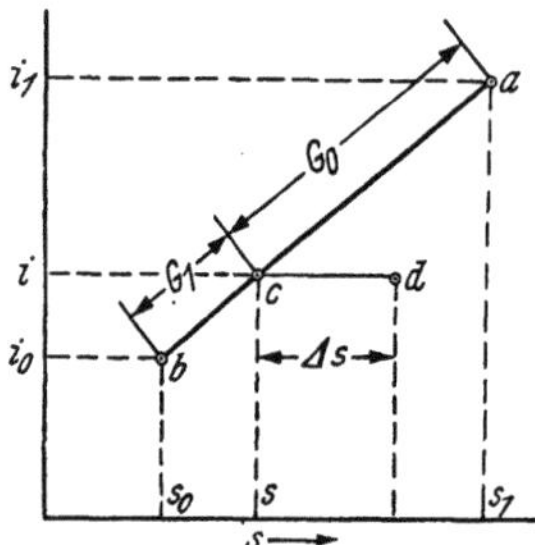

Abb. 166. Auffindung des Mischzustandes c aus den beiden Ausgangszuständen a und b bei verlustloser Mischung im i, s-Diagramm.

Beim Injektor interessiert aber nicht so sehr der reine Mischungsvorgang wie der Vorgang der *Mitführung* des stagnierenden oder nur schwach bewegten Niederdruckdampfes G_0 durch den mit hoher Geschwindigkeit aus der LAVAL-Düse ausströmenden Dampf G_1. Daß die Mitführung beim Injektor wichtiger ist als die Mischung, leuchtet besonders dann ein, wenn das treibende und das getriebene Mittel chemisch verschieden sind und man daher hinter dem Diffusor wieder eine Entmischung anstrebt. Dieser Vorgang der Mitführung ist leider noch sehr wenig geklärt. Es handelt sich ja beim Injektor nicht um einen frei aus der Düse austretenden Strahl; vielmehr trifft der Strahl sehr bald auf einem Kreisumfang auf die Wandung des konvergierenden Diffusoreinlasses und muß sich dann dem Profil des Diffusors anpassen. An dem genannten Kreisumfang werden die Stromlinien abgelenkt, und es entsteht eine schräge Druckwelle. Eine eindimensionale Betrachtungsweise kann daher nicht mehr zum Ziele führen[1].

Es leuchtet ein, daß der Grad der Mitführung und die dabei auftretenden Verluste sowohl von der freien Oberfläche des aus der Düse tretenden Strahles abhängen wie auch von der gegenseitigen Lage von Düse und Diffusor; diese Lage kann durch den Abstand L des Düsenaustrittsquerschnitts von dem Ein-

---

[1] Es sei hier auf die mehrfach zitierte Arbeit von N. H. JOHANNESEN verwiesen, S. 59 bis 62.

trittsquerschnitt des Diffusorengpasses definiert werden (Abb. 165). Man kann diesen Abstand als Mischraumlänge bezeichnen. Die freie Strahloberfläche wächst natürlich mit dem Abstand L; sie kann aber auch dadurch vergrößert werden, daß man an Stelle *einer* größeren Treibdüse mehrere kleine Düsen einbaut. Dieser Weg ist tatsächlich bei Dampfstrahl-Kältemaschinen beschritten worden, doch ist ein Vorteil bei der Verwendung mehrerer kleiner und enger Düsen nicht einwandfrei nachgewiesen worden; außerdem ist bei ihnen die Verstopfungsgefahr größer. Dagegen lassen alle Versuche, bei denen der Abstand L variiert werden konnte, übereinstimmend den starken Einfluß dieser Größe auf den gesamten Gütegrad des Strahlapparates erkennen. Eine Vorausberechnung des optimalen Wertes von L ist bisher nicht gelungen. JOHANNESEN hat aber aus Versuchen zahlreicher Forscher folgende Regeln abgeleitet[1]:

1. Bei gegebenem G_0 wächst L_{opt} mit wachsendem Druck p_1 des Treibdampfes,

2. bei gegebenem p_1 wächst L_{opt} mit wachsendem G_0,

3. bei gegebenen Werten von p_1 und G_0 ist L_{opt} unabhängig vom Feuchtigkeitsgehalt oder vom Grade der Überhitzung des Treibdampfes.

Im übrigen ist es günstiger, L_{opt} etwas zu unterschreiten als zu überschreiten.

WIEGAND[2] fand bei seinen Versuchen an Dampfstrahlverdichtern, daß L_{opt} mit wachsendem Verdichtungsverhältnis p/p_0 im Diffusor wächst, aber vom Entspannungsverhältnis p_1/p_0 in der Treibdüse nur sehr wenig abhängt. Er fand folgende zugehörige runde Werte:

$$p/p_0 = 3 \quad 5 \quad 7 \quad 9,$$
$$L_{\mathrm{opt}}/d_1 = 6 \quad 7 \quad 8 \quad 9,$$

wobei d_1 den Engpaßdurchmesser des Diffusors bedeutet. Bei Mischraumlängen $L < 5\, d_1$ trat stets ein erheblicher Leistungsabfall des Strahlverdichters ein.

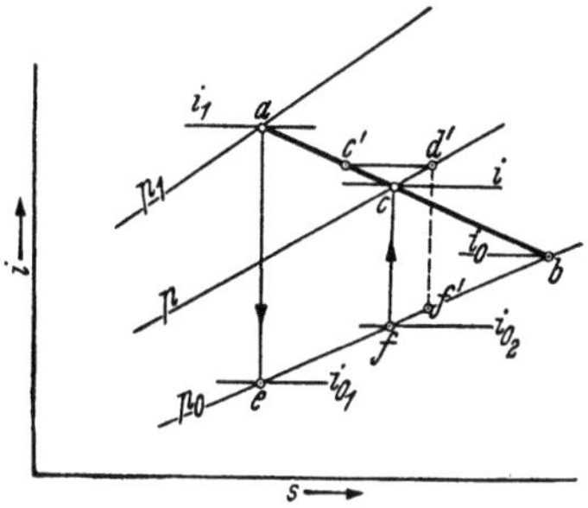

Im vollkommen *verlustlosen Strahlapparat* steht durch die adiabate Expansion von G_1 kg Treibdampf von p_1 auf p_0, also vom Zustand a auf den Zustand e (Abb. 167) die Energie

$$AL = G_1 \Delta i_{\mathrm{Düse}} = G_1\,(i_a - i_e) \qquad (558)$$

Abb. 167. Vorgänge in einem Strahlapparat mit und ohne Verluste im Mischraum.

zur Verfügung. Sie wird verbraucht, um im Diffusor $(G_1 + G_0)$ kg Mischdampf von p_0 auf p zu verdichten. Bei Beginn der Verdichtung habe das Gemisch den Zustand f, der sich als Mischzustand des expandierten Treibdampfes (e) und des zu fördernden Dampfes (b) ergibt. Am Ende der Verdichtung wird beim Druck p ein Zustand c erreicht, der nach Abb. 167 auf der Verbindungslinie $a\,b$ liegen muß, und zwar nach Gl. (557) an der Stelle c, bei der $\overline{bc} : \overline{ac} = G_1 : G_0$ ist. Die dem Diffusor zuzuführende Energie beträgt also

$$AL = (G_1 + G_0)\,(i_c - i_f). \qquad (559)$$

Da die Arbeiten nach den Gl. (558) und (559) einander gleich sein müssen, so wird beim verlustlosen Strahlapparat

$$G_1\,(i_a - i_e) = (G_1 + G_0)\,(i_c - i_f) \qquad (560)$$

und daher

$$\frac{G_1}{G_1 + G_0} = \frac{i_c - i_f}{i_a - i_e}, \qquad (560\,\mathrm{a})$$

---

[1] JOHANNESEN, N. H.: vgl. Fußnote 1 auf S. 356.
[2] WIEGAND, J.: vgl. Fußnote 4 auf S. 364.

also gleich dem Verhältnis der adiabaten Enthalpiedifferenzen im Diffusor und in der Düse[1].

Aus Abb. 167 erkennt man, daß

$$\frac{G_1}{G_0} = \frac{\overline{bc}}{\overline{ac}} = \frac{\overline{bf}}{\overline{ef}} = \frac{\overline{cf}}{\overline{ae} - \overline{cf}} = \frac{i_c - i_f}{(i_a - i_e) - (i_c - i_f)}. \tag{560b}$$

Die Punkte c und f verschieben sich um so weiter nach links, je kleiner die mitgeführte Dampfmenge G_0 wird; zugleich steigt dann auch der erreichbare Enddruck p.

Beispiel: Verwenden wir trocken gesättigten Treibdampf von $p_1 = 6$ ata (Punkt a), so ist $i_1 = i_a = 657{,}8$ kcal/kg. Ist trocken gesättigter Niederdruckdampf (Punkt b) von $p_0 = 0{,}01$ ata ($t_0 = 6{,}7°$) zu fördern, so muß der Treibdampf auf diesen Druck adiabat expandieren. Aus einem i, s-Diagramm für Wasserdampf findet man am Ende der Expansion die Enthalpie $i_e = 451{,}8$ kcal/kg, entsprechend einem spezifischen Dampfgehalt von $x = 0{,}75$. Es ist also $i_a - i_e = 657{,}8 - 451{,}8 = 206$ kcal/kg. Der Mischendzustand beim Austritt aus dem Diffusor liegt auf der geraden Verbindungslinie ab; man überzeugt sich leicht, daß alle Mischendzustände im vorliegenden Beispiel sehr nahe bei der Grenzkurve liegen, so daß das geförderte Dampfgemisch praktisch trocken gesättigt ist. Will man einen Enddruck $p = 0{,}05$ ata ($t = 32{,}55°$) erreichen, so ist $i_c = 613{,}5$ kcal/kg; um diesen Zustand, ausgehend vom Druck $p_0 = 0{,}01$ ata, adiabat zu erreichen, muß man von einem Punkt f ausgehen mit $i_f = 653{,}5$ kcal/kg und $x = 0{,}939$. Es wird also $i_c - i_f = 613{,}5 - 563{,}5 = 50{,}0$ kcal/kg. Nach Gl. (560 a) wird also

$$\frac{G_1}{G_1 + G_0} = \frac{50{,}0}{206} = 0{,}243 \quad \text{oder} \quad \frac{G_1}{G_0} = 0{,}32 .$$

Die im vorstehenden Beispiel gewählten Zahlenwerte entsprechen den Vorgängen in einer verlustlosen Wasserdampfstrahl-Kältemaschine.

Treten nun Verluste beim Mitführungsvorgang auf (von Verlusten in der Düse und im Diffusor sei zunächst abgesehen), so braucht man für die Förderung der gleichen Dampfmenge G_0 auf den gleichen Enddruck p eine Treibdampfmenge $G_1' > G_1$. Ist der Gütegrad der Mitführung η_M, dann beträgt die verfügbare Energie beim Beginn der Verdichtung nur noch $G_1' \eta_M (i_a - i_e)$. Der Verlust $G_1' (1 - \eta_M) (i_a - i_e)$ erhöht die Enthalpie der Mischdampfmenge $G_1' + G_0$ von i_f auf $i_{f'}$ (Abb. 167), was eine gewisse Trocknung bedeutet. Der neue Zustand $i_{f'}$ des Mischdampfes vor der Verdichtung kann also aus der Gleichung

$$G_1'(1 - \eta_M)(i_a - i_e) = (G_1' + G_0)(i_{f'} - i_f) \tag{561}$$

berechnet werden.

Die im Diffusor zu überwindende Enthalpiedifferenz ist nun $i_{d'} - i_{f'}$. Dem größeren Mengenverhältnis G_1'/G_0 entspräche nunmehr ein verlustloser Mischzustand c' auf der Geraden $a\,b$, wobei $\overline{bc'}/\overline{ac'} = G_1'/G_0$. Da aber jetzt Verluste im Spiele sind, so tritt eine Entropievermehrung $\Delta s = \overline{c'd'}$ ein, und der wahre Mischzustand liegt bei d', und zwar beim gleichen Enddruck p.

Sind die Drücke p und p_0 nicht sehr verschieden (wie es bei Strahl-Kältemaschinen der Fall ist), dann kann man angenähert $i_{d'} - i_{f'} = i_c - i_f$ setzen. Die Energiegleichung lautet dann

$$G_1' \eta_M (i_a - i_e) = (G_1' + G_0)(i_c - i_f). \tag{562}$$

Dividiert man diese Gleichung durch Gl. (560), so findet man

$$\eta_M \frac{G_1'}{G_1} = \frac{G_1' + G_0}{G_1 + G_0} .$$

---

[1] Man kann sich leicht überzeugen, daß Gl. (560) dasselbe aussagt wie Gl. (554a).

Setzt man zur Abkürzung für den spezifischen Treibdampfverbrauch $G_1/G_0 = \mathfrak{g}_1$ und $G_1'/G_0 = \mathfrak{g}_1'$, dann lautet obige Gleichung

$$\eta_M \frac{\mathfrak{g}_1'}{\mathfrak{g}_1} = \frac{1 + \mathfrak{g}_1'}{1 + \mathfrak{g}_1}, \tag{563}$$

und daraus folgt

$$\mathfrak{g}_1' = \frac{\mathfrak{g}_1}{\eta_M - \mathfrak{g}_1(1 - \eta_M)}. \tag{563a}$$

Nimmt man z. B. an $\eta_M = 0{,}6$, so erhält man zu verschiedenen Werten von $\mathfrak{g}_1$ die in Tab. 45 berechneten Werte von $\mathfrak{g}_1'$. Bei konstantem η_M nimmt das Verhältnis $\mathfrak{g}_1'/\mathfrak{g}_1$ mit wachsendem spezifischem Dampfverbrauch $\mathfrak{g}_1$ des verlustlosen Strahlapparates zuerst langsam, dann immer rascher zu. Ein konstanter Wert von $\eta_M = 0{,}65$ wurde von KALUSTIAN[1] und von BERTSCH[2] angenommen. Auf die Unzulässigkeit dieser Annahme hat bereits KAZAVTCHINSKY[3] ausdrücklich hingewiesen. Es wird sich sogleich zeigen, daß η_M mit wachsendem spezifischem Dampfverbrauch zunimmt, so daß die Werte von $\mathfrak{g}_1'/\mathfrak{g}_1$ in Tab. 45 einer erheblichen Korrektur bedürfen.

Tabelle 45.
Zugehörige Wertepaare von $\mathfrak{g}_1$ und $\mathfrak{g}_1'$ nach Gl. (563) mit $\eta_M = 0{,}6$.

$\mathfrak{g}_1$	$\mathfrak{g}_1'$	$\mathfrak{g}_1'/\mathfrak{g}_1$	$\mathfrak{g}_1$	$\mathfrak{g}_1'$	$\mathfrak{g}_1'/\mathfrak{g}_1$
0,1	0,1785	1,785	0,6	1,667	2,78
0,2	0,385	1,925	0,7	2,185	3,12
0,3	0,625	2,083	0,8	2,86	3,57
0,4	0,910	2,27	0,9	3,75	4,16
0,5	1,250	2,50	1,0	5,00	5,00

Bei dem Zusammenprall des aus der Düse mit der Geschwindigkeit w_1 ausströmenden Treibdampfes G_1' mit dem praktisch ruhenden Dampf G_0 handelt es sich um einen Stoßvorgang, für den der Satz von der Erhaltung des Impulses gilt (Satz vom Antrieb). Ist unter Berücksichtigung des dabei auftretenden Verlustes die gemeinsame Geschwindigkeit nach dem Stoß w_m, so ist

$$G_1' w_1 = (G_1' + G_0)\, w_m \tag{564}$$

und daher

$$w_m = \frac{G_1'}{G_1' + G_0}\, w_1. \tag{564a}$$

Diese Geschwindigkeit w_m muß aber so groß sein, daß die Enthalpiedifferenz $i_c - i_f$ im Diffusor überwunden wird. Es muß daher sein

$$\frac{A\, w_m^2}{2g} = i_c - i_f. \tag{565}$$

Mit Gl. (564a) ist daher

$$A \left(\frac{G_1'}{G_1' + G_0}\right)^2 \frac{w_1^2}{2g} = i_c - i_f.$$

Nun gilt aber für den reibungslosen Vorgang in der Treibdüse $A \dfrac{w_1^2}{2g} = i_a - i_e$, und daher wird

$$\left(\frac{G_1'}{G_1' + G_0}\right)^2 (i_a - i_e) = i_c - i_f.$$

---

[1] KALUSTIAN, P.: Ice Cold Stor. Bd. 37 (1934) S. 189 — Refrig. Engng. Bd. 28 (1934) S. 188.
[2] BERTSCH, J. C.: Ice Refrig. Bd. 92 (1937) S. 315 u. 390; Bd. 93 (1937) S. 5, 87 u. 149.
[3] KAZAVTCHINSKY, J.: Ice Cold Stor. Bd. 38 (1935) S. 47.

Ein Vergleich dieses Ergebnisses mit Gl. (562) liefert für den Gütegrad η_M den einfachen Ausdruck

$$\eta_M = \frac{G_1'}{G_1' + G_0} = \frac{\mathfrak{g}_1'}{1 + \mathfrak{g}_1'}, \tag{566}$$

woraus man sieht, daß η_M um so größer wird, je größer $\mathfrak{g}_1'$ ist[1]. Dieses Ergebnis ist einleuchtend, denn wenn eine geringe Treibdampfmenge G_1' große Dampfmengen G_0 fördern soll, wird das mit schlechterem Gütegrad geschehen, als wenn große Treibdampfmengen eine nur geringe Dampfmenge mitführen sollen. In den Grenzfällen geht für $\mathfrak{g}_1' \to 0$ auch $\eta_M \to 0$, weil dann nichts gefördert werden kann, und für $\mathfrak{g}_1' \to \infty$ geht $\eta_M \to 1$, weil dann kein Stoßvorgang mehr auftritt.

Wirtschaftlich gesehen sind große Werte von $\mathfrak{g}_1'$ selbstverständlich ungünstig; sie stellen sich bei schweren Betriebsbedingungen ein, also bei relativ niedrigem Treibdampfdruck p_1 (Abdampf), sehr niedrigem Druck p_0 des zu fördernden Dampfes und relativ hohem Förderdruck p. Es ist daher günstig, daß gerade unter diesen erschwerten Bedingungen der Gütegrad η_M höhere Werte erreicht. Große Werte von $\mathfrak{g}_1'$ erhält man aber auch stets dann, wenn man eine Treibdampfart mit geringem Enthalpiegefälle wählt (z. B. Quecksilber), während der Kaltdampf ein hohes Enthalpiegefälle hat (z. B. Wasserdampf) (s. S. 375).

Das in Gl. (566) gewonnene Ergebnis kann noch einfacher abgeleitet werden. Wenn beim Zusammenstoß und der Mitführung kein Verlust einträte, müßte die kinetische Energie $\mathfrak{g}_1' w_1^2$ vor dem Stoß gleich derjenigen nach dem Stoß sein. Es müßte also nach dem Stoß eine Mischgeschwindigkeit w_m' erhalten werden, die sich aus der Gleichung

$$\mathfrak{g}_1' w_1^2 = (1 + \mathfrak{g}_1') w_m'^2$$

ergibt. In Wirklichkeit ergibt sich aber nach dem Stoß nur eine Geschwindigkeit $w_m < w_m'$, und zwar nach Gl. (564a)

$$w_m = \frac{\mathfrak{g}_1'}{1 + \mathfrak{g}_1'} w_1$$

oder

$$\frac{w_m}{w_1} = \frac{\mathfrak{g}_1'}{1 + \mathfrak{g}_1'}. \tag{567}$$

Nun ist der Gütegrad η_M gleich dem Verhältnis der kinetischen Energien nach und vor dem Stoß, also

$$\eta_M = \frac{(1 + \mathfrak{g}_1') w_m^2}{\mathfrak{g}_1' w_1^2}. \tag{568}$$

Aus den Gl. (567) und (568) erhält man wieder

$$\eta_M = \frac{\mathfrak{g}_1'}{1 + \mathfrak{g}_1'}$$

wie in Gl. (566).

Setzt man nun diesen Ausdruck für η_M in Gl. (563) ein, so erhält man einen richtigeren Vergleich zwischen den spezifischen Dampfverbräuchen $\mathfrak{g}_1'$ und $\mathfrak{g}_1$ mit und ohne Stoßverlust. Es wird

$$\frac{\mathfrak{g}_1'}{1 + \mathfrak{g}_1'} \frac{\mathfrak{g}_1'}{\mathfrak{g}_1} = \frac{1 + \mathfrak{g}_1'}{1 + \mathfrak{g}_1} \quad \text{oder} \quad \left(\frac{1 + \mathfrak{g}_1'}{\mathfrak{g}_1'}\right)^2 = \frac{1 + \mathfrak{g}_1}{\mathfrak{g}_1}.$$

Nach einer einfachen Umformung findet man

$$\mathfrak{g}_1' = \mathfrak{g}_1 + \sqrt{\mathfrak{g}_1(1 + \mathfrak{g}_1)}. \tag{569}$$

---

[1] Vgl. R. PLANK: Amerikanische Kältetechnik. Zweiter Bericht, S. 60ff. Berlin: VDI-Verlag 1938.

Zugehörige Wertepaare von $\mathfrak{g}_1$ und $\mathfrak{g}_1'$ und Werte von η_M nach Gl. (566) sind in Tab. 46 eingetragen.

Tabelle 46. *Zugehörige Wertepaare von $\mathfrak{g}_1$ und $\mathfrak{g}_1'$ nach Gl. (569) und Gütegrade η_M nach Gl. (566).*

$\mathfrak{g}_1$	$\mathfrak{g}_1'$	$\mathfrak{g}_1'/\mathfrak{g}_1$	η_M	$\mathfrak{g}_1$	$\mathfrak{g}_1'$	$\mathfrak{g}_1'/\mathfrak{g}_1$	η_M
0,1	0,432	4,32	0,301	0,6	1,575	2,63	0,612
0,2	0,690	3,45	0,408	0,7	1,790	2,56	0,645
0,3	0,924	3,08	0,480	0,8	2,000	2,50	0,667
0,4	1,148	2,87	0,534	0,9	2,205	2,45	0,687
0,5	1,365	2,73	0,577	1,0	2,415	2,415	0,707

Ein Vergleich der Zahlenwerte in den Tab. 45 und 46 lehrt, daß bei Beachtung der Veränderlichkeit von η_M das Verhältnis $\mathfrak{g}_1'/\mathfrak{g}_1$ mit wachsendem spezifischem Dampfverbrauch $\mathfrak{g}_1$ des verlustlosen Strahlapparats zuerst rasch und dann immer langsamer abnimmt. Man erhält also ein völlig anderes Verhalten als bei der falschen Annahme eines unveränderlichen Wertes von η_M

3. Maßnahmen zur Verringerung der Verluste im Mischraum.

Die Verluste beim Stoßvorgang hängen offenbar damit zusammen, daß der mit der hohen Geschwindigkeit w_1 aus der Düse strömende Treibdampf G_1' auf den mitzuführenden Dampf G_0 aufprallt, dessen Geschwindigkeit w_0 gleich oder nahezu gleich Null ist. Durch Erhöhung von w_0 und durch Verringerung von w_1 könnte der Gütegrad η_M theoretisch verbessert werden. Beide Wege wurden beschritten. Zur Verringerung von w_1 empfahl BOŠNJAKOVIĆ auf Grund theoretischer Überlegungen die Verwendung von feuchtem Treibdampf bzw. die Beimischung von fein zerstäubtem Wasser vor der Düse[1]. Zahlreiche Versuche haben jedoch gezeigt, daß trocken gesättigter Treibdampf die besten Ergebnisse liefert. Feuchter Treibdampf birgt auch die Gefahr von Erosionen in sich. Zur Vergrößerung der Geschwindigkeit w_0 wurde die Expansion des zu fördernden Dampfes in einer die Treibdüse umgebenden konvergenten ringförmigen Düse d (vgl. Abb. 165) vom Druck p_0 auf einen tieferen Druck p_0' vorgeschlagen[2]. Da dann auch der Treibdampf auf p_0 expandieren muß, wird dabei auch w_1 wachsen; doch ist die Zunahme von w_1 viel kleiner als die von w_0. Es darf nicht übersehen werden, daß die Abnahme des Drucks von p_0 auf p_0' ein höheres Druckverhältnis p/p_0' im Diffusor nach sich zieht, wodurch der theoretische Arbeitsaufwand und die Verluste im Diffusor wachsen. Werden diese Nachteile durch die Verbesserung von η_M nicht übertroffen, so bringt die vorgeschlagene Maßnahme keinen Vorteil.

Als Einflußgröße wollen wir das Verhältnis w_0/w_1 einführen. Rechnen wir mit der spezifischen Treibdampfmenge $\mathfrak{g}_1' = G_1'/G_0$, dann erhalten wir für 1 kg des geförderten Dampfes bei verlustloser Strömung die Energiegleichung

$$\mathfrak{g}_1'\, w_1^2 + w_0^2 = (1 + \mathfrak{g}_1')\, w_m'^{\,2}, \tag{570}$$

in der w_m' wieder die Geschwindigkeit nach der Mischung ohne Stoßverlust bedeutet. Infolge des Stoßverlustes ist aber $w_m < w_m'$, und es gilt nach dem Impulssatz

$$\mathfrak{g}_1'\, w_1 + w_0 = (1 + \mathfrak{g}_1')\, w_m. \tag{571}$$

---

[1] BOŠNJAKOVIĆ, F.: Forsch.-Arb. Ing.-Wes. Bd. 11 (1940) S. 210.

[2] Vgl. z. B. W. GENSECKE: DRP. 392874 (1921). — F. BOŠNJAKOVIĆ: Z. ges. Kälteind. Bd. 43 (1936) S. 229. — W. WEYDANZ: Beihefte z. Z. ges. Kälteind. Reihe 2, Heft 8, 1939. — G. FLÜGEL: VDI-Forsch.-Heft 395, 1939. — T. BRANDIN: Teknisk Tidskrift (schwed.) Bd. 77 (1947) S. 691.

Der Gütegrad der Mitführung wird jetzt in Analogie zur Gl. (568)

$$\eta_M = \frac{(1 + \mathfrak{g}_1')\, w_m^2}{\mathfrak{g}_1'\, w_1^2 + w_0^2} = \frac{(1 + \mathfrak{g}_1')}{\mathfrak{g}_1' + \left(\dfrac{w_0}{w_1}\right)^2}\left(\frac{w_m}{w_1}\right)^2 . \tag{572}$$

Aus Gl. (571) erhält man

$$\frac{w_m}{w_1} = \frac{\mathfrak{g}_1' + \dfrac{w_0}{w_1}}{1 + \mathfrak{g}_1'} .$$

Setzt man diesen Ausdruck in Gl. (572) ein, so wird

$$\eta_M = \frac{\left(\mathfrak{g}_1' + \dfrac{w_0}{w_1}\right)^2}{(1 + \mathfrak{g}_1')\left[\mathfrak{g}_1' + \left(\dfrac{w_0}{w_1}\right)^2\right]} = \frac{\mathfrak{g}_1'}{1 + \mathfrak{g}_1'}\,\frac{\left(1 + \dfrac{1}{\mathfrak{g}_1'}\dfrac{w_0}{w_1}\right)^2}{\left[1 + \dfrac{1}{\mathfrak{g}_1'}\left(\dfrac{w_0}{w_1}\right)^2\right]} . \tag{573}$$

Mit der Abkürzung

$$\omega = \frac{\left(1 + \dfrac{1}{\mathfrak{g}_1'}\dfrac{w_0}{w_1}\right)^2}{\left[1 + \dfrac{1}{\mathfrak{g}_1'}\left(\dfrac{w_0}{w_1}\right)^2\right]} = f\left(\mathfrak{g}_1',\ \frac{w_0}{w_1}\right) \tag{574}$$

wird

$$\eta_M = \omega\,\frac{\mathfrak{g}_1'}{1 + \mathfrak{g}_1'} . \tag{573a}$$

Für $w_0/w_1 = 0$ (also $w_0 = 0$) wird $\omega = 1$, und Gl. (573a) geht in die Gl. (566) über. Im Grenzfall $w_0/w_1 = 1$ liefert Gl. (573) $\eta_M = 1$, womit nur ausgesagt wird, daß kein Stoßverlust eintreten kann, wenn beide Ströme die gleiche Geschwindigkeit haben. Man überzeugt sich leicht, daß für alle möglichen Werte von w_0/w_1, die zwischen 0 und 1 liegen, stets $\omega \gtreqqless 1$ wird. Für kleine Werte von w_0/w_1 in der Größenordnung von 0,1 bis 0,2 wird annähernd

$$\omega = 1 + \frac{2}{\mathfrak{g}_1'}\frac{w_0}{w_1} . \tag{574a}$$

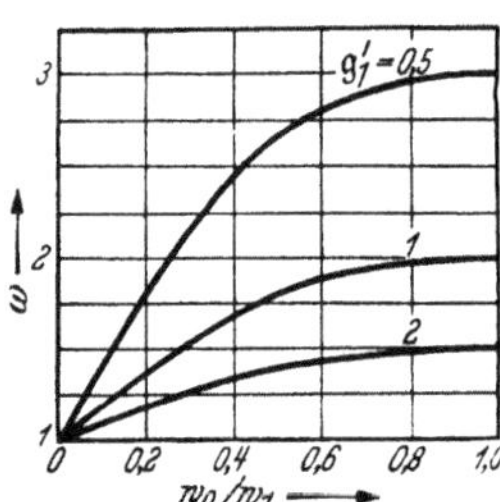

Abb. 168. Änderung des Beiwertes ω in Gl. (574) als Funktion des Geschwindigkeitsverhältnisses w_0/w_1 bei verschiedenem spezifischem Treibdampfverbrauch $\mathfrak{g}_1'$.

In Abb. 168 sind die nach Gl. (574) berechneten Werte von ω über w_0/w_1 mit $\mathfrak{g}_1'$ als Parameter aufgetragen. Praktisch wird man höhere Werte von w_0/w_1 als 0,2 kaum anwenden, weil sonst der Druck p_0' zu tief absinken würde[1]. Wesentliche Verbesserungen lassen sich nach Abb. 168 nur für kleine Werte von $\mathfrak{g}_1'$ erreichen, die sich praktisch nicht verwirklichen lassen. In Dampfstrahl-Kältemaschinen, z. B. für die Klimatisierung, erhält man bei Berücksichtigung aller Verluste[2] Werte von $\mathfrak{g}_1'$, die kaum unter 3 liegen dürften[3]; daher erreicht ω nur Werte von 1,1 bis 1,15, so daß sich η_M nur um 10 bis 15% verbessern läßt. JOHANNESEN[4] empfiehlt für w_0 Werte von nur 30 bis 40 m/sec.

---

[1] WIEGAND, J.: vgl. Fußnote 4 auf S. 364. — T. BRANDIN: vgl. Fußnote 2 auf S. 371. — D. R. BEAN: Engineer Bd. 180 (1945) S. 131.

[2] Wobei zu berücksichtigen ist, daß der Betriebsdampf auch noch die eindringende Luft absaugen muß.

[3] PLANK, R.: Amerikanische Kältetechnik. Zweiter Bericht, S. 66ff.

[4] JOHANNESEN, N. H.: vgl. Fußnote 1 auf S. 356, S. 48.

4. Der Strahlapparat unter Berücksichtigung aller Verluste.

Es ist nun noch der Fall zu untersuchen, daß Verluste auch in der Treibdüse und im Diffusor auftreten. Für gleiche Werte von p und G möge dann der
Treibdampf den Wert G_1'' erreichen. Den entsprechenden spezifischen Dampfverbrauch bezeichnen wir mit $\mathfrak{g}_1'' = G_1''/G_0$. Die Gütegrade seien für die Treibdüse η_T und für den Diffusor η_D. Die Expansion in der Düse verläuft dann
nach einer Linie $a\,e'$ (Abb. 169), und die
Kompression im Diffusor nach $f''d''$. Da
$G_1'' > G_1$, liegt der Zustand nach der Mischung (f'') jetzt näher bei e'. Wir nehmen
aber wieder an, daß die adiabate Enthalpiedifferenz im Diffusor dadurch nicht wesentlich beeinflußt wird, so daß $i_d - i_{f''}$ auch hier
gleichgesetzt werden kann dem Wert $i_c - i_f$
beim verlustlosen Strahlapparat (Abb. 167).
Der Mischzustand beim Austritt aus dem
Diffusor würde ohne Verluste bei c'' liegen,

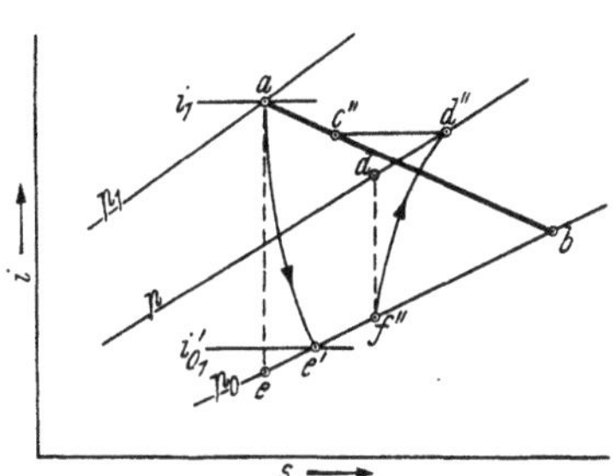

Abb. 169. Vorgänge im Strahlapparat unter
Berücksichtigung der Verluste in der Treibdüse, im Mischraum und im Diffusor.

wobei $\overline{bc''}/\overline{ac''} = G_1''/G_0 = \mathfrak{g}_1''$. Der wirkliche
Zustand d'' auf der Linie $p =$ konst.
hat die gleiche Enthalpie, aber eine um $\Delta s = c''d''$ größere Entropie.

Für den verlustlosen Strahlapparat galt Gl. (560):

$$G_1(i_a - i_e) = (G_1 + G_0)(i_c - i_f).$$

Beim Austritt aus der Treibdüse verfügen wir jetzt nur noch über die Energie
$\eta_T G_1''(i_a - i_e)$, und nach dem Stoßvorgang sinkt die verfügbare Energie auf
$\eta_M \eta_T G_1''(i_a - i_e)$. Für die Verdichtung im Diffusor muß jetzt die Arbeit
$\dfrac{1}{\eta_D}(G_1'' + G_0)(i_c - i_f)$ aufgewandt werden. Da beide Energiebeträge gleich sein
müssen, ist

$$\eta_M \eta_T \eta_D G_1''(i_a - i_e) = (G_1'' + G_0)(i_c - i_f).$$

Dividiert man die beiden letzten Gleichungen durcheinander, so erhält man

$$\frac{G_1''}{G_1} = \frac{1}{\eta_M \eta_T \eta_D}\frac{G_1'' + G_0}{G_1 + G_0}$$

oder

$$\frac{\mathfrak{g}_1''}{\mathfrak{g}_1} = \frac{1}{\eta_M \eta_T \eta_D}\frac{1 + \mathfrak{g}_1''}{1 + \mathfrak{g}_1}. \tag{575}$$

Dabei ist η_T ungefähr gleich 0,9, η_D dagegen ist bedeutend kleiner und hat nur
Werte von 0,6 bis 0,7 (s. S. 365). Wir setzen zur Abkürzung $\eta_T \eta_D = \eta$ und
nehmen dafür einen Durchschnittswert von $\eta = 0,6$ an.

Aus Gl. (575) erhält man

$$\mathfrak{g}_1'' = \frac{\mathfrak{g}_1}{\eta_M \eta(1 + \mathfrak{g}_1) - \mathfrak{g}_1}. \tag{576}$$

Nach Gl. (566) ist

$$\eta_M = \frac{G_1''}{G_1'' + G_0} = \frac{\mathfrak{g}_1''}{1 + \mathfrak{g}_1''}. \tag{577}$$

Setzen wir diesen Wert in Gl. (576) ein, so wird

$$\mathfrak{g}_1'' = \frac{\mathfrak{g}_1}{\eta\dfrac{\mathfrak{g}_1''}{1 + \mathfrak{g}_1''}(1 + \mathfrak{g}_1) - \mathfrak{g}_1}.$$

Das ist eine quadratische Gleichung in $\mathfrak{g}_1''$, die in folgende Normalform übergeführt werden kann:

$$\mathfrak{g}_1''^2 - \frac{2\mathfrak{g}_1}{\eta(1+\mathfrak{g}_1)-\mathfrak{g}_1}\,\mathfrak{g}_1'' - \frac{\mathfrak{g}_1}{\eta(1+\mathfrak{g}_1)-\mathfrak{g}_1} = 0\,.$$

Von den beiden Wurzeln dieser Gleichung ist nur eine sinnvoll, da die zweite negativ wird. Man erhält

$$\mathfrak{g}_1'' = \frac{\mathfrak{g}_1}{\eta(1+\mathfrak{g}_1)-\mathfrak{g}_1} + \sqrt{\frac{\mathfrak{g}_1^2}{[\eta(1+\mathfrak{g}_1)-\mathfrak{g}_1]^2} + \frac{\mathfrak{g}_1}{\eta(1+\mathfrak{g}_1)-\mathfrak{g}_1}}$$

oder nach einigen Umformungen

$$\mathfrak{g}_1'' = \frac{\mathfrak{g}_1 + \sqrt{\eta\,\mathfrak{g}_1(1+\mathfrak{g}_1)}}{\eta(1+\mathfrak{g}_1)-\mathfrak{g}_1}\,. \tag{578}$$

Mit $\eta = 1$ erhält man wieder Gl. (569). Nach dem Muster der Tab. 46 werden jetzt die Werte in Tab. 47 berechnet.

Tabelle 47.
Zugehörige Wertepaare von $\mathfrak{g}_1$ und $\mathfrak{g}_1''$ nach Gl. (578) und Gütegrade η_M nach Gl. (577).
($\eta_T\,\eta_D = 0{,}6$)

$\mathfrak{g}_1$	$\mathfrak{g}_1''$	$\mathfrak{g}_1''/\mathfrak{g}_1$	η_M	$\eta_M\,\eta_T\,\eta_D$	$\mathfrak{g}_1$	$\mathfrak{g}_1''$	$\mathfrak{g}_1''/\mathfrak{g}_1$	η_M	$\eta_T\,\eta_D\,\eta_M$
0,1	0,637	6,37	0,389	0,233	0,6	3,770	6,28	0,789	0,473
0,2	1,115	5,57	0,527	0,316	0,7	4,825	6,89	0,829	0,497
0,3	1,635	5,45	0,620	0,372	0,8	6,175	7,72	0,861	0,516
0,4	2,225	5,56	0,689	0,413	0,9	7,970	8,86	0,888	0,533
0,5	2,930	5,86	0,745	0,447	1,0	10,477	10,48	0,912	0,547

Die Werte $\mathfrak{g}_1''/\mathfrak{g}_1$ weisen jetzt ein Minimum auf, das bei $\mathfrak{g}_1 = 0{,}3$ liegt.

Aus Gl. (578) ist zu ersehen, daß für bestimmte Werte von η und $\mathfrak{g}_1$ die Wirkung des Strahlapparates aufhört, weil dann $\mathfrak{g}_1'' = \infty$, also die Fördermenge $G_0 = 0$ wird. Das ist der Fall, wenn in Gl. (578) der Nenner verschwindet, wenn also

$$\eta(1+\mathfrak{g}_1) = \mathfrak{g}_1$$

wird, oder

$$\mathfrak{g}_1 = \frac{\eta}{1-\eta}\,.$$

Für $\eta = \eta_T\,\eta_D = 0{,}5$ tritt das bei $\mathfrak{g}_1 = 1{,}0$ ein, und für $\eta = 0{,}6$ bei $\mathfrak{g}_1 = 1{,}5$.

5. Der Strahlapparat für verschiedene Arbeitsstoffe.

Dampfstrahlapparate mit Wasserdampf als Treibdampf werden zur Förderung von niedrig gespanntem Wasserdampf (in Strahl-Kältemaschinen), von verschiedenen Gasen (insbesondere Luft) und von Flüssigkeiten verwendet. Als Treibstoff kann auch hochgespannte Luft verwendet werden. In Strahl-Kältemaschinen und für Zwecke der chemischen Industrie wurden gelegentlich auch andere Treibstoffe und geförderte Stoffe verwendet; dabei wurde für den Antrieb und die Förderung sowohl von gleichen als auch von verschiedenen Stoffen Gebrauch gemacht.

Sehr zahlreiche Stoffe mit Molekulargewichten von 18 bis 154 wurden von WORK und HAEDRICH untersucht[1]. Auf dem gleichen Gebiet liegt auch eine

---

[1] WORK, L. T., u. V. W. HAEDRICH: Industr. Engng. Chem. Bd. 31 (1939) S. 464.

Untersuchung von ANDERSON und GRAHAM[1]. Auf dem hier vorzugsweise interessierenden Gebiet der Strahl-Kältemaschinen liegen Untersuchungen von KAZAVTCHINSKY[2] (mit H_2O, NH_3, SO_2 und CH_3Cl) und von KALUSTIAN[3] vor. Letzterer fand, daß Ammoniak wenig geeignet ist, während Trichloräthylen günstige Eigenschaften besitzt. Ferner wurde von Freon 113 ($C_2F_3Cl_3$) Gebrauch gemacht[4].

Die Gesellschaft Comstock und Wescott, Inc. in Boston, Mass. hat für kleine Strahl-Kältemaschinen vorgeschlagen, Quecksilber als Betriebsdampf zu verwenden und damit Wasserdampf anzusaugen[5]. Da die Verdampfungswärme des Quecksilbers und sein adiabates Enthalpiegefälle in der Düse viel kleiner sind als bei Wasserdampf, so braucht man viel größere Treibdampfgewichte; für das Ansaugen von 1 kg Wasserdampf braucht man 30 bis 35 kg Quecksilberdampf. Aus Gl. (577) ist zu ersehen, daß der Gütegrad der Mitführung η_M bei diesem Stoffpaar sehr hoch sein muß.

Weitere Angaben, besonders über die Bauweise und den Betrieb von ein- und mehrstufigen Strahl-Kältemaschinen, findet man in Band V dieses Handbuchs.

---

[1] ANDERSON, T. H., u. J. M. GRAHAM: Dissertation zur Erlangung der Würde eines Master of Sciences am Massachusetts Inst. of Technol. 1933.

[2] KAZAVTCHINSKY, J. Z.: Ice Cold Stor. Bd. 38 (1935) S. 132.

[3] KALUSTIAN, P.: Refrig. Engng. Bd. 28 (1934) S. 188.

[4] PLANK, R.: Z. ges. Kälteind. Bd. 48 (1941) S. 185.

[5] WHITNEY, L. F.: Refrig. Engng. Bd. 24 (1932) S. 143. — Vgl. auch R. PLANK u. J. KUPRIANOFF: Die Kleinkältemaschine, S. 309. Berlin: Springer 1948.

Namenverzeichnis.

Ackeret, J. u. Keller, C.
67, 69, 70, 73, 74, 75, 80.
Allen, s. Sweigert 229.
Altenkirch. E. 83.
Amagat 102, 190, 193, 213,
217.
Amontons, G. 3, 14, 16.
Anderson, T. H. u.
Graham, J. M. 375.
Andrews, Th. 99, 268.
D'Ans, J. u. Lax, E. 21, 305.
Antoine, C. 109.
Arnold, J. H. 276.
Arrhenius, S. 293, 295, 296.
Ashley, C. M. 319.
Assmann 276.
August 276.
Avogadro, A. 16, 98.

v. Babo, L. 295, 296, 299,
303.
Bäckström, M. 70.
Baehr, H. D. 101, 106, 245.
Baly, 317, 319, 321, 338, 339.
Barnes, s. Maass 235.
Baud, E. u. Gay, L. 289, 292.
Bauer, B. 83.
— u. Bolomay, B. W. 83.
Bean, D. R. 372.
Beattie, J. A. 186, 199, 200,
201, 268.
— u. Bridgeman, O. C. 178,
179, 180, 185.
Benedict, M., Webb, G. B.
u. Rubin, L. C. 180.
Bennewitz, K. 256, 258.
Benning, A. F. u. McHar-
ness, R. C. 110, 179.
— s. Tanner, H. G. 110, 182.
Berger, W. s. Eucken, A. 202,
208.
Bernoulli, D. 22, 156.
Berthelot, D. 156, 157, 180,
268, 269.
Bertsch, J. C. 369.
Bier, M. s. Nord, F. F. 295.
Biltz 308.
Birch 15.
Bixler, s. Gilkey u. Gerard
110.
Blaisse, B. s. Michels, A.
u. Michels, C. 179.

Bocks, J. D. A. s. Kamer-
lingh-Onnes, H. 241.
Börnstein, R. s. Landolt, H.
182.
Bolomay, B. W. s. Bauer, B.
83.
Boltzmann, L. 24, 43, 44,
56, 59.
Bošnjaković, F. 67, 88, 137,
263, 287, 288, 290, 306,
311, 330, 331, 332, 340,
371.
— s. Merkel, F. 291, 314.
Boyle, R. 101, 102, 103, 163,
167, 170, 177, 179, 181,
187, 189, 190, 191, 193,
194, 218.
— u. Mariotte, E. 15, 27,
98, 101.
Bradley, W. P. 214.
— u. Hale, C. F. 212, 215.
Brauer, E. 32.
Brandin, T. 371, 372.
Bridgeman, P. W. 232, 239,
240.
Bridgeman, O. C. 192, 199,
200
— u. Beattie, J. A. 178,
179, 180, 185.
Brown, R. 58.
Brownlee, R. B. s.
Keyes, F. G. 112.
Buckingham 202.
Buffington, R. M. u. Gilkey
126.
Bugge, G. 14.
Burckhardt, F. 3.
Burnett, E. S. 213.
Burell u. Robertson 110.
Busemann 360.

Cagniard de la Tour 99.
Cailletet, L. 248, 268, 273.
— u. Mathias, E. 114, 115.
Callendar, H. L. 183, 206, 226.
Cath, 110.
— u. Kamerlingh-Onnes, 110.
Carnot, N. L. S. 37, 38, 39,
40, 43, 44, 45, 49, 50, 52,
53, 55, 62, 63, 65, 66, 67,
68, 69, 70, 72, 74, 75, 76,
77, 80, 82, 85, 258, 262.

Caubet, F. 317.
Cederberg 132.
Celsius, A. 4.
Charles 14.
le Châtelier, H. 272, 300.
Clapeyron, E. 50, 54, 122.
— s. Clausius, R. 108, 126,
128, 144, 158, 226, 229,
233, 235, 240, 251, 298,
299, 308, 326, 340.
Claude, G. 203, 204, 248.
Clausius, R. 44, 45, 46, 47,
50, 51, 52, 54, 122, 128,
156, 168, 172, 183, 256.
— u. Clapeyron, E. 108,
126, 128, 144, 158, 226,
229, 233, 235, 240, 251,
298, 299, 308, 326, 340.
Clusius, K. 243.
— u. Perlick, A. 243.
Colombi, Ch. 148, 149.
O'Connor, G. F. s. Cragoe,
C. S. 114.
Cook, W. R. s. Lennard-
Jones, J. E. 268.
Cox, E. R. 108.
Cragoe, C. S. 200.
— u. Harper, D. S. 115.
—, Mc. Kelvy, E. C. u.
O'Connor, G. F. 114.
—, Meyers u. Taylor 110.
— s. Osborne 200.
Crommelin 111.

Dalton, J. P. 14, 94, 260,
269, 270, 271, 274, 275,
322.
Daniel, J. F. 275.
Dannies, J. H. 332.
Dardin, F. s. Nesselmann, K.
127.
Daul, A. 13.
Davies, S. J. 41.
Davis, H. N. 205.
Debye, P. 248, 252, 260.
Décombe, L. s. Boyle R. 98.
Despretz, C. R. 231.
Dewar 248.
Dieterici, C. 133, 134, 174,
175, 176, 191.
Dodge, J. 213.
Donny 106.

Sachverzeichnis.

721/78/52. — III/18/203.

Gesamtvorwort

zum

Handbuch der Kältetechnik

(In zwölf Bänden.)

Herausgegeben von
Professor Dr.-Ing. Dr. phil. nat. h. c. **R. Plank,** Karlsruhe.

Die Kältetechnik erscheint dem Außenstehenden als ein enges Teilgebiet des Maschinenbaues, und in diesem Sinne wird sie auch meist an Technischen Hochschulen gelehrt. Oft sieht man in ihr sogar nur ein Anwendungsbeispiel der technischen Thermodynamik. Ihren vollen Umfang und ihre große wirtschaftliche Bedeutung erkennt man erst, wenn man sich nicht nur mit der Erzeugung tiefer Temperaturen befaßt, sondern auch deren zahlreiche Anwendungsmöglichkeiten betrachtet.

Ein die gesamte Kältetechnik umfassendes Handbuch, das, mit wissenschaftlicher Strenge und den Bedürfnissen der Praxis Rechnung tragend, dieses weitverzweigte Gebiet behandelt, ist bisher nicht geschrieben worden. Es läßt sich auch nicht in einen einzigen, noch so dicken Band fassen und kann nicht von *einem* Verfasser bewältigt werden.

Der Herausgeber und der Verlag wollen durch das vorliegende Werk, das zwölf Bände von je rund 400 Seiten umfassen soll, eine vorhandene Lücke in der technischen Weltliteratur schließen. In den verschiedenen Ländern sind zahlreiche Lehrbücher der Kältetechnik erschienen, von denen manche in vorzüglicher Weise einzelne Teilgebiete darstellen, wie z. B. den Kältemaschinenbau, die Klimatechnik, das Transportwesen, die Lebensmittelfrischhaltung u. a. Keines dieser Werke setzte sich aber das Ziel, den Kälteingenieur in umfassender und vertiefter Weise in die Gesamtheit seines Aufgabenbereiches einzuführen. Auch die in Frankreich unter der Schriftleitung von Dr. M. PIETTRE bisher erschienenen Bände einer „Encyclopédie du Froid" besitzen zwar jeder für sich einen beachtlichen Wert, stellen aber eher eine Sammlung von Monographien über einzelne Sondergebiete als ein in sich geschlossenes Gesamtwerk dar.

Viele Kälteingenieure beherrschen nur einen Ausschnitt ihres Faches und sind nur einseitig orientiert. Eine solche Beschränkung ist ganz besonders bedenklich, wenn sie auf einem typischen Grenzgebiet geübt wird, wie es die Kältetechnik zweifellos darstellt. In ihr begegnet sich der Ingenieur mit dem

Physiker, Chemiker, Botaniker, Mikrobiologen, Zoologen und Hygieniker, aber auch mit den Vertretern aller Berufskreise, die sich mit der Verarbeitung und Aufbewahrung schnellverderblicher Lebensmittel befassen. Es kann vom Kältetechniker nicht verlangt werden, daß er alle diese Gebiete beherrscht; aber er muß sich in ihnen soweit auskennen, wie sie in die Kältetechnik eingehen, damit er sich mit den Vertretern dieser verschiedenen Disziplinen verständigen kann. Es genügt nicht, wenn er die Leistung einer Kälteanlage richtig zu berechnen und das kältetechnische Verfahren zweckmäßig auszuwählen vermag; er muß auch die Eigenschaften der Objekte kennen, die gekühlt werden sollen, und wissen, wie sie auf die Einwirkung tiefer Temperaturen reagieren. Handelt es sich um unbelebte Materie, dann genügt die Kenntnis der physikalisch-chemischen Eigenschaften; bei Erzeugnissen tierischer oder pflanzlicher Herkunft muß aber auch das biologische Verhalten in Betracht gezogen werden.

Die Kältebehandlung einer Ware stellt aber häufig nur eine Stufe im Rahmen eines verwickelten technischen Verfahrens dar, das von der Rohware zum Halbfabrikat oder zum Fertigprodukt führt. In solchen Fällen muß sich der Kältetechniker mit dem gesamten Verfahren vertraut machen, um beurteilen zu können, ob der kältetechnische Einsatz schon bestmöglich und vollständig erfolgt, oder ob durch weitere oder andersartige Anwendung tiefer Temperaturen Verbesserungen und Weiterentwicklungen möglich sind. So sind z. B. Verfeinerungen im Kälteeinsatz auf Fischereifahrzeugen zur Verbesserung der Qualität angelandeter Fische nicht ohne genauere Kenntnis der Fangmethoden und der Bordverhältnisse möglich. Bei den zahlreichen Anwendungen der Kälte in der chemischen Technik, sei es bei der Herstellung von Kunstseide, Zellwolle oder Buna, der Glaubersalzgewinnung, der Ölraffination, der Trennung von Gasgemischen und in vielen anderen Industrien, kann die zweckmäßigste Art der Kälteanwendung nur aus der eingehenden Kenntnis des gesamten Verfahrens angegeben werden. Und eine Klimaanlage in bewohnten Räumen kann nur richtig entworfen werden, wenn man den Einfluß von Temperatur, Feuchtigkeit und Luftbewegung auf den menschlichen Körper kennt.

Beim Aufbau des *Handbuches der Kältetechnik* mußte auf alle diese Anforderungen sorgfältig geachtet werden. Neben der Bearbeitung von Bänden, die der Thermodynamik der Kältemaschinen, den Grundlagen der Wärmeübertragung, der Konstruktion von Maschinen und Apparaten und wichtigen Sondergebieten der Kälteerzeugung gewidmet sind, mußte daher auch daran gedacht werden, in weiteren Bänden die biologischen Grundlagen und die zahlreichen Anwendungen der Kälte in der Lebensmittelwirtschaft, in den chemischen Industrien, im Transportwesen, in der Klimatechnik usw. eingehend zu behandeln.

Den gegenwärtigen Stand einer Technik und ihre zukünftigen Entwicklungsmöglichkeiten kann man nur dann richtig beurteilen, wenn man ihre Entwicklungsgeschichte kennt; daher erschien es notwendig, auch der Geschichte der Kältetechnik einen Abschnitt zu widmen. Die Kältetechnik hat sich inzwischen zu einem machtvollen Wirtschaftsfaktor entwickelt, dessen Bedeutung in der Zukunft ohne Zweifel noch weiter zunehmen wird. Eine organisierte Lebensmittelwirtschaft, ein Export schnellverderblicher Waren und die Massenerzeugung zahlreicher Gebrauchswaren ist ohne Einsatz der Kältetechnik nicht denkbar. Es mußte daher auf die wirtschaftliche Bedeutung der Kältetechnik in einem besonderen Abschnitt eingegangen werden. Eine genaue statistische Erfassung der

Erzeugung von Kältemaschinen, des Verbrauchs an gekühlten oder gefrorenen Lebensmitteln, der Eiserzeugung u. a. findet man nur in wenigen Ländern. Trotzdem wurde versucht, in einem Abschnitt „Statistik" das verfügbare Material zusammenzufassen.

Es ist selbstverständlich, daß in dem vorliegenden Handbuch nicht nur die Kälteindustrie in Deutschland, sondern auch in anderen Ländern, insbesondere in den Vereinigten Staaten von Nordamerika, berücksichtigt wurde. Der heutige hohe Stand der Kältetechnik ist den vereinten Bemühungen in vielen Ländern zu verdanken; Physiker, Chemiker, Ingenieure und Wirtschaftler haben zu der Entwicklung und Ausbreitung dieses jungen Zweiges der Technik entscheidend beigetragen.

Die Auswahl der Mitarbeiter an den verschiedenen Bänden des Handbuchs war nicht einfach. Nahezu 30 Vertreter verschiedenartiger Disziplinen mußten herangezogen werden; trotzdem mußte vermieden werden, den einheitlichen Charakter des Gesamtwerkes zu gefährden. Glücklicherweise konnte sich der Herausgeber die Mitwirkung zahlreicher früherer und gegenwärtiger Mitarbeiter am Kältetechnischen Institut der Technischen Hochschule Karlsruhe und an der Bundesforschungsanstalt (früher Reichsforschungsanstalt) für Lebensmittelfrischhaltung in Karlsruhe sichern. Es sind dies: Dr.-Ing. H. D. Baehr, Karlsruhe; Dr.-Ing. R. Fuchs, Hagnau (Bodensee); Oberingenieur E. Hofmann, Wiesbaden; Dr.-Ing. G. Kaess, Brisbane (Australien); Prof. Dr.-Ing. S. Kiesskalt, Aachen; Prof. Dr.-Ing. J. Kuprianoff, Karlsruhe; Prof. Dr.-Ing. K. Linge, Karlsruhe; Dr.-Ing. E. Loeser, München; Privatdozent Dr.-Ing. W. Niebergall, Berlin; Prof. Dr. K. Paech, Tübingen; Dr.-Ing. G. Ruppel, Karlsruhe; Privatdozent Dr.-Ing. Th. E. Schmidt, Karlsruhe; Prof. Dr. G. Steiner, Heidelberg; Dr.-Ing. W. Tamm, München; Prof. Dr.-Ing. L. Váhl, Delft; Dr. J. E. Wolf, Karlsruhe.

Dieser Karlsruher Kreis konnte aber doch nicht alle zu behandelnden Gebiete decken, und so war es notwendig, sich nach anderen Mitarbeitern umzusehen. Der Herausgeber schätzt sich glücklich, namhafte Fachleute für die Bearbeitung wichtiger Teilgebiete gewonnen zu haben: Professor Dr. F. F. Nord von der Fordham University in New York hat gemeinsam mit seinem Mitarbeiter, Dr. M. Bier, den Abschnitt über die kolloidchemischen Grundlagen der Lebensmittelfrischhaltung bearbeitet; Professor Dr.-Ing. H. Hausen, Hannover, hat das umfangreiche Gebiet der Erzeugung tiefster Temperaturen, der Gasverflüssigung und der Trennung von Gasgemischen behandelt; den Abschnitt über Bau- und Isolierstoffe hat Dr.-Ing. J. S. Cammerer, Tutzing, den über metallische Werkstoffe Professor Dr.-Ing. H. Jungbluth, Karlsruhe, in Gemeinschaft mit Oberingenieur Dr.-Ing. F. Hickel, Karlsruhe, übernommen; Professor Dr.-Ing. P. Grassmann, Zürich, bearbeitete den Abschnitt über Kaltluftmaschinen und Professor Dr.-Ing. U. Senger, Stuttgart, das Gebiet der Turbokompressoren.

Für die Behandlung der verschiedenen Anwendungsgebiete der künstlichen Kälte wurden gewonnen: Professor Dr.-Ing. W. Fischer, Weihenstephan (Brauereien), Professor Dr. E. Kallert, Kulmbach (Fleisch), der leider allzu früh verstorbene Adjunkt an der Eidgen. Versuchsanstalt für Wein-, Obst- und Gartenbau in Wädenswil, Dipl. agr. H. Kessler (Obst und Gemüse), Dipl.-Ing. W. Pohlmann, Hamburg (Kühlhäuser) und Oberingenieur W. Sell, Hildesheim (Milch).

Oberingenieur Dipl.-Ing. O. Wagner, Wiesbaden, bringt die wirtschaftliche Bedeutung der Kältetechnik zum Ausdruck, Dr. W. Strigel, München, hat das statistische Material zusammengetragen und bearbeitet, und Privatdozent Dr. M. DIEM, Karlsruhe, hat die meteorologischen Daten gesammelt.

Allen Mitarbeitern sei dafür gedankt, daß sie der Aufforderung des Herausgebers gefolgt sind und die für das Gesamtwerk aufgestellten allgemeinen Richtlinien befolgt haben.

Besonderer Dank gebührt dem Verlag für das verständnisvolle Eingehen auf alle Wünsche der Autoren und des Herausgebers.

Wir hoffen, daß das Handbuch der Kältetechnik in der Fachwelt Anklang finden und den Benutzern ein zuverlässiger Helfer sein wird. Wir wünschen auch, daß es dazu beiträgt, Kältetechniker mit weitem Gesichtskreis und fortschrittlicher Gesinnung auszubilden.

Karlsruhe, im Juni 1952.

Der Herausgeber.

Plan des Handbuches.

Bisher erschien:

Neunter Band: **Biochemische Grundlagen der Lebensmittelfrischhaltung.**

Bearbeitet von: Dozent Dr. M. BIER, New York; Prof. Dr.-Ing. Dr. phil. W. DIE-MAIR, Frankfurt a. M.; Dozent Dr. phil. H. KÜHLWEIN, Regierungsbotaniker, Karlsruhe; Prof. F. F. NORD New York; Prof. Dr. phil. K. PAECH, Tübingen; Prof. Dr. G. STEINER, Heidelberg; Dr. phil. habil. J. E. WOLF, Karlsruhe.

Es befinden sich in Vorbereitung:

Erster Band: **Geschichtliche Entwicklung der Kältetechnik, wirtschaftliche Bedeutung der Kältetechnik, Statistik, metallische und nicht-metallische Werkstoffe.**

Bearbeitet von: Dr.-Ing. J. S. CAMMERER, Tutzing Obb.; Priv.-Doz. Dr. DIEM, Karlsruhe; Ing. O. HERRMANN, Stuttgart; Priv.-Doz. Dr.-Ing. F. HICKEL, Karlsruhe; Prof. Dr.-Ing. H. JUNGBLUTH, Karlsruhe; Prof. Dr.-Ing. S. KIESSKALT, Aachen; Prof. Dr.-Ing. R. PLANK, Karlsruhe; Dr. W. STRIGEL, München; Oberingenieur O. WAGNER, Wiesbaden.

Dritter Band: **Verfahren zur Kälteerzeugung und Grundlagen der Wärme-übertragung.**

Bearbeitet von: Dr.-Ing. H. D. BAEHR, Karlsruhe; Oberingenieur E. HOFMANN, Wiesbaden; Prof. Dr.-Ing. R. PLANK, Karlsruhe.

Vierter Band: **Die Kältemittel.**

Bearbeitet von: Prof. Dr.-Ing. J. KUPRIANOFF, Karlsruhe; Prof. Dr.-Ing. R. PLANK, Karlsruhe; Dr. H. STEINLE, Stuttgart.

Fünfter Band: **Verdichter für Kältemaschinen.**

Bearbeitet von: Prof. Dr. P. GRASSMANN, Zürich; Prof. Dr.-Ing. J. KUPRIANOFF, Karlsruhe; Prof. Dr.-Ing. habil. K. LINGE, Karlsruhe; Prof. Dr. U. SENGER, Stuttgart, Prof. Dr.-Ing. L. VÁHL, Delft.

Sechster Band: **Wärmeübertragungsapparate, Zubehör, Verdichtungskälte-anlagen, Betrieb, Automatik.**

Bearbeitet von: Oberingenieur E. HOFMANN, Wiesbaden; Prof. Dr.-Ing. J. KUPRI-ANOFF, Karlsruhe; Prof. Dr.-Ing. habil. K. LINGE, Karlsruhe.

Siebenter Band: Sorptionskältemaschinen.

Bearbeitet von: Priv.-Doz. Dr.-Ing. V. Niebergall, Berlin-Tegel.

Achter Band: Erzeugung tiefster Temperaturen.

Bearbeitet von: Prof. Dr.-Ing. H. Hausen, Hannover.

Zehnter Band: Anwendung der Kälte in der Lebensmittelindustrie.

Bearbeitet von: Prof. Dr.-Ing. W. Fischer †, Weihenstephan; Dipl.-Ing. J. Gutschmidt, Karlsruhe; Priv.-Doz. Dr.-Ing. W. Heimann, Karlsruhe; Prof. Dr. E. Kallert, Kulmbach; Dr.-Ing. G. Kaess, Brisbane; Dipl.-Ing. agr. H. Kessler†, Wädenswil; Prof. Dr.-Ing. J. Kuprianoff, Karlsruhe; Prof. Dr.-Ing. habil. K. Linge, Karlsruhe; Dr.-Ing. E. Loeser, München; Prof. Dr.-Ing. R. Plank, Karlsruhe; Dr. W. Schlienz, Bremerhaven; Dr.-Ing. W. Sell, Hildesheim.

Elfter Band: Lagerung und Transport.

Bearbeitet von: Prof. Dr.-Ing. habil. K. Linge, Karlsruhe; Dr.-Ing. E. Loeser, München; Prof. Dr.-Ing. R. Plank, Karlsruhe; Dipl.-Ing. W. Pohlmann, Hamburg; Priv.-Doz. Dr.-Ing. Th. E. Schmidt, Karlsruhe.

Zwölfter Band: Die Anwendung der Kälte in der Verfahrenstechnik.

Bearbeitet von: Dr.-Ing. R. Fuchs, Hagenau; Oberingenieur E. Hofmann, Wiesbaden; Prof. Dr.-Ing. J. Kuprianoff, Karlsruhe; Prof. Dr.-Ing. habil. K. Linge, Karlsruhe; Priv.-Doz. Dr.-Ing. W. Niebergall, Berlin-Tegel; Prof. Dr.-Ing. R. Plank, Karlsruhe; Dr.-Ing. G. Ruppel, Karlsruhe; Priv.-Doz. Dr.-Ing. Th. E. Schmidt, Karlsruhe, Prof. Dr.Ing. L. Váhl, Delft.

MIX
Papier aus verantwortungsvollen Quellen
Paper from responsible sources
FSC® C105338

If you have any concerns about our products,
you can contact us on
ProductSafety@springernature.com

In case Publisher is established outside the EU,
the EU authorized representative is:
Springer Nature Customer Service Center GmbH
Europaplatz 3, 69115 Heidelberg, Germany

Printed by Libri Plureos GmbH
in Hamburg, Germany